DELIUS KLASING

Dr. Etzold
Diplom-Ingenieur für Fahrzeugtechnik

So wird's gemacht

pflegen – warten – reparieren

Band 75

T4: VW Caravelle/Transporter/ Multivan/California

Benziner

2,0 l/ 62 kW	(84 PS)	9/90 – 1/03
2,5 l/ 81 kW	(110 PS)	12/90 – 7/96
2,5 l/ 85 kW	(115 PS)	8/96 – 1/03
2,8 l/103 kW	(140 PS)	1/96 – 5/00
2,8 l/150 kW	(204 PS)	5/00 – 1/03

Diesel

1,9 l/ 45 kW	(60 PS)	9/90 – 7/96
1,9 l/ 50 kW	(68 PS)	10/92 – 1/03
2,4 l/ 55 kW	(75 PS)	4/97 – 1/03
2,4 l/ 57 kW	(78 PS)	9/90 – 3/97
2,5 l/ 65 kW	(88 PS)	4/98 – 1/03
2,5 l/ 75 kW	(102 PS)	8/95 – 1/03
2,5 l/111 kW	(150 PS)	4/98 – 1/03

Delius Klasing Verlag

Redaktion: Günter Skrobanek (Text), Christine Etzold (Bild)

Bibliografische Information der Deutschen Nationalbibliothek

Die Deutsche Nationalbibliothek verzeichnet diese Publikation in der Deutschen Nationalbibliografie; detaillierte bibliografische Daten sind im Internet über http://dnb.dnb.de abrufbar.

21. Auflage
ISBN 978-3-7688-0738-8

Alle Angaben ohne Gewähr
Druck: K+W Kunst- und Werbedruck GmbH, Bad Oeynhausen
Printed in Germany 2026

Alle in diesem Buch enthaltenen Angaben und Daten wurden von dem Autor nach bestem Wissen erstellt und von ihm sowie vom Verlag mit der gebotenen Sorgfalt überprüft. Gleichwohl können wir keinerlei Gewähr oder Haftung für die Richtigkeit, Vollständigkeit und Aktualität der bereitgestellten Informationen übernehmen.

Delius Klasing Verlag GmbH, Siekerwall 21, D-33602 Bielefeld
Tel.: 0521/559-0
E-mail: info@delius-klasing.de
www.delius-klasing.de
http://sowirdsgemacht.com

Lieber Leser,

obwohl die Automobile von Modellgeneration zu Modellgeneration technisch wesentlich aufwendiger und komplizierter werden, greifen von Jahr zu Jahr immer mehr Heimwerker zum »So wird's gemacht«-Handbuch. Die Erklärung dafür ist einfach: Weil die Technik des Automobils komplizierter geworden ist, kommt man selbst als Fachmann bei Wartungs- und Reparaturarbeiten am Fahrzeug ohne eine spezielle Anleitung nicht mehr aus.

Auch der fachkundige Hobbymonteur, der sein Fahrzeug selbst wartet und repariert, sollte bedenken, daß der Fachmann viel Erfahrung hat und durch die Weiterschulung und den ständigen Erfahrungsaustausch über den neuesten Technikstand verfügt. Mithin kann es für die Überwachung und Erhaltung der Betriebs- und Verkehrssicherheit des eigenen Fahrzeugs sinnvoll sein, in regelmäßigen Abständen eine Fachwerkstatt aufzusuchen.

Grundsätzlich muß sich der Heimwerker natürlich darüber im klaren sein, daß man mit Hilfe eines Handbuches nicht automatisch zum Kfz-Mechaniker wird. Auch deshalb sollte man nur solche Arbeiten durchführen, die man sich selbst zutraut. Das gilt insbesondere für jene Arbeiten, die die Verkehrssicherheit des Fahrzeugs beeinträchtigen können. Gerade in diesem Punkt sorgt das »So wird's gemacht«-Handbuch jedoch für praktizierte Verkehrssicherheit. Durch die exakte Beschreibung der erforderlichen Arbeitsschritte und den Hinweis, die Sicherheitsaspekte nicht außer acht zu lassen, wird der Heimwerker vor der Arbeit entsprechend sensibilisiert und fachlich richtig informiert. Auch wird darauf hingewiesen, im Zweifelsfall die Arbeit lieber einem Fachmann zu überlassen.

Vor jedem Arbeitsgang empfiehlt sich ein Blick in das vorliegende Buch. Dadurch werden Umfang und Schwierigkeitsgrad der Reparatur offenbar. Außerdem wird deutlich, welche Ersatz- oder Verschleißteile eingekauft werden müssen und ob unter Umständen die Arbeit nur mit Hilfe von Spezialwerkzeug durchgeführt werden kann.

Für die meisten Schraubverbindungen ist das Anzugsmoment angegeben. Bei Schraubverbindungen, die in jedem Fall mit einem Drehmomentschlüssel angezogen werden müssen (Zylinderkopf, Achsverbindungen usw.), ist der Wert **fett** gedruckt. Nach Möglichkeit sollte man generell jede Schraubverbindung mit einem Drehmomentschlüssel anziehen. Übrigens: Für viele Schraubverbindungen sind Innen- oder Außen-Torxschlüssel erforderlich.

Als ich Anfang der siebziger Jahre den ersten Band der »So wird´s gemacht-Buchreihe« auf den Markt brachte, wurden im Automobilbau nur ganz wenige elektronische Bauteile eingesetzt. Inzwischen ist das elektronische Management allgegenwärtig; ob bei der Steuerung der Zündung, des Fahrwerks oder der Gemischaufbereitung. Die Elektronik sorgt auch dafür, daß es in verschiedenen Bereichen keine Verschleißteile mehr gibt, wie zum Beispiel der früher für den Zündfunken unentbehrliche Unterbrecherkontakt im Zündverteiler. Das Überprüfen elektronischer Bauteile ist wiederum nur noch mit teuren und speziell auf das Fahrzeugmodell abgestimmten Prüfgeräten möglich, die dem Heimwerker in der Regel nicht zur Verfügung stehen. Wenn also verschiedene Reparaturschritte nicht mehr beschrieben werden, so liegt das ganz einfach am vermehrten Einsatz von elektronischen Bauteilen.

Das vorliegende Buch kann natürlich auch nicht auf jede aktuelle, technische Frage eingehen. Dennoch hoffe ich, daß die getroffene Auswahl an Reparatur-, Wartungs- und Pflegehinweisen in den meisten Fällen die auftretenden Probleme zufriedenstellend löst.

Rüdiger Etzold

Inhaltsverzeichnis

Motor

Die Motoren im VW T4

Für den Antrieb stehen im VW T4 sowohl Benzin- wie auch Diesel-Motoren mit 4 und 5 Zylindern sowie ein 6-Zylinder-VR-Benzinmotor zur Verfügung. Das Triebwerk ist im Motorraum quer zur Fahrtrichtung eingebaut. Der 5-Zylindermotor wird mit, der 4-Zylindermotor ohne Getriebe nach unten ausgebaut.

Arbeiten am Motor werden durch die kurze Motorhaube und den damit verbundenen schlechten Zugang zum Motorraum erschwert. Aus diesem Grund läßt sich auf einfache Weise der Kühler mit Kühlergrill und Lüfter komplett nach vorn herausklappen. Das Vorklappen des Kühlers ist für fast alle Arbeiten am Motor erforderlich und hinter dem Kapitel »Motor aus- und einbauen« beschrieben.

In den aus Grauguß bestehenden Motorblock sind die Zylinderbohrungen eingelassen. Beim VR6-Motor sind die Zylinder wie bei einem **R**eihenmotor in einem Block, jedoch **V**-förmig in einem Winkel von 15° angeordnet, daher die Bezeichnung VR6.

Bei hohem Verschleiß oder Riefen an den Zylinderwänden können die Zylinder von einer Fachwerkstatt gehont, also ausgeschliffen werden. Anschließend müssen dann allerdings Kolben mit Übermaß eingebaut werden. Im unteren Teil des Motorblocks befindet sich die Kurbelwelle, die von den Kurbelwellenlagern abgestützt wird. Über Gleitlager sind die Pleuel, die die Verbindung zu den Kolben herstellen, mit der Kurbelwelle verbunden. Den unteren Abschluß des Motors bildet die Ölwanne in der sich das für die Schmierung und Kühlung erforderliche Motoröl sammelt. Oben auf den Motorblock ist der Leichtmetall-Zylinderkopf aufgeschraubt. Er besteht aus Aluminium, weil dieses Metall eine bessere Wärmeleitfähigkeit und ein geringeres spezifisches Gewicht gegenüber Grauguß aufweist.

Beim 4- und 5-Zylinder-Motor sind Abgas- und Ansaugkrümmer platzsparend auf einer Seite an den Zylinderkopf angeschraubt. Oben im Zylinderkopf befindet sich die Nockenwelle. Sie wird über einen Zahnriemen von der Kurbelwelle angetrieben. Die Nockenwelle betätigt über hydraulische Tassenstößel die senkrecht hängenden Ein- und Auslaßventile. Die Hydrostößel gleichen automatisch jegliches Ventilspiel aus, so daß das Einstellen des Ventilspiels im Rahmen der Wartung entfällt.

Beim 6-Zylinder-Motor werden die beiden obenliegenden Nockenwellen von Steuerketten angetrieben. Sie betätigen beim 103-kW-Motor je ein Einlaß- und ein Auslaßventil pro Zylinder über hydraulische Tassenstößel.

Der 150-kW-Motor besitzt 4 Ventile pro Zylinder, die über Rollenschlepphebel betätigt werden. Die Schlepphebel stützen sich an hydraulischen Ausgleichelementen ab, die jegliches Ventilspiel ausgleichen. Beide Nockenwellen können vom Motor-Steuergerät je nach Motordrehzahl und Motorlast gegenüber der Kurbelwelle verstellt werden. Dadurch ergeben sich optimale Ventilsteuerzeiten, die bei niedrigen und mittleren Drehzahlen für mehr Drehmoment, bei hohen Drehzahlen für mehr Leistung sorgen.

Für die Motorschmierung sorgt eine Ölpumpe, die beim 5-Zylindermotor vorn am Zylinderkurbelgehäuse befestigt ist und von der Kurbelwelle angetrieben wird. Bei den 4- und 6-Zylindermotoren befindet sich die Ölpumpe in der Ölwanne und wird durch die Zwischenwelle angetrieben. Das im Ölsumpf angesaugte Öl gelangt über Bohrungen und Kanäle zu den Lagern der Kurbel- und Nockenwelle sowie in die Zylinderlaufbahnen.

Die Kühlmittelpumpe befindet sich beim 5- und 6-Zylindermotor vorn im Kurbelgehäuse und wird durch den Zahnriemen (5-Zylinder-Motor) beziehungsweise durch einen Keilrippenriemen (6-Zylinder-Motor) angetrieben. Beim 4-Zylindermotor ist die Kühlmittelpumpe seitlich am Motorblock angeflanscht. Der Antrieb der Kühlmittelpumpe erfolgt über einen Keilriemen, der unter anderem auch den Generator antreibt. Ein zusätzlicher Keilriemen sorgt für den Antrieb der Lenkhilfpumpe. Zu beachten ist, daß der Kühlmittelkreislauf ganzjährig mit einer Mischung aus Kühlerfrost- und Korrosionsschutzmittel sowie kalkarmem Wasser befüllt sein muß.

Für die Aufbereitung eines zündfähigen Kraftstoff-Luftgemisches steht eine Kraftstoffeinspritzung zur Verfügung, die in der Regel wartungsfrei arbeitet.

Beim Benzinmotor wird der Zündfunke von einer elektronischen Zündanlage erzeugt, die den Zündzeitpunkt praktisch konstant hält. Der Zündverteiler ist, je nach Motor, an der linken Seite des Motorblocks beziehungsweise hinten am Zylinderkopf angeflanscht. Er wird beim 4-Zylindermotor über eine Verzahnung durch die Zwischenwelle angetrieben. Die Zwischenwelle ihrerseits wird über den Zahnriemen von der

Kurbelwelle angetrieben. Beim 5-Zylindermotor erfolgt der Antrieb des Verteilers direkt durch die Nockenwelle.

Der Dieselmotor besitzt keine Zündanlage, da sich aufgrund der hohen Verdichtung die Luft so weit erwärmt, daß nach Einspritzen des Kraftstoffes die Zündung von selbst erfolgt. Die Einspritzpumpe ist seitlich am Motorblock angeflanscht und wird durch einen Zahnriemen angetrieben.

Warnhinweis: Der Kühler-Lüfter kann sich auch bei abgestelltem Motor und ausgeschalteter Zündanlage einschalten. Hervorgerufen durch Stauwärme im Motorraum kann dies auch mehrmals geschehen. Bei Arbeiten im Motorraum und warmem Motor muß deshalb immer mit einem plötzlichen Einschalten des Kühler-Lüfters gerechnet werden.

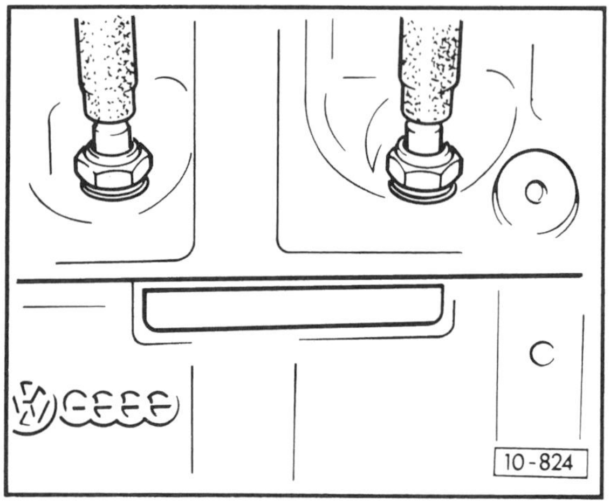

- Motornummer und Kennbuchstaben sind am Motorblock oberhalb des Ölfilters eingeschlagen. Die Abbildung zeigt den 4-Zylinder-Benzinmotor.
  - **5-Zylinder-Benzinmotor:** Am Motorblock zwischen Zylinder 2 und 3.
  - **VR6-Motor:** Am Motorblock auf der linken Seite des Motors hinter dem Zylinderkopfdeckel.
  - **4-Zylinder-Dieselmotor:** Am Motorblock zwischen Einspritzpumpe und Vakuumpumpe.
  - **5-Zylinder-Dieselmotor:** Am Motorblock neben der Einspritzpumpe. Die Motorkennbuchstaben sind ebenfalls oben am Sammelsaugrohr eingeprägt.

Hinweis: Bei einigen Motoren befindet sich zusätzlich ein Aufkleber mit Motornummer und Kennbuchstaben auf dem Zahnriemenschutz oben.

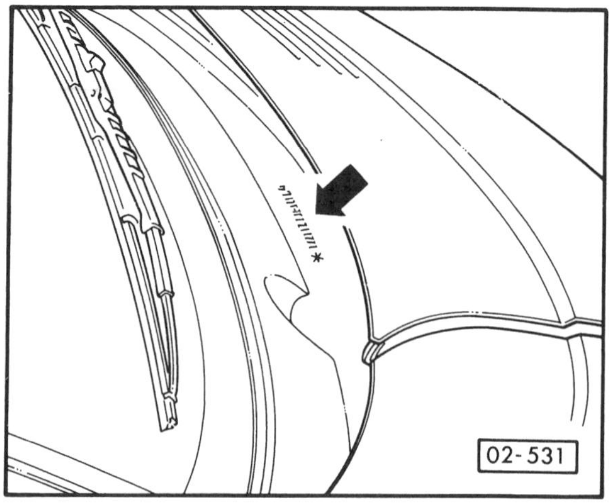

- Die Fahrgestellnummer ist außen rechts unterhalb der Windschutzscheibe angebracht.

Aufschlüsselung der Fahrgestellnummer:

Aufschlüsselung:

WV2	ZZZ	70	V	R	H	000 001
①	②	③	④	⑤	⑥	⑦

① Herstellerzeichen: WV2 = Volkswagen AG

② Füllzeichen, außer Modelle für USA

③ 2stellige Typenkurzbezeichnung aus den ersten beiden Stellen der offiziellen Typenbezeichnung.
70 = VW T4

④ Weitere Füllzeichen

⑤ Angabe des Modelljahres: W – 1998; X – 1999; Y – 2000; 1 – 2001; 2 – 2002

⑥ Produktionsstätten innerhalb des VW-Konzerns, H – Hannover, W – Wolfsburg, E – Emden, A – Ingolstadt, N – Neckarsulm, K – Osnabrück, B – Brüssel.

⑦ Laufende Numerierung; beginnt in jedem Modelljahr mit 000 001.

Fahrzeugdatenträger

Der Fahrzeugdatenträger befindet sich im Innenraum auf der Fahrerseite, und zwar entweder an der A-Säule, neben der Zentralelektrik, oder unterhalb der Schalttafel im Bereich der Zentralelektrik.

Der Aufkleber enthält folgende Daten:

1. Produktions-Steuerungsnummer
2. Fahrzeug-Identifizierungsnummer
3. Typ-Kennummer
4. Typerklärung/Motorleistung
5. Motor- und Getriebekennbuchstaben
6. Lacknummer/Innenausstattungs-Kennummer
7. Mehrausstattungs-Kennummer

Die Angaben auf dem Fahrzeugdatenträger stehen auch im Serviceplan des Fahrzeugs.

Die wichtigsten Motordaten VW T4

Motor/Modell	2.0	2.5	2.5	2.5	2.8	2.8	1.9
Motor-Kennbuchstaben	AAC	AAF	ACU	AET²⁾/APL³⁾/ AVT	AES	AMV	1X
Fertigung von – bis	9/90 – 1/03	12/90 – 2/94	3/94 – 7/96	8/96 – 1/03	1/96 – 5/00	5/00 – 1/03	9/90 – 7/96
Hubraum cm^3	1968	2461	2461	2461	2792	2792	1896
Leistung kW bei 1/min PS bei 1/min	62/4300 84/4300	81/4500 110/4500	81/4500 110/4500	85/4500 115/4500	103/4750⁵⁾ 140/4750	150/6200 204/6200	45/3700 60/3700
Drehmoment Nm bei 1/min	159/2200	190/2200	195¹⁾/2200	200/2200	240/3200	245/2500	127/1700
Bohrung ∅ mm	81,0	81,0	81,0	81,0	81,0	81,0	79,5
Hub mm	95,5	95,5	95,5	95,5	90,3	90,3	95,5
Verdichtung	8,5	8,5	10,0	10,0	10,0	10,75	22,5
Motormanagement	Digifant	Digifant	Digifant	Simos⁴⁾	Motronic	Motronic	Saug-Diesel
Kraftstoff bleifrei ROZ	Normal 91	Normal 91	Super 95	Super 95	Super 95	S Plus 98	Diesel
Zylinderzahl	4	5	5	5	6	6	4
Zündfolge	1-3-4-2	1-2-4-5-3	1-2-4-5-3	1-2-4-5-3	1-5-3-6-2-4	1-5-3-6-2-4	1-3-4-2

Motor/Modell	1.9	2.4	2.4	2.5	2.5	2.5
Motor-Kennbuchstaben	ABL	AJA	AAB	AJT	ACV/AUF/ AXL/AYC	AHY/AXG
Fertigung von – bis	10/92 – 1/03	4/97 – 1/03	9/90 – 3/97	4/98 – 1/03	8/95 – 1/03	4/98 – 1/03
Hubraum cm^3	1896	2370	2370	2461	2461	2461
Leistung kW bei 1/min PS bei 1/min	50/3700 68/3700	55/3700 75/3700	57/3700 78/3700	65/3600 88/3600	75/3500 102/3500	111/4000 150/4000
Drehmoment Nm bei 1/min	140/2000	160/1900	164/1800	195/1900	250/2300⁶⁾	295/1900
Bohrung ∅ mm	79,5	79,5	79,5	81,0	81,0	81,0
Hub mm	95,5	95,5	95,5	95,5	95,5	95,5
Verdichtung	22,5	23	22,5	19,5	20,5⁷⁾	19,5
Motormanagement	Turbo-Diesel	Saug-Diesel	Saug-Diesel	TDI	TDI	TDI
Kraftstoff	Diesel	Diesel	Diesel	Diesel	Diesel	Diesel
Zylinderzahl	4	5	5	5	5	5
Zündfolge	1-3-4-2	1-2-4-5-3	1-2-4-5-3	1-2-4-5-3	1-2-4-5-3	1-2-4-5-3

¹) 190 Nm, wenn Normalbenzin (ROZ 91) getankt wird.
²) AET: mit Abgasrückführung.
³) APL: mit 2 Lambda-Sonden.
⁴) AET: Simos 5S, APL/AVT: Simos 3.5.
⁵) seit 8/97: 103 kW (140 PS) bei 4500/min.
⁶) Maximales Motor-Drehmoment ACV seit 8/97: 250 Nm bei 1900/min;
AYC: 250 Nm bei 1900/min;
AXL: 250 Nm bei 1800/min.
⁷) Verdichtungswert für AUF/AXL/AYC: 19,0.

TDI = Turbo Direct Injection = Turbodiesel-Direkteinspritzer.

Motor aus- und einbauen

4-Zylinder-Benzinmotor

Der Motor wird ohne Getriebe nach unten ausgebaut. Zum Ausbau des Motors wird ein Motorheber beziehungsweise ein Werkstattwagenheber benötigt.

Zum Aufbocken des Wagens werden ein Werkstattwagenheber und vier Unterstellböcke benötigt.

Je nach Baujahr und Ausstattung können die elektrischen Leitungen beziehungsweise Unterdruck- oder Kühlmittelschläuche unterschiedlich im Motorraum verlegt sein. Da im einzelnen nicht auf jede Modell-Variante eingegangen werden kann, empfiehlt es sich, die jeweilige Leitung mit Tesaband zu kennzeichnen, bevor sie abgezogen wird. Alle Kabelbinder, die gelöst oder aufgeschnitten werden, sind beim Motoreinbau an der **gleichen Stelle** wieder anzubringen. Im folgenden wird der Ausbau des 4-Zylinder-Benzinmotors beschrieben.

Ausbau

- Batterie-Massekabel (–) abklemmen. **Achtung:** Dadurch werden aus dem Speicher des Radios der Code für die Diebstahlsicherung sowie die eingestellten Sender gelöscht. Die Batterie darf nur bei ausgeschalteter Zündung abgeklemmt werden, **da sonst das Steuergerät der Einspritzanlage beschädigt wird.** Vor dem Abklemmen sollten auch die Hinweise im Kapitel »Radio-« bzw. »Batterie aus- und einbauen« durchgelesen werden.
- Fahrzeug aufbocken.

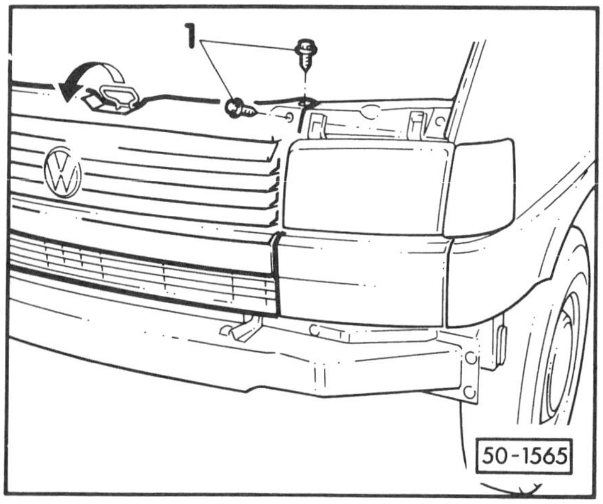

- Kühler vorklappen. Dazu die Befestigungsschrauben –1– links und rechts herausschrauben.
- Kühler und Schloßträger nach vorn herausklappen.
- Untere Motorraumabdeckung ausbauen.
- Abgasanlage zwischen Abgaskrümmer und vorderem Abgasrohr trennen, siehe Seite 117.
- Kühlmittel ablassen, siehe Seite 77.
- Alle Kühlmittelschläuche vom Motor abziehen, vorher Klemmschellen mit Zange zusammendrücken und zurückschieben:
  - Oberen Schlauch vom Kühler am Kühlmittelstutzen.
  - Unteren Schlauch am Ölkühler.
  - Schlauch am Kühlmittelreglergehäuse.
  - Kühlmittelrohr unten von der Kühlmittelpumpe.
  - 2 Schläuche vom Ausgleichbehälter und vom Wärmetauscher am Kühlmittelrohr.

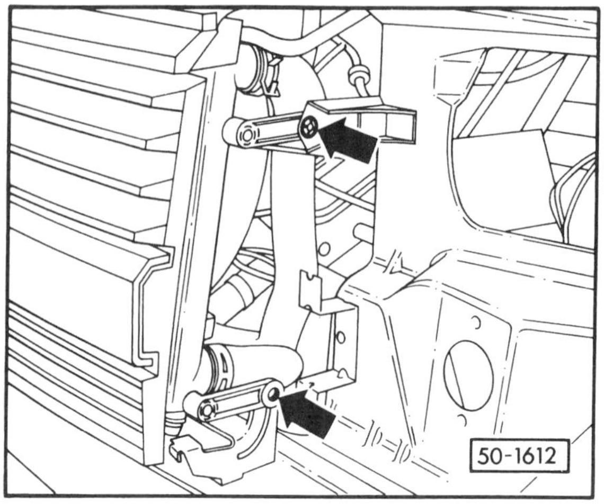

- Stifte aus den Spreizclips –Pfeile– rechts und links heraustreiben und Spreizclips aus den Kühlerhaltern ausclipsen.
- Kühler ausbauen, siehe Seite 79.
- Alle elektrischen Leitungen zum Motor abziehen:
  - Stecker vom CO-Potentiometer.
  - Stecker vom Drosselklappenpotentiometer.
  - Stecker vom Sammelanschluß für Einspritzventile.
  - Stecker vom Ventil für Leerlaufstabilisierung.
  - Stecker vom Kaltstartventil.
  - Stecker vom Hallgeber am Zündverteiler.
  - Steckverbindung für Lambdasonde, unter dem Fahrzeug am Aggregateträger rechts.
  - Stecker vom Druckschalter am Lenkgetriebe der Servolenkung, falls vorhanden.
  - 2 Stecker von den Kühlmitteltemperaturgebern.
  - Stecker von den Öldruckschaltern oben am Ölkühler und an der linken Stirnseite des Zylinderkopfes.
  - Massekabel vom Zylinderkopfdeckel.
  - Am Generator dicke Leitung (B+) und dünne blaue Leitung (D+) abklemmen.
- Motorkabelstrang durch das Sammelsaugrohr herausziehen, vorher Einbaulage der Kabelbinder mit Filzstift markieren und Kabelbinder öffnen beziehungsweise aufschneiden.
- Zündverteilerkappe ausbauen, sämtliche Zündkerzenstecker abziehen und zusammen zur Seite legen.
- Gaszug am Drosselklappenteil und am Widerlager aushängen, siehe Seite 89.

- Luftschlauch zwischen Luftfilter und Drosselklappengehäuse von den Anschlußstellen abziehen, Ventil für Leerlaufstabilisierung mit Halter abschrauben und herausziehen, Kurbelgehäuse-Entlüftungsschlauch abziehen, Schlauch für Leerlaufstabilsierung am Luftfiltergehäuse abziehen und Luftschlauch komplett mit Ventil für Leerlaufstabilisierung herausnehmen.
- Alle Unterdruckschläuche vom Motor abziehen:
  - Am Drosselklappenteil für Ansaugluftvorwärmung, für Magnetventil Aktivkohlebehälter, für Digifant-Steuergerät.
  - Am Rückschlagventil für Bremskraftverstärker.
- Kraftstoffvorlaufleitung (schwarz) am Abzweigstück zum Kaltstartventil und Kraftstoffverteiler und Rücklaufleitung (blau) am Kraftstoffverteiler abziehen, vorher Schlauchklemmen lösen. Beim Abziehen Lappen unterlegen und eventuell auslaufenden Kraftstoff auffangen. Leitungen umgehend mit geeignetem Stopfen verschließen. Dazu beispielsweise saubere Schrauben mit entsprechendem Gewindedurchmesser in die Schläuche stecken.

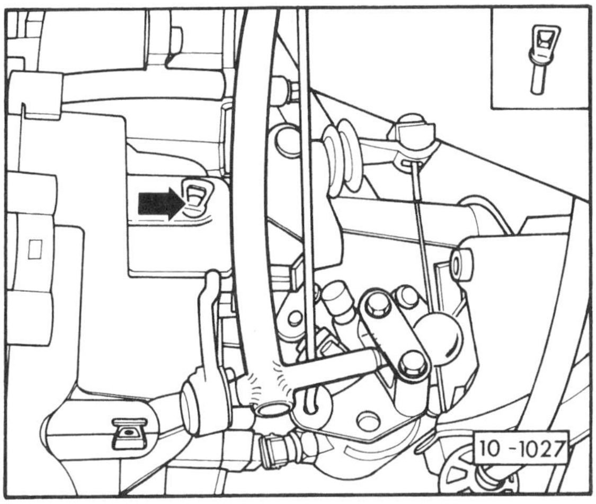

- Am Getriebegehäuse Gummiverschlußstopfen aus der Bohrung herausnehmen und den Kupplungsausrückhebel durch einen Montagestift –Pfeil– oder eine Schraube M8x22 sichern.
- Bei Fahrzeugen mit **Servolenkung** die Flügelpumpe mit Halter abschrauben und mit Draht am Aufbau aufhängen. Die Schläuche bleiben angeschlossen. **Achtung:** Die Schläuche dürfen **nicht** geknickt werden. Wenn die Hydraulikleitungen geöffnet werden, muß das System nach dem Einbau entlüftet werden, siehe Seite 155.

Fahrzeuge mit Klimaanlage

- Keilriemen für Kompressor entspannen und abnehmen, siehe Seite 53.
- Kältekompressor mit Halter abschrauben und mit angeschlossenen Leitungen seitlich am Aufbau aufhängen.

Achtung: Der Kältemittelkreislauf darf nicht geöffnet werden. Das Kältemittel enthält Frigen oder Freon, welches bei Hautberührung zu Erfrierungen führen kann.

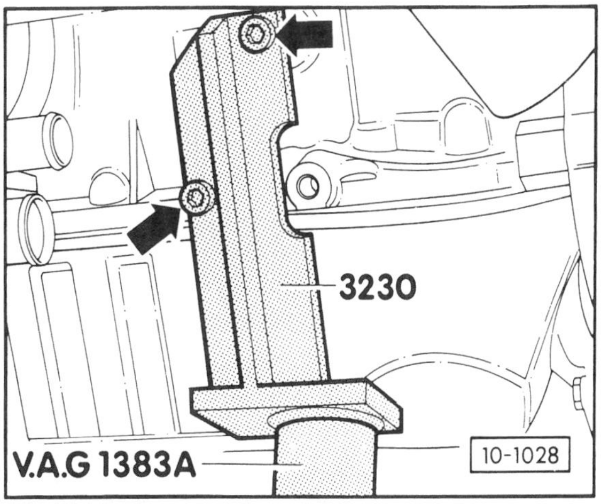

- Montagevorrichtung VW-3230 am Motorblock vorn unterhalb des Ölfilterhalters anschrauben –Pfeile–. Schrauben mit **20 Nm** anziehen.
- Alle Befestigungsschrauben Motor/Getriebe unten herausdrehen.
- Motorstütze hinten ausbauen.
- Motor-/Getriebeheber V.A.G-1383A unter der Montagevorrichtung VW-3230 plazieren und Motor/Getriebe so weit anheben, bis die Motor-/Getriebelager entlastet sind. Steht der Motor-/Getriebeheber V.A.G-1383A und die Montagevorrichtung VW-3230 nicht zur Verfügung, stattdessen einen Werkstattwagenheber mit Holzunterlage verwenden.
- Zentralschrauben für Motorlager rechts herausdrehen.
- Motorstütze rechts ausbauen.
- Alle Befestigungsschrauben Motor/Getriebe oben herausdrehen und Motor vom Getriebe wegziehen.
- Motor mit Heber vorsichtig absenken.

Achtung: Motor beim Absenken sorgfältig führen, um Beschädigungen an Aufbau, Motor und Getriebe zu vermeiden.

Einbau

- Motorlager, Kühlmittel-, Öl- und Kraftstoffschläuche auf Porosität oder Risse prüfen, falls erforderlich erneuern.
- Kupplungs-Mitnehmerscheibe auf ausreichende Belagdicke sowie Belagzustand prüfen. Bei fortgeschrittenem Verschleiß beziehungsweise hoher Kilometerleistung Kupplung komplett austauschen. Falls das Kupplungsausrücklager beim Treten des Kupplungspedals Geräusche verursachte, Lager auswechseln.
- Kupplungsausrücklager auf Verschleiß prüfen, gegebenenfalls ersetzen, siehe Seite 125.
- Kupplungsausrücklager und Verzahnung der Antriebswelle reinigen und dünn mit MoS_2- oder V.A.G-Fett G000100 schmieren. **Achtung:** Führungshülse des Ausrücklagers **nicht** schmieren.

- Prüfen, ob die Paßhülsen zur Zentrierung von Motor und Getriebe im Motorblock vorhanden sind, gegebenenfalls Paßhülsen einsetzen.
- Zwischenplatte auf Paßhülsen aufsetzen und an einigen Punkten mit etwas Fett am Motorblock ankleben.
- Motor vorsichtig in den Motorraum einführen. Beim Anheben darauf achten, daß der Motor sorgfältig geführt wird, um Beschädigungen an Antriebswelle, Kupplung und Aufbau zu vermeiden.
- **Neue,** selbstsichernde Muttern für Motorlager anschrauben, nicht festziehen.
- Motor am Getriebe anflanschen. Dabei Getriebe-Antriebswelle so verdrehen, daß sie in Kupplung und Schwungrad eingreift. Es kann auch die Kurbelwelle an der Zentralschraube entsprechend verdreht werden.
- Verbindungsschrauben Motor/Getriebe mit folgendem Anzugsdrehmoment festziehen:
  M8-Schrauben mit **20 Nm**;
  M10-Schrauben mit **60 Nm**;
  M12-Schrauben mit **80 Nm.**
- Abdeckblech für Schwungrad mit 20 Nm anschrauben.
- Motor durch kräftige Schüttelbewegungen spannungsfrei einrichten. Anschließend Motorlager mit folgenden Drehmomenten festziehen:
  Motorlager an Motorträger, M10: **65 Nm**;
  Motorstütze rechts an Motorblock: **50 Nm + 90°** (¼ Umdrehung) weiterdrehen;
  Motorstütze hinten an Motorblock, M8: **20 Nm**;
  Motorstütze hinten an Motorblock, M10: **45 Nm**;
  Motorstütze hinten an Getriebe, M8: **20 Nm**.
- Montagevorrichtung VW-3230 vom Motorblock abschrauben.
- Kraftstoffvorlaufleitung (schwarz) am Abzweigstück und Rücklaufleitung (blau) am Kraftstoffverteiler aufschieben und mit Schlauchklemmen sichern. Kraftstoffvor- und Rücklaufleitung **nicht** verwechseln.
- Falls ausgebaut, Kältekompressor und Servopumpe anschrauben. Anzugsdrehmoment Servopumpe: **20 Nm.** Keilriemen auflegen und spannen, siehe Seite 53.
- Montagestift oder eine Schraube M8x22 am Getriebegehäuse herausnehmen. Bohrung mit Gummiverschlußstopfen verschließen und prüfen, ob die Druckstange für den Kupplungsausrückhebel in richtiger Einbaulage sitzt.
- Vorderes Abgasrohr am Krümmer spannungsfrei befestigen, siehe Seite 117.
- Kühlmittelrohr zwischen Kühlmittelregler und Kühlmittelschlauch vom Wärmetauscher für Heizung einbauen.
- Kühler einbauen, siehe Seite 79.
- Sämtliche Kühlmittelschläuche anschließen und mit Schellen sichern:
  - Oberen Schlauch vom Kühler am Kühlmittelstutzen.
  - Unteren Schlauch am Ölkühler.
  - Schlauch am Kühlmittelreglergehäuse.
  - 2 Schläuche vom Ausgleichbehälter und vom Wärmetauscher am Kühlmittelrohr.
- Motorkabelstrang durch das Sammelsaugrohr ziehen.
- Folgende elektrischen Leitungen entsprechend der Kennzeichnung mit Tesaband aufschieben und einrasten bzw. anklemmen.
  - Stecker an CO-Potentiometer.
  - Stecker an Drosselklappenpotentiometer.
  - Stecker an Sammelanschluß für Einspritzventile.
  - Stecker an Ventil für Leerlaufstabilisierung.
  - Stecker an Kaltstartventil.
  - Stecker an Hallgeber am Zündverteiler.
  - Steckverbindung für Lambdasonde, unter dem Fahrzeug am Aggregateträger rechts.
  - Stecker an Druckschalter am Lenkgetriebe der Servolenkung, falls vorhanden.
  - 2 Stecker an die beiden Kühlmitteltemperaturgeber.
  - Stecker für Öldruckschalter oben am Ölkühler und an der linken Stirnseite des Zylinderkopfes.
  - Massekabel vom Zylinderkopfdeckel.
  - Am Generator dicke Leitung (B+) und dünne blaue Leitung (D+), graue Abdeckkappe aufdrücken.
- Elektrische Leitungen an denselben Stellen wie bisher mit neuen Kabelbindern sichern.
- Untere Motorraumabdeckung einbauen, siehe Seite 17.
- Fahrzeug ablassen.
- Zündverteilerkappe einbauen, sämtliche Zündkerzenstecker aufstecken.
- Luftschlauch zwischen Luftfilter und Drosselklappengehäuse komplett mit Ventil für Leerlaufstabilisierung einsetzen, Schläuche aufschieben und mit Schellen sichern.
- Ventil für Leerlaufstabilisierung mit Halter am Sammelsaugrohr anschrauben.
- Gaszug am Drosselklappenteil und am Widerlager einhängen und einstellen, siehe Seite 89.
- Alle Unterdruckschläuche zum Motor aufschieben:
  - Schlauch für Ansaugluftvorwärmung am Drosselklappenteil.
  - Schlauch für Magnetventil Aktivkohlebehälter am Drosselklappenteil.
  - Schlauch für Digifant-Steuergerät am Drosselklappenteil.
  - Schlauch für Bremskraftverstärker am Rückschlagventil.
- Ölstand in Motor und Getriebe prüfen, gegebenenfalls auffüllen.
- Kühlmittel auf Gefrierschutz prüfen und auffüllen, siehe Seite 79.
- Batterie-Massekabel (–) anklemmen. Code für die Diebstahlsicherung eingeben, Sender programmieren und Zeituhr einstellen. **Achtung:** Die Batterie darf nur bei **ausgeschalteter Zündung angeklemmt werden, da sonst das Steuergerät der Einspritzanlage beschädigt wird.**
- Motor auf Betriebstemperatur bringen, Ölstand und Kühlmittelstand überprüfen und sämtliche Schlauchanschlüsse auf Dichtheit prüfen.
- Zündzeitpunkt prüfen, siehe Seite 63.
- Leerlauf und CO-Gehalt prüfen, siehe Seite 92.
- Scheinwerfereinstellung prüfen, siehe Seite 261.

Kühler vorklappen

Alle Motoren

Arbeiten am Motor werden durch die kurze Motorhaube und den damit verbundenen schlechten Zugang zum Motorraum erschwert. Daher läßt sich auf einfache Weise der Kühler mit Kühlergrill und Lüfter komplett nach vorn herausklappen. Beachte hierzu auch das Kapitel »Kühlergrill aus- und einbauen«.

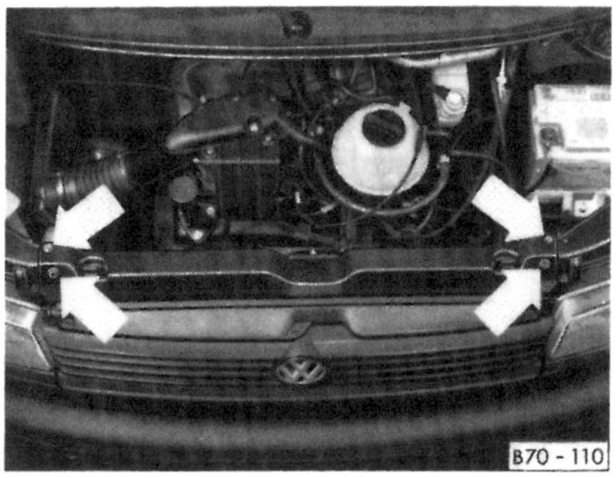

- 4 Schrauben –Pfeile– oben am Kühler herausdrehen.

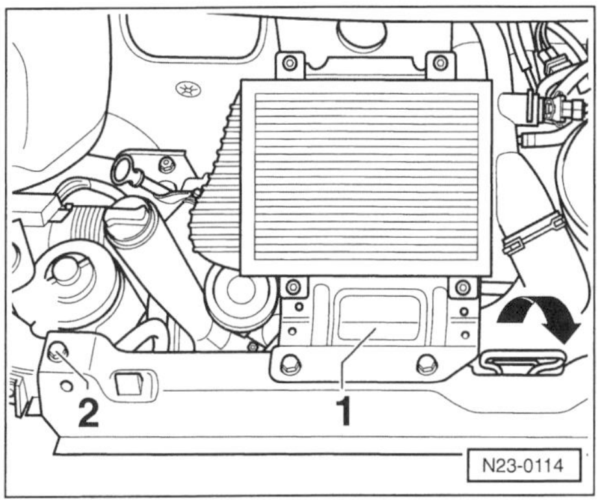

- TDI: Halter für Ladeluftkühler –1– abschrauben. Schrauben –2– links und rechts herausdrehen.

- Kühler am Schließbügel in der Mitte zuerst nach oben, dann nach vorn ziehen, siehe auch Pfeile in der Abbildung.

Falls dieser Zugang zum Motorraum nicht ausreicht, Kühler an den Scharnierbügeln aushängen und abstützen.

- Verbindungsschlauch vom Kühler zum Ausgleichbehälter abziehen und mit einer sauberen, passenden Schraube verschließen.

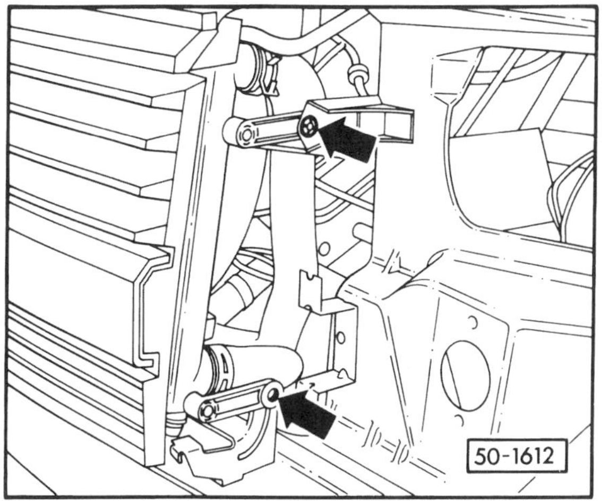

- Stifte aus den Spreizclips –Pfeile– rechts und links heraustreiben und Spreizclips aus den Kühlerhaltern ausclipsen.
- Kühler so weit nach vorn ziehen, wie es die angeschlossenen Kühlmittelschläuche erlauben. Kühler abstützen und mit Draht sichern.
- Wenn noch mehr Platz benötigt wird, Kühler komplett ausbauen, siehe Seite 79.

Motorraumabdeckung unten aus- und einbauen

Alle Motoren

Ausbau

- Fahrzeug aufbocken.

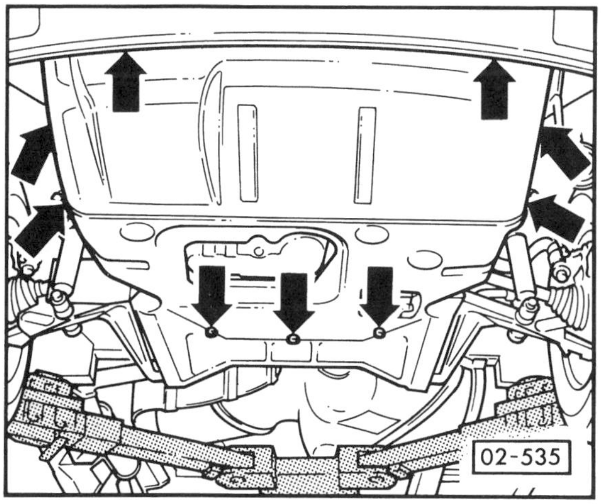

- Kombi-Sechskantschrauben und Sechskantmuttern abschrauben –Pfeile–.
- Verriegelungshebel entriegeln.
- Abdeckung herunterschwenken und an den Haltern aushaken.

Einbau

- Abdeckung an den Haltern einhaken und mit den Verriegelungshebeln fixieren.
- Schrauben und Muttern mit 9 Nm festziehen.
- Fahrzeug ablassen.

Keilriementrieb/Zahnriementrieb

4-Zylinder-Benzinmotor

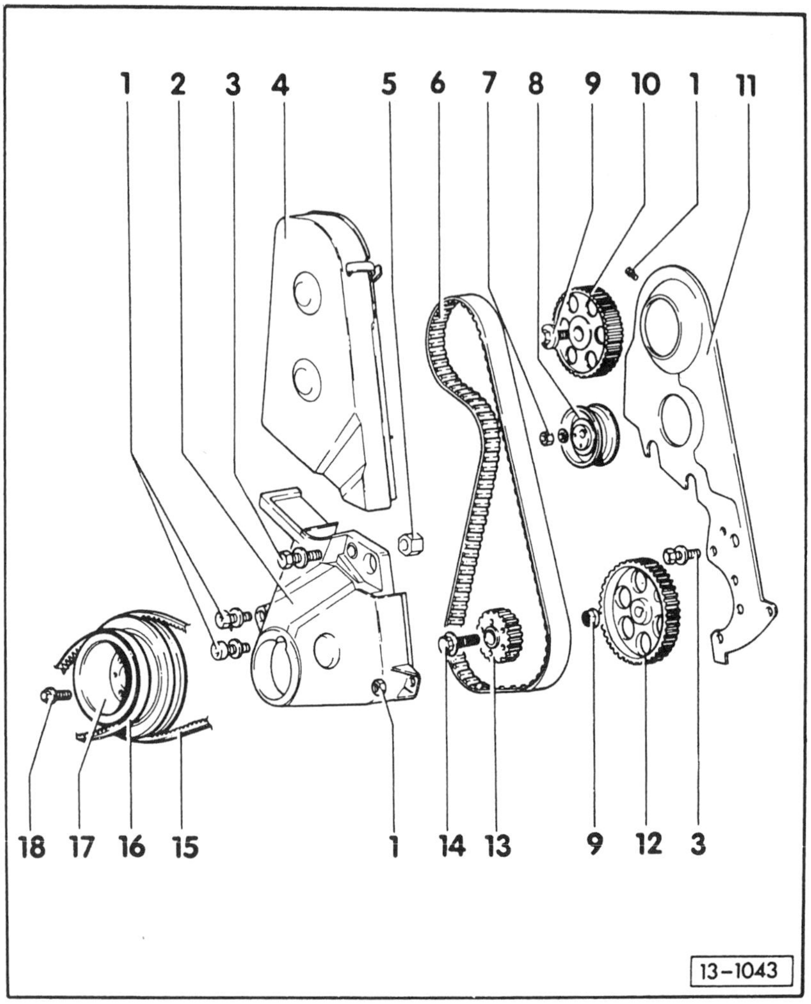

1 – **Schraube, 10 Nm**
2 – **Zahnriemenschutz unten**
3 – **Schraube, 20 Nm**
4 – **Zahnriemenschutz oben**
5 – **Distanzstück**
6 – **Zahnriemen**
Vor dem Ausbau Laufrichtung kennzeichnen. Der Zahnriemen darf **nicht** geknickt werden.
7 – **Mutter, 45 Nm**
8 – **Spannrolle**
9 – **Befestigungsschraube, 80 Nm**
10 – **Nockenwellenrad**
Stellung beim Einbau des Zahnriemens beachten.
11 – **Zahnriemenschutz hinten**
12 – **Zwischenwellenrad**
Stellung beim Einbau des Zahnriemens beachten.
13 – **Zahnriemenrad Kurbelwelle**
14 – **Schraube, Anzugsdrehmoment: 90 Nm + ¼ Umdrehung (90°)**
Schraube immer ersetzen. Lösen und Anziehen mit Gegenhalter V.A.G-3099. Schraube mit geöltem Gewinde einsetzen. Das Weiterdrehen der Schraube um 90° kann in mehreren Stufen erfolgen.
15 – **Keilriemen für Generator**
Spannung durch Daumendruck prüfen. Durchdrückung neu – ca. 2 mm, gelaufen – ca. 5 mm.
16 – **Keilriemen für Flügelpumpe Servolenkung**
Spannung durch Daumendruck prüfen. Durchdrückung neu und gelaufen – ca. 5 mm.
17 – **Schwingungsdämpfer**
Montage ist nur in **einer** Stellung möglich, Bohrungen sind versetzt .
18 – **Schraube, mit Bund: 25 Nm**
ohne Bund: 20 Nm

Keilrippenriementrieb ab 1/96

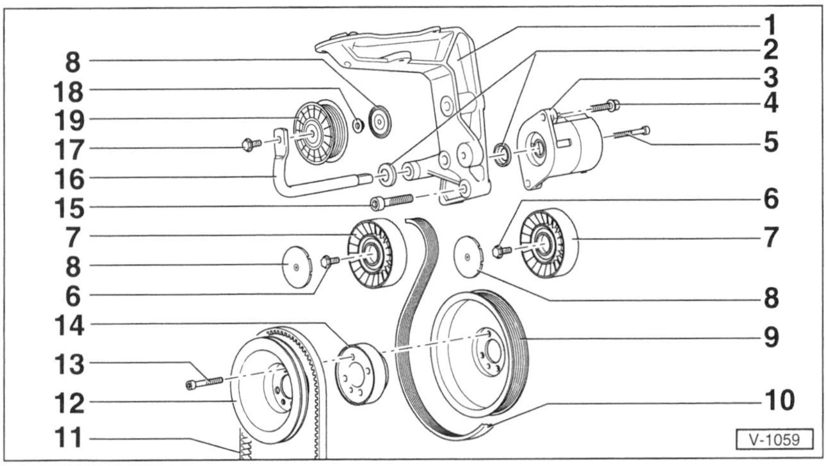

1 – **Halter**
2 – **Dichtring**
3 – **Spannelement**
4 – **Schraube, 20 Nm**
5 – **Schraube, 10 Nm**
6 – **Schraube, 20 Nm**
7 – **Umlenkrolle**
8 – **Schutzkappe**
9 – **Keilrippenriemenscheibe**
10 – **Keilrippenriemen**
11 – **Keilriemen**
12 – **Keilriemenscheibe**
13 – **Schraube, mit Bund: 25 Nm**
ohne Bund: 20 Nm
14 – **Distanzstück**
15 – **Schraube, 40 Nm**
16 – **Spannhebel**
17 – **Schraube, 6 Nm**
18 – **Mutter**
19 – **Spannrolle**

Zahnriemen entspannen/spannen

4-Zylinder-Benzinmotor

Entspannen

- Oberen Zahnriemenschutz ausbauen.

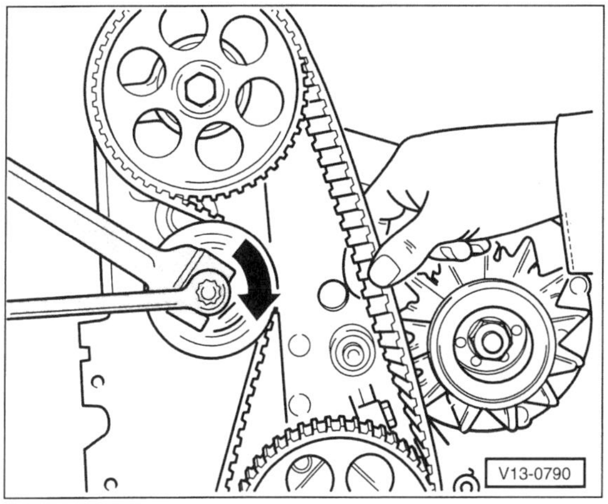

- Mutterndreher, zum Beispiel HAZET 2587, an der Spannrolle ansetzen.
- Befestigungsschraube für Spannrolle mit Ringschlüssel lösen.
- Spannrolle nach links drehen (entgegen der Pfeilrichtung) und Zahnriemen entspannen.

Spannen

- Spannrolle nach rechts drehen –Pfeilrichtung– und Zahnriemen spannen.
- Der Zahnriemen muß sich **mittig** zwischen Nocken- und Zwischenwellenrad mit Daumen und Zeigefinger gerade noch um 90° verdrehen lassen.
- Klemmutter an der Spannrolle mit **45 Nm** festziehen.
- Oberen Zahnriemenschutz einbauen.
- Motor laufen lassen. Ein pfeifender Zahnriemen ist in der Regel zu stark gespannt.

Zahnriemen aus- und einbauen

4-Zylinder-Benzinmotor

Ausbau

- Keilriemen ausbauen, siehe Seite 53.
- Kurbelwelle auf OT für Zylinder 1 stellen und Einstellung nicht mehr verändern.

Hinweis: Als Zylinder 1 wird der Zylinder direkt neben dem Zahnriemen bezeichnet.

Motor auf OT für Zylinder 1 stellen

- Obere Zahnriemenabdeckung ausbauen.
- Stopfen an der Kupplungsglocke herausziehen.
- Motor durchdrehen bis die OT-Markierungen mit ihren Bezugsmarken übereinstimmen.
- Das Durchdrehen des Motors kann auf mehrere Arten erfolgen:

  1. Fahrzeug seitlich vorn aufbocken. Fünften Gang einlegen, Handbremse anziehen. Angehobenes Vorderrad durchdrehen. Dadurch dreht sich auch die Motor-Kurbelwelle. Zum Drehen des Rades wird eine Hilfsperson benötigt.
  2. Fahrzeug auf ebene Fläche stellen. Fünften Gang einlegen. Fahrzeug vor- oder zurückschieben.
  3. Getriebe in Leerlaufstellung schalten, Handbremse anziehen. Motorraumabdeckung unten ausbauen. Kurbelwelle an der Zentralschraube des Schwingungsdämpfers durchdrehen.

Achtung: Motor **nicht** an der Befestigungsschraube der Nockenwelle durchdrehen. Dadurch wird der Zahnriemen überbeansprucht.

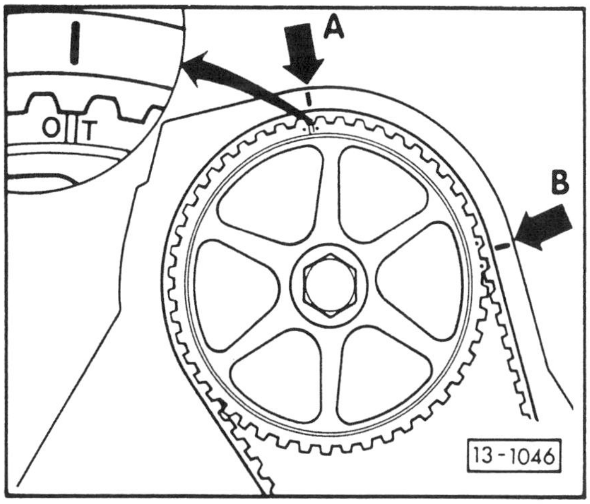

- Motor durchdrehen bis sich die Nockenwelle in OT-Stellung für Zylinder 1 befindet. Die Markierung auf dem Nockenwellenrad stimmt dann mit der Markierung auf der Zahnriemenabdeckung überein. **Achtung:** Es gibt 2 Ausführungen: Pfeil A und Pfeil B.

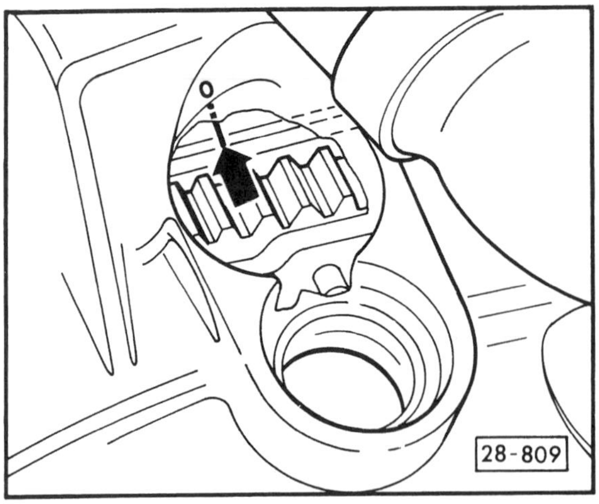

- Gleichzeitig muß die Markierung auf dem Schwungrad beziehungsweise der Mitnehmerscheibe gegenüber der OT-Markierung stehen. Gegebenenfalls Kurbelwelle entsprechend verdrehen.
- Prüfen, ob die beiden Markierungen gleichzeitig übereinstimmen. Der Motor befindet sich dann in OT-Stellung für Zylinder 1.

- Schwingungsdämpfer an der Kurbelwelle abschrauben.
- Oberen und unteren Zahnriemenschutz ausbauen.
- Zahnriemen entspannen und abnehmen.

Einbau

- OT-Stellung von Nocken-, Kurbel- und Zwischenwelle prüfen, gegebenenfalls einstellen.
- Prüfen, ob sich die Nockenwelle in OT-Stellung für Zylinder 1 befindet. Die Markierung auf dem Nockenwellenrad stimmt dann mit der Markierung auf der Zahnriemenabdeckung überein. Gegebenenfalls Nockenwelle ohne aufgelegten Zahnriemen vorsichtig verdrehen.

Achtung: Wenn die Nockenwelle bei ausgebautem Zahnriemen verdreht werden muß, darf kein Kolben auf OT stehen. Hierzu eine Farbmarkierung am Schwingungsdämpfer anbringen und Kurbelwelle um 90° vor- oder zurückdrehen. Anschließend, wenn die Nockenwelle auf OT für Zylinder 1 gestellt wurde, Kurbelwelle wieder in OT-Stellung für Zylinder 1 bringen. Zum Verdrehen der Kurbelwelle Schwingungsdämpfer anschrauben.

- Gleichzeitig muß die Kurbelwelle sich in OT-Stellung befinden. Dies ist der Fall, wenn die Markierung auf dem Schwungrad beziehungsweise der Mitnehmerscheibe gegenüber der OT-Markierung stehen. Gegebenenfalls Kurbelwelle entsprechend verdrehen.

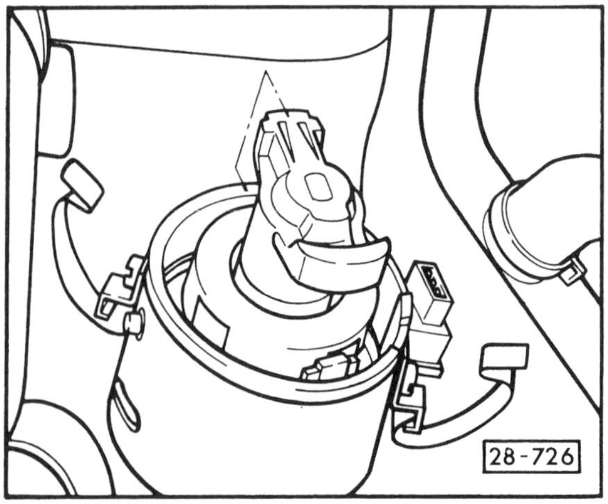

- Gleichzeitig muß die Markierung auf dem Verteilerläufer gegenüber der Markierung am Rand des Verteilergehäuses stehen. Gegebenenfalls Zwischenwellenrad entsprechend verdrehen. Für diese Prüfung Zündverteilerdeckel ausbauen, Verteilerläufer abziehen, Staubkappe abnehmen und Anschließend Verteilerläufer wieder aufstecken.
- Prüfen, ob alle 3 Markierungen gleichzeitig übereinstimmen. Der Motor befindet sich dann in OT-Stellung für Zylinder 1.
- Zahnriemen auf Kurbelwellenrad, Nockenwellenrad und Zwischenwellenrad auflegen.

Achtung: Beim Auflegen des Zahnriemens darf weder die Nockenwellenstellung noch die Kurbelwellen- oder Zwischenwellenstellung verändert werden. Sonst können schwerwiegende Schäden am Motor entstehen, beziehungsweise der Motor gibt nicht mehr seine volle Leistung ab. **Nachdem der Zahnriemen gespannt wurde, Einstellung von Nockenwelle, Zwischenwelle und Riemenscheibe nochmals kontrollieren.** Das bedeutet: Wenn die Markierung auf dem Nockenwellenrad mit der Bezugsmarke auf der Zahnriemenabdeckung übereinstimmt, muß gleichzeitig die Markierung auf dem Schwungrad und die Markierung am Zündverteiler übereinstimmen. Andernfalls ist die Einstellung bei **abgenommenem** Zahnriemen zu wiederholen.

- Schwingungsdämpfer anschrauben.
- Zahnriemen spannen.
- Kurbelwelle zweimal in Motordrehrichtung durchdrehen und Einstellung nochmals überprüfen.
- Schwingungsdämpfer abnehmen.
- Zahnriemenschutz unten einbauen.
- Oberen Zahnriemenschutz einbauen.
- Schwingungsdämpfer ansetzen und mit 25 Nm festschrauben.
- Verteilerdeckel einbauen, vorher Staubkappe einsetzen.
- Keilriemen einbauen und spannen, siehe Seite 53.
- Zündzeitpunkt prüfen, gegebenenfalls einstellen.

Achtung: Bei Reparaturen, die das Abnehmen des Zahnriemens nur vom Nockenwellenrad erfordern, ist die Zahnriemeneinstellung wie folgt vorzunehmen:

- Markierung am Nockenwellenrad muß mit Zylinderkopfdeckel übereinstimmen, siehe Abbildung 13-1046.
- Zahnriemen entspannen und vom Nockenwellenrad abnehmen. **Achtung:** Anschließend Stellung von Nockenwelle und Zwischenwelle nicht mehr verändern.
- Zahnriemen auflegen und spannen.
- Zündverteilerdeckel abnehmen. Prüfen, ob Verteilerläufer zur Markierung für Zylinder 1 am Verteilergehäuse zeigt.
- Sollte das nicht der Fall sein, ist der Zündverteiler so weit zu drehen, bis die Markierungen übereinstimmen. Gegebenenfalls Zündverteiler neu einsetzen, siehe Seite 61.
- Kurbelwelle zweimal durchdrehen und prüfen, ob Nockenwellen- und Kurbelwellenmarkierung mit ihren Bezugspunkten übereinstimmen.
- Zündzeitpunkt prüfen, gegebenenfalls einstellen, siehe Seite 63.
- Motor laufen lassen. Ein pfeifender Zahnriemen ist in der Regel zu stark gespannt.

Der Zylinderkopf

4-Zylinder-Benzinmotor

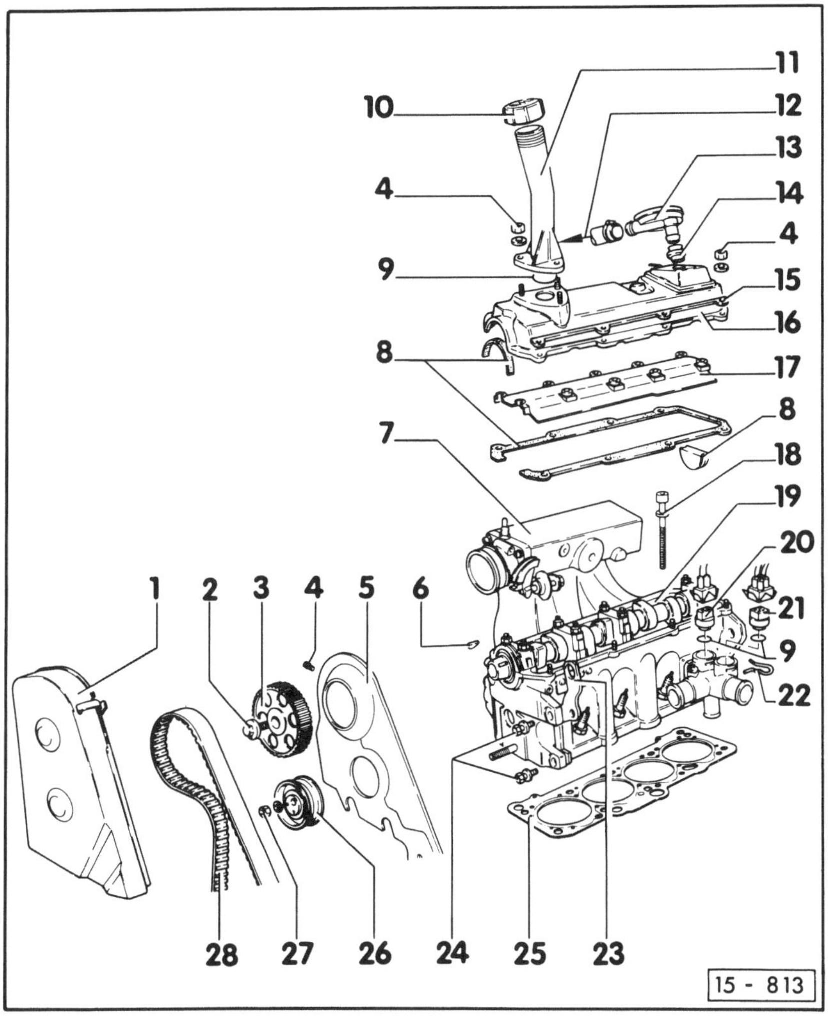

1 – **Zahnriemenschutz oben**
2 – **Befestigungsschraube, 80 Nm**
3 – **Nockenwellenrad**
4 – **Schraube, 10 Nm**
5 – **Zahnriemenschutz hinten**
Zum Ausbau des Zylinderkopfes Befestigungsschrauben am Kopf losschrauben und Zahnriemenschutz etwas zurückdrücken.
6 – **Scheibenfeder**
7 – **Sammelsaugrohr**
8 – **Dichtungen Zylinderkopfdeckel**
Immer ersetzen.
9 – **O-Ringe**
Bei Beschädigung ersetzen.
10 – **Verschlußdeckel**
11 – **Öleinfüllrohr**
12 – **Zum Ansaugschlauch**
13 – **Druckregelventil für Kurbelgehäuseentlüftung**
14 – **Dichtring**
Bei Beschädigung ersetzen.
15 – **Verstärkungsleiste**
16 – **Zylinderkopfdeckel**
17 – **Ölabweiser**
18 – **Zylinderkopfschraube**
19 – **Zylinderkopf**
20 – **Geber für Kühlmitteltemperatur**
21 – **Thermoschalter/Geber**
22 – **Halteklammer**
23 – **Halter**
Für Generator.
24 – **Schraube, 25 Nm**
25 – **Zylinderkopfdichtung**
26 – **Spannrolle**
27 – **Mutter, 45 Nm**
28 – **Zahnriemen**

Der Zylinderkopf

4-Zylinder-Dieselmotor

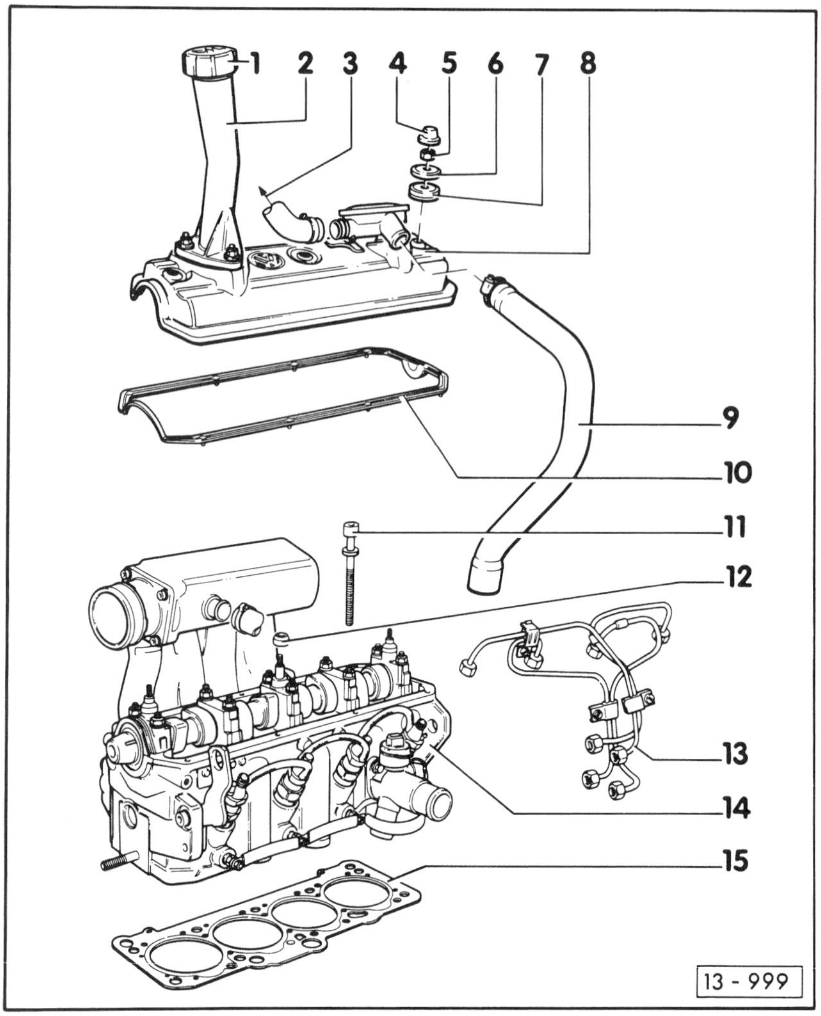

1 – **Verschlußdeckel**

2 – **Einfüllrohr**

3 – **Zum Ansaugrohr**

4 – **Abdeckkappe**

5 – **Mutter, 10 Nm**

6 – **Tellerscheibe**

7 – **Dichtscheibe oben**

8 – **Zylinderkopfdeckel**

9 – **Kurbelgehäuseentlüftung**

10 – **Dichtung für Zylinderkopfdeckel**
Nur bei Beschädigung ersetzen.

11 – **Zylinderkopfschrauben**

12 – **Dichtkegel unten**

13 – **Einspritzleitungen**
Anzugsdrehmoment: **25 Nm**. Leitungssatz immer komplett ausbauen, dabei Biegeform **nicht** verändern.

14 – **Zylinderkopf**

15 – **Zylinderkopfdichtung**

Zylinderkopf aus- und einbauen

4-Zylinder-Benzin- und Dieselmotor

Zylinderkopf nur bei abgekühltem Motor (Raumtemperatur) ausbauen. Der Abgaskrümmer bleibt angeschlossen. Der Zylinderkopf kann bei eingebautem Motor aus- und eingebaut werden.

Besonderheiten für den Aus- und Einbau des Zylinderkopfes beim Dieselmotor stehen am Ende des Kapitels.

Eine defekte Zylinderkopfdichtung ist an einem oder mehreren der folgenden Merkmale erkennbar:

- Leistungsverlust.
- Kühlflüssigkeitsverlust. Weiße Abgaswolken bei warmem Motor.
- Ölverlust.
- Kühlflüssigkeit im Motoröl, Ölstand nimmt nicht ab, sondern zu. Graue Farbe des Motoröls, Schaumbläschen am Peilstab, Öl dünnflüssig.
- Motoröl in der Kühlflüssigkeit.
- Kühlflüssigkeit sprudelt stark.
- Keine Kompression auf 2 benachbarten Zylindern.

Ausbau

- Batterie-Massekabel (–) abklemmen. **Achtung:** Dadurch werden aus dem Speicher des Radios der Code für die Diebstahlsicherung sowie die eingestellten Sender gelöscht. Die Batterie darf nur bei ausgeschalteter Zündung abgeklemmt werden, **da sonst das Steuergerät der Einspritzanlage beschädigt wird.** Vor dem Abklemmen sollten auch die Hinweise im Kapitel »Radio-« bzw. »Batterie aus- und einbauen« durchgelesen werden.
- Alle elektrischen Leitungen zum Zylinderkopf abziehen beziehungsweise abklemmen:
  - Stecker vom CO-Potentiometer.
  - Stecker vom Drosselklappenpotentiometer.
  - Stecker vom Sammelanschluß für Einspritzventile.
  - Stecker vom Ventil für Leerlaufstabilisierung.
  - Stecker vom Kaltstartventil.
  - Steckverbindung für Lambdasonde, unter dem Fahrzeug am Aggregateträger rechts.
  - Stecker vom Druckschalter am Lenkgetriebe der Servolenkung, falls vorhanden.
  - Stecker vom Öldruckschalter an der linken Stirnseite des Zylinderkopfes.
  - Massekabel von Zylinderkopfdeckel und Sammelsaugrohr.
- Motorkabelstrang durch das Sammelsaugrohr herausziehen, vorher Einbaulage der Kabelbinder mit Filzstift markieren und Kabelbinder öffnen beziehungsweise aufschneiden.
- Sämtliche Zündkerzenstecker abziehen.
- Gaszug am Drosselklappenteil und am Widerlager aushängen, siehe Seite 89.
- Luftschlauch zwischen Luftfilter und Drosselklappengehäuse von den Anschlußstellen abziehen, Ventil für Leerlaufstabilisierung mit Halter abschrauben und herausziehen, Kurbelgehäuse-Entlüftungsschlauch abziehen, Schlauch für Leerlaufstabilsierung am Luftfiltergehäuse abziehen und Luftschlauch komplett mit Ventil für Leerlaufstabilisierung herausnehmen.
- Unterdruckschläuche abziehen:
  - Am Drosselklappenteil für Ansaugluftvorwärmung, für Magnetventil Aktivkohlebehälter, für Digifant-Steuergerät.
  - Am Rückschlagventil für Bremskraftverstärker.
- Kraftstoffvorlaufleitung (schwarz) am Kaltstartventil und am Kraftstoffverteiler abziehen, vorher Schlauchklemmen lösen. Beim Abziehen Lappen unterlegen und eventuell auslaufenden Kraftstoff auffangen. Leitungen umgehend mit geeignetem Stopfen verschließen. Dazu beispielsweise saubere Schrauben mit entsprechendem Gewindedurchmesser in die Schläuche stecken.
- Rücklaufleitung (blau) am Kraftstoffverteiler abziehen, vorher Schlauchklemme lösen.
- Generatorstütze am Zylinderkopf abschrauben.
- Kühlmittel ablassen, siehe Seite 77.
- Kühlmittelstutzen vom Zylinderkopf abschrauben und mit angeschlossenen Schläuchen zur Seite legen.
- Abgasentnahmerohr von Abgaskrümmer und Zylinderkopf abschrauben.
- Luftschlauch für Ansaugluftvorwärmung am Abdeckblech für Abgaskrümmer abziehen.
- Abdeckblech für Abgaskrümmer abschrauben.
- Sammelsaugrohr abschrauben, siehe auch Seite 101.
- Fahrzeug aufbocken.
- Untere Motorraumabdeckung ausbauen, siehe Seite 17.
- Abgasrohr am Abgaskrümmer abschrauben. Abgasanlage etwas absenken und mit Draht aufhängen, siehe auch Seite 117.
- Obere Zahnriemenabdeckung ausbauen, siehe Seite 18.
- Zahnriemen entspannen und oben von der Nockenwelle abnehmen, siehe Seite 19.
- Nockenwellenrad ausbauen, siehe Seite 27.
- Zahnriemenspannrolle abschrauben.
- Befestigungsschrauben für hinteren Zahnriemenschutz herausdrehen.
- Zylinderkopfdeckel abschrauben. Ölabweiser herausnehmen, siehe Seite 21/22.
- Dichtungen für Zylinderkopfdeckel abnehmen.

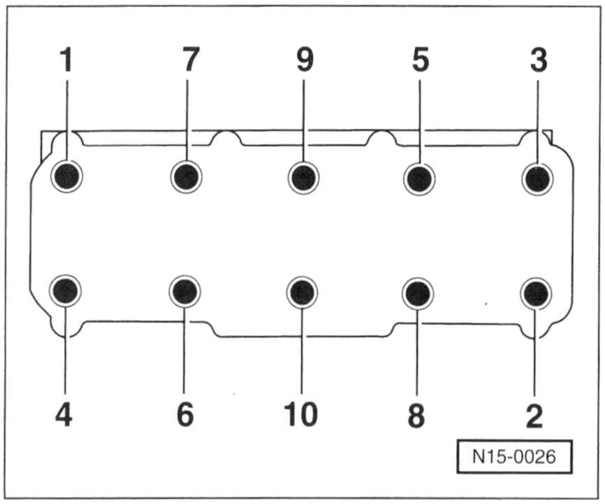

- Zylinderkopfschrauben mit Innenvielzahnschlüssel (z. B. HAZET 990 Slg-12) in der angegebenen Reihenfolge zunächst ½ Umdrehung lösen und dann in derselben Reihenfolge ganz herausdrehen.
- Prüfen, ob sämtliche Leitungen und Schläuche, die zum Zylinderkopf führen, abgezogen sind.
- Zylinderkopf abheben und auf zwei Holzleisten legen. Dabei hintere Zahnriemenabdeckung etwas zurückdrücken.
- Zylinderkopfdichtung abnehmen.

Einbau

Vor dem Einbau Zylinderkopf und Motorblock mit geeignetem Schaber von Dichtungsresten freimachen. Darauf achten, daß kein Schmutz in die Motorblock-Öffnungen fällt. Bohrungen mit Lappen verschließen.

- Prüfen, ob die Bohrungen für die Zylinderkopfschrauben frei von Öl sind, gegebenenfalls Öl entfernen. Dazu einen sauberen Lappen in die Bohrungen einführen und Öl aufsaugen. **Achtung:** Verbleibt Öl in den Bohrungen, kann beim Anziehen der Schrauben der Motorblock beschädigt werden.
- Zylinderkopf mit Stahllineal auf Verzug prüfen.

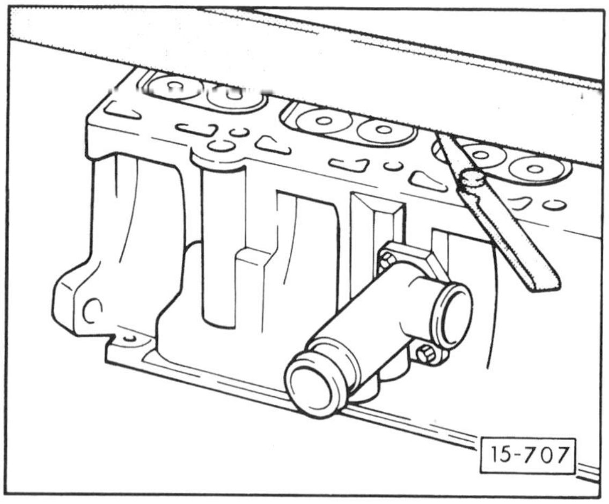

- Verzug mit Stahllineal und Fühlerblattlehre an verschiedenen Stellen des Zylinderkopfes prüfen. Die zulässigen Unebenheiten dürfen maximal 0,1 mm nicht überschreiten.

Achtung: Werden die Dichtflächen des Zylinderkopfes nachgearbeitet, darf die zulässige Mindesthöhe von 132,6 mm nicht unterschritten werden. Der Zylinderkopf des Dieselmotors darf nicht nachgearbeitet werden.

- Zylinderköpfe mit Rissen zwischen den Ventilsitzen beziehungsweise dem Ventilsitzring und den ersten Gewindegängen des Zündkerzengewindes können ohne Herabsetzung der Lebensdauer weiterverwendet und überholt werden, wenn der oder die Risse eine Breite von a = max. 0,5 mm nicht überschreiten.
- Zylinderkopfdichtung grundsätzlich ersetzen.

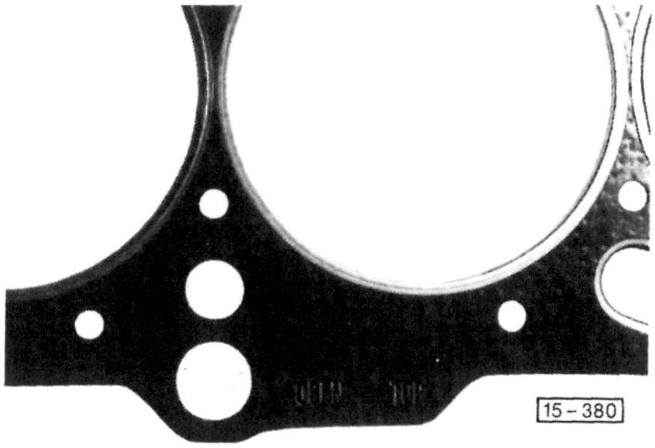

- Die Aufschrift »oben« muß zum Zylinderkopf zeigen. Zylinderkopfdichtung ohne Dichtungsmittel so auflegen, daß keine Bohrungen verdeckt werden.
- Kurbelwelle an der Riemenscheibe so verdrehen, daß alle Kolben ungefähr auf gleicher Höhe stehen. Kurbelwelle drehen, siehe Seite 19.
- Zylinderkopf aufsetzen, dabei Führungsstifte im Motorblock beachten. Gegebenenfalls neue Führungsstifte in die beiden äußeren Bohrungen an der Ansaugseite einsetzen. Darauf achten, daß sich die Nockenwelle in OT-Stellung für Zylinder 1 befindet, siehe Seite 19.
- Die 10 Zylinderkopfschrauben mit Unterlegscheiben ansetzen und handfest anziehen. **Zylinderkopfschrauben grundsätzlich ersetzen.**

Achtung: Das Anziehen der Zylinderkopfschrauben ist mit größter Sorgfalt durchzuführen. Vorher den Drehmomentschlüssel auf seine Genauigkeit prüfen. Die Zylinderkopfschrauben müssen bei kaltem Motor angezogen werden.

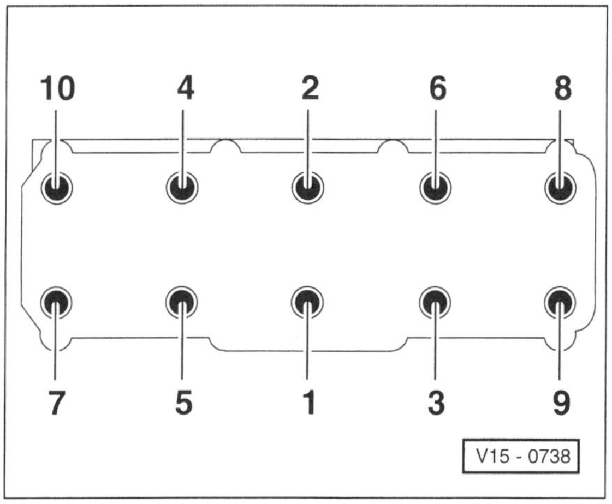

- Die Zylinderkopfschrauben werden in 4 Stufen angezogen. Schrauben in jeder Stufe jeweils in der Reihenfolge von 1 bis 10 anziehen.

1. Stufe: mit Drehmomentschlüssel **40 Nm**

2. Stufe: mit Drehmomentschlüssel **60 Nm**

3. Stufe: ¼ Umdrehung (90°) mit **starrem** Schlüssel ohne abzusetzen weiterdrehen.

4. Stufe: ¼ Umdrehung (90°) mit **starrem** Schlüssel ohne abzusetzen weiterdrehen.

- Beim Anziehen der Zylinderkopfschrauben Drehwinkel abschätzen. Schlüsselgriff längs zum Motor ansetzen und in einem Zug drehen, bis der Griff quer zum Motor steht (¼ Umdrehung, 90°). Anschließend Schlüssel weiterdrehen bis der Griff wieder längs zum Motor steht.

Achtung: Ein Nachziehen der Zylinderkopfschrauben bei warmem Motor, im Rahmen der Wartung oder nach Reparaturen ist **nicht zulässig.**

Achtung: Beim Einbau eines Austausch-Zylinderkopfes mit montierter Nockenwelle müssen die Berührungsflächen zwischen Tassenstößel und Nockenbahn nach Einbau des Zylinderkopfes geölt werden.

- Kurbelwelle auf OT für Zylinder 1 stellen, siehe Seite 19.
- Hinteren Zahnriemenschutz anschrauben.
- Nockenwellenrad und Zahnriemenspannrolle anschrauben.
- Zahnriemen montieren, siehe Seite 19.
- Zylinderkopfhaube mit Ölabweiser und neuen Dichtungen aufsetzen und mit 10 Nm anschrauben.
- Obere Zahnriemenabdeckung montieren.
- Generatorstütze am Zylinderkopf anschrauben.
- Keilriemen spannen, siehe Seite 53.
- Abgasrohr am Abgaskrümmer montieren, siehe Seite 117.
- Untere Motorraumabdeckung einbauen, siehe Seite 17.
- Fahrzeug ablassen.
- Sammelsaugrohr anschrauben, siehe Seite 101.
- Abgasentnahmerohr am Abgaskrümmer und am Zylinderkopf anschrauben.
- Abdeckblech für Abgaskrümmer anschrauben.
- Luftschlauch für Ansaugluftvorwärmung am Abdeckblech aufstecken.
- Luftschlauch zwischen Luftfilter und Drosselklappengehäuse komplett mit Ventil für Leerlaufstabilisierung einsetzen.
- Gaszug am Drosselklappenteil und am Widerlager einhängen, siehe Seite 89.
- Motorkabelstrang durch das Sammelsaugrohr ziehen.
- Elektrische Leitungen aufstecken beziehungsweise anklemmen:
  - Stecker an CO-Potentiometer.
  - Stecker an Drosselklappenpotentiometer.
  - Stecker an Sammelanschluß für Einspritzventile.
  - Stecker an Ventil für Leerlaufstabilisierung.
  - Stecker an Kaltstartventil.
  - Steckverbindung für Lambdasonde, unter dem Fahrzeug am Aggregateträger rechts.
  - Stecker an Druckschalter am Lenkgetriebe der Servolenkung, falls vorhanden.
  - Stecker an Öldruckschalter an der linken Stirnseite des Zylinderkopfes.
  - Massekabel an Zylinderkopfdeckel und Sammelsaugrohr.

Achtung: Elektrische Leitungen mit neuen Kabelbindern an denselben Stellen wie bisher fixieren.

- Zündkerzenstecker aufstecken.
- Unterdruckschläuche aufschieben:
  - Am Drosselklappenteil für Ansaugluftvorwärmung, für Magnetventil Aktivkohlebehälter, für Digifant-Steuergerät.
  - Am Rückschlagventil für Bremskraftverstärker.
- Kraftstoffvorlaufleitung (schwarz) am Kaltstartventil und am Kraftstoffverteiler aufstecken und mit Schellen sichern.
- Rücklaufleitung (blau) am Kraftstoffverteiler aufstecken und mit Schlauchklemme sichern.
- Kühlmittelstutzen mit angeschlossenen Schläuchen am Zylinderkopf anschrauben.
- Kühlmittel auffüllen. Kühlmittel immer erneuern, siehe Seite 77.
- Batterie-Massekabel (–) anklemmen. Code für die Diebstahlsicherung eingeben, Sender programmieren und Zeituhr einstellen. **Achtung:** Die Batterie darf nur **bei ausgeschalteter Zündung angeklemmt werden, da sonst das Steuergerät der Einspritzanlage beschädigt wird.**
- Ölstand im Motor kontrollieren. Falls die Zylinderkopfdichtung defekt war, Öl- und Filterwechsel durchführen.
- Motor auf Betriebstemperatur bringen, Kühlmittelstand überprüfen und sämtliche Schlauchanschlüsse auf Dichtheit prüfen.
- Zündzeitpunkt prüfen, siehe Seite 63.
- Leerlauf und CO-Gehalt prüfen, siehe Seite 92.
- Kompressionsdruck prüfen, siehe Seite 52.

Ausbau Dieselmotor

- Elektrische Leitungen vom Absteller und den Glühkerzen abklemmen.
- Einspritzleitungen an den Anschlüssen der Pumpe und den Einspritzdüsen mit Kaltreiniger reinigen und abschrauben. Öffnungen mit entsprechenden Kappen verschließen. Biegeform der Leitungen nicht verändern.
- Glühkerzen und Einspritzdüsen ausbauen, siehe Seite 109/111.

Einbau

- Nacharbeiten am Diesel-Zylinderkopf sind nicht erlaubt.

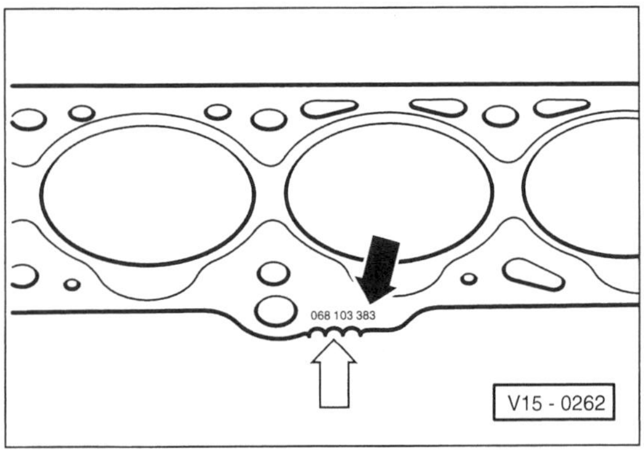

- Je nach Kolbenüberstand werden in der Dicke unterschiedliche Zylinderkopfdichtungen eingebaut. Beim Ersetzen der Dichtung Kennzeichnung an der alten Dichtung beachten und nur eine neue Dichtung gleicher Kennzeichnung einbauen. Schwarzer Pfeil = Ersatzteil-Nummer, weißer Pfeil = Kerben/Löcher.

Achtung: Seit **11/93** wird eine Metall-Zylinderkopfdichtung eingebaut. Diese Metall-Dichtung kann auch für bisherige 1,9-l-Dieselmotoren verwendet werden, dann müssen aber zusätzlich die Wirbelkammern ersetzt werden (Überstandsmaß = max. 0,07 mm). Zylinderkopfdichtung äußerst sorgfältig behandeln und erst kurz vor dem Einbau aus der Verpackung nehmen. Beschädigungen der Silikonschicht und im Sickenbereich führen zu Undichtigkeiten.

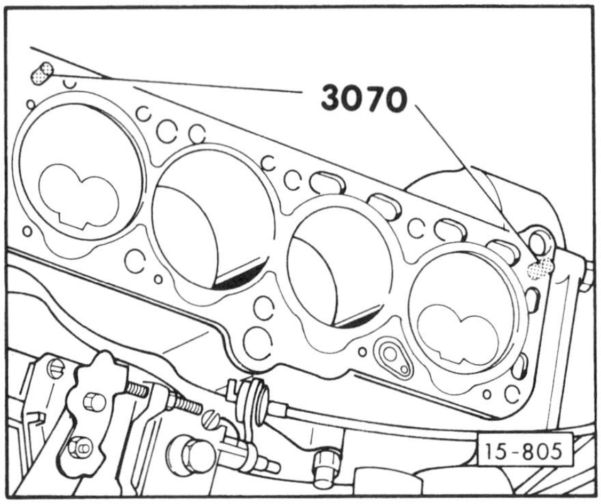

- Vor dem Aufsetzen des Zylinderkopfes Führungsbolzen 3070 in die äußeren Bohrungen auf der Ansaugseite einschrauben.

A 9319

- Falls die Führungsbolzen nicht vorhanden sind, zum Zentrieren des Zylinderkopfes Führungsstifte anfertigen. Dazu an zwei alten Zylinderkopfschrauben den Kopf absägen und jeweils eine Nut für den Schraubendreher anbringen.
- Führungsstifte in die Bohrungen 8 und 10 einschrauben.
- Kurbelwelle an der Riemenscheibe so verdrehen, daß alle Kolben ungefähr auf gleicher Höhe stehen.
- Zylinderkopf aufsetzen.
- Die übrigen 8 Zylinderkopfschrauben mit Unterlegscheiben ansetzen und handfest anziehen. **Zylinderkopfschrauben grundsätzlich ersetzen.**
- Führungsstifte mit Schraubendreher herausschrauben, die restlichen 2 Zylinderkopfschrauben mit Unterlegscheiben einsetzen und handfest anziehen.
- Die Zylinderkopfschrauben des Dieselmotors werden auf die gleiche Weise wie beim Benzinmotor in 3 Stufen angezogen.

Achtung: Beim **Dieselmotor bis 10/93** Zylinderkopfschrauben bei **warmem Motor nachziehen.** Beim **Dieselmotor ab 11/93** beziehungsweise bei Motoren mit Metall-Zylinderkopfdichtung ist ein Nachziehen der Zylinderkopfschrauben bei warmem Motor im Rahmen der Wartung oder nach Reparaturen **nicht zulässig.**

- Dichtung für Zylinderkopfdeckel nur bei Beschädigung ersetzen.
- Glühkerzen einbauen, siehe Seite 104.
- Einspritzventile einbauen, siehe Seite 107.
- Anschlüsse der Einspritzleitungen mit Kaltreiniger säubern. Überwurfmuttern mit 25 Nm festziehen.
- Elektrische Leitungen an Absteller und Glühkerzen anklemmen.
- Förderbeginn der Einspritzpumpe prüfen, siehe Seite 108.

Dieselmotor bis 10/93:

- Zylinderkopfschrauben bei warmem Motor nachziehen.
- Dazu Motor warmfahren und im Leerlauf drehen lassen bis der Lüfter für Kühler einschaltet (Öltemperatur über +50° C). Anschließend Motor abstellen.
- Zylinderkopfdeckel ausbauen.
- Schrauben mit starrem Schlüssel ohne vorheriges Lösen und ohne abzusetzen ¼ **Umdrehung (90°) weiterdrehen.** Reihenfolge beachten, Abbildung V15-0738.
- Zylinderkopfdeckel einbauen.

Achtung: Das Nachziehen der Zylinderkopfschrauben nach einer Fahrleistung von 1000 km **ist nicht erlaubt.**

Nockenwelle/Ventiltrieb

4-Zylinder-Benzinmotor

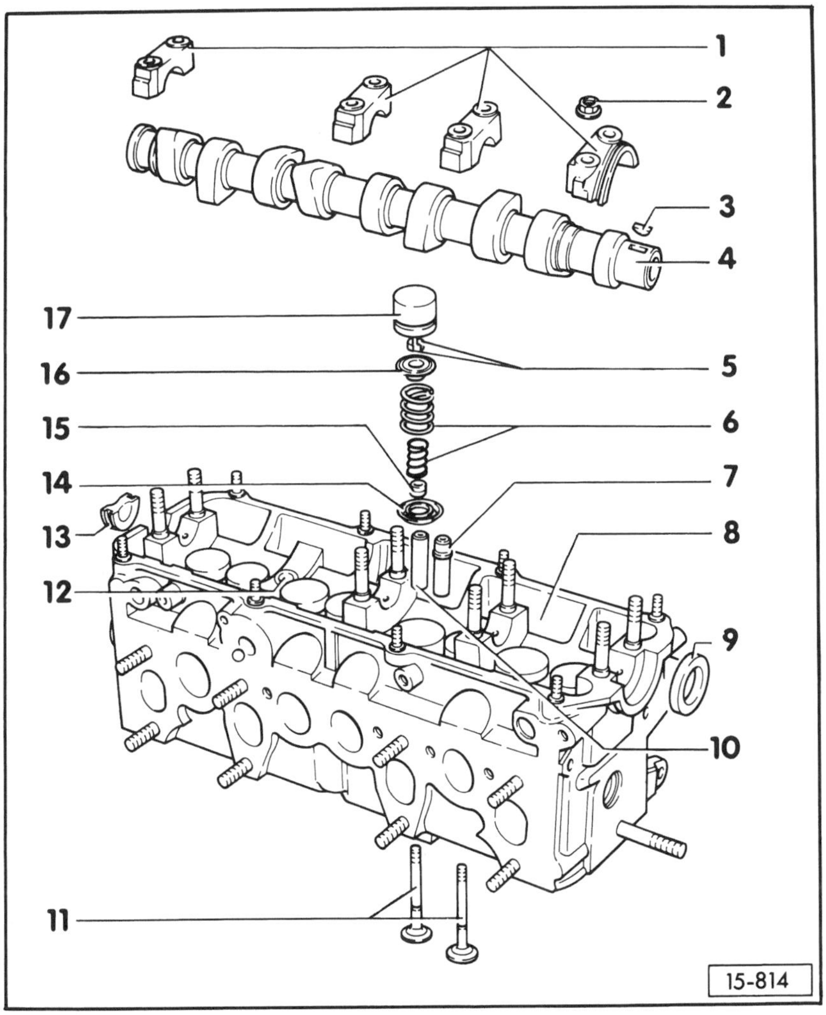

1 – **Lagerdeckel**

2 – **Mutter, 20 Nm**

3 – **Scheibenfeder**
Auf festen Sitz prüfen.

4 – **Nockenwelle**
Radialspiel mit Plastigage prüfen, Verschleißgrenze: 0,1 mm. Schlag maximal 0,01 mm.

5 – **Ventilkegelstücke**

6 – **Ventilfeder außen**
Ventilfeder innen

7 – **Ventilführung**
Reparaturausführung mit Bund.

8 – **Zylinderkopf**

9 – **Dichtring**

10 – **Ventilführung**

11 – **Ventile**
Nur einschleifen, nicht nacharbeiten.

12 – **Verschlußstopfen**

13 – **Verschlußstopfen**

14 – **Ventilfederteller unten**

15 – **Ventilschaftabdichtung**

16 – **Ventilfederteller oben**
Kennzeichnung: Breite Fase außen, Fase innen.

17 – **Hydraulischer Tassenstößel**
Vor dem Einbau Axialspiel der Nockenwelle prüfen. Lauffläche ölen. **Nicht** vertauschen. Mit Lauffläche nach unten ablegen.

Nockenwelle aus- und einbauen

4-Zylinder-Benzinmotor

Ausbau

- Oberen Zahnriemenschutz ausbauen, siehe Seite 19.
- Zylinderkopfdeckel ausbauen.
- Kurbelwelle auf OT Zylinder 1 stellen, siehe Seite 19.

Achtung: Motorstellung nicht mehr verändern.

- Zahnriemen entspannen und nur oben vom Nockenwellenrad abnehmen, siehe Seite 19.
- Nockenwellenrad von vorn mit einem Dorn arretieren. Dazu einen geeigneten Dorn oder stabilen Schraubendreher durch eine Bohrung im Nockenwellenrad schieben und auf der Oberkante des Zylinderkopfes abstützen. Um eine Beschädigung der Dichtfläche des Zylinderkopfes zu vermeiden, ein Stück Holz unterlegen. Schraubendreher festhalten und Befestigungsschraube für Nockenwelle lösen. Nockenwellenrad abschrauben und abnehmen, gegebenenfalls mit leichten Schlägen eines Gummihammers abtreiben. Scheibenfeder für Nockenwelle entfernen.
- Sämtliche Lagerdeckel kennzeichnen. Die 4 Lagerdeckel werden von rechts nach links, in Fahrtrichtung gesehen, mit den Zahlen 1 bis 4 gekennzeichnet.
- Lagerdeckel 1 und 3 ausbauen. Dann Lagerdeckel 2 und 4 abwechselnd über Kreuz lösen.
- Nockenwelle herausnehmen.

Achtung: Falls die Tassenstößel herausgenommen werden, diese kennzeichnen, damit sie an gleicher Stelle wieder eingesetzt werden können. Tassenstößel mit der **Lauffläche** (Nockenwellenseite) **nach unten** ablegen.

Einbau

- Vor dem Einbau kann die Nockenwelle gegebenenfalls von einer Werkstatt auf Schlag geprüft werden. Verschleißgrenze: 0,01 mm.

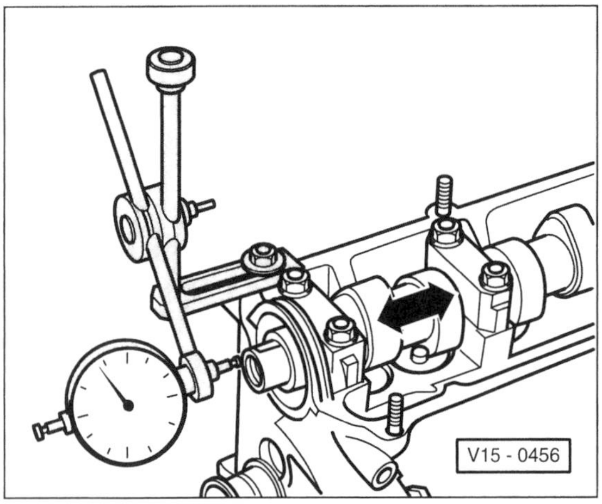

- Wird bei Motoren mit höherer Laufleistung oder Geräuschen im Ventiltrieb die bisherige Nockenwelle wieder eingebaut, ist es zweckmäßig, das Axialspiel –Pfeil– prüfen zu lassen. Verschleißgrenze: 0,15 mm. Die Messung erfolgt bei ausgebauten Tassenstößeln und montierten ersten und letzten Lagerdeckeln.
- Neuen Dichtring für Nockenwelle einsetzen. Vorher Dichtlippe und äußeren Rand des Dichtringes leicht einölen.
- Verschlußstopfen bei Beschädigungen erneuern.

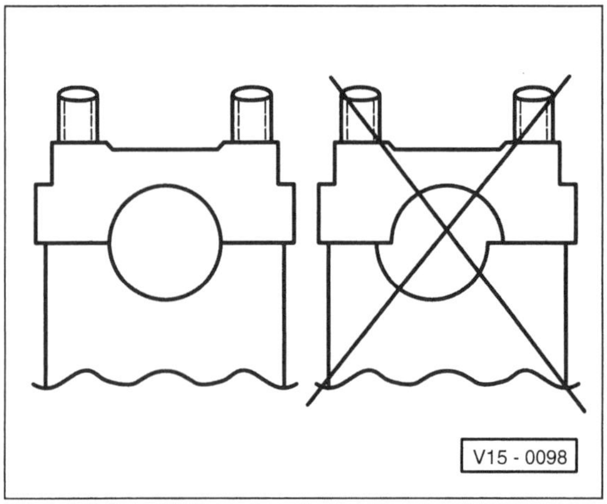

- Lagerdeckel probeweise aufsetzen und auf Mittenversatz der Bohrung achten. Die Lagerdeckel müssen so aufgesetzt werden, daß die Bohrungen von Lagerdeckel und Zylinderkopf übereinstimmen. Auf Markierung der Lagerdeckel achten.
- Falls die Tassenstößel herausgenommen waren, Tassenstößel an der gleichen Stelle wieder einsetzen. Tassenstößel leicht einölen und beim Einsetzen nicht verkanten.

Achtung: Die Tassenstößel dürfen nicht vertauscht werden.

- Nockenwelle einölen und einsetzen. **Achtung:** Dabei müssen die Nocken für Zylinder 1 nach oben zeigen. Lagerdeckel entsprechend der Markierung einsetzen. Auf Mittenversatz achten.
- Lagerdeckel 2 und 4 abwechselnd über Kreuz mit **20 Nm** anziehen.
- Lagerdeckel 1 und 3 einbauen und mit **20 Nm** festziehen.
- Scheibenfeder für Nockenwellenrad einsetzen. Nockenwellenrad aufsetzen und mit **80 Nm** festziehen. Dabei Nockenwellenrad mit Dorn gegenhalten.
- Zahnriemen auf Nockenwellenrad auflegen. Auf richtige Stellung von Zwischenwelle und Schwingungsdämpfer achten, siehe Seite 19.
- Zahnriemen spannen, siehe Seite 19.
- Neue Deckeldichtungen für Zylinderkopfdeckel verwenden, Schrauben für Zylinderkopfdeckel vorsichtig mit 10 Nm festziehen.
- Zahnriemenschutz einbauen.

Achtung: Falls neue Tassenstößel eingebaut wurden, darf der Motor ca. 30 Minuten nicht gestartet werden, sonst setzen die Ventile auf den Kolben auf.

Keilriementrieb/Zahnriementrieb

4-Zylinder-Dieselmotor

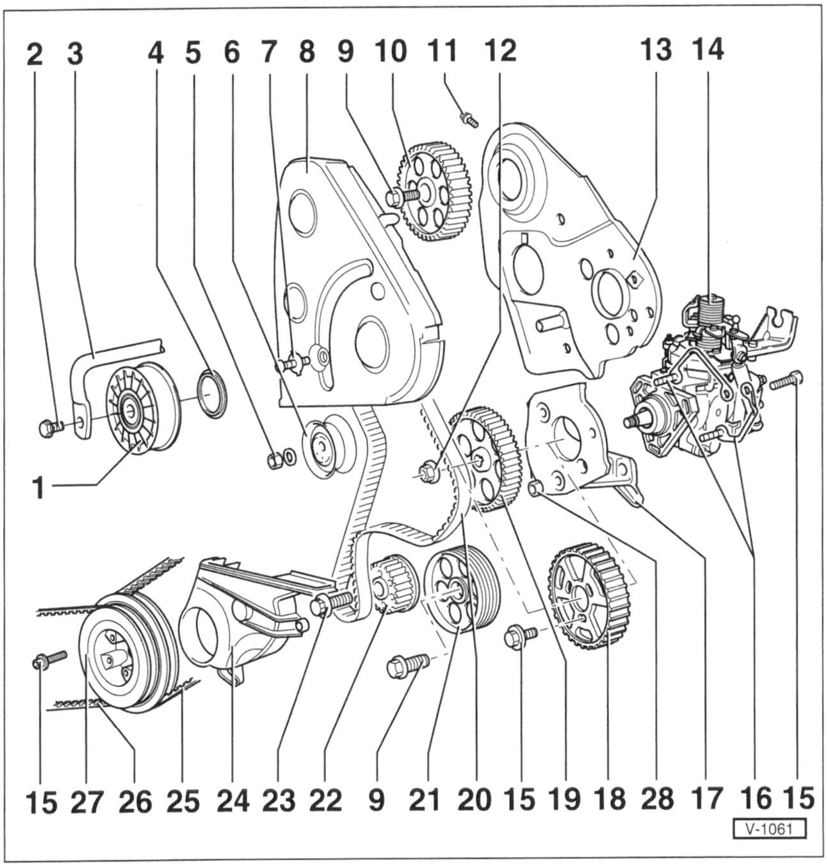

1 – **Spannrolle**

2 – **Schraube, 20 Nm**

3 – **Spannhebel**
Mit VW-Fett G000100 fetten.

4 – **Staubschutzkappe**

5 – **Mutter, 45 Nm**
Bei halbautomatischer Spannrolle: 20 Nm.

6 – **Spannrolle**
Ab 10/94 halbautomatisch.

7 – **Spreizclip**

8 – **Zahnriemenschutz oben**

9 – **Schraube, 45 Nm**

10 – **Nockenwellenrad**

11 – **Schraube, 10 Nm**

12 – **Mutter, 45 Nm**

13 – **Zahnriemenschutz hinten**

14 – **Einspritzpumpe**

15 – **Mutter, 25 Nm**

16 – **Halter**

17 – **Konsole**

18 – **Einspritzpumpenrad**
Ab 10/94 zweiteilig.

19 – **Einspritzpumpenrad**
Bis 9/94 einteilig.

20 – **Zahnriemen**

21 – **Zwischenwellenrad**

22 – **Zahnriemenrad-Kurbelwelle**

23 – **Schraube, Anzugsdrehmoment: 90 Nm + ¼ Umdrehung (90°)**
Schraube immer ersetzen. Zum Lösen und Anziehen wird der Gegenhalter V.A.G-3099 benötigt. Vor dem Lösen Servopumpe mit Halter abbauen. Schraube mit geöltem Gewinde einsetzen. Das Weiterdrehen der Schraube um 90° kann in mehreren Stufen erfolgen.

24 – **Zahnriemenschutz unten**

25 – **Keilriemen/Keilrippenriemen für Generator und Kühlmittelpumpe**

26 – **Keilriemen für Servopumpe**
Spannung durch Daumendruck prüfen. Keilriemen für Servopumpe: Neu und gelaufen – ca. 5 mm.

27 – **Kurbelwellen-Riemenscheibe/ Schwingungsdämpfer**
Die Montage ist nur in einer Stellung möglich, da die Bohrungen versetzt sind.

28 – **Mutter, 25 Nm**

Nockenwellen-Einstellineal

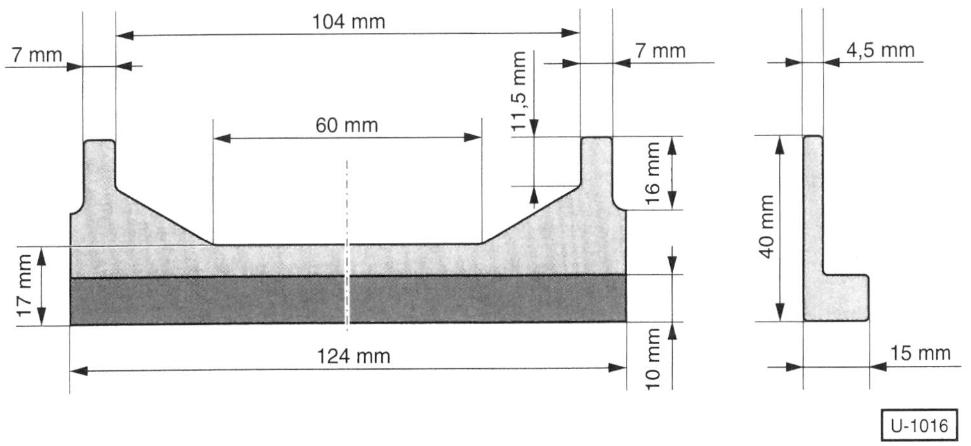

Zahnriemen entspannen/spannen Zahnriemenspannung prüfen

4-Zylinder-Dieselmotor *ohne* halbautomatische Spannrolle

Entspannen

- Oberen Zahnriemenschutz ausbauen.

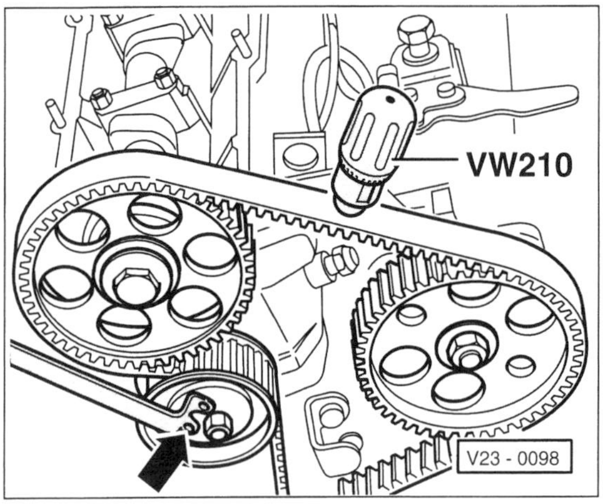

- Mutterndreher, zum Beispiel HAZET 2587, an der Spannrolle ansetzen.
- Befestigungsmutter für Spannrolle lösen.
- Spannrolle nach links drehen (entgegen dem Uhrzeigersinn) und Zahnriemen entspannen.

Spannen

- Prüfgerät VW-210, wie in Abbildung V23-0098 gezeigt, ansetzen.
- Prüfgerät durch Rechtsdrehen am Griff auf den Sollwert 12 – 13 vorspannen.
- Spannrolle nach rechts drehen –im Uhrzeigersinn– und Zahnriemen spannen.
- Spannrolle verdrehen bis der weiße waagerechte Strich auf der Stahlzunge des Prüfgerätes mit dem Gehäuserand übereinstimmt.
- Klemmmutter an der Spannrolle mit **45 Nm** festziehen.
- Kurbelwelle um 2 Umdrehungen weiterdrehen und Zahnriemenspannung nochmals prüfen.

Prüfen

- Auf Zahnriemen zwischen Nockenwellenrad und Einspritzpumpenrad mit Gummihammer einen Schlag ausführen.
- Durch Drehen am Griff die Feder des Prüfgerätes VW 210 entspannen.
- Prüfgerät zwischen Nockenwellenrad und Einspritzpumpenrad so einsetzen, daß der Zahnriemen zwischen den Kufen und dem Meßfühler des Prüfgerätes anliegt.
- Prüfgerät am Griff auf den Skalenwert 12 – 13 vorspannen. Seitlich am Meßfühler ragt eine Stahlzunge aus dem Prüfgerät, auf der ein weißer, waagerechter Strich angebracht ist. Dieser waagerechte Strich muß sich jetzt mit dem Rand des Prüfgerätes decken. Wenn nicht, Vorspannung am Prüfgerät verändern, bis sich der Strich mit dem Rand des Prüfgeräts deckt und Skalenwert notieren.
- Kurbelwelle um 1 Umdrehung weiterdrehen und Messung wiederholen. Kurbelwelle drehen, siehe Seite 19.
- Mittelwert aus 1. und 2. Messung errechnen und mit Sollwert vergleichen. Sollwert: Skalenwert 12 – 13 auf Meßgerät VW-210.
- Gegebenenfalls Zahnriemenspannung korrigieren.
- Oberen Zahnriemenschutz einbauen.
- Motor laufen lassen. Ein pfeifender Zahnriemen ist in der Regel zu stark gespannt.

Achtung: Steht das Einstell- und Prüfwerkzeug nicht zur Verfügung (Ausland, Panne), kann die Zahnriemenspannung auch behelfsmäßig eingestellt werden. Und zwar ist der Zahnriemen so zu spannen, daß er sich zwischen Nockenwellenrad und Einspritzpumpenrad gerade noch um 90° verdrehen läßt.

Motor ca. 5 Minuten ohne Zahnriemenschutz laufen lassen. Dabei Laufverhalten des Zahnriemens beobachten. Der Zahnriemen muß mittig auf den Antriebsrädern laufen. Ein zu schwach gespannter Zahnriemen flattert, ein zu stark gespannter Riemen pfeift. **Vorsicht: Verletzungsgefahr durch drehende Teile!**

Nach behelfsmäßiger Spannung muß die Zahnriemenspannung jedoch umgehend mit dem Prüfgerät überprüft werden. Bis dahin sind hohe Motor-Drehzahlen zu vermeiden.

Zahnriemen aus- und einbauen/ Motorsteuerung einstellen

4-Zylinder-Dieselmotor

Die Motorsteuerung wird normalerweise nur nach Reparaturen, bei denen der Zahnriemen ausgebaut wurde, eingestellt. Soll die Motorsteuerung nur überprüft werden, sind alle Arbeitsschritte außer dem Ausbau des Zahnriemens auszuführen.

Ausbau

- Untere Motorraumabdeckung ausbauen, siehe Seite 17.
- **Bis 9/94:** Kühlergrill ausbauen, siehe Seite 188.
- Kühler vorklappen, siehe Seite 17.
- Keilriemen für Servolenkung ausbauen, siehe Seite 53.
- Keilrippenriemen ausbauen, siehe Seite 54.
- Falls vorhanden, Spannrolle für Keilrippenriemen ausbauen.
- Kurbelwelle auf OT für Zylinder 1 stellen und Einstellung nicht mehr verändern.

Hinweis: Als Zylinder 1 wird der Zylinder direkt neben dem Zahnriemen bezeichnet.

Motor auf OT für Zylinder 1 stellen

- Oberen Zahnriemenschutz ausbauen.
- Zylinderkopfdeckel ausbauen.
- Motor-Kurbelwelle drehen bis sich die Nockenwelle in OT-Stellung befindet.
- Das Durchdrehen des Motors (Kurbelwelle) kann auf mehrere Arten erfolgen:
  1. Fahrzeug seitlich vorn aufbocken. Fünften Gang einlegen, Handbremse anziehen. Angehobenes Vorderrad durchdrehen. Dadurch dreht sich auch die Motor-Kurbelwelle. Zum Drehen des Rades wird eine Hilfsperson benötigt.
  2. Fahrzeug auf ebene Fläche stellen. Fünften Gang einlegen. Fahrzeug vor- oder zurückschieben.
  3. Kurbelwelle an der Zentralschraube des Schwingungsdämpfers (Kurbelwellen-Riemenscheibe) durchdrehen. Vorher Fahrzeug aufbocken und Riemenscheibenverkleidung abziehen, Getriebe in Leerlaufstellung schalten.

Achtung: Motor **nicht** an der Befestigungsschraube des Nockenwellenrades durchdrehen. Dadurch wird der Zahnriemen überbeansprucht.

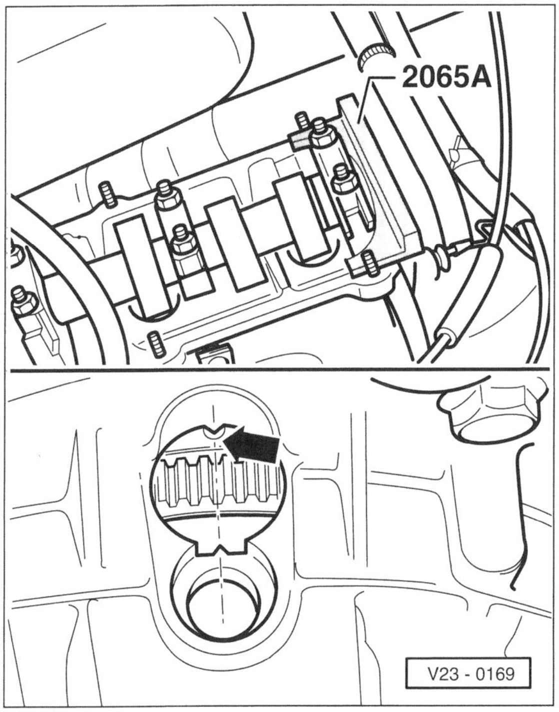

- Die Kurbelwelle steht dann auf OT für Zylinder 1, wenn die Markierung auf dem Schwungrad –Pfeil– mit der Bezugsmarke an der Kupplungsglocke übereinstimmt. Gleichzeitig zeigt das Nockenpaar für den 1. Zylinder nach oben.
- In dieser Stellung läßt sich das Einstellineal 2065A in den Schlitz der Nockenwelle einsetzen. Das Einstellineal kann auch selbst angefertigt werden, siehe Abbildung U-1016 auf Seite 29.
- Einstellineal in den Schlitz der Nockenwelle einsetzen. Das Einstellineal (VW-Nr. 2065A) verhindert, daß sich die Nockenwelle verdrehen kann.
- **Einstellineal parallel zum Zylinderkopf ausrichten (ausmitteln):** Dazu Motor an der Kurbelwelle etwas verdrehen, bis ein Ende des Einstellineals am Zylinderkopf anschlägt. Am anderen Ende des Einstellineals mit Fühlerlehre das entstandene Spiel messen. Fühlerlehre mit halbiertem Spielmaß zwischen Einstellineal und Zylinderkopf einschieben. Motor nun so drehen, bis das Einstellineal auf der Fühlerlehre aufliegt. Zweite Fühlerlehre mit dem gleichen Maß am anderen Ende zwischen Einstellineal und Zylinderkopf einführen.

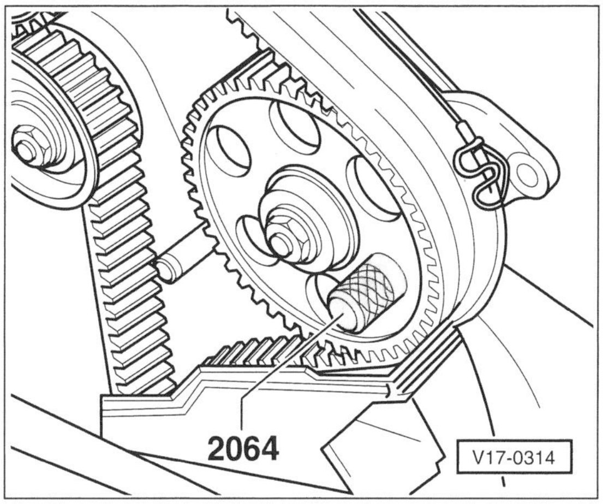

- **Riementrieb mit einteiligem Einspritzpumpenrad:** Jetzt muß der Absteckdorn VW-2064 in die Bohrung für Einspritzpumpenrad und Einspritzpumpenhalter passen. Durch den Absteckdorn wird das Einspritzpumpenrad arretiert. Der Dorn kann auch selbst hergestellt werden: Länge = 36 mm, ∅ = 15 mm.

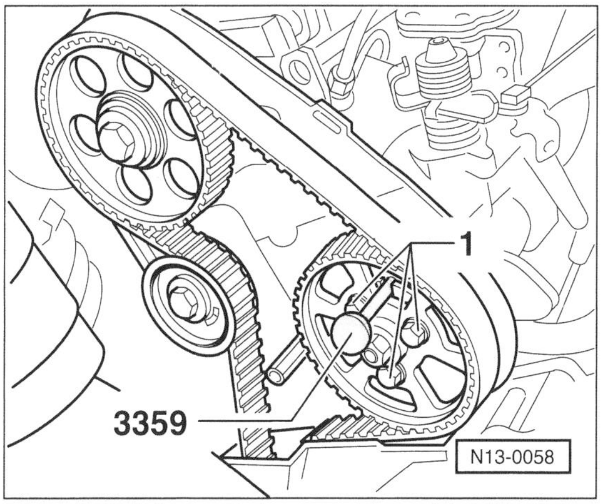

- **Riementrieb mit zweiteiligem Einspritzpumpenrad:** Jetzt muß der Absteckdorn VW-3359 in die Bohrung der Nabe für Einspritzpumpenrad und Einspritzpumpenhalter passen. Durch den Absteckdorn wird das Einspritzpumpenrad arretiert.

- Läßt sich der Dorn nicht in die Bohrung am Einspritzpumpenhalter eindrücken, muß die Motorsteuerung neu eingestellt werden.
- Laufrichtung auf dem Zahnriemen mit Filz- oder Fettstift durch einen Pfeil kennzeichnen. Der Motor dreht, von der Zahnriemenseite aus gesehen, rechts herum, also im Uhrzeigersinn.
- Mutter für Spannrolle lösen und Zahnriemen entspannen.
- Keilriemen entspannen und abnehmen, siehe Seite 53.
- Schwingungsdämpfer und Riemenscheibe für Kühlmittelpumpe abschrauben. Dazu 1. Gang einlegen, Handbremse anziehen und dadurch Kurbelwelle arretieren.
- Unteren Zahnriemenschutz ausbauen.
- Zahnriemen abnehmen.

Achtung: Der Zahnriemen darf nicht geknickt werden. Ein einmal geknickter Zahnriemen muß immer ersetzt werden, da der Riemen im späteren Betrieb reißen kann, was zu schweren Motorschäden führt.

Achtung: Wenn die Nockenwelle bei abgenommenem Zahnriemen gedreht wird, darf kein Kolben auf OT stehen. Es können sonst schwerwiegende Schäden an Kolben oder Ventilen entstehen.

Soll die Nockenwelle gedreht werden, vorher alle Kolben gleichmäßig auf halbe Höhe stellen. Dazu oben an der Kurbelwellen-Riemenscheibe einen Kreidestrich anbringen (Voraussetzung: Kurbelwelle steht in OT-Stellung für Zylinder 1), dann Kurbelwellen-Riemenscheibe um ¼ Umdrehung (90°) nach links oder rechts drehen. Die Kreidemarkierung zeigt nun nach rechts oder nach links.

Einbau

Achtung: Zunächst wird der Einbau des Zahnriemens für den **Riementrieb mit einteiligem Einspritzpumpenrad** (bis 9/94) beschrieben, dann für den **Riementrieb bei zweiteiligem Einspritzpumpenrad** (ab 10/94).

- In der Getriebeöffnung prüfen, ob OT-Markierung am Schwungrad und Bezugsmarke übereinstimmen.

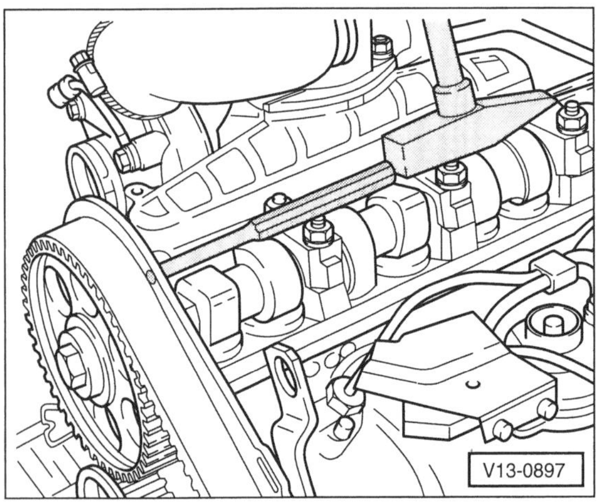

- Befestigungsschraube des Nockenwellenrades um ½ Umdrehung lösen. Nockenwellenrad durch Hammerschlag mit einem Dorn durch die 6 mm-Bohrung im hinteren Zahnriemenschutz vom Konus der Nockenwelle lösen.
- Zahnriemen auflegen. **Achtung:** Wird der bisherige Zahnriemen wiederverwendet, unbedingt Laufrichtung beachten. Der Einbau des Zahnriemens in umgekehrter Laufrichtung kann zum Reißen des Riemens und dadurch zu Motorschäden führen. Daher Zahnriemen immer so einbauen, daß der angebrachte Pfeil in Drehrichtung des Motors zeigt (von vorn gesehen in Uhrzeigersinn).
- Absteckdorn für Einspritzpumpenrad entfernen.

Motoren *ohne* halbautomatische Spannrolle:

- Zahnriemen spannen.
- Mutter für Spannrolle mit **45 Nm** festziehen.
- Befestigungsschraube für Nockenwellenrad mit **45 Nm** festziehen.
- Einstellineal entfernen.
- Kurbelwelle 2 Umdrehungen in Motordrehrichtung weiterdrehen und Zahnriemenspannung nochmals auf Sollwert überprüfen, gegebenenfalls nachspannen.

Motoren *mit* halbautomatischer Spannrolle:

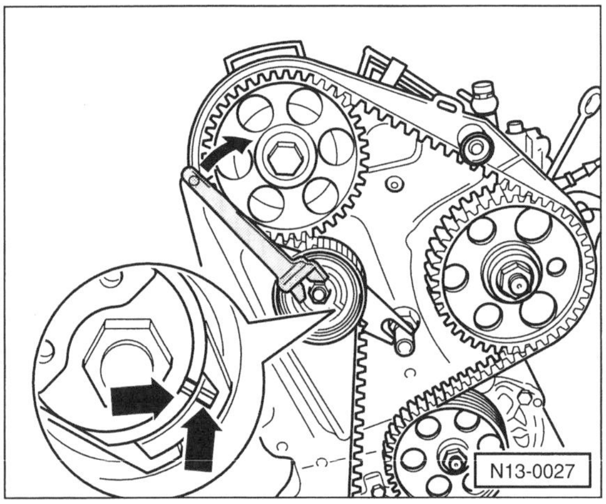

- Spannrolle mit Mutterndreher (z. B. HAZET 2587) nach rechts drehen, bis sich an der Spannrolle Kerbe und Erhebung –Pfeile– gegenüber stehen.
- Klemmutter an der Spannrolle mit **20 Nm** festziehen.
- Nochmals prüfen, ob OT-Markierung am Schwungrad und Bezugsmarke übereinstimmen.
- Befestigungsschraube für Nockenwellenrad mit **45 Nm** festziehen.
- Einstellineal entfernen.

- Untere Zahnriemenabdeckung anbauen.
- Schwingungsdämpfer/Kurbelwellen-Riemenscheibe anschrauben.
- Keilrippenriemen einbauen und spannen. Falls vorhanden, Keilriemen einbauen und spannen, siehe Seite 54.
- Keilriemen für Servolenkung einbauen, siehe Seite 53.
- Zylinderkopfdeckeldichtung auflegen, Zylinderkopfdeckel aufschrauben. Muttern mit 10 Nm anziehen.

- Zahnriemenschutz oben anbauen.
- Kühler zurückklappen, siehe Seite 17.
- Untere Motorraumabdeckung einbauen, siehe Seite 17.
- Förderbeginn der Einspritzpumpe prüfen, siehe Seite 112.

Einbau

Riementrieb mit zweiteiligem Einspritzpumpenrad:

- Befestigungsschraube des Nockenwellenrades um ½ Umdrehung lösen. Nockenwellenrad durch Hammerschlag mit einem Dorn durch die Öffnung im hinteren Zahnriemenschutz vom Konus der Nockenwelle lösen, siehe Abbildung V18-0897.
- Nockenwellenrad abschrauben und abnehmen.
- Zahnriemen auf Kurbelwellen-Zahnrad, Zwischenwellenrad, Einspritzpumpenrad und Spannrolle auflegen. **Achtung:** Wird der bisherige Zahnriemen wiederverwendet, unbedingt Laufrichtung beachten. Der Einbau des Zahnriemens in umgekehrter Laufrichtung kann zum Reißen des Riemens und dadurch zu Motorschäden führen. Daher Zahnriemen immer so einbauen, daß der angebrachte Pfeil in Drehrichtung des Motors zeigt, also von der Zahnriemenseite her gesehen, in Uhrzeigersinn.
- Nockenwellenrad zusammen mit Zahnriemen aufsetzen und anschrauben. Schraube nur soweit festziehen, daß das Nockenwellenrad auf dem Zapfen noch verdrehbar ist.

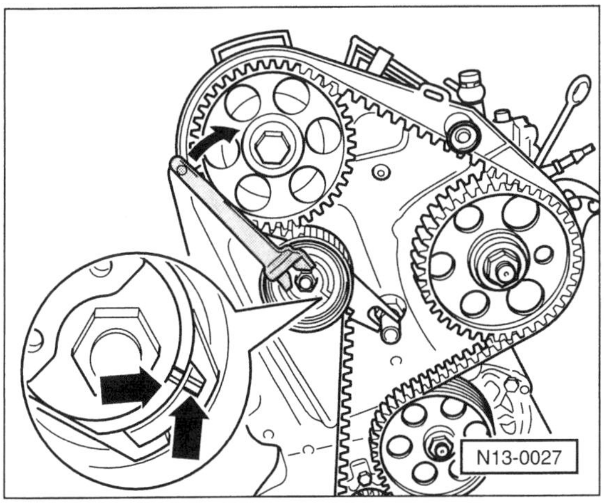

- Spannrolle mit geeignetem Mutterndreher, z. B. HAZET 2587, nach rechts drehen, bis sich Kerbe und Erhebung –Pfeile– gegenüber stehen. Die Zahnriemenspannung wird dann durch die Spannrolle immer konstant gehalten.
- Mutter für Spannrolle mit **20 Nm** festziehen.
- OT-Stellung am Schwungrad prüfen, dann Befestigungsschraube für Nockenwellenrad mit **45 Nm** festziehen.
- Befestigungsschrauben für Einspritzpumpenrad mit **25 Nm** festziehen.
- Absteckdorn für Einspritzpumpenrad entfernen.
- Einstellineal für Nockenwelle entfernen.
- Kurbelwelle 2 Umdrehungen in Motordrehrichtung weiterdrehen und wieder auf Zünd-OT für Zylinder 1 stellen.

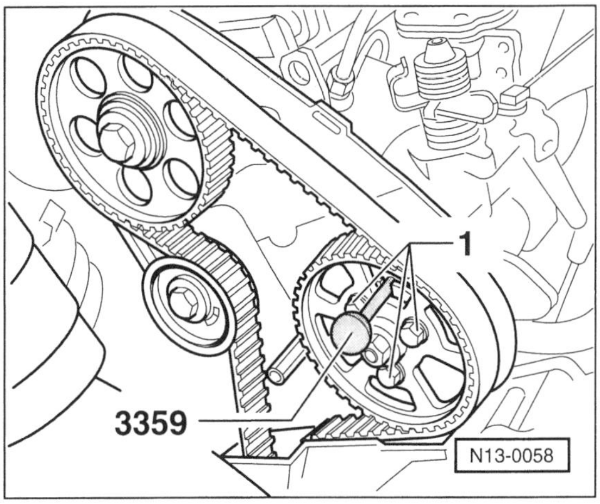

- Einspritzpumpenrad mit Absteckdorn arretieren. Falls das nicht möglich ist, Befestigungsschrauben –1– lösen und Nabe des Einspritzpumpenrades verdrehen, bis der Stift paßt. Einspritzpumpenrad in dieser Stellung mit **25 Nm** festziehen. Siehe auch »Förderbeginn der Einspritzpumpe prüfen« auf Seite 112.
- Untere Zahnriemenabdeckung, Schwingungsdämpfer und Riemenscheibe anbauen.
- Keilrippenriemen auflegen und spannen, siehe Seite 35.
- Keilriemen für Servolenkung einbauen, siehe Seite 53.
- Zylinderkopfdeckeldichtung auflegen, Zylinderkopfdeckel aufschrauben. Muttern mit 10 Nm anziehen.
- Obere Zahnriemenabdeckung einbauen.
- Kühler zurückklappen, siehe Seite 17.
- Untere Motorraumabdeckung einbauen, siehe Seite 17.
- Förderbeginn der Einspritzpumpe prüfen, siehe Seite 112.

Der Zylinderkopf

6-Zylinder-Benzinmotor VR6. Die Abbildungen zeigen den 103-kW-Motor AES.

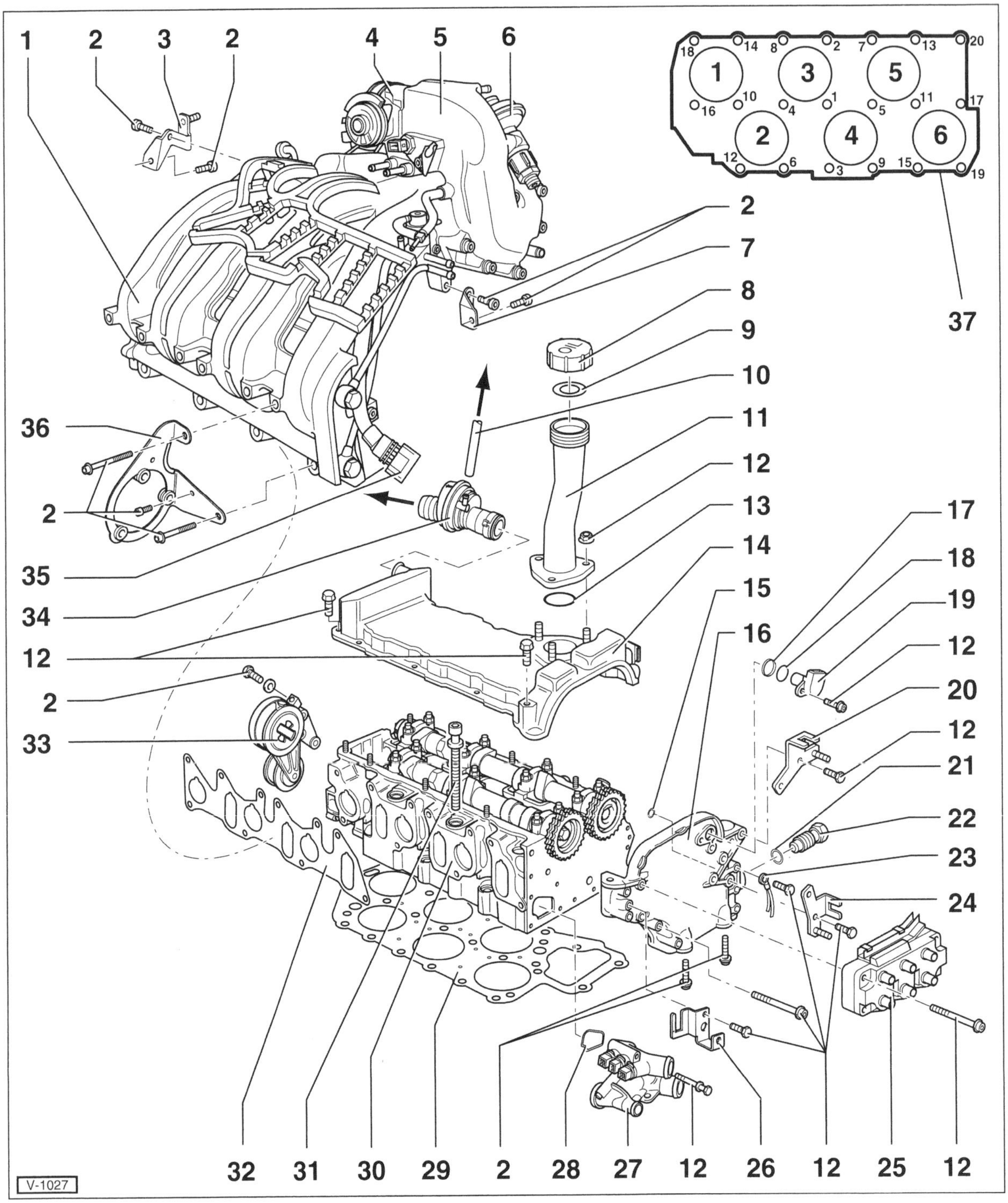

1 – **Saugrohr**
Einbau: Erst mit Saugrohr-Unterteil am Zylinderkopf festziehen, dann beide Abstützungen hinten -3- und -7- festziehen.

2 – **Schraube, 25 Nm**

3 – **Abstützung hinten rechts**
Zwischen Saugrohr und Zylinderkopf.

4 – **Drosselklappen-Steuereinheit**

5 – **Anschlußstutzen**

6 – **Abgasrückführungsventil**

7 – **Abstützung hinten links**
Zwischen Saugrohr und Zylinderkopf.

8 – **Verschlußdeckel**

9 – **Dichtung**

10 – **Unterdruckschlauch**
Zum Abzweigstück Abgasrückführventil.

11 – **Öleinfüllrohr**

12 – **Mutter, 10 Nm**

13 – **O-Ring**

14 – **Zylinderkopfdeckel**
Bei Undichtigkeit ersetzen.

15 – **O-Ring**
Vor dem Einbau einölen und in Nockenwellenradabdeckung -16- einsetzen.

16 – **Nockenwellenradabdeckung**
Kann bei eingebautem Zylinderkopf aus- und eingebaut werden. Dichtflächen mit VW-Dichtmittel AMV-18800102 bestreichen. 3-mm-Bohrungen der Zylinderkopfdichtung säubern und mit neuem Dichtmittel auffüllen.

17 – **Distanzring**

18 – **O-Ring**
Vor dem Einbau einölen.

19 – **Hallgeber**

20 – **Halter**

21 – **Dichtring**

22 – **Kettenspanner, 30 Nm**
Vor dem Einbau entlüften. Motor nur mit eingebautem Kettenspanner durchdrehen.

23 – **Masseverbindung**

24 – **Halter**

25 – **Zündtrafo**

26 – **Halter**
Für Steckverbind. Einspritzventile –35–.

27 – **Kühlmittelregler-Gehäuse**

28 – **O-Ring**

29 – **Zylinderkopfdichtung**

30 – **Zylinderkopf**

31 – **Zylinderkopfschraube**

32 – **Dichtung für Saugrohr-Unterteil**

33 – **Spannrolle für Keilrippenriemen**

34 – **Kurbelgehäuseentlüftungsventil**

35 – **Steckverbindung**
Für Einspritzventile, am Halter –26– befestigt.

36 – **Halter**
Für Motor der Sekundärluftpumpe.

37 – **Anzugsreihenfolge Zylinderkopfschrauben**, Anzugsmethode wie 5-Zylinder-Motor, siehe Seite 41.

Kettentrieb VR6-Motor

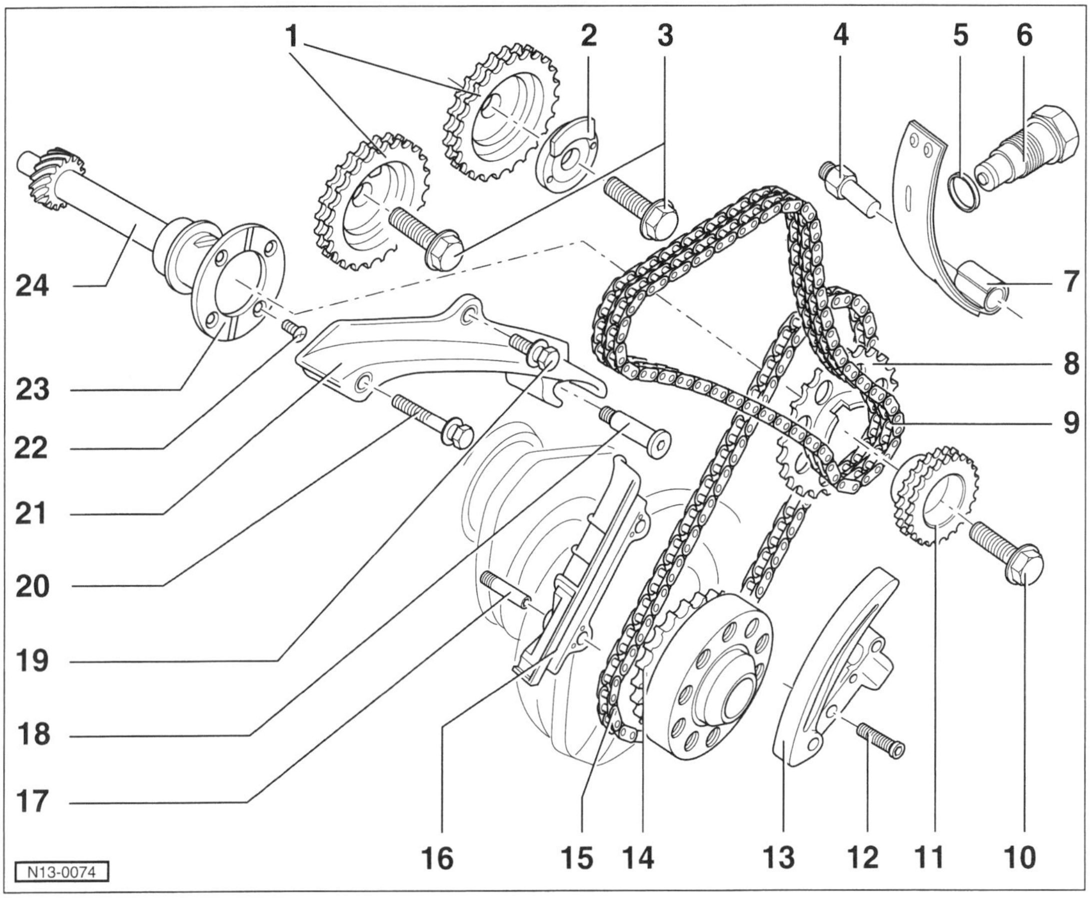

1 – **Nockenwellenkettenrad**
Ab Motornummer AES-003279 geändert für Einfachrollenkette

2 – **Geberrad**
Anlageflächen müssen beim Einbau trocken sein.

3 – **Schraube bei Motor AES, 100 Nm**
Anlagefläche des Schraubenkopfes ölen.
Motor AMV: 60 Nm + ¼ Umdrehung.
Immer ersetzen. Anlagefläche des Schraubenkopfes beim Einbau trocken.

4 – **Lagerbolzen, 25 Nm**

5 – **Dichtring**

6 – **Kettenspanner, 30 Nm**
Vor Einbau entlüften. Ab Motornummer AES-003279 geändert für Einfachrollenkette, ohne Ölbohrung an der Stirnseite.

7 – **Spannschiene**
Ab Motornummer AES-003279 geändert für Einfachrollenkette

8 – **Kettenrad**

9 – **Doppelrollenkette**
Vor Ausbau Laufrichtung (Einbaulage) kennzeichnen. Ab Motornummer AES-003279 Einfachrollenkette.

10 – **Schraube, 100 Nm**

11 – **Kettenrad**

12 – **Schraube, 10 Nm**

13 – **Kettenspanner mit Spannschiene**
Vor dem Einbau Sperrverzahnung im Kettenspanner mit kleinem Schraubendreher entspannen und Spannschiene gegen den Kettenspanner drücken. Motor nur mit eingebautem Kettenspanner durchdrehen.

14 – **Antriebszahnrad**
OT Zyl. 1 = Angeschliffener Zahn zeigt zur Lagertrennfuge.

15 – **Einfachrollenkette**
Vor Ausbau Laufrichtung kennzeichnen.

16 – **Gleitschiene**

17 – **Bolzen ohne Bund, 25 Nm**
Für Gleitschiene –16–.

18 – **Bolzen ohne Bund, 25 Nm**
Für Gleitschiene –21–.

19 – **Schraube, 20 Nm***

20 – **Schraube, 20 Nm**

21 – **Gleitschiene**

22 – **Schraube, 10 Nm***

23 – **Anlaufscheibe**

24 – **Zwischenwelle**

*) Mit VW-Sicherungsmittel D6 einsetzen.

Zahnriementrieb

5-Zylinder-Benzinmotor bis 7/95

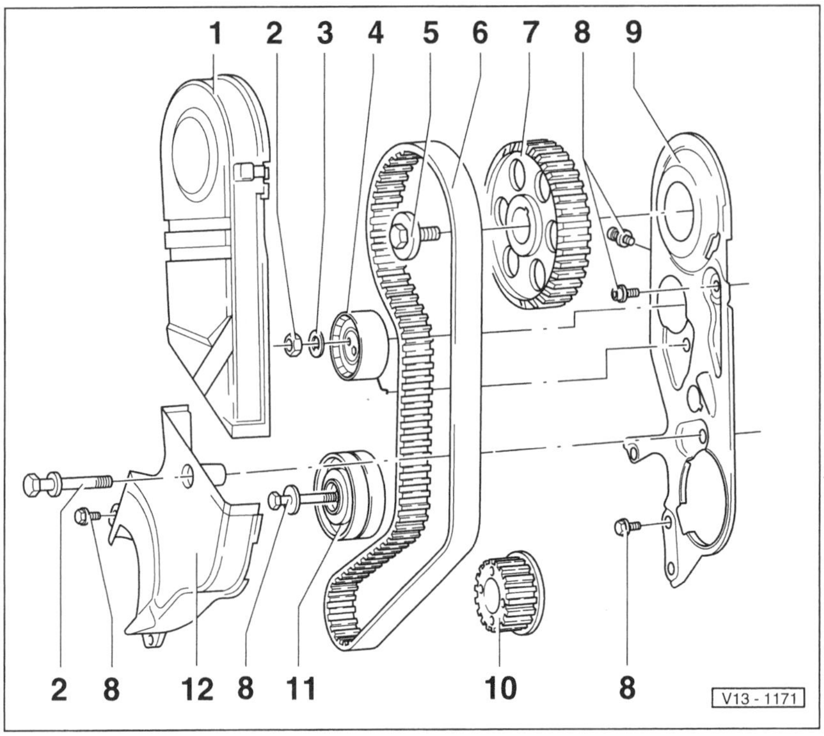

1 – **Zahnriemenschutz vorn -Oberteil-**

2 – **Mutter, 20 Nm**
Befestigungsmutter für Spannrolle, 15 Nm.

3 – **Scheibe**

4 – **Spannrolle**
Ab 10/91.

5 – **Befestigungsschraube für Nockenwellenrad**
Für das Anzugsdrehmoment Kennzeichnung für den Schraubenstahl auf dem Schraubenkopf beachten:
Schraube 8.8: **85 Nm;**
Schraube 10.9: **100 Nm.**
Zum Lösen und Anziehen den Gegenhalter VW-3036 verwenden.

6 – **Zahnriemen**

7 – **Nockenwellenrad**

8 – **Schraube, 10 Nm**

9 – **Zahnriemenschutz hinten**
Zum Ausbau gegebenenfalls Kurbelwellen-Riemenscheibe abnehmen.

10 – **Zahnriemenrad für Kurbelwelle**

11 – **Umlenkrolle**

12 – **Zahnriemenschutz vorn -Unterteil-**
Zum Ausbau gegebenenfalls Kurbelwellen-Riemenscheibe abnehmen.

5-Zylinder-Benzinmotor ab 8/95

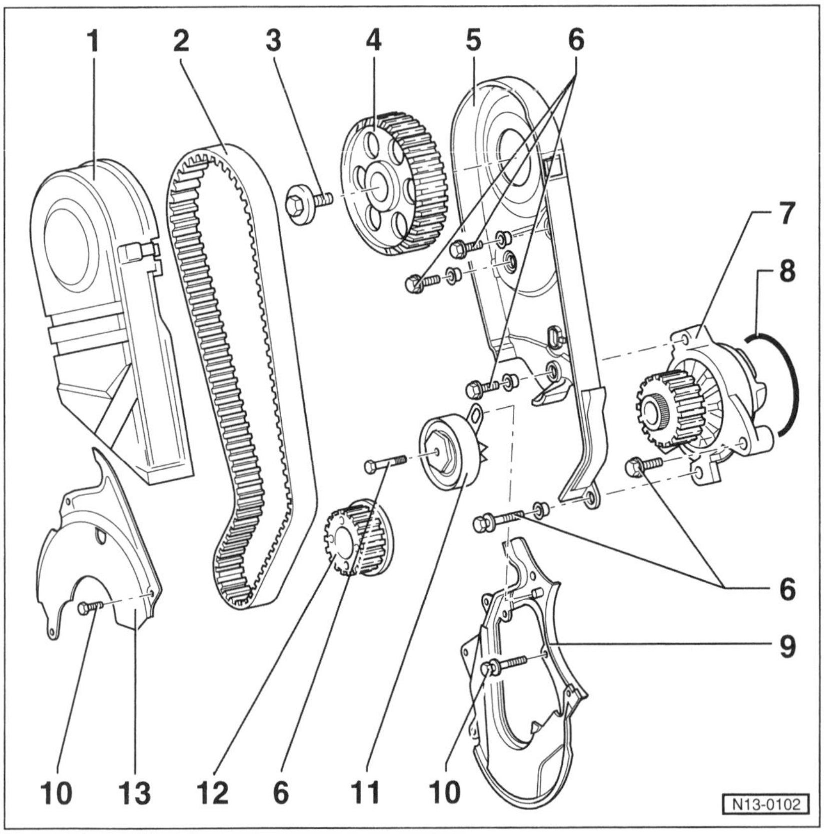

1 – **Zahnriemenschutz vorn -Oberteil-**

2 – **Zahnriemen**

3 – **Befestigungsschraube für Nockenwellenrad**
Für das Anzugsdrehmoment Kennzeichnung für den Schraubenstahl auf dem Schraubenkopf beachten:
Schraube 8.8: **85 Nm;**
Schraube 10.9: **100 Nm.**
Zum Lösen und Anziehen den Gegenhalter VW-3036 verwenden.

4 – **Nockenwellenrad**

5 – **Zahnriemenschutz hinten -Oberteil-**

6 – **Schraube, 20 Nm**

7 – **Kühlmittelpumpe**
Auf leichten Lauf der Welle prüfen. Bei Beschädigungen und Undichtigkeiten Kühlmittelpumpe komplett ersetzen.

8 – **O-Ring**
Bei Beschädigung ersetzen.

9 – **Zahnriemenschutz hinten -Unterteil-**

10 – **Schraube, 10 Nm**

11 – **Spannrolle**

12 – **Zahnriemenrad für Kurbelwelle**

13 – **Zahnriemenschutz**

Zahnriemen entspannen/spannen Zahnriemenspannung prüfen

5-Zylinder-Benzinmotor

- Keilrippenriemen beziehungsweise Keilriemen ausbauen, siehe Seite 53/54.
- Oberen Zahnriemenschutz ausbauen.

Fahrzeuge *ohne* Spannrolle:

Entspannen

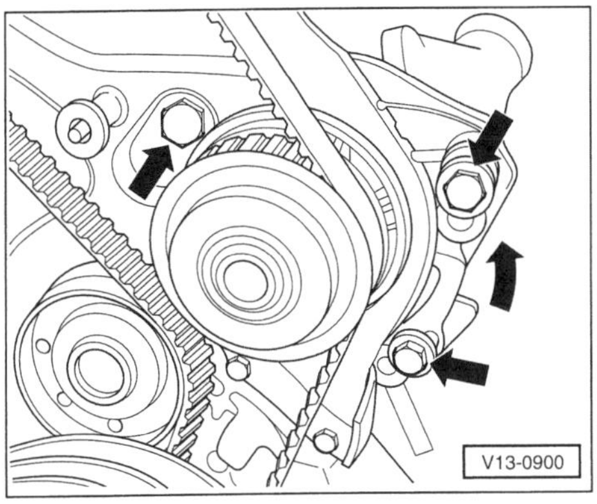

- 3 Befestigungsschrauben der Kühlmittelpumpe lösen. Pumpe mit Montierhebel nach rechts schwenken und Zahnriemen entspannen.

Achtung: Bei älteren Motoren empfiehlt es sich, die Kühlmittelpumpe abzuschrauben, die Dichtflächen zu reinigen und den O-Ring zu ersetzen.

Spannen

- Gelöste Kühlmittelpumpe mit Montierhebel nach links (oben bzw. Pfeilrichtung in Abbildung) drehen und Zahnriemen spannen.

Zahnriemenspannung prüfen

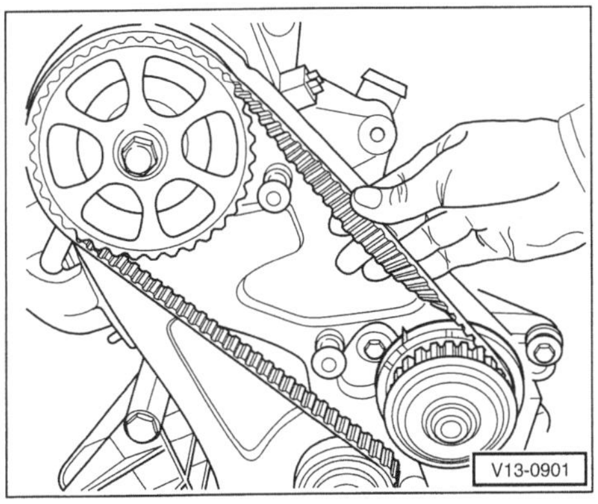

- Der Zahnriemen muß sich mittig zwischen Nockenwellenrad und Kühlmittelpumpe mit Daumen und Zeigefinger gerade noch um 90° (¼ Umdrehung) verdrehen lassen. Andernfalls Zahnriemen nachspannen.
- Kühlmittelpumpe mit **20 Nm** festziehen.

Fahrzeuge *mit* Spannrolle:

Entspannen

- Befestigungsschraube der Spannrolle lösen, Spannrolle nach links drehen und dadurch Zahnriemen entspannen.

Spannen bis 7/95:

- Bei gelöster Befestigungsmutter Spannrolle hin- und herbewegen und auf Leichtgängigkeit prüfen.
- Spannrolle loslassen und Befestigungsschraube handfest anziehen.
- Motor ca. 2 Umdrehungen bis kurz vor OT durchdrehen.
- Zum Spannen des Zahnriemens Kurbelwelle langsam weiter bis auf OT drehen (**Achtung:** Die Kurbelwelle darf nicht zurückfedern) und Mutter der Spannrolle mit **15 Nm** festziehen.

Spannen ab 8/95:

- Befestigungsschraube der Spannrolle handfest anziehen.

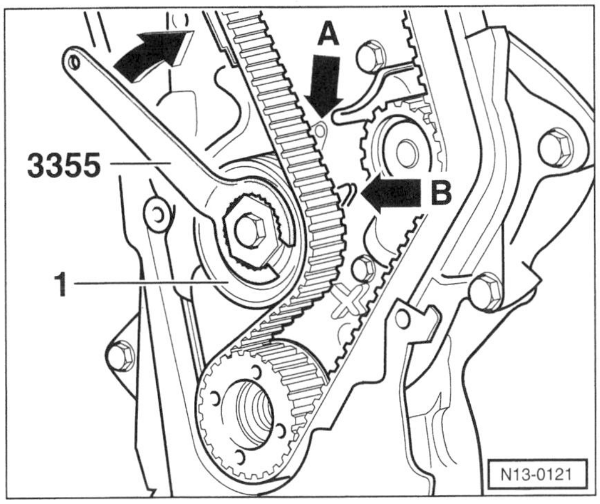

- Spannrolle –1– mit Ring- oder Maulschlüssel –3355– im Uhrzeigersinn bis zum inneren Anschlag der Spannrolle verdrehen. Anschließend Spannrolle soweit zurückdrehen, bis sich beide Zeiger gegenüberstehen –Pfeil B–. Pfeil –A– zeigt die Einbaustellung der Spannrollenlasche.
- In dieser Stellung Befestigungsschraube der Spannrolle mit **20 Nm** festziehen.

Alle Fahrzeuge:

- Kurbelwelle 2mal durchdrehen und Einstellung der Zahnriemenspannung prüfen, gegebenenfalls korrigieren. Dazu 5. Gang einlegen und Fahrzeug auf ebener Fläche verschieben oder Fahrzeug vorn aufbocken und Vorderrad verdrehen.
- Zahnriemenschutz einbauen.
- Keilrippenriemen beziehungsweise Keilriemen einbauen, siehe Seite 53/54.

Zahnriemen aus- und einbauen

5-Zylinder-Benzinmotor

Ausbau

- Fahrzeug aufbocken.
- Untere Motorraumverkleidung ausbauen, siehe Seite 17.
- Fahrzeug ablassen.
- Keilrippenriemen beziehungsweise Keilriemen ausbauen, siehe Seite 53/54.

Motor auf OT für Zylinder 1 stellen:

Hinweis: Als Zylinder 1 wird der Zylinder direkt neben dem Zahnriemen bezeichnet.

- Kurbelwelle im Uhrzeigersinn drehen, siehe Seite 19.

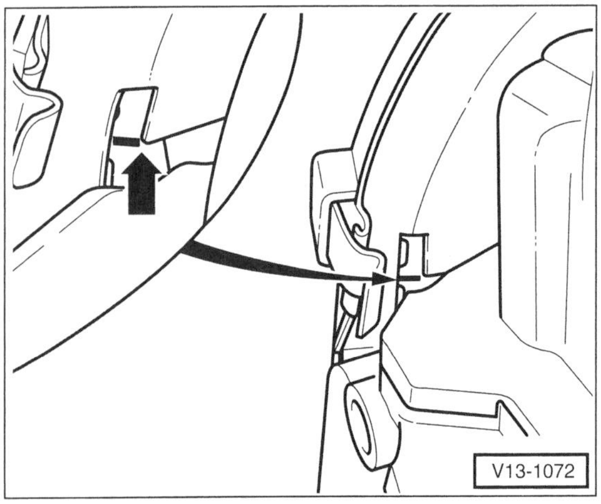

- Die Kurbelwelle befindet sich in OT-Stellung, wenn die Markierung am Nockenwellenrad mit der Markierung am Zahnriemenschutz hinten fluchtet.

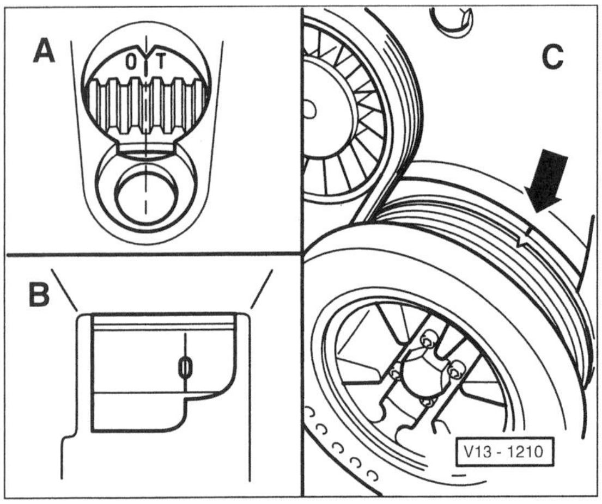

- Gleichzeitig muß die Markierung auf dem Schwungrad –A– bzw. Mitnehmerscheibe –B– mit der OT-Marke übereinstimmen. Abbildung –C– zeigt die beiden Bezugsmarken auf dem Schwingungsdämpfer und auf dem Zahnriemenschutz. Diese Markierungen dienen zur OT-Einstellung bei ausgebautem Motor.

- Oberen Zahnriemenschutz vorn ausbauen.
- Laufrichtung auf dem Zahnriemen mit Filz- oder Fettstift durch einen Pfeil kennzeichnen. Der Motor dreht, von der Stirnseite aus gesehen, rechts herum, also im Uhrzeigersinn.
- Zahnriemen entspannen, siehe Seite 37.

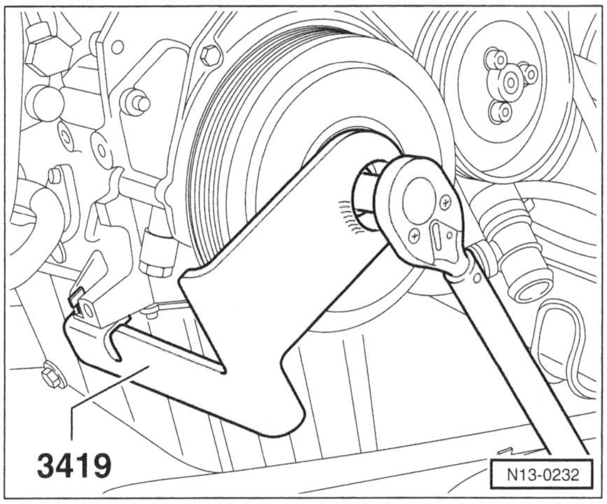

- Zentralschraube für Schwingungsdämpfer (Kurbelwellen-Riemenscheibe) herausschrauben. **Achtung:** Die Schraube ist mit sehr hohem Drehmoment angezogen (460 Nm). Zum Lösen sollte das Fahrzeug mit den Rädern auf dem Boden stehen. Zum Lösen der Schraube Kurbelwelle blockieren, dazu 1. Gang einlegen und Handbremse anziehen. Die Fachwerkstatt verwendet das Blockierwerkzeug VW-3419.
- Schwingungsdämpfer vom Kurbelwellenzahnrad mit 4 Schrauben M8 abschrauben und abnehmen.
- Unteren Zahnriemenschutz vorn ausbauen.
- Zahnriemen abnehmen.

Achtung: Der Zahnriemen darf nicht geknickt werden. Ein einmal geknickter Zahnriemen muß immer ersetzt werden, da der Riemen im späteren Betrieb reißen kann, was zu schweren Motorschäden führt.

- Stellung der Zahnriemenräder möglichst nicht verändern.

Einbau

Achtung: Wird der bisherige Zahnriemen wiederverwendet, unbedingt Laufrichtung beachten. Der Einbau des Zahnriemens in umgekehrter Laufrichtung kann zum Reißen des Riemens und dadurch zu Motorschäden führen. Daher Zahnriemen immer so einbauen, daß der angebrachte Pfeil in Drehrichtung des Motors zeigt (von der Zahnriemenseite aus gesehen, in Uhrzeigersinn).

- Prüfen, ob sich Nockenwelle und Kurbelwelle in OT-Stellung befinden, siehe unter Ausbau.

Achtung: Wenn die Nockenwelle bei abgenommenem Zahnriemen gedreht wird, darf kein Kolben auf OT stehen. Es können sonst schwerwiegende Schäden an Kolben oder Ventilen entstehen.

Soll die Nockenwelle gedreht werden, vorher alle Kolben gleichmäßig auf halbe Höhe stellen. Dazu oben an der Kurbelwellen-Riemenscheibe einen Kreidestrich anbringen (Voraussetzung: Kurbelwelle steht in OT-Stellung für Zylinder 1), dann Kurbelwellen-Riemenscheibe um ¼ Umdrehung (90°) nach links oder rechts drehen. Die Kreidemarkierung zeigt nun nach rechts oder nach links.

- Zahnriemen auf Kurbelwellenrad, Umlenkrolle und Kühlmittelpumpe auflegen.
- **Ab 8/95:** Falls die Spannrolle ausgebaut war, Spannrolle so einbauen, daß die Lasche der Spannrolle im Verdrehstift des Zahnriemenschutz-Unterteils sitzt, siehe Pfeil –A– in Abbildung N13-0121.
- **Bis 7/95:** Zahnriemenschutz unten einbauen und Befestigungsschraube M8 für Kühlmittelpumpe ansetzen (wenn Spannrolle vorhanden, mit 20 Nm festziehen).
- Schwingungsdämpfer mit 4 Schrauben anschrauben. Anzugsdrehmoment Keilriemenscheibe: **20 Nm**; Keilrippenriemenscheibe: **20 Nm** und anschließend mit starrem Schlüssel um ¼ **Umdrehung** weiterdrehen.
- Zentralschraube für Schwingungsdämpfer einsetzen und folgendermaßen anschrauben:
  - **Lange Zentralschraube (110 mm):** Schraube mit **160 Nm** festziehen und anschließend mit starrem Schlüssel um ½ **Umdrehung (180°)** weiterdrehen. **Achtung:** Das Weiterdrehen kann auch in mehreren Stufen erfolgen.
  - **Kurze Zentralschraube (65 mm):** Gewindegänge und Auflagefläche des Schraubenkopfes mit VW-Dichtmittel AMV18800102 einstreichen. Schraube mit **460 Nm** festziehen.
- Zahnriemenschutz unten anschrauben.
- Prüfen, ob sich Nockenwelle und Kurbelwelle in OT-Stellung für Zylinder 1 befinden. Gegebenenfalls Nockenwelle vorsichtig verdrehen, bis die Markierung auf dem Nockenwellenrad mit der Oberkante der Zylinderkopfdeckeldichtung übereinstimmt, siehe unter Ausbau. **Achtung:** Falls die Nockenwelle über einen größeren Bereich verdreht werden muß, darf kein Kolben in OT stehen.
- Zahnriemen auf das Nockenwellenrad auflegen.

Achtung: Beim Auflegen des Zahnriemens darf weder die Nockenwellen- noch die Kurbelwellenstellung verändert werden. Sonst können schwerwiegende Schäden am Motor entstehen beziehungsweise der Motor gibt nicht mehr seine volle Leistung ab. **Nachdem der Zahnriemen gespannt wurde, Stellung von Nockenwelle und Kurbelwelle nochmals kontrollieren.** Das bedeutet: Wenn die Markierung auf dem Nockenwellenrad mit der Oberkante der Zylinderkopfdeckeldichtung übereinstimmt, muß gleichzeitig die OT-Markierung am Schwungrad mit der Bezugsmarke übereinstimmen. Andernfalls ist die Einstellung von Nockenwellenrad und Kurbelwellenrad bei abgenommenem Zahnriemen zu wiederholen.

- Zahnriemen spannen.
- Kurbelwelle zweimal in Motordrehrichtung durchdrehen und Einstellung sowie Spannung nochmals überprüfen.
- Oberen Zahnriemenschutz einbauen.
- Spannvorrichtung für Keilrippenriemen anschrauben.
- Keilrippenriemen beziehungsweise Keilriemen einbauen und spannen.
- Fahrzeug aufbocken.
- Untere Motorraumverkleidung einbauen, siehe Seite 17.
- Fahrzeug ablassen.
- Zündzeitpunkt prüfen, gegebenenfalls einstellen, siehe Seite 63.

Achtung: Bei Reparaturen, die das Abnehmen des Zahnriemens nur vom Nockenwellenrad erfordern, ist die Zahnriemeneinstellung wie folgt vorzunehmen:

- Kurbelwelle auf OT für Zylinder 1 stellen.
- Zahnriemen entspannen und vom Nockenwellenrad abnehmen. **Achtung:** Anschließend Stellung von Nockenwelle und Kurbelwelle nicht mehr verändern.
- Zahnriemen auflegen und spannen.

Der Zylinderkopf

5-Zylinder-Benzinmotor

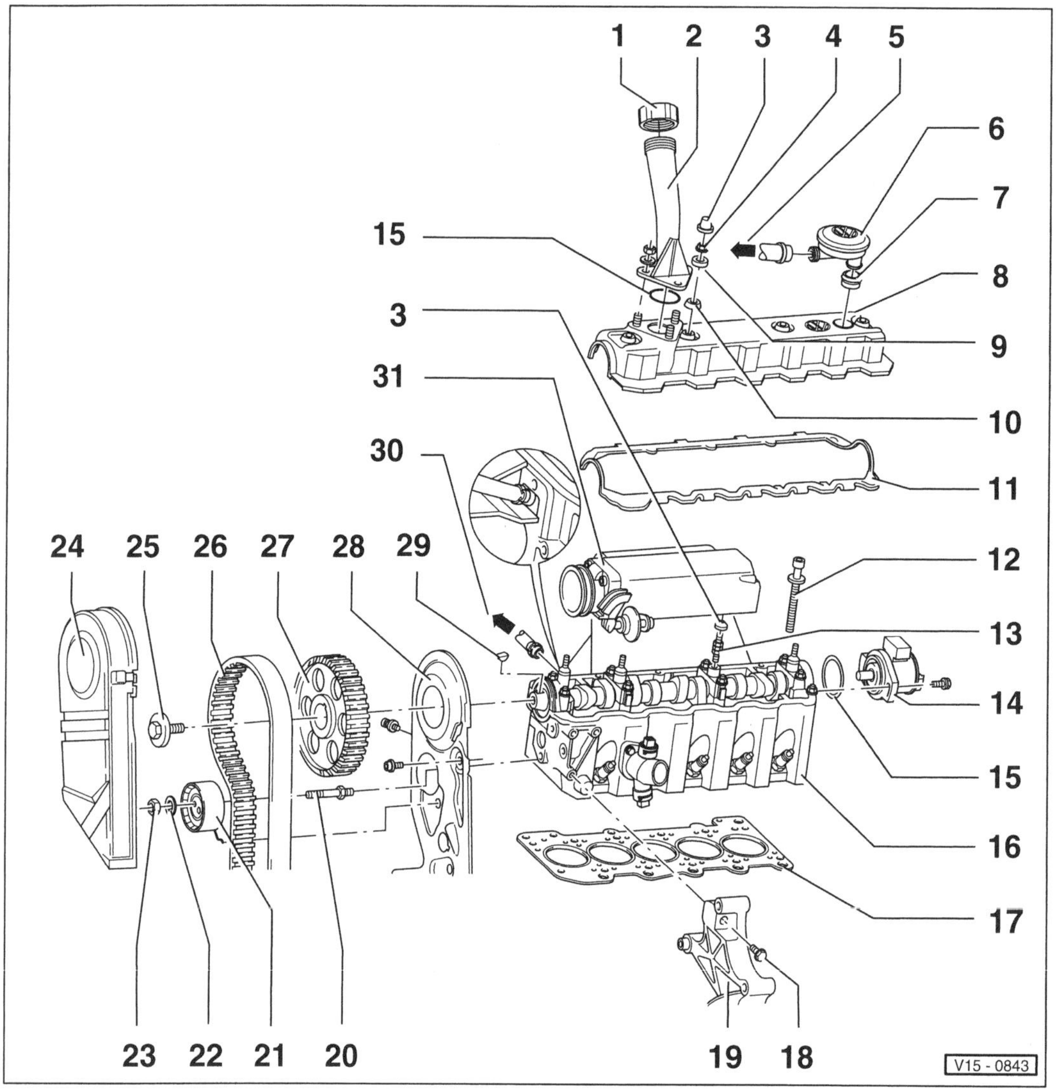

1 – **Verschlußdeckel**

2 – **Öleinfüllrohr**

3 – **Abdeckkappe**

4 – **Mutter, 10 Nm**

5 – **zum Ansaugschlauch**
Entlüftungsschlauch mit Halter am Öleinfüllrohr -2- befestigen. Auf ausreichenden Abstand zum Drosselklappenstutzen achten.

6 – **Druckregelventil für Kurbelgehäuseentlüftung**

7 – **Dichtring**
Nur bei Beschädigung ersetzen.

8 – **Zylinderkopfdeckel**
Mit Ölabweiser.
Bei Undichtigkeit komplett ersetzen.

9 – **Tellerscheibe**

10 – **Dichtscheibe oben**
Nur bei Beschädigung ersetzen.

11 – **Dichtung für Zylinderkopfdeckel**
Nicht einzeln lieferbar. Bei Undichtigkeit, Zylinderkopfdeckel komplett ersetzen.

12 – **Zylinderkopfschraube**

13 – **Schraube, 15 Nm**

14 – **Zündverteiler**

15 – **O-Ring**
Nur bei Beschädigung ersetzen.

16 – **Zylinderkopf**

17 – **Zylinderkopfdichtung**

18 – **Schraube, 20 Nm**

19 – **Halter**

20 – **Schraube, 20 Nm**

21 – **Spannrolle**
Ab 10/91.

22 – **Scheibe**

23 – **Mutter, 15 Nm**

24 – **Zahnriemenschutz vorn -Oberteil-**

25 – **Befestigungsschraube Nockenwellenrad**
Für das Anzugsdrehmoment Kennzeichnung für den Schraubenstahl auf dem Schraubenkopf beachten:
Schraube 8.8: **85 Nm;**
Schraube 10.9: **100 Nm.**
Zum Lösen und Anziehen den Gegenhalter VW-3036 verwenden.

26 – **Zahnriemen**

27 – **Nockenwellenrad**

28 – **Zahnriemenschutz hinten**
Zum Ausbau des Zylinderkopfes Befestigungsschrauben am Kopf losschrauben und Zahnriemenschutz etwas zurückdrücken.

29 – **Scheibenfeder**

30 – **Zum Abzweigstück am Kühlmittelausgleichbehälter**

31 – **Sammelsaugrohr**

Zylinderkopf aus- und einbauen

5-Zylinder-Benzin- und Dieselmotor

Zylinderkopf nur bei abgekühltem Motor (Raumtemperatur) ausbauen. Abgas- und Ansaugkrümmer bleiben angeschlossen. Der Zylinderkopf kann bei eingebautem Motor ausgebaut werden.

Besonderheiten für den Aus- und Einbau des Zylinderkopfes beim Dieselmotor stehen am Ende des Kapitels.

Eine defekte Zylinderkopfdichtung ist an einem oder mehreren der folgenden Merkmale erkennbar:

- Leistungsverlust.
- Kühlflüssigkeitsverlust. Weiße Abgaswolken bei warmem Motor.
- Ölverlust.
- Kühlflüssigkeit im Motoröl, Ölstand nimmt nicht ab, sondern zu. Graue Farbe des Motoröls, Schaumbläschen am Peilstab, Öl dünnflüssig.
- Motoröl in der Kühlflüssigkeit.
- Kühlflüssigkeit sprudelt stark.
- Keine Kompression auf 2 benachbarten Zylindern.

Ausbau

- Batterie-Massekabel (–) abklemmen. **Achtung:** Dadurch werden aus dem Speicher des Radios der Code für die Diebstahlsicherung sowie die eingestellten Sender gelöscht. Die Batterie darf nur bei ausgeschalteter Zündung abgeklemmt werden, **da sonst das Steuergerät der Einspritzanlage beschädigt wird.** Vor dem Abklemmen sollten auch die Hinweise im Kapitel »Radio-« bzw. »Batterie aus- und einbauen« durchgelesen werden.
- Sammelsaugrohr-Oberteil ausbauen, siehe Seite 101.
- Einspritzventile ausbauen, siehe Seite 96.
- Sämtliche Unterdruckschläuche abziehen. Zum leichteren Einbau Schläuche vorher mit Tesaband kennzeichnen.
- Gaszug am Drosselklappenstutzen und am Widerlager aushängen.
- Sämtliche elektrischen Leitungen abziehen bzw. abklemmen. Um den Einbau zu erleichtern Leitungen mit Tesaband kennzeichnen.

Achtung: Kabelbinder lösen oder, falls erforderlich, aufschneiden. Kabelbinder nicht ausbauen, damit beim Einbau des Motors die neuen Kabelbinder an der gleichen Stelle wieder angebracht werden können.

- Zündkerzenstecker abziehen.
- Verteilerkappe ausbauen. Dazu 2 seitliche Blechklammern mit Schraubendreher ausclipsen.
- Verteilerläufer abziehen.
- Sämtliche Kraftstoffleitungen mit Tesaband markieren und abziehen.
- Kühlmittel vollständig ablassen, siehe Seite 77.
- Kühlmittelschläuche zum Zylinderkopf abziehen, vorher Schlauchklemmen lösen.
- Fahrzeug aufbocken.
- Untere Motorraumabdeckung ausbauen, siehe Seite 17.
- Abgasrohr am Abgaskrümmer und Getriebehalter abschrauben. Abgasanlage etwas absenken und mit Draht aufhängen, siehe auch Seite 117.
- Schutzhaube oben für Zahnriemen ausbauen, siehe Seite 40.
- Zahnriemen entspannen und oben von der Nockenwelle abnehmen, siehe Seite 37/38.
- Zylinderkopfdeckel abschrauben.
- Dichtungen für Zylinderkopfdeckel abnehmen.

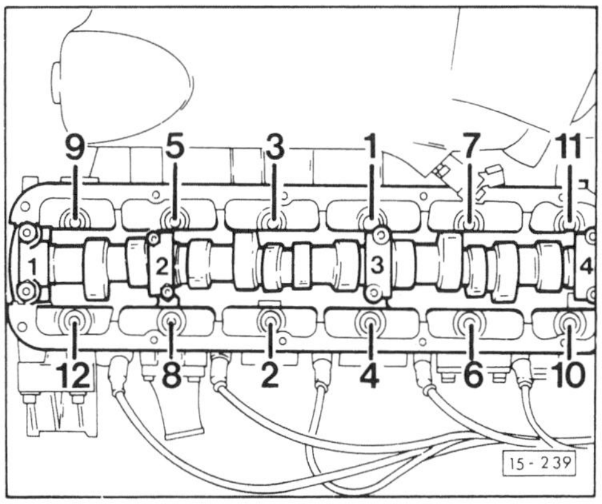

- Zylinderkopfschrauben entgegen ihrer Numerierung von 12 nach 1 zunächst ½ Umdrehung lösen, dann herausdrehen.
- Prüfen, ob sämtliche Leitungen und Schläuche, die zum Zylinderkopf führen, abgezogen sind.
- Zylinderkopf abheben. Dabei hinteren Zahnriemenschutz losschrauben und etwas zurückdrücken.
- Zylinderkopf auf zwei Holzleisten legen.
- Zylinderkopfdichtung abnehmen.

Einbau

Vor dem Einbau Zylinderkopf und Motorblock mit geeignetem Schaber von Dichtungsresten freimachen. Darauf achten, daß kein Schmutz in die Motorblock-Öffnungen fällt. Bohrungen mit Lappen verschließen.

- Prüfen, ob die Bohrungen für die Zylinderkopfschrauben frei von Öl sind, gegebenenfalls Öl entfernen. Dazu einen sauberen Lappen in die Bohrungen einführen und Öl aufsaugen. **Achtung:** Verbleibt Öl in den Bohrungen, kann beim Anziehen der Schrauben der Motorblock beschädigt werden.
- Zylinderkopf mit Stahllineal auf Verzug prüfen.

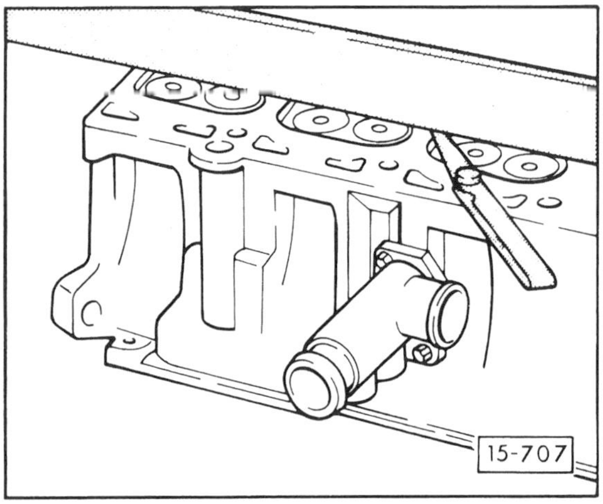

- Verzug mit Stahllineal und Fühlerblattlehre an verschiedenen Stellen des Zylinderkopfes prüfen. Die zulässigen Unebenheiten dürfen 0,1 mm (Dieselmotor: 0,2 mm) nicht überschreiten.

Achtung: Werden die Dichtflächen des Zylinderkopfes nachgearbeitet, darf die zulässige Mindesthöhe 132,6 mm (Benziner) nicht unterschritten werden. Der Zylinderkopf des Dieselmotors darf nicht nachgearbeitet werden.

- Zylinderköpfe mit Rissen zwischen den Ventilsitzen beziehungsweise dem Ventilsitzring und den ersten Gewindegängen des Zündkerzengewindes können ohne Herabsetzung der Lebensdauer weiterverwendet und überholt werden, wenn der oder die Risse eine Breite von a = max. 0,5 mm nicht überschreiten, siehe Abbildung 15-274 auf Seite 24.
- Zylinderkopfdichtung grundsätzlich ersetzen. Die Aufschrift »oben« muß zum Zylinderkopf zeigen. Zylinderkopfdichtung ohne Dichtungsmittel so auflegen, daß keine Bohrungen verdeckt werden. **Achtung:** Beim **Dieselmotor vor 1/95** wird die eingebaute Weichstoff-Zylinderkopfdichtung ersetzt durch eine Metall-Zylinderkopfdichtung.

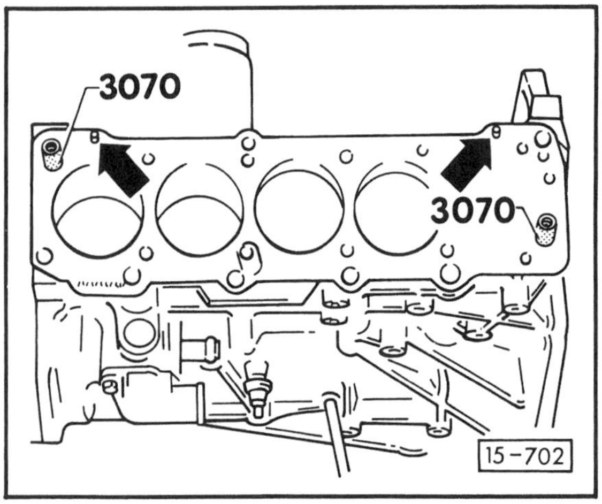

- Zum Zentrieren des Zylinderkopfes Führungsbolzen V.A.G-3070 in die Bohrungen 9 und 10 für die Zylinderkopfschrauben einschrauben.
- Stehen die Bolzen nicht zur Verfügung, Führungsstifte selbst anfertigen. Dazu an zwei alten Zylinderkopfschrauben den Kopf absägen und jeweils eine Nut für den Schraubendreher anbringen.
- Kurbelwelle an der Riemenscheibe so verdrehen, daß alle Kolben ungefähr auf gleicher Höhe stehen.
- Zylinderkopf aufsetzen. Dabei Zentrierstifte –Pfeile– beachten.
- Die übrigen 10 Zylinderkopfschrauben mit Unterlegscheiben ansetzen und handfest anziehen. **Zylinderkopfschrauben grundsätzlich ersetzen.**
- Führungsstifte mit Schraubendreher oder Bolzendreher herausschrauben, die restlichen 2 Zylinderkopfschrauben mit Unterlegscheiben einsetzen und handfest anziehen.

Achtung: Das Anziehen der Zylinderkopfschrauben ist mit größter Sorgfalt durchzuführen. Vor dem Anziehen der Schrauben sollte der Drehmomentschlüssel auf seine Genauigkeit geprüft werden. Die Zylinderkopfschrauben müssen bei kaltem Motor angezogen werden.

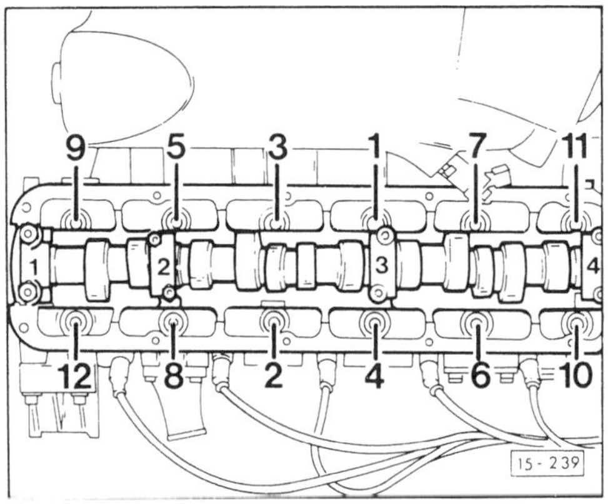

- Die Zylinderkopfschrauben werden in 4 Stufen angezogen. Kopfschrauben in jeder Stufe jeweils in der Reihenfolge von 1 bis 12 anziehen.

1. Stufe: mit Drehmomentschlüssel **40 Nm**

2. Stufe: mit Drehmomentschlüssel **60 Nm**

3. Stufe: **¼ Umdrehung (90°)** mit **starrem** Schlüssel ohne abzusetzen weiterdrehen.

4. Stufe: **¼ Umdrehung (90°)** mit **starrem** Schlüssel ohne abzusetzen weiterdrehen.

- Beim Anziehen der Zylinderkopfschrauben Drehwinkel abschätzen. Schlüsselgriff längs zum Motor ansetzen und in einem Zug drehen, bis der Griff quer zum Motor steht (¼ Umdrehung, 90°). Anschließend Schlüssel weiterdrehen bis der Griff wieder längs zum Motor steht.

Achtung: Ein Nachziehen der Zylinderkopfschrauben bei warmem Motor im Rahmen der Wartung oder nach Reparaturen ist **nicht zulässig.**

- Zahnriemen montieren, siehe Seite 34/41.

Achtung: Beim Einbau eines Austausch-Zylinderkopfes mit montierter Nockenwelle müssen die Berührungsflächen zwischen Tassenstößel und Nockenbahn nach Einbau des Zylinderkopfes geölt werden.

- Zylinderkopfdeckel mit Dichtung aufsetzen und mit 10 Nm anschrauben. Beschädigte Dichtung ersetzen.
- Abgasrohr am Abgaskrümmer montieren, siehe Seite 112.
- Untere Motorraumabdeckung einbauen, siehe Seite 17.
- Fahrzeug ablassen.
- Kühlmittelschläuche aufschieben und mit Schellen sichern.
- Sämtliche elektrischen Leitungen entsprechend den angebrachten Tesaband-Markierungen aufschieben und einrasten bzw. anklemmen.

Achtung: Elektrische Leitungen mit neuen Kabelbindern an denselben Stellen wie bisher fixieren.

- Verteilerläufer aufstecken. Durch Hin- und Herbewegen festen Sitz prüfen.
- Verteilerkappe aufsetzen und 2 seitliche Blechklammern einrasten.
- Zündkerzenstecker entsprechend der Zündfolge 1–2–4–5–3 aufschieben. Zylinder 1 befindet sich beim Zahnriemen.
- Sämtliche Kraftstoffleitungen aufschieben und mit Schellen sichern.
- Unterdruckschläuche entsprechend der Tesaband-Kennzeichnung aufschieben.
- Gaszug am Drosselklappenstutzen und am Widerlager einhängen.
- Vorwärmschlauch am Abdeckblech des vorderen Abgasrohres aufschieben und mit Schlauchklemme sichern.
- Einspritzventile einbauen, siehe Seite 96.
- Sammelsaugrohr einbauen, siehe Seite 101.
- Batterie-Massekabel (–) anklemmen. Code für die Diebstahlsicherung eingeben, Sender programmieren und Zeituhr einstellen. **Achtung:** Die Batterie darf nur **bei ausgeschalteter Zündung angeklemmt werden, da sonst das Steuergerät der Einspritzanlage beschädigt wird.**
- Kühlmittel auffüllen. Kühlmittel immer erneuern, siehe Seite 77.
- Ölstand im Motor kontrollieren. Falls die Zylinderkopfdichtung defekt war, Öl- und Filterwechsel durchführen.
- Motor auf Betriebstemperatur bringen, Kühlmittelstand überprüfen und sämtliche Schlauchanschlüsse auf Dichtheit prüfen.
- Zündzeitpunkt prüfen, siehe Seite 63.
- Leerlauf und CO-Gehalt prüfen, siehe Seite 92.
- Kompressionsdruck prüfen, siehe Seite 52.

Ausbau 5-Zylinder-Dieselmotor

- Die Unterdruckleitung für den Bremskraftverstärker an der Vakuumpumpe seitlich am Zylinderkopf abziehen.
- Kühlmittelschlauch vom Anschlußstutzen am Zylinderkopf oberhalb des Thermostatgehäuses abziehen.
- Dünnen Kühlmittelschlauch in der Nähe von Zylinder 1 (Zahnriemenseite) oberhalb des Sammelsaugrohres abziehen.
- Einspritzleitungen an den Anschlüssen der Pumpe und den Einspritzdüsen mit Kaltreiniger reinigen und abschrauben. Öffnungen mit entsprechenden Kappen verschließen und so gegen Verschmutzungen schützen. **Achtung:** Biegung der Einspritzleitungen nicht verändern.
- Rücklaufschlauch von der Einspritzdüse für Zylinder 5 abziehen.
- Glühkerzen und Einspritzdüsen ausbauen, siehe Seite 109/111.
- Beide Zahnriemen ausbauen, siehe entsprechendes Kapitel.

Einbau

- Nacharbeiten am Diesel-Zylinderkopf sind nicht erlaubt.

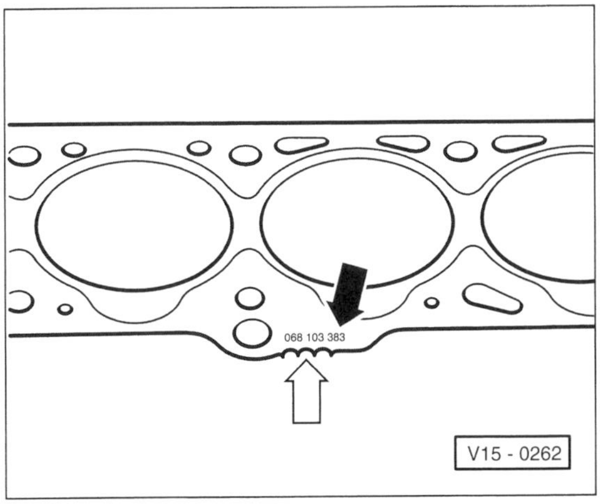

- Beim Ersetzen der Dichtung Kennzeichnung beachten und nur eine neue Dichtung gleicher Kennzeichnung einbauen. Die Kennzeichnung der Zylinderkopfdichtung mit Löchern und Kerben –Pfeil– ist auch bei eingebautem Zylinderkopf sichtbar. Entsprechend dem Kolbenüberstand werden in der Dicke unterschiedliche Zylinderkopfdichtungen eingebaut.
- Zylinderkopfdichtung grundsätzlich ersetzen. Dabei muß die neue Dichtung die gleiche Kennzeichnung wie die bisherige aufweisen. Nur nach dem Einbau neuer Kolben oder eine Teilemotors muß der Kolbenüberstand neu vermessen und die richtige Dichtungsdicke neu ermittelt werden.

Achtung: Seit **2/95** wird eine Metall-Zylinderkopfdichtung eingebaut. Beim **Dieselmotor AAB** müssen vor Einbau der Metall-Dichtung zusätzlich die Wirbelkammern ersetzt werden.

Achtung: Zylinderkopfdichtung äußerst sorgfältig behandeln und erst kurz vor dem Einbau aus der Verpackung nehmen. Beschädigungen der Silikonschicht und im Sickenbereich führen zu Undichtigkeiten.

- Die Zylinderkopfschrauben des Dieselmotors werden auf die gleiche Weise wie beim Benzinmotor in 4 Stufen angezogen. **Achtung:** Zylinderkopfschrauben grundsätzlich ersetzen.

Achtung: Ein Nachziehen der Zylinderkopfschrauben bei

warmem Motor im Rahmen der Wartung oder nach Reparaturen ist **nicht zulässig.**

- Glühkerzen und Einspritzdüsen einbauen, siehe Seite 109/111.
- Anschlüsse der Einspritzleitungen mit Kaltreiniger säubern. Überwurfmuttern mit 25 Nm festziehen.
- Rücklaufschlauch für Einspritzdüse/Zylinder 5 aufschieben.
- Zahnriemen einbauen, siehe entsprechendes Kapitel.
- Unterdruckleitung für Bremskraftverstärker an der Vakuumpumpe seitlich am Zylinderkopf aufschieben und mit Schelle sichern.
- Dünnen Kühlmittelschlauch in der Nähe von Zylinder 1 (Zahnriemenseite) oberhalb des Sammelsaugrohres aufschieben und mit Schelle sichern.
- Kühlmittelschlauch auf den Anschlußstutzen am Zylinderkopf oberhalb des Thermostatgehäuses aufschieben und mit Schelle sichern.
- Förderbeginn der Einspritzpumpe überprüfen, siehe Seite 112.

Dieselmotor AAB: Wirbelkammern ersetzen

- Glühkerzen und Einspritzdüsen ausbauen, siehe Seite 109/111.
- Wirbelkammer mit geeignetem Dorn durch die Einspritzdüsen-Öffnung herausschlagen.
- Anlageflächen der Wirbelkammern im Zylinderkopf von Verbrennungsrückständen reinigen.
- Neue Wirbelkammer so in den Zylinderkopf einsetzen, daß die Führungsnase in die Nut eingreift.
- Wirbelkammer mit Kunststoffhammer eintreiben.
- Überstandsmaß der Wirbelkammern messen. Bei Überschreiten des Sollmaßes von 0,05 mm muß der Zylinderkopf ersetzt werden.
- Glühkerzen und Einspritzdüsen einbauen, siehe Seite 109/111.

Zahnriemen für Einspritzpumpe

5-Zylinder-Dieselmotor

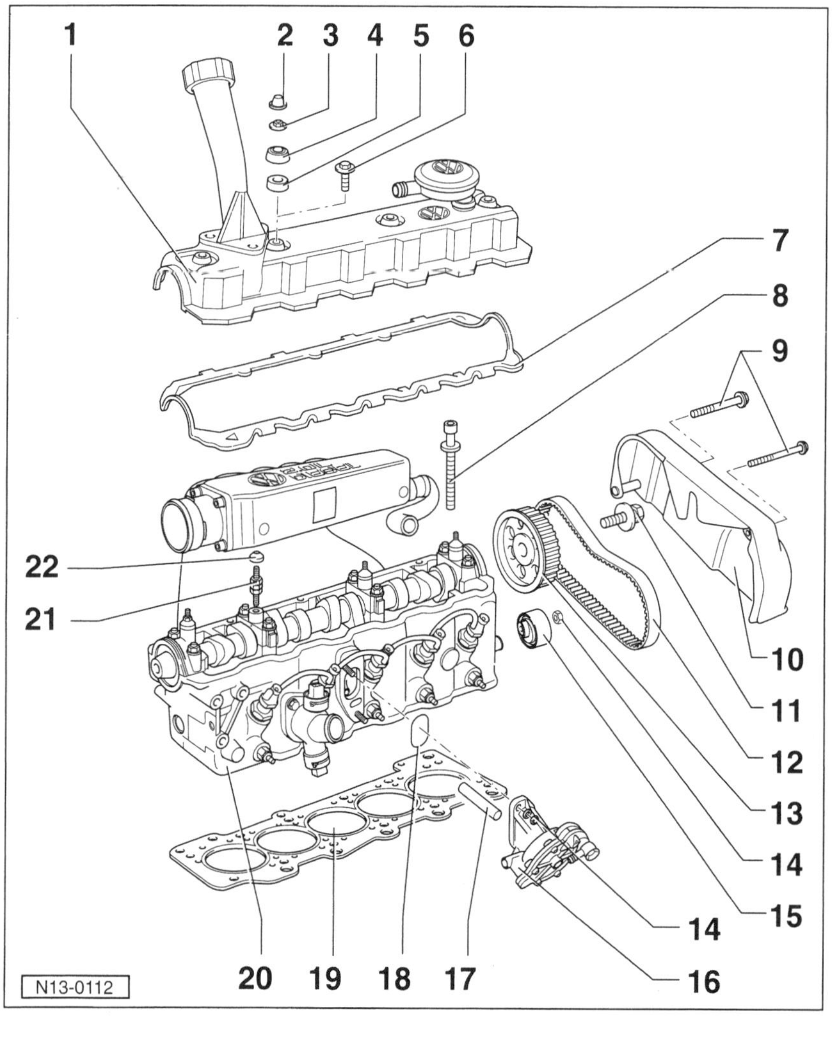

1 – **Zylinderkopfdeckel**
Hinweis: Beim TDI-Motor wird der Zylinderkopfdeckel mit Sechskantschrauben an den Lagerdeckeln befestigt.

2 – **Abdeckkappe***

3 – **Mutter, 10 Nm***

4 – **Tellerscheibe***

5 – **Dichtscheibe oben***

6 – **Schraube, 10 Nm****

7 – **Dichtung für Zylinderkopfdeckel**
In die Nut am Zylinderkopfdeckel einsetzen.

8 – **Zylinderkopfschrauben**

9 – **Schraube, M6 = 10 Nm**
M8 = 20 Nm

10 – **Zahnriemenschutz**

11 – **Befestigungsschraube für Antriebsrad der Einspritzpumpe**
Motor AAB/AJA: **100 Nm.**
TDI-Motor: **160 Nm.**
Gewinde und Auflagefläche ölen. Zum Lösen und Anziehen Gegenhalter VW-3036 verwenden.

12 – **Zahnriemen für Einspritzpumpe**

13 – **Antriebsrad der Einspritzpumpe**

14 – **Mutter, 20 Nm**

15 – **Umlenkrolle****

16 – **Vakuumpumpe**

17 – **Stößel**

18 – **O-Ring**

19 – **Zylinderkopfdichtung**

20 – **Zylinderkopf**

21 – **Schraube, 15 Nm***

22 – **Dichtkegel unten***

*) Die Bezeichnungen **–2– bis –5– sowie –21– und –22–** beziehen sich nur auf die Motoren **AAB** bzw. **AJA.**

) Die Bezeichnungen **–6– und –15– beziehen sich nur auf den TDI-Motor.

Zahnriemen für Nockenwelle

5-Zylinder-Dieselmotor bis 1/95

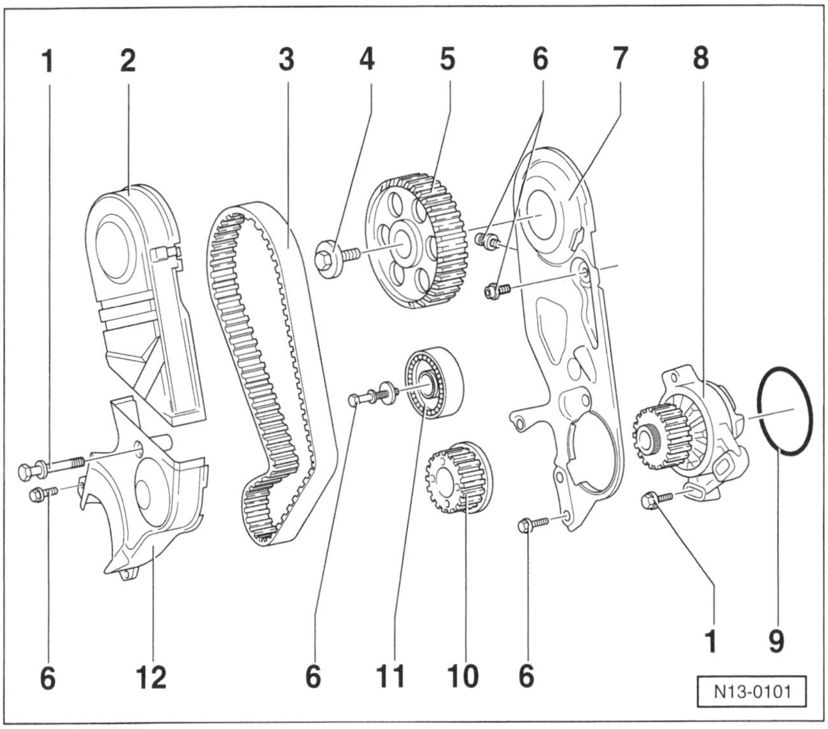

1 – **Schraube, 20 Nm**
2 – **Obere Zahnriemen-Abdeckung**
3 – **Zahnriemen für Nockenwelle**
4 – **Befestigungsschraube Nockenwellenrad**
Schraube 8.8: **85 Nm;**
Schraube 10.9: **100 Nm.**
Zum Lösen und Anziehen den Gegenhalter VW-3036 verwenden.
5 – **Nockenwellenrad**
6 – **Schraube, 10 Nm**
7 – **Hintere Zahnriemen-Abdeckung**
8 – **Kühlmittelpumpe**
Mit Langlöchern zum Spannen des Zahnriemens.
9 – **O-Ring**
10 – **Zahnriemenrad für Kurbelwelle**
11 – **Umlenkrolle**
12 – **Untere Zahnriemen-Abdeckung**

5-Zylinder-Dieselmotor ab 2/95

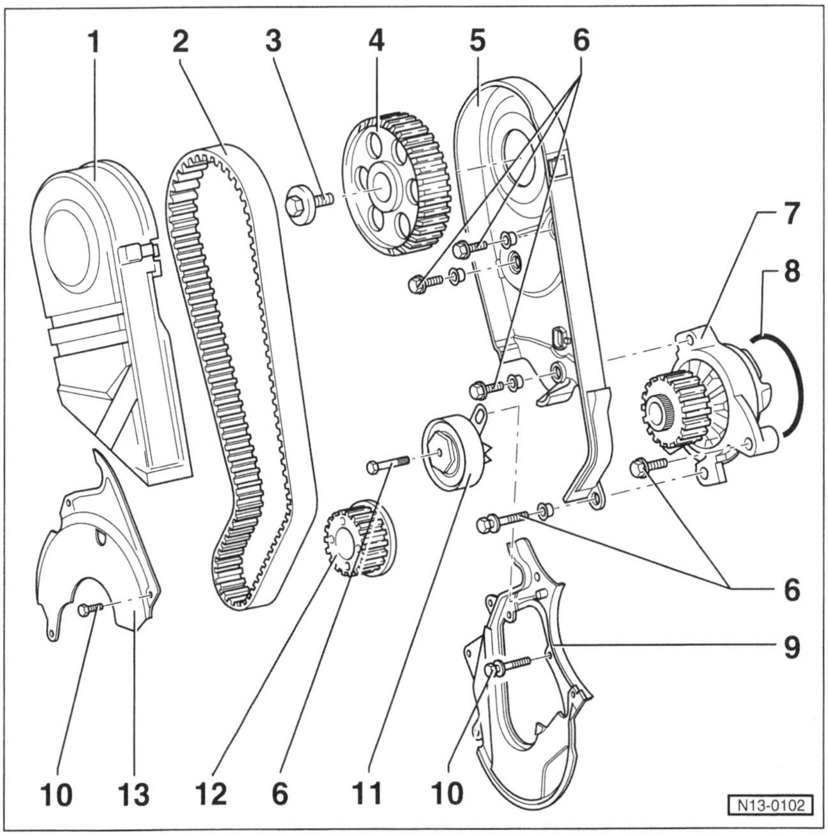

1 – **Obere Zahnriemen-Abdeckung**
2 – **Zahnriemen für Nockenwelle**
3 – **Befestigungsschraube Nockenwellenrad**
Schraube 8.8: **85 Nm;**
Schraube 10.9: **100 Nm.**
Zum Lösen und Anziehen den Gegenhalter VW-3036 verwenden.
4 – **Nockenwellenrad**
5 – **Hintere Zahnriemen-Abdeckung**
6 – **Schrauben, 20 Nm**
7 – **Kühlmittelpumpe**
Ohne Langlöcher.
8 – **O-Ring**
9 – **Untere Zahnriemen-Abdeckung**
10 – **Schraube, 10 Nm**
11 – **Spannrolle**
12 – **Zahnriemenrad für Kurbelwelle**
13 – **Zahnriemenschutz**

Zahnriemenspannung prüfen/einstellen

5-Zylinder-Dieselmotor

Zahnriemen für Nockenwelle

Prüfen manuelle Spannvorrichtung bis 1/95

- Obere Zahnriemen-Abdeckung abnehmen.
- Alle Befestigungsschrauben für Generator und Spannbügel mindestens eine Umdrehung lösen.
- Spannbügel von der Kühlmittelpumpe abschrauben und Generator nach oben drücken.
- Auf Zahnriemen zwischen Nockenwellenrad und Kühlmittelpumpenrad mit Gummihammer einen Schlag ausführen.
- Am Prüfgerät VW 210 durch Drehen am Griff Feder entspannen.

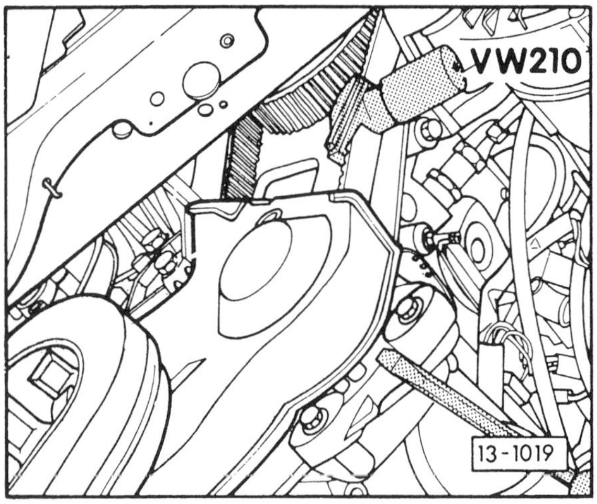

- Prüfgerät zwischen Nockenwellenrad und Kühlmittelpumpenrad so einsetzen, daß der Zahnriemen zwischen den Kufen und dem Meßfühler des Prüfgerätes anliegt.
- Zahnriemenspannung mit Prüfgerät messen und Wert notieren.
- Kurbelwelle eine Umdrehung weiterdrehen und Messung wiederholen.
- Mittelwert aus 1. und 2. Messung errechnen und mit Sollwert vergleichen.

Sollwert: **Skalenwert 12 – 13** auf Meßgerät VW-210.

- Liegt der Mittelwert außerhalb der angegebenen Toleranz Zahnriemenspannung einstellen.

Einstellen manuelle Spannvorrichtung bis 1/95

- Prüfgerät auf den Skalenwert 12 – 13 vorspannen. Seitlich am Meßfühler ragt eine Stahlzunge aus dem Prüfgerät, auf der ein weißer, waagerechter Strich angebracht ist.
- Prüfgerät ansetzen.
- Befestigungsschrauben für Kühlmittelpumpe lösen. Die Schrauben sind in Abbildung 13-1019 links und rechts neben dem Schraubendreher dargestellt.
- Kühlmittelpumpe mit Montierhebel oder großem Schraubendreher, wie in der Abbildung dargestellt, verdrehen bis am Prüfgerät der weiße waagerechte Strich auf der Stahlzunge mit dem Gehäuserand übereinstimmt.
- Befestigungsschrauben mit 20 Nm anziehen.
- Kurbelwelle eine Umdrehung weiterdrehen und Messung wiederholen, gegebenenfalls Einstellung wiederholen.
- Spannbügel an Kühlmittelpumpe anschrauben und Keilriemenspannung für Generator einstellen, siehe Seite 53.
- Obere Zahnriemenabdeckung einbauen.

Achtung: Steht das Einstell- und Prüfwerkzeug nicht zur Verfügung (Ausland, Panne), kann die Zahnriemenspannung auch behelfsmäßig eingestellt werden. Und zwar ist der Zahnriemen so zu spannen, daß er sich mit Daumen und Zeigefinger kaum noch um 90° verdrehen läßt. Die Zahnriemenspannung muß dann jedoch umgehend mit dem Prüfgerät überprüft werden. Bis dahin sind hohe Motor-Drehzahlen zu vermeiden.

Prüfen halbautomatische Spannvorrichtung ab 2/95

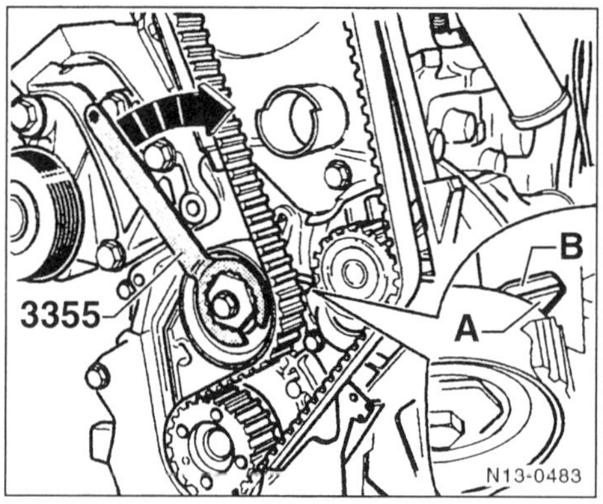

- Prüfen, ob sich die beiden Zeiger –A– und –B– gegenüberstehen. Falls nicht, Spannvorrichtung einstellen.

Einstellen halbautomatische Spannvorrichtung ab 2/95

- Befestigungsschraube für Spannrolle lösen.
- Spannrolle mit Ringschlüssel 3355 im Uhrzeigersinn soweit verdrehen, bis die rechte Kante des Zeigers –A– mit der rechten Kante des Zeigers –B– fluchtet. **Achtung:** Die rechte Kante des Zeigers –A– darf **nicht** über die rechte Kante des Zeigers –B– **hinausgedreht** werden, sonst kann die Spannrolle beschädigt werden. Falls doch zu weit gedreht wurde, muß die Spannrolle vollständig entspannt und neu gespannt werden. Es reicht nicht, den Exzenter nur um das zu weit gedrehte Maß zurückzudrehen.
- Befestigungsschraube für Spannrolle mit **20 Nm** festziehen.

Zahnriemen aus- und einbauen

5-Zylinder-Dieselmotor

Ausbau

- Fahrzeug aufbocken.
- Untere Motorraumverkleidung ausbauen, siehe Seite 17.
- **Ab 9/94:** Kühlergrill ausbauen, siehe Seite 188.
- Kühler und Schloßträger nach vorn herausklappen, siehe Seite 17.
- **Bis 1/95:** Keilriemen für Generator und Servopumpe ausbauen, siehe Seite 53.
- **Ab 2/95:** Keilrippenriemen ausbauen, siehe Seite 54.
- Generator ganz nach oben klappen und Schraube festziehen.
- Zylinderkopfdeckel abschrauben, Dicht- und Tellerscheiben abnehmen.
- Zahnriemenschutz für Einspritzpumpenantrieb hinten am Zylinderkopf abschrauben.
- Luftschlauch zwischen Luftfilter und Sammelsaugrohr abziehen, vorher Schellen lösen.
- Zahnriemenschutz für Nockenwellenantrieb vorn ausclipsen und herausziehen.
- Laufrichtung auf dem Zahnriemen mit Filz- oder Fettstift durch einen Pfeil kennzeichnen. Der Motor dreht, von der Zahnriemenseite her gesehen, rechts herum, also im Uhrzeigersinn.
- Fahrzeug ablassen.

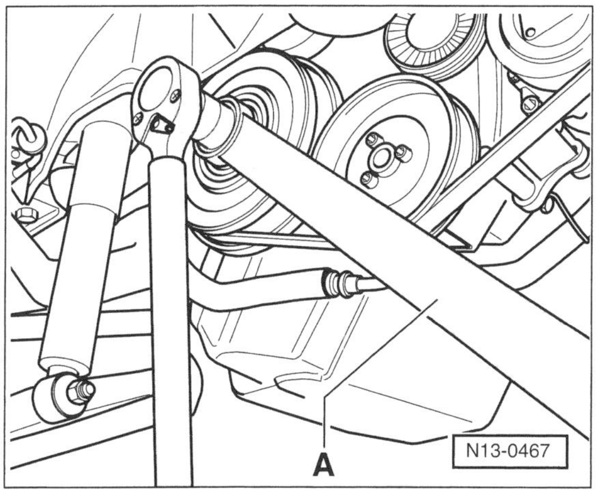

- Zentralschraube des Schwingungsdämpfers an der Kurbelwelle lösen. Dazu wird der Gegenhalter VW-T10025 –A– benötigt. **Achtung:** Aufgrund des hohen Drehmoments muß das **Fahrzeug beim Lösen der Schraube auf den Rädern stehen.**
- Fahrzeug aufbocken.
- Kurbelwelle auf OT für Zylinder 1 stellen. Dazu Kurbelwelle verdrehen, siehe Seite 19.

Hinweis: Als Zylinder 1 wird der Zylinder direkt neben dem Zahnriemen für die Nockenwelle bezeichnet.

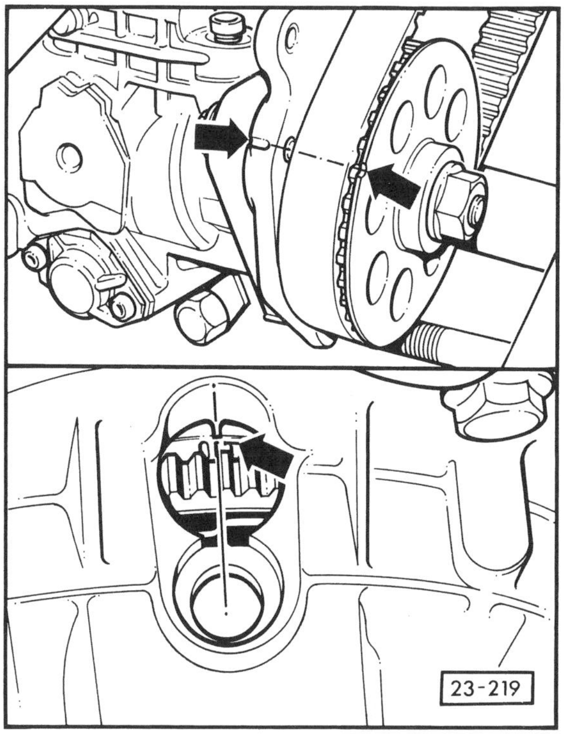

- Die Kurbelwelle steht auf OT für Zylinder 1, wenn die Markierungen Schwungrad/Kupplungsglocke übereinstimmen –untere Abbildung–.
- Gleichzeitig müssen die Markierungen auf dem Einspritzpumpenrad und der Konsole –Pfeile, obere Abbildung– übereinstimmen. Wenn die Markierungen nicht übereinstimmen, Kurbelwelle 1 Umdrehung weiterdrehen.

Zahnriemen für Einspritzpumpe ausbauen

Motor AAB/AJA:

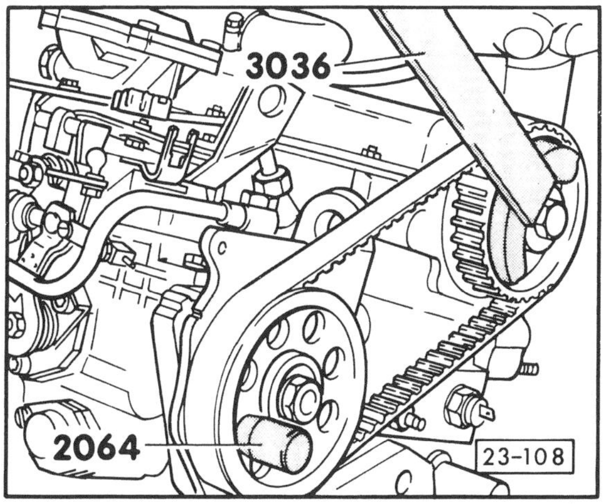

- Einspritzpumpenrad mit geeignetem Absteckdorn arretieren, z.B. VW-2064.

- Antriebsrad für Einspritzpumpe mit Gegenhalter VW-3036 festhalten. Befestigungsschraube aus der Nockenwelle herausdrehen, Antriebsrad und Zahnriemen für Einspritzpumpe herausnehmen.

TDI-Motor:

- **Motor AHY,AXG,AXL:** Verbindungsrohr Ladeluftkühler/Ansaugrohr ausbauen. Befestigungsschraube für Kühlmittelrohr am Anlasser abschrauben.
- Laufrichtung auf dem Zahnriemen kennzeichnen.
- Antriebsrad für Einspritzpumpe mit Gegenhalter VW-3036 festhalten. Befestigungsschraube aus der Nockenwelle herausdrehen, Antriebsrad und Zahnriemen für Einspritzpumpe herausnehmen.
- Schraube herausdrehen und Spannrolle ausbauen.

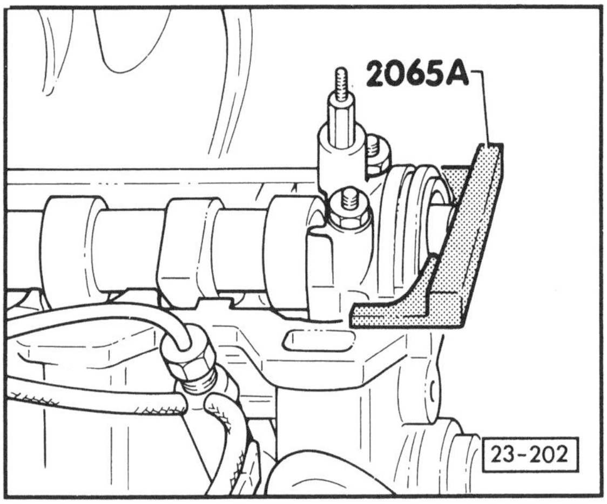

- Nockenwelle mit Einstellineal VW 2065A arretieren. Das Einstellineal hat eine Ausbuchtung, die verhindert, daß sich die Nockenwelle verdrehen kann. Steht das Spezialwerkzeug nicht zur Verfügung, Lineal wie in Abbildung V-1017 dargestellt, anfertigen, siehe Seite 29.
- Zentralschraube des Schwingungsdämpfers an der Kurbelwelle herausdrehen.
- 4 M8-Schrauben am Schwingungsdämpfer lösen.
- **Bis 1/95:** 4 M8-Schrauben herausdrehen.
- **Ab 2/95:** 2 gegenüberliegende M8-Schrauben herausdrehen. 2 weitere Schrauben am Schwingungsdämpfer lösen, mit einem Hammer durch leichte Schläge auf die Schraubenköpfe Schwingungsdämpfer lockern und Schrauben herausdrehen.
- Schwingungsdämpfer vom Zahnriemenrad der Kurbelwelle abnehmen.

Hinweis: Ab **ca. 4/99** ist zur Stabilisierung der Befestigung zwischen Schwingungsdämpfer und Kurbelwelle eine diamantbeschichtete Scheibe eingebaut. Ausgebaute Scheibe grundsätzlich erneuern. Die Scheibe kann auch in bisherige Fahrzeuge eingebaut werden.

- **Bis 1/95:** Schrauben für Kühlmittelpumpe lösen und Zahnriemen entspannen.
- **Ab 2/95:** Befestigungsschraube für Spannrolle lösen, Spannrolle nach links drehen und dadurch Zahnriemen entspannen, siehe Abbildung N13-0121 Seite 37.
- Unteren Zahnriemenschutz abschrauben.
- Zahnriemen vom Kurbelwellen-Zahnriemenrad abnehmen. **Achtung:** Der Zahnriemen darf nicht geknickt werden. Ein einmal geknickter Zahnriemen muß immer ersetzt werden, da der Riemen im späteren Betrieb reißen kann, was zu schweren Motorschäden führt.

Achtung: Wenn die Nockenwelle bei abgenommenem Zahnriemen gedreht wird, darf kein Kolben auf OT stehen. Es können sonst schwerwiegende Schäden an Kolben oder Ventilen entstehen.

Soll die Nockenwelle gedreht werden, vorher alle Kolben gleichmäßig unter OT stellen.

Dazu oben an der Kurbelwellen-Riemenscheibe einen Kreidestrich anbringen (Voraussetzung: Kurbelwelle steht in OT-Stellung für Zylinder 1), dann Kurbelwellen-Riemenscheibe um ¼ Umdrehung (90°) nach links oder rechts drehen. Die Kreidemarkierung zeigt nun nach rechts oder nach links.

Einbau

- In der Getriebeöffnung prüfen, ob OT-Markierung am Schwungrad und Bezugsmarke übereinstimmen.
- Nockenwelle mit Einstellineal arretieren.
- **Einstellineal ausmitteln:** Dazu arretierte Nockenwelle so drehen, bis ein Ende des Einstellineals am Zylinderkopf anschlägt. Am anderen Ende des Einstellineals mit Fühlerlehre das entstandene Spiel messen. Fühlerlehre mit halbiertem Spielmaß zwischen Einstellineal und Zylinderkopf einschieben. Nockenwelle nun so drehen, bis das Einstellineal auf der Fühlerlehre aufliegt. Zweite Fühlerlehre mit dem gleichen Maß am anderen Ende zwischen Einstellineal und Zylinderkopf einführen.
- Befestigungsschraube des Nockenwellenrades um ½ Umdrehung lösen.
- Nockenwellenrad durch Hammerschlag mit einem Dorn durch die 6 mm-Bohrung im hinteren Zahnriemenschutz vom Konus der Nockenwelle lösen.

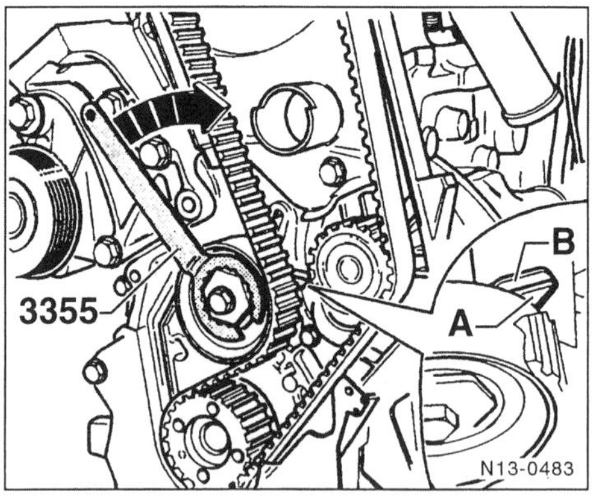

- **Ab 2/95:** Spannrolle –1– so einbauen, daß die Lasche der Spannrolle im Verdrehstift der Zahnriemenabdeckung sitzt –Pfeil A–. Zahnriemen auflegen. Befestigungsschraube der Spannrolle handfest anziehen.

- Zahnriemen für Nockenwelle auflegen. **Achtung:** Wird der bisherige Zahnriemen wiederverwendet, unbedingt Laufrichtung beachten. Der Einbau des Zahnriemens in umgekehrter Laufrichtung kann zum Reißen des Riemens und dadurch zu Motorschäden führen. Daher Zahnriemen immer so einbauen, daß der angebrachte Pfeil in Drehrichtung des Motors zeigt (von der Zahnriemenseite her gesehen in Uhrzeigersinn).
- Unteren Zahnriemenschutz einsetzen.
- Zahnriemenspannung einstellen, siehe entsprechendes Kapitel.
- **Ab 2/95:** Befestigungsschraube für Spannrolle mit **20 Nm** festziehen.
- Prüfen, ob die Kurbelwelle noch auf OT für Zylinder 1 steht, gegebenenfalls einstellen.
- Befestigungsschraube für Nockenwellenrad festziehen. Das Anzugsdrehmoment richtet sich nach der eingeprägten Kennzeichnung auf dem Schraubenkopf:
  Schraube 8.8 = **85 Nm**, Schraube 10.9 = **100 Nm**.
- Einstellineal entfernen.
- Unteren Zahnriemenschutz festschrauben.
- Fahrzeug ablassen.
- Schwingungsdämpfer auf Kurbelwelle setzen und Zentralschraube eindrehen.
- Schwingungsdämpfer mit Gegenhalter VW-T10025 festsetzen und Zentralschraube festziehen.
- **Bis 1/95:** Anzugsmoment **460 Nm**.
- **Ab 2/95: Neue** Schraube mit **160 Nm** festziehen, anschließend Schraube mit einem starren Schlüssel ½ **Umdrehung (180°)** weiterdrehen

Achtung: Aufgrund des hohen Anzugsdrehmoments muß das Fahrzeug hierbei auf den Rädern stehen.

- Gegenhalter VW-T10025 abnehmen.
- 4 Schrauben für Schwingungsdämpfer der Kurbelwelle mit **20 Nm** einschrauben und festziehen.
- **Ab 2/95:** Anschließend Schrauben ¼ **Umdrehung (90°)** weiterdrehen.
- **Ab 2/95:** Kurbelwelle 2 Umdrehungen drehen und wieder auf OT für Zylinder 1 stellen. Zahnriemenspannung überprüfen, gegebenenfalls erneut einstellen, siehe entsprechendes Kapitel.

Zahnriemen für Einspritzpumpe einbauen

Motor AAB/AJA:

- Antriebsrad für Einspritzpumpe und Zahnriemen aufsetzen. Antriebsrad mit Gegenhalter VW-3036 festhalten.
- Schraube für Antriebsrad in die Nockenwelle eindrehen und mit 50 Nm festziehen, anschließend um ca. ½ Umdrehung lockern. Das Antriebsrad muß sich nun von Hand drehen lassen.
- Zahnriemenspannung mit Prüfgerät VW-210 kontrollieren. Sollwert: 12 – 13 auf der Skala des Prüfgeräts.

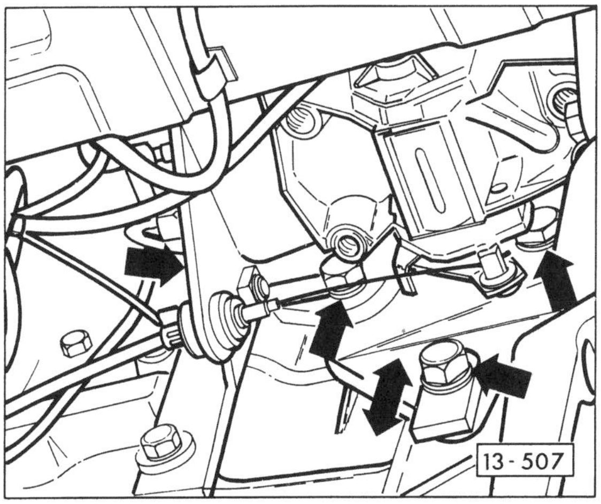

- Gegebenenfalls Zahnriemenspannung einstellen: Dazu Befestigungsschrauben –Pfeile– lösen und Konsole mit Einspritzpumpe nach unten beziehungsweise nach oben verschieben.
- Schrauben an der Konsole mit **50 Nm** festziehen.
- Einsteckdorn aus Einspritzpumpenrad herausziehen.
- Förderbeginn der Einspritzpumpe prüfen und einstellen, siehe Seite 112.
- Schraube für Antriebsrad mit **100 Nm** festziehen und Gegenhalter VW-3036 entfernen.

Achtung: Aufgrund des hohen Anzugsdrehmoments muß das Fahrzeug hierbei auf den Rädern stehen.

- Zahnriemenschutz für Einspritzpumpenantrieb anschrauben.

TDI-Motor:

- Verschlußschraube am Einspritzpumpendeckel herausschrauben.
- Sicherstellen, daß die Markierungen auf dem Einspritzpumpenrad und der Einspritzpumpe miteinander fluchten.
- Meß-Adapter (V.A.G-**3313**) und Meßuhr (Meßbereich von 0–3,0 mm) anstelle der Verschlußschraube einschrauben, bis sich der Zeiger der Meßuhr zu bewegen beginnt. Meßuhr am Einstellring auf »0« stellen. Anschließend Meßuhr weiter hineindrücken, bis eine Vorspannung auf der Meßuhr von ca. 2,0 mm angezeigt wird. Siehe Abbildung 23-015 Seite 112.

- Prüfen, ob die Markierungen auf Einspritzpumpenrad und Einspritzpumpengehäuse übereinstimmen, gegebenenfalls Einspritzpumpenrad entsprechend verdrehen.

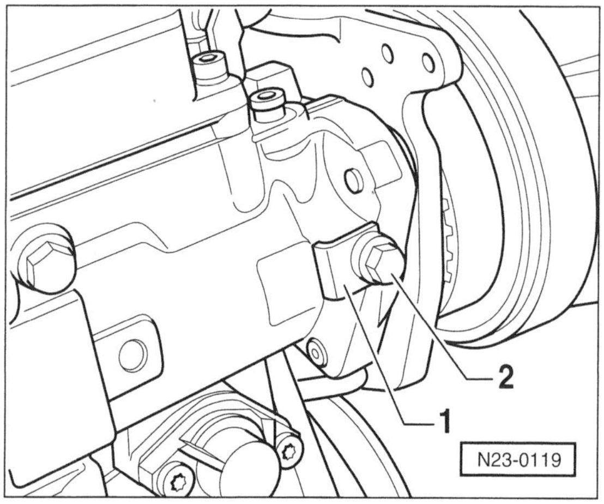

- Blockierschraube –2– an der Einspritzpumpe lösen und Zwischenplatte –1– entfernen.
- Meßuhr auf »0« stellen
- Einspritzpumpenrad mit Gegenhalter VW-3036 langsam entgegen der Motordrehrichtung (im Uhrzeigersinn) drehen, bis der Zeiger der Meßuhr sich bewegt.
- Einspritzpumpenrad mit Gegenhalter langsam in Motordrehrichtung (gegen den Uhrzeigersinn) drehen, bis der Zeiger der Meßuhr einen Hub von 0,55 mm anzeigt.
- Blockierschraube –2– mit **30 Nm** anziehen.
- Sicherstellen, daß die Kurbelwelle im OT steht.
- Zahnriemen auf das Einspritzpumpenrad legen. **Achtung:** Bei gelaufenem Zahnriemen auf die beim Ausbau angebrachte Laufrichtungsmarkierung achten.
- Antriebsrad für Einspritzpumpe in den Zahnriemen einlegen und auf die Nockenwelle aufschieben. Befestigungsschraube so weit eindrehen, daß sich das Antriebsrad noch von Hand auf der Nockenwelle drehen läßt.

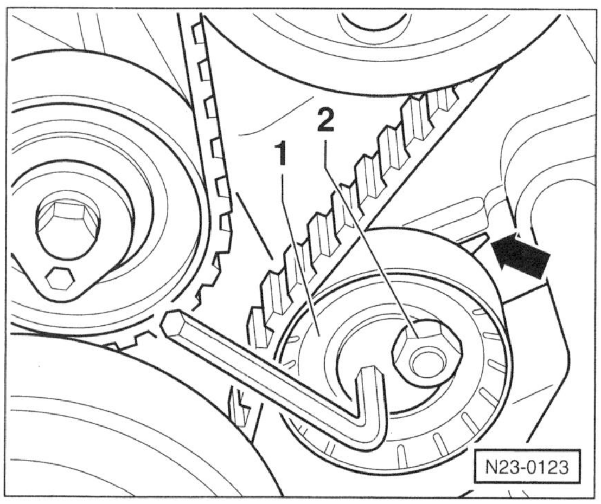

- Befestigungsmutter –2– lösen.
- Umlenkrolle –1– mit einem abgewinkelten Innensechskantschlüssel soweit verdrehen, bis der Zeiger mit der Flanschkontur fluchtet –Pfeil–.
- Befestigungsmutter –2– mit **20 Nm** anziehen.

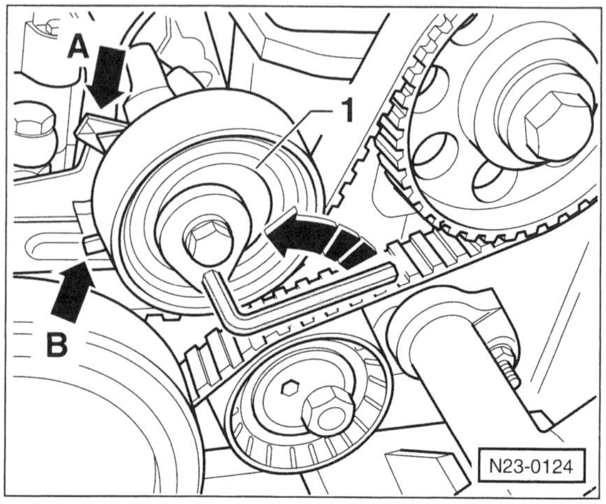

- Spannrolle –1– so einsetzen, daß die Lasche in die Aussparung an der Konsole greift –Pfeil B–.
- Befestigungsschraube handfest anziehen.
- Spannrolle mit einem abgewinkelten Innensechskantschlüssel gegen den Uhrzeigersinn verdrehen, bis sich beide Zeiger gegenüberstehen –Pfeil A–.
- Befestigungsschraube mit **15 Nm** anziehen.
- Befestigungsschraube des Antriebsrades für Einspritzpumpe mit **160 Nm** anziehen. **Achtung:** Dabei Antriebsrad mit handelsüblichem Gegenhalter festhalten, damit das hohe Anzugsdrehmoment nicht auf die in Förderbeginnstellung blockierte Einspritzpumpenwelle übertragen wird.
- Blockierschraube an der Einspritzpumpe lösen, Zwischenplatte einlegen und Blockierschraube mit **12 Nm** festziehen.
- Meßuhr und Adapter am Einspritzpumpendeckel herausschrauben und Verschlußschraube einschrauben.
- Kurbelwelle 2 Umdrehungen drehen und wieder auf OT für Zylinder 1 stellen.
- Zeigerstellung an der Spannrolle kontrollieren. Steht der vordere Zeiger außerhalb der dahinterliegenden Blechkontur, Einstellvorgang wiederholen.
- Zahnriemenschutz für Einspritzpumpenantrieb anschrauben.
- **Motor AHY,AXG,AXL:** Verbindungsrohr Ladeluftkühler/Ansaugrohr einbauen. Befestigungsschraube für Kühlmittelrohr am Anlasser festschrauben.
- Förderbeginn der Einspritzpumpe überprüfen und gegebenenfalls einstellen lassen (Werkstattarbeit).

- Zylinderkopfdeckeldichtung auf Beschädigung prüfen, ggf. ersetzen. Prüfen, ob sich der Dichtkegel unten auf den Stehbolzen befindet, ggf. aufschieben. Dichtung auflegen, Zylinderkopfdeckel auflegen, Dichtscheibe oben und Tellerscheibe über den Stehbolzen schieben. 2 Muttern mit **10 Nm** anschrauben, Schutzkappen aufstecken.

- Oberen Zahnriemenschutz vorn einbauen.
- Keilriemen einbauen und spannen, siehe Seite 53.
- Luftschlauch zwischen Luftfilter und Saugrohr einsetzen und mit 2 Schellen sichern.
- Kühler mit Schloßträger einbauen, siehe Seite 17.
- Fahrzeug aufbocken.
- Motorraumverkleidung unten einbauen, siehe Seite 17.
- Fahrzeug ablassen.

Hydraulische Tassenstößel prüfen

Alle Motoren

Alle VW T4-Motoren sind mit hydraulischen Tassenstößeln ausgerüstet. Dadurch ergibt sich eine Geräuschminderung im Ventiltrieb, außerdem muß das Ventilspiel im Rahmen der Wartung **nicht** mehr eingestellt werden.

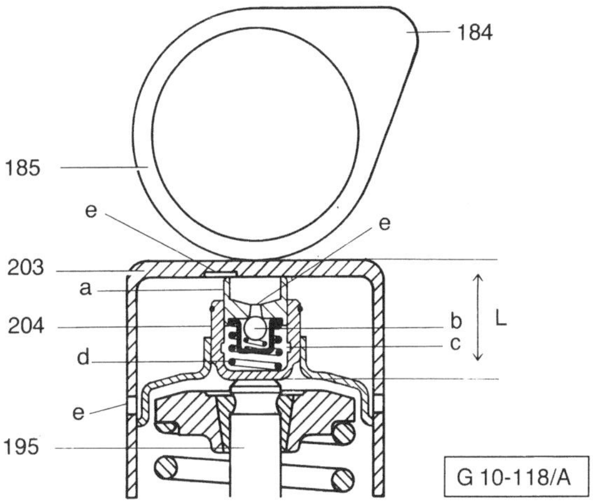

Bei laufendem Motor wird der Tassenstößel –203– entlastet, wenn der Nocken –184– der Nockenwelle –185– nach oben zeigt. Die Feder –d– drückt dann das Ausgleichelement –204– auseinander, so daß es unten am Ventilschaft –195– anliegt und oben der Druckbolzen –a– den Tassenstößel –203– gegen die Nockenwelle drückt. In dieser Stellung kann über kleine Bohrungen –e– Motoröl in oder aus dem Arbeitsraum –c– fließen. Sobald der Tassenstößel durch den Nocken der sich drehenden Nockenwelle wieder belastet wird, schließt sich das Kugelventil –b– und das eingeschlossene Öl wirkt, da es sich nicht verdichten läßt, wie ein fester Körper. Die Länge –L– wird also bei jeder Umdrehung der Nockenwelle den entsprechenden Größenänderungen der Bauteile im Ventiltrieb angepaßt.

Äußerliches Kennzeichen der hydraulischen Tassenstößel sind eine umlaufende Ölnut und fehlende Einstellscheiben. Reparaturen an den Hydrostößeln sind nicht möglich.

Achtung: Geräusche im Ventiltrieb beim Anlassen des Motors sind normal. Unter Umständen können sie so lange dauern, bis der Motor seine Betriebstemperatur erreicht hat. Bleiben die Geräusche bestehen, Hydrostößel prüfen.

Prüfen

- Motor warmfahren, dann im Leerlauf drehen lassen, bis der Lüfter für Kühler einschaltet.
- Motordrehzahl 2 Minuten lang auf ca. 2500/min erhöhen.
- Falls die hydraulischen Stößel immer noch laut sind, Motor abstellen und Zylinderkopfdeckel ausbauen.
- Nockenwelle so weit drehen, bis die Nocken des zu prüfenden Zylinders nach oben stehen. Dazu Kurbelwelle verdrehen, siehe Seite 19.

Achtung: Nicht an der Befestigungsschraube des Nockenwellenrades drehen, dadurch wird der Zahnriemen überlastet.

- Spiel zwischen Nocken und Tassenstößel messen. Falls das Spiel größer als 0,1 mm ist, Tassenstößel ersetzen.

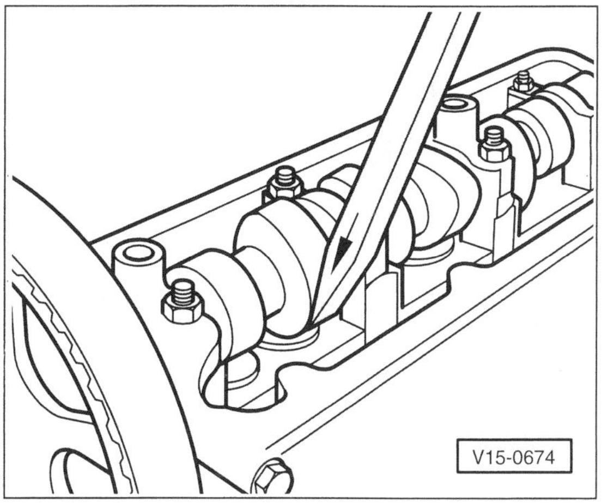

- Tassenstößel mit Holz- oder Kunststoffkeil nach unten drücken. Falls dabei ein Leerweg von mehr als 0,1 mm zu spüren ist, bevor das Ventil bewegt wird, Tassenstößel austauschen.

Achtung: Nach dem Einbau eines neuen Hydrostößels darf der Motor ca. 30 Minuten nicht gestartet werden, sonst kann das Ventil auf dem Kolben aufsetzen und dadurch Kolben und/oder Ventil beschädigen.

Kompression prüfen

Alle Motoren

Die Kompressionsprüfung erlaubt Rückschlüsse über den Zustand des Motors. Und zwar läßt sich bei der Prüfung feststellen, ob die Ventile oder die Kolben (Kolbenringe) in Ordnung beziehungsweise verschlissen sind. Außerdem zeigen die Prüfwerte an, ob der Motor austauschreif ist beziehungsweise komplett überholt werden muß. Für die Prüfung wird ein Kompressionsdruckprüfer benötigt, der für Benzinmotoren recht preiswert in Fachgeschäften angeboten wird.

Achtung: Für den Dieselmotor wird ein Kompressionsdruckprüfer mit größerem Meßbereich benötigt.

Der Druckunterschied zwischen den einzelnen Zylindern darf maximal 3,0 bar (Diesel 5,0 bar) betragen. Falls ein oder mehrere Zylinder gegenüber den anderen einen Druckunterschied von mehr als 3,0 bar (Diesel 5,0 bar) haben, ist dies ein Hinweis auf defekte Ventile, verschlissene Kolbenringe beziehungsweise Zylinderlaufbahnen. Ist die Verschleißgrenze erreicht, muß der Motor überholt beziehungsweise ausgetauscht werden.

Motor	Kompressionsdruck in bar	
	Neu	Verschleißgrenze
2,0-l, 2,5-l bis 2/94	9 – 12	7,0
2,5-l-Benziner ab 3/94, VR6	10 – 13	7,5
1,9-, 2,4-l-Diesel	34,0	26,0
2,5-l-TDI	25 – 31	24,0

Benzinmotor

- Zur Prüfung der Kompression sollte der Motor betriebswarm sein. Die Motoröltemperatur muß jedoch mindestens +30° C betragen.
- Zündung ausschalten.
- Stecker vom Hallgeber am Zündverteiler abziehen.
- Sicherung Nr. 15 am Sicherungskasten herausziehen.

6-Zylinder-Motor VR6:

- Anschlußstecker vom Luftmassenmesser abziehen und Ansaugschlauch zwischen Luftfilteroberteil und Drosselklappen-Steuereinheit zusammen mit dem Kurbelgehäuseentlüftungsventil ausbauen.
- 5fach-Stecker vom Zündtrafo abziehen.

- Sämtliche Zündkerzenstecker abziehen. Hierzu gibt es eine spezielle Zange, zum Beispiel HAZET 1849. Damit dürfen die Stecker jedoch nur an den Blechhülsen, falls vorhanden, gefaßt werden.
- Anschließend Zündkerzen-Nischen im Zylinderkopf mit Preßluft ausblasen, und alle Zündkerzen mit geeignetem Kerzenschlüssel herausschrauben.
- Motor mit Anlasser ein paarmal durchdrehen, damit Rückstände und Ruß herausgeschleudert werden. **Achtung:** Getriebe in Leerlaufstellung und Handbremse angezogen.
- Kompressionsdruckprüfer entsprechend der Bedienungsanleitung in die Zündkerzenöffnung drücken oder einschrauben.
- Von Helfer Gaspedal ganz durchtreten lassen und während der ganzen Prüfung mit dem Fuß festhalten.
- Motor ca. 8 Umdrehungen drehen lassen, bis kein Druckanstieg mehr auf dem Meßgerät erfolgt.
- Nacheinander sämtliche Zylinder prüfen und mit Sollwert vergleichen.
- Anschließend Zündkerzen einschrauben und Zündkabel aufstecken, siehe Seite 65.
- Stecker für Hallgeber aufstecken.
- Luftansaugschlauch einbauen und Mehrfachstecker aufschieben.
- Sicherung Nr. 15 einsetzen.

Dieselmotor

- Motor warmfahren, Kühlmitteltemperaturanzeige steht auf +80° C.
- Elektrische Leitung vom Absteller an der Einspritzpumpe abschrauben und isoliert ablegen.
- Einspritzleitungen mit Kaltreiniger reinigen und ausbauen, dabei Biegeform der Einspritzleitungen nicht verändern.
- Einspritzdüsen ausbauen, siehe Seite 111.

2,5-l-TDI:

- Stecker für Kraftstoffabschaltventil/Ventil für Einspritzbeginn an der Einspritzpumpe abziehen.
- Steckverbindung zum Mengenstellwerk der Einspritzpumpe trennen.
- Alle Glühkerzen ausbauen.

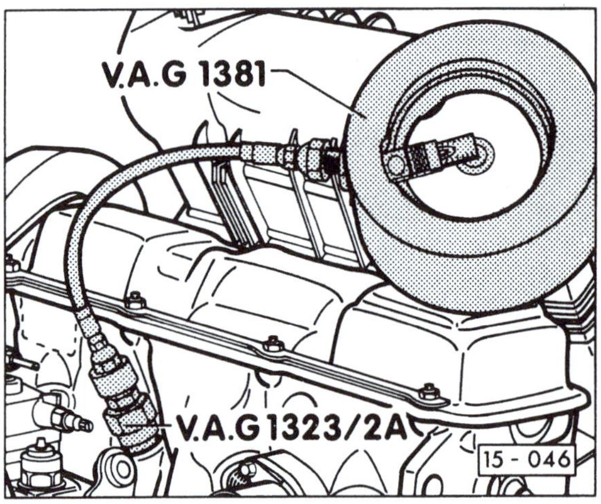

- Kompressionsdruckprüfer anstelle der Einspritzdüsen (**TDI:** Glühkerzen) einschrauben. Dabei zwischen Druckprüfer und Zylinderkopf alte Wärmeschutzdichtung einlegen.

Achtung: Der angegebene Kompressionsdruck hat nur für die Prüfung mit dem Kompressionsdruckprüfer VW-1381 und Adapter VW-1323/2A Gültigkeit. Mit anderen Meßgeräten kann nur die Abweichung der einzelnen Zylinder untereinander geprüft werden.

- Motor ca. 8 Umdrehungen drehen lassen, bis kein Druckanstieg mehr auf dem Meßgerät erfolgt.

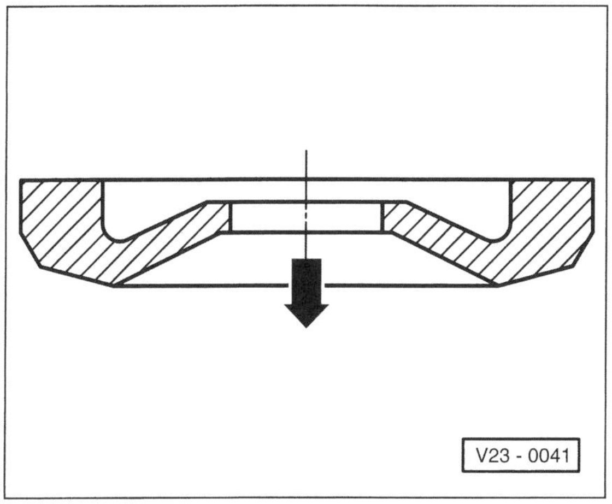

- Einspritzdüsen einschrauben und mit **70 Nm** festziehen. **Achtung:** Wärmeschutzdichtung zwischen Zylinderkopf und Einspritzdüse immer ersetzen. Die Vertiefung muß nach oben zeigen.
- Einspritzleitungen mit 25 Nm anschrauben.
- Leitung am Absteller anschrauben.

Keilriemen ersetzen/spannen

4- und 5-Zylinder-Motoren

Achtung: Je nach Ausstattung kann es erforderlich sein, daß aus Platzgründen der Kühler nach vorn geschwenkt werden muß, siehe Kapitel »Motor aus- und einbauen.«

Keilriemen für Generator beziehungsweise Generator und Kühlmittelpumpe

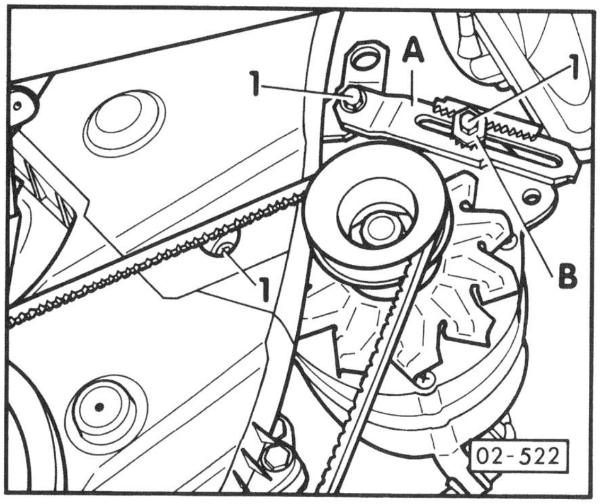

- Befestigungsschrauben –1– für Spannbügel –A– und Generator ca. 1 Umdrehung lösen. **Achtung:** Der Generator muß nun leicht beweglich sein, das heißt, er muß durch sein eigenes Gewicht zur Seite fallen. Die Abbildung zeigt den 4-Zylinder-Benzinmotor.
- Spannmutter –B– nach links drehen, dadurch Keilriemen entspannen und abnehmen.
- Keilriemen auflegen.
- Spannmutter nach rechts drehen und dadurch Keilriemen spannen. Der Keilriemen ist richtig gespannt, wenn die Spannmutter bei einem gelaufenen Keilriemen mit einem Drehmoment von **4 Nm** nach rechts gedreht wird, bei einem neuen Keilriemen mit **8 Nm**. Mutter in dieser Stellung halten und Befestigungsschraube –1– mit **35 Nm** (Benziner) bzw. **30 Nm** (Dieselmotor) festziehen.

Achtung: Zum Anziehen der Spannmutter wird ein Drehmomentschlüssel mit Ringschlüsseleinsatz SW 22 benötigt. Es kann auch der offene Steckschlüsseleinsatz HAZET 2593-22 in Verbindung mit einem Drehmomentschlüssel und einem tiefgekröpften Ringschlüssel SW 13 verwendet werden.

- Befestigungsschrauben »Generator an Lagerung« mit 35 Nm und »Spannbügel an Zylinderkopf« mit 25 Nm festziehen.

Keilriemen für Servo-Pumpe (Lenkhilfe)

4-Zylindermotor

Der Keilriemen ist richtig gespannt, wenn er sich zwischen den beiden Keilriemenscheiben mit dem Daumen ca. 5 mm durchdrücken läßt.

Die Spannung des Keilriemens wird durch Zufügen oder Wegnehmen von Unterlegescheiben zwischen den beiden Riemenscheibenhälften der Servopumpe eingestellt.

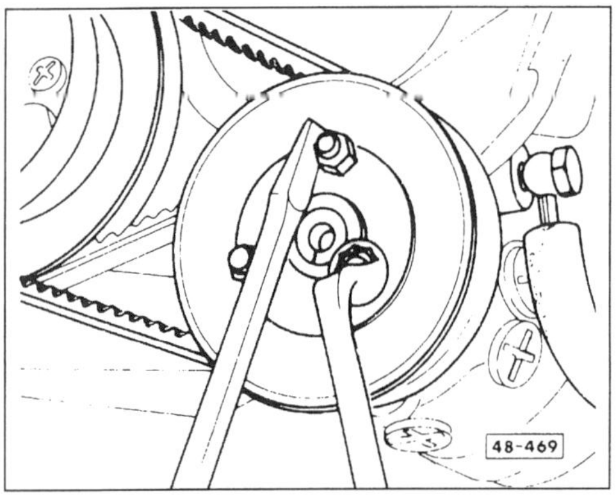

- An der Riemenscheibe der Servopumpe mit Innensechskantschlüssel die 3 Befestigungsschrauben lösen. Dabei die Riemenscheibe mit Schraubendreher gegenhalten. Die in der Abbildung dargestellten Muttern beziehen sich auf ein anderes Modell.
- Keilriemenscheibenhälften und Keilriemen abnehmen.
- Lage der Ausgleichscheiben –innen und außen– notieren.
- Keilriemen auflegen und mit Riemenscheibenhälften und Ausgleichscheiben montieren.
- Falls der Keilriemen stärker gespannt werden sollte, 1 Beilegscheibe zwischen den Riemenscheibenhälften herausnehmen und außen montieren.
- Riemenscheibenhälften mit 20 Nm anschrauben.

Achtung: Während die Schrauben festgezogen werden, Keilriemenscheibe weiterdrehen, damit der Riemen nicht eingeklemmt wird. Überzählige Abstandscheiben gleichmäßig vor und hinter der Riemenscheibe ablegen.

- Spannung des Keilriemens prüfen. Dazu Keilriemen zwischen den beiden Keilriemenscheiben mit dem Daumen durchdrücken. Wenn sich der Riemen ca. 5 mm durchdrücken läßt, ist die Keilriemenspannung richtig eingestellt. Soll der Riemen beispielsweise stärker gespannt werden, eine Abstandscheibe zwischen den Riemenscheibenhälften herausnehmen und vor oder hinter der Riemenscheibe ablegen.

5-Zylindermotor

Der Keilriemen ist richtig gespannt, wenn er sich zwischen den beiden Keilriemenscheiben mit dem Daumen ca. 5 mm durchdrücken läßt.

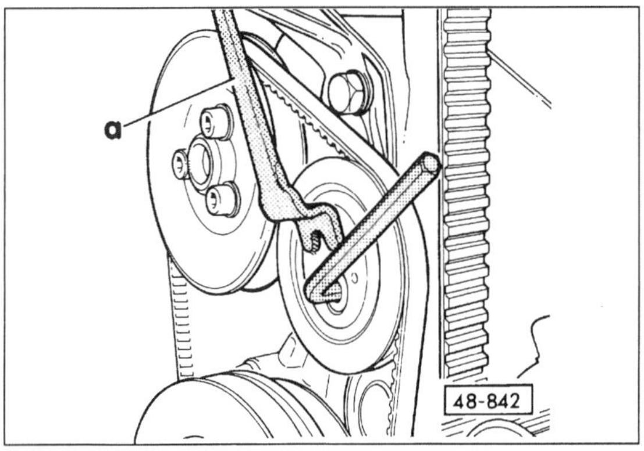

- Innensechskantschraube mit abgewinkeltem Innensechskantschlüssel SW 6 lösen.
- Spannrolle mit Mutterndreher a , zum Beispiel HAZET 2587, so verdrehen, daß der Keilriemen abgenommen werden kann.
- Keilriemen auflegen und mit Spannrolle spannen, bis die richtige Keilriemenspannung erreicht ist.
- Innensechskantschraube festziehen.

Keilrippenriemen aus- und einbauen/ spannen

Seit 10/91 werden die Nebenaggregate je nach Modell und Ausstattung durch einen Keilrippenriemen anstelle der bisherigen Keilriemen angetrieben. Das Prüfen und Einstellen der Riemenspannung des Keilrippenriemens ist nicht erforderlich, da die federbelastete Spannvorrichtung automatisch für die richtige Riemenspannung sorgt.

Achtung: Bei den 4-Zylinder-Benzin- und Dieselmotoren werden je nach Ausstattung und Baujahr unterschiedliche Riemenspannvorrichtungen verwendet. Spezielle Hinweise für die 4- und 6-Zylinder-Motoren stehen am Ende des Kapitels.

Achtung: Wird der bisherige Riemen wieder eingebaut, vor dem Ausbau Laufrichtung des Keilrippenriemens kennzeichnen. Dazu mit einem Fettstift einen Pfeil in Laufrichtung auf dem Riemen anbringen. Der Motor dreht, von der Zahnriemenseite her gesehen, im Uhrzeigersinn, also rechtsherum. Beim Einbau darauf achten, daß der angebrachte Pfeil in Laufrichtung des Motors zeigt, also in Uhrzeigersinn. Der Einbau entgegen der bisherigen Laufrichtung erhöht den Verschleiß des Riemens beziehungsweise kann diesen zerstören.

Ausbau 4- und 5-Zylinder-Motoren

- Motorraumabdeckung unten ausbauen, siehe Seite 17.

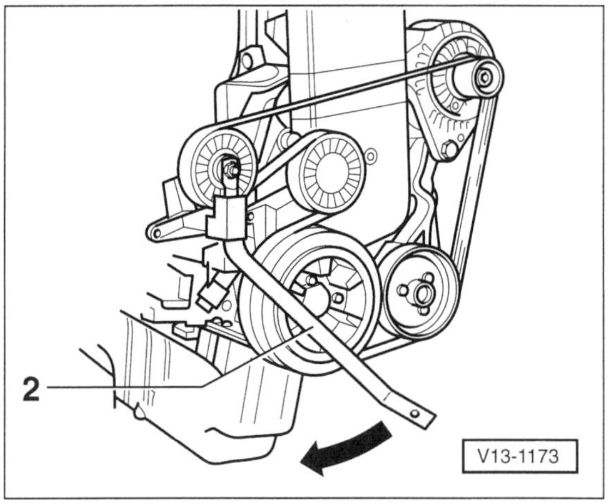

- Hebelarm der Spannrolle mit einem Montierhebel –2– oder großen Schraubendreher entgegen der Federspannung drehen und Keilrippenriemen von der Generator-Riemenscheibe abnehmen.
- Keilrippenriemen herausnehmen.

Zustand des Keilrippenriemens prüfen. Dabei auf folgende Beschädigungen achten:

- Risse oder Brüche
- Abtrennung von Deckschicht oder Zugsträngen
- Ausfransen der Zugstränge
- Ausgefranste oder glasige Flanken
- Öl- oder Fettspuren

- Ein beschädigter Keilrippenriemen muß umgehend ersetzt werden.

Einbau

Achtung: Vor dem Einbau des Keilrippenriemens prüfen, ob alle Nebenaggregate (Generator, Servopumpe und, wo vorhanden, Klimakompressor) fest angeschraubt sind.

- Wird der bisherige Keilrippenriemen wieder eingebaut, unbedingt die Markierung der Laufrichtung beachten. Der Riemen darf nur in Laufrichtung eingebaut werden.
- Keilrippenriemen auflegen, dabei an der Kurbelwellen-Riemenscheibe beginnen. Hebelarm der Spannrolle mit einem Montierhebel oder großen Schraubendreher entgegen der Federspannung drehen und Riemen über die Spannrolle legen. Anschließend Riemenspanner langsam entspannen.
- Motorraumabdeckung unten einbauen, siehe Seite 17.
- Motor starten und Riemenlauf sichtprüfen. Die Riemenscheiben müssen fluchten, der Riemen muß parallel laufen. Andernfalls Keilrippenriemen ausbauen und Nebenaggregate ausrichten.

Speziell 4-Zylinder-Benzinmotor mit Riemenspanndämpfer

Bis 12/95

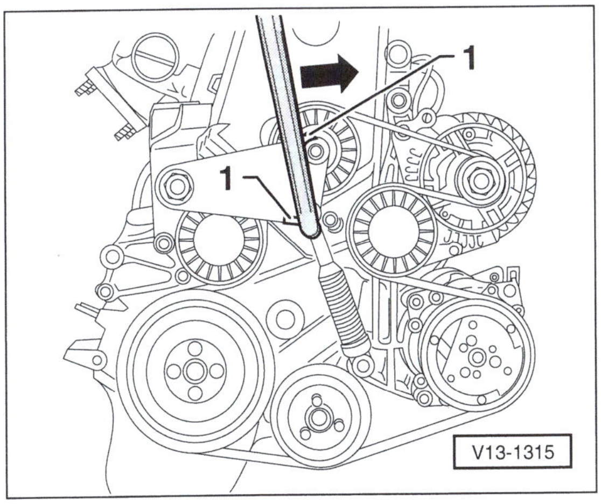

- Montierhebel zwischen die beiden Haltenasen –1– klemmen und Spannrolle nach rechts drehen –Pfeilrichtung–, bis sich der Keilrippenriemen von der Spannrolle abnehmen läßt. Anschließend Riemenspanndämpfer oben lösen und Keilrippenriemen abnehmen.
- Keilrippenriemen auflegen.
- Riemenspanndämpfer oben festschrauben.
- Riemenspanndämpfer entspannen und Keilrippenriemen auf die Spannrolle auflegen.

Speziell 4-Zylinder-Dieselmotor ohne Spannrolle

Ausbau

- Keilriemen für Servopumpe ausbauen.

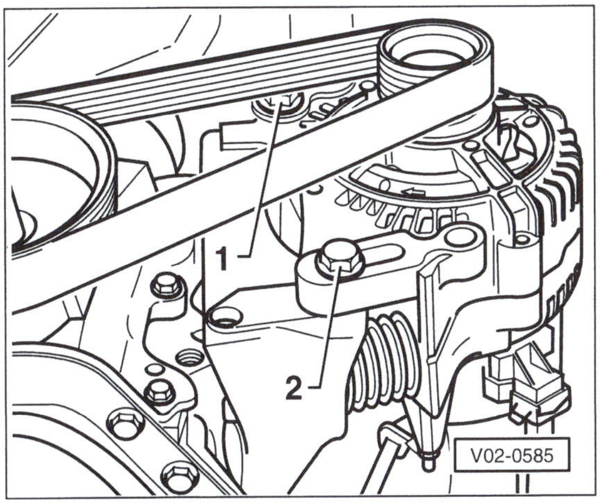

- Befestigungsschrauben –1– für Generatorlagerung und –2– für Spannbügel mindestens eine Umdrehung lösen.

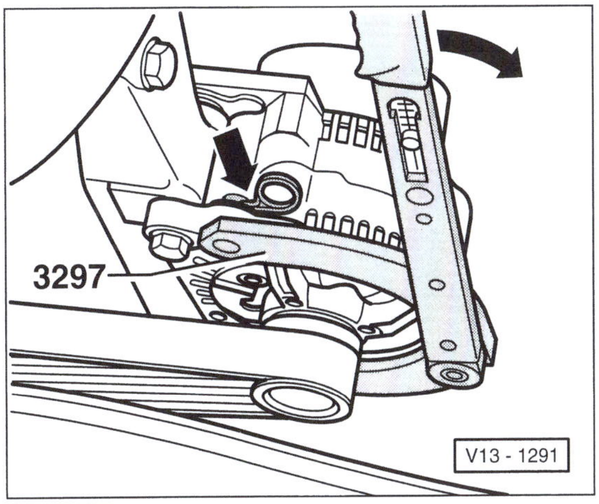

- Generator mit Spezialwerkzeug VW-3297 oder mit einem Montierhebel nach unten, entgegen der Federkraft der Spannfeder, drücken und dadurch Keilrippenriemen entspannen. Spannhebel VW-3297 mit Absteckstift sichern –Pfeil–.
- Keilrippenriemen abnehmen.

Einbau

- Generator mindestens 3mal bis zum Anschlag nach unten drücken, um die Leichtgängigkeit des Generators sicherzustellen.
- Keilrippenriemen auf die Riemenscheibe der Kurbelwelle auflegen. Generator herunterdrücken und Keilrippenriemen über die Riemenscheibe des Generators legen.
- Keilriemen für Servopumpe einbauen.

Spannen

- Motor starten und kurze Zeit (mindestens 10 Sekunden) im Leerlauf laufen lassen, dabei wird der Keilrippenriemen durch die eingebaute Feder gespannt. **Achtung:** Die Generatorschrauben bleiben dabei gelöst. Soll der Keilrippenriemen am ausgebauten Motor gespannt werden, Motor an der Kurbelwellenriemenscheibe bei gelösten Generatorschrauben ca. 10 Motorumdrehungen durchdrehen.
- Befestigungsschrauben mit **25 Nm** festziehen. **Achtung:** Dabei die Schraube –2– zuerst festziehen, siehe Abbildung V02-0585. Beim Festziehen nicht auf dem Generator abstützen und den Keilrippenriemen nicht berühren.

Speziell 6-Zylinder-Motor

Hinweis: Bei Fahrzeugen mit Klimaanlage ist ein Doppel-Keilrippenriemen eingebaut, der auf beiden Seiten Längsrippen besitzt und somit beidseitig Kräfte übertragen kann. Dadurch entfällt die Umlenkrolle.

Ausbau

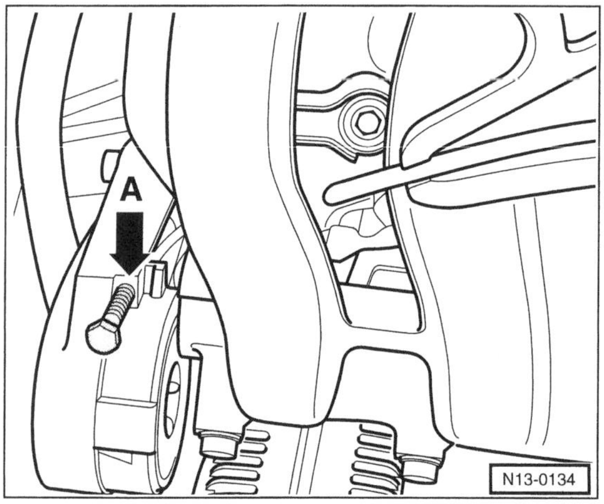

- Schraube M8 x 80 in die Gewindebohrung –A– der Spannrolle soweit einschrauben, bis der Keilrippenriemen entspannt ist.

Achtung: Schraube **nur** soweit einschrauben, bis der Keilrippenriemen abgenommen werden kann, sonst kann das Gehäuse der Spannrolle beschädigt werden.

- Keilrippenriemen abnehmen.
- Zustand des Keilrippenriemens prüfen. Ein beschädigter Keilrippenriemen muß umgehend ersetzt werden.

Einbau

- Vor dem Einbau prüfen, ob alle Aggregate fest montiert sind.

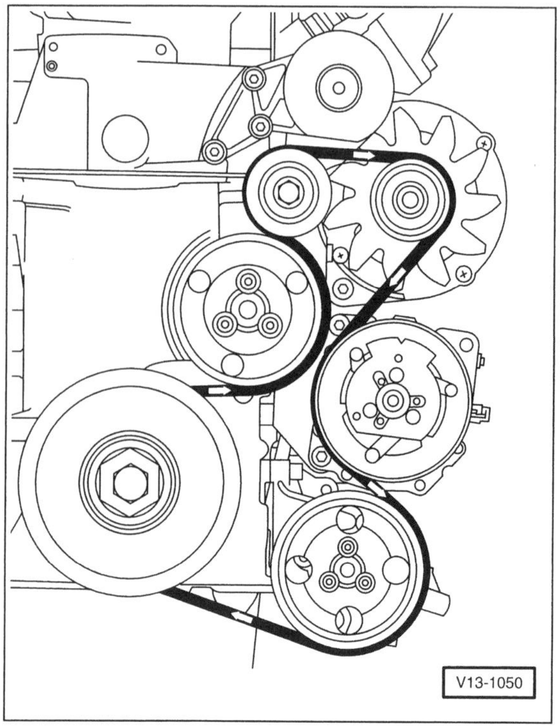

- Keilrippenriemen – wie in der Abbildung gezeigt – auflegen.
- Schraube M8 x 80 wieder herausdrehen.
- Korrekte Lage des Keilrippenriemens auf den Riemenscheiben sichtprüfen.
- Motor starten und im Leerlauf drehen lassen. Riemenlauf sichtprüfen.

Störungsdiagnose Motor

Wenn der Motor nicht anspringt, Fehler systematisch einkreisen. Damit der Motor überhaupt anspringen kann, müssen immer zwei Grundvoraussetzungen erfüllt sein. Das Kraftstoff-Luftgemisch muß bis in die Zylinder gelangen, und der Zündfunke muß an den Zündkerzen vorhanden sein. Als erstes ist deshalb immer zu prüfen, ob überhaupt Kraftstoff gefördert wird. Wie man dabei vorgeht, steht in den Kapiteln »Kraftstoff-« und »Einspritzanlage«.

Um festzustellen, ob ein Zündfunke vorhanden ist, Zündkerzen herausschrauben, in Zündkerzenstecker stecken und einzeln gegen Masse halten. Dabei Kerzenstecker oder Zündkabel **nicht** mit der Hand festhalten, sondern eine gut isolierte Zange nehmen. Von Hilfsperson Motor starten lassen. Wenn kein Zündfunke überspringt, Fehler entsprechend dem Kapitel »Zündanlage« aufspüren. **Achtung: Sicherheitshinweise für elektronische Zündanlagen beachten.**

Beim Dieselmotor Vorglühanlage prüfen.

Störung: Der Motor springt schlecht oder gar nicht an

Ursache		Abhilfe
Bedienungsfehler beim Starten	**Benzinmotor:**	■ Zündschlüssel drehen und starten bis der Motor anspringt. Dann erst Zündschlüssel loslassen. Kupplung beim Startvorgang durchtreten. Kein Gas geben.
		■ **Nur bei heißem Motor** nach dem Anspringen etwas Gas geben.
	Dieselmotor:	■ **Bei kaltem Motor:** Kaltstarthilfe ganz herausziehen (nur Wirbelkammer-Dieselmotor mit 44/50/57 kW bzw. 60/68/78 PS). Zündung einschalten, bis die Vorglüh-Kontrollampe erlischt. Kupplung durchtreten. Sofort nach Verlöschen der Kontrollampe Motor anlassen, kein Gas geben. Sobald der Motor seine Betriebstemperatur erreicht hat, Zug für Kaltstarthilfe ganz hineinschieben. Setzen beim Starten nur unregelmäßige Zündungen ein, Anlasser so lange weiterbetätigen (maximal ½ Minute), bis der Motor aus eigener Kraft durchläuft. Springt der Motor nicht an, nochmals vorglühen und Startvorgang, wie beschrieben, wiederholen. **Hinweis:** Beim TDI-Motor braucht nur bei Außentemperaturen unter +5° C vorgeglüht zu werden.
		■ **Bei warmem Motor:** Es braucht nicht vorgeglüht zu werden, der Motor kann sofort angelassen werden.
Sicherung defekt für:		■ Sicherung prüfen, siehe »Elektrische Anlage« – Elektrische Kraftstoffpumpe – Elektronische Einspritzanlage – Vorglühanlage
Kraftstoffanlage defekt, verschmutzt Leitung geknickt, verstopft		■ Kraftstoffanlage entsprechend Störungsdiagnose überprüfen
Anlasser dreht zu langsam		■ Batterie laden. Falls Einbereichs-Motoröl eingefüllt ist, in der kalten Jahreszeit Winteröl einfüllen. Anlasser überprüfen
Kompressionsdruck zu niedrig		■ Hydrostößel prüfen, Motor überholen
Falsche Steuerzeiten		■ Steuerzeiten überprüfen, Zahnriemenspannung kontrollieren
Zylinderkopfdichtung defekt		■ Dichtung ersetzen

Die Zündanlage

Die Zündanlage erzeugt beim Benzinmotor den Zündfunken, der das angesaugte Kraftstoffluftgemisch in Brand setzt. In der Zündspule wird hierzu die Batteriespannung von 12 Volt auf 25000 bis 30000 Volt umgeformt.

Die VW T4-Motoren sind mit einer vollelektronischen Zünd- und Einspritzanlage ausgestattet. In diesem Kapitel wird vorwiegend auf das Zündsystem eingegangen. Übersichtsbilder über die Einbaulage der Bauteile befinden sich im Kapitel »Die Benzin-Einspritzanlage«.

Die elektronische Zündanlage arbeitet verschleißlos, und muß im Rahmen der Wartung nicht nachjustiert werden. Aufgrund ihrer elektronischen Bauteile ist die Zündanlage sehr zuverlässig und ausgesprochen reparaturarm.

Die Zündanlage besteht aus:

- den Zündkerzen
- dem Zündtrafo (Zündspule, Schaltgerät, Endstufe)
- dem Zündverteiler mit Hallgeber
- dem Digifant-Steuergerät

Zünd- und Einspritzanlage haben ein gemeinsames elektronisches Steuergerät, welches mit einem Fehlerspeicher ausgestattet ist. Treten in der Motorelektronik während der Fahrt Fehler auf, werden diese in dem Fehlerspeicher abgelegt. Vor Reparaturen an der Zündanlage muß zunächst der Fehlerspeicher abgerufen werden. Abgerufen wird der Fehlerspeicher mit dem Fehlerauslesegerät VW 1551 über den schwarzen und weißen Diagnosestecker im Relaiskasten.

Da das Fehlerauslesegerät dem Heimwerker in der Regel nicht zur Verfügung steht, empfiehlt es sich, den Ausdruck von einer VW-Werkstatt ausführen zu lassen.

Achtung: Bei Arbeiten an der Zündung sind die Sicherheitsmaßnahmen bei elektronischen Zündanlagen zu beachten.

Funktion der Zündanlage

Das Steuergerät hat die Aufgabe, die Zündverstellung durch ein fest eingespeichertes Kennfeld zu steuern.

Bei der kennfeldgesteuerten Zündanlage ist der optimale Zündzeitpunkt vom jeweiligen Betriebszustand des Motors abhängig. Als Meßgrößen dienen die Motordrehzahl, die Motortemperatur und der Lastzustand (Saugrohrunterdruck, Drosselklappenstellung). Darunter versteht man die momentane Belastung des Motors. Denn es ist ein Unterschied, ob das Fahrzeug beispielsweise mit 4000/min einen Berg rauf- oder runterfährt.

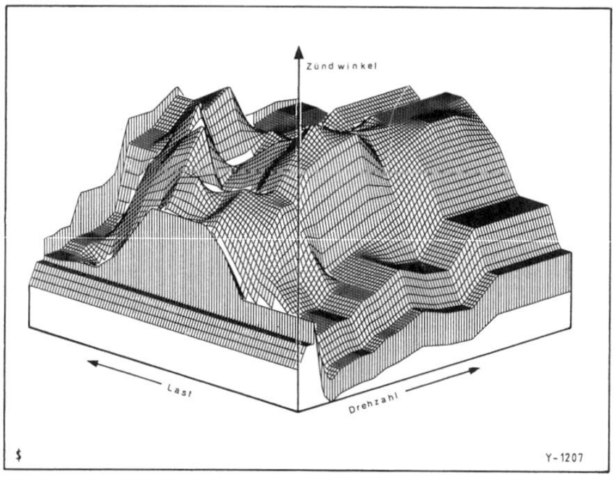

Das erforderliche Kennfeld für die Zündanlage wird durch Versuche auf dem Motorprüfstand ermittelt und anschließend in Fahrversuchen so abgestimmt, daß sich die günstigsten Werte für Verbrauch, Abgas und Fahrverhalten ergeben. Die ermittelten Werte werden im Steuergerät gespeichert.

Während der Fahrt werden aus den Funktionen Motordrehzahl, Motortemperatur und Lastzustand Signale an das Steuergerät gegeben, welches dann aus dem festgelegten Zündkennfeld für den momentanen Betriebszustand den richtigen Zündzeitpunkt, zum Beispiel 10° vor OT oder 0°, bestimmt.

Bei Ausfall der Steuerungsgrößen können Mängel im Fahrverhalten auftreten, und zwar durch verringerte Motorleistung. Eventuell kann sich auch der Verbrauch erhöhen. Langfristige Schäden am Motor sind nicht zu befürchten, wenn der Defekt alsbald behoben wird.

Der Zündverteiler ist mit einem wartungsfreien Hallgeber ausgestattet. Der Hallgeber besteht aus einer berührungslos arbeitenden Magnetschranke und einer an der Verteilerwelle befestigten Rotorblende.

Der Hallgeber bestimmt über das Steuergerät der Zündanlage den Aus- und Einschaltzeitpunkt des Zündspulenstromes und damit den Zündzeitpunkt.

Der Zündtrafo vereinigt Zündspule, Schaltgerät und Leistungsendstufe in einem Gehäuse. Dadurch werden Spannungsverluste, wie sie in elektrischen Leitungen und Steckverbindungen auftreten, verringert.

2,5-l-Motor ab 3.94:

Um den Wirkungsgrad des Motors zu erhöhen, wurde die Verdichtung von 8,5 auf 10,0 heraufgesetzt.
Durch die hohe Verdichtung des Motors kann eine klopfende Verbrennung eintreten, was auf die Dauer zu Motorschäden führen würde. Um das zu vermeiden, sind 2 Klopfsensoren erforderlich, die eine falsche Verbrennung registrieren und dafür sorgen, daß die Zündung in Richtung spät verändert wird.

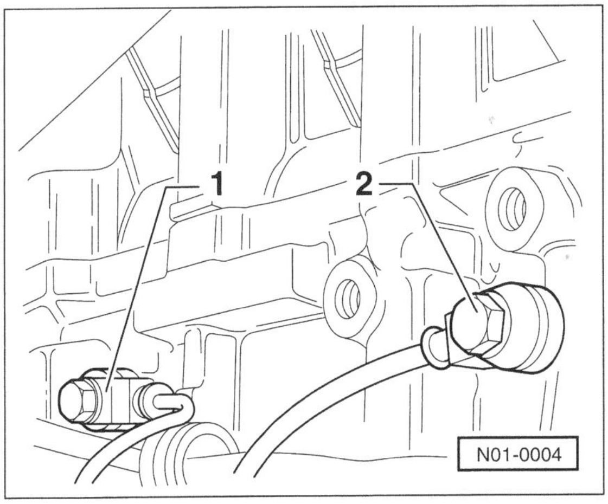

Die Klopfsensoren –1/2–sind, in Fahrtrichtung gesehen, vorn links und rechts am Motorblock eingeschraubt. Eine selektive Klopfregelung sorgt dafür, daß der Zündzeitpunkt an der Klopfgrenze gehalten und automatisch an die verwendete Kraftstoffqualität angepaßt wird. Die Klopfregelung erlaubt eine hohe Verdichtung des Motors. Dadurch kann die Energie des Kraftstoffes besser ausgenutzt werden, was gleichzeitig zu einer Senkung des Kraftstoffverbrauchs führt. Die Klopfregelung besteht aus den Klopfsensoren und der entsprechenden Auswertelektronik.

Bei Ausfall eines Klopfsensors verstellt das Steuergerät den Zündzeitpunkt automatisch so weit in Richtung spät, daß der Motor keinen Schaden nimmt. Das ist allerdings mit einer Leistungsminderung verbunden, die ebenfalls eintritt, wenn anstelle von unverbleitem Superbenzin (ROZ 95) bleifreies Normalbenzin (ROZ 91) getankt wird. Das maximale Motordrehmoment verringert sich dabei von 195 Nm auf 190 Nm.

Sicherheitsmaßnahmen zur elektronischen Zündanlage/ Einspritzanlage

Bei elektronischen Zündanlagen beträgt die Zündspannung bis zu 30 kV (Kilovolt). Unter ungünstigen Umständen, zum Beispiel Feuchtigkeit im Motorraum, können Spannungsspitzen die Isolation durchschlagen, was bei Berührung zu Elektroschocks führt.

Um Verletzungen von Personen und/oder die Zerstörung der elektronischen Zündanlage zu vermeiden, ist bei Arbeiten an Fahrzeugen mit elektronischer Zündanlage folgendes zu beachten:

- Bevor der Motor mit Anlaßdrehzahl betrieben (z. B. Kompressionsdruckprüfung) wird, Zündung ausschalten und Stecker vom Hallgeber (am Zündverteiler) abziehen.
- Zündkabel nicht bei laufendem Motor bzw. bei Anlaßdrehzahl mit der Hand berühren bzw. abziehen.
- Leitungen der Zündanlage nur bei ausgeschalteter Zündung abklemmen.
- Das An- und Abklemmen von Meßgeräteleitungen (Drehzahlmesser/Zündungstester) nur bei ausgeschalteter Zündung vornehmen.
- An Klemme 1 (–) dürfen kein Entstörkondensator und keine Prüflampe angeschlossen werden.
- Die Starthilfe mit einem Schnellader ist nur bis zu 1 Minute mit maximal 16,5 Volt zulässig. Nach jedem Startversuch muß eine Pause von mindestens 1 Minute eingelegt werden.
- Die Zündspule darf nicht durch eine andere Ausführung ersetzt werden. Auf keinen Fall darf eine für unterbrechergesteuerte Zündanlagen vorgesehene Zündspule eingebaut werden.
- Den Zündverteilerläufer mit 1 kΩ (Kennzeichnung R1) nicht gegen einen anderen tauschen, auch nicht bei Radioentstörung.
- Bei der Entstörung an den Hochspannungsleitungen nur Widerstände mit 1 kΩ und Zündkerzenstecker mit 5 kΩ verwenden.
- Die Batterie darf nur bei ausgeschalteter Zündung komplett abgeklemmt werden. Sonst kann das Steuergerät der Zünd- und Einspritzanlage beschädigt werden.
- Motorwäsche nur bei ausgeschalteter Zündung durchführen.
- Personen mit einem Herzschrittmacher sollen keine Arbeiten an der elektronischen Zündanlage durchführen.

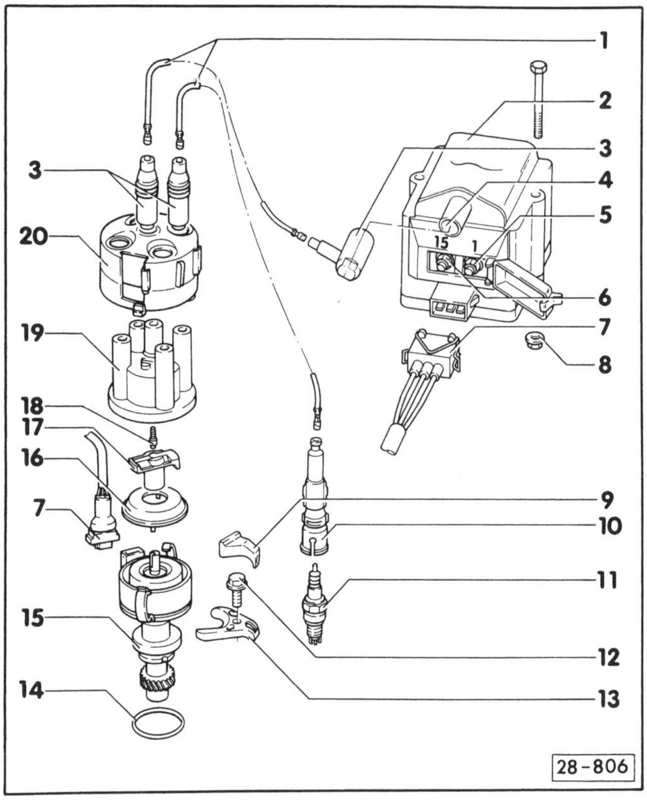

Zündverteiler/Zündtrafo

4-Zylindermotor

1 – **Zündleitung**
2 – **Zündtrafo**
3 – **Entstörstecker, 0,6 – 1,4 kΩ**
4 – **Klemme 4**
5 – **Klemme 1**
6 – **Klemme 15**
7 – **Anschlußstecker**
8 – **Mutter, 10 Nm**
9 – **Sicherungskappe**
10 – **Zündkerzenstecker, 4 – 6 kΩ**
11 – **Zündkerze, 30 Nm**
12 – **Klemmschraube, 25 Nm**
13 – **Klemme**
14 – **O-Ring**
15 – **Zündverteiler**
16 – **Schutzkappe**
17 – **Zündverteilerläufer**
Kennzeichnung: R1; 0,6 – 1,4 kΩ.
18 – **Schleifkohle mit Feder**
19 – **Verteilerkappe**
20 – **Abschirmring**

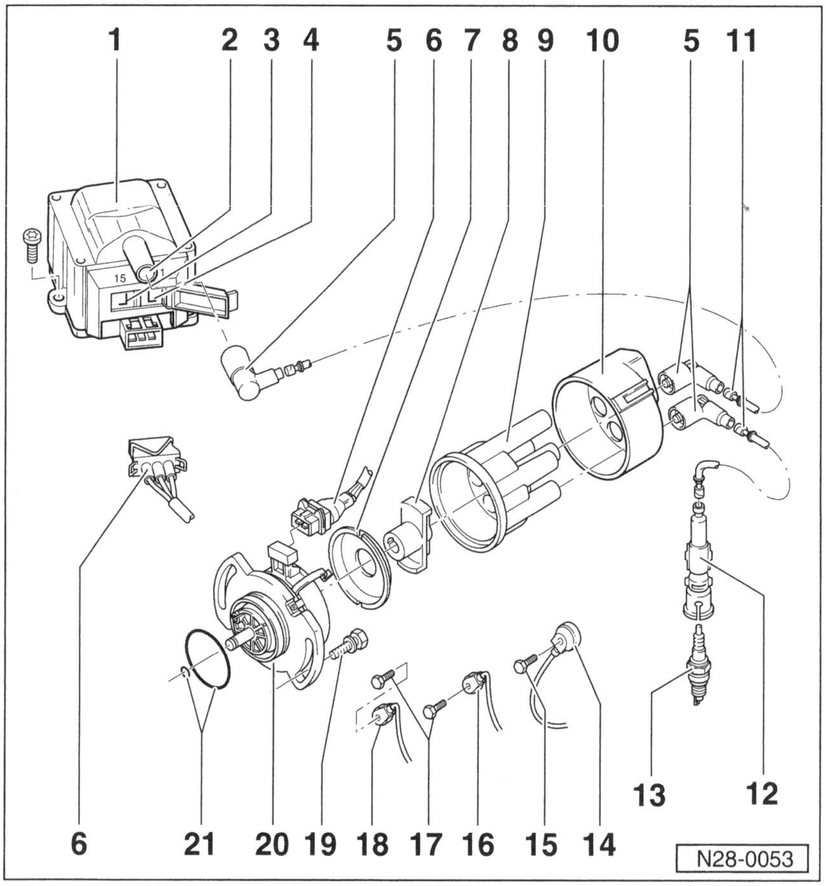

Zündverteiler/ Zündtrafo

5-Zylindermotor

Die Abbildung zeigt den Motor AET.

1 – **Zündtrafo**
Einbauort: In Fahrtrichtung links unter der Abdeckung der Batterie.
2 – **Klemme 4**
3 – **Klemme 15**
4 – **Klemme 1**
5 – **Entstörstecker, 0,6 –1,4 kΩ**
6 – **Anschlußstecker**
7 – **Staubschutzkappe**
8 – **Zündverteilerläufer**
Kennzeichnung: R1; 0,6 – 1,4 kΩ.
9 – **Verteilerkappe**
10 – **Abschirmkappe**
11 – **Zündleitung**
12 – **Zündkerzenstecker, 4 – 6 kΩ**
13 – **Zündkerze, 30 Nm**
14 – **Geber für Motordrehzahl**
15 – **Schraube, 20 Nm**
16 – **Klopfsensor 1**
17 – **Schraube, 20 Nm**
18 – **Klopfsensor 2**
19 – **Schraube, 10 Nm**
20 – **Zündverteiler**
21 – **O-Ring**

Zündverteiler aus- und einbauen

4- und 5-Zylindermotor

Ein kompletter Ausbau des Zündverteilers ist nur bei größeren Reparaturen notwendig.

Ausbau

- Kurbelwelle auf OT für Zylinder 1 stellen, siehe Seite 19.
- Zündkabel am Zündverteiler abziehen. **Achtung:** Für den leichteren Einbau Position der Zündkabelstecker auf der Verteilerkappe mit Filzstift markieren. Wenn der bisherige Zündverteiler wieder eingebaut wird, kann auch die Zündverteilerkappe abgenommen und mit angeschlossenen Kabeln zur Seite gelegt werden. Dazu Klemmbügel mit Schraubendreher seitlich abhebeln.
- Stecker am Hallgeber abziehen.
- **4-Zylinder:** Klemmschraube am Verteilerfuß herausdrehen, vorher Abdeckkappe abhebeln. Halter abnehmen und Zündverteiler herausziehen.
- **5-Zylinder:** Klemmschrauben herausdrehen und Zündverteiler aus der Bohrung im Zylinderkopf herausziehen.

Achtung: Motorstellung bei ausgebautem Verteiler **nicht** verändern.

Einbau

Vor dem Einbau prüfen, ob der Motor auf OT für Zylinder 1 steht. Das heißt, die Markierungen an Kurbelwellen-Riemenscheibe beziehungsweise Schwungrad und Nockenwellenrad müssen gleichzeitig übereinstimmen.

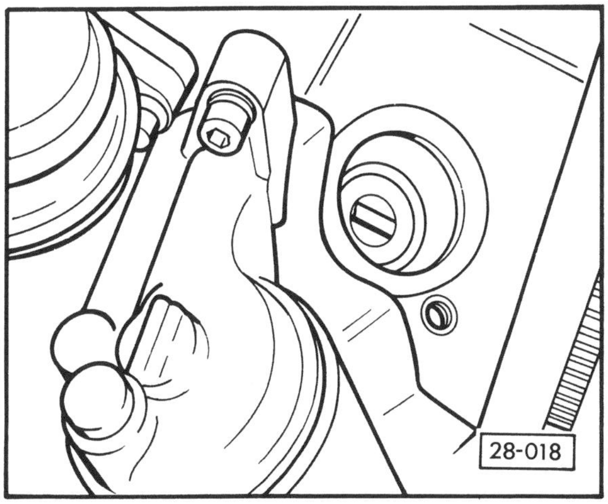

- **4-Zylinder:** In der Zündverteilerbohrung Aufnahmezapfen der Ölpumpenwelle parallel zur Kurbelwelle (Längsachse des Motors) stellen.

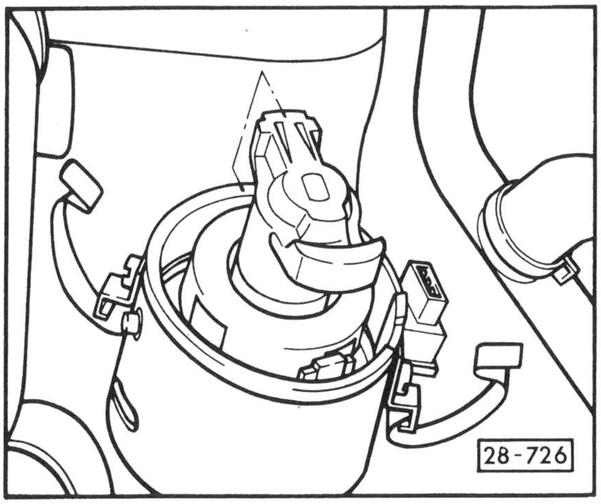

- Verteilerläufer so stellen, daß die Markierung an der Zunge über der Kerbe am Rand des Verteilergehäuses steht. Dazu muß die Staubkappe abgenommen werden. Die Abbildung zeigt den Verteiler des 4-Zylindermotors.
- Zündverteiler in dieser Stellung einsetzen und anschrauben.
- **5-Zylinder:** Verteilerläufer abnehmen, Staubkappe aufsetzen und Läufer wieder aufstecken. Durch leichtes Hin- und Herdrehen prüfen, ob der Verteilerläufer eingerastet ist.
- Zündverteilerkappe aufsetzen, Blechklammern aufdrücken. Vorher Verteilerkappe auf Risse und Spuren von Kriechströmen prüfen, gegebenenfalls ersetzen.
- Falls ausgebaut, Zündkabel entsprechend der angebrachten Markierungen beziehungsweise in Zündfolge auf die Verteilerkappe aufstecken. Zündfolge 4-Zylinder-Motor: **1–3–4–2**; 5-Zylinder-Motor: **1–2–4–5–3**.

Hinweis: Der Anschluß für das Zündkabel von Zylinder 1 befindet sich über der OT-Kerbe am Zündverteilerrand, dann folgen beim 4-Zylinder-Motor im Uhrzeigersinn die Anschlüsse für Zylinder 3, dann für Zylinder 4 und schließlich für Zylinder 2. Die Zylinder des Motors werden in der Reihenfolge von 1 bis 4 gezählt. Zylinder 1 liegt an der Keilriemenseite des Motors.

- Zündzeitpunkt einstellen.

Zündtrafo prüfen

Der Zündtrafo befindet sich im Motorraum links unter der Abdeckung vor der Batterie. Der Zündtrafo vereinigt Zündspule, Schaltgerät und Leistungsendstufe in einem Gehäuse.

4- und 5-Zylindermotor

- Anschlußstecker und Zündleitung vom Zündtrafo abziehen.

Primärwiderstand der Zündspule prüfen

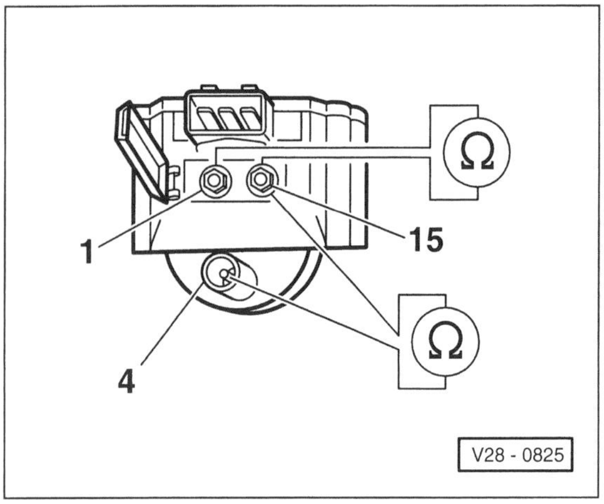

- Ohmmeter an die Klemmen 1 und 15 anschließen.
- Sollwert: 0,5 – 0,7 Ω, Motor AET: 0,5 – 1,5 Ω.
- Wird der Sollwert nicht erreicht, Zündtrafo ersetzen.

Sekundärwiderstand der Zündspule prüfen

- Ohmmeter an die Klemmen 15 und 4 anschließen.
- Sollwert: 3 – 4 k, Motor AET: 2,5 – 4 kΩ.
- Wird der Sollwert nicht erreicht, Zündtrafo ersetzen.

Spannungsversorgung prüfen

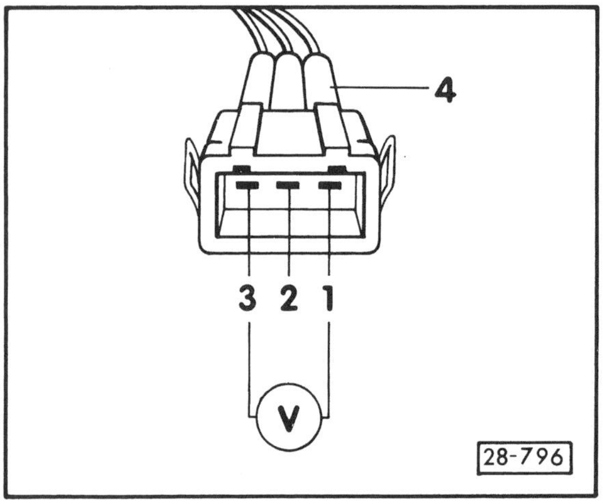

- Voltmeter zwischen Kontakt 1 und 3 (–) des Steckers –4– anlegen.
- Zündung einschalten, Sollwert: Batteriespannung, also 12 bis 14 Volt. Gegebenenfalls Leitungsunterbrechung nach Stromlaufplan beseitigen.
- Zündung ausschalten, Voltmeter abklemmen.

Ansteuerung prüfen

- Stecker von Kaltstartventil und Sammelanschluß für Einspritzventile abziehen.
- Diodenprüflampe zwischen die Kontakte 2 und 3 des Steckers –4– anschließen.

Achtung: Bei dieser Prüfung Anschlußteile des Zündtrafos sowie Prüfleitung nicht mit der Hand berühren.

- Anlasser betätigen.
- Die Leuchtdiode muß flackern.
- Andernfalls Hallgeber prüfen.
- Wird kein Fehler gefunden, ist wahrscheinlich das Digifant-Steuergerät defekt.
- Zündung ausschalten.
- 3fach-Stecker am Zündtrafo aufstecken.

Nur 4-Zylindermotor

- Voltmeter zwischen die Klemmen 1 und 15 am Zündtrafo anschließen.
- Zündung einschalten.
- Sollwert: Mindestens 2 Volt, muß nach 1 – 2 Sekunden auf 0 Volt abfallen. Andernfalls Zündtrafo ersetzen.
- Stecker an Kaltstartventil und Sammelanschluß für Einspritzventile aufstecken.

Nur 6-Zylindermotor

Sekundärwiderstände prüfen

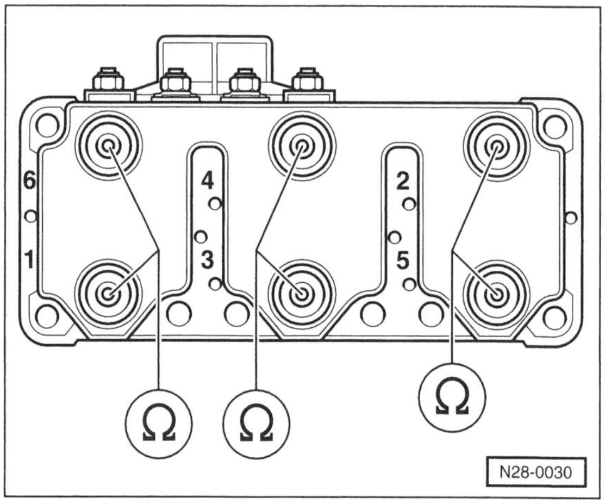

- Ohmmeter an Klemme 4 des Zündtrafos anschließen, und zwar nacheinander an die Anschlüsse für Zylinder 1 und Zylinder 6, dann Zyl. 3 und Zyl. 4 und schließlich Zyl. 2 und Zyl. 5. **Sollwert:** jeweils **3,6 bis 4,4 kΩ**. Wenn die Sollwerte nicht erreicht werden, Zündtrafo ersetzen.

Hallgeber prüfen

Spannungsversorgung prüfen

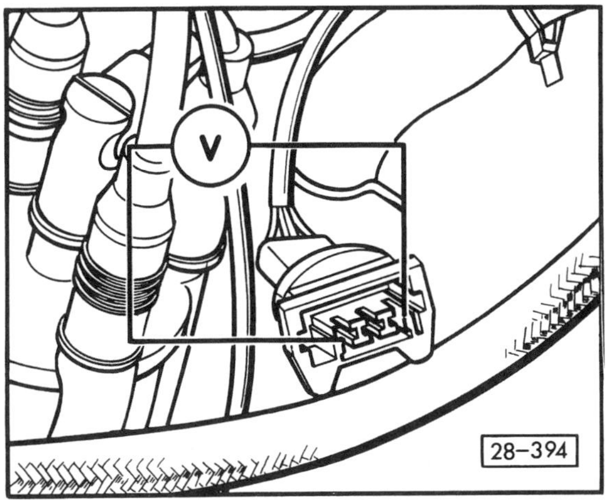

- Stecker am Hallgeber (Zündverteiler) abziehen und Voltmeter an die äußeren Kontakte anschließen.
- Zündung einschalten.
- Sollwert: Mindestens 10 Volt. Andernfalls dürfte das Steuergerät defekt sein.
- Zündung ausschalten.

Funktion prüfen

- Stecker von Kaltstartventil und Sammelanschluß für Einspritzventile abziehen.

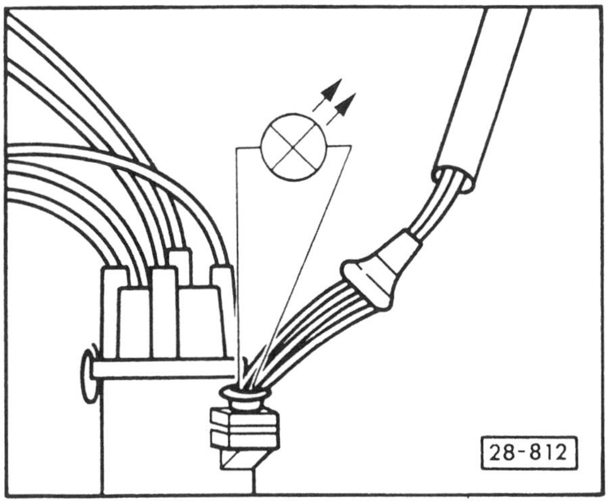

- Gummitülle des Steckers vom Hallgeber abziehen und Stecker am Hallgeber aufstecken.
- Diodenprüflampe zwischen mittlere und äußere Leitung am Stecker für Hallgeber anschließen.

Achtung: Bei dieser Prüfung Anschlußteile von Zündtrafo sowie Prüfleitung nicht mit der Hand berühren.

- Anlasser betätigen. Die Leuchtdiode muß flackern. Andernfalls dürfte der Hallgeber defekt sein. In diesem Fall beim 4-Zylindermotor Zündverteiler ersetzen, beim 5-Zylindermotor Zündverteiler zerlegen und Hallgeber ersetzen.
- Stecker für Kaltstartventil und Sammelanschluß für Einspritzventile aufstecken.

Zündzeitpunkt prüfen/einstellen

4- und 5-Zylindermotor (außer Motor AET/APL/AVT)

Zum Prüfen und Einstellen werden ein Drehzahlmesser und eine Zündblitzlampe benötigt.

Achtung: Zündzeitpunkt nur nach dem Einbau des Zündverteilers einstellen oder wenn der Zündzeitpunkt beim Prüfen von Leerlaufdrehzahl und CO-Gehalt außerhalb des Prüfwertes liegt.

- Falls vorhanden, Klimaanlage ausschalten.
- Motor auf Betriebstemperatur bringen. Die Betriebstemperatur ist erreicht, wenn die Kühlmittelanzeige ca. +80° C anzeigt.
- Motor abstellen.
- Drehzahlmesser an Klemme 1 und Klemme 15 der Zündspule (Zündtrafo) anschließen. **Achtung:** Zündung ist dabei ausgeschaltet.

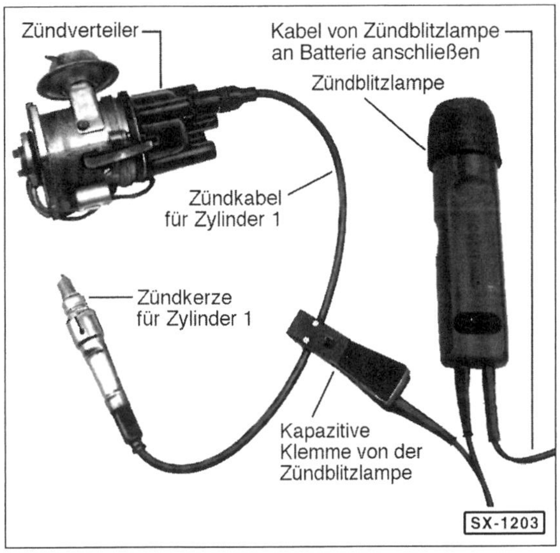

- Zündblitzlampe an Plus- und Minuspol der Batterie anschließen. Kapazitive Klemme an Zündkabel für Zylinder 1 anklemmen.
- Schlauch für Kurbelgehäuseentlüftung vom Druckregelventil abziehen und so verlegen, daß nur Frischluft angesaugt werden kann, siehe Seite 89.
- Motor im Leerlauf oder bei erhöhter Drehzahl laufen lassen, bis der Kühlerlüfter einmal eingeschaltet hat. Anschließend, bei Leerlaufdrehzahl, Stecker vom Geber für Kühlmitteltemperatur (2-polig) abziehen.

Achtung: Geht beim Abziehen des Steckers der Motor aus, vor dem Wiederstart Stecker für Kühlmittelgeber aufstecken. Das Steuergerät führt sonst ein Notlaufprogramm aus, wodurch eine korrekte Prüfung und Einstellung nicht möglich ist.

- Motor mit Prüfdrehzahl laufen lassen.

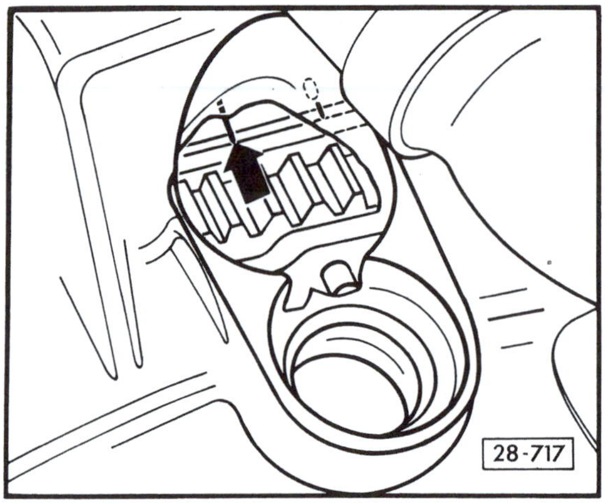

- Mit Zündblitzlampe in das Sichtfenster der Kupplungsglocke blitzen.

Achtung: Verletzungsgefahr durch plötzlich anlaufenden Lüfter. Vorher Lüfter-Steckverbindung trennen.

- Die Zündung ist richtig eingestellt, wenn beim Anblitzen die Zündzeitpunktkerbe unterhalb der Bezugsmarke scheinbar stillsteht.
- Falls der Zündzeitpunkt nicht innerhalb des Prüfwertes liegt, Zündzeitpunkt auf Einstellwert einstellen.
- Dazu Klemmschraube(n) am Verteiler etwas lösen und Zündverteiler verdrehen, bis sich der Einstellwert mit der Bezugsmarke deckt.
- Befestigungsschraube mit 25 Nm festziehen.
- Stecker am Geber für Kühlmitteltemperatur (2-polig) aufstecken und 3 x Gas geben.
- Leerlaufeinstellung prüfen.
- Meßgeräte bei ausgeschalteter Zündung entfernen.
- Fehlerspeicher von VW-Werkstatt abfragen und löschen lassen. Durch Abziehen des Steckers für Kühlmitteltemperatur wurde im Fehlerspeicher der Fehler »Geber defekt« gespeichert. Der Fehlerspeicher kann auch durch Abklemmen der Batterie gelöscht werden.

Zündzeitpunktwerte

Motor	Motor-Kennbuchstaben	Zündzeitpunkt vor OT		Prüfdrehzahl 1/min	Drehzahlbegrenzung 1/min
		Prüfwert	Einstellwert		
62kW/84PS	AAC	4° . . . 8°	6° ± 1°	2000 . . . 2500	5300
81kW/110PS	AAF, ACU	4° . . . 8°	6° ± 1°	2000 . . . 2500	5500

Hinweis: Bei den Motoren **AET, APL, AVT, AES** und **AMV** kann der Zündzeitpunkt nicht eingestellt werden.

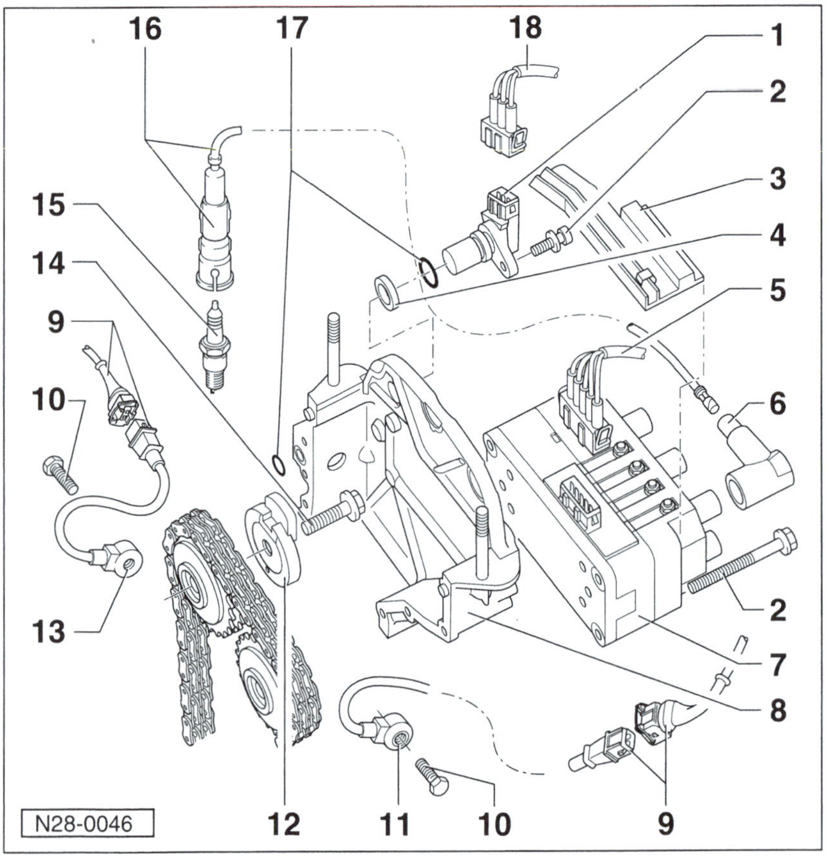

Der Zündtrafo

6-Zylindermotor VR-6

1 – **Hallgeber**
2 – **Schraube, 10 Nm**
3 – **Leitungskanal**
4 – **Distanzring**
5 – **Anschlußstecker**
6 – **Entstörstecker**
7 – **Zündtrafo**
8 – **Nockenwellenradabdeckung**
9 – **3fach-Steckverbindung**
10 – **Schraube, 20 Nm**
Achtung: Anzugsdrehmoment hat Einfluß auf die Funktion des Klopfsensors. Genau einhalten!
11 – **Klopfsensor 2**
12 – **Geberrad**
13 – **Klopfsensor 1**
14 – **Schraube, 100 Nm**
15 – **Zündkerze, 30 Nm**
16 – **Zündkerzenstecker mit Zündleitung**
Widerstand 4 – 6 kΩ.
Zum Abziehen der Zündkerzenstecker für Zylinder 2, 4 und 6 Kühlergrill ausbauen und Schloßträger mit Kühler nach vorn klappen.
17 – **O-Ring**
18 – **Anschlußstecker**

Die Zündkerzen

Die Zündkerze besteht aus dem Isolator mit Gehäuse und einer Mittel-Elektrode sowie einer oder mehreren Masse-Elektrode(n). Die Mittel-Elektrode ist gasdicht im Isolator befestigt, der Isolator ist fest mit dem Gehäuse verbunden. Zwischen Mittel- und Masse-Elektrode(n) springt der Zündfunke über, der das Kraftstoffluftgemisch entzünden soll. Von der Zündkerze hängen Startbereitschaft, Leerlaufverhalten, Beschleunigung und Höchstgeschwindigkeit ab. Man sollte deshalb nicht ohne Grund von dem vom Werk vorgeschriebenen Zündkerzentyp abweichen, der durch die Wärmewert-Kennzahl bestimmt wird. Die Wärmewert-Kennzahl gibt den Grad der Wärmebelastbarkeit einer Zündkerze im Motor unter bestimmten Betriebsbedingungen an. Die Zündkerzen für den Motor sind so ausgewählt, daß sie möglichst unter allen Fahrbedingungen die Selbstreinigungstemperatur erreichen. Je niedriger die Wärmewert-Kennzahl einer Zündkerze ist, desto höher ist ihr Widerstand gegen Glühzündungen und desto kleiner ist ihr Widerstand gegen Verschmutzung. Je höher die Wärmewert-Kennzahl der Zündkerze ist, desto kleiner ist ihr Widerstand gegen Glühzündungen und desto höher ist ihr Widerstand gegen Verschmutzung.

Die Wärmewert-Kennzahl ist im Zündkerzencode enthalten. Der Code schlüsselt sich wie folgt auf:

Bosch-Zündkerze

Beispiel	F	R	6	D	C	R
	①	②	③	④	⑤	⑥

① W = Gewinde M 14 x 1,25 mit Flachdichtsitz, SW 21; F = Gewinde M 14 x 1,25 mit Flachdichtsitz, SW 16; M = Gewinde M 18 x 1,5 mit Flachdichtsitz, SW 25; H = Gewinde M 14 x 1,25 mit Kegeldichtsitz, SW 16; D = Gewinde M 18 x 1,5 mit Kegeldichtsitz, SW 21; SW = Schlüsselweite.

② R = Mit Widerstand zur Entstörung. Die Funktion der Zündanlage wird dadurch nicht beeinflußt.

③ Wärmewert-Kennzahl. Die Wärmewertskala wird von 06 (»kalt«) bis 13 (»warm«) angegeben. Dabei entspricht die Kennzahl 7 dem alten Wärmewert 175 (frühere Bezeichnung), 6 – 200,5 – 225 usw.

④ A = Gewindelänge 12,7 mm, normale Funkenlage; B = Gewindelänge 12,7 mm, vorgezogene Funkenlage; C = Gewindelänge 19 mm, normale Funkenlage; D = Gewindelänge 19 mm, vorgezogene Funkenlage; DT = Gewindelänge 19 mm, vorgezogene Funkenlage, 3 Masseelektroden; L = Gewindelänge 19 mm, weit vorgezogene Funkenlage.

⑤ = Elektrodenwerkstoff der Mittelelektrode: Cr-Ni-Legierung, C = Ni-Cu-Verbund-Mittelelektrode, S = Silber-Mittelelektrode, P = Platin-Mittelelektrode, O = Standard-Zündkerze mit verstärkter Mittelelektrode.

⑥ R = 1 kΩ Abbrandwiderstand, X = Elektrodenabstand 1,1 mm.

Durch den Kupferkern (Cu) in der Mittelelektrode und noch mehr durch die Silber-Mittelelektrode wird die Wärmeleitfähigkeit und damit die Wärmebelastbarkeit erhöht. Der Vorteil einer Zündkerze mit Platin-Mittelelektrode liegt in hoher Zündwilligkeit, geringem Verschleiß und größerem Wärmewertbereich.

Beru-Zündkerze

Beispiel	14	F	6	D	U	R
	①	②	③	④	⑤	⑥

① Gewindedurchmesser in mm, hier M 14 x 1,25.

② Konstruktionsmerkmal, z. B. K für Konussitz, F für Flachdichtsitz, SW 16, R für Entstörwiderstand.

③ Wärmewert-Kennzahl (wie bei Bosch).

④ Gewindelänge (wie bei Bosch).

⑤ Elektrodenwerkstoff, z. B. U für Kupferkern.

⑥ R = 1 kΩ Abbrandwiderstand.

Zündkerzen einbauen

- Zündkerzen nur bei kaltem oder handwarmem Motor wechseln. **Achtung:** Wenn die Kerzen bei heißem Motor herausgedreht werden, kann das Kerzengewinde des Leichtmetall-Zylinderkopfes ausreißen.
- Zündkerzen von Hand bis zur Anlage am Zylinderkopf einschrauben. **Achtung:** Dabei Kerzen nicht verkanten.
- Zündkerzen festziehen, Anzugsdrehmomente siehe Tabelle auf Seite 66 .
- Kerzenstecker aufstecken. Durch Hin- und Herbewegen festen Sitz der Kerzenstecker und Zündkabel prüfen.

Die richtigen Zündkerzenwerte für VW T4-Benzinmotoren

Motor/ Modell	Motor-Kenn- buchstaben	Zündkerzen						EA * in mm	Wechsel- intervall	AD ** in Nm
		BOSCH	BOSCH	BERU	BERU	CHAMPION	NGK			
62 kW	AAC bis 8/95	W 9 DTC	WR 91	14-9 DTU	UX 79	N 9 BYC	–	0,7 - 0,9	30.000 km	30
	AAC bis 8/95	–	–	–	–	N 9 BMC[1]	–	max. 0,6 [2]	30.000 km	30
	AAC ab 9/95	–	–	14GH-8 DTUR	UX 79	–	BUR 5 ET	0,7 - 0,9	60.000 km	30
81 kW	ACU bis 8/95	W 8 DTC	W 78	14-8 DTU	UX 79	N 7 BYC	–	0,7 - 0,9	30.000 km	30
	ACU bis 8/95	–	–	–	–	N 9 BMC[1]	–	max. 0,6 [2]	30.000 km	30
	ACU ab 9/95	–	–	14GH-8 DTUR	UX 79	–	BUR 5 ET	0,7 - 0,9	60.000 km	30
81 kW	AAF bis 8/95	W 8 DTC	W 78	14-8 DTU	UX 79	N 7 BYC	BPR 5 EKU	0,7 - 0,9	30.000 km	25
	AAF bis 8/95	–	–	–	–	N 9 BMC[1]	–	max. 0,6 [2]	30.000 km	25
85 kW	AET	–	–	14GH-8 DTUR	UX 79	–	BUR 5 ET	0,7 - 0,9	60.000 km	30
85 kW	APL	–	–	–	–	–	BKUR 5 ET	0,7 - 0,9	60.000 km	30
85 kW	AVT	–	–	–	–	–	BKUR 5 ET	0,7 - 0,9	60.000 km	30
103 kW	AES	–	–	–	–	–	BKR 5 EKUP	max. 0,7 [2]	60.000 km	25
150 kW	AMV	–	–	–	–	–	PZF R5 D-11	max. 1,1	60.000 km	25

*) EA = Elektrodenabstand. **) AD = Anzugsdrehmoment.

[1]) Besonders empfohlen für Kurzstreckenverkehr. [2]) Abstand zwischen Masseelektroden und Kerzenstein.

Achtung: Es kann sein, daß inzwischen für einzelne Motoren andere Zündkerzenwerte gelten. Um die aktuelle Zündkerze zu ermitteln, benötigt der Fachhandel die **Fahrzeug-Ident.-** und die **3 Schlüsselnummern**. Diese Nummern sind im Fahrzeugschein aufgeführt. Sie sollten beim Kauf von Zündkerzen angegeben werden.

Störungsdiagnose Zündanlage

Störung: Der Motor springt schlecht oder gar nicht an

Ursache	Abhilfe
Kein Zündfunke vorhanden Verteilerkappe feucht, verschmutzt	■ Verteilerkappe reinigen und trocknen, innen mit Zündspray einsprühen
Risse in der Verteilerkappe, Brandkanäle	■ Verteilerkappe erneuern
Schleifkohle in der Zündverteilerkappe abgenutzt	■ Schleifkohle erneuern
Widerstand des Verteilerläufers zu hoch, Verteilerläufer defekt	■ Verteilerläufer erneuern
Abbrand an den Kontakten in der Verteilerkappe	■ Verteilerkappe und Verteilerläufer erneuern
Widerstand in Zündkerzenleitung/Zündkerzenstecker zu hoch	■ Zündleitung/Zündkerzenstecker erneuern
Zündkerzenstecker in falscher Reihenfolge aufgesteckt	■ Zündkerzenstecker nach Zündfolge aufstecken: 4-Zylindermotor: **1-3-4-2** 5-Zylindermotor: **1-2-4-5-3** 6-Zylindermotor: **1-5-3-6-2-4**
Zündkerzen wegen zu vieler Startversuche naß	■ Zündkerzen ausbauen und trocknen
Zündkerzen außen feucht und verschmutzt	■ Zündkerzen reinigen, trocknen, Silikonschutzkappe auf Zündkerze und Stecker schieben
Leistung der Zündspule zu gering	■ Elektrische Leitungen am Zündtrafo (Zündspule) auf festen Sitz und guten Kontakt prüfen
Zündspule gerissen, Brandkanäle	■ Zündspule erneuern
Spannungsverlust durch Berührung elektrischer Anschlüsse bzw. Leitungen mit Schläuchen des Motors	■ Elektrische Leitungen richtig führen
Keine Stromversorgung des Steuergerätes	■ Elektrische Leitungen nach Stromlaufplan prüfen
Sicherung Nr. 18 defekt	■ Sicherung prüfen, ggf. ersetzen
Kraftstoffpumpenrelais, Stromversorgungsrelais Hallgeber, Motronic/Digifant, Geber für Motordrehzahl defekt	■ Relais, Hallgeber, Drehzahlgeber prüfen, ggf. ersetzen

Motor-Schmierung

Für die Motor-Schmierung sind **Mehrbereichsöle** vorgeschrieben, so daß ein jahreszeitbedingter (Sommer/Winter) Ölwechsel nicht erforderlich ist. Mehrbereichsöle bauen auf einem dünnflüssigen Einbereichsöl auf (z. B. 10 W) und werden durch sogenannte »Viskositätsindexverbesserer« im heißen Zustand stabilisiert. Dadurch ist sowohl für den kalten wie auch für den heißen Motor die richtige Schmierung gegeben.

Die SAE-Bezeichnung gibt die Viskosität des Motoröls an. Beispiel: SAE 10 W 40:

10 – Viskosität des Öls in kaltem Zustand. Je kleiner die Zahl, desto dünnflüssiger ist das kalte Motoröl.

W – Das Motoröl ist wintertauglich.

40 – Viskosität des Öls in heißem Zustand. Je größer die Zahl, desto dickflüssiger ist das heiße Motoröl.

Es können auch **Leichtlauföle** (Hochleistungsöle) verwendet werden. Dabei handelt es sich um Mehrbereichsöle, denen unter anderem Reibwertverminderer zugesetzt wurden, wodurch sich die Reibung innerhalb des Motors vermindert. Für das Leichtlauföl wird als Grundöl ein Synthetiköl verwendet.

Anwendungsbereich/Viskositätsklassen

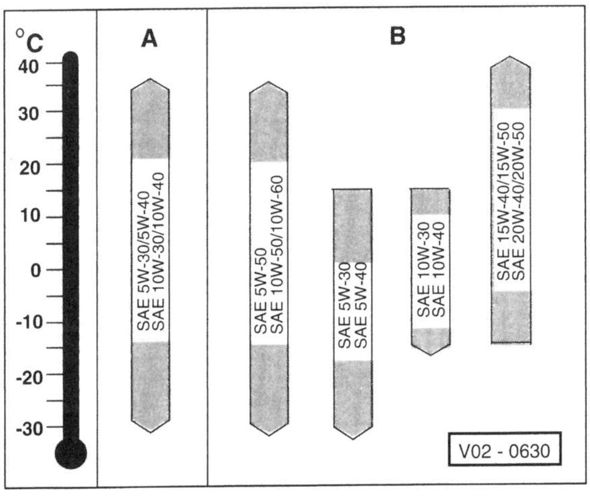

A – Mehrbereichs-Leichtlauföle nach VW-Norm 500 00 (nicht für Turbo-Dieselmotor)

B – Mehrbereichsöle nach VW-Norm 505 00 (für Turbo-Dieselmotor) oder API-Spezifikation CD beziehungsweise VW 501 01 (nicht für Turbo-Dieselmotor)

In der Abbildung wird die Motoröl-Viskosität in Abhängigkeit von der Außentemperatur für Benzin- und Dieselmotoren dargestellt. Da sich die Einsatzbereiche benachbarter SAE-Klassen überschneiden, können kurzfristige Temperaturschwankungen unberücksichtigt bleiben. Es ist zulässig, Öle verschiedener Viskositätsklassen miteinander zu mischen, wenn einmal Öl nachgefüllt werden muß und die Außentemperaturen nicht mehr der Viskositätsklasse des im Motor befindlichen Öles entsprechen.

Zusatzschmiermittel – gleich welcher Art – sollen weder dem Kraftstoff noch den Schmierölen beigemischt werden.

Spezifikation des Motoröls

Die Qualität eines Motoröls wird durch Normen der Automobil- sowie der Ölhersteller gekennzeichnet.

Die Klassifikation der Motoröle amerikanischer Ölhersteller erfolgt nach dem **API**-System (API: American Petroleum Institut): Die Kennzeichnung erfolgt durch jeweils zwei Buchstaben. Der erste Buchstabe gibt den Anwendungsbereich an: **S** = Service, für **Ottomotoren** geeignet; **C** = Commercial, für **Dieselmotoren** geeignet. Der zweite Buchstabe gibt die Qualität in alphabetischer Reihenfolge an. Von höchster Qualität sind Öle der Spezifikation **SL** für Ottomotoren und **CF** für Dieselmotoren.

Europäische Ölhersteller geben eine **ACEA**-Spezifikation an. Dabei wird insbesondere die europäische Motorentechnologie berücksichtigt. Öle für Benzinmotoren erhalten die Klassen ACEA A1-96 bis A3-96; Dieselmotoröle erhalten die Klassen B1-96 bis B4-96. Von höchster Qualität sind Öle **A3** für Benzin- und **B3** für Dieselmotoren, B4 ist speziell auf Diesel-Direkteinspritzer abgestimmt. »**96**« steht für den Beginn der Gültigkeit der ACEA-Klassifikation im Jahr 1996. Motoröle mit höheren Jahreszahlangaben können ebenfalls verwendet werden.

Achtung: Motoröle, die vom Hersteller ausdrücklich als Öle für Diesel-Motoren bezeichnet werden, sind für Ottomotoren nicht geeignet. Bei Motorölen für Benzin- **und** Diesel-Motoren sind beide Spezifikationen (Beispiel: ACEA A3-96/B3-96 oder API SH/CF) auf der Öldose angegeben.

Das richtige Motoröl für den VW T4

VW hat für seine Modelle **eigene Ölnormen** festgelegt. Grundsätzlich sollen nur Öle verwendet werden, die diese Normen erfüllen. Die VW-Norm steht dann auf der Öldose.

Fahrzeuge mit TDI-Motor ab Modelljahr 2000 sowie VR6-Benzinmotor (AMV) seit Modelljahr 2001 werden nach dem Longlife-Service-System gewartet. Dafür ist ein spezielles Longlife-Motoröl erforderlich. Fahrzeuge mit Longlife-Service tragen die »PR«-Nummer QG1 im Fahrzeugdatenträger.

Fahrzeuge ...	**VW-Norm Benziner**	**VW-Norm Diesel**
bis einschließlich Modelljahr 1999 (Herstellungs-Kennbuchstabe **X**)	500 00 501 01 502 00	505 00 505 01
ab Modelljahr 2000 (Herstellungs-Kennbuchstabe **Y**) **ohne** Longlife-Service	500 00 501 01 502 00	505 00 505 01
mit TDI-Motor ab MJ 2000 (**Y**), mit VR6-Motor (AMV) ab MJ 2001 (**1**) **mit** Longlife-Service	503 00	506 00

Achtung: Motoröl der Spezifikation 503 00/506 00/506 01 ist nur für Motoren **mit** Longlife-Service vorgesehen und darf **nicht** in Motoren vor Modelljahr 2000 eingefüllt werden, **sonst können Motorschäden auftreten.**

Hinweise zu den VW-Motoröl-Normen

- Hinter der VW-Norm muß ein Datum nicht älter als 10/91 stehen.
- Wenn bei Fahrzeugen **ohne** Longlife-Service Motoröl nachgefüllt werden muß und kein Öl der VW-Norm zur Verfügung steht, kann vorübergehend auch ein Motoröl der folgenden Spezifikation verwendet werden.
  Benzinmotor: ACEA-A2/A3 oder API-SF/SG.
  Dieselmotor: ACEA-B2/B3 oder API-CD.
- Wird bei Fahrzeugen **mit** Longlife-Service ein Motoröl für Fahrzeuge bis Modelljahr 2000 verwendet, dann muß die flexible Service-Intervallanzeige auf »nicht flexibel« umprogrammiert werden.
- Bei Fahrzeugen **mit** Longlife-Service empfiehlt es sich, für längere Fahrten oder Fahrten ins Ausland eine Öldose mit dem richtigen Motoröl im Gepäckraum mitzuführen. Falls zum Nachfüllen kein Longlife-Öl verfügbar ist, kann beim Benzinmotor bis zu 0,5 l Motoröl der VW-Norm 502 00 nachgefüllt werden, ohne daß die Service-Intervallanzeige auf »nicht flexibel« umgestellt werden muß. Beim Dieselmotor für diesen Fall Motoröl der VW-Norm 505 00 verwenden.

Ölverbrauch

Bei einem Verbrennungsmotor versteht man unter dem Ölverbrauch diejenige Ölmenge, die als Folge des Verbrennungsvorganges verbraucht wird. Auf keinen Fall ist Ölverbrauch mit Ölverlust gleichzusetzen, wie er durch Undichtigkeiten an Ölwanne, Zylinderkopfdeckel usw. auftritt.

Normaler Ölverbrauch entsteht durch Verbrennung jeweils kleiner Mengen im Zylinder; durch Abführen von Verbrennungsrückständen und Abrieb-Partikeln. Zudem verschleißt das Öl durch hohe Temperaturen und hohe Drücke, denen es im Motor fortwährend ausgesetzt ist.

Ferner haben auch äußere Betriebsverhältnisse, Fahrweise sowie Fertigungstoleranzen einen Einfluß auf den Ölverbrauch. Der Ölverbrauch darf höchstens 1,0 l/1000 km betragen.

Unbedingt muß Öl nachgefüllt werden, wenn die »Nachfüll«-Markierung erreicht ist (Nachfüllmenge dann max. 1 l).

Achtung: Bei Katalysator-Motoren besonders darauf achten, daß auf keinen Fall die Max.-Markierung am Ölpeilstab überschritten wird. Das überschüssige Öl gelangt sonst aufgrund unvollständiger Verbrennung in den Katalysator und kann das Edelmetall beschädigen oder den Katalysator vollständig zerstören.

Der Ölkreislauf

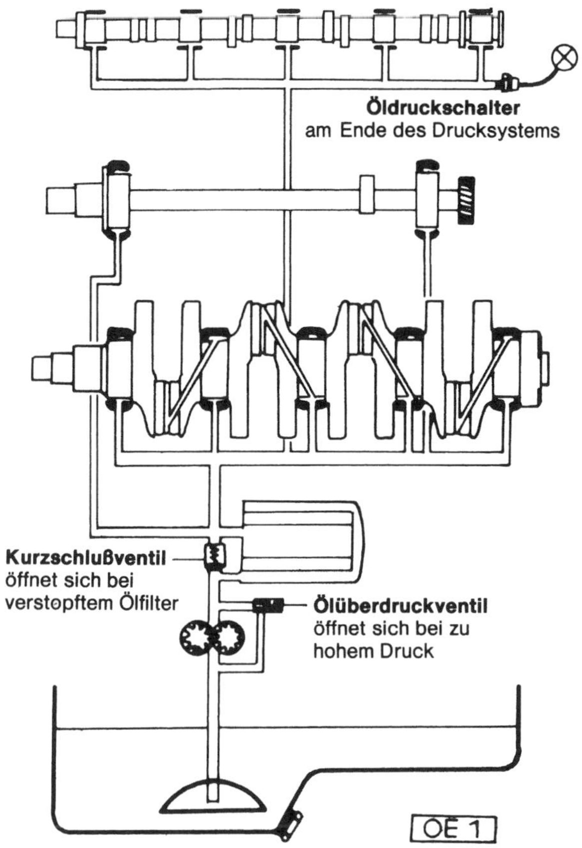

Die Ölpumpe saugt das Motoröl über den Ölsaugkorb aus der Ölwanne an und drückt es in den Hauptstromölfilter. An der Druckseite der Ölpumpe befindet sich ein Überdruckventil (Öldruckregelventil). Bei zu hohem Öldruck öffnet das Ventil, und ein Teil des Öls kann in die Ölwanne zurückfließen.

Durch die Mittelachse der Filterpatrone gelangt das gefilterte Öl in den Hauptölkanal. Bei verstopftem Ölfilter leitet ein Kurzschlußventil das Öl direkt und ungefiltert in den Hauptölkanal. Im Ölfilterstutzen befindet sich ein Rückschlagventil, das ein Leerlaufen der Ölkanäle und der hydraulischen Tassenstößel verhindert.

Vom Hauptölkanal zweigen Kanäle ab zur Schmierung der Kurbelwellenlager. Durch schräge Bohrungen in der Kurbelwelle wird das Öl an die Pleuellager geleitet und von dort gegen Kolbenbolzen und Zylinder gespritzt.

Gleichzeitig gelangt Motoröl über Steigleitungen in den Zylinderkopf und versorgt dort die Nockenwellenlager und Tassenstößel.

Die dynamische Öldruckkontrolle

Der VW T4 ist mit einer dynamischen Öldruckkontrolle ausgerüstet. Das heißt, die Öldruckkontrolle erfolgt in Abhängigkeit von der Motordrehzahl.

Liegt die Motordrehzahl unter 2000/min und sinkt gleichzeitig der Öldruck unter 0,3 bar, so blinkt die Warnleuchte für Öldruck am Armaturenbrett. Bei einer Motordrehzahl über 2000/min muß der Öldruck mindestens 1,8 bar (Dieselmotor: 0,9 bar) betragen, sonst blinkt wiederum die Warnleuchte und der Summer ertönt.

Blinkt während der Fahrt die Öl-Warnleuchte und der Summer ertönt, so kann das folgende Ursachen haben:

1. Ölstand zu niedrig
2. Störung in der Elektrik von Schalter und Warnleuchte
3. Ölpumpe fördert nicht
4. Lager der Kurbelwelle defekt

Zunächst also sofort den Motor abstellen und den Ölstand kontrollieren, gegebenenfalls Öl nachfüllen. Anschließend Motor starten und im Leerlauf drehen lassen, die Warnleuchte darf nun nicht mehr blinken. Drehzahl auf über 2000/min erhöhen, Leuchte darf nicht blinken und der Summer darf nicht ertönen. Ist dies der Fall, kann die Fahrt fortgesetzt werden.

Ist der Ölstand jedoch in Ordnung und besteht am Ort keine weitere Prüf-Möglichkeit, keinesfalls weiterfahren, sondern Fahrzeug abschleppen lassen und Öldruck prüfen.

Bei ausreichendem Öldruck beide Öldruckschalter und die elektrischen Zuleitungen nach Schaltplan prüfen. Falls kein Fehler gefunden wurde, Öldruck-Kontrollrelais ersetzen.

Öldruckschalter/Öldruck überprüfen

Es sind 2 Öldruckschalter eingebaut, die bei unterschiedlichem Öldruck ansprechen. Der 0,3-bar-Öldruckschalter hat eine braune Isolierung; der 1,8-bar-Öldruckschalter ist an der weißen Isolierung erkennbar. Anstelle des 1,8-bar-Öldruckschalters besitzt der Dieselmotor einen 0,9-bar-Schalter mit grauer Isolierung.

4-Zylindermotor: Der 0,3-bar-Öldruckschalter befindet sich an der Stirnseite des Zylinderkopfes links im Motorraum. Der 1,8-(0,9-)bar-Öldruckschalter ist oben am Ölfilterhalter eingeschraubt.

5-Zylindermotor: Beide Öldruckschalter befinden sich auf der linken Seite des Motorblocks vor dem Ölmeßstab-Führungsrohr.

- Ölstand kontrollieren.
- Elektrische Leitungen für beide Öldruckschalter nach Stromlaufplan überprüfen.

0,3-bar-Öldruckschalter prüfen

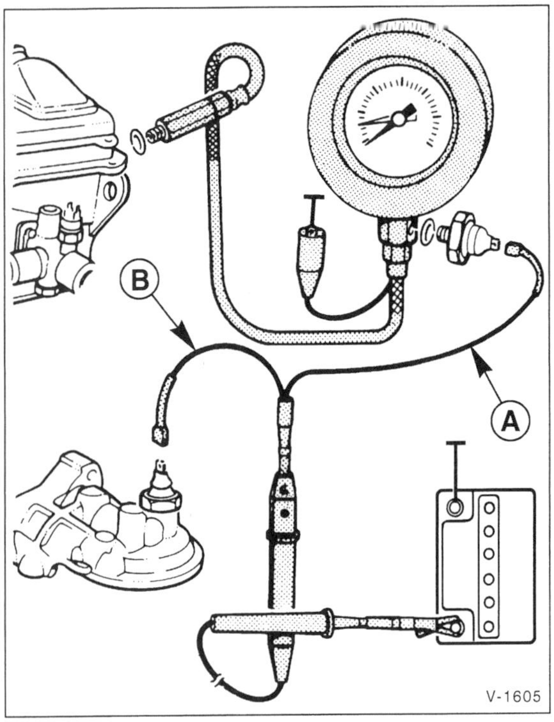

- 0,3 bar Öldruckschalter (braune Isolierung) ausbauen.
- Anstelle des Öldruckschalters geeignetes Manometer einschrauben.
- Falls das VW-Meßgerät verwendet wird, Öldruckschalter am Prüfgerät einschrauben.

Achtung: Die beschriebene Prüfung kann nur durchgeführt werden, wenn der Schalter am Manometer eingeschraubt werden kann. Ansonsten kann nur der 1,8-/0,9-bar-Schalter geprüft werden.

- Prüfgerät an Masse (–) anschließen.
- Spannungsmeßgerät (Multimeter oder Diodenprüflampe) mit Hilfsleitung zwischen 0,3 bar Öldruckschalter –A– und Pluspol der Batterie anschließen.
- Die Prüflampe oder Leuchtdiode muß aufleuchten.
- Motor starten und Drehzahl langsam erhöhen.
- Sobald das Manometer 0,15 – 0,45 bar anzeigt, darf keine Spannung mehr angezeigt werden; Prüflampe verlöscht. Andernfalls 0,3 bar Öldruckschalter ersetzen.

Achtung: Gegebenenfalls Schaltpunkt des Öldruckschalters bei Anlaßdrehzahl prüfen.

1,8-/1,4-/0,9-bar-Öldruckschalter

- Elektrische Leitung vom 1,8-/1,4-/0,9-bar Schalter (weiße/schwarze/graue Isolierung) abziehen.
- Spannungsmeßgerät (Multimeter oder Diodenprüflampe) mit Hilfsleitung zwischen 1,8-/1,4-/0,9-bar Öldruckschalter –B– und Pluspol der Batterie anlegen.
- Diodenprüflampe zwischen 1,8-/1,4-/0,9-bar-Schalter und Pluspol der Batterie anlegen.
- Die Prüflampe darf **nicht** aufleuchten.
- Drehzahl erhöhen, bis am Manometer der Prüfdruck angezeigt werden. Jetzt muß die Prüflampe aufleuchten, sonst Öldruckschalter ersetzen.

Öldruckschalter	Isolierung	Prüfdruck
0,9 bar	weiß	0,75 – 1,05 bar
1,4 bar	schwarz	1,2 – 1,6 bar
1,8 bar	grau	1,6 – 1,8 bar

Öldruck prüfen

- Drehzahl auf 2000/min erhöhen. Bei einer Öltemperatur von +80° C soll der Öldruck mindestens 2,0 bar (VR6-Motor AMV: 3,0 – 5,5 bar) betragen.
- Geringerer Öldruck weist auf verschlissene Kurbelwellenlager hin.
- Drehzahl weiter erhöhen. Der Öldruck darf dabei den Maximalwert **nicht** überschreiten. Andernfalls Ölpumpendeckel mit Überdruckventil ersetzen.

Motor	Maximaler Öldruck
4-/6-Zylinder	7,0 bar
5-Zylinder	5,3 – 6,3 bar

- Öldruckschalter mit Dichtring einsetzen und mit 25 Nm festziehen.

Der Ölfilter

6-Zylinder-Motor VR6

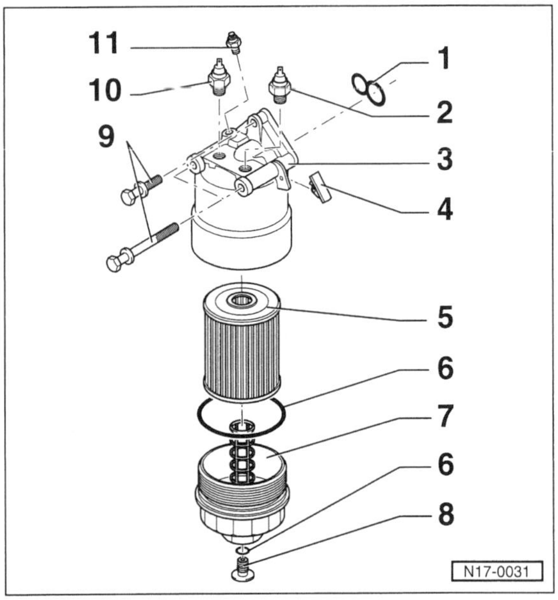

1 – Dichtung
2 – 0,3-bar-Öldruckschalter, 20 Nm
3 – Ölfilterhalter
4 – Anschlag
5 – Ölfiltereinsatz
Mit Kurzschlußventil; öffnet bei 2,0 bar. Vor Einbau in Ölfilter-Unterteil einclipsen.
6 – O-Ring
7 – Ölfilter-Unterteil, 30 Nm
8 – Ölablaßschraube, 10 Nm
9 – Schraube, 25 Nm
10 – 1,4-bar-Öldruckschalter, 25 Nm
11 – Öltemperaturgeber, 10 Nm

Ölwanne/Ölpumpe/Ölfilter

4-Zylindermotor

Abgebildet ist der Benzinmotor.

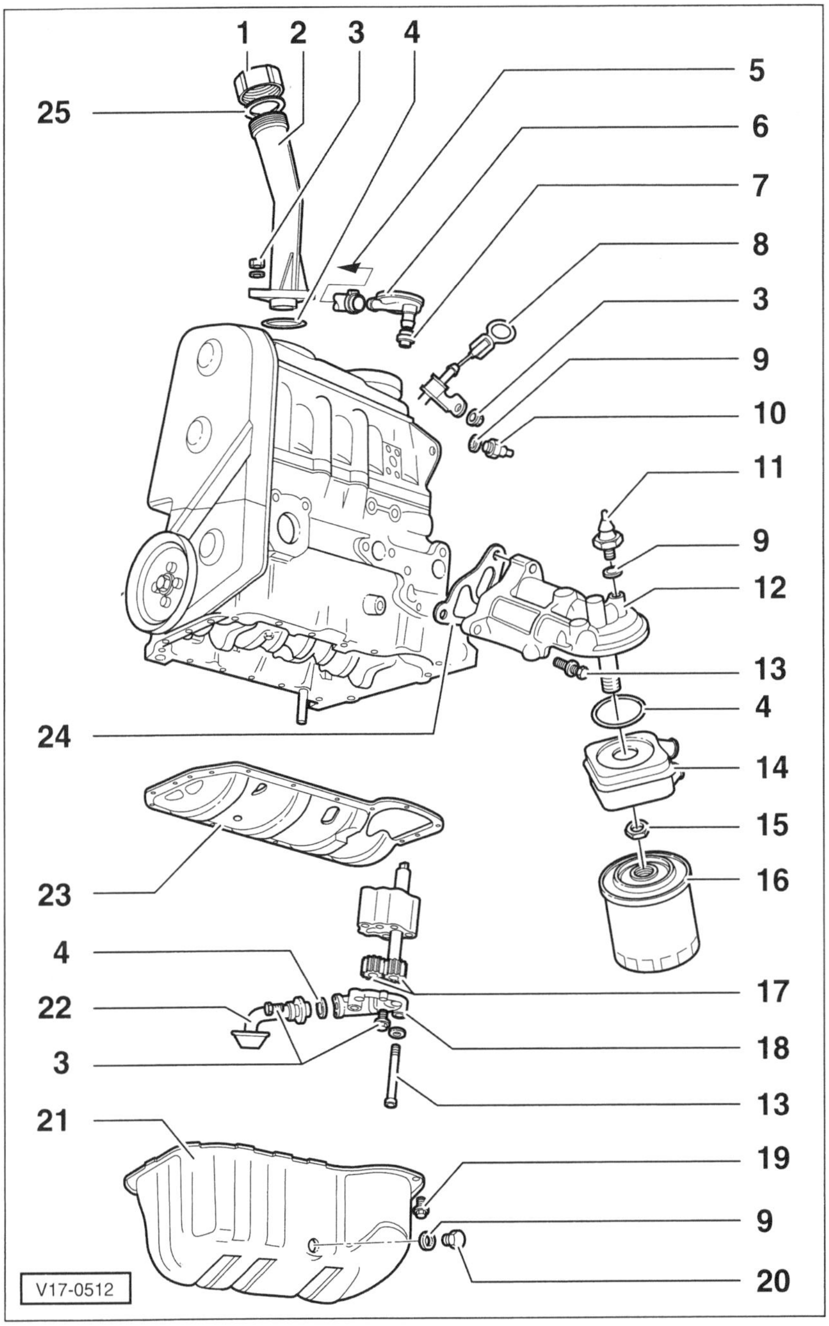

1 – **Verschlußdeckel**

2 – **Öleinfüllrohr**

3 – **Mutter, 10 Nm**

4 – **O-Ring**
Bei Beschädigung ersetzen.

5 – **zum Ansaugschlauch**

6 – **Druckregelventil**
Für Kurbelgehäuseentlüftung.

7 – **Dichtring**
Bei Beschädigung ersetzen.

8 – **Ölmeßstab**
Mengendifferenz zwischen Min.- und Max.-Markierung beträgt 1,5 Liter. Bei Ölstand über Max.-Markierung besteht die Gefahr von Katalysatorschäden.

9 – **Dichtring**
Immer ersetzen.

10 – **Öldruckschalter, 25 Nm**
0,3-bar: Isolierung = braun;
0,25-bar: Isolierung = blau.
Bei Undichtigkeit, Dichtring aufkneifen und ersetzen.

11 – **1,8-bar-Öldruckschalter, 25 Nm**
Isolierung = weiß, Leitung = gelb.
Der Dieselmotor besitzt stattdessen einen **0,9-bar-Öldruckschalter**, Isolierung = grau.
Bei Undichtigkeit, Dichtring aufkneifen und ersetzen.

12 – **Ölfilterhalter**
Mit Ölrücklaufsperre für hydraulische Tassenstößel.

13 – **Schraube, 20 Nm**

14 – **Ölkühler**
Beim Benziner bis 6/92.
Berührungsflächen zum Flansch außerhalb des Dichtrings mit VW-Dichtmittel AMV-18810002 einstreichen. Auf Freigang zu umliegenden Bauteilen achten.

15 – **Mutter,25 Nm**

16 – **Ölfilter**
Einbauhinweise auf dem Ölfilter beachten. Von Hand anziehen.

17 – **Zahnräder**

18 – **Ölpumpendeckel mit Überdruckventil**
Öffnungsdruck des Überdruckventils 5,7 – 6,7 bar Überdruck.

19 – **Schraube, 20 Nm**

20 – **Ölablaßschraube, 30 Nm**

21 – **Ölwanne**
Beim Dieselmotor die beiden hinteren Schrauben zum Getriebe mit Gelenkschlüssel VW-3185 aus- und einbauen.

22 – **Saugleitung**
Sieb bei Verschmutzung reinigen.

23 – **Schwallwand**

24 – **Dichtung**
Immer ersetzen.

25 – **Dichtung**
Bei Beschädigung ersetzen.

Ölwanne/Ölpumpe/Ölfilter

5-Zylinder-Benzinmotor

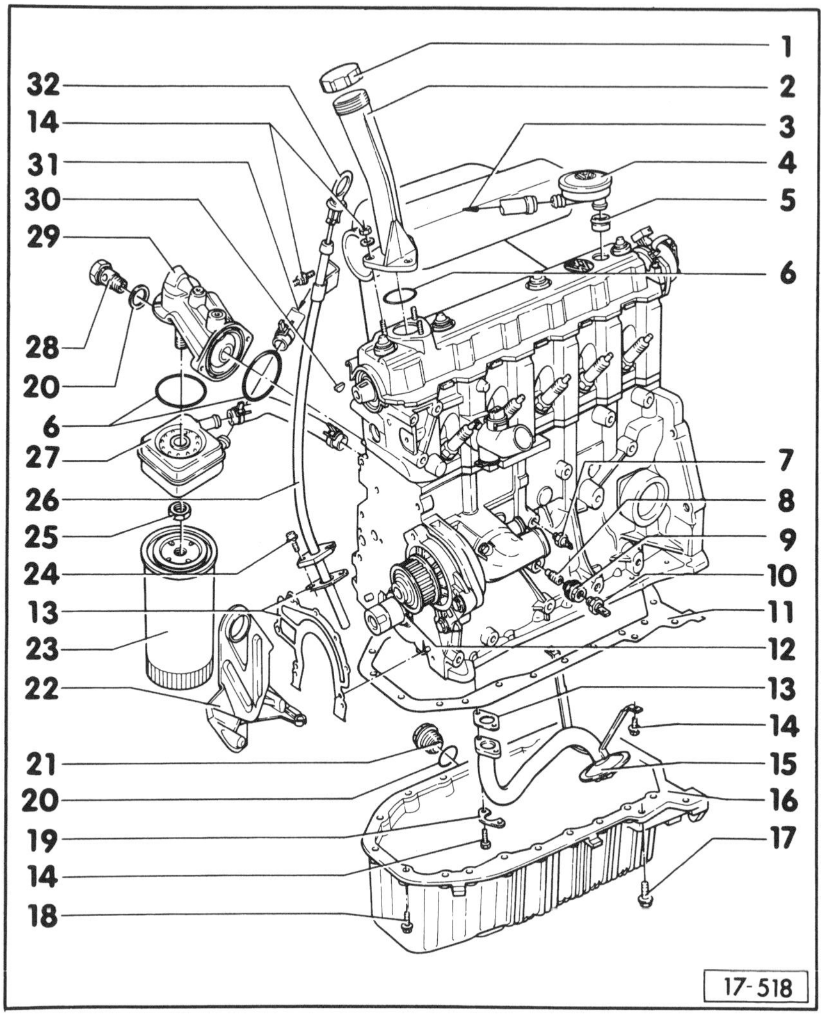

1 – **Verschlußdeckel**

2 – **Öleinfüllrohr**

3 – **zum Ansaugrohr**

4 – **Druckregelventil für Kurbelgehäuseentlüftung**

5 – **Dichtring**

6 – **O-Ring**

7 – **0,3-bar-Öldruckschalter, 25 Nm**

8 – **Öldruckhalteventil, 6 Nm**
Aus- und Einbauen mit handelsüblichem Innenvielzahn-Steckeinsatz SW 8. Mit VW-Sicherungsmittel D6 einsetzen.

9 – **Adapter, 50 Nm**

10 – **1,8-bar-Öldruckschalter, 25 Nm**
Der Dieselmotor besitzt stattdessen einen **0,9-bar-Öldruckschalter.**

11 – **Dichtung für Ölwanne**
Immer ersetzen. Nicht ankleben, auf richtige Lage achten.

12 – **Mitnehmer für Ölpumpe**
Mit 4 Antriebszapfen. Zum Abziehen aufsprengen. Neuen Mitnehmer vor dem Aufsetzen auf max. 200° C erwärmen.

13 – **Dichtung**

14 – **Mutter, 10 Nm**

15 – **Saugleitung**

16 – **Ölwanne**

17 – **Schraube, 20 Nm**
M8-Schrauben mit Sechskantkopf auf der Getriebeseite einbauen.

18 – **Schraube, 10 Nm**
M6-Schrauben mit Steckeinsatz 3249 aus- und einbauen. Bei eingebautem Schwungrad: Schwungrad so verdrehen, daß die Aussparung mit den Schrauben fluchtet.

19 – **Sicherungsblech**
Immer ersetzen.

20 – **Dichtring**
Immer ersetzen.

21 – **Ölablaßschraube, 50 Nm**

22 – **Ölfangschale**

23 – **Ölfilter**
Einbauhinweise auf dem Ölfilter beachten. Von Hand anziehen.

24 – **Schraube, 20 Nm**

25 – **Mutter, 25 Nm**

26 – **Führungsrohr für Ölmeßstab**

27 – **Ölkühler**
Berührungsflächen zum Flansch außerhalb des Dichtrings mit VW-Dichtmittel AMV-18810002 einstreichen. Auf Freigang zu umliegenden Bauteilen achten.

28 – **Verschlußschraube, 70 Nm**

29 – **Ölfilterhalter**
Mit Ölrücklaufsperre für hydraulische Tassenstößel. Einbaulage durch Paßstifte fixiert.

30 – **Scheibenfeder**

31 – **vom Kühlmittelrohr**

32 – **Ölmeßstab**
Mengendifferenz zwischen Min.- und Max.-Markierung beträgt 1,5 Liter. Bei Ölstand über Max.-Markierung besteht die Gefahr von Katalysatorschäden.

Störungsdiagnose Ölkreislauf

Störung	Ursache	Abhilfe
Kontrolleuchte blinkt nicht nach Einschalten der Zündung	0,3-bar-Öldruckschalter (braune Isolierung) defekt	■ Zündung einschalten, Leitung vom Öldruckschalter abziehen und gegen Masse halten. Wenn die Kontrolleuchte blinkt, Schalter ersetzen
	Strom zum Schalter unterbrochen, Kontakte korrodiert	■ Elektrische Leitung und Anschlüsse prüfen
	Kontrollampe defekt	■ Kontrollampe ersetzen
	Steuergerät defekt	■ Steuergerät ersetzen. Das Steuergerät sitzt im Schalttafeleinsatz
Kontrollicht verlischt nicht nach Anspringen des Motors	Öl sehr warm	■ Unbedenklich, wenn Kontrollicht beim Gasgeben verlischt
Kontrollicht verlischt nicht beim Gasgeben bzw. leuchtet während der Fahrt	Öldruck zu gering	■ Ölstand prüfen, ggf. auffüllen; Öldruck nach Vorschrift prüfen
	Elektrische Leitung zum 0,3-bar-Öldruckschalter hat Kurzschluß gegenüber Masse	■ Kabel am Schalter abziehen und isoliert ablegen (nicht gegen Masse legen), Zündung einschalten. Wenn die Kontrollampe aufleuchtet, Leitung überprüfen
	0,3-bar-Öldruckschalter defekt	■ Schalter auswechseln
Kontrolleuchte blinkt während der Fahrt, Summer ertönt	Öldruckschalter 1,8 bar (Benzinmotor), bzw. 0,9 bar (Dieselmotor) ist defekt	■ Öldruck prüfen, Öldruckschalter prüfen. Ist der Öldruck in Ordnung obwohl der Summer ertönt, kann für die Weiterfahrt kurzfristig die elektrische Leitung abgezogen und gegen Masse gelegt werden. Falls der Summer immer noch ertönt, Steuerrelais aus der Fassung ziehen. Öldruckschalter sowie Steuergerät sobald wie möglich prüfen, ggf. ersetzen.
Zu niedriger Öldruck im gesamten Drehzahlbereich	Zu wenig Öl im Motor	■ Motoröl nachfüllen
	Ansaugsieb in der Saugglocke verschmutzt	■ Ölwanne ausbauen, Ansaugsieb reinigen
	Ölpumpe verschlissen	■ Ölpumpe ausbauen und prüfen, gegebenenfalls ersetzen
	Lagerschaden	■ Motor demontieren
Zu niedriger Öldruck im unteren Drehzahlbereich	Öldruckregelventil klemmt in offenem Zustand durch Verschmutzung	■ Ventil ausbauen und prüfen
Zu hoher Öldruck bei Drehzahlen über 2000/min	Öldruckregelventil öffnet nicht wegen Verschmutzung	■ Ventil ausbauen und prüfen

Die Motor-Kühlung

Kühler/Lüfter

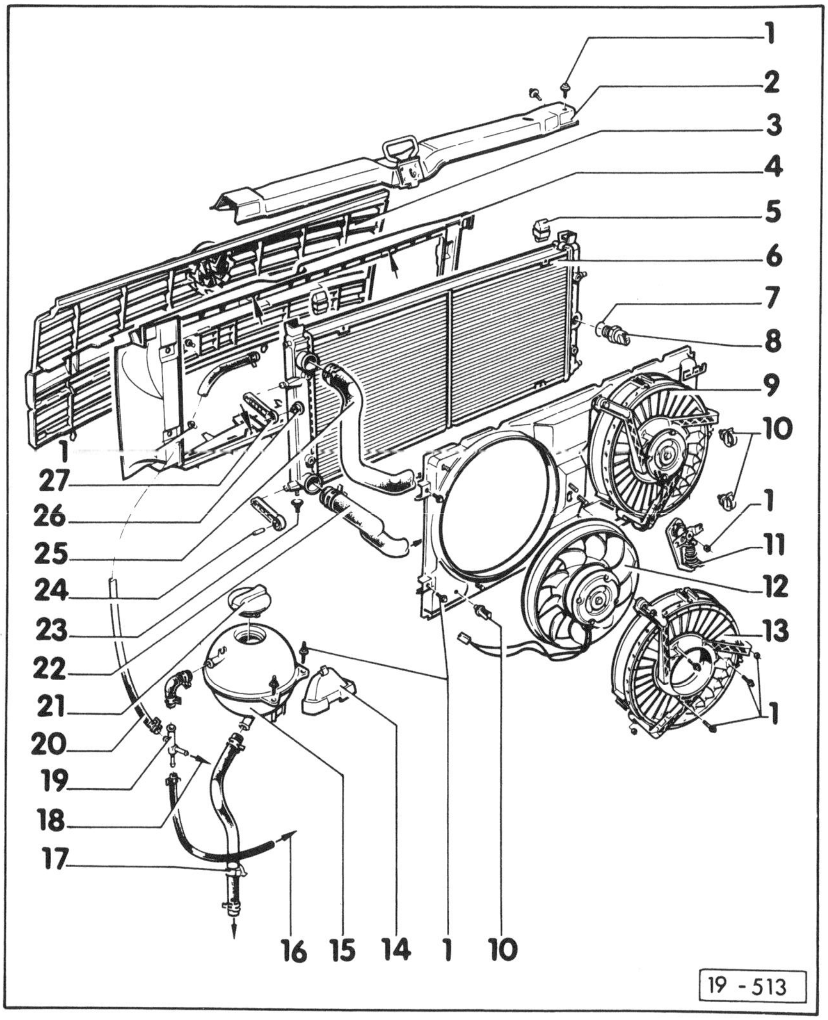

1 – **Schraube, 10 Nm**
2 – **Schloßträger**
3 – **Kühlergrill**
4 – **Luftführungshutze**
Befestigung am Kühler: senkrecht 4 Schrauben, waagerecht 4 Nieten oder 4 Schrauben –Pfeile–.
5 – **Befestigungsgummi**
6 – **Kühler**
Beim Einbau eines neuen Kühlers, Kühlmittel grundsätzlich ersetzen.
7 – **Dichtring**
8 – **Thermoschalter für Elektrolüfter, 25 Nm**
9 – **Kühlerhutze**
Mit angebautem Elektrolüfter und verstellbarem Absperring. Nur bei Fahrzeugen mit M-Ausstattung.
10 – **Kabelclip**
11 – **Verstelleinheit**
Nur bei Fahrzeugen mit M-Ausstattung. Prüfen: Bei kaltem Motor (Kühlmitteltemperatur unter +25° C) ist der Absperring –13– geschlossen.
12 – **Elektrolüfter**
13 – **Absperring**
Nur bei Fahrzeugen mit M-Ausstattung.
14 – **Abdeckung**
15 – **Ausgleichbehälter**
16 – **zum Zylinderkopf**
17 – **zum Kühlmittelrohr**
18 – **zum Wärmetauscher**
Nur bei Fahrzeugen mit M-Ausstattung.
19 – **T-Stück**
20 – **Kühlmittelentlüftungsschlauch**
Vom Kühler zum Ausgleichbehälter.
21 – **Verschlußdeckel**
22 – **Kühlmittelschlauch unten**
Zum Anschlußstutzen an der Kühlmittelpumpe.
23 – **Gummischeibe**
24 – **Stift**
25 – **Kühlmittelschlauch oben**
Vom Anschlußstutzen am Zylinderkopf.
26 – **Spreizclip**
27 – **Halter**

Der Kühlmittelkreislauf

Der Kühlmittelkreislauf wird thermostatisch geregelt. Solange der Motor kalt ist, zirkuliert das Kühlmittel nur im Zylinderkopf sowie im Motorblock und im Wärmetauscher. Mit zunehmender Erwärmung öffnet der Kühlmittelregler den großen Kühlmittelkreislauf. Das Kühlmittel wird von der ständig im Einsatz befindlichen Kühlmittelpumpe über den Kühler geleitet. Die Kühlflüssigkeit durchströmt den Kühler von oben nach unten und wird dabei durch die an den Kühlrippen vorbeistreichende Luft gekühlt.

Zur Verstärkung der Kühlluft besitzt der VW T4 zwei temperaturgesteuerte Lüfter. Angesteuert werden die Lüfter über einen 2stufigen Thermoschalter, der rechts am Wasserkasten des Kühlers eingeschraubt ist. Bei einer Kühlmitteltemperatur von 84 - 89° C schaltet der Thermoschalter die Lüfter in der ersten Stufe (halbe Drehzahl) ein. Steigt die Kühlmitteltemperatur auf 90 - 95° C werden die Lüfter auf volle Drehzahl geschaltet.

Der 4-Zylinder-Benzinmotor besitzt einen Elektrolüfter, dessen Motor über einen dünnen Keilrippenriemen ebenfalls den zweiten Lüfter antreibt. Damit der Lüfter in der 1. Stufe mit halber Geschwindigkeit läuft wird ein Vorwiderstand zwischengeschaltet.

Alle anderen Motoren sind mit 2 Elektrolüftern ausgestattet. Drei Schaltrelais, die rechts oben an der Kühlerverkleidung angebracht sind, regeln die Lüftergeschwindigkeit. Und zwar werden die Lüfter in Stufe 1 hintereinandergeschaltet wodurch sie mit halber Geschwindigkeit laufen. In Stufe 2 schalten die Relais die Lüfter parallel und damit auf volle Geschwindigkeit.

Je nach Motorisierung wird die Wirkung der Lüfter noch durch einen Absperr-Ring optimiert, dessen Kunststoff-Lamellen während der Kaltlaufphase geschlossen sind. Dadurch kann sich der Motor schneller aufwärmen. Beim Erreichen der Betriebstemperatur öffnen sich die Lamellen automatisch indem sich das hinten am Kühler montierte Thermostat gegen die Kraft einer Feder ausdehnt.

Durch die nicht immer mitlaufenden Lüfter erhöht sich die nutzbare Motorleistung bei geringerem Kraftstoffverbrauch.

Achtung: Die Elektrolüfter können sich auch bei ausgeschalteter Zündung einschalten. Durch Stauwärme im Motorraum ist auch **mehrmaliges Einschalten möglich.**

Anschlußplan für Kühlmittelschläuche

Dieselmotor

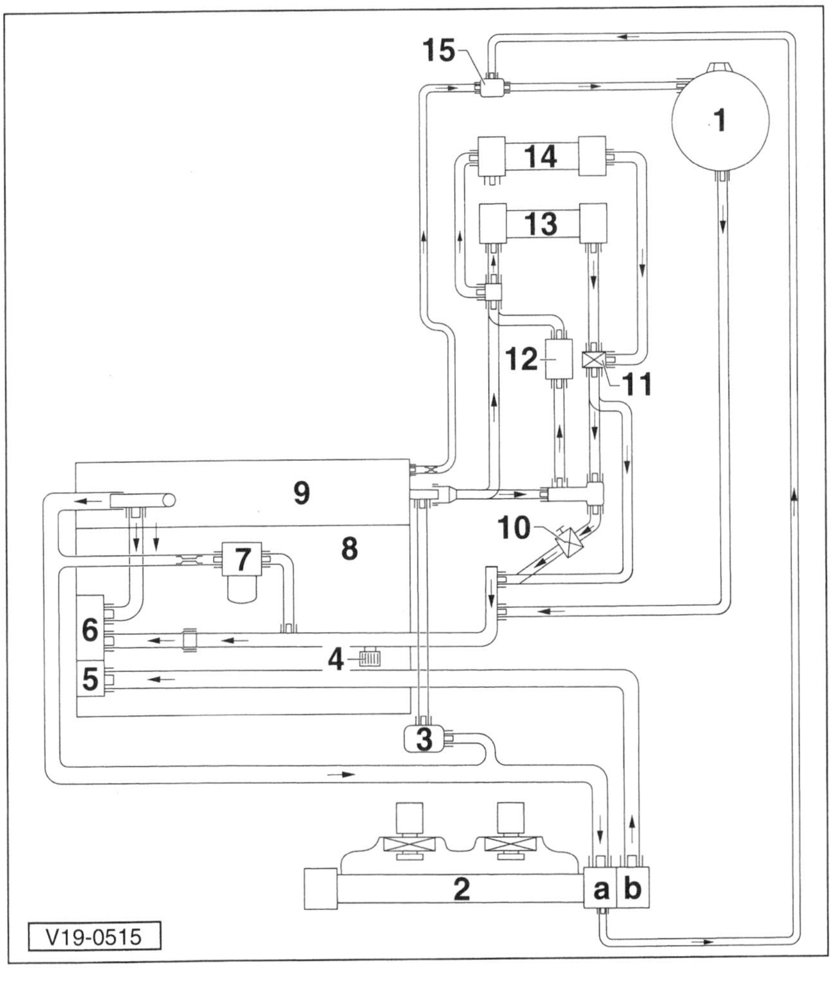

1 – **Ausgleichbehälter**
2 – **Kühler**
a = oben
b = unten
3 – **Kühlmittelumlaufpumpe**
4 – **Ablaßschraube, 10 Nm**
5 – **Kühlmittelregler**
6 – **Kühlmittelpumpe**
7 – **Ölkühler**
8 – **Motorblock**
9 – **Zylinderkopf**
10 – **Magnetventil**
M-Ausstattung
11 – **Heizungsventil**
12 – **Zusatzheizung**
M-Ausstattung
13 – **1. Wärmetauscher**
14 – **2. Wärmetauscher**
M-Ausstattung
15 – **T-Stück**

Kühlmittelpumpe, Kühlmittelregler, Ölkühler

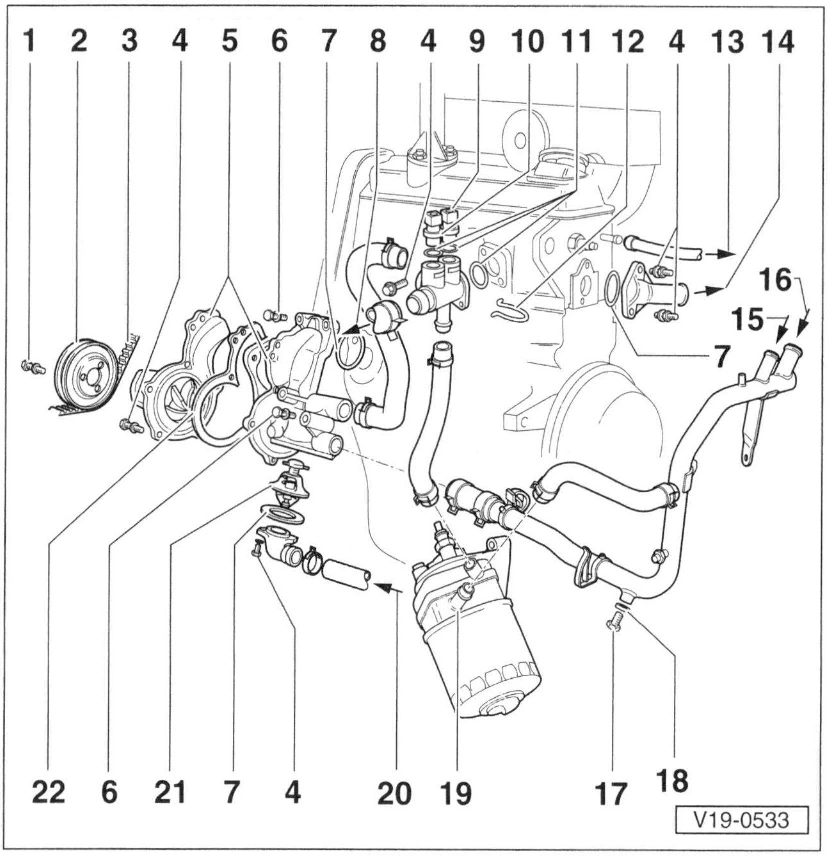

1 – **Schraube, 20 Nm**
Motor **AAC:**
Schraube mit Bund: **25 Nm;**
Schraube ohne Bund: **20 Nm.**
2 – **Riemenscheibe**
3 – **Keilriemen für Kühlmittelpumpe und Generator**
4 – **Schraube, 10 Nm**
5 – **Kühlmittelpumpe**
Auf leichten Lauf der Welle prüfen.
6 – **Schraube, 20 Nm**
7 – **O-Ring**
8 – **Kühlmittelschlauch oben**
9 – **Geber für Kühlmitteltemperatur**
2-polig.
10 – **Thermoschalter/Geber**
4-polig.
11 – **O-Ring**
12 – **Halteklammer**
13 – **zum T-Stück am Ausgleichbehälter**
14 – **zum Wärmetauscher**
15 – **vom T-Stück am Ausgleichbehälter**
16 – **vom Wärmetauscher**
17 – **Ablaßschraube, 10 Nm**
18 – **Dichtring**
19 – **Ölkühler**
20 – **Kühlmittelschlauch unten**
21 – **Kühlmittelregler**
22 – **Dichtung**

Kühler- Frostschutzmittel

Die Kühlanlage wird ganzjährig mit einer Mischung aus Wasser und Kühlerfrost- und Korrosions-Schutzmittel befüllt. Dies verhindert Frost- und Korrosionsschäden, Kalkansatz und hebt außerdem die Siedetemperatur des Kühlmittels an. Im Kühlkreislauf entsteht durch die Ausdehnung der Flüssigkeit bei Erwärmung ein Überdruck, was ebenfalls zur Siedepunkterhöhung der Kühlflüssigkeit beiträgt. Der Druck wird durch ein Ventil im Verschlußdeckel am Ausgleichbehälter begrenzt, das bei 1,2 - 1,5 bar öffnet. Erforderlich ist der höhere Siedepunkt der Kühlflüssigkeit für ein einwandfreies Funktionieren der Motor-Kühlung. Bei zu niedrigem Siedepunkt der Flüssigkeit kann es zu einem Hitzestau kommen, wodurch der Kühlkreislauf behindert und die Kühlung des Motors vermindert wird. Deshalb muß das Kühlsystem unbedingt ganzjährig mit einer Kühlkonzentrat-Mischung gefüllt sein.

Nur VW-Kühlerfrost- und Korrosionsschutzmittel »**G12 Plus**« oder ein Frostschutzmittel gemäß »TL VW 774**F**« verwenden. »**G12 Plus**« ist an der lila Färbung erkennbar. Es **kann** mit den bisherigen Frostschutzmitteln »**G12 rot**« und »**G11 grün**« gemischt werden. **Hinweis:** Die Kühlmittelzusätze »**G11 grün**« und »**G12 rot**« **dürfen nicht vermischt** werden, sonst kommt es zu schwerwiegenden Motorschäden. Braunes Kühlmittel (»G11 grün« und »G12 rot« vermischt) sofort wechseln.

Hinweis: Wurde versehentlich ein falscher Kühlmittelzusatz eingefüllt (braune Kühlflüssigkeit), Kühlsystem durchspülen. Dazu Kühlsystem entleeren, dann mit reinem Wasser auffüllen. Motor 2 Minuten laufen lassen. Wasser wieder ablassen und anschließend mit Druckluft in den Ausgleichbehälter blasen, damit das Kühlsystem vollständig entleert wird. Ablaßöffnung schließen und neue Wasser/G12-Mischung einfüllen.

Achtung: Zum Nachfüllen – auch in der warmen Jahreszeit – nur eine Mischung aus VW-Kühlerfrost- und Korrosionsschutzmittel »G12« (Farbe rot/lila) und kalkarmem, sauberem Wasser verwenden. Auch im Sommer darf der Kühlerfrostschutzanteil im Kühlmittel nicht unter 40 % liegen. Daher beim Nachfüllen auch den Frostschutz ergänzen.

Kühlmittel-Mischungsverhältnis in Litern

Der Frostschutz sollte in unseren Breiten bis –25° C reichen.

Motor	**Frostschutz**				**Füll-menge**
	bis –25° C		bis –35° C		
	G11/ G12	Was-ser	G11/ G12	Was-ser	
Alle Motoren	3,6	5,4	4,5	4,5	9,0
6-Zylinder mit 2 Wärmetauschern	4,3	6,5	5,4	5,4	10,8
6-Zylinder mit 2 Wärmetauschern und Zusatz-Wasserheizung	4,6	6,8	5,7	5,7	11,4

Bei automat. Getriebe erhöht sich die Füllmenge um 0,2 l.

Achtung: Bei Arbeiten am Kühlsystem unbedingt darauf achten, daß kein Kühlmittel auf den Zahnriemen gelangt. Der Glykolanteil des Kühlmittels kann das Gewebe des Zahnriemens so schädigen, daß der Riemen nach einiger Betriebszeit reißt, wodurch schwerwiegende Motorschäden auftreten können.

Kühlmittel wechseln

Das Kühlmittel muß nur nach Reparaturen am Kühlsystem erneuert werden, wenn dabei das Kühlmittel abgelassen wurde. Ein Wechsel im Rahmen der Wartung ist nicht vorgesehen. Falls bei Reparaturen der Zylinderkopf, die Zylinderkopfdichtung, der Kühler, der Wärmetauscher oder der Motor ersetzt wurden, muß die Kühlflüssigkeit auf jeden Fall ersetzt werden. Das ist erforderlich, weil sich die Korrosionsschutzanteile in der Einlaufphase an den neuen Leichtmetallteilen absetzen und somit eine dauerhafte Korrosionsschutzschicht bilden. Bei gebrauchter Kühlflüssigkeit ist der Korrosionsschutzanteil in der Regel nicht mehr groß genug, um eine ausreichende Schutzschicht an den neuen Teilen zu bilden.

Achtung: Kühlflüssigkeit ist leicht giftig und sollte nicht einfach weggeschüttet werden. Daher bei der örtlichen Kommunalverwaltung anfragen, wo sich die nächste Sondermüll-Sammelstelle befindet beziehungsweise wie die Kühlflüssigkeit entsorgt werden soll.

Ablassen

- Heizung auf »warm« stellen, dazu Schieberegler im Innenraum ganz nach rechts schieben.
- Fahrzeug aufbocken.
- Untere Motorraumabdeckung ausbauen, siehe Seite 17.
- Verschlußdeckel am Ausgleichbehälter öffnen.

Achtung: Bei heißem Motor vor dem Öffnen des Deckels einen dicken Lappen auflegen, um Verbrühungen durch heiße Kühlflüssigkeit oder Dampf zu vermeiden. Deckel nur bei Kühlmitteltemperaturen unter +90° C abnehmen.

- Sauberes Auffanggefäß unter Motor oder Kühler stellen.

4-Zylindermotor

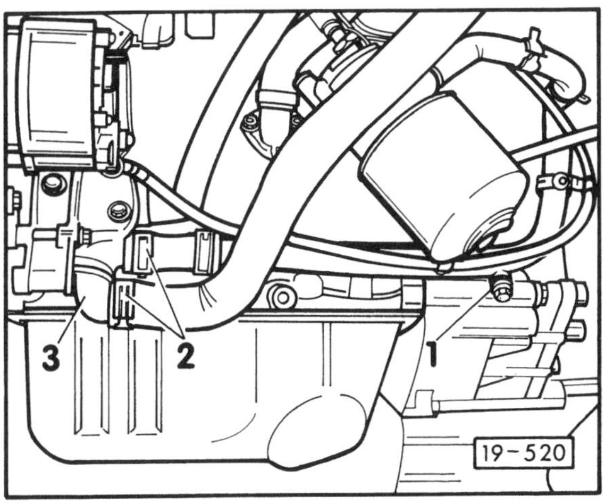

5-Zylinder-Benzinmotor

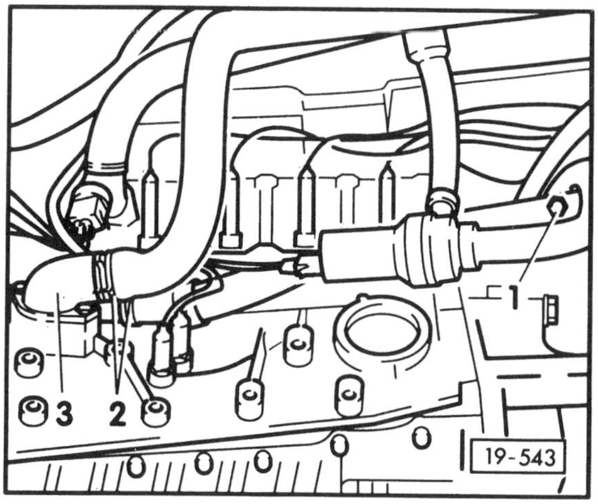

- Das Kühlmittel kann an verschiedenen Stellen abgelassen werden.
  1. Ablaßschraube –1– herausdrehen und Kühlmittelschläuche –2– abziehen.
  2. Flansch –3– für Kühlmittelregler abschrauben.
- **5-Zylinder-Dieselmotor:** Kühlmittel über Ablaßschraube am Verbindungsrohr Ausgleichbehälter/Kühlmittelreglergehäuse ablassen. Danach Kühlmittelregler ausbauen.
- Kühlmittel vollständig ablassen.

Auffüllen

- Ablaßschraube festziehen, Kühlmittelschläuche aufschieben, Schellen festziehen. Kühlmittelregler einbauen. Flansch für Kühlmittelregler anschrauben.
- Untere Motorraumabdeckung einbauen, siehe Seite 17.
- Fahrzeug ablassen.
- Kühlmittel langsam bis zur MAX-Markierung am Ausgleichbehälter auffüllen.

Achtung: Falls im oberen Heizungsschlauch eine Entlüftungsschraube vorhanden ist, Schraube öffnen. Kühlmittel auffüllen bis es an der Entlüftungsschraube austritt, dann Schraube verschließen. Gegebenenfalls Kühlmittel weiter auffüllen (bis zur MAX-Markierung).

- Ausgleichbehälter verschließen.
- Heizung und Klimaanlage ausschalten.
- Motor starten und mit erhöhter Drehzahl von ca. 2000/min etwa 3 Minuten lang laufen lassen. Dabei Kühlmittel bis zur Überlaufbohrung am Ausgleichbehälter auffüllen. Anschließend Motor im Leerlauf weiterlaufen lassen, bis der untere Kühlerschlauch heiß wird.
- Motor abstellen.
- Kühlmittelstand prüfen und gegebenenfalls bis etwas über die MAX-Markierung ergänzen. Bei betriebswarmem Motor muß der Kühlmittelstand an der MAX-Markierung, bei kaltem Motor zwischen der MAX- und der MIN-Markierung liegen.

Kühlmittelregler aus- und einbauen/prüfen

Ausbau

Achtung: Die Bezeichnungen für die Bauteile beziehen sich auf das Kühlsystem des 4-Zylindermotors, siehe Abbildung V19-0533. Der Aus- und Einbau für die 5-Zylindermotoren erfolgt analog.

- Geeignetes Gefäß unter den Kühlmittel-Anschlußstutzen stellen.
- Anschlußstutzen für Kühlmittelregler –21– abschrauben –4–, Kühlmittel ablassen und auffangen.
- Dichtring –7– herausnehmen.
- Kühlmittelregler –21– herausnehmen.

Prüfen

- Maß –a– am Regler messen, siehe Abbildung SX-1802.

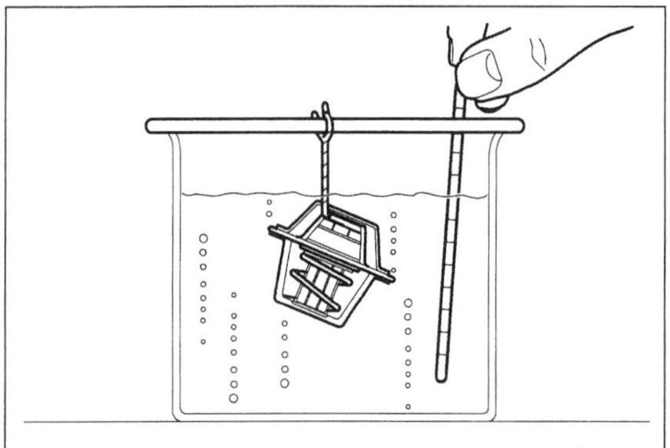

SX-1801

- Regler im Wasserbad erwärmen. Dabei darf der Thermostat nicht die Wände des Behälters berühren.
- Temperatur mit einem Thermometer kontrollieren. Regler-Öffnungsbeginn bei ca. +87° C, Ende ca. +102° C.

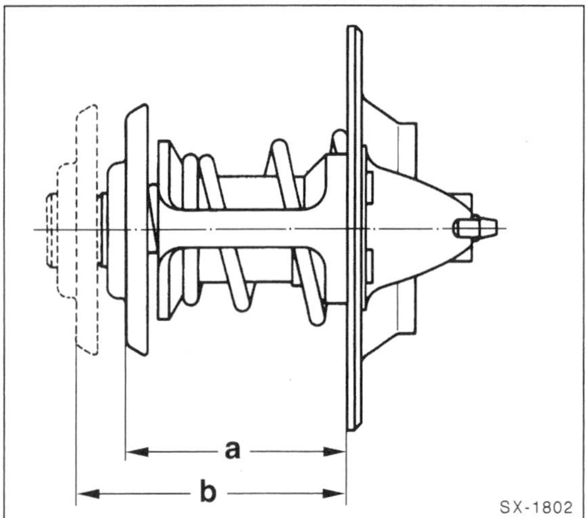

SX-1802

- Nach Erhitzen des Reglers auf ca. +100° C muß das Maß –b– gegenüber Maß –a– um mindestens 7 mm größer sein.

Einbau

- Kühlmittelregler einsetzen.
- Anschlußstutzen mit neuem Dichtring anschrauben.
- Kühlflüssigkeit auffüllen.
- Motor laufen lassen, bis der Kühlmittelregler öffnet.
- Deckel-Dichtung und Kühlmittelschlauch auf Dichtigkeit sichtprüfen.

Kühlmittelpumpe aus- und einbauen

4-Zylindermotor

Ausbau

- Kühlmittel ablassen.
- Kühlmittelregler ausbauen.
- Schrauben für Keilriemenscheibe lösen, dazu Keilriemen eindrücken und festhalten.
- Keilriemen ausbauen, siehe Seite 53.
- Schellen für Kühlmittelschläuche am Kühlmittelpumpengehäuse lösen.
- Kühlmittelschläuche abziehen.
- Befestigungsschrauben herausdrehen und Pumpe abnehmen.
- Welle der Kühlmittelpumpe drehen und auf leichten Lauf prüfen.
- Bei Beschädigung sowie Undichtigkeiten am Pumpenlager, Kühlmittelpumpe komplett ersetzen.

Einbau

- Kühlmittelpumpe mit **neuem** Dichtring ansetzen und mit **20 Nm** anschrauben.

Achtung: Wurde nur die Papierdichtung oder das Lagergehäuse mit Pumpenrad ersetzt, Lagergehäuse mit **10 Nm** anschrauben. Dabei Schrauben auf keinen Fall zu stark anziehen.

- Kühlmittelregler einbauen.
- Kühlmittelschläuche aufschieben und Schellen festziehen.
- Keilriemenscheibe anschrauben.
- Keilriemen montieren, siehe Seite 53.
- Kühlflüssigkeit auffüllen.
- Nach Probefahrt: Kühlmittelschläuche und Kühlmittelpumpe auf Dichtheit sichtprüfen.

Ausbau 5-Zylinder-Motor

Die Kühlmittelpumpe befindet sich vorn im Motorblock und wird durch den Zahnriemen angetrieben.

- Kühlmittel ablassen, siehe Seite 77.
- Zahnriemen ausbauen, siehe Seite 38/47.
- Kühlmittelpumpe abschrauben und herausnehmen.

Einbau

- Dichtring ersetzen, Kühlmittelpumpe anschrauben, Schrauben mit **20 Nm** festziehen.
- Zahnriemen einbauen, siehe Seite 38/47.
- Kühlflüssigkeit auffüllen.
- Nach Probefahrt: Dichtigkeit der Kühlmittelpumpe prüfen.

Kühler aus- und einbauen

Ausbau

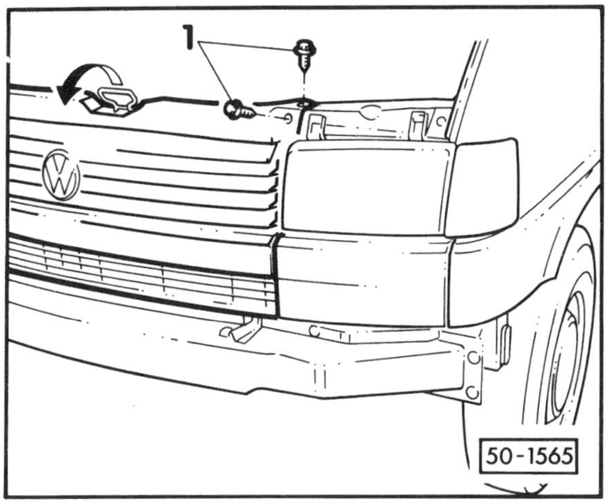

- Kühler vorklappen. Dazu die Befestigungsschrauben –1– links und rechts herausschrauben.
- Kühler und Schloßträger nach vorn herausklappen –Pfeil–.
- Stecker vom Thermoschalter abziehen. Der Thermoschalter befindet sich rechts am Kühler etwa auf halber Höhe.
- 4-Zylinder-Dieselmotor sowie 5-Zylinder-Diesel und -Benziner: Steckverbindungen für die beiden Lüftermotoren trennen.
- 4-Zylinder-Benzinmotor: Stecker vom Lüftermotor abziehen.
- Untere Motorraumabdeckung ausbauen.
- Kühlmittel ablassen und auffangen.
- Kühlmittelschlauch oben und unten vom Kühler abnehmen, vorher Schlauchschellen lösen.

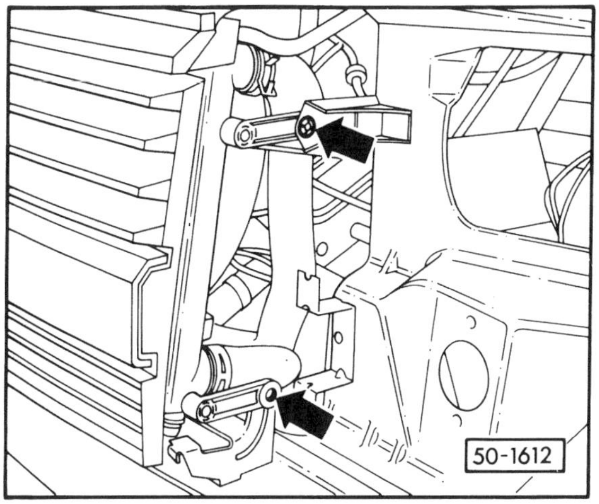

- Stifte aus den Spreizclips –Pfeile– rechts und links heraustreiben und Spreizclips aus den Kühlerhaltern ausclipsen.
- Falls vorhanden, Schläuche für Servolenkung vom Kühler abbauen. **Achtung:** Hydraulikkreislauf nicht öffnen.
- Kühler mit Lüfter herausheben.

Einbau

- Verschlissene Befestigungsgummis, Gummischeiben, Clips und Stifte ersetzen.
- Kühler mit Lüfter von vorn einsetzen.
- Spreizclips einsetzen und mit Stiften sichern.
- Falls vorhanden, Schläuche für Servolenkung am Kühler anbauen.
- Kühlmittelschläuche unten und oben aufschieben und mit Schellen sichern.
- Elektrische Leitungen für Thermoschalter und Kühlerlüfter aufstecken beziehungsweise verbinden.
- Kühlmittel auffüllen.

Achtung: Wurden Kühler, Kühlmittelpumpe oder Zylinderkopf erneuert, muß das gesamte Kühlmittel erneuert werden.

- Nach Probefahrt sämtliche Anschlüsse Kühler/Kühlmittelschlauch auf Dichtigkeit überprüfen.

Kühlsystem prüfen

Undichtigkeiten im Kühlsystem und die Funktion des Überdruckventils im Kühler-Verschluß können mit dem Prüfgerät VW 1274 und 1274/1A überprüft werden.

- Prüfgerät auf den Einfüllstutzen am Ausgleichbehälter aufsetzen. Mit der Handpumpe des Gerätes einen Überdruck von ca. 1,0 bar erzeugen und halten. Fällt der Druck ab, Kühlsystem auf Undichtigkeit sichtprüfen und Leckstelle beseitigen.
- Zum Überprüfen des Überdruckventils im Verschlußdeckel des Ausgleichbehälters Prüfgerät auf Verschlußdeckel aufsetzen. Überdruck mit der Handpumpe erzeugen. Bei einem Überdruck von 1,2–1,5 bar muß das Überdruckventil öffnen.

Thermoschalter für Elektrolüfter prüfen

Der Thermoschalter ist zu prüfen, wenn bei heißem Motor die Lüfter nicht einschalten. Prüfvoraussetzung: Kühlmittelregler, Kühler und Verschlußdeckel für Kühlsystem sind in Ordnung.

Der Thermoschalter für die Elektrolüfter sitzt rechts auf halber Höhe am Kühler, siehe Position –8– in Abbildung 19-513. Der Thermoschalter hat zwei Schaltstufen. Bei erhöhter Temperatur schaltet er die Lüfter auf eine höhere Geschwindigkeit.

- Sicherung Nr. 19 prüfen, gegebenenfalls ersetzen.

Schaltstufe	Kabelfarbe	Schalttemperatur	
		Ein	Aus
1	rot/schwarz	84 – 89° C	76 – 83° C
2	schwarz/rot	90 – 95° C	82 – 89° C
+ (Plus)	rot	–	–

- Prüfen, ob der Kühler im Bereich des Thermoschalters überhaupt heiß wird.
- Stecker vom Thermoschalter abziehen. Am Kabelstecker der Zuleitung zuerst Klemme + (plus) mit Klemme 1 (rot/schwarzes Kabel) verbinden, Lüfter müssen in langsamer Geschwindigkeit laufen. Dann Klemme + mit Klemme 2 (rot/weißes Kabel) verbinden, die Lüfter müssen mit schneller Geschwindigkeit laufen. Wenn die Elektrolüfter jetzt beidesmal anlaufen, Thermoschalter ersetzen.
- Wenn die Lüfter nicht anlaufen, beziehungsweise wenn die Lüfter nur in einer Geschwindigkeit laufen, elektrische Leitungen gemäß Stromlaufplan prüfen. Anschlüsse auf guten Kontakt und festen Sitz kontrollieren, Schaltrelais prüfen, gegebenenfalls ersetzen.
- Anzugsdrehmoment für Thermoschalter: **25 Nm**.
- Neuen Thermoschalter auf Funktion überprüfen. Motor warmfahren und so lange im Leerlauf laufen lassen, bis die Lüfter für Kühlmittel einschalten.

Thermoschalter für Kühlmittelumlauf prüfen

- Zündung aus- und einschalten.

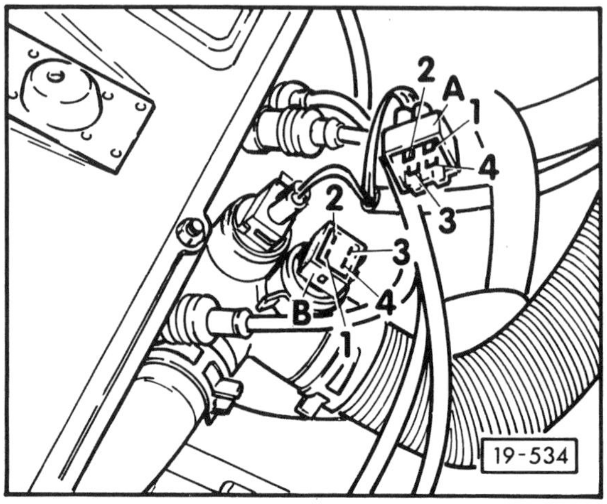

- Anschlußstecker –A– abziehen.
- Kontakte –1– und –2– mit Hilfskabel überbrücken.
- Bei Fahrzeugen **ohne** Pumpe für Kühlmittelumlauf muß der Elektrolüfter anlaufen. Bei Fahrzeugen **mit** Pumpe für Kühlmittelumlauf muß die Pumpe anlaufen. Die Kühlmittelumlaufpumpe befindet sich beispielsweise beim 4-Zylinder-Benzinmotor unterhalb des linken Lüfters.

Achtung: Da das Zeit-Relais durch das Ein- und Ausschalten der Zündung immer nur für 10 bis 12 Minuten betriebsbereit ist, muß in dieser Zeit die Prüfung durchgeführt werden.

- Läuft der Elektrolüfter **nicht**, Leitungsunterbrechung nach Stromlaufplan ermitteln und beseitigen beziehungsweise Zeit-Relais ersetzen.
- Zündung ausschalten.

Widerstand prüfen

- Ohmmeter an die Kontakte –1– und –2– des Thermoschalters –B– anschließen.
  Sollwerte: **unter** ca. +103° C = ∞ Ω
  über ca. +104° C = 0 Ω
- Werden die Sollwerte **nicht** erreicht, Thermoschalter für Kühlmittelumlauf ersetzen.

Störungsdiagnose Motorkühlung

Störung: Die Kühlmitteltemperatur ist zu hoch, Warnleuchte blinkt bei heißem Motor

Ursache	Abhilfe
Zu wenig Kühlmittel im Kreislauf	■ Ausgleichbehälter muß bis zur Markierung voll sein. Kühlsystem auf Dichtheit prüfen
Kühlmittelregler öffnet nicht	■ Prüfen, ob oberer Kühlmittelschlauch am Kühler warm wird. Wenn nicht, Regler prüfen ggf. ersetzen
Kühlmittelpumpe defekt	■ Kühlmittelpumpe ausbauen und überprüfen
Geber für Kühlmitteltemperaturanzeige defekt	■ Geber überprüfen
Kühlmitteltemperaturanzeige defekt	■ Anzeigegerät überprüfen lassen
Ausgleichbehälter-Verschlußdeckel defekt	■ Druckprüfung durchführen lassen (Werkstattarbeit)
Keilriemenspannung für Kühlmittelpumpe zu gering	■ Spannung prüfen und einstellen
Kühlerlamellen verschmutzt	■ Kühler von der Motorseite her mit Preßluft durchblasen
Kühler innen durch Kalkablagerungen oder Rost zugesetzt. Kühler wird nur im oberen Teil warm, unterer Kühlmittelschlauch vom Kühler wird nicht warm	■ Kühler erneuern
Elektrolüfter läuft nicht an	■ Elektrische Anschlüsse am Thermoschalter und am Lüftermotor auf festen Sitz und guten Kontakt prüfen. ■ Thermoschalter prüfen ■ Elektrische Leitungen gemäß Stromlaufplan prüfen, ggf. Lüftermotor ersetzen
Thermoschalter/Pumpe für Kühlmittelumlauf defekt	■ Thermoschalter für Kühlmittelumlauf prüfen

Die Kraftstoffanlage

Zur Kraftstoffanlage gehören der Kraftstoffbehälter mit Aktivkohlebehälter, die Kraftstoffleitungen, der Kraftstoff-Filter, die Kraftstoffpumpe und die Einspritzanlage mit Luftfilter.

Der Kraftstoffbehälter ist am Fahrzeugunterboden auf Höhe der vorderen Sitze angeordnet. Der jeweilige Kraftstoffvorrat wird dem Fahrer durch eine Kraftstoffvorratsanzeige angezeigt. Über ein Entlüftungssystem wird der Tank entlüftet.

Folgende Sicherheitsmaßnahmen unbedingt beachten:

- Kein offenes Feuer oder Funkenbildung in der Nähe des Arbeitsplatzes! Nicht rauchen!
- Für gute Belüftung des Arbeitsplatzes sorgen. Kraftstoffdämpfe sind giftig und sehr leicht entflammbar!
- Bindemittel bereithalten, um ausgelaufenen Kraftstoff aufzusaugen.
- Kraftstoffbehälter nur ausbauen, wenn eine geeignete Pumpe zum Absaugen des Kraftstoffs vorhanden ist. Kraftstoff nicht über einen Schlauch mit dem Mund absaugen.

Sauberkeitsregeln bei Arbeiten an der Kraftstoffversorgung

Bei Arbeiten an der Kraftstoffversorgung sind die folgenden Regeln zur Sauberkeit sorgfältig zu beachten:

- Verbindungsstellen und deren Umgebung vor dem Lösen gründlich reinigen.
- Ausgebaute Teile auf einer sauberen Unterlage ablegen und abdecken. Folien oder Papier verwenden. Keine fasernden Lappen benutzen!
- Geöffnete Bauteile sorgfältig abdecken bzw. verschließen, wenn die Reparatur nicht umgehend ausgeführt wird.
- Nur saubere Teile einbauen.
- Ersatzteile erst unmittelbar vor dem Einbau aus der Verpackung nehmen.
- Keine Teile verwenden, die unverpackt (z. B. in Werkzeugkästen usw.) aufgehoben wurden.
- Bei geöffneter Kraftstoff-Anlage möglichst nicht mit Druckluft arbeiten. Das Fahrzeug möglichst nicht bewegen.

Fernbedienung herstellen/anschließen

Die Fernbedienung wird für Arbeiten benötigt, bei denen die elektrische Kraftstoffpumpe Kraftstoff fördern soll, ohne daß der Motor läuft.

Folgende Bauteile werden benötigt:
1 Druckkontaktschalter.
1 Krokodilklemme (ausreichend groß für Batteriepol).
1 „Fliegende Sicherung:" Gehäuse und 8-Ampere-Sicherung.
1 geeigneter Flachstecker, der in einen Sicherungssockel im Sicherungskasten, seitlich am Armaturenbrett eingesteckt werden kann.
1 doppeladriges Kabel mit je 1,5 mm^2 Querschnitt und ca. 5 m Länge.

Achtung: Vor dem Anschließen der Fernbedienung Sicherung Nr. 18 im Sicherungskasten prüfen.

- Ablagefach vor der Relaisplatte herausziehen.

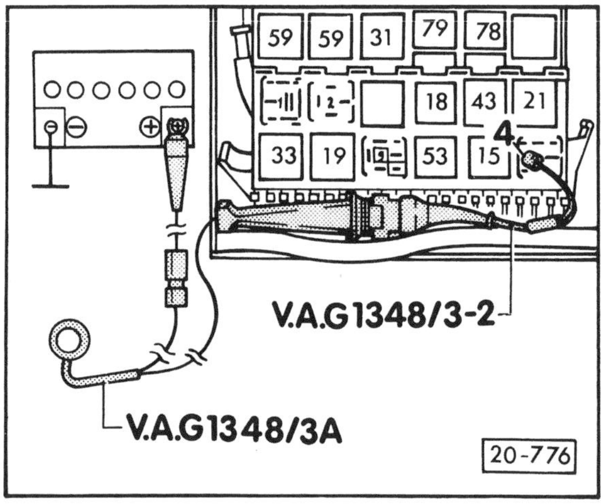

- Kraftstoffpumpen-Relais aus der Relaisplatte (Relaisplatz Nr. 12) herausziehen.
- Fernbedienung V.A.G 1348/3A mit Adapter V.A.G 1348/3-2 mit dem Flachstecker am Kontakt 4 von Relaisplatz 12 einstecken.
- Fernbedienung mit der Krokodilklemme an den Batterie-Pluspol (+) anschließen.

Kraftstoffpumpe prüfen

Die Kraftstoffpumpe befindet sich im Tank.

Prüfvoraussetzungen: Batterie voll geladen (12 Volt), Kraftstoffilter in einwandfreiem Zustand.

Spannungsversorgung prüfen

- Sicherung Nr. 18 für Kraftstoffpumpe prüfen. Defekte Sicherung auswechseln.
- Zündung einschalten, die Kraftstoffpumpe muß **kurzzeitig** hörbar anlaufen. Bei hohem Umgebungsgeräuschpegel ist zur Hörprobe eine Hilfsperson in der Nähe der Kraftstoffpumpe erforderlich.
- Läuft die Pumpe nicht, Fernbedienung anschließen.
- Schalter der Fernbedienung drücken. Wenn die Pumpe jetzt anläuft, Kraftstoffpumpenrelais prüfen.

Läuft die Kraftstoffpumpe nicht an, ist folgendermaßen vorzugehen:

- Teppich an der Perforierung rechts vom Handbremshebel aufschneiden.
- Abdeckung für Geber Kraftstoffvorratsanzeige (Tankgeber) und Kraftstoffpumpe abschrauben.

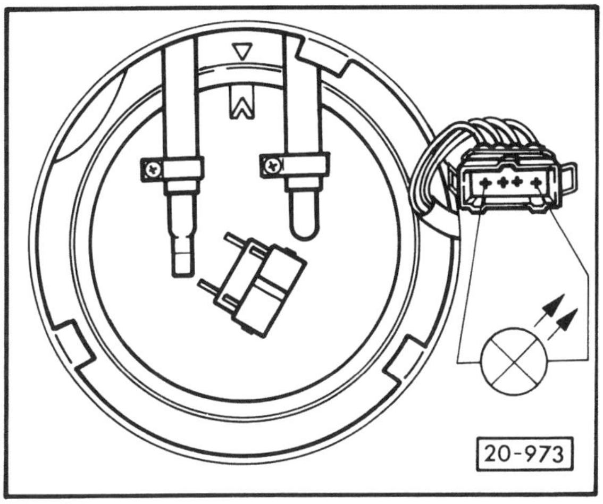

- Steckverbindung für Tankgeber und Kraftstoffpumpe abziehen, dazu die seitlichen Haltenasen mit kleinem Schraubendreher etwas abheben.
- Diodenprüflampe oder Voltmeter an die beiden äußeren Kontakte des Steckers anschließen.
- Fernbedienung drücken. Das Meßgerät muß ca. Batteriespannung (12 Volt) anzeigen, sonst Leitungsunterbrechung nach Stromlaufplan ermitteln und beseitigen.
- Wenn Batteriespannung angezeigt wird, Tankgeber ausbauen.
- Prüfen, ob die elektrischen Leitungen zwischen Flansch und Kraftstoffpumpe angeschlossen sind beziehungsweise guten Kontakt haben. Leitungen vom Gebergehäuse zur Kraftstoffpumpe auf Durchgang prüfen. Dazu Ohmmeter mit Hilfsleitungen anschließen und gegebenenfalls Unterbrechung beseitigen, siehe auch Seite 240.
- Liegt keine Unterbrechung vor, Kraftstoffpumpe ersetzen.
- Tankgeber einbauen, elektrische Leitungen anschließen.

Fördermenge prüfen

- Voltmeter mit 2 Hilfsleitungen an die Kraftstoffpumpe anschließen. Fernbetätigung drücken, Spannung ablesen und als Meßwert **) notieren (ca. 2 Volt weniger als Batteriespannung, 12 V).
- Zum Druckabbau Tank-Verschlußdeckel kurzzeitig abnehmen.

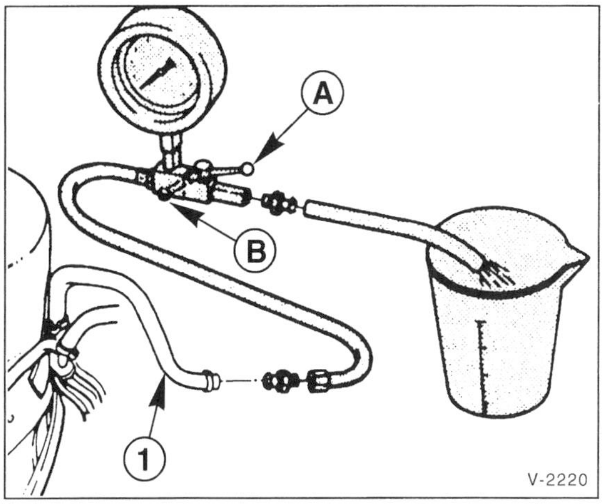

- Kraftstoff-Rücklaufleitung –1– vom Abzweigstutzen abziehen. Kraftstoffresistenten Hilfsschlauch mit einem Zwischenstück anschließen und in ein Meßgefäß halten. Druckmeßvorrichtung mit Absperrhahn dazwischenschalten. Die Abbildung zeigt den 4-Zylinder-Benzinmotor.
- Fernbedienung betätigen und dabei Absperrhahn langsam schließen, bis am Manometer 3 Bar angezeigt werden. Absperrhahn in dieser Stellung belassen.
  A– Hahn geöffnet, B– Hahn geschlossen.
- Meßglas entleeren.
- Schalter der Fernbedienung **30 Sekunden** betätigen.

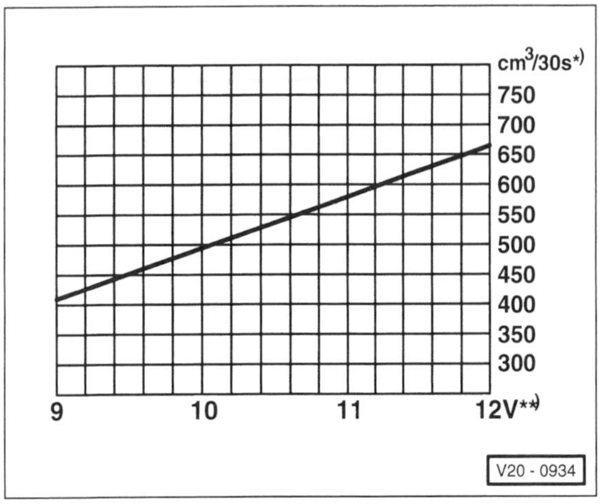

- Anhand des notierten Spannungs-Meßwertes **) Sollwert der Mindestfördermenge *) aus dem Diagramm ermitteln. Beispiel: Dem Spannungswert **) = 10 Volt entspricht eine Mindestfördermenge von *) = 500 cm^3.

Achtung: Die Spannung **) an der Kraftstoffpumpe bei Motorstillstand und laufender Pumpe beträgt ca. 2 Volt weniger als die Batteriespannung.

- Mindestfördermenge *) mit gemessener Fördermenge vergleichen.

Diagramm für 6-Zylinder-Motor AES (103 kW/140 PS)

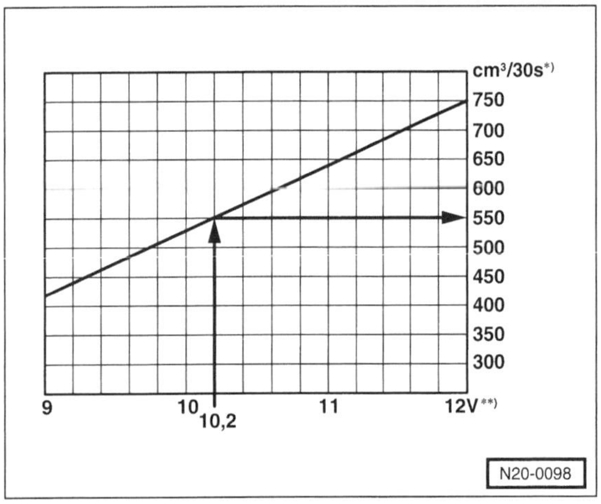

Achtung: Ist die Spannungsversorgung in Ordnung, die Fördermenge jedoch zu gering, prüfen, ob die Kraftstoffleitungen geknickt oder verstopft sind, der Kraftstoffilter verstopft ist. Wird kein Fehler gefunden, Rückschlagventil der Kraftstoffpumpe prüfen.

Rückschlagventil der Kraftstoffpumpe prüfen

- Absperrhahn der Druckmeßvorrichtung schließen.
- Schalter der Fernbedienung in kurzen Abständen betätigen, bis ein Überdruck von **ca. 3 bar** aufgebaut ist. Liegt der Druck über 3 bar, Absperrhahn vorsichtig geringfügig öffnen bis der Druck auf ca. 3 bar abgesunken ist. **Achtung:** Spritzgefahr beim Öffnen des Absperrhahns, daher Meßglas vor den freien Anschluß der Druckmeßvorrichtung halten.
- Falls der Überdruck von ca. 3 bar nach 1 Minute noch nicht erreicht ist, sind entweder die Leitungsanschlüsse beziehungsweise das Rückschlagventil undicht.
- Druckabfall prüfen. Nach 10 Minuten darf der Druck nicht unter 2 bar abfallen. Andernfalls Leitungsanschlüsse auf Dichtheit prüfen.
- Falls kein Fehler gefunden wurde, Kraftstoffpumpe mit Rückschlagventil ersetzen.
- Fernbedienung abbauen.
- Abdeckung für Tankgeber anschrauben.
- Bodenteppich mit Klebeband oder Klettband befestigen.

Kraftstoffpumpenrelais prüfen

Das Kraftstoffpumpenrelais ist zu prüfen, wenn die Kraftstoffpumpe nicht läuft.

- Sicherung Nr. 18 für Kraftstoffpumpe prüfen. Defekte Sicherung auswechseln.
- Ablagefach vor der Relaisplatte abziehen.

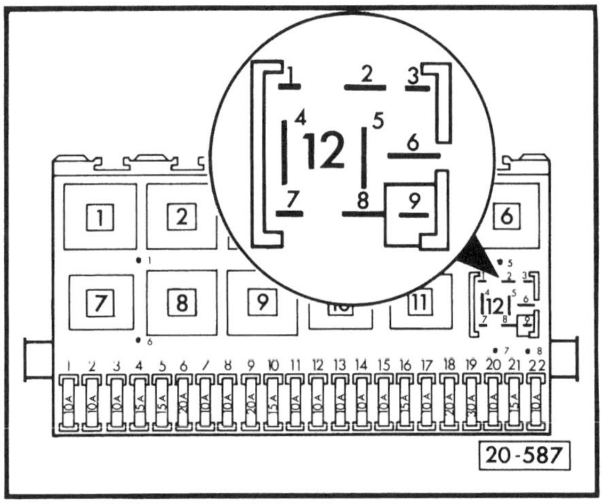

- Kraftstoffpumpen-Relais aus der Relaisplatte (Relaisplatz Nr. 12) herausziehen.
- Zündung einschalten.
- Diodenprüflampe wie folgt anschließen:
  – zwischen Kontakt –6– und Masse (–);
  – zwischen Kontakt –2– und Masse (–);
  – zwischen Kontakt –6– und –4–.
  Die Diodenprüflampe muß leuchten. Andernfalls Leitungsunterbrechung nach Stromlaufplan ermitteln und beseitigen.
- Zündung ausschalten.
- Diodenprüflampe mit Hilfsleitungen zwischen die Kontakte –2– und –3– anschließen.
- Zündung einschalten. Die Leuchtdiode muß für ca. 1 Sekunde aufleuchten. Andernfalls Leitungsunterbrechung zum Digifant-Steuergerät nach Stromlaufplan ermitteln und beseitigen beziehungsweise Steuergerät ersetzen.

Kraftstoffpumpe/Tankgeber

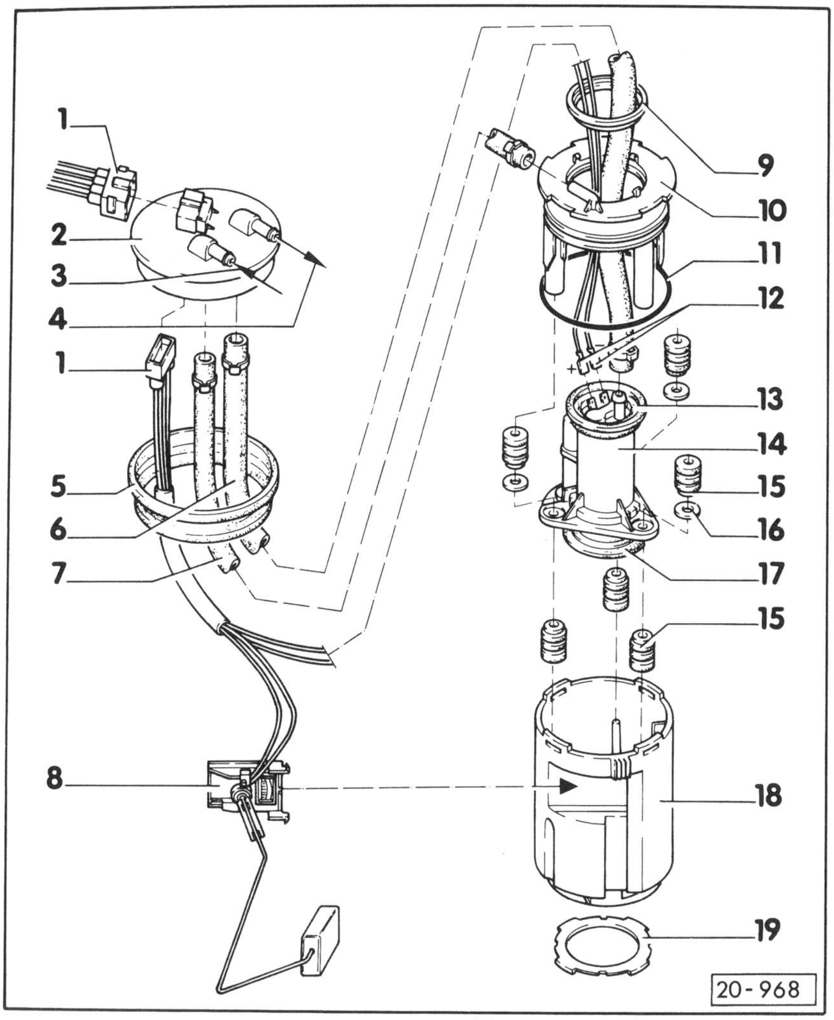

1 – **Anschlußstecker**

2 – **Flansch**
Kennzeichnung für Vor- und Rücklaufschlauch auf der Unterseite beachten.

3 – **Rücklauf**
Vom Kraftstoffverteiler.

4 – **Vorlauf**
Zum Kraftstoffilter.

5 – **Dichtring**
Zur Montage einölen.

6 – **Vorlaufschlauch**

7 – **Rücklaufschlauch**

8 – **Tankgeber**

9 – **Haltering oben**

10 – **Gehäuse-Oberteil**

11 – **O-Ring**

12 – **Anschlußstecker für Kraftstoffpumpe**

13 – **Dichtring oben**

14 – **Kraftstoffpumpe**
Mit Siebfilter und Rückschlagventil.

15 – **Gummilager**

16 – **Scheibe**

17 – **Dichtring unten**

18 – **Gehäuse-Unterteil**

19 – **Bajonettring**

Kraftstoffpumpe/Tankgeber aus- und einbauen

Die Kraftstoffpumpe befindet sich beim Benzinmotor zusammen mit dem Tankgeber im Kraftstoffvorratsbehälter. Beim Dieselmotor ist die Kraftstoffpumpe in die Verteiler-Einspritzpumpe integriert, der Tankgeber ist oben im Tank eingebaut.

Der Tankgeber besteht aus einem Schwimmer und einem Potentiometer. Mit sinkendem Kraftstoffspiegel sinkt auch der Schwimmer des Tankgebers ab. Ein mit dem Schwimmer verbundenes Potentiometer erhöht dabei den elektrischen Widerstand des Gebers. Dadurch sinkt die Spannung am Anzeigeninstrument, und der Zeiger der Kraftstoffanzeige geht in Richtung »leer« zurück.

Achtung: Beim Ausbau der Kraftstoffpumpe kann etwas Kraftstoff austreten. Kraftstoffdämpfe sind giftig und feuergefährlich, deshalb auf besonders gute Belüftung des Arbeitsplatzes achten. Kein offenes Feuer, Brandgefahr!

Ausbau

- Batterie-Massekabel (–) abklemmen. **Achtung:** Dadurch werden aus dem Speicher des Radios der Code für die Diebstahlsicherung sowie die eingestellten Sender gelöscht. Die Batterie darf nur bei ausgeschalteter Zündung abgeklemmt werden, da sonst das Steuergerät der Einspritzanlage beschädigt wird. Vor dem Abklemmen sollten auch die Hinweise im Kapitel »Radio« bzw. »Batterie aus- und einbauen« durchgelesen werden.
- Teppich an der Perforierung rechts vom Handbremshebel aufschneiden.
- Abdeckblech abschrauben.

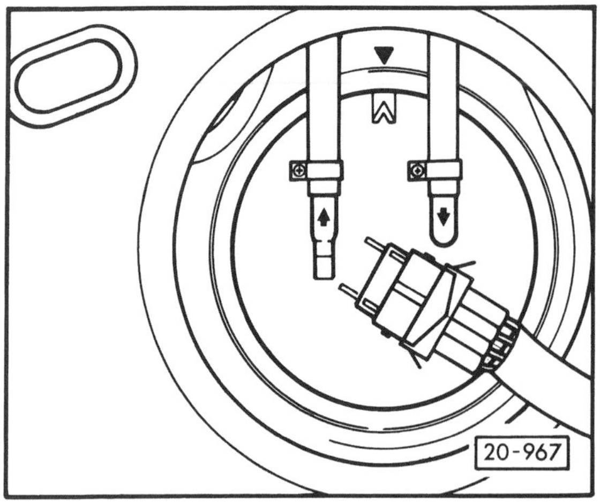

- Steckverbindung für Tankgeber und Kraftstoffpumpe abziehen, dazu die seitlichen Haltenasen mit kleinem Schraubendreher etwas abheben.
- Vor- und Rücklaufleitung abziehen, vorher Schellen lösen. **Achtung:** Für den leichteren Einbau Leitungen mit Tesaband markieren.
- Überwurfmutter mit Spezialwerkzeug VW-3217 lösen. Falls das Werkzeug nicht zur Verfügung steht, Bajonettverschluß mit Holzstange und leichten Hammerschlägen lösen. **Achtung:** Es dürfen keine Funken entstehen.
- Flansch und Dichtring aus der Öffnung des Kraftstoffbehälters ziehen.
- Kraftstoff-Fördereinheit durch Drehen nach links aus dem Bajonettverschluß lösen und herausnehmen. **Achtung:** Beim Herausziehen Lappen unterlegen und eventuell austretenden Kraftstoff auffangen.

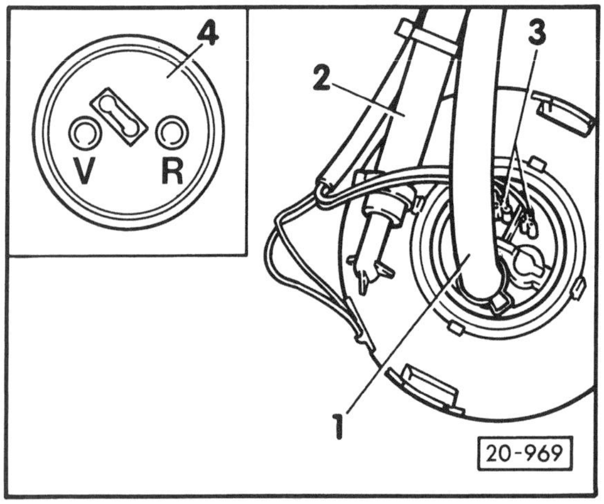

- Tankgeber aus dem Gehäuse-Unterteil ausclipsen.
- Vorlaufschlauch –1–, Rücklaufschlauch –2– und Anschlußstecker für Kraftstoffpumpe –3– abziehen.

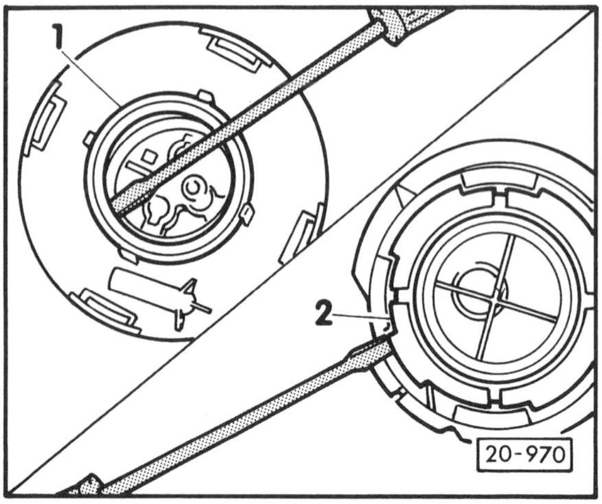

- Haltering oben –1– und Bajonettring –2– (am Gehäuse-Unterteil) mit Schraubendreher ausclipsen.

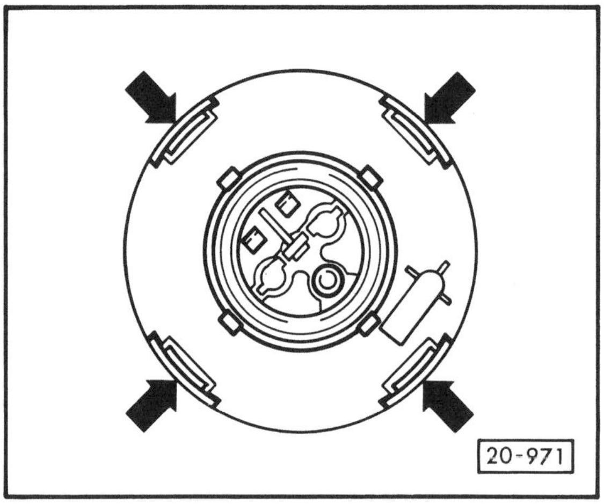

- Gehäuse-Oberteil mit Schraubendreher ausclipsen –Pfeile– und aus dem Unterteil herausziehen.
- Kraftstoffpumpe aus dem Gehäuse-Unterteil ziehen.

Einbau

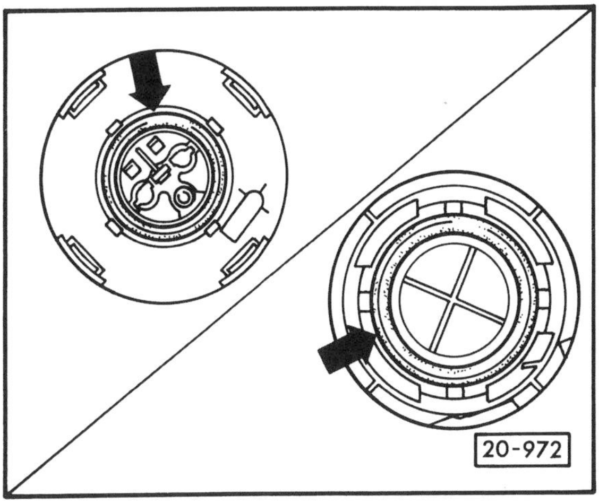

- Dichtringe oben und unten für Kraftstoffpumpe –Pfeile– sorgfältig in Gehäuse-Oberteil und -Unterteil einziehen. Dichtringe oben mit Haltering und unten mit Bajonettring befestigen.
- O-Ring des Gehäuse-Oberteils beim Zusammenbau einölen.
- Vor- und Rücklaufschlauch aufschieben und mit Schlauchschellen befestigen. Dabei Kennzeichnung auf der Unterseite des Flansches –4– in Abbildung 20-969 beachten.
- Kraftstoff-Fördereinheit in den Kraftstoffvorratsbehälter einsetzen, nach rechts drehen und dadurch Bajonettverschluß arretieren. **Achtung:** Dabei Tankgeber nicht verbiegen. Der Tankgeber muß in ca. 30 Grad nach vorn zeigen.
- Flanschdichtring einölen und einsetzen.

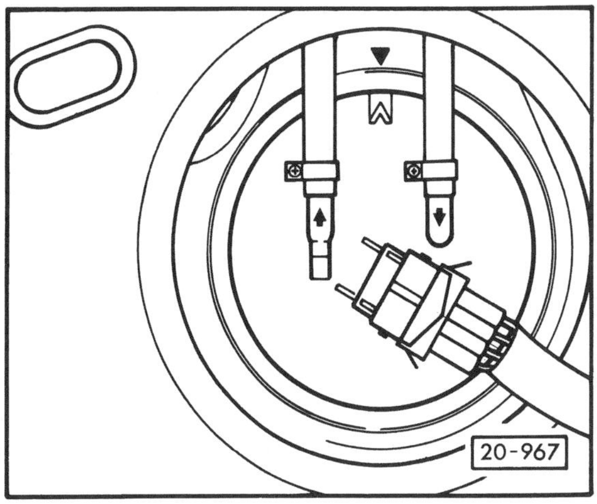

- Flansch so einsetzen, daß die Markierung auf dem Flansch mit der Markierung auf dem Kraftstoffbehälter übereinstimmt.
- Überwurfmutter ansetzen und festschrauben.
- Vor- und Rücklaufschlauch aufstecken und mit Schlauchschellen sichern.
- Stecker aufschieben.
- Abdeckblech einbauen.
- Teppich zurückklappen und ankleben oder mit Klettband befestigen.
- Batterie-Massekabel (–) anklemmen. Code für die Diebstahlsicherung eingeben, Sender programmieren und Zeituhr einstellen. **Achtung:** Die Batterie darf nur bei ausgeschalteter Zündung angeklemmt werden, da sonst das Steuergerät der Einspritzanlage beschädigt wird.

Das Aktivkohlesystem

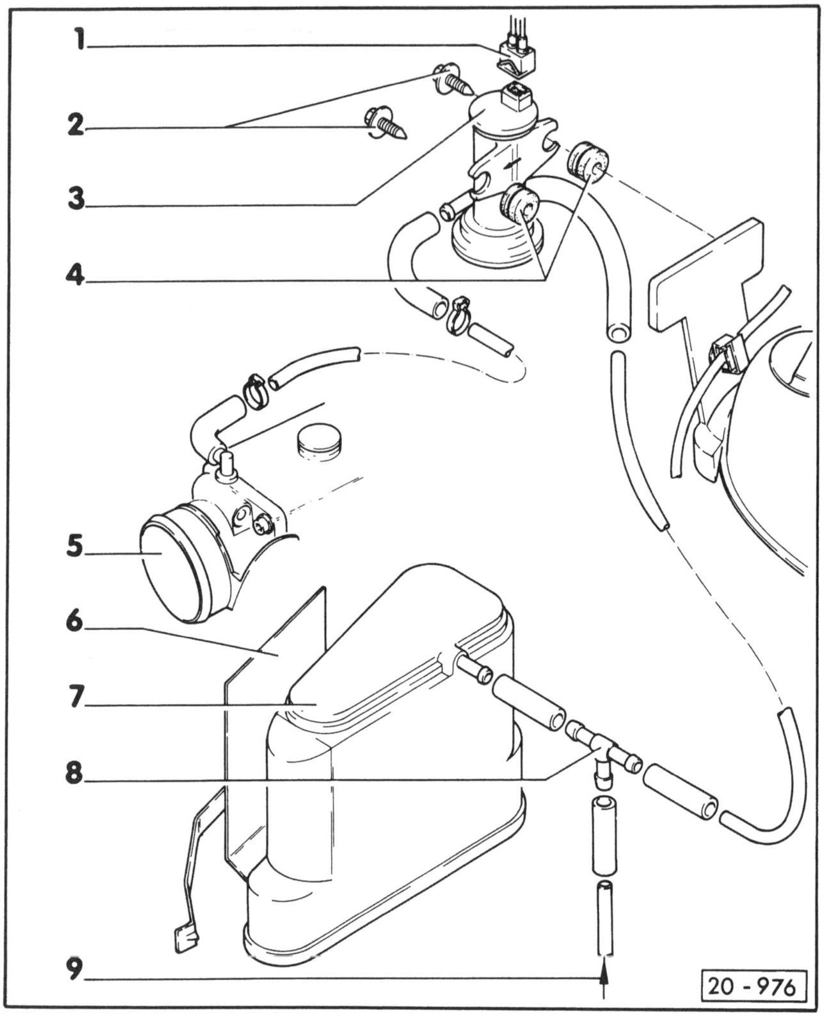

1 – **Anschlußstecker**
2 – **Schrauben, 10 Nm**
3 – **Magnetventil, getaktet**
Einbaulage beachten. Der Pfeil zeigt in Durchflußrichtung.
4 – **Gummibuchse**
5 – **Drosselklappenstutzen**
6 – **Halter**
7 – **Aktivkohlebehälter**
Einbauort: Radkasten vorn links.
8 – **Abzweigstück**
9 – **Entlüftungsleitung**

Bedingt durch wechselnde Temperaturverhältnisse entstehen im Kraftstofftank Kraftstoffdämpfe, die bei konventionellen Tankbe- und Entlüftungssystemen ins Freie gelangen. Um diese Verdunstungsemissionen zu vermeiden, wird ein Aktivkohlesystem eingesetzt.

Bei stehendem und laufendem Motor gelangen infolge von Benzinaufheizung Kraftstoffdämpfe über eine Schlauchverbindung in den Aktivkohlebehälter und werden dort gespeichert. Der Aktivkohlebehälter befindet sich unter dem linken Kotflügel im Radkasten.

Im Fahrbetrieb wird Frischluft, die vom Motor angesaugt wird, in den Aktivkohlebehälter geleitet. Die Frischluft löst die an der Aktivkohle haftenden Kraftstoffteilchen und leitet sie durch die Entlüftungsleitung zur Verbrennung in den Motor. In der Entlüftungsleitung befindet sich ein Magnetventil, das die Entlüftungsmenge reguliert. Angesteuert wird das Ventil vom Steuergerät der Einspritzanlage. Dabei läßt sich der Öffnungsquerschnitt vom Steuergerät je nach Drehzahl, Last und Lambda-Regelfunktion stufenlos regulieren. Bei Vollast ist das Ventil beispielsweise ganz geöffnet, bei Schubabschaltung ganz geschlossen. Wenn der Stromkreis unterbrochen ist, dann ist das Ventil ebenfalls vollständig geschlossen.

Gaszug einstellen

Die Abbildung zeigt den 4-Zylinder-Benzinmotor

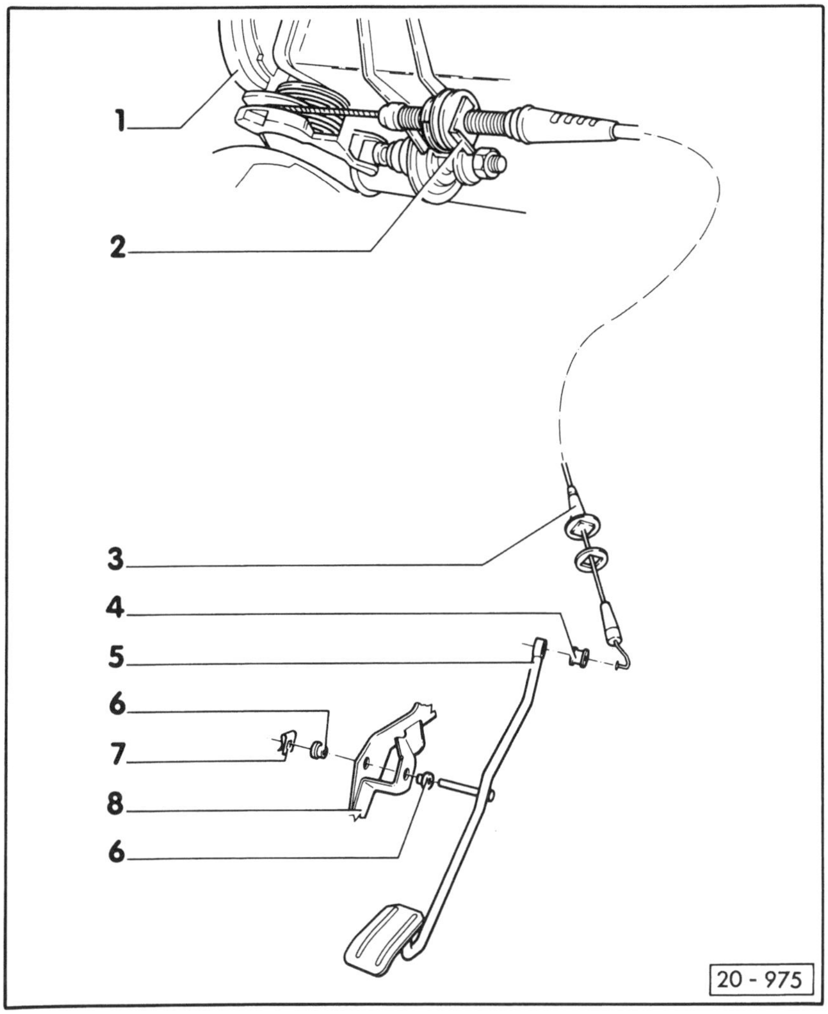

1 – **Drosselklappenstutzen**

2 – **Sicherung**

3 – **Gaszug**
Ausbau: Zug an Gashebel, Widerlager und Drosselklappenteil aushängen. Spreizflächen vom Innenraum her abbrechen. Beschädigten Zug in den Motorraum durchziehen.

4 – **Gummibuchse**

5 – **Gaspedal**

6 – **Lagerbuchse**

7 – **Sicherung**

8 – **Gaspedalträger**

Achtung: Der Gaszug ist sehr knickempfindlich und daher beim Einbau besonders sorgfältig zu behandeln. Ein einziger leichter Knick kann zum späteren Bruch im Fahrbetrieb führen. Züge, die geknickt wurden, dürfen deswegen **nicht** eingebaut werden.

- Gaspedal in Vollgasstellung drücken und in dieser Stellung festklemmen oder durch Helfer halten lassen.
- Prüfen, ob der Drosselklappenhebel am Vollastanschlag anliegt.
- Andernfalls Sicherungsklammer –2– herausziehen, Gaszug am Widerlager herausziehen bis der Drosselklappenhebel am Vollastanschlag anliegt. In dieser Stellung Sicherungsklammer aufstecken. Bei richtiger Einstellung erreicht der Drosselklappenhebel **knapp** die Vollaststellung wobei das Spiel am Drosselklappenhebel maximal 1 mm betragen darf.

2,5-l-Benzinmotor APL/AVT, 2,8-l-Benzinmotor AMV: Es ist kein Gaszug vorhanden. Die Drosselklappensteuerung erfolgt durch das E-Gas-System. Das E-Gas-System (Elektronisches Gaspedal) besteht hauptsächlich aus dem Drosselklappensteller (Elektromotor) und den beiden Gebern für Gaspedalstellung. Die Geber sitzen in einem Gehäuse direkt am Gaspedal. Das Motorsteuergerät regelt die Drosselklappenstellung entsprechend der Gaspedalstellung und den Betriebswerten des laufenden Motors. **Hinweis:** Das E-Gas-System kann je nach Ausstattung auch bei anderen Motoren vorhanden sein.

Betätigungszug für Kaltstartbeschleuniger einstellen

- Fahrzeug vorn aufbocken.
- Motorraumabdeckung unten ausbauen, siehe Seite 17.

4-Zylinder-Dieselmotor

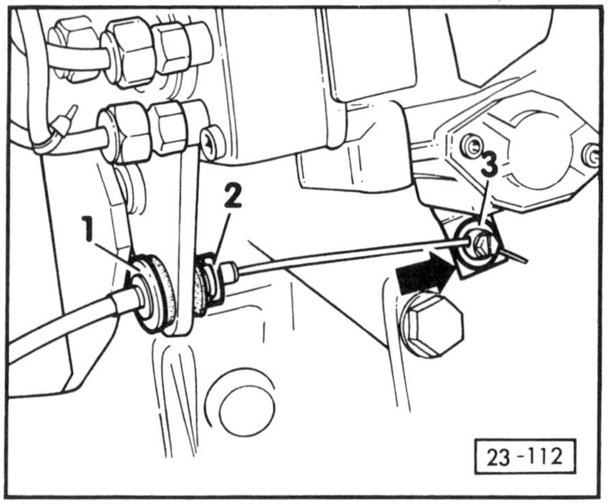

- Unterlegscheibe –1– auf den Betätigungszug schieben und Zug mit Sicherungsscheibe –2– befestigen.
- Betätigungshebel in 0-Stellung –Pfeilrichtung– bringen.
- Zugdraht straffziehen und mit Klemmschraube in Lagerbolzen –3– festklemmen.

5-Zylinder-Dieselmotor

- Betätigungshebel in Stellung »auf« bringen.

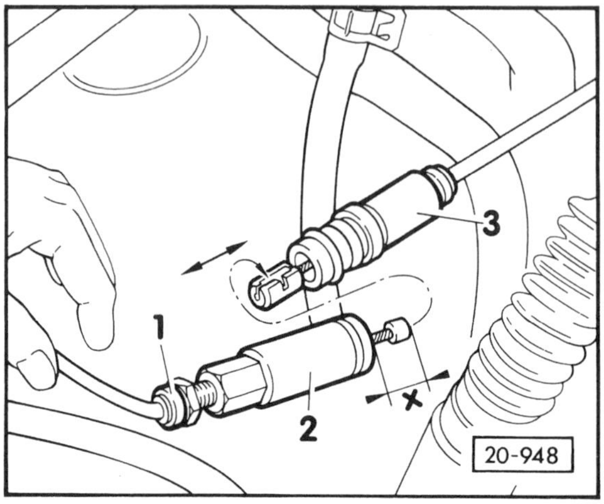

- Einstellschraube –1– einschrauben, bis das Einstellmaß x = 14 – 15 mm beträgt.
- Unteren KSB-Zug in Halbschale des oberen Steckers einclipsen.
- Stecker –2– und –3– zusammenstecken.

- Motorraumabdeckung unten einbauen, siehe Seite 17.
- Fahrzeug ablassen.

Die Benzin-Einspritzanlage

Die Benzinmotoren im T4 sind mit unterschiedlichen Einspritzanlagen ausgestattet.

Motor	Kennbuchstaben	Einspritzanlage
2,0-/2,5-l	AAC/AAF/ACU	VW-Digifant
2,5-l	AET/APL/AVT	Simos 5S/3.5/3.5
2,8-l	AES/AMV	Bosch-Motronic 3.8.1/ME7.1

Die Vorteile der Benzineinspritzung gegenüber einem Vergaser sind:

- Genau dosierte Kraftstoffmenge in jedem Betriebszustand des Motors, dadurch geringer Verbrauch bei guten Fahrleistungen.
- Reduzierung der Abgas-Schadstoffe durch exakte Kraftstoffzumessung und lambdageregelten Katalysator.
- Eigendiagnose des Einspritz-Steuergerätes, dadurch schnelleres Auffinden von Defekten.
- Die Benzineinspritzanlage ist mit einem Fehlerspeicher ausgestattet. Treten während des Betriebs Defekte in der Zünd- und Einspritzanlage auf, so werden diese im Speicher abgelegt. Sollten die Einspritzanlage beziehungsweise der Motor nicht einwandfrei arbeiten, so kann die VW-Werkstatt gegen Kostenerstattung eine Fehlerliste ausdrucken, um gegebenenfalls den Defekt dann selbst zu beheben. **Achtung:** Wird die Batterie abgeklemmt, werden die Fehler im Speicher gelöscht.

Die Einspritzanlage besitzt langzeitstabile Bauteile und ist praktisch wartungsfrei, nur der Luftfiltereinsatz muß alle 60.000 km gewechselt werden. Wesentliche Einstell- und Reparaturarbeiten können nur mit Hilfe von teuren VW-Prüfgeräten durchgeführt werden, so daß diese Arbeiten nur noch von entsprechend ausgerüsteten Fachwerkstätten ausgeführt werden können.

Achtung: Bei Arbeiten an der Einspritzanlage sind die Sauberkeitsregeln für die Kraftstoffanlage ebenso zu beachten wie die Sicherheitshinweise zur Zündanlage, siehe Seite 59.

Achtung: Vor der Demontage sind die entsprechenden Teile mit Kaltreiniger zu säubern. **Die Anlage steht unter Druck.** Deshalb ist vor dem Auswechseln von Teilen der **Druck im System abzubauen.** Hierzu Kraftstoffleitung zwischen Kraftstoffpumpe und Filter vorsichtig lösen. Beim Abziehen Lappen um die Leitung legen.

Der Überdruck baut sich von selbst ab (ohne Lösen der Leitung), wenn der Motor einige Stunden abgestellt ist.

Funktion der Benzin-Einspritzung

Der Kraftstoff wird aus dem Kraftstoffbehälter von der elektrischen Kraftstoffpumpe angesaugt und über den am Unterboden angebrachten Kraftstoffilter zur Einspritzeinheit gefördert. Ein Druckregler sorgt dafür, daß der Druck im Kraftstoffsystem konstant gehalten wird.

Über elektrisch angesteuerte Einspritzventile wird der Kraftstoff intermittierend, also stoßweise in das Ansaugrohr direkt vor die Einlaßventile des Motors gespritzt. Das Motor-Steuergerät regelt die Einspritzzeit und dadurch die Einspritzmenge.

Die Verbrennungsluft wird vom Motor über den Luftfilter angesaugt und durchströmt Drosselklappeneinheit sowie Saugrohr bis zu den Einlaßventilen. Geregelt wird die Luftmenge durch die Drosselklappe, die der Fahrer über Gaspedal und Gaszug betätigt.

Das Motor-Steuergerät ist ein kleiner, sehr schnell arbeitender Computer. Es bestimmt den optimalen Zündzeitpunkt, den Einspritzzeitpunkt und die Einspritzmenge. Informationen von verschiedenen Fühlern und Gebern sorgen in jeder Fahrsituation für die richtig bemessene Kraftstoffmenge.

Fallen wichtige Geber aus, schaltet das Steuergerät auf ein Notlaufprogramm um, damit Motorschäden vermieden werden und weitergefahren werden kann. In diesem Fall ruckelt der Motor und neigt beim Gasgeben zum Absterben.

Sensoren der Einspritzanlagen

- Das **Drosselklappenpotentiometer** übermittelt dem Steuergerät die Winkelstellung der Drosselklappe.
- Der **Leerlaufschalter** übermittelt dem Steuergerät die Leerlaufstellung der Drosselklappe.
- Beim **Geber für Kühlmitteltemperatur** handelt es sich um einen NTC-Widerstand. Das heißt, der Widerstand ändert sich entsprechend der Kühlmitteltemperatur.
- Der **Geber für Ansauglufttemperatur** ist ebenfalls ein NTC-Widerstand.
- Der **Hallgeber** im Zündverteiler überträgt die aktuelle Motordrehzahl an das Steuergerät.

- Die **Lambdasonde** (Sauerstoffsensor) mißt den Sauerstoffgehalt im Abgasstrom und schickt entsprechende Spannungssignale an das Motor-Steuergerät.
- Die Tankentlüftung besteht aus dem **Aktivkohlbehälter** und einem **Magnetventil.** Im Aktivkohlebehälter werden Kraftstoffdämpfe gespeichert, die sich durch Erwärmung des Kraftstoffs im Tank bilden. Bei laufendem Motor werden die Kraftstoffdämpfe aus dem Aktivkohlebehälter abgesaugt und dem Motor zur Verbrennung zugeführt.

Digifant

Digifant ist eine von VW entwickelte Einspritzanlage mit 4 Einspritzventilen, für jeden Zylinder eines.

Die angesaugte Luftmenge wird von einem **Luftmengenmesser** gemessen. Im Gehäuse des Luftmengenmessers befindet sich eine Stauklappe, die von der Luftströmung in eine bestimmte Stellung ausgelenkt und gehalten wird. Die Winkelstellung der Stauklappe dient als Maß für die durchströmende Luftmenge.

- **5-Zylindermotoren ab 3/94** besitzen **2 Klopfsensoren**. Eine selektive Klopfregelung sorgt dafür, daß der Zündzeitpunkt an der Klopfgrenze gehalten und automatisch an die verwendete Kraftstoffqualität angepaßt wird.
- Das **Steuerventil für Leerlaufstabilisierung** regelt die Leerlaufdrehzahl insbesondere während der Warmlaufphase und wenn der Motor durch elektrische Verbraucher belastet wird.
- Der **Drucksensor** sitzt im Steuergerät und ist über einen Schlauch mit dem Saugrohr verbunden.
- **Bis 5/93:** Das **Kaltstartventil** spritzt während der Starterbetätigung bei kaltem Motor zusätzlich Kraftstoff in das Saugrohr.

Simos

Die Simos besitzt anstelle des Luft**mengen**messers einen Luft**massen**messer. Für die Luftmassenmessung wird ein elektrisch erwärmter Hitzdraht durch die vorbeistreichende Ansaugluft abgekühlt. Um die Temperatur des Hitzdrahtes konstant zu halten, ändert sich der Heizstrom entsprechend der angesaugten Luft. Anhand der Schwankungen des Heizstromes erkennt das Steuergerät den Lastzustand des Motors und regelt dementsprechend die Einspritzmenge. Um Verunreinigungen zu vermeiden, glüht sich der Hitzdraht nach jedem Abschalten des Motors automatisch frei.

- Die **Drosselklappen-Steuereinheit** hat die Aufgabe unter allen Betriebsbedingungen und Motorbelastungen den Leerlauf des Motors zu stabilisieren. Sie besteht aus Drosselklappensteller, Potentiometer für Drosselklappensteller, Drosselklappenpotentiometer und Leerlaufschalter.
  - ◆ Der **Drosselklappensteller** ist ein kleiner Elektromotor mit dessen Hilfe das Steuergerät die Winkelstellung der Drosselklappe den jeweiligen Betriebsbedingungen anpaßt.
  - ◆ Das **Potentiometer für Drosselklappensteller** informiert das Steuergerät über die aktuelle Stellung des Drosselklappenstellers.
- Selektive Klopfregelung durch **2 Klopfsensoren**.

Motronic

Im Gegensatz zu den anderen Einspritzanlagen erfolgt bei der Motronic die Kraftstoffeinspritzung **sequentiell.** Das heißt, die Einspritzventile werden einzeln entsprechend der Zündfolge angesteuert.

- Leerlaufregelung durch **Drosselklappen-Steuereinheit**.
- Anstelle der Hitzdraht-Luftmassenmessung jetzt **Heißfilm-**Luftmassenmesser. Vorteil: Keine Schmutzablagerungen und dadurch kein Freibrennen erforderlich.
- Durch **Sekundärlufteinblasung** werden die Abgasschadstoffe des Motors beim Warmlaufen verringert. Dazu bläst eine elektrische Pumpe Frischluft in die Auslaßkanäle des Motors.
- Die **Abgasrückführung** führt je nach Motor-Betriebszustand eine bestimmte Menge Abgas wieder der Ansaugluft zu. Dadurch verringert sich der Stickoxidanteil im Abgas.
- Selektive Klopfregelung durch **2 Klopfsensoren**.

Leerlauf und CO-Gehalt prüfen

Achtung: Beim 5-Zylindermotor seit 1/93 und beim 4-Zylindermotor seit 6/93 sind die Leerlaufdrehzahl und der CO-Gehalt nicht mehr einstellbar. Die entsprechenden Einstellschrauben, siehe Abbildung 24-671, sind nicht mehr vorhanden.

Leerlaufdrehzahl und CO-Gehalt müssen zusammen geprüft werden.

- Fehlerspeicher abfragen, gegebenenfalls Fehler beseitigen. Der Fehlerspeicher kann nur mit dem Fehlerauslesegerät VW-1551 ausgelesen werden. Hierzu wird das Meßgerät über 2 Diagnosestecker an die Diagnose-Buchsen im Relaiskasten angeschlossen.
- Motor warmfahren, Motoröltemperatur mindestens +80° C.
- Alle elektrischen Verbraucher ausschalten. Klimaanlage ausschalten.
- Zündzeitpunkt prüfen, siehe Seite 63.
- Abgasanlage auf Dichtheit prüfen.
- Sicherstellen, daß das Ventil für Leerlaufstabilisierung arbeitet. Dazu Zündung einschalten und Hand auf das Ventil legen. Es muß vibrieren und hörbar summen. Das Ventil sitzt oberhalb vom Zylinderkopf neben dem Drosselklappenstutzen.

Achtung: Prüfgeräte nur bei ausgeschalteter Zündung anschließen.

- Drehzahlmesser nach Bedienungsanleitung anschließen. In der Regel wird der Drehzahlmesser an Klemme 1 und Klemme 15 der Zündspule angeschlossen.
- CO-Meßgerät am CO-Meßrohr im Motorraum anschließen. Das Meßrohr ist am Abgaskrümmer angeschraubt und in der Regel mit einer hellblauen Kappe verschlossen. **Achtung:** Schlauch des Meßgerätes fest auf das Meßrohr schieben. Darauf achten, daß keine Abgasundichtigkeit entstehen kann.

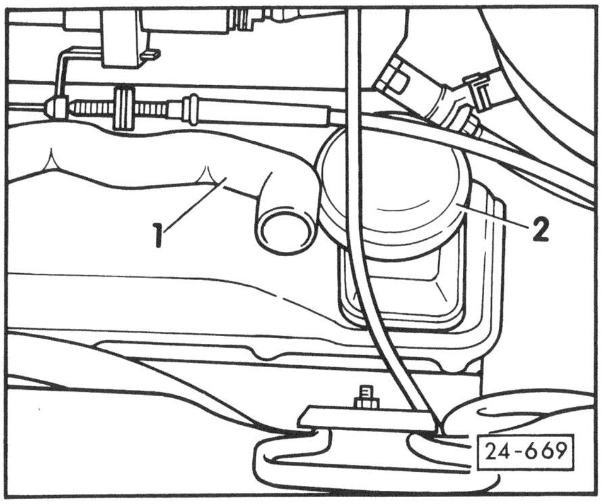

- Schlauch für Kurbelgehäuseentlüftung –1– vom Druckregelventil –2– abziehen und so verlegen, daß nur Frischluft angesaugt werden kann.
- Motor starten und im Leerlauf drehen lassen bis der Lüfter für Kühler einmal eingeschaltet hat. Dabei kann der Motor auch bis zu 4 Minuten mit erhöhter Drehzahl laufen.

- Anschließend, bei Leerlaufdrehzahl, Stecker vom Geber für Kühlmitteltemperatur (2-polig) abziehen.

Achtung: Geht beim Abziehen des Steckers der Motor aus, vor dem Wiederstart Stecker für Kühlmittelgeber aufstecken. Das Steuergerät führt sonst ein Notlaufprogramm aus, wodurch eine korrekte Prüfung und Einstellung nicht möglich ist.

- **4-Zylindermotor:** 3mal Gas geben, dabei Drehzahl auf über ca. 3000/min erhöhen. Anschließend Motor im Leerlauf drehen lassen.
- Leerlaufdrehzahl prüfen und mit Sollwert vergleichen, siehe Seite 103.

Achtung: Während der Prüf- und Einstellarbeiten darf der Lüfter für Kühler nicht laufen.

- CO-Gehalt prüfen und mit Sollwert vergleichen, siehe 103.

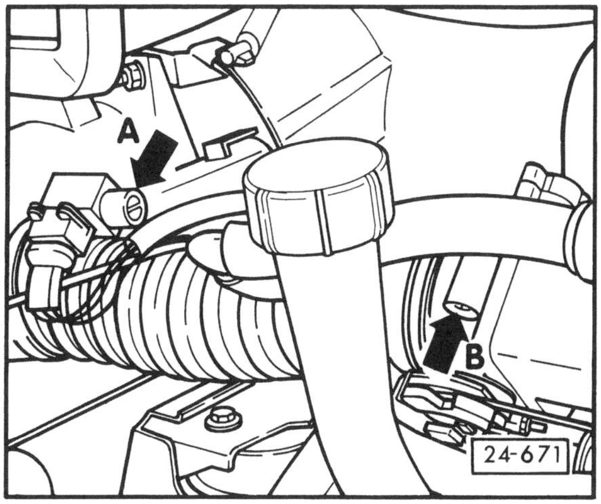

- **Bis 12/92** bzw. **5/93:** Falls erforderlich, Leerlaufdrehzahl und CO-Gehalt durch wechselweises Verdrehen der Einstellschrauben einstellen.
  A – CO-Einstellschraube
  B – Leerlaufdrehzahl-Einstellschraube
  Vorher, falls vorhanden, Sicherungskappe für CO-Einstellschraube herausziehen. Dazu Stopfen mit 2,5 mm starken Bohrer anbohren, anschließend 3 mm Blechschraube in den Stopfen schrauben. Schraube und Stopfen mit Zange herausziehen. Nach der Einstellung neuen Stopfen eindrücken.
- Stecker für Kühlmitteltemperaturgeber aufstecken.
- Schlauch für Kurbelgehäuseentlüftung am Druckregelventil aufstecken und mit Schelle sichern.

Achtung: Wenn jetzt der CO-Gehalt ansteigt, liegt das nicht an einer falschen Einstellung, sondern an einer Anfettung aus dem Kurbelgehäuse infolge Ölverdünnung bei überwiegendem Kurzstreckenverkehr.

Bei längeren zügigen Überlandfahrten verringert sich der Kraftstoffanteil im Öl und der CO-Gehalt normalisiert sich wieder. Kurzfristig läßt sich das auch durch eine ca. dreißigminütige Fahrt oder durch einen sowieso anstehenden Ölwechsel erreichen.

- Meßgeräte bei ausgeschalteter Zündung abklemmen.
- Fehlerspeicher abfragen und löschen. Durch Abziehen des Steckers für Kühlmitteltemperatur wurde im Fehlerspeicher der Fehler »Geber oder Zuleitung defekt« gespeichert.

Digifant Zünd- und Einspritzanlage

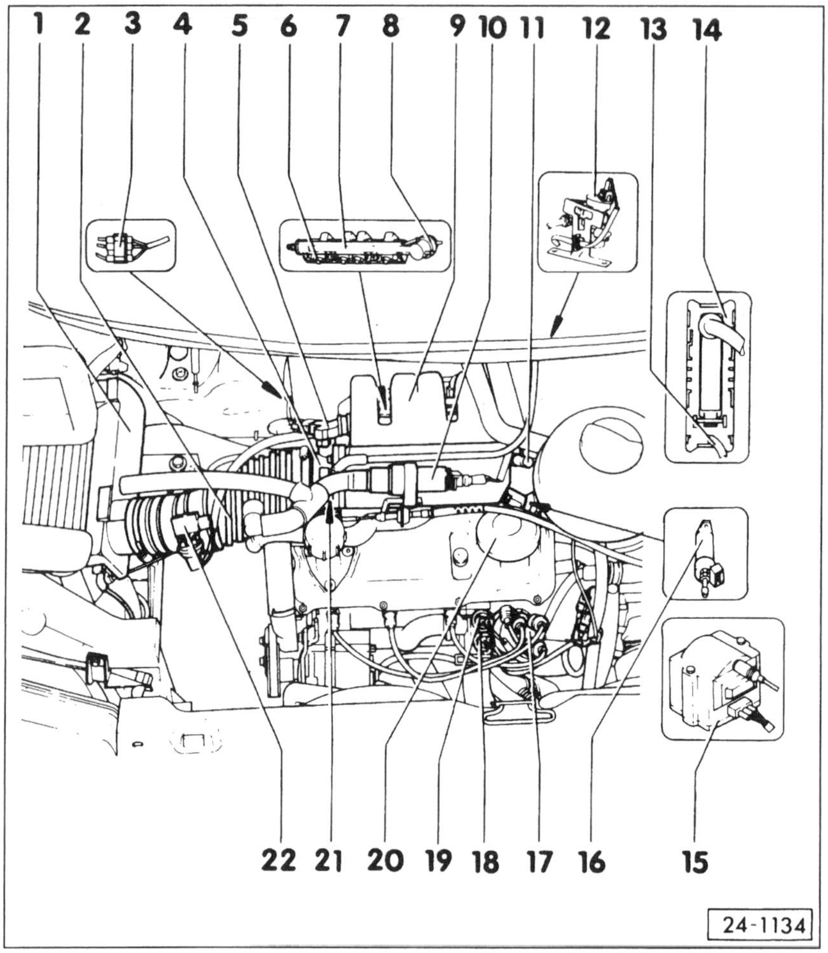

Die Abbildung zeigt den 4-Zylinder-Benzinmotor.

1 – **Luftfilter**

2 – **Ansaugschlauch**

3 – **Steckverbindung Lambdasonde und Lambdasondenheizung**
Einbauort: Am Aggregateträger in Fahrtrichtung rechts.

4 – **Drosselklappenstutzen**

5 – **Drosselklappenpotentiometer**

6 – **Einspritzventil**

7 – **Kraftstoffverteiler**

8 – **Kraftstoff-Druckregler**

9 – **Sammelsaugrohr**

10 – **Ventil für Leerlaufstabilisierung**

11 – **Verschlußkappe**
Für CO-Meßrohr.

12 – **Magnetventil 1 für Aktivkohlesyst.**

13 – **Unterdruckleitung**
Für Saugrohrdruckgeber.

14 – **Digifant-Steuergerät**
Einbauort: Im Motorraum in Fahrtrichtung links.

15 – **Zündtrafo (Zündspule)**
Einbauort: Im Motorraum in Fahrtrichtung links nähe Batterie.

16 – **Kaltstartventil**
Bis 5/93.

17 – **Zündverteiler**

18 – **Thermoschalter für Kühlmittelumlauf mit Geber für Kühlmitteltemperaturanzeige**

19 – **Geber für Kühlmitteltemperatur**

20 – **Ventil für Kurbelgehäuseentlüft.**

21 – **Leerlaufdrehzahl-Einstellschraube**
Bis 5/93.

22 – **Geber für Ansauglufttemperatur**
Mit CO-Potentiometer und CO-Einstellschraube (bis 5/93).

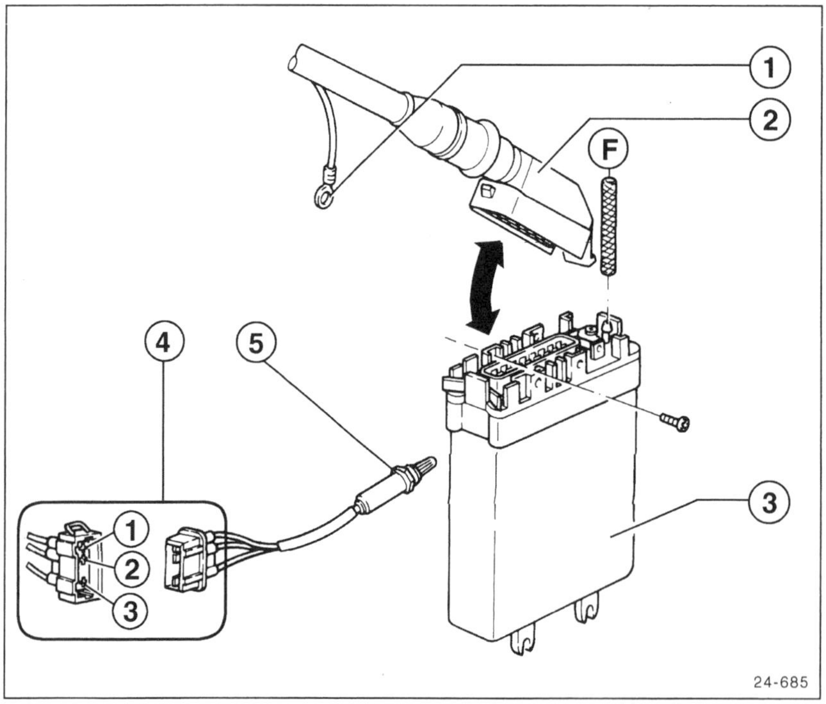

Steuergerät/Lambdasonde

1 – **Masseverbindung**

2 – **Anschlußstecker**
Stecker nur bei **ausgeschalteter Zündung** abziehen oder aufstecken. Zum Abziehen Haltefeder vom Steuergerät ausklinken.

3 – **Digifant-Steuergerät**
Einbauort: Im Motorraum, in Fahrtrichtung gesehen, links.
Der Geber für Saugrohrdruck ist im Steuergerät integriert.

4 – **Steckverbindung**
Für Lambdasonde und Lambdasonden-Heizung
Einbauort: Am Aggregateträger, in Fahrtrichtung gesehen, rechts.
Weiße Leitungen für Lambdasonden-Heizung am Stecker der Lambdasonde auf Durchgang prüfen.

5 – **Lambdasonde**
Einbauort: Am vorderen Abgasrohr in der Nähe des Flansches.
Gewinde mit VW-Fett G5 fetten.
Achtung: Das Fett darf **nicht** an den Schlitzbereich des Sondenkörpers kommen.

F – **Unterdruckschlauch**

Leerlaufstabilisierung prüfen

Digifant

Funktionsprüfung

- Zündung einschalten.

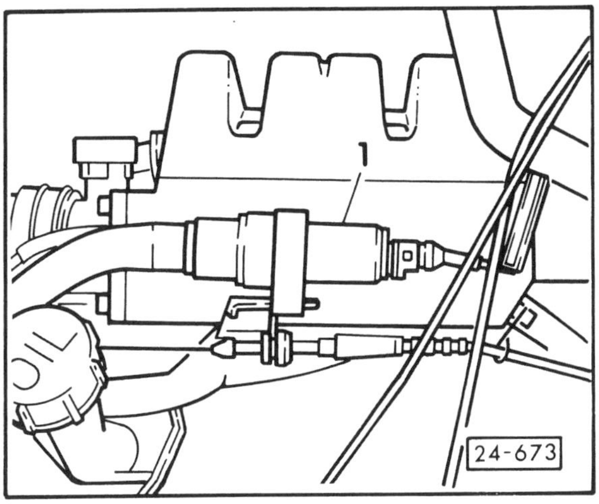

- Ventil –1– für Leerlaufstabilisierung muß vibrieren und summen. Wenn das der Fall ist, Regelung prüfen.
- Zündung ausschalten.
- Stecker vom Ventil abziehen und Widerstand des Ventils messen. Widerstand siehe Seite 102.
- Wenn der Sollwert nicht erreicht wird, Ventil ersetzen. Andernfalls Leitungsunterbrechung zum Steuergerät gemäß Stromlaufplan ermitteln und beseitigen.

Regelung prüfen

Prüfvoraussetzungen: Motoröltemperatur mindestens +80° C, Leerlaufeinstellung in Ordnung. Ansaugluftsystem dicht.

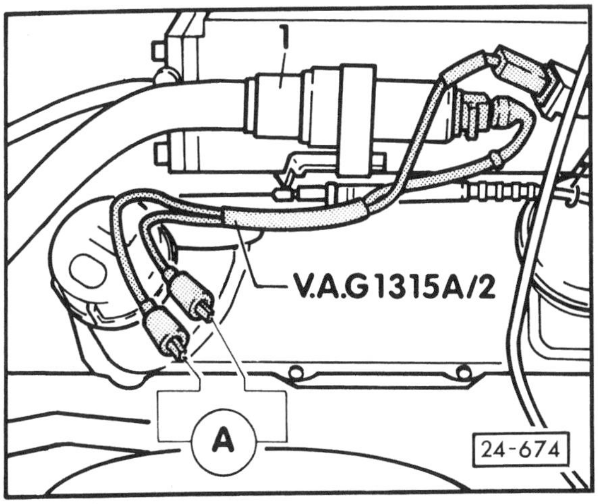

- Steuerstrom prüfen. Dazu Amperemeter –A– mit Prüfleitungen V.A.G 1315A/2 anschließen, siehe Seite 240.
- Motor anlassen und im Leerlauf laufen lassen.
- Nach ca. 1 Minute 3 mal Gas geben (Gasstoß über 3000/min) und bei Leerlaufdrehzahl Steuerstrom messen. Sollwert siehe Seite 102.

- Stecker vom Geber für Kühlmitteltemperatur –Pfeil– abziehen. Steuerstrom messen, Sollwert siehe Seite 102.
- Wenn die Prüfbedingungen eingehalten wurden und die Sollwerte nicht erreicht wurden, ist in der Regel das Digifant-Steuergerät defekt.
- Fehlerspeicher abfragen lassen und löschen. Durch Abziehen des Steckers vom Geber Kühlmitteltemperatur wurde im Steuergerät ein entsprechender Fehler gespeichert.

Achtung: Der Steuerstrom für die Leerlaufstabilisierung ist von der Belastung des Motors im Leerlauf abhängig. Durch folgende Belastung kann der Steuerstrom zwischen 400 und 1000 mA schwanken:

- Motor kalt
- Klimaanlage eingeschaltet
- Elektrische Verbraucher eingeschaltet
- Servolenkung: Lenkrad eingeschlagen
- Leerlaufdrehzahl-Einstellschraube ganz hineingedreht
- Zündzeitpunkteinstellung nicht korrekt

Schließdämpfer prüfen/einstellen

Nur Fahrzeuge mit Schaltgetriebe

4-Zylindermotor bis 5/93 und 5-Zylindermotor bis 12/92

Der Schließdämpfer an der Drosselklappe verhindert, daß die Drosselklappe beim Loslassen des Gaspedals sofort schließt. Der abrupte Schließvorgang hätte einen hohen Schadstoffausstoß zur Folge.

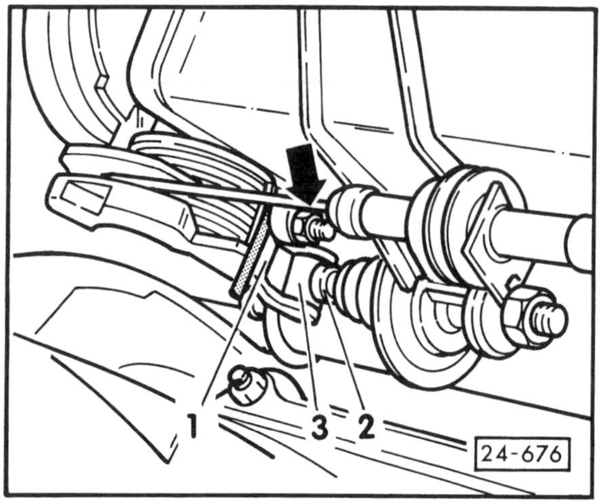

Prüfvoraussetzung: Grundeinstellung der Drosselklappe ist in Ordnung. Dies ist in der Regel der Fall, da die Begrenzungsschraube –Pfeil– vom Werk eingestellt und gesichert ist. Diese Schraube auf keinen Fall verdrehen.

- Schlauch für Kurbelgehäuseentlüftung am Ansaugschlauch abziehen.

Prüfen

- Drosselklappe öffnen und wieder schließen, bis der Stößel des Schließdämpfers –2– die Rolle –3– berührt.
- In dieser Stellung das Spaltmaß zwischen der Begrenzungsschraube –Pfeil– und dem Drosselklappenhebel –1– prüfen. Dazu kann ein Bohrer mit entsprechendem Schaftdurchmesser verwendet werden. Sollwert siehe Seite 102.

Einstellen

- Bohrer mit 2,0 mm ∅ zwischen Begrenzungsschraube –Pfeil– und Drosselklappenhebel –1– klemmen.
- Schließdämpfer so einstellen, daß der Stößel –2– die Rolle –3– gerade berührt.

Einspritzventile aus- und einbauen

Digifant

Die Einspritzventile spritzen den Kraftstoff intermittierend ein, das heißt, pro Kurbelwellenumdrehung wird jeweils die Hälfte des für einen Ansaugtakt notwendigen Kraftstoffs eingespritzt. Das Ventil spritzt den Kraftstoff kegelförmig ein und schließt nach dem Abspritzen dicht ab. Undichte Ventile bewirken Heißstartschwierigkeiten. Defekte Einspritzventile lassen den Motor bisweilen nachdieseln und führen zu Motoraussetzern.

Ausbau

- **5-Zylindermotor:** Luftfiltertopf mit Luftfiltereinsatz ausbauen, siehe Seite 100.
- Ansaugschlauch ausbauen.
- Stecker für Einspritzventile am Kraftstoffverteiler abziehen.
- **5-Zylindermotor:** Schlauch für Kurbelgehäuseentlüftung ausbauen.
- Kraftstoff-Vor- und Rücklauf-Leitung am Kraftstoffverteiler abziehen.
- Unterdruckschlauch vom Kraftstoff-Druckregler abziehen.
- Innensechskant-Befestigungsschrauben, SW 5, für Kraftstoffverteiler herausdrehen.
- Kraftstoffverteiler mit Einspritzventilen in Fahrtrichtung rechts herausziehen.

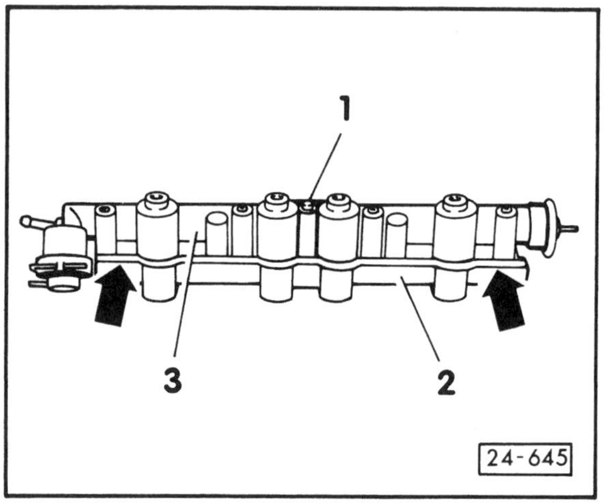

- Schraube –1– herausdrehen und Kraftstoffverteiler-Oberteil –2– vom Kraftstoffverteiler –3– abhebeln –Pfeile–.

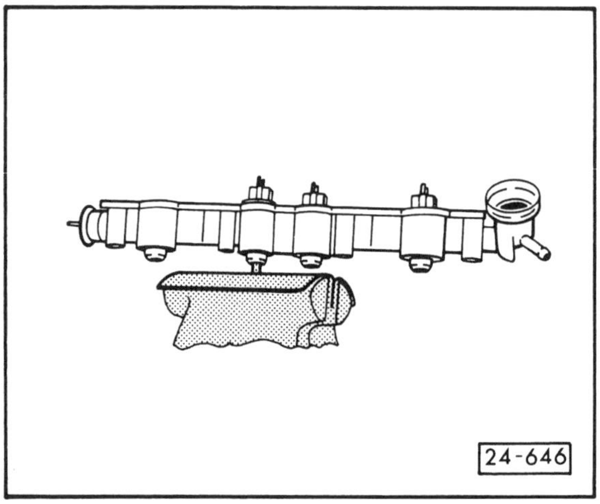

- Innensechskantschraube M6 mit der Gewindeseite in einen Schraubstock einspannen und Einspritzventile herausdrücken.

Einbau

Achtung: Beschädigte Dichtringe beziehungsweise Dichtung sowie O-Ringe der Einspritzventile ersetzen.

- Dichtung auf Kraftstoffverteiler-Oberteil auflegen.

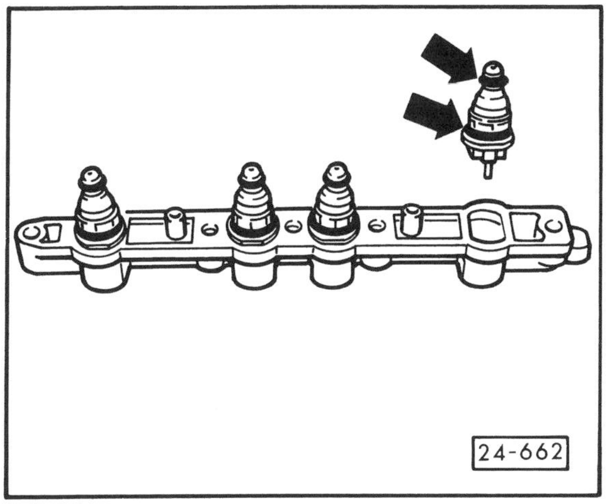

- Einspritzventile mit neuen O-Ringen in das Oberteil des Kraftstoffverteilers stecken. Vorher O-Ringe leicht mit sauberem Motoröl benetzen.
- Oberteil mit Einspritzventilen in den Kraftstoffverteiler drücken.

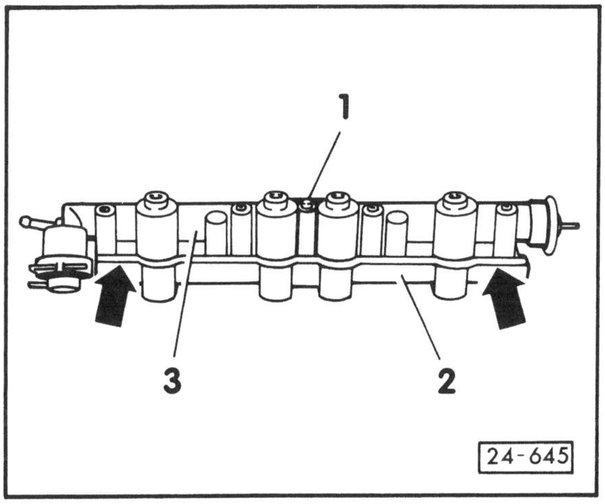

- Schraube –1– mit 10 Nm festziehen.
- Kraftstoffverteiler auf das Sammelsaugrohr aufsetzen und Befestigungsschrauben mit 10 Nm festziehen.
- Unterdruckschlauch am Kraftstoff-Druckregler aufstecken.
- Vor- und Rücklaufleitung aufschieben. Dabei kommt die schwarze Vorlaufleitung auf den Anschluß am Kraftstoffverteiler und die blaue Rücklaufleitung auf den Anschluß am Kraftstoffverteiler/Druckregler.
- Stecker für Einspritzventile aufstecken.
- **5-Zylindermotor:** Schlauch für Kurbelgehäuseentlüftung einbauen und am Öleinfüllrohr befestigen. Dabei auf ausreichenden Abstand zum Drosselklappenstutzen achten.
- Ansaugschlauch so einbauen, daß die Markierungspfeile an Schlauch und Stutzen übereinstimmen, siehe Position –6– in Abbildung 24-688, Seite 100.
- **5-Zylindermotor:** Luftfiltertopf mit Luftfiltereinsatz einbauen, siehe Seite 100.

Einspritzventile prüfen

Digifant

Spannungsversorgung und Widerstand prüfen

- Hallgeber prüfen, siehe Seite 63.
- Stecker am Kaltstartventil abziehen.

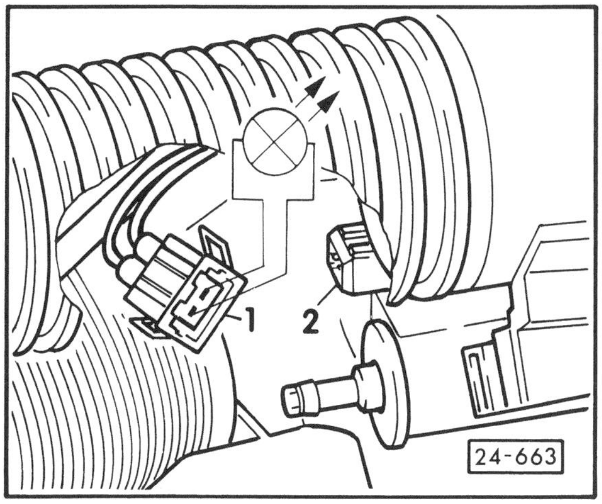

- Spannungsversorgung für **alle** Einspritzventile prüfen. Dazu Diodenprüflampe an Stecker –1– anschließen. Anlasser betätigen (Helfer). Die Leuchtdiode muß flackern.

Leuchtdiode leuchtet ständig:

- Masseleitung (–) von der Batterie zum Getriebe und Digifant-Steuergerät ersetzen.

Leuchtdiode flackert nicht und leuchtet nicht:

- Stecker –1– auf Anschluß –2– stecken.
- Leitungsunterbrechung zwischen Ventilen und Steuergerät ermitteln und beseitigen. Einspritzanlage elektrisch prüfen lassen. Unter Umständen muß das Steuergerät ersetzt werden.
- Falls eingeschaltet, Zündung ausschalten.

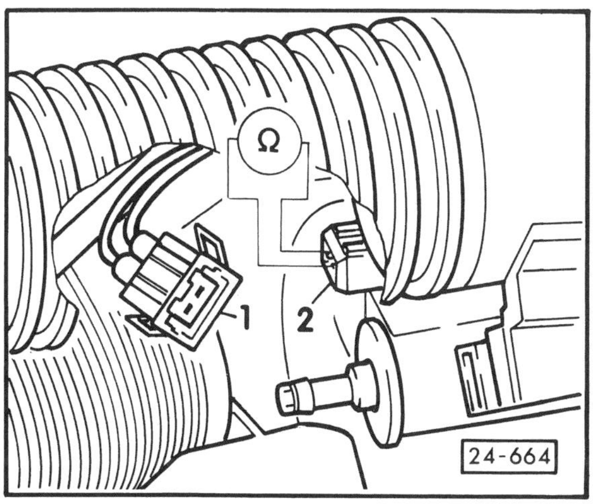

- Widerstand für alle Einspritzventile am Anschluß –2– prüfen. Sollwerte siehe Seite 102.

Hinweis: Liegt der Widerstand außerhalb vom Sollwert, kann beim 4-Zylindermotor anhand des Meßwertes beurteilt werden, wie viele Einspritzventile defekt sind. Beim 5-Zylindermotor Widerstände der einzelnen Einspritzventile messen; Sollwert: 15 – 20 Ω.

- Gegebenenfalls defektes Einspritzventil ersetzen.

Strahlbild und Dichtheit prüfen

- Stecker vom Kaltstartventil ist abgezogen.
- Einspritzventile ausbauen.
- Kraftstoff-Vor- und Rücklaufleitung am Kraftstoffverteiler aufstecken.

- Einspritzventile in ein geeignetes Meßgefäß halten. **Achtung:** Augen schützen, Spritzgefahr!
- Blauen Stecker –Pfeil– für Temperaturgeber am Kühlmittelstutzen abziehen.
- Zwischen die Steckerkontakte vom Temperaturgeber Widerstand von 15 kΩ anschließen.
- Stecker für Einspritzventile –2– mit Hilfsleitungen auf den Anschluß –1– des Kraftstoffverteilers stecken.
- Anlasser von Hilfsperson einige Sekunden betätigen lassen, dabei Strahlbilder der Einspritzventile miteinander vergleichen. Der Kraftstoff muß kegelförmig austreten und bei allen Einspritzventilen gleich aussehen.
- Stecker –2– für die Einspritzventile abziehen.
- Zündung ca. 5 Sekunden einschalten, Anlasser nicht betätigen. Pro Minute und Ventil dürfen nicht mehr als 2 Tropfen Kraftstoff aus den Einspritzventilen austreten.
- Ventile einbauen.
- Stecker für Temperaturgeber und Kaltstartventil aufschieben.

Achtung: Beim Wiedereinstecken der Ventile darauf achten, daß die O-Ringe nicht beschädigt werden. Dichtring auf Beschädigungen prüfen, gegebenenfalls ersetzen. Dichtring vor dem Einsetzen mit Kraftstoff anfeuchten.

Widerstandswerte Temperaturgeber

- Geber für Kühlmitteltemperatur.
- Geber für Ansauglufttemperatur im CO-Potentiometer, Kontakt 2 und 3 am CO-Potentiometer.

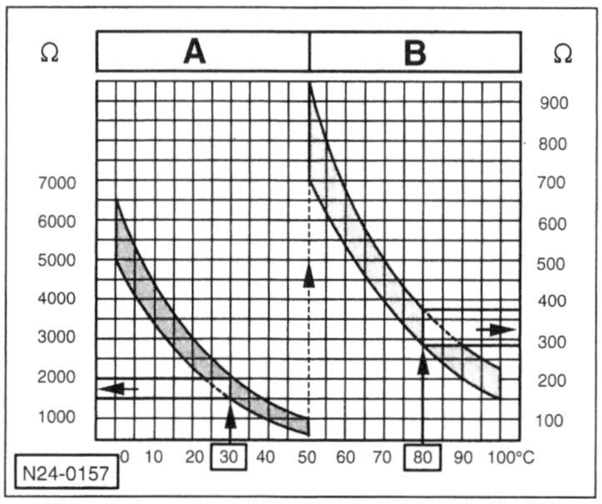

Ablesebeispiel: +30° C entspricht 1500 bis 2000 Ω;
+80° C entspricht 275 bis 375 Ω.

Leerlaufschalter prüfen/einstellen

Prüfen

- Stecker vom Leerlaufschalter abziehen. Mit Ohmmeter Widerstand an den Kontakten des Schalters messen. Sollwert siehe Seite 103.
- Drosselklappe von Hand öffnen und schließen. Der Leerlaufschalter muß jeweils hörbar klicken.

Einstellen

- Einstellvoraussetzung: Grundeinstellung der Drosselklappe ist in Ordnung. Normalerweise verändert sich die im Werk vorgenommene Grundeinstellung nicht.
- Befestigungsschrauben für Leerlaufschalter lösen und prüfen, ob der Drosselklappenhebel an der Begrenzungsschraube anliegt.

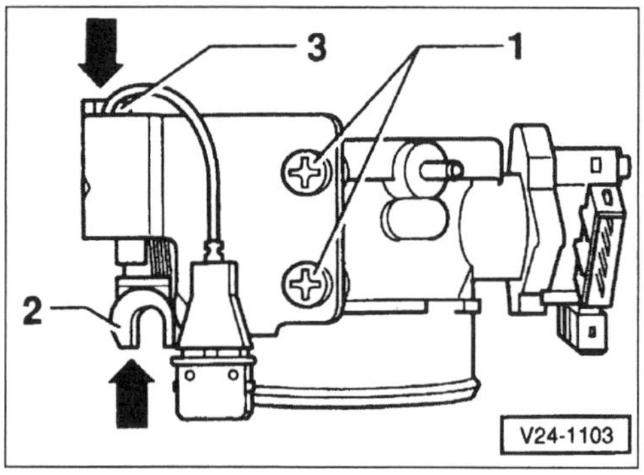

- Befestigungsschrauben –1– leicht beiziehen.
- Drosselklappenhebel –2– und Leerlaufschalter –3– fest zusammendrücken –Pfeile– und Befestigungsschrauben in dieser Stellung festziehen.
- Drosselklappe von Hand öffnen. Der Leerlaufschalter muß hörbar klicken.

Simos-Einspritzanlage

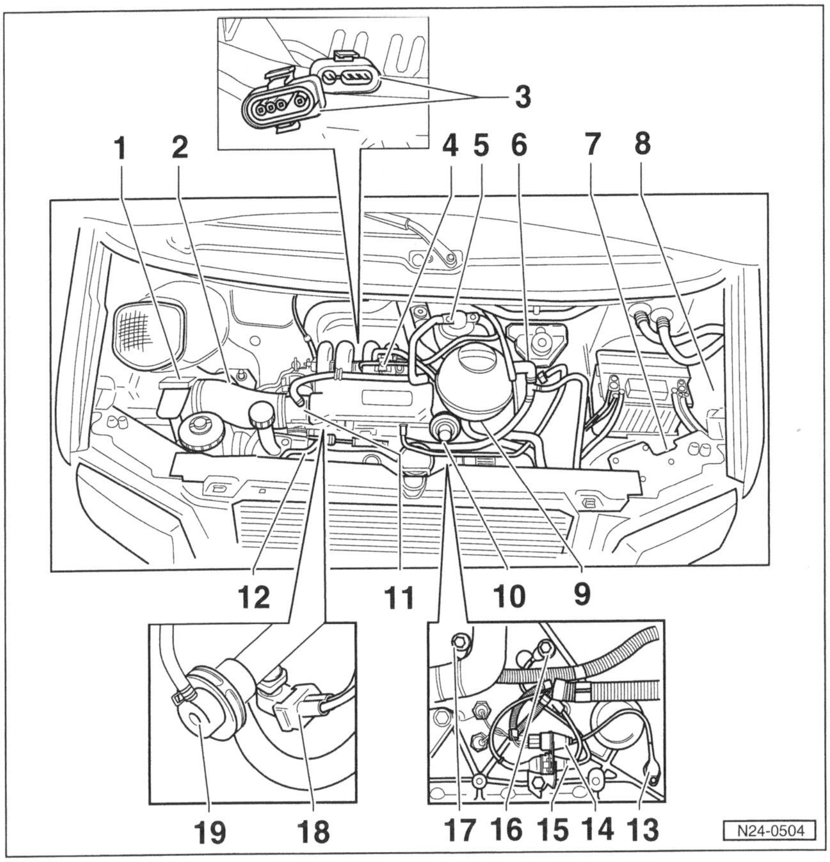

Motorraum-Übersicht

1 – **Luftmassenmesser**

2 – **Geber für Ansauglufttemperatur**

3 – **4fach-Steckverbindung**
Für Lambdasonde und -heizung.

4 – **Ventil für Abgasrückführung**

5 – **Magnetventil 1 für Aktivkohlebehälter**

6 – **Geber Geschwindigkeitsmesser**

7 – **Zündtrafo**

8 – **Steuergerät**

9 – **Zündverteiler mit Hallgeber**

10 – **Abgasrückführventil**

11 – **Drosselklappen-Steuereinheit**

12 – **Geber für Kühlmitteltemperatur**

13 – **Geber für Motordrehzahl**

14 – **3fach-Steckverbindung**
Grau, für Geber Motordrehzahl.

15 – **3fach-Steckverbindung**
Für Klopfsensor.

16 – **Klopfsensor 2**

17 – **Klopfsensor 1**

18 – **Einspritzventil**

19 – **Kraftstoff-Druckregler**

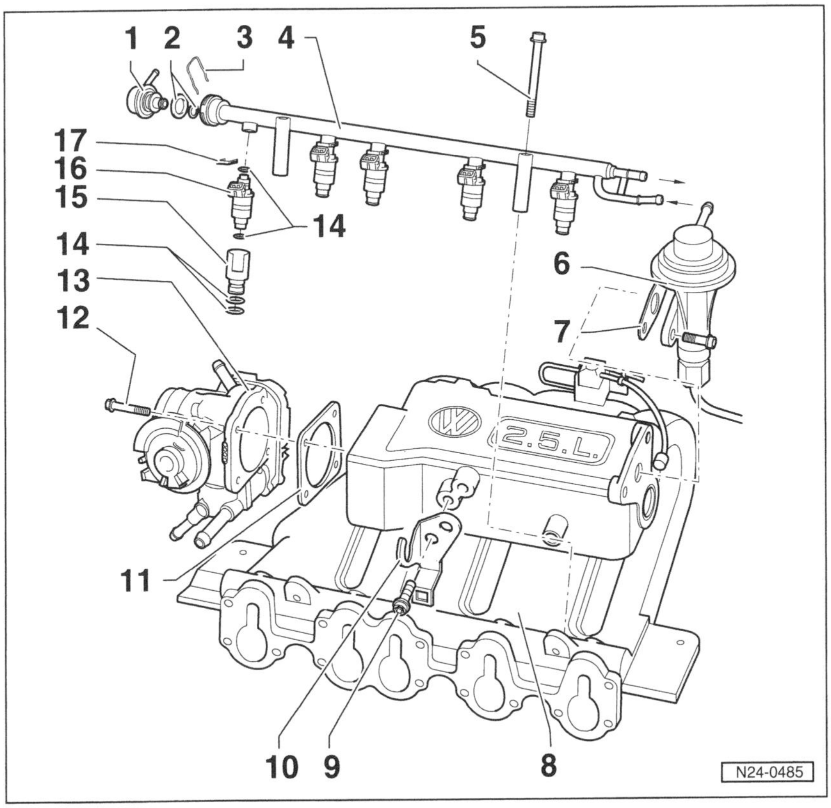

Saugrohr/Einspritzventile

1 – **Kraftstoff-Druckregler**

2 – **O-Ring**
Bei Beschädigung ersetzen.

3 – **Halteklammer**
Auf festen Sitz prüfen.

4 – **Kraftstoffverteiler**

5 – **Schraube, 20 Nm**

6 – **Abgasrückführungsventil**

7 – **Dichtung**
Immer ersetzen.

8 – **Saugrohr**

9 – **Schraube, 10 Nm**

10 – **Widerlager für Gaszug**

11 – **Dichtung**
Immer ersetzen.

12 – **Schraube, 10 Nm**

13 – **Drosselklappen-Steuereinheit**
Enthält: Drosselklappensteller, Potentiometer für Steller, Drosselklappenpotentiometer, Leerlaufschalter.

14 – **O-Ring**
Bei Beschädigung ersetzen.

15 – **Einsatz für Einspritzventil**

16 – **Einspritzventil**

17 – **Halteklammer**
Auf festen Sitz prüfen.

Der Luftfilter

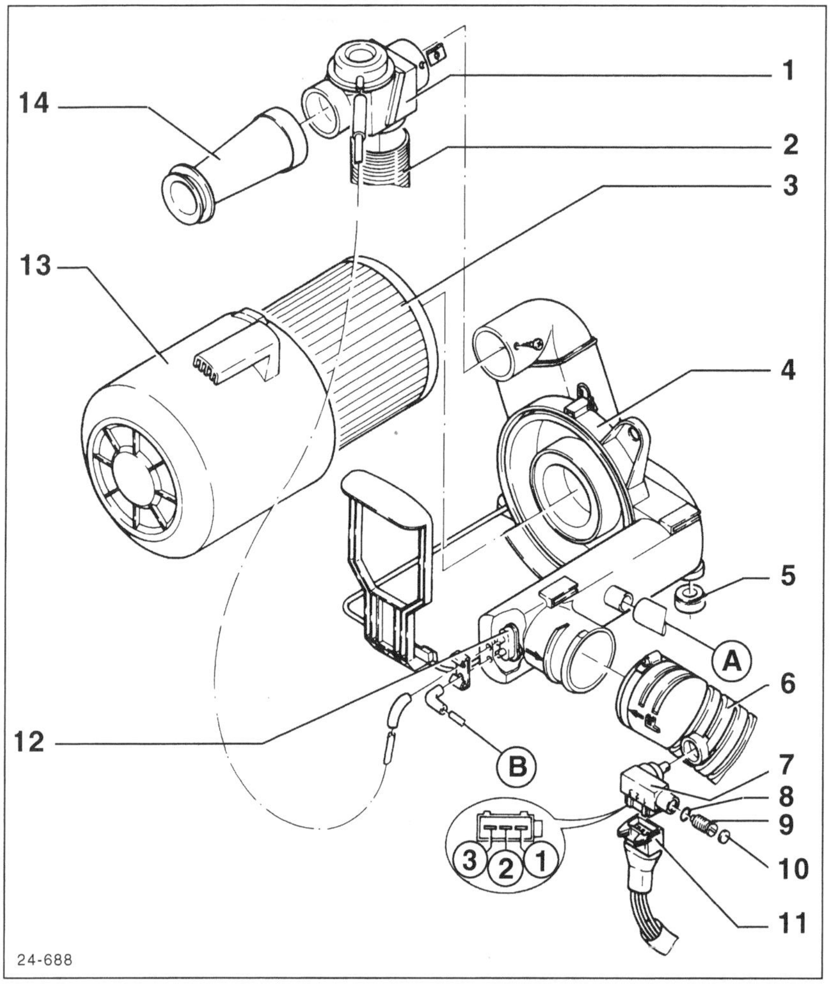

Motor AAC, AAF, ACU

1 – **Luftansaugstutzen**
Mit Regelklappe zur Ansaugluftvorwärmung.

2 – **Schlauch**
Zum Warmluftfangblech am Abgaskrümmer.

3 – **Luftfiltereinsatz**

4 – **Luftfiltergehäuse**

5 – **Gummischeibe**

6 – **Ansaugschlauch**
Einbaulage beachten: Die Pfeile auf Schlauch und Stutzen müssen sich gegenüberstehen.

7 – **Geber für Ansauglufttemperatur**
Beim 5-Zylinder-Motor bis 7.92 und 4-Zylinder-Motor bis 5.93 mit CO-Potentiometer. Widerstand des Gebers für Ansauglufttemperatur zwischen den Kontakten –2– und –3– messen. Sollwert siehe unter »Widerstandswerte Temperaturgeber«.

8 – **O-Ring**

9 – **CO-Einstellschraube**
Nur beim 5-Zyl.-Motor bis 7.92 und 4-Zyl.-Motor bis 5.93 vorhanden.

10 – **Verschlußstopfen**

11 – **Anschlußstecker**

12 – **Temperaturregler**
Einbaulage: Anschlußröhrchen aus Messing bzw. mit Kerbe befindet sich oben.

13 – **Luftfiltertopf**

14 – **Luftführung**

A – **Luftschlauch**
Zum Verbindungsschlauch zwischen Ansaugschlauch und Leerlaufstabilisierungsventil.

B – **Zum Drosselklappenstutzen**

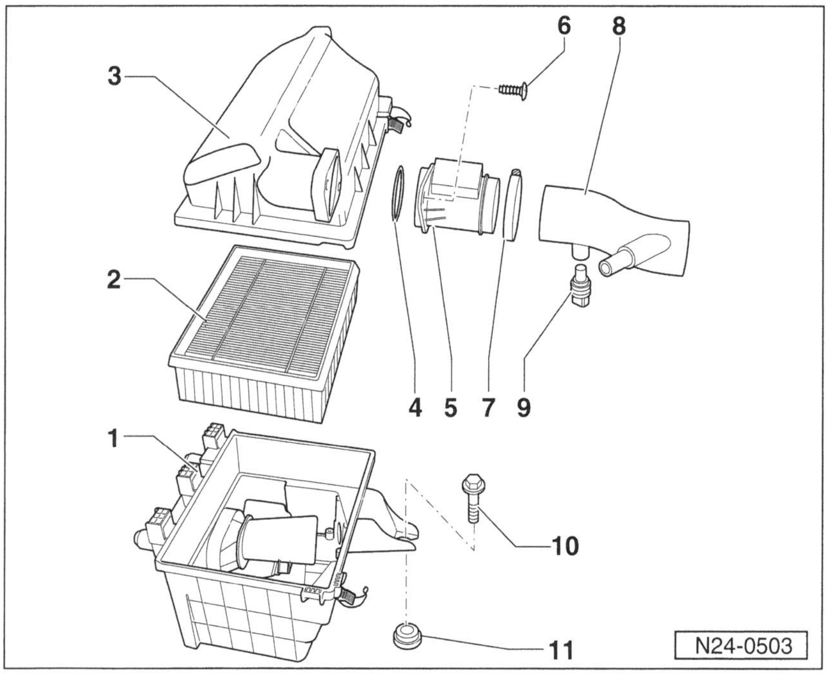

Motor AET/APL/AVT (85 kW)

1 – **Luftfilterunterteil**

2 – **Filtereinsatz**

3 – **Luftfilteroberteil**

4 – **O-Ring**
Bei Beschädigung ersetzen.

5 – **Luftmassenmesser**

6 – **Kreuzschlitzschraube**

7 – **Schraubschelle**

8 – **Ansaugschlauch**
Beim Einbau auf festen Sitz achten.

9 – **Geber für Ansauglufttemperatur**

10 – **Sechskantschraube**

11 – **Unterlage**

Saugrohrober- und -unterteil

6-Zylinder-Benzinmotor VR-6

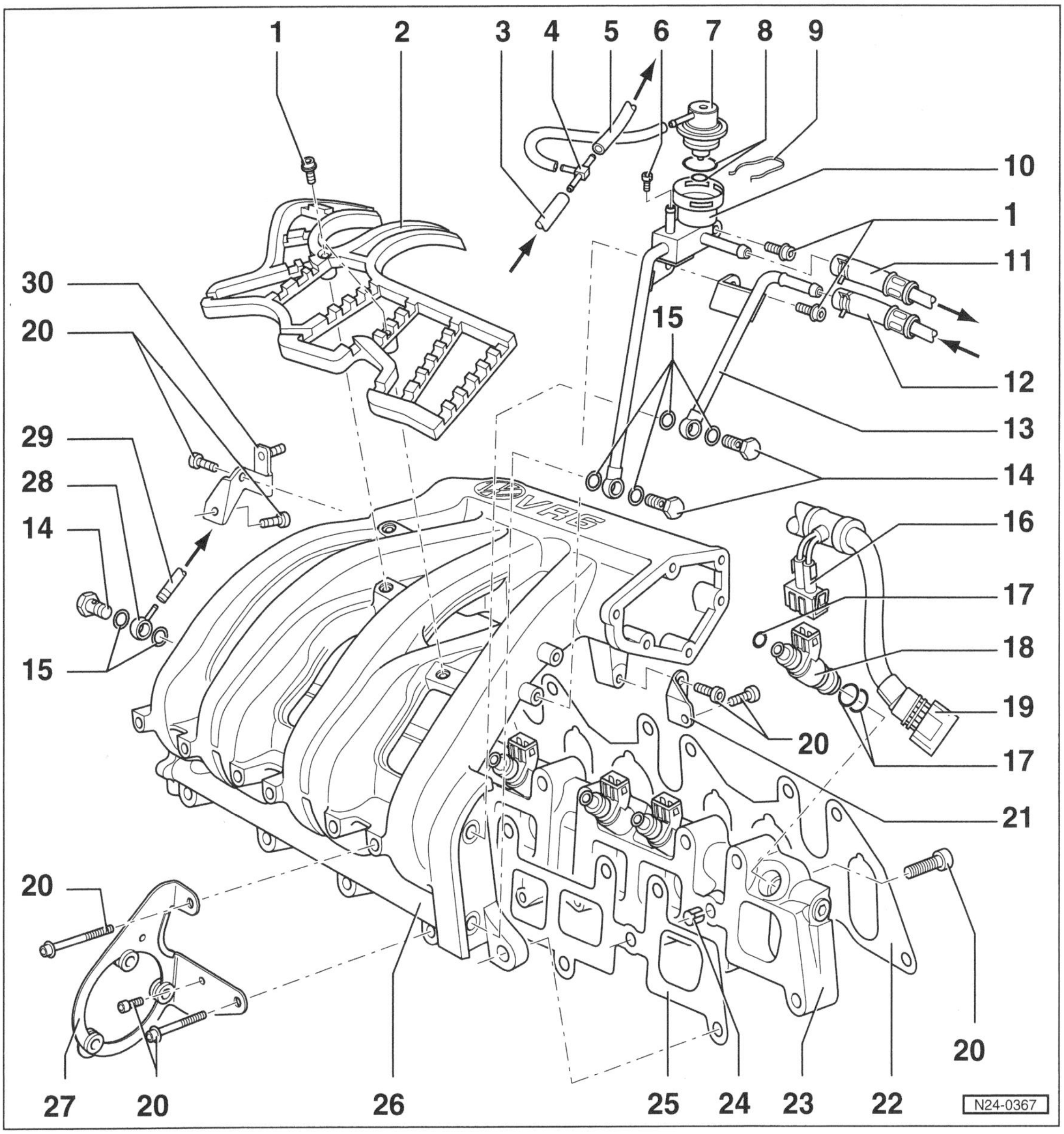

1 – **Schraube, 10 Nm**

2 – **Zündleitungsführung**

3 – **Unterdruckschlauch**
Vom Sekundäreinblasventil.

4 – **Abzweigstück**

5 – **Unterdruckschlauch**
Zum Anschlußstutzen –11–.

6 – **Verschlußschraube**

7 – **Kraftstoff-Druckregler**

8 – **O-Ring**
Vor dem Einbau einölen.

9 – **Halteklammer**

10 – **Halter für Kraftstoff-Druckregler**

11 – **Rücklaufleitung**
Blau. Mit Federbandschellen sichern.

12 – **Vorlaufleitung**
Schwarz. Mit Federbandschellen sichern.

13 – **Kraftstoffvorlaufrohr**

14 – **Hohlschraube, 15 Nm**

15 – **Dichtring**

16 – **Anschlußstecker**
Schwarz, 2polig, für Einspritzventil.

17 – **O-Ring**
Vor dem Einbau einölen.

18 – **Einspritzventil**
Mit Abziehvorrichtung VW-3047A aus Saugrohr-Unterteil herausziehen.

19 – **Steckverbindung**
Für Einspritzventile.

20 – **Schraube, 20 Nm**

21 – **Abstützung hinten links**
Zwischen Saugrohr und Zylinderkopf.

22 – **Dichtung für Saugrohr-Unterteil**

23 – **Saugrohr-Unterteil**

24 – **Paßhülse**

25 – **Dichtung für Saugrohr**

26 – **Saugrohr**

27 – **Halter**
Für Motor Sekundärluftpumpe.

28 – **Anschluß für Verbindungsschlauch**
Am Saugrohr-Unterteil.

29 – **Verbindungsschlauch**
Zum Ansaugschlauch.

30 – **Abstützung hinten rechts**
Zwischen Saugrohr und Zylinderkopf.

Ansaugluftvorwärmung prüfen

Digifant

Die Ansaugluftvorwärmung wird temperaturabhängig über eine Luftklappe im Luftansaugstutzen geregelt. Bei defekter Ansaugluftvorwärmung können folgende Beanstandungen auftreten:

- Schlechter Leerlauf in der Warmlaufphase.
- Übergangsstörungen.
- Schlechte Leistung, Höchstgeschwindigkeit wird nicht erreicht.
- Hoher Kraftstoffverbrauch.

- Unterdruckschläuche von der Membrandose zum Temperaturregler und vom Temperaturregler zum Drosselklappenstutzen auf festen Sitz prüfen.
- Schläuche durch Verbiegen auf Beschädigung und Porosität untersuchen, gegebenenfalls auswechseln.
- Luftfiltertopf ausbauen und Luftfiltereinsatz herausnehmen, siehe Seite 100.

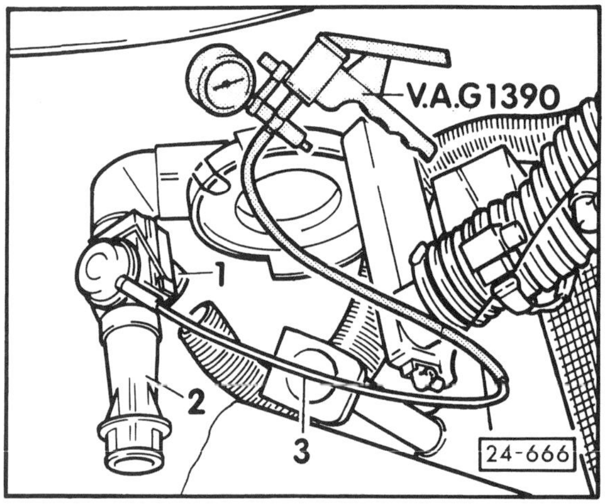

- Stellung und Leichtgängigkeit der Regelklappe im Luftfiltergehäuse durch Tasten oder mit Hilfe eines Spiegels prüfen. Die Regelklappe muß den Warmluftkanal –1– verschließen.
- Unterdruckleitung am Temperaturregler abziehen und Handvakuumpumpe V.A.G 1390 anschließen.
- Mit der Handpumpe Unterdruck erzeugen und Funktion sowie Leichtgängigkeit der Regelklappe prüfen. Die Klappe muß den Kaltluftstutzen –2– verschließen.
- Motor starten und im Leerlauf drehen lassen.
- Unterdruckleitung –3– auf das Anschlußröhrchen aus Messing oder mit Kerbe stecken und Temperaturregler prüfen.

Achtung: Bei laufendem Motor ist die Stellung der Regelklappe nach maximal 20 Sekunden von der Temperatur des Temperaturreglers abhängig:

unter +20° C: Temperaturregler offen, Kaltluftstutzen verschlossen

über +30° C: Temperaturregler zu, Warmluftstutzen verschlossen

zwischen +20° und +30° C: Kalt- und Warmluftstutzen offen

- Luftfiltereinsatz in das Gehäuse legen, Luftfilter einbauen, siehe Seite 100.

Technische Daten Digifant-Einspritzanlage

Motor-Kennbuchstaben Motorleistung	**AAC** 84 PS	**AAF, ACU** 110 PS
Drehzahlbegrenzung Leerlaufdrehzahl CO-Gehalt	5300/min 800 ± 25/min 0,7 ± 0,2 Vol.% (bis 5/93) 0,3 – 1,2 Vol.% (seit 6/93)	5500/min 800 ± 25/min 0,7 ± 0,2 Vol.% (bis 7/92) 0,3 – 1,2 Vol.% (seit 8/92)
Leerlaufstabilisierung Widerstand am Ventil **Steuerstrom** Stecker am Kühlmitteltemperaturgeber **abgezogen** **aufgesteckt** Je nach Belastung, wenn elektrische Verbraucher eingeschaltet sind	 2 – 10 Ω 420 ± 30 mA **konstant** 420 ± 30 mA ggf. **schwankend** 400 – 1000 mA	 2 – 10 Ω (bis 2/94) 420 ± 30 mA **konstant** (– 2/94) 420 ± 30 mA ggf. **schwankend** 400 – 1000 mA (bis 2/94)
Drosselklappenpotentiometer Drosselklappenhebelstellung am **Leerlaufanschlag** **Vollgasanschlag**	 5 – 30 °∢ mind. 100 °∢	5 – 30 °∢ (bis 9/91) 0 – 5°∢ (seit 10/91) mind. 100 °∢ (bis 9/91) mind. 80 °∢ (seit 10/91)
Kraftstoff-Druckregler **Kraftstoffdruck** bei Leerlaufdrehzahl und Unterdruckschlauch **aufgesteckt** **abgezogen**	 ca. 2,5 bar Überdruck ca. 3,0 bar Überdruck	 ca. 2,5 bar Überdruck ca. 3,0 bar Überdruck
Haltedruck nach 10 Minuten	mind. 2,0 bar Überdruck	mind. 2,0 bar Überdruck
Einspritzventile Abspritzstrahl **Widerstand** am einzelnen Ventil am Anschluß für alle Ventile (4 Ventile i.O.) (3 Ventile i.O.) (2 Ventile i.O.) (1 Ventil i.O.) (5 Ventile i.O.) **Spannung** bei Prüfung mit Diodenprüflampe **Prüfvoraussetzung:** Hallgeber i.O.; Stecker für Einspritzventile abgezogen; Anlasser betätigt	 bei allen Ventilen gleich 15 – 20 Ω 3,7 – 5,0 Ω 5,0 – 6,7 Ω 7,5 – 10 Ω 15 – 20 Ω – Leuchtdiode flackert	 bei allen Ventilen gleich 15 – 20 Ω – – – – 3,0 – 4,0 Ω Leuchtdiode flackert
CO-Potentiometer Widerstand zwischen den Kontakten **1** und **3** **Hinweis:** Der Widerstand ist abhängig von der Stellung der CO-Einstellschraube	 0 – 2 kΩ (bis 5/93)	 0 – 2 kΩ (bis 7/92)
Leerlaufschalter Widerstand bei geschlossener Drosselklappe Widerstand bei geöffneter Drosselklappe	 max. 10 Ω (seit 6/93) ∞ Ω (seit 6/93)	 max. 10 Ω (seit 8/92) ∞ Ω (seit 8/92)
Schließdämpfer-Spaltmaß Prüfwert Einstellwert	1,5 – 2,5 mm (bis 5/93) 2,0 mm (bis 5/93)	1,5 – 2,5 mm (bis 7/92) 2,0 mm (bis 7/92)

Technische Daten Simos-/Motronic-Einspritzanlage

Motor-Kennbuchstaben Motorleistung	**AET/AVT** 85 kW/115 PS	**APL** 85 kW/115 PS	**AES** 103 kW/140 PS	**AMV** 150 kW/204 PS
Leerlaufdrehzahl Drehzahlbegrenzung	640 - 750/min 5400/min	600 - 800/min 5400/min	650 - 750/min 5400 - 5800/min	650 - 750/min 6500/min
Widerstand Einspritzventil	15 - 20 Ω	15 - 20 Ω	15 - 21,5 Ω	15 - 21,5 Ω
Kraftstoffdruck	wie Digifant	wie Digifant	wie Digifant	wie Digifant

Störungsdiagnose Benzin-Einspritzanlage

Bevor anhand der Störungsdiagnose der Fehler aufgespürt wird, müssen folgende Prüfvoraussetzungen erfüllt sein: Bedienungsfehler beim Starten ausgeschlossen. Sowohl für den kalten wie warmen Motor gilt: Vor und während des Startens kein Gas geben. Bei heißem Motor kann es nach dem Anspringen des Motors erforderlich sein, etwas Gas zu geben.

Kraftstoff im Tank, Motor mechanisch in Ordnung, Batterie geladen, Anlasser dreht mit ausreichender Drehzahl, Zündeinstellung und Zündanlage sind in Ordnung, keine Undichtigkeiten an der Kraftstoffanlage, Verschmutzungen im Kraftstoffsystem ausgeschlossen, Kurbelgehäuse-Entlüftung in Ordnung, elektrische Masseverbindung (Motor-Getriebe-Aufbau) vorhanden. Fehlerspeicher abfragen (Werkstattarbeit). **Achtung: Die Kraftstoffanlage steht unter Druck.** Wenn Kraftstoffleitungen gelöst werden, vorher Druck abbauen. Dazu Tankdeckel kurzzeitig öffnen. Beim Abziehen der Leitungen dicken Lappen darüberlegen, um eventuelle Kraftstoffspritzer aufzufangen. Kraftstoffleitungen vorher mit Kaltreiniger säubern.

Störung	Ursache	Abhilfe
1. Motor springt nicht an	1. Sicherung Nr. 18 defekt	■ Sicherung ersetzen
	2. Elektro-Kraftstoffpumpe läuft beim Betätigen des Anlassers nicht an (keine Laufgeräusche hörbar)	■ Prüfen, ob Spannung an der Pumpe anliegt. Elektrische Kontakte auf gute Leitfähigkeit überprüfen
	3. Kühlmittel-Temperaturgeber defekt	■ Temperaturgeber prüfen
	4. Kraftstoffpumpenrelais defekt	■ Relais überprüfen
	5. Stromversorgungsrelais Motronic defekt	■ Relais überprüfen
	6. Luftansaugsystem undicht, Motor zieht Falschluft	■ Ansaugsystem auf Undichtigkeit (Falschluft) prüfen
	7. Unterdruckleitungen undicht	■ Sämtliche Unterdruckleitungen auf Porosität oder Beschädigung überprüfen
	8. Druckregler defekt	■ Kraftstoffdruck und Haltedruck prüfen
	9. Einspritzventil(e) defekt, verklebt	■ Einspritzventil(e) prüfen
	10. Kaltstartventil defekt (Motor AAC/AAF bis 5/93)	■ Kaltstartventil prüfen
	11. Drosselklappensteller/-potentiometer defekt	■ Drosselklappensteller/-potentiometer prüfen
	12. Steuergerät erhält keine Spannung	■ Spannungsversorgung prüfen
	13. Kein Hallgeber-Signal bzw. Störung in der Zündanlage	■ Hallgeber bzw. Zündsystem prüfen
2. Der kalte Motor springt schlecht an, läuft unrund	1. Kühlmittel-/Ansaugluft-Temperaturfühler defekt	■ Temperaturfühler prüfen
	2. CO-Gehalt falsch	■ CO-Gehalt und Leerlauf prüfen
	3. wie unter 1.6, 1.8 und 1.10	■ wie unter 1.6, 1.8 und 1.10
3. Der heiße Motor springt nicht oder schlecht an	1. Rückschlagventil der Kraftstoffpumpe defekt	■ Rückschlagventil prüfen
	2. Aktivkohle-System defekt	■ Aktivkohle-Anlage überprüfen
	3. Kraftstoffsystem undicht	■ Sichtprüfung an allen Verbindungsstellen im Bereich des Motors und der elektrischen Kraftstoffpumpe. Alle Anschlüsse nachziehen
	4. Druck im Kraftstoffsystem zu hoch	■ Kraftstoffdruck prüfen lassen, gegebenenfalls Druckregler ersetzen
	5. Rücklaufleitung zwischen Einspritzeinheit und Tank verstopft oder geknickt	■ Leitung reinigen oder ersetzen
	7. wie unter 1.6 – 1.12, 2.1	■ wie unter 1.6 – 1.12, 2.1

Störung	Ursache	Abhilfe
4. Leerlauf- und Übergangsstörungen, schlechte Gasannahme	1. Lambda-Regelung defekt	■ Lambda-Regelung prüfen
	2. Lambdasondenheizung defekt	■ Lambdasondenheizung prüfen
	3. Leerlaufschalter defekt	■ Leerlaufschalter prüfen
	4. Abgasanlage zwischen Zylinderkopf und Katalysator undicht	■ Abgasanlage auf Dichtheit prüfen
	5. Störung in der Zündanlage	■ Zündsystem prüfen
	6. wie unter 1.6 – 1.11, 2.1, 3.2	■ wie unter 1.6 – 1.11, 2.1, 3.2
5. Motoraussetzer im Fahrbetrieb	1. Elektrische Verbindungen zur Kraftstoffpumpe zeitweise unterbrochen	■ Steckverbindungen und Anschlüsse von elektrischen Leitungen an der Kraftstoffpumpe und dem Kraftstoffpumpen-Relais auf feste und widerstandslose Verbindung prüfen. Sicherung und Kontaktstellen am Kraftstoffpumpen-Relais prüfen. Kontakte reinigen bzw. erneuern. Stromaufnahme der Kraftstoffpumpe prüfen.
	2. Kraftstoff-Fördermenge zu gering	■ Kraftstoffpumpen-Fördermenge prüfen
	3. Kraftstoffilter verstopft	■ Kraftstoffilter erneuern
	4. Kraftstoffpumpe defekt	■ Kraftstoffpumpe prüfen
	5. Drosselklappenpotentiometer defekt	■ Drosselklappenpotentiometer prüfen
	6. Steuergerät erhält teilweise keine Spannung	■ Spannungsversorgung prüfen
	7. wie unter 1.6 – 1.9, 2.1	■ wie unter 1.6 – 1.9, 2.1
	8. Störung in der Zündanlage	■ Zündsystem prüfen
6. Der Motor läuft nach	1. Einspritzventil(e) undicht	■ Einspritzventil(e) prüfen
	2. Zündzeitpunkt falsch	■ Zündzeitpunkt-Einstellung prüfen
	4. wie unter 1.10, 3.2	■ wie unter 1.10, 3.2

Die Diesel-Einspritzanlage

Das Diesel-Prinzip

Beim Dieselmotor wird reine Luft in die Zylinder angesaugt und dort sehr hoch verdichtet. Dadurch steigt die Temperatur in den Zylindern über die Zündtemperatur des Dieselöls an. Wenn der Kolben kurz vor dem oberen Totpunkt steht, wird in die hochverdichtete und etwa +700 bis +900° C heiße Luft Dieselöl eingespritzt. Das Dieselöl zündet von selbst, Zündkerzen sind also nicht erforderlich.

Der Kraftstoff wird direkt von der Verteiler-Einspritzpumpe aus dem Kraftstoff-Vorratsbehälter angesaugt. In der Einspritzpumpe wird der für die Diesel-Einspritzung erforderliche hohe Druck aufgebaut und der Kraftstoff entsprechend der Zündfolge auf die einzelnen Zylinder verteilt.

Um die Schadstoffe im Abgas zu verringern, besitzen die Dieselmotoren mit 50, 65, 75 und 111 kW einen speziellen Diesel-Oxidationskatalysator. Gleichzeitig sorgt eine Abgasrückführung für eine weitgehende Verminderung der Stickoxide im Abgas. Erreicht wird das durch Beimischung von Abgas zur angesaugten Frischluft, wodurch der Sauerstoffgehalt der Verbrennungsluft reduziert wird. Dies führt zu kürzerem Zündverzug und zu niedrigeren Verbrennungstemperaturen und vermindert damit die NO_X-Bildung.

Für die Einspritzung beim Dieselmotor gibt es 2 unterschiedliche Verfahren: Die Wirbelkammereinspritzung sowie die Direkteinspritzung.

Wirbelkammereinspritzung

Motor 1X (45kW), Motor ABL (50 kW), Motor AAB (57 kW) und Motor AJA (55 kW)

Ein Regler in der Einspritzpumpe steuert die eingespritzte Kraftstoffmenge entsprechend der Betätigung des Gaspedals. Über die Einspritzventile wird der Diesel-Kraftstoff jeweils zum richtigen Zeitpunkt in die Vorkammer des betreffenden Zylinders eingespritzt (Abspritzdruck 140 – 160 bar). Durch die Form der Wirbelkammer erhält die angesaugte Luft beim Verdichtungshub eine bestimmte Wirbelbewegung, so daß sich der eingespritzte Kraftstoff optimal mit Luft vermischt. Das heiße Gemisch entzündet sich sofort. Die Sauerstoffmenge, die in der Vorkammer vorhanden ist, reicht aber nur zur Verbrennung eines Teils des eingespritzten Kraftstoffs. Der übrige, unverbrannte Teil wird durch den bei der Verbrennung entstandenen Überdruck in den Verbrennungsraum geblasen. Dort verbrennt der Kraftstoff vollständig. Die Vorteile des Wirbelkammerverfahrens gegenüber dem Direkteinspritzverfahren sind eine weiche Verbrennung und dadurch ein ruhiger Motorlauf sowie eine weitgehend rauchfreie Verbrennung. Nachteile sind ein schlechteres Kaltstartverhalten aufgrund der größeren Brennraumoberfläche sowie ein höherer Kraftstoffverbrauch.

Bei kaltem Motor wird allein durch die Verdichtung die Zündtemperatur nicht erreicht. In diesem Fall muß vorgeglüht werden. Dazu befindet sich in jeder Wirbelkammer eine Glühkerze, die den Brennraum aufheizt. Durch ein Glühzeit-Steuergerät werden die Glühkerzen auch noch während und nach dem Starten des Motors mit Strom versorgt.

Der Kaltstart wird durch einen Kaltstartbeschleuniger erleichtert, der über einen Zugknopf am Armaturenbrett vor dem Start betätigt wird. Durch das Ziehen des Kaltstartbeschleunigers verstellt sich der Kolben des Spritzverstellers in der Einspritzpumpe um ca. 2,5° in Richtung früh. Dadurch wird der Kraftstoff früher in die heiße Luft eingespritzt, der kalte Motor springt schneller an. Sobald der Motor seine Betriebstemperatur erreicht hat, muß der Zugknopf wieder ganz zurückgeschoben werden.

Da der Dieselmotor als Selbstzünder nicht durch Spannungsunterbrechung der Zündanlage abgeschaltet werden kann, besitzt er ein elektromagnetisches Kraftstoffabschaltventil. Durch Ausschalten der Zündung wird die Spannungsversorgung für das Magnetventil unterbrochen und das Ventil verschließt den Kraftstoffkanal.

Ab 10/94 wird das Kraftstoffabschaltventil durch das Steuergerät für Kraftstoffabschaltventil angesteuert. Das Steuergerät ist direkt über dem Abschaltventil an die Einspritzpumpe angeschraubt. Es dient auch zum Abstellen des Motors aufgrund von Signalen des Steuergerätes für Wegfahrsicherung. Das Steuergerät für Kraftstoffabschaltventil kann auch nachträglich eingebaut werden (Werkstattarbeit).

Direkteinspritzung

Motor AJT (65 kW), ACV/AUF/AXL/AYC (75 kW) und AHY/AXG (111kW)

Der Kraftstoff wird von der Hochdruck-Einspritzpumpe direkt in den Brennraum eingespritzt, und zwar in die Brennmulde im Kolben. Dabei baut die Einspritzpumpe einen Druck von 900 bar auf, um den Kraftstoff in 2 Stufen einzuspritzen. Durch die Mehrstrahl-Einspritzdüsen erfolgt zunächst eine Voreinspritzung von einer geringen Menge Kraftstoff, wodurch die Zündbedingungen für die Hauptkraftstoffmenge verbessert werden. Daraus resultiert eine weichere und damit auch leisere Verbrennung, ähnlich wie bei der Wirbelkammereinspritzung. Die Einspritzmenge wird dabei durch das Motor-Steuergerät vollelektronisch geregelt. Die Vorteile liegen in geringerem Kraftstoffverbrauch und höherer Leistung. Als Steuerungsgrößen werden die Signale der unterschiedlichsten Sensoren herangezogen. Das sind:

- Pedalwertgeber. Dadurch wird die Stellung des Gaspedals dem Steuergerät übermittelt. Ein Gaszug zur Einspritzpumpe ist nicht mehr vorhanden.
- Drehzahlgeber
- Nadelbewegungsfühler an der Einspritzdüse. Dadurch wird der Spritzbeginn erfaßt und die last- und drehzahlabhängige Spritzverstellung gesteuert.
- Ladedruckfühler
- Ladelufttemperaturgeber
- Kühlmitteltemperaturgeber
- Kraftstofftemperaturgeber
- Regelschieberweg-Potentiometer. Die Signale dienen dem Steuergerät als Rückmeldung für die genaue Position des Regelschiebers an der Einspritzpumpe, die der tatsächlichen Kraftstoffabspritzmenge entspricht.

Um eine gute Verbrennung zu erzielen, ist der Ansaugkanal so ausgelegt, daß die Luft auf dem Weg zum Brennraum in eine Drallbewegung versetzt wird. Aufgrund der besseren Kaltstarteigenschaften des Direkteinspritzers ist ein Vorglühen überwiegend erst unter ca. –10° C erforderlich.

Alle Motoren

Bevor der Kraftstoff in die Einspritzpumpe gelangt, durchfließt er den Kraftstoffilter. Dort werden Verunreinigungen und Wasser zurückgehalten. Es ist deshalb äußerst wichtig, den Kraftstoffilter entsprechend der Wartungsvorschrift zu entwässern beziehungsweise auszuwechseln.

Die Einspritzpumpe ist wartungsfrei. Alle beweglichen Teile der Pumpe werden mit Dieselöl geschmiert. Angetrieben wird die Einspritzpumpe von der Kurbelwelle über den Zahnriemen.

Die Kraftstoffilter-Vorwärmanlage

Damit der Kraftstoff bei niedrigen Außentemperaturen fließfähig bleibt, wird er vorgewärmt. Das geschieht durch den zuviel geförderten Kraftstoff, der normalerweise von der Einspritzpumpe in den Tank zurückfließt. Dieser Kraftstoff ist durch den Durchfluß durch die Einspritzpumpe erwärmt. In der Kraftstoffrücklaufleitung befindet sich ein Regelventil, welches in Abhängigkeit von der Filtertemperatur den erwärmten Kraftstoff umleitet. Bei Temperaturen unter 0° C wird der wärmere Kraftstoff von der Einspritzpumpe in den Filter geleitet. Steigt die Kraftstofftemperatur im Filter auf über +10° C, schaltet das Regelventil um, und der zuviel geförderte Kraftstoff gelangt über die Rücklaufleitung direkt in den Tank. Das Regelventil sitzt oben im Kraftstoffilter.

Bleibt der Motor bei großer Kälte aufgrund versulzten Dieselkraftstoffs stehen, ist es mitunter sehr schwierig, den Motor wieder zum Laufen zu bringen. Dabei bieten sich folgende Möglichkeiten an:

- Kraftstoffilter ausbauen und im Wasserbad erwärmen, bis der Dieselkraftstoff wieder flüssig wird.
- Kraftstoffilter ausbauen und durch neuen Filter ersetzen.
- Fahrzeug in Garage schieben oder abschleppen und Garage heizen.
- Einspritzanlage mit heißem Wasser abspritzen.

Achtung: Auf keinen Fall dürfen die Einspritzanlage oder der Tank mit einer Lötlampe oder einem vergleichbaren Gerät erhitzt werden. Explosionsgefahr!

Vorglühanlage/Glühkerzen prüfen

Wirbelkammermotoren 1X, ABL, AAB, AJA

Der Turbodieselmotor (ABL) besitzt eine türkontaktgesteuerte Glühanlage mit selbstregelnden Schnellstartglühkerzen. Das Vorglühen beginnt automatisch nach dem Einsteigen beim Schließen der Fahrertür, vorausgesetzt die Kühlmitteltemperatur liegt unter +60° C.

Achtung: Eine defekte Vorglühanlage führt zu Kaltstartschwierigkeiten insbesondere bei Außentemperaturen unter +10° C.

Spannungszufuhr prüfen

Prüfvoraussetzungen: Motor ist kalt (Umgebungstemperatur), die Batterie ist geladen (über 11,5 Volt).

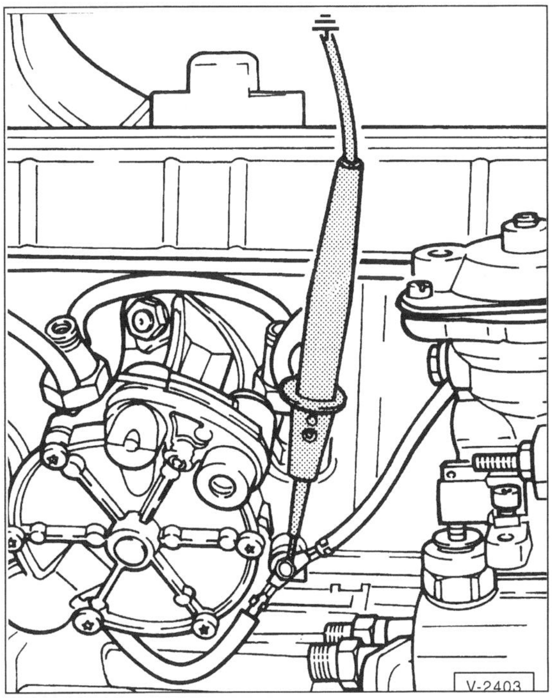

- Spannungsprüfer am Zuleitungskabel zu den Glühkerzen und an Masse (–) anschließen.
- Zündschlüssel auf »Vorglühen« drehen (Zündung einschalten).
- Wenn keine Spannung angezeigt wird, Streifensicherung für Glühkerzen auf Beschädigung (Haarrisse), festen Sitz und ausreichenden Kontakt prüfen, gegebenenfalls Kontakte reinigen, Schrauben festziehen, Sicherung ersetzen.

- Die Streifensicherung befindet sich im Motorraum, beim 4-Zylindermotor an der Spritzwand oberhalb des Bremskraftverstärkers und beim 5-Zylindermotor am linken Innenkotflügel. Kunststoffabdeckkappe für Sicherung mit Schraubendreher hochklappen. Stärke der Sicherung: 4-Zylindermotor: 50 A; 5-Zylindermotor: 80 A.

Stromaufnahme prüfen

Um die Stromaufnahme der einzelnen Glühkerzen zu prüfen, wird von der Werkstatt ein Amperemeter mit Gleichstromzange verwendet. Die Stromzange wird über das isolierte Kabel geklemmt und der Stromwert durch Induktion gemessen.

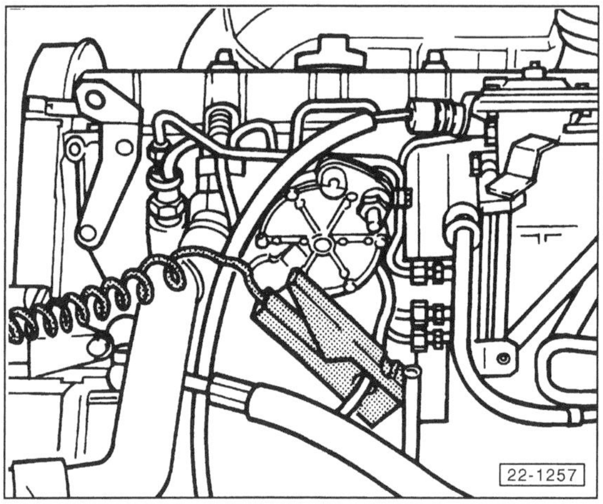
22-1257

- Stromzange, wenn vorhanden, über die Zuleitung für Glühkerzen klemmen.
- Zündung einschalten, Motor vorglühen, starten und im Leerlauf drehen lassen.
- Während des **Nachglühens** die Stromaufnahme bei laufendem Motor ablesen:

Die Nachglühzeit dauert bis ca. 120 s (Motor 1X, AAB, AJA) bzw. bis ca. 180 s (Motor ABL). Die Stromaufnahme liegt pro Glühkerze bei ca. 10 A (Motor 1X, AAB, AJA) bzw. ca. 8 A (Motor ABL).

Motor 1X: Wenn die gemessene Stromaufnahme ca. 40 A beträgt, sind die Glühkerzen in Ordnung. Bei 30 A = 1 Glühkerze defekt; 20 A = 2 Glühkerzen defekt; 10 A = 3 Glühkerzen defekt; 0 A = alle Glühkerzen defekt

Motor ABL: Wenn die gemessene Stromaufnahme ca. 32 A beträgt, sind die Glühkerzen in Ordnung. Bei 24 A = 1 Glühkerze defekt; 16 A = 2 Glühkerzen defekt; 8 A = 3 Glühkerzen defekt; 0 A = alle Glühkerzen defekt

Motor AAB/AJA: Wenn die gemessene Stromaufnahme ca. 50 A beträgt, sind die Glühkerzen in Ordnung. Bei 40 A = 1 Glühkerze defekt; 30 A = 2 Glühkerzen defekt; 20 A = 3 Glühkerzen defekt; 10 A = 4 Glühkerzen defekt; 0 A = alle Glühkerzen defekt

Achtung: Die Stromwerte werden nur bei einer Batteriespannung von über 11,5 Volt erreicht.

Defekte Glühkerze ermitteln

- Zuleitung und Stromschiene abschrauben.
- Diodenprüflampe an den Pluspol der Batterie (+) anklemmen und nacheinander an jede Glühkerze anlegen.
- Leuchtdiode leuchtet: Glühkerze ist in Ordnung.
- Leuchtdiode leuchtet nicht: Glühkerze defekt, ersetzen.
- Zuleitung und Stromschiene anschrauben.

Achtung: Wird kein Fehler gefunden und der Motor springt trotzdem schlecht an, ist folgendermaßen vorzugehen:

- Alle Einspritzdüsen ausbauen.
- Wärmeschutzdichtungen abnehmen.
- Zündung einschalten und »Vorglühen«.

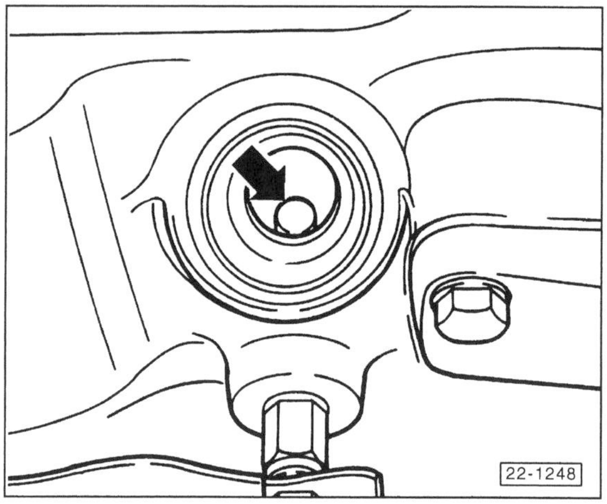
22-1248

- Durch die Einspritzdüsenbohrungen beobachten, welche Glühkerzen glühen beziehungsweise defekt sind.

Hinweis: Indem der Stromdurchgang einer Glühkerze geprüft wird, kann deren Funktionsfähigkeit nicht einwandfrei festgestellt werden. Auch Glühkerzen mit Durchgang können defekt sein.

Glühkerzen mit verbrannten Glühstiften

Verbrannte Glühstifte von Glühkerzen sind häufig Folgeschäden von Düsenstörungen. Derartige Schäden sind nicht auf Mängel in oder an der Glühkerze zurückzuführen.

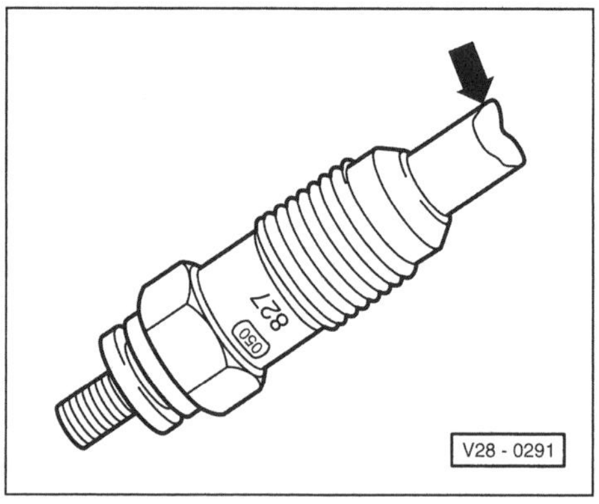

V28 - 0291

Werden im Beanstandungsfall derartige Glühkerzen gefunden –Pfeil–, genügt es nicht, diese nur zu ersetzen. Es muß eine Überprüfung der Einspritzdüsen auf Abspritzdruck und Dichtigkeit erfolgen (Werkstattarbeit).

Glühkerzen aus- und einbauen

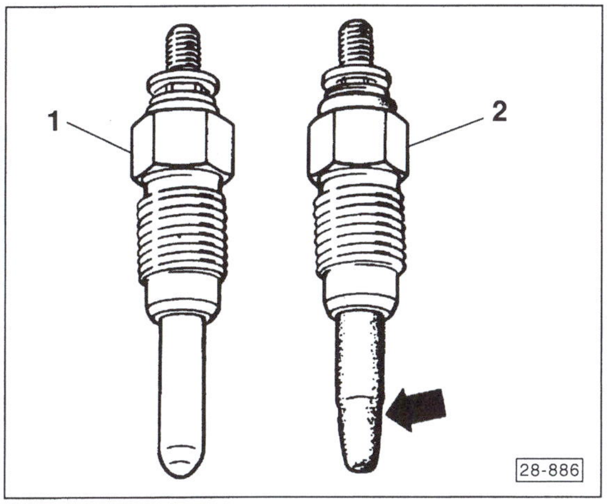

Der Turbodieselmotor ist mit neuen Schnellstartglühkerzen –2– ausgestattet. Diese sind an dem konischen Absatz –Pfeil– zu erkennen. Sie können auch für die anderen Dieselmotoren verwendet werden. Allerdings dürfen die bisherigen Glühkerzen –1– **nicht** am Turbodieselmotor eingesetzt werden.

Ausbau

- Kühler vorklappen, siehe Seite 17.
- Elektrische Leitungen an den Glühkerzen abschrauben.
- Glühkerzen herausschrauben. Vor Ausbau der Glühkerze für Zylinder 5, Einspritzleitungen und Einspritzdüse für Zylinder 5 ausbauen.

Einbau

- Glühkerze einschrauben und mit **30 Nm** festziehen (TDI-Motoren: **15 Nm**).

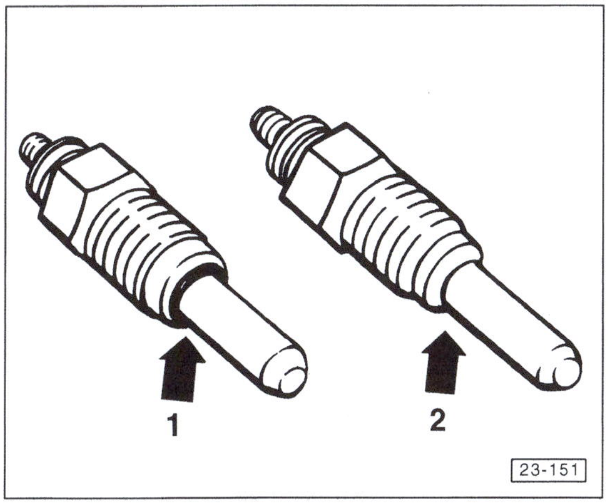

Achtung: Anzugsdrehmoment **nicht** überschreiten, sonst wird der Ringspalt zwischen Glühstab und Gewindeteil zugezogen –2–. Die Größe des Ringspalts –1– beträgt normalerweise 0,5 mm. Ein zugezogener Ringspalt führt zu vorzeitigem Ausfall der Glühkerze.

- Elektrische Leitungen anschrauben. Falls ausgebaut, Einspritzdüse und -leitung für Zylinder 5 einbauen.

Vorglühanlage prüfen

Direkteinspritzer

Prüfvoraussetzungen:

- Batteriespannung beträgt mindestens 11,6 V.
- Steuergerät der Diesel-Direkteinspritzanlage ist in Ordnung.
- Streifensicherung für Glühkerzen ist in Ordnung.

Stromversorgung prüfen

- Zündung ausschalten.
- Anschlußstecker vom Geber für Kühlmitteltemperatur abziehen.

Achtung: Dadurch wird der Motorzustand »kalt« simuliert und beim Einschalten der Zündung ein entsprechender Vorglühvorgang durchgeführt.

- Glühkerzenstecker von den Glühkerzen abziehen.
- Voltmeter zwischen einen Glühkerzenstecker und Fahrzeugmasse anschließen.
- Zündung einschalten.
  Sollwert: Für ca. 20 Sekunden muß Batteriespannung angezeigt werden.
- Andernfalls Leitungsunterbrechung gemäß Stromlaufplan suchen und beseitigen, siehe Seite 238.

Glühkerzen prüfen

- Zündung ausschalten.
- Glühkerzenstecker von den Glühkerzen abziehen.

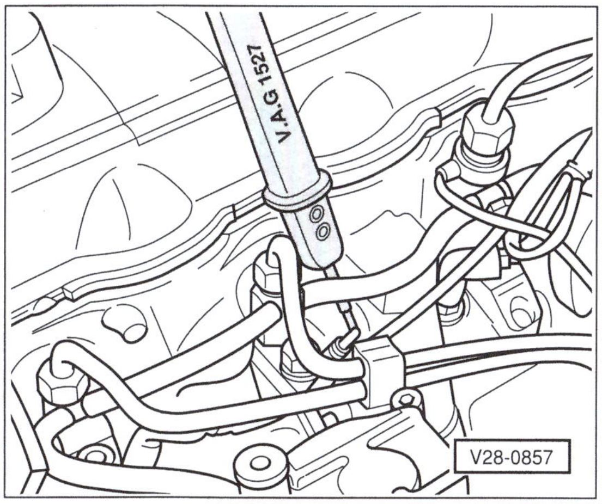

- Diodenprüflampe an den Pluspol der Batterie (+) anklemmen und nacheinander an jeder Glühkerze anlegen.
  Diode leuchtet: Glühkerze ist in Ordnung.
  Diode leuchtet nicht: Glühkerze ersetzen.

Leerlaufdrehzahl/Höchstdrehzahl prüfen und einstellen

Wirbelkammermotoren 1X, ABL, AAB, AJA

Hinweis: Beim Direkteinspritzer können Leerlauf- und Höchstdrehzahl nicht eingestellt werden, da sie elektronisch geregelt werden.

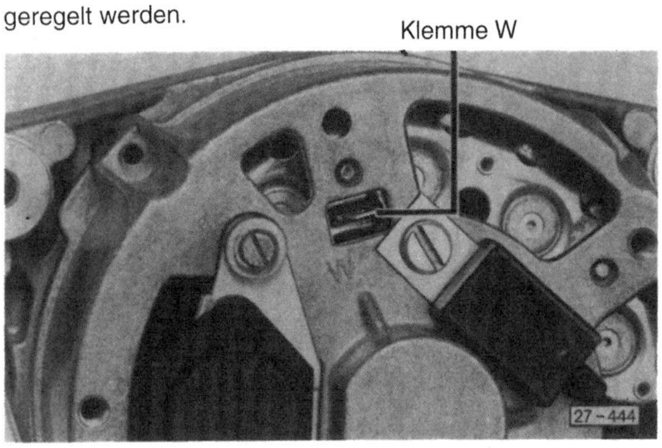

Da Dieselmotoren keine Zündanlage besitzen, wird ein spezieller Drehzahlmesser (VDO) benötigt. Dieser kann an Klemme W des Generators angeschlossen werden. Falls im Fahrzeug ein Drehzahlmesser eingebaut ist, kann auch dieser verwendet werden.

- Motor auf Betriebstemperatur bringen, Motoröltemperatur mindestens +60° C. Drehzahlmesser anschließen.
- Zug des Kaltstartbeschleunigers darf nicht gezogen sein.
- Elektrische Verbraucher (Radio, Licht) müssen ausgeschaltet sein.

4-Zylindermotor

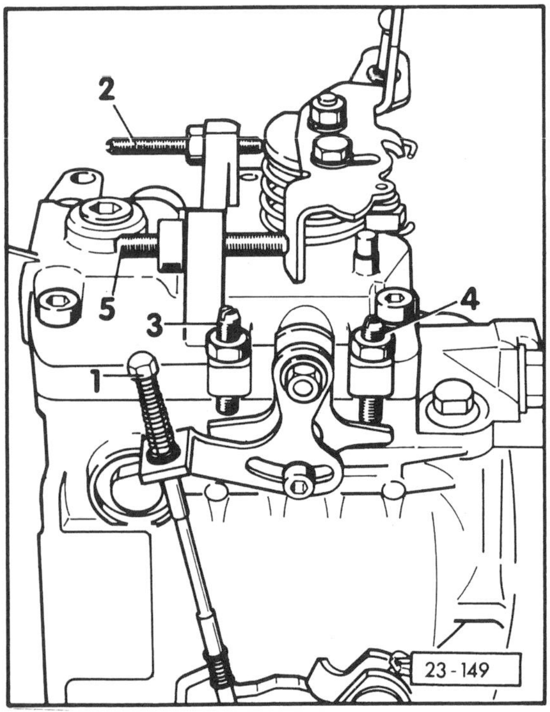

1 – Leerlaufdrehzahl-Einstellschraube
2 – Höchstdrehzahl-Einstellschraube
3 – Anschlagschraube für unteren Leerlauf
4 – Anschlagschraube für oberen Leerlauf (Drehzahlanhebung)
5 – Restmengen-Einstellschraube

5-Zylindermotor

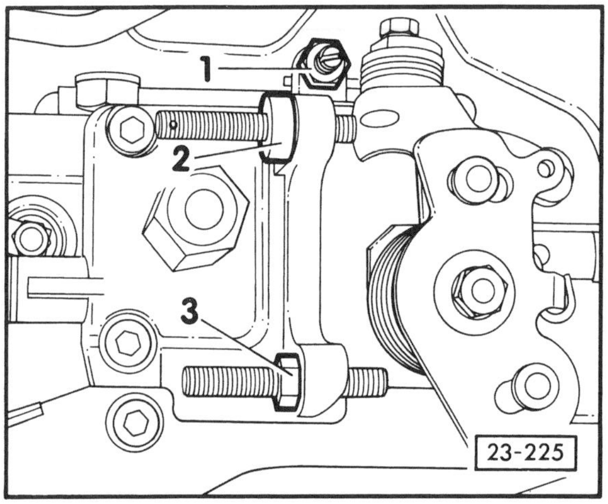

1 – Leerlaufdrehzahl-Einstellschraube
2 – Restmengen-Einstellschraube
3 – Höchstdrehzahl-Einstellschraube

- Leerlaufdrehzahl prüfen, Sollwert 1,9-l-Motor: 850 ± 30/min; 2,4-l-Motor: 850 ± 50/min. Gegebenenfalls Leerlaufdrehzahl an der Einstellschraube –1– einstellen.
  Rechtsdrehung: Drehzahl erhöht sich
  Linksdrehung: Drehzahl verringert sich

Achtung: Falls beim 4-Zylindermotor die Leerlaufdrehzahl nicht unter 880/min eingestellt werden kann, weil der Anschlag an der Begrenzungsschraube –3– anliegt, Begrenzungsschraube entkontern und zurückdrehen. Leerlauf mit Einstellschraube –1– einstellen, Begrenzungsschraube an den Anschlag herandrehen und kontern.

Drehzahlanhebung prüfen (4-Zylindermotor)

- Kaltstartzug um 1 Raste herausziehen. Die Drehzahl muß um ca. 60/min ansteigen.
- Kaltstartzug ganz herausziehen. Die Drehzahl muß auf 1050 ± 50/min ansteigen.
- Werden die Sollwerte nicht erreicht, Kaltstartzug einstellen.

Achtung: Falls der Sollwert von 1050/min trotz richtiger Einstellung des Kaltstartzuges nicht erreicht wird, Anschlagschraube –4– entkontern. Drehzahl bei herausgezogenem Kaltstartzug mit Anschlagschraube einstellen und Anschlagschraube kontern.

Höchstdrehzahl prüfen

- Vollgas geben. Sollwert: 4800 ± 100/min.
- Gegebenenfalls Kontermutter für Einstellschraube –2– (4-Zylindermotor) oder –3– (5-Zylindermotor) lösen und Höchstdrehzahl einstellen. Anschließend Kontermutter festziehen.

Achtung: Die Restmengen-Einstellschraube ist mit einer Kappe gesichert und darf normalerweise nicht verstellt werden. Wurde die Schraube versehentlich verstellt, können folgende Störungen auftreten: 1. Schraube hineingedreht = Restmenge zu groß, Leerlaufdrehzahl zu hoch, nicht einstellbar. 2. Schraube herausgedreht = Restmenge zu klein,

Ruckeln beim Anfahren oder Beschleunigen aus niedrigen Drehzahlen. Gegebenenfalls Grundeinstellung vornehmen, dazu Sicherungskappe abnehmen und Schraube entkontern.

- Restmenge zu klein: Einstellschraube langsam hineindrehen bis Drehzahl ansteigt, dann Schraube ½ Umdrehung zurückdrehen.
- Restmenge zu groß (Drehzahl zu hoch): Einstellschraube herausdrehen, bis die Drehzahl nicht mehr abfällt. Anschließend Schraube wieder langsam hineindrehen bis Drehzahl ansteigt, dann Schraube ½ Umdrehung zurückdrehen.
- Einstellschraube kontern und mit neuer Sicherungskappe sichern.

Einspritzdüsen aus- und einbauen

Defekte Einspritzdüsen können zu starkem Klopfen des Motors führen und Lagerschäden vermuten lassen. Bei derartigen Beanstandungen Motor im Leerlauf laufen lassen und Einspritzleitungs-Überwurfmuttern der Reihe nach lösen. Verschwindet das Klopfen nach dem Lösen einer Überwurfmutter, so zeigt dies eine defekte Düse an.

Defekte Düsen macht man auch ausfindig, indem man der Reihe nach die Einspritzleitungs-Überwurfmuttern löst, während der Motor in schnellerem Leerlauf dreht. Bleibt die Motordrehzahl nach Lösen einer Überwurfmutter konstant, zeigt dies eine defekte Düse an. Geprüft werden kann die Einspritzdüse mit Hilfe eines Manometers (Werkstattarbeit).

Motor	1X, AAB, AJA	ABL
Neue Düsen	130 – 138 bar	155 – 163 bar
Verschleißgrenze	120 bar	140 bar

Die ersten Anzeichen von Düsenstörungen treten wie folgt auf.

- Fehlzündungen
- Klopfen in einem oder mehreren Zylindern
- Leistungsabfall des Motors
- Übermäßig starker schwarzer Auspuffqualm
- Hoher Kraftstoffverbrauch

Ausbau

- Einspritzleitungen mit Kaltreiniger reinigen.

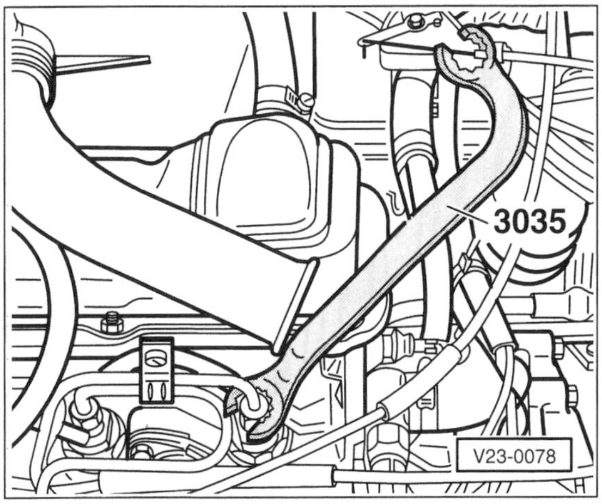

- Einspritzleitungen komplett ausbauen, dazu Überwurfmuttern mit offenem Ringschlüssel, z. B. HAZET 4560 oder VW 3035, lösen. **Achtung:** Biegeform nicht verändern. Leitungssatz immer komplett ausbauen.
- Einspritzdüsen mit Steckschlüsseleinsatz SW 27 ausbauen.

Einbau

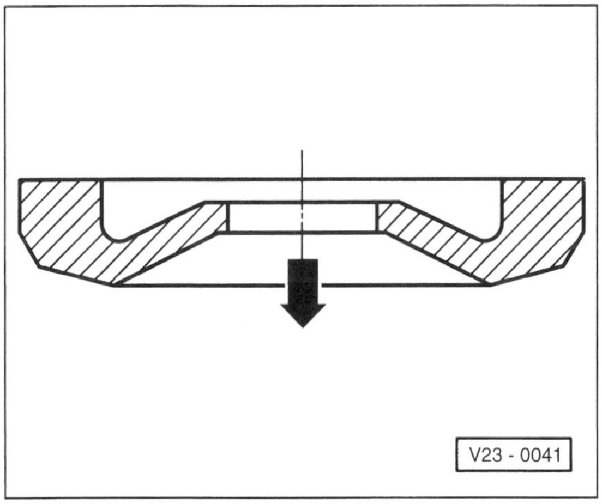

- Grundsätzlich **neue** Wärmeschutzdichtungen zwischen Zylinderkopf und Einspritzventil verwenden. Die Vertiefung muß nach oben zeigen, Pfeil zeigt zum Zylinderkopf.
- Einspritzdüsen mit **70 Nm** festziehen.
- Einspritzleitungen mit **25 Nm** festziehen.

Förderbeginn der Einspritzpumpe überprüfen

Der Förderbeginn der Einspritzpumpe kann bei ein- oder ausgebautem Motor überprüft werden. Beschrieben wird hier die Prüfung bei eingebautem Motor. Zur Prüfung werden eine Meßuhr mit entsprechendem Adapter zum Einschrauben in die Pumpe benötigt.

Achtung: Bei den **TDI**-Motoren wird der Einspritzbeginn dynamisch eingestellt (Werkstattarbeit).

- Motorabdeckung unten ausbauen, siehe Seite 17.
- Kühler mit Schloßträger nach vorn herausklappen, siehe Seite 17.
- Zylinder 1 auf Oberen Totpunkt (OT) stellen. Dazu Kurbelwelle drehen, bis OT-Markierung auf dem Schwungrad und Anguß an der Kupplungsglocke und die Markierung auf dem Einspritzpumpenrad und Konsole übereinstimmen, siehe Kapitel »Zahnriemen aus- und einbauen/Motorsteuerung einstellen«.

Motor 1X, Motor ABL bis 9/94, Motor AAB/AJA:

- Zug des Kaltstartbeschleunigers darf nicht gezogen sein.
- Zahnriemenspannung muß in Ordnung sein.
- **Motor AAB/AJA:** Zahnriemenschutz für Einspritzpumpenantrieb ausbauen.
- Verschlußschraube am Einspritzpumpendeckel herausschrauben.

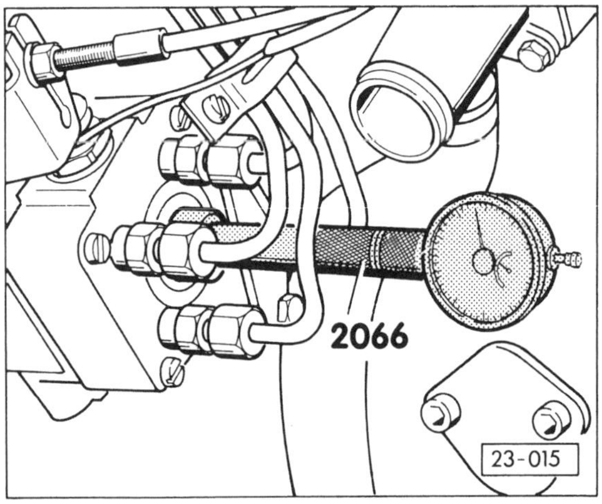

- Adapter (V.A.G-2066) und kleine Meßuhr (Meßbereich von 0–3,0 mm) anstelle der Verschlußschraube einschrauben, bis sich der Zeiger der Meßuhr zu bewegen beginnt. Meßuhr am Einstellring auf »0« stellen. Anschließend Meßuhr weiter hineindrücken, bis eine Vorspannung auf der Meßuhr von ca. 2,5 mm (**5-Zylindermotor:** 2,0 mm) angezeigt wird.
- Kurbelwelle langsam entgegen der Motordrehrichtung (gegen Uhrzeigersinn) drehen, bis der Zeiger der Meßuhr sich nicht mehr bewegt.
- Meßuhr mit ca. 1 mm Vorspannung auf »0« einstellen.
- Kurbelwelle in Motordrehrichtung (im Uhrzeigersinn) drehen, bis OT-Markierung auf dem Schwungrad mit der Bezugsmarke fluchtet. Jetzt muß die Meßuhr den Prüfwert anzeigen.

Motor	1X, AAB, AJA	ABL
Prüfwert Hub in mm	0,93 – 1,07	0,85 – 0,95
Einstellwert Hub in mm	1,00 ± 0,02	0,90 ± 0,02

Achtung: Sofern der Prüfwert innerhalb der angegebenen Toleranz liegt, ist keine neue Einstellung erforderlich. Falls eine Neueinstellung vorgenommen werden muß, ist der Einstellwert einzustellen.

Einstellen Motor 1X, Motor ABL bis 9/94:

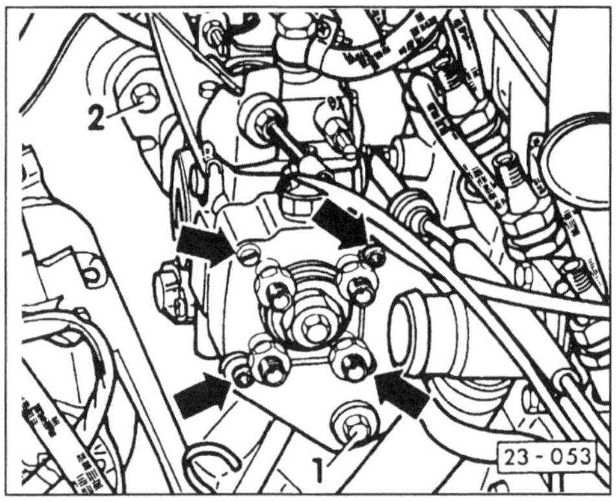

- Zum Einstellen die drei Schrauben –2– von der Konsole und die Befestigungsschraube –1– der hinteren Abstützung lösen.
- Durch Drehen der Einspritzpumpe Hub auf Einstellwert einstellen und Befestigungsschrauben mit **25 Nm** festziehen.
- Meßuhr entfernen und Verschlußschraube am Pumpendeckel einschrauben.

Achtung: Dichtring für Verschlußschraube immer ersetzen. Anzugsdrehmoment: **15 Nm**. Bei Undichtigkeiten nachziehen bis max. 25 Nm ist zulässig.

Einstellen Motor AAB/AJA:

Die Einstellung kann auf 2 Arten erfolgen: 1. Durch Verdrehen der Einspritzpumpe nach Lösen der Befestigungsschrauben von Konsole und Stütze wie beim 4-Zylindermotor. 2. Durch Verdrehen des Antriebsrades für Einspritzpumpe wie nachfolgend beschrieben.

Achtung: Damit die Meßuhr beim Verdrehen des Antriebsrades für Einspritzpumpe abgelesen werden kann, muß das Verdrehen bei angehobenem Fahrzeug von unten erfolgen.

- Antriebsrad für Einspritzpumpe mit Gegenhalter festhalten, Schraube 1 Umdrehung lösen.
- Prüfen, ob die Kurbelwelle noch auf OT steht, gegebenenfalls auf OT stellen.

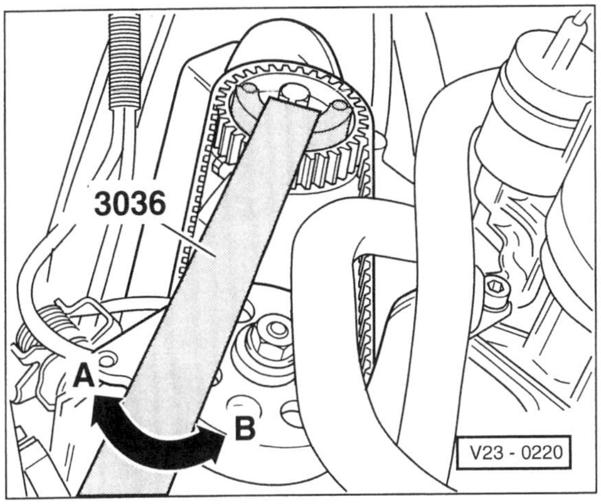

- Antriebsrad für Einspritzpumpe mit Gegenhalter 3036 entgegen der Motordrehrichtung –Pfeilrichtung A– drehen, bis der Zeiger der Meßuhr sich nicht mehr bewegt.
- Meßuhr auf »0« stellen.
- Antriebsrad für Einspritzpumpe mit Gegenhalter in Motordrehrichtung –Pfeilrichtung B– drehen, bis die Meßuhr den Einstellwert anzeigt (Förderbeginn).
- Antriebsrad für Einspritzpumpe in dieser Position mit Gegenhalter festhalten und Befestigungsschraube zunächst mit ca. 50 Nm anziehen.
- Förderbeginn nochmals durch Zurück- und Vordrehen der Kurbelwelle prüfen. Anschließend Förderbeginn nochmals überprüfen. **Achtung:** Aufgrund des Zahnriemenschlupfes weicht der Prüfwert vom eingestellten Wert etwas ab.

Beispiel:

Eingestellter Wert (Sollwert)	= 1,00 mm Hub
Überprüfter Wert	= 0,93 mm Hub
Abweichung (1,00 minus 0,93)	= 0,07 mm Hub
Abweichung + Sollwert ergibt	
Einstellwert mit Vorhaltung	= **1,07 mm Hub**
(für 2. Einstellung)	

Zweite Einstellung wie folgt durchführen:

- Antriebsrad für Einspritzpumpe mit Gegenhalter festhalten, Schraube 1 Umdrehung lösen.
- Prüfen, ob die Kurbelwelle noch auf OT steht, gegebenenfalls auf OT stellen.
- Antriebsrad für Einspritzpumpe mit Gegenhalter entgegen der Motordrehrichtung –Pfeilrichtung A– drehen, bis der Zeiger der Meßuhr sich nicht mehr bewegt.
- Meßuhr auf »0« stellen.
- Antriebsrad für Einspritzpumpe mit Gegenhalter in Motordrehrichtung –Pfeilrichtung B– drehen, bis die Meßuhr den **Einstellwert mit Vorhaltung** anzeigt (im Beispiel: 1,07 mm).
- Antriebsrad für Einspritzpumpe in dieser Position mit Gegenhalter festhalten und Befestigungsschraube zunächst mit ca. 50 Nm anziehen.
- Förderbeginn nochmals durch Zurück- und Vordrehen der Kurbelwelle prüfen.

Achtung: Einstellung muß gegebenenfalls so oft wiederholt werden, bis der Sollwert erreicht wird.

- Antriebsrad für Einspritzpumpe mit Gegenhalter festhalten und mit **100 Nm** festziehen.
- Meßuhr entfernen und Verschlußschraube am Pumpendeckel einschrauben.

Achtung: Dichtring für Verschlußschraube immer ersetzen. Anzugsdrehmoment: **25 Nm**.

- Zahnriemenschutz, Kühler mit Schloßträger und Motorabdeckung unten einbauen.

Prüfen Motor ABL ab 10/94 (2teiliges Einspritzpumpenrad):

Prüfen

- Motor auf OT für Zylinder 1 stellen, siehe Seite 30.
- Nockenwelle mit Einstellineal arretieren, gegebenenfalls Einstellineal ausmitteln, siehe Seite 30.

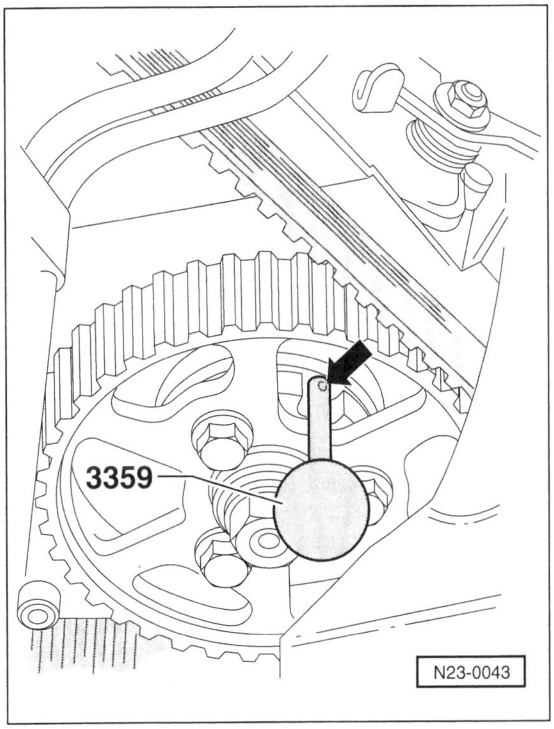

- Jetzt muß der Absteckdorn VW-3359 in die Bohrung der Nabe für Einspritzpumpenrad und Einspritzpumpenhalter passen. Durch den Absteckdorn wird das Einspritzpumpenrad arretiert. Der Dorn muß sich soweit einstecken lassen, bis die Bohrung –Pfeil– ca. 3 mm vor der Nabe der Einspritzpumpe steht.
- Läßt sich der Dorn nicht in die Bohrung der Einspritzpumpe einsetzen, obwohl die OT-Markierung und die Stellung der Nockenwelle stimmen, muß der Förderbeginn neu eingestellt werden.

Förderbeginn einstellen

- Befestigungsschraube des Nockenwellenrades um ½ Umdrehung lösen. Nockenwellenrad durch Hammerschlag mit einem Dorn durch die Öffnung im hinteren Zahnriemenschutz vom Konus der Nockenwelle lösen, siehe Abbildung V13-0897, siehe Seite 32.

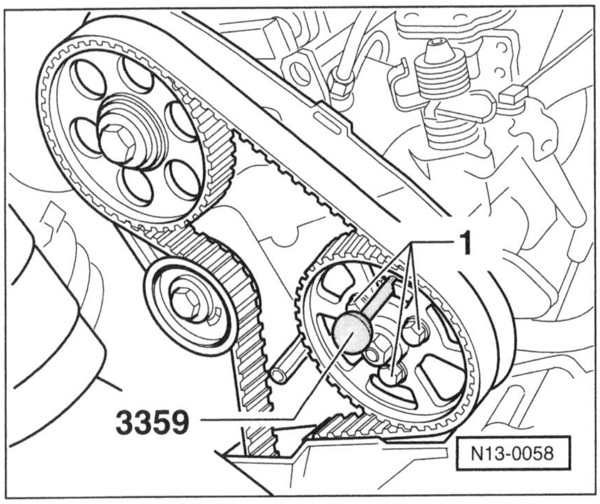

- Schrauben –1– für Einspritzpumpenrad soweit lösen, daß sich das Zahnriemenrad gegenüber der Einspritzpumpennabe gerade verdrehen läßt.
- Nabe der Einspritzpumpe soweit verdrehen, bis der Absteckdorn 3359 paßt. **Achtung:** Der Dorn muß soweit eingesteckt werden, bis die Bohrung –Pfeil– ca. 3 mm vor der Nabe in der Einspritzpumpe steht, siehe Abbildung N23-0043.
- Nochmals prüfen, ob die OT-Markierung am Schwungrad mit der Bezugsmarke übereinstimmt.
- Befestigungsschraube für Nockenwellenrad mit **45 Nm** festziehen.
- Befestigungsschrauben für Einspritzpumpenrad mit **25 Nm** festziehen.
- Absteckdorn für Einspritzpumpenrad entfernen.
- Einstellineal für Nockenwelle entfernen.
- Kurbelwelle 2 Umdrehungen in Motordrehrichtung weiterdrehen und wieder auf Zünd-OT für Zylinder 1 stellen. Markierungen am Schwungrad und Nockenwellenstellung prüfen.
- Einspritzpumpenrad mit Absteckdorn arretieren. Falls das nicht möglich ist, Einstellvorgang wiederholen. **Hinweis:** Das Nockenwellenrad braucht für diese Einstellung nicht gelöst zu werden.
- Zylinderkopfdeckeldichtung auflegen, Zylinderkopfdeckel aufschrauben. Muttern mit 10 Nm anziehen.
- Obere Zahnriemenabdeckung einbauen.
- Schloßträger mit Kühler und Kühlergrill einbauen, siehe Seite 17.

Der Kraftstoffilter

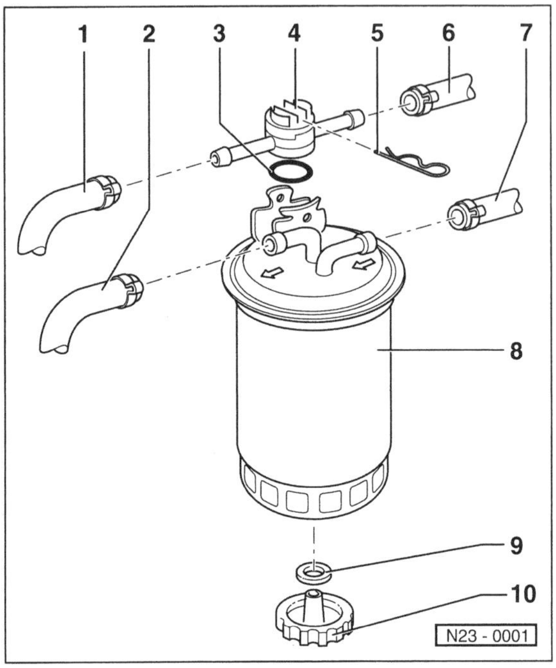

1 – **Rücklaufleitung**
Von der Einspritzpumpe.

2 – **Vorlaufleitung**
Zur Einspritzpumpe.

3 – **O-Ring**
Immer ersetzen.

4 – **Regelventil**
Einbaulage: Der Pfeil auf dem Ventil zeigt zum Kraftstoffbehälter.
Beim **Filterwechsel** Halteklammer –5– abziehen und Ventil mit angeschlossenen Kraftstoffleitungen abnehmen.
Funktion: Bei Temperaturen **unter +15° C** ist der Durchgang zum Filter **geöffnet.** Bei Temperaturen **über +31° C** ist der Durchgang zum Filter **verschlossen.**

5 – **Halteklammer**

6 – **Rücklaufleitung**
Zum Kraftstoffbehälter.

7 – **Vorlaufleitung**
Vom Kraftstoffbehälter.

8 – **Kraftstoffilter**
Neuen Filter vor dem Einbau mit Dieselkraftstoff füllen.
Achtung: Die Durchflußrichtung ist mit Pfeilen auf dem Filter gekennzeichnet. Anschlüsse nicht vertauschen.

9 – **Dichtung**
Bei Beschädigung ersetzen.

10 – **Entwässerungsschraube**
Zum Belüften Halteklammer –5– abziehen und Regelventil –4– mit angeschlossenen Kraftstoffleitungen abnehmen.
Zum Entwässern Schraube –10– lösen und ca. 100 cm^3 Flüssigkeit ablaufen lassen.

Der Abgasturbolader

Der 1,9-l-Dieselmotor (68 PS/ 50 kW) sowie die 2,5-l-TDI-Motoren sind mit einem Turbolader ausgerüstet. Beim Turbolader sitzen auf einer Welle zwei Turbinenräder, die in zwei voneinander getrennten Gehäusen untergebracht sind. Für den Antrieb der Turbinenräder sorgen die ohnehin vorhandenen Abgase. Sie bringen die Laderwelle auf bis zu 120.000 Umdrehungen in der Minute. Und da Abgas- und Frischluftrotor auf gleicher Welle sitzen, wird mit gleicher Drehzahl Frischluft in die Zylinder gedrückt.

Aufgrund des guten Füllungsgrades lassen sich bei vorhandenen Motoren Leistungszuwachsraten von bis zu 100 Prozent verwirklichen. Abhängig ist der Leistungszuwachs unter anderem vom Ladedruck, der bei einem Pkw-Motor zwischen 0,4 bis 0,8 bar (Reifenfülldruck etwa 1,8 bar) liegt. Erhöht sich der Ladedruck über den vom Werk eingestellten Wert, öffnet das Wastegateventil, der Druck kann entweichen.

Neben der Motorleistung steigt bei der Verwendung eines Abgasturboladers auch das Drehmoment an, was vor allem im Hinblick auf einen elastischen Motorlauf wünschenswert ist. Voraussetzung ist allerdings, daß die Laderwelle mit ausreichender Drehzahl rotiert und somit einen ordentlichen Füllungsgrad garantiert. In der Regel muß der Motor schon mit rund 2500/min drehen, damit ein spürbarer Ladedruck einsetzt.

Gegenüber einem Ottomotor ist es beim Dieseltriebwerk nicht erforderlich, aufgrund der Aufladung die normale Verdichtung zu verringern, so daß auch im unteren Drehzahlbereich der eingespritzte Kraftstoff vollständig ausgenutzt wird.

Der Turbolader ist ein äußerst präzise hergestelltes Bauteil. Es empfiehlt sich deshalb, eine Reparatur nur von einem Fachmann ausführen zu lassen. In der Regel wird der Turbolader bei einem Defekt komplett ausgetauscht.

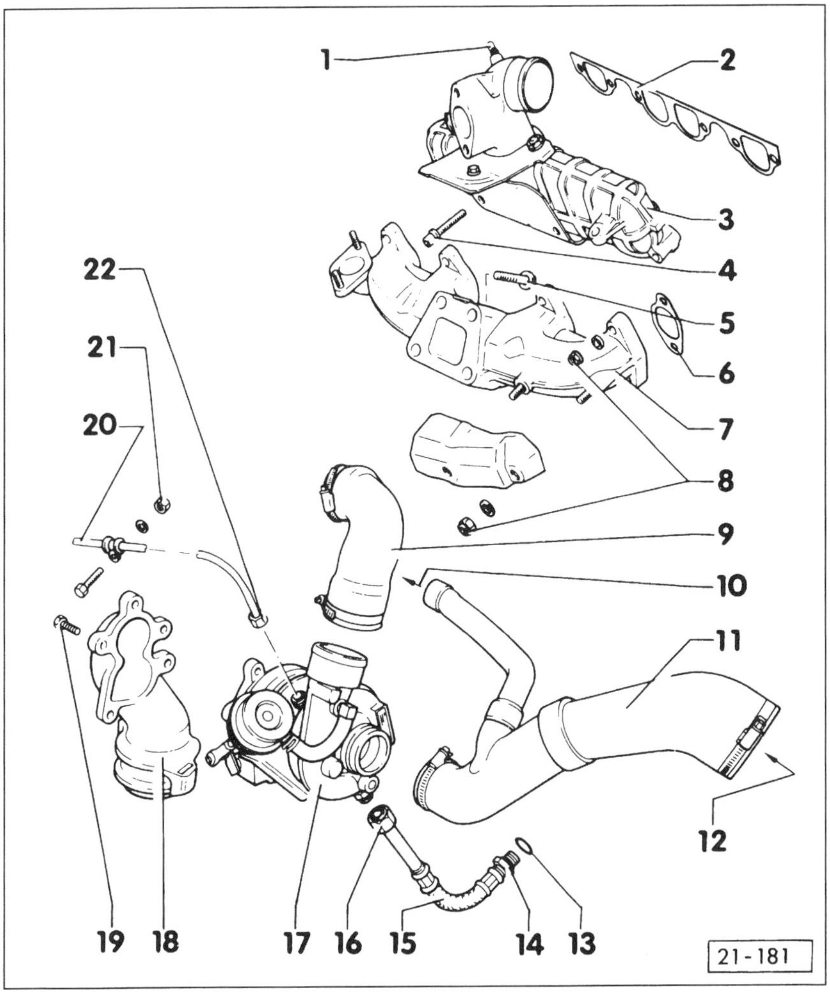

1 – **Anschlußrohr**
Mit Verschlußkappe zur Ladedruckprüfung.

2 – **Dichtung**
Die Beschichtung (Wulst) zeigt zum Ansaugrohr.

3 – **Ansaugrohr**
Mit Anschluß für Abgasrückführung

4 – **Schraube, 25 Nm**

5 – **Schraube, 45 Nm**
Gewinde und Kopfauflage mit VW-G000500 einstreichen.

6 – **Dichtung**
Einbaulage entsprechend den Anlageumrissen beachten.

7 – **Abgaskrümmer**

8 – **Mutter, 25 Nm**

9 – **Luftschlauch**

10 – **Zur Kurbelgehäuseentlüftung**

11 – **Luftschlauch**

12 – **Vom Luftfilter**

13 – **Dichtring**

14 – **Hohlschraube, 50 Nm**

15 – **Ölrücklaufleitung**
Zum Motorblock.

16 – **Überwurfmutter, 40 Nm**

17 – **Abgasturbolader**

18 – **Rohrkrümmer**

19 – **Schraube, 25 Nm**

20 – **Ölvorlaufleitung**
Vom Ölfilterhalter.

21 – **Mutter, 10 Nm**

22 – **Überwurfmutter, 25 Nm**

Störungsdiagnose Diesel-Einspritzanlage

Bevor anhand der Störungsdiagnose der Fehler aufgespürt wird, müssen folgende Prüfvoraussetzungen erfüllt sein: Bedienungsfehler beim Starten ausgeschlossen. Kraftstoff im Tank, Motor mechanisch in Ordnung, Batterie geladen, Anlasser dreht mit ausreichender Drehzahl, elektrische Masseverbindung (Motor-Getriebe-Aufbau) vorhanden. Fehlerspeicher abfragen (Werkstattarbeit). **Achtung:** Wenn Kraftstoffleitungen gelöst werden, müssen diese vorher mit Kaltreiniger gesäubert werden.

Störung	Ursache	Abhilfe
1. Motor springt nicht oder schlecht an	1. Motor glüht nicht vor	■ Vorglühanlage prüfen
	2. Elektromagnetischer Absteller erhält keine Spannung (**Bis 9/94**)	■ Spannungsprüfer an Absteller anschließen, Zündung einschalten. Leuchtdiode muß leuchten, sonst Leitungsunterbrechung ermitteln und beseitigen
	3. Elektromagnetischer Absteller lose, defekt (**Bis 9/94**)	■ Absteller auf festen Sitz und Massekontakt prüfen. Zündung abwechselnd ein- und ausschalten, dabei muß der Absteller klicken
	4. Kraftstoffabschaltventil schaltet nicht (**Ab 10/94**)	■ Kraftstoffabschaltventil, Steuergerät für Abschaltventil sowie Steuergerät für Wegfahrsicherung prüfen (Werkstattarbeit).
	5. Kraftstoffversorgung defekt	■ Prüfen, ob Kraftstoff gefördert wird
	a) Kraftstoffleitungen geknickt, verstopft, undicht, porös	■ Kraftstoffleitungen reinigen
	b) Kraftstoffilter verstopft	■ Kraftstoffilter ersetzen
	c) Im Winter: Eis oder Wachs in Filter und Leitungen	■ Fahrzeug in beheizte Garage schieben
	d) Tankbelüftung verschlossen. Kraftstoffsieb im Tank verschmutzt	■ Reinigen
	6. Förderbeginn verstellt (**Nur 1X/ABL/AAB**)	■ Förderbeginn prüfen, einstellen
	7. Einspritzbeginn verstellt (**Nur 1X/ABL/AAB**)	■ Einspritzbeginn prüfen, einstellen lassen
	8. Einspritzdüsen defekt	■ Einspritzdüsen prüfen, Überwurfmuttern nacheinander lösen und prüfen, ob die Zylinder arbeiten
	9. Einspritzpumpe defekt	■ Versuchsweise neue Pumpe einbauen
2. Motor ruckelt im Leerlauf, beim Anfahren	1. Leerlaufdrehzahl falsch (**Nur 1X/ABL/AAB**)	■ Leerlaufdrehzahl einstellen
	2. Gasbetätigung schwergängig (**1X/ABL/AAB**)	■ Gangbar machen, einstellen
	3. Kraftstoffschläuche an der Kraftstoffpumpe bzw. am Kraftstofffilter lose	■ Kraftstoffschläuche ersetzen, mit Schlauchschellen befestigen, Hohlschrauben festziehen
	4. Zu- und Rücklaufleitung an der Einspritzpumpe vertauscht	■ Anschlüsse der Kraftstoffleitungen prüfen
	5. Wie unter 1.5 – 8	■ Wie unter 1.5 – 8
3. Kraftstoffverbrauch zu hoch	1. Luftfilter verschmutzt	■ Filtereinsatz ersetzen
	2. Kraftstoffanlage undicht	■ Sichtprüfung an allen Kraftstoffleitungen (Saug- Rücklauf- und Einspritzleitungen), Kraftstoffilter und Einspritzpumpe durchführen, Kraftstoffanlage auf Dichtheit prüfen.
	3. Rücklaufleitung verstopft	■ Rücklaufleitung von Einspritzpumpe zum Kraftstoffbehälter mit Luft durchblasen. Überströmdrossel in der Hohlschraube der Rücklaufleitung ersetzen
	4. Leerlauf- bzw. Höchstdrehzahl zu hoch (**Nur 1X/ABL/AAB**)	■ Einstellen
	5. Wie unter 1.6 – 8	■ Wie unter 1.6 – 8

Die Abgasanlage

4-Zylinder-Benzinmotor

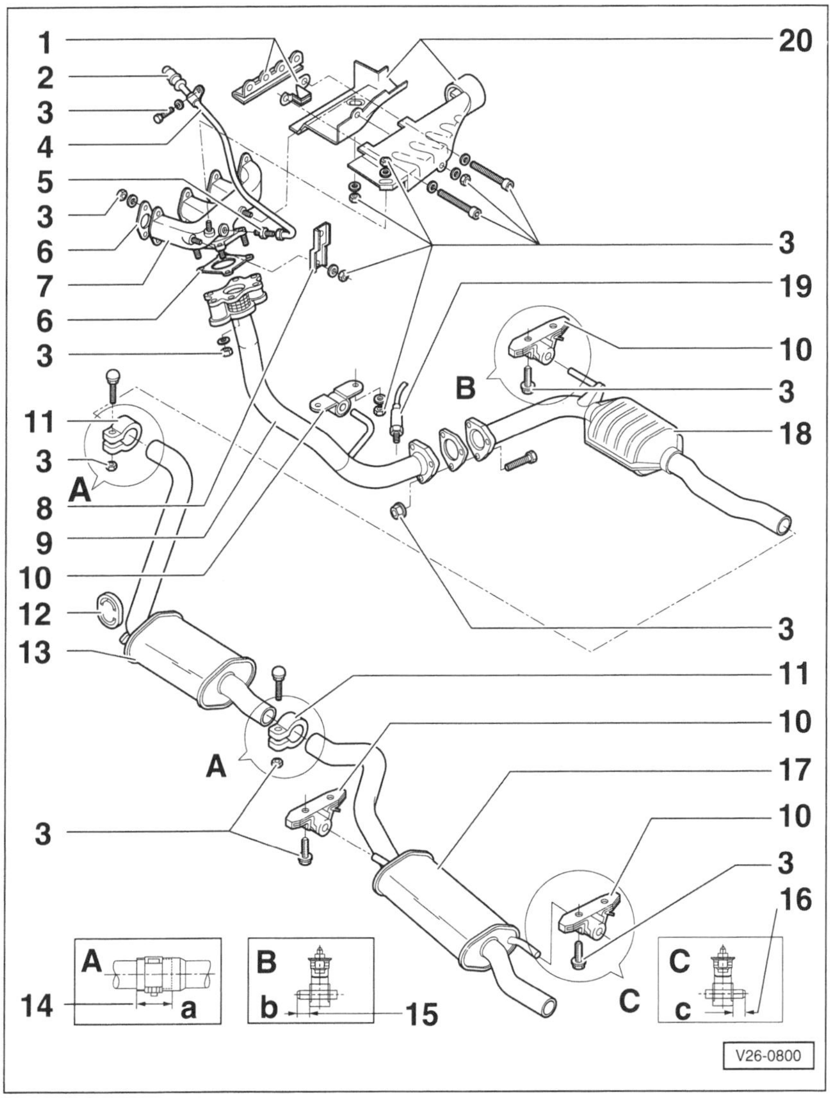

1 – **Halter**
Für Warmluftfangblech.

2 – **Verschlußkappe**

3 – **Muttern,**
M6 = 10 Nm
M8 = 25 Nm
M10 = 40 Nm

4 – **CO-Meßrohr**
Bis 7/94.
Zusätzlich am Sammelsaugrohr befestigt.

5 – **Überwurfmutter, 30 Nm**

6 – **Dichtung**
Immer ersetzen.

7 – **Abgaskrümmer**

8 – **Abstützung**
Zwischen Sammelsaugrohr und Abgaskrümmer.

9 – **Abgasrohr vorn**

10 – **Aufhängung**

11 – **Klemmschelle**
Abgasanlage in Längsrichtung so an der Klemmhülse ausrichten, daß die Maße –14–, –15– und –16– eingehalten werden.

12 – **Haltering**
Ausführung beachten.

13 – **Mittelschalldämpfer**

14 – **Maß »a« = 45 – 55 mm**

15 – **Maß »b« = 15 – 25 mm**

16 – **Maß »c« = 25 – 35 mm**

17 – **Nachschalldämpfer**

18 – **Katalysator**

19 – **Lambdasonde, 50 Nm**
Nur Gewinde mit G5 fetten. G5 darf **nicht** an den Schlitzbereich des Sondenkörpers kommen.

20 – **Warmluftfangblech**

Die Abgasanlage besteht beim Benzinmotor aus folgenden Teilen: Abgaskrümmer, vorderes Abgasrohr, Katalysator, Mittelschalldämpfer und Nachschalldämpfer. Der Dieselmotor besitzt neben Abgaskrümmer und vorderem Abgasrohr einen Vorschalldämpfer und einen Mittelschalldämpfer. Die für die Regelung des Katalysators erforderliche Lambdasonde (nur Benziner) ist im vorderen Abgasrohr in der Nähe des Verbindungsflansches eingeschraubt.

Der 1,9-l-Turbodieselmotor mit 50 kW/68 PS ist mit einer Abgasrückführung ausgestattet. Die Rückführung der Abgase erfolgt durch ein am Abgaskrümmer angeflanschtes Verbindungsrohr, das einen Teil der Abgase über ein unterdruckgesteuertes Abgasrückführungsventil zum Ansaugkrümmer leitet. Geregelt wird die Abgasrückführung durch ein Zweiwegeventil, das vom Steuergerät für Glühzeitautomatik angesteuert wird.

- Bei kaltem Motor (unter + 50° C) ist die Abgasrückführung ausgeschaltet.
- Ein Teillastschalter an der Einspritzpumpe stellt sicher, daß nur Abgas zurückgeführt wird, wenn sich der Motor im Teillastbetrieb befindet.
- Bei einer Drehzahl von 1200/min wird die Abgasrückführung für 2 Sekunden unterbrochen, ab 2900/min abgeschaltet.
- Ein Höhenkorrekturschalter schaltet die Rückführung ab einer Höhe von ca. 1000 m ab.

Alle Teile der Abgasanlage sind miteinander verschraubt beziehungsweise mit Klemmfedern verbunden und lassen sich einzeln auswechseln. Selbstsichernde Muttern und Dichtungen sind nach dem Ausbau zu ersetzen. Halteringe und Gummipuffer auf Porosität und Beschädigung prüfen, gegebenenfalls auswechseln.

Beim Einbau einer neuen Abgasanlage empfiehlt es sich, alle Befestigungsteile ebenfalls zu erneuern.

4-Zylinder-Dieselmotor

Die Abbildung zeigt den 1,9-l-Turbodieselmotor mit 50 kW/68 PS (Motor-Kennbuchstabe ABL)

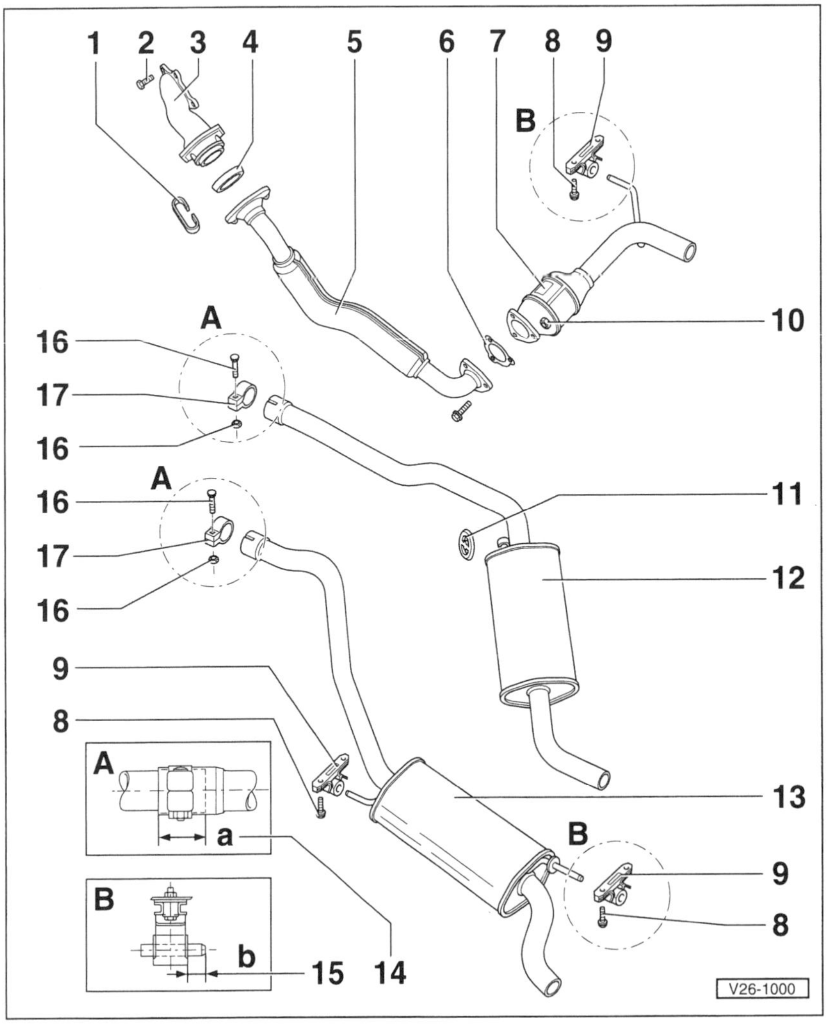

1 – **Klemmfeder**
2 – **Schraube, 25 Nm**
3 – **Rohrkrümmer**
4 – **Gleitring**
Nur bei Beschädigung bzw. Undichtigkeit ersetzen. Mit Schraubendreher abhebeln.
5 – **Abgasrohr vorn**
6 – **Dichtung**
Immer ersetzen.
7 – **Katalysator**
8 – **Schraube, 25 Nm**
9 – **Aufhängung**
10 – **Mutter, 20 Nm**
11 – **Haltering**
Bei Beschädigung ersetzen.
12 – **Vorschalldämpfer**
13 – **Nachschalldämpfer**
14 – **Maß »a« = 50 ± 5 mm**
15 – **Maß »b« = mind. 10 mm**
16 – **Schraube, 25 Nm**
17 – **Klemmschelle**
Abgasanlage in Längsrichtung so an der Klemmhülse ausrichten, daß die Maße –14– und –15– eingehalten werden.

5-Zylinder-Benzinmotor

Die Abbildung zeigt den Motor AAF/ACU/AET.

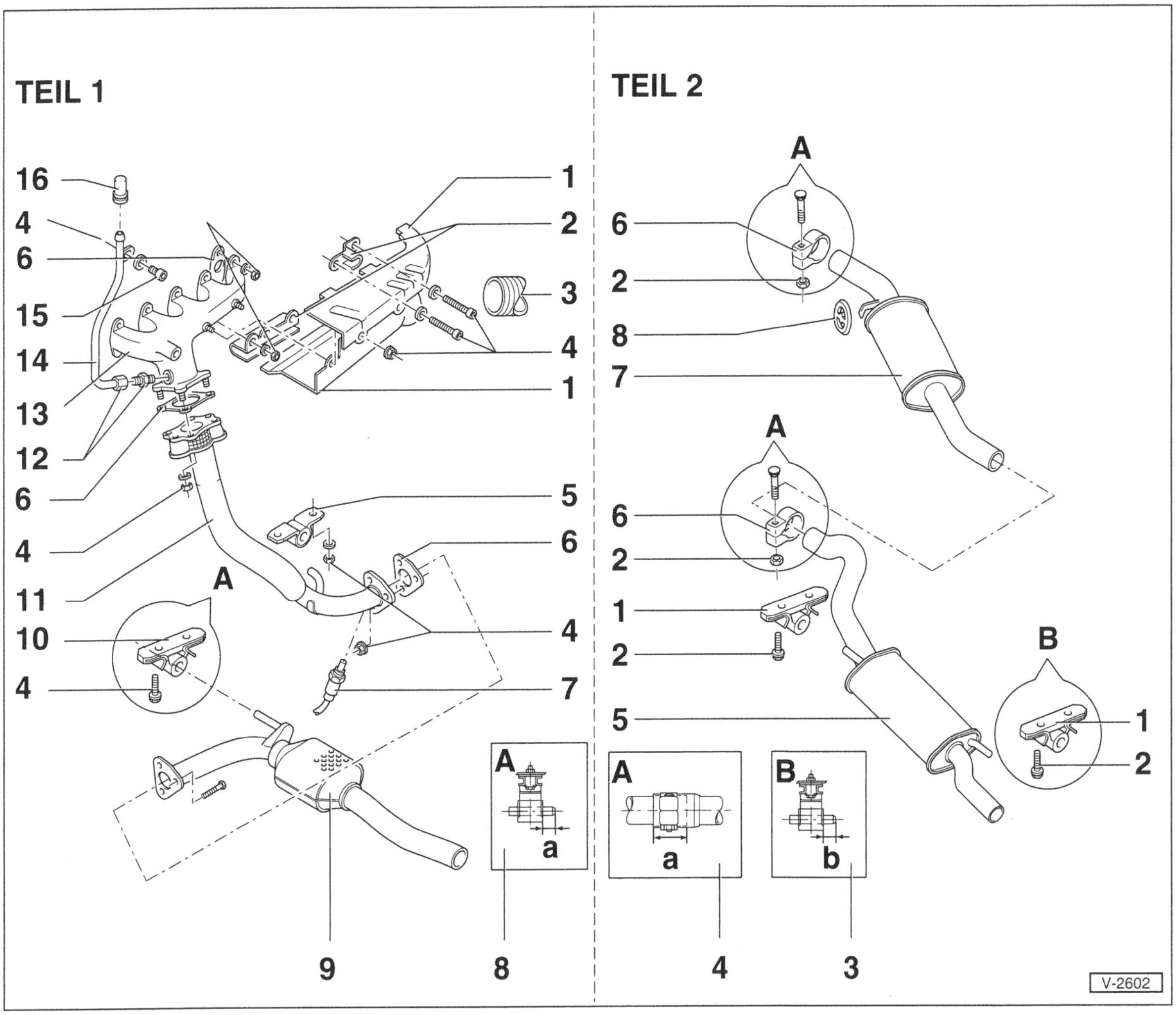

Teil 1

1 – **Warmluftfangblech**

2 – **Halter**

3 – **Schlauch**
Zum Luftansaugstutzen am Luftfiltergehäuse

4 – **Mutter, M6 – 10 Nm**
M8 – 25 Nm
M10 – 40 Nm

5 – **Aufhängung**
Bis 9/91.

6 – **Dichtung**
Immer ersetzen.

7 – **Lambdasonde, 50 Nm**
Nur das Gewinde mit »G5« fetten; »G5« darf nicht an die Schlitze des Sondenkörpers kommen.

8 – **Maß »a« = 50 ± 5 mm**

9 – **Katalysator**

10 – **Aufhängung**

11 – **Abgasrohr vorn**
Ab 8/95: zweiflutig.

12 – **Schraube, 30 Nm**

13 – **Abgaskrümmer**
Motor AAF: 2teilig mit Zwischenrohr und Wellrohr.

14 – **CO-Meßrohr**
Bis 7/94: Zusätzlich zum Sammelsaugrohr befestigt.

15 – **Schraube, 15 Nm**

16 – **Verschlußkappe**
Auf dichten Sitz achten.

Teil 2

1 – **Aufhängung**

2 – **Mutter, M6 – 10 Nm**
M8 – 25 Nm
M10 – 40 Nm

3 – **Maß »b« = 25 – 35 mm**
Motor APL/AVT, b = mind. 10 mm

4 – **Maß »a« = 45 – 55 mm**
Motor APL/AVT, a = mind. 40 mm

5 – **Nachschalldämpfer**

6 – **Klemmschelle**
Abgasanlage in Längsrichtung so an der Klemmhülse ausrichten, daß die Maße –3– und –4– eingehalten werden.

7 – **Mittelschalldämpfer**

8 – **Haltering**
Achtung: Unterschiedliche Ausführung.

5-Zylinder-Dieselmotor – Die Abbildung zeigt den TDI-Motor (ACV, AJT und AHY).

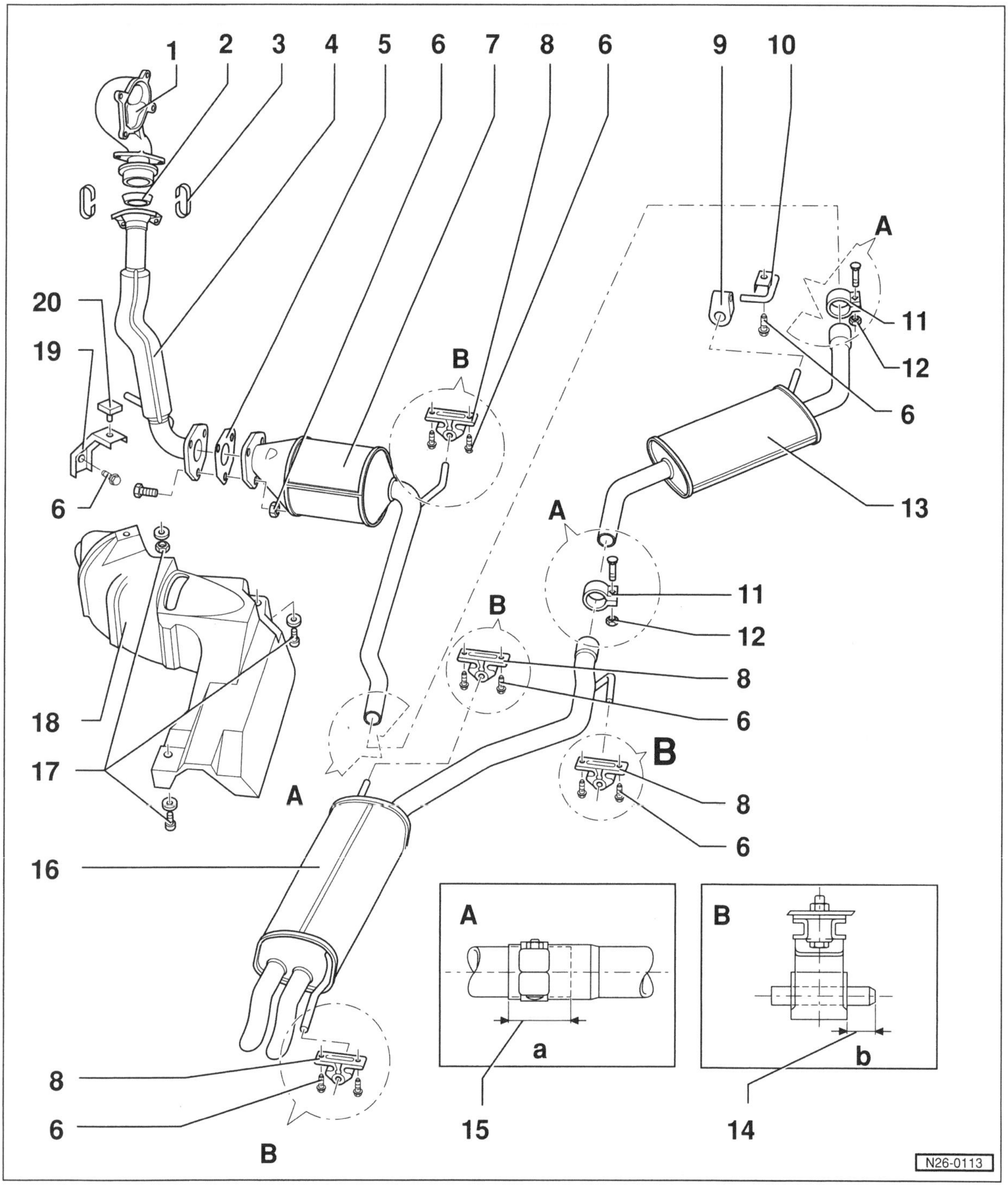

1 – **Rohrkrümmer**

2 – **Gleitring**
Mit Schraubendreher abhebeln.
Bei Beschädigung ersetzen.

3 – **Klemmfeder**

4 – **Abgasrohr vorn**

5 – **Dichtung**
Immer ersetzen.

6 – **Mutter, 25 Nm**

7 – **Katalysator**

8 – **Aufhängung**

9 – **Haltering**
Bei Beschädigung ersetzen.

10 – **Halter**

11 – **Klemmschelle**

12 – **Mutter, 40 Nm**

13 – **Mittelschalldämpfer**

14 – **Maß »b« = mind. 10 mm**

15 – **Maß »a« = 50 ± 5 mm**

16 – **Nachschalldämpfer**

17 – **Schraube, 5 Nm**

18 – **Wärmeschutzblech**

19 – **Abstützung**
Mit Dämpfungsgummi.

20 – **Dämpfungsgummi**
Für Abgasrohr vorn –4–.

Abgasanlage aus- und einbauen

Ausbau

- Fahrzeug aufbocken.
- Motorraumabdeckung unten ausbauen, siehe Seite 17.
- Sämtliche Schrauben und Muttern der Abgasanlage mit rostlösendem Mittel einsprühen. Rostlöser einige Zeit einwirken lassen.
- Nachschalldämpfer bzw. Endrohr ausbauen.
- Vorschalldämpfer vom vorderen Abgasrohr trennen. Vorher Abgasanlage aus den Aufhängungen herausziehen.
- **Benzinmotor:** Vorderes Abgasrohr vom Krümmer abschrauben.

Dieselmotor

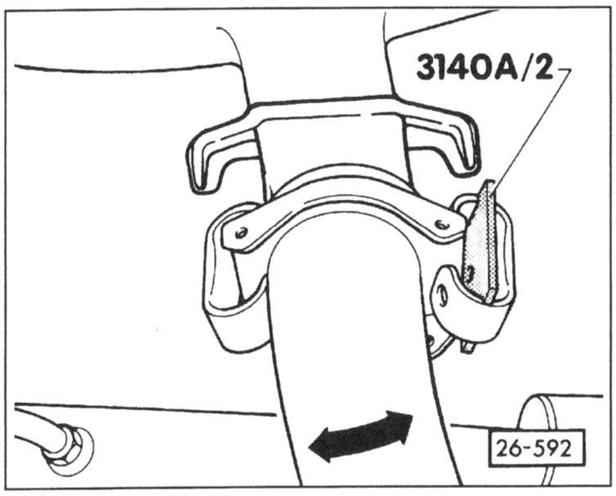

- Abgasrohr zur Seite drücken, wodurch die entgegengesetzte Klemmfeder gedehnt wird. In dieser Stellung kurzen Spannkeil VW-3140A/2 oder HAZET 2586N-2 bis zum Anschlag einschieben. Zweite Klemmfeder ebenfalls dehnen und Spannkeil einsetzen.
- Abgasrohr vorn in die Richtung der Klemmfeder drücken, die zuerst ausgebaut werden soll. Festen Sitz der Klemmfeder auf dem Spannkeil prüfen und Klemmfeder abnehmen.

- Abgasanlage vorn mit Werkstattwagenheber oder durch Helfer unterstützen und in der Mitte sowie hinten Halteringe aushängen.
- Abgasanlage herausnehmen.
- Die Teile der Abgasanlage können auch einzeln ausgebaut werden. Falls sich Verbindungsstücke oder Schrauben nicht lösen lassen, Abgasrohr an der Verbindungsstelle mit Schweißbrenner erhitzen. Asbest unterlegen! **Achtung:** Brandgefahr!

Einbau

Achtung: Gummiringe, Muttern und Schrauben grundsätzlich erneuern. Um die Muttern und Schrauben der Abgasanlage auch nach längerer Zeit leichter lösen zu können, empfiehlt es sich, das Gewinde vor dem Einbau mit einer Hochtemperaturpaste, zum Beispiel Liqui Moly LM-508-ASC, einzustreichen.

- Vorderes Abgasrohr und Vorschalldämpfer beziehungsweise Katalysator zusammenstecken und Schellen leicht beiziehen, nicht festziehen. Falls erforderlich, Anschlußstücke in der Schelle vor dem Zusammenfügen mit Schmirgelleinen von Verbrennungsrückständen reinigen.

Dieselmotor:

- Gleitring zwischen Abgaskrümmer und vorderem Abgasrohr nur bei Beschädigungen, beziehungsweise Undichtigkeiten erneuern, gegebenenfalls mit Schraubendreher abhebeln.
- Gedehnte Klemmfedern einsetzen und darauf achten, daß die Endstücke in die Aussparungen am Abgaskrümmer und -rohr eingreifen. Spannkeile herausnehmen, dazu vorderes Abgasrohr seitlich wegdrücken.

- **Benzinmotor:** Vorderes Abgasrohr anschrauben.

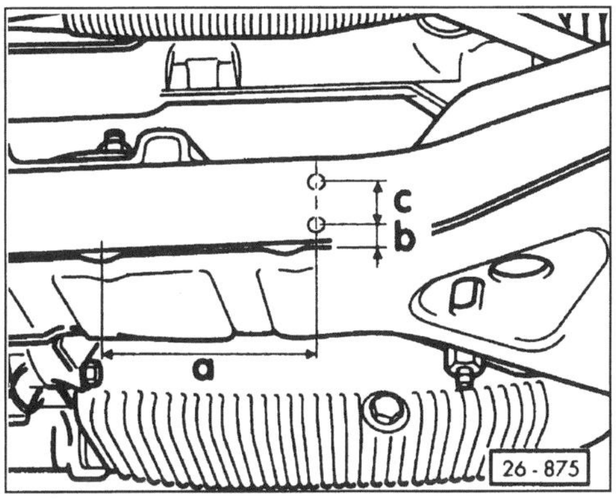

Achtung: Seit ca. 6/92 wird ein geändertes Abgasrohr vorn eingebaut. Anstatt der Aufhängung am Fahrzeugunterboden, wird ein Anschlagblech am Aggregateträger montiert. Als Ersatzteil wird nur das geänderte Abgasrohr angeboten. Wird bei bisherigen Fahrzeugen das vordere Abgasrohr ersetzt, muß das Anschlagblech nachgerüstet werden. Dazu 2 Bohrungen, ∅ = 11 mm, für Blindnietmuttern zur Befestigung des Anschlagblechs im Aggregateträger bohren. **Maße:**
a = 120 mm von Mitte der mittleren Sicke,
b = 24 mm von Unterkante Aggregateträger,
c = 30 mm Lochabstand.
Anschließend Bohrungen mit Korrosionsschutzmittel grundieren und Anschlagblech mit 20 Nm festschrauben.

- Nachschalldämpfer einbauen, Schellen noch nicht festziehen.
- Vor dem Anziehen der Schrauben, Abgasanlage ausrichten. Dabei auf ausreichenden Abstand zum Aufbau achten (mindestens 25 mm), gegebenenfalls Anlage verdrehen oder in Längsrichtung verschieben. Die Halteringe müssen gleichmäßig belastet werden. Darauf achten, daß die Rohre weit genug in die Schellen geschoben werden. Einbaumaße in den Abbildungen 26-800 und 25-768 beachten.

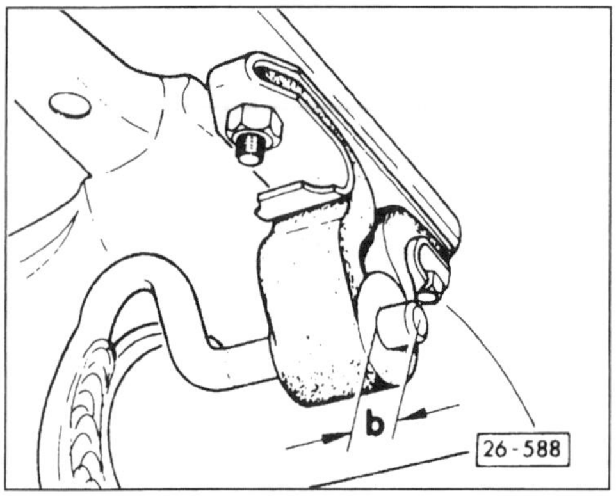

- Darauf achten, daß die Aufhängungen mit dem richtigen Maß »b« aus den Gummihaltern herausschauen. Anschließend Schrauben und Muttern festziehen. Die Anzugsdrehmomente für die Schrauben richten sich nach dem Gewindedurchmesser, siehe Abbildungen 26-800 und 25-768.
- Motorraumabdeckung unten einbauen, siehe Seite 17.
- Fahrzeug ablassen, siehe Seite 270.

Klemmfedern auswechseln

Dieselmotor

Soll eine ausgebaute Klemmfeder (für Befestigung vorderes Abgasrohr/Abgaskrümmer) entspannt beziehungsweise eine neue Klemmfeder zum Einbau gespannt werden, ist die Montage am Schraubstock wie folgt durchzuführen.

Entspannen

- Klemmfeder so auf den Schraubstock legen, daß sich der Spannkeil mit der Anschlagseite zwischen den ca. 15 mm geöffneten Schraubstockbacken befindet.
- Spannkeil mit Kunststoffhammer vorsichtig nach unten heraustreiben.

Spannen

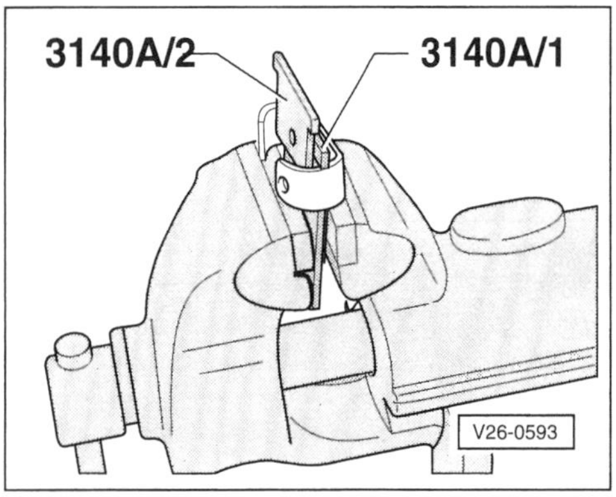

- Klemmfeder wie in der Abbildung gezeigt auf den ca. 15 mm geöffneten Schraubstock legen.
- Langen Spannkeil VW-3140A/1 beziehungsweise HAZET 2586N-1 durch die Klemmfeder bis zum Anschlag eintreiben. Dabei stehen die Schraubstockbacken ca. 15 mm auseinander.

Achtung: Falls sich die Klemmfeder wegen beengter Platzverhältnisse mit dem langen Spannkeil nicht einbauen läßt, kurzen Spannkeil 3140A/2 (HAZET-Nr.: 2586N-2) neben dem langen Spannkeil eintreiben. Anschließend Klemmfeder umdrehen und langen Spannkeil vorsichtig heraustreiben, während der kurze Spannkeil in der Klemmfeder verbleibt. Darauf achten, daß beim Heraustreiben des langen Spannkeils, der kurze Keil auf einer Schraubstockbacke aufliegt.

Nachschalldämpfer/Endrohr aus- und einbauen

Ausbau

- Fahrzeug aufbocken, siehe Seite 270.
- Mutter an der Klemmschelle zwischen Mittel- und Nachschalldämpfer/Endrohr mit rostlösendem Mittel einsprühen und einige Zeit einwirken lassen.
- Schelle abschrauben, Nachschalldämpfer/Endrohr nach vorn aus der Gummilagerung herausziehen. Wenn der Platz beengt ist, Gummihalterung von der Konsole abschrauben.
- Nachschalldämpfer/Endrohr hin- und herdrehen und vom Mittelschalldämpfer abziehen.
- Wenn sich der Schalldämpfer nicht abziehen läßt, gibt es zum Lösen verschiedene Möglichkeiten: Abgasrohr etwa 10 cm hinter der Schelle durchsägen. Anschließend das Restrohr längs aufsägen und mit Hammer und Meißel abschlagen. Steht ein Schweißgerät zur Verfügung, den betreffenden Bereich erwärmen. **Achtung:** Fahrzeugunterboden mit Asbest schützen.

Einbau

- Klemmschraube und Mutter sowie Gummihalterung auf einwandfreien Zustand überprüfen, gegebenenfalls erneuern.
- Neuen Nachschalldämpfer/Endrohr von vorn in die Gummihalterung einschieben.
- Schelle aufschieben und Abgasrohre zusammenstecken. Maß »a« vom Rohrrand bis zur Markierung beachten, siehe Abbildungen 26-800 und 26-768.

Achtung: Zur Erleichterung beim späteren Ausbau Gewinde der Klemmschraube sowie überlappendes Rohrstück mit Hochtemperaturpaste bestreichen.

- Nachschalldämpfer ausrichten, dabei auf genügenden Abstand zum Aufbau achten.
- Klemmschelle festziehen.
- Fahrzeug ablassen, siehe Seite 270.

Lambdasonde aus- und einbauen

Die Lambdasonde dient zur Regelung der Abgaszusammensetzung und wird bei Fahrzeugen mit geregeltem Katalysator eingebaut. Sie ist in das vordere Abgasrohr in der Nähe des Verbindungsflansches eingeschraubt.

Ausbau

- Fahrzeug aufbocken, siehe Seite 270.
- Elektrische Steckverbindung trennen.
- Lambdasonde aus dem Abgasrohr herausschrauben.

Einbau

- Gewinde der Lambdasonde mit VW-Spezialfett G5 bestreichen. **Achtung:** G5 darf **nicht** an die Schlitze, des Sondenkörpers kommen. Sondenkörper der neuen Lambdasonde möglichst nicht berühren, nicht verschmutzen.
- Lambdasonde mit **50 Nm** in das Abgasrohr einschrauben.
- Stecker für Lambdasonde zusammenfügen.
- Fahrzeug ablassen, siehe Seite 270.

Fahrzeuge mit Katalysator

Der VW T4 mit Benzinmotor ist serienmäßig mit einem Katalysator ausgestattet. Der Katalysator erfordert, daß der Motor grundsätzlich mit bleifreiem Benzin betrieben wird. Für Fahrzeuge mit geregeltem Katalysator muß außerdem ein regelbarer Gemischbildner vorhanden sein.

Unter einem regelbaren Gemischbildner verstehen die Techniker einen Vergaser oder eine Einspritzanlage, bei der das Verhältnis von Kraftstoff zu Luft in Abhängigkeit von den Fahrzuständen und vom Sauerstoffgehalt im Abgas ständig verändert werden kann. Mit einem herkömmlichen Vergaser ist das nicht möglich, da er keine entsprechende Steuereinheit besitzt. Aus diesem Grund greifen die Techniker entweder auf einen elektronisch regelbaren Vergaser oder eine Einspritzanlage zurück.

Die Steuerungsbefehle erhält der Gemischbildner von der Lambdasonde, die vor dem Katalysator im Abgasrohr sitzt und hier vom Abgasstrom umspült wird. Die Lambdasonde ist ein elektrischer Meßfühler, der den Restgehalt an Sauerstoff im Abgas durch elektrische Spannungsschwankungen anzeigt und Rückschlüsse auf die Zusammensetzung des Luft-/Benzin-Gemisches ermöglicht. In Bruchteilen von Sekunden kann die Lambdasonde entsprechende Signale an die Steuereinheit des Gemischbildners weitergeben und dadurch das Kraftstoff-/Luftverhältnis ständig verändern. Das ist einerseits erforderlich, da sich ja die Betriebsverhältnisse (Leerlauf, Vollgas) ständig ändern, zum anderen aber auch, weil nur dann eine Nachverbrennung im Katalysator erfolgt, wenn noch genügend Benzin-Anteile im Motorabgas vorhanden sind.

Damit es also bei einer Temperatur von +300° bis +800° C im Katalysator überhaupt zu einer Nachverbrennung kommen kann, muß das Kraftstoff-Luftgemisch mehr Kraftstoffanteile aufweisen, als für die reine Verbrennung erforderlich wäre. Mithin muß bei Katalysatorbetrieb mit einem um bis zu 5 Prozent höheren Kraftstoffverbrauch gerechnet werden.

Der Katalysator sitzt anstelle des Vorschalldämpfers unter dem Wagenboden. Er besteht aus einem mit Platin oder Rhodium beschichteten wabenförmigen Keramikmonolith. Für die Lagerung des stoßempfindlichen Keramikkörpers wird ein elastisches und hitzebeständiges Drahtgewebe benutzt.

Bei dem allgemein verwendeten Katalysator handelt es sich um einen sogenannten 3-Wege-Katalysator. Das bedeutet, daß bei diesem Katalysator aufgrund der Lambda-Regelung die Oxidation von Kohlenmonoxid (CO) und Kohlenwasserstoffen (HC) sowie die Reduktion der Stickoxide (NO_X) gleichzeitig durchgeführt werden.

Die Dieselmotoren, außer Motor 1X und AAB, sind mit einem Oxidationskatalysator ausgestattet. Dieser Katalysator reduziert vornehmlich die Kohlenmonoxide und die Kohlenwasserstoffverbindungen im Abgas.

Der Umgang mit Katalysator-Fahrzeugen

Um Beschädigungen von Lambdasonde und Katalysator zu vermeiden, nachstehende Hinweise unbedingt zu beachten:

- Grundsätzlich nur **bleifreies** Benzin tanken.
- Falls irrtümlich bleihaltiger Kraftstoff getankt wurde, müssen das Abgasrohr vor dem Katalysator sowie der Katalysator erneuert werden. Vor Einbau der Neuteile mindestens 2 Tankfüllungen mit bleifreiem Kraftstoff fahren.
- Das Anlassen des Motors durch Anschieben oder Anschleppen ist nicht erlaubt. Unverbrannter Kraftstoff könnte bei einer Zündung zur Überhitzung des Katalysators und zu seiner Zerstörung führen. Starthilfekabel verwenden.
- Häufige Kaltstarts hintereinander sollten vermieden werden. Sonst sammelt sich im Katalysator unverbrannter Kraftstoff, der bei Erwärmung schlagartig verbrennt und dabei den Katalysator beschädigt.
- Bei Startschwierigkeiten nicht unnötig lange den Anlasser betätigen. Während des Anlassens wird permanent Kraftstoff eingespritzt. Fehlerursache ermitteln und beseitigen.
- Treten Zündaussetzer auf, hohe Motor-Drehzahlen vermeiden und Fehler umgehend beheben. Bei der Fehleridentifizierung muß verhindert werden, daß beim Starten des Motors Kraftstoff eingespritzt wird. Dazu Stecker von den Einspritzventilen abziehen.
- Keine Funkenprüfung mit abgezogenem Zündkerzenstecker durchführen.
- Es darf kein Zylindervergleich (Balancetest) durch Zündabschaltung eines Zylinders durchgeführt werden. Bei Zündabschaltung der einzelnen Zylinder – auch über Motortester – gelangt unverbrannter Kraftstoff in den Katalysator.
- Fahrzeug nicht über trockenem Laub, Gras oder auf einem Stoppenfeld abstellen. Die Abgasanlage wird im Bereich des Katalysators sehr heiß und strahlt die Wärme auch nach Abstellen des Motors noch ab.
- Beim Ein- oder Nachfüllen von Motoröl besonders darauf achten, daß auf keinen Fall die Maximum-Markierung am Ölpeilstab überschritten wird. Das überschüssige Öl gelangt sonst aufgrund unvollständiger Verbrennung in den Katalysator und kann das Edelmetall beschädigen oder den Katalysator vollständig zerstören.

Die Kupplung

Die Kupplung hat 2 Aufgaben: Beim Schalten der Gänge trennt sie den Kraftschluß zwischen Motor und Getriebe und beim Anfahren sorgt sie durch Reibung für einen ruckfreien Kraftschluß.

Die Kupplung besteht aus der Kupplungsdruckplatte, der Kupplungsmitnehmerscheibe und dem Ausrücklager.

Die Kupplungsdruckplatte ist fest mit dem Schwungrad verschraubt, das wiederum an der Kurbelwelle des Motors angeflanscht ist. Zwischen der Kupplungsdruckplatte und dem Schwungrad befindet sich die Kupplungsmitnehmerscheibe, die von der Kupplungsdruckplatte gegen das Schwungrad gepreßt wird. Die Mitnehmerscheibe wird von der mit ihr verzahnten Getriebeantriebswelle zentriert.

Beim Niedertreten des Kupplungspedals (auskuppeln) wird über die hydraulische beziehungsweise mechanische Betätigung und den Ausrückhebel das Ausrücklager gegen die Feder der Kupplungsdruckplatte gedrückt. Dadurch entspannt sich die Kupplungsdruckplatte, und die Mitnehmerscheibe wird nicht mehr gegen die Schwungscheibe gepreßt. Der Kraftschluß zwischen Motor und Getriebe ist also aufgehoben.

Je nach Ausstattung des Fahrzeuges erfolgt die Kupplungsbetätigung über einen Seilzug oder ein hydraulisches System: Am Ausrückhebel liegt der Kolben des Nehmerzylinders vom Hydrauliksystem an. Beim Niedertreten des Kupplungspedals wird über den Geberzylinder im Fußraum des Fahrzeuges Druck aufgebaut und über eine Hydraulikleitung auf den am Getriebe angeflanschten Kupplungs-Nehmerzylinder übertragen. Der Kolben des Nehmerzylinders drückt über die Ausrückgabel das Ausrücklager gegen die Membranfeder der Druckplatte und hebt diese etwas an.

Das Hydrauliksystem der Kupplung arbeitet mit Bremsflüssigkeit und wird über den gemeinsamen Ausgleichbehälter für Bremsflüssigkeit versorgt.

Wird das Kupplungspedal zurückgenommen (einkuppeln), preßt die Druckplatte die Mitnehmerscheibe gegen das Schwungrad, der Kraftschluß ist wieder hergestellt, da die angepreßte Mitnehmerscheibe über die Verzahnung fest mit der Getriebewelle verbunden ist.

Bei jedem Ein- und Auskuppeln wird durch den leichten Schleifvorgang etwas Reibbelag von der Mitnehmerscheibe abgeschliffen. Die Mitnehmerscheibe ist also ein Verschleißteil, doch hat sie eine mittlere Lebensdauer von über 100.000 Kilometern. Der Verschleiß hängt im wesentlichen von der Belastung (Anhängerbetrieb) und der Fahrweise ab. Die Kupplung ist wartungsfrei, da sie sich selbst nachstellt.

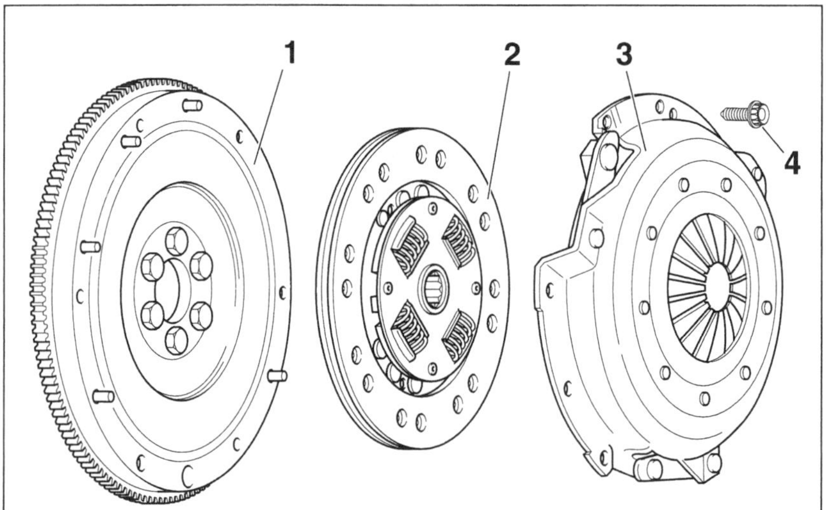

1 – Schwungrad
Anlagefläche für Kupplungsbelag muß frei von Rillen, Öl und Fett sein. Auf festen Sitz der Zentrierstifte achten.

2 – Kupplungsscheibe
Einbaulage beachten, Federkäfig zeigt zur Druckplatte.
Achtung: Verzahnung von Antriebswelle und gebrauchter Kupplungsscheibe reinigen, Korrosion entfernen. Kerbverzahnung hauchdünn mit MoS_2-Fett bestreichen. Danach Kupplungsscheibe auf der Antriebswelle hin- und herbewegen, bis die Nabe auf der Welle leichtgängig ist. Überschüssiges Fett unbedingt entfernen.

3 – Druckplatte

4 – Schraube, 20 Nm
Stufenweise über Kreuz lösen bzw. anziehen.
Motor **AAB/AJA: 13 Nm.**
Motor **AMV/AHY** – M6-Schrauben: **13 Nm**, M8-Schrauben: **22 Nm.**

Ausrücklager/Nehmerzylinder

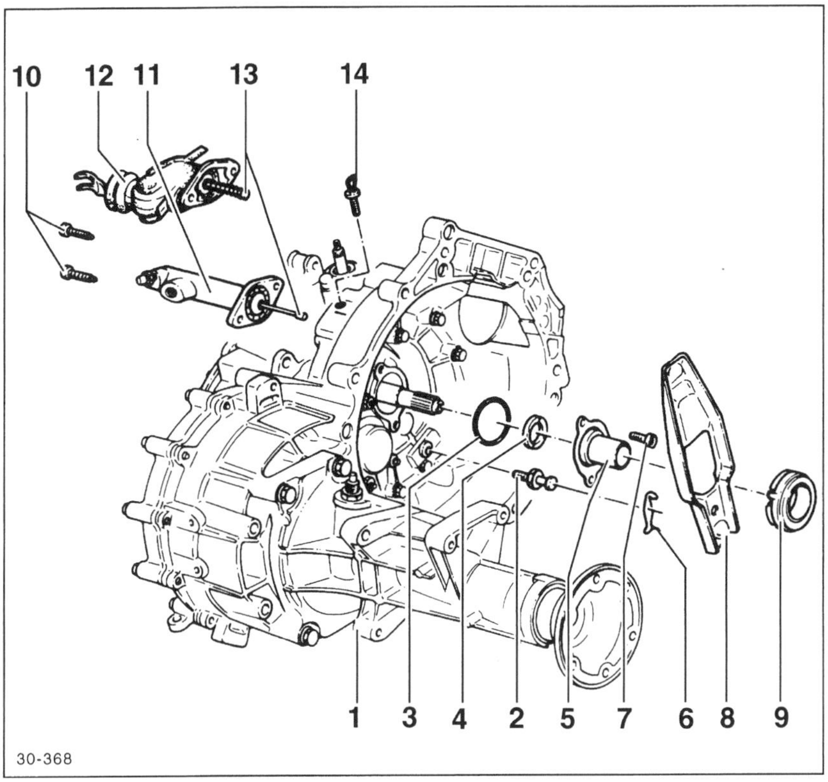

1 – **Getriebe**

2 – **Kugelzapfen, 25 Nm**
Mit MoS_2-Schmierfett schmieren.

3 – **Rundschnurring**
Immer ersetzen.

4 – **Dichtring für Antriebswelle**
Bis zum Anschlag eintreiben.

5 – **Führungshülse**
Im Bereich des Ausrücklagers mit MoS_2-Schmierfett fetten.

6 – **Haltefeder**
Am Kupplungsausrückhebel befestigen.

7 – **Schraube, 15 Nm**

8 – **Kupplungsausrückhebel**

9 – **Ausrücklager**
Lager nicht auswaschen, nur abwischen. Laute Lager ersetzen. Anlagestellen an Ausrückhebel mit MoS_2-Schmierfett fetten.

10 – **Schraube, 25 Nm**

11 – **Kupplungsnehmerzylinder**

12 – **Mechan. Kupplungsbetätigung**

13 – **Stößel**
Stößelende mit MoS_2-Fett fetten.

14 – **Montagestift**
Sichert Ausrückhebel bei Getriebeeinbau. Falls Stift nicht vorhanden, Schraube M8x22 verwenden. Nach Getriebeeinbau herausnehmen.

Mechanische Kupplungsbetätigung

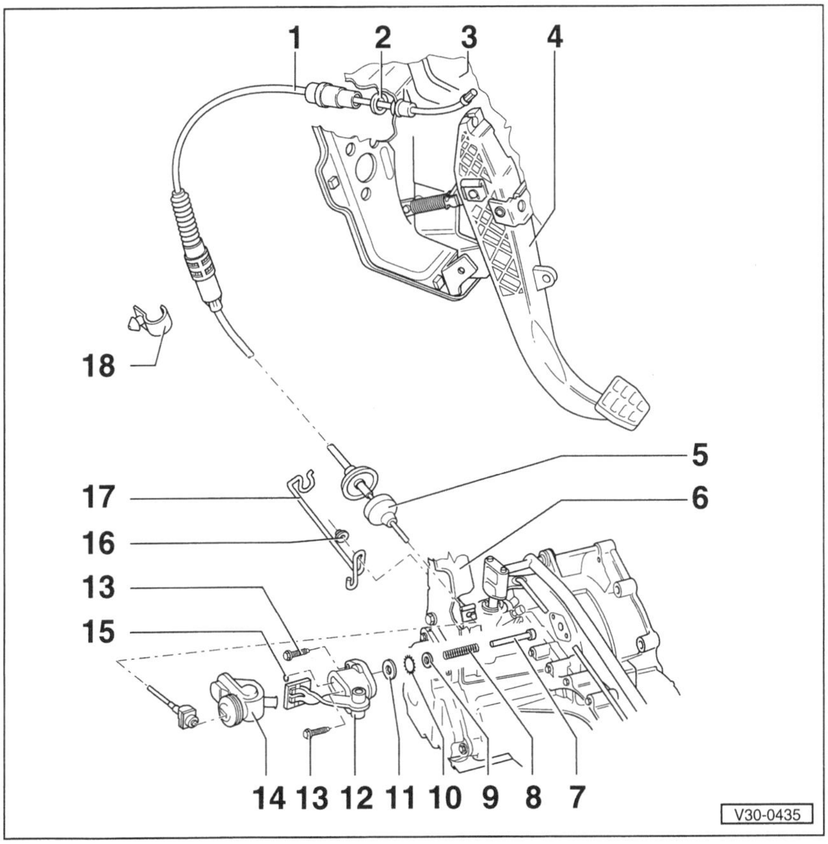

1 – **Kupplungszug mit Nachstellmechanismus**

2 – **Rundschnurring**

3 – **Aufnahmeplatte mit Lagerbock**

4 – **Kupplungspedal**

5 – **Gummipuffer**

6 – **Abstützung mit Lagerbock/Getriebe**

7 – **Stößel**
Nach Einbau von Zackenring –10– und Scheibe –11– einbauen.

8 – **Feder**

9 – **Scheibe**

10 – **Zackenring**
Immer ersetzen.
Über Scheibe –11– mit geeignetem Dorn austreiben. Vorher Stößel –7– ausbauen.

11 – **Scheibe**
Immer ersetzen, muß frei beweglich sein.

12 – **Gehäuse mit Betätigungshebel**
Ab 8/93 mit Tilgergewicht.

13 – **Bundschraube, 25 Nm**

14 – **Dichtstulpe**

15 – **Sicherungsscheibe**
Ca. 8 mm vom Stößelende aufsetzen.

16 – **Sechskantmutter**
Haltebügel an Lagerbock/Getriebelager vorn.

17 – **Haltebügel**

18 – **Leitungshalter**

Hydraulische Kupplungsbetätigung

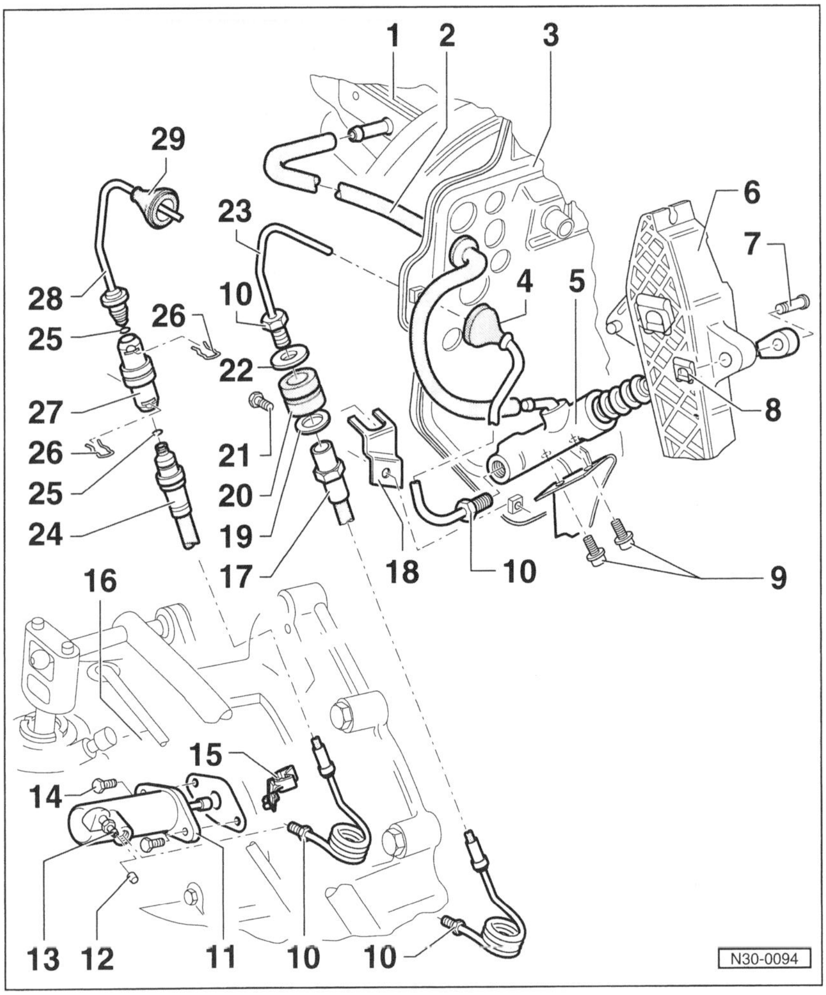

1 – **Bremsflüssigkeitsbehälter**

2 – **Nachlaufschlauch**

3 – **Aufnahmeplatte**

4 – **Tülle**
Für Druckrohr –23–. Seit 6/91 neue Einbaulage siehe –29–.

5 – **Geberzylinder**

6 – **Kupplungspedal**

7 – **Lagerbolzen für Betätigungsstange/Geberzylinder**

8 – **Sicherung**

9 – **Bundschraube, 20 Nm**
Für Geberzylinder an Lagerbock.

10 – **Rohranschluß, 20 Nm**

11 – **Nehmerzylinder**
Kupplungspedal nach Ausbau des Nehmerzylinders nicht mehr betätigen.

12 – **Staubkappe**

13 – **Entlüfterventil**

14 – **Schraube, 25 Nm**

15 – **Halter**
Am Lagerbock für Getriebe befestigen.

16 – **Getriebe**

17 – **Druckschlauch***

18 – **Halter**
An Aufnahmeplatte befestigt.

19 – **Scheibe***
Großer Innendurchmesser, Wölbung zeigt zum Druckschlauch.

20 – **Buchse***

21 – **Schraube, 25 Nm**

22 – **Scheibe***
Kleiner Innendurchmesser, Wölbung zeigt zur Druckleitung –23–.

23 – **Druckrohr***

24 – **Druckschlauch****

25 – **Rundschnurring**
Immer ersetzen. Mit Bremsflüssigkeit einsetzen, auf Leitungsanschluß aufziehen.

26 – **Klammer**
Von Hand eindrücken.

27 – **Verbindungsstück****

28 – **Druckrohr****

29 – **Tülle****

***) Bis 4/92 eingebaut**

****) Ab 5/92 eingebaut**

Kupplung aus- und einbauen/prüfen

Ausbau

- Getriebe ausbauen, siehe Seite 131.
- Befestigungsschrauben der Kupplungsdruckplatte nacheinander jeweils um 1 bis 1½ Umdrehungen lösen, bis die Druckplatte entspannt ist.

Achtung: Wenn die Schrauben sofort ganz gelöst werden, kann die Membranfeder beschädigt werden.

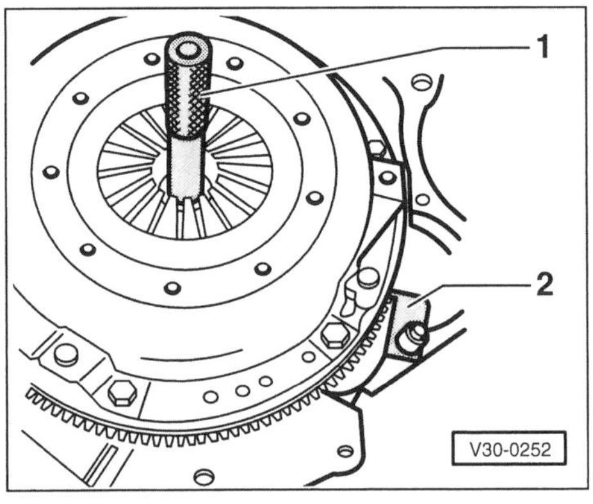

- Damit das Schwungrad beim Lösen der Schrauben nicht mitdreht, Schwungrad entweder mit VW-Werkzeug 3067 –2– oder mit Schraubendreher und Dorn –1– arretieren.
- Anschließend Schrauben ganz herausdrehen.

- Druckplatte und Kupplungsscheibe herausnehmen. **Achtung:** Druckplatte und Kupplungsscheibe beim Herausnehmen nicht fallen lassen, sonst können nach dem Einbau Rupf- und Trennschwierigkeiten auftreten.
- Ausrücklager von der Führungshülse abnehmen. **Achtung:** Lager nur abwischen, nicht auswaschen.
- Schwungrad mit benzingetränktem Lappen auswischen.

Prüfen

- Kupplungsdruckplatte auf Brandrisse und Riefen prüfen.

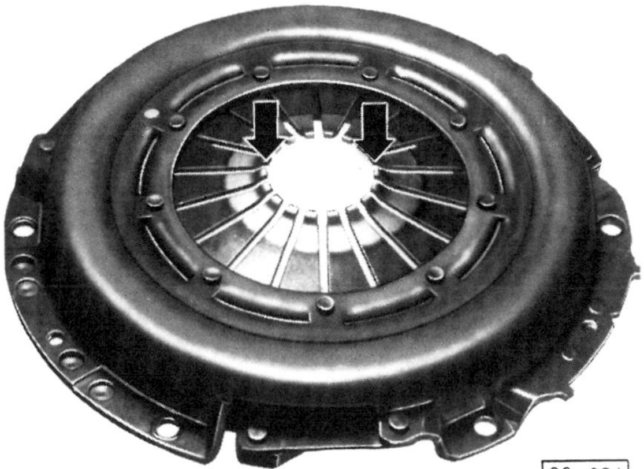

30-094

- Membranfeder auf Brüche untersuchen –Pfeile–. Eine Abnützung bis zur halben Membranfederdicke ist zulässig.

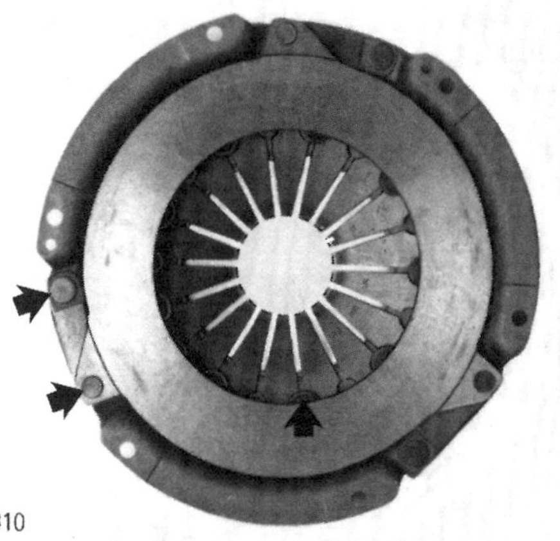

W-2810

- Federverbindungen zwischen Druckplatte und Deckel auf Risse, Nietbefestigungen auf festen Sitz prüfen. Kupplungen mit beschädigten oder losen Nietverbindungen ersetzen.

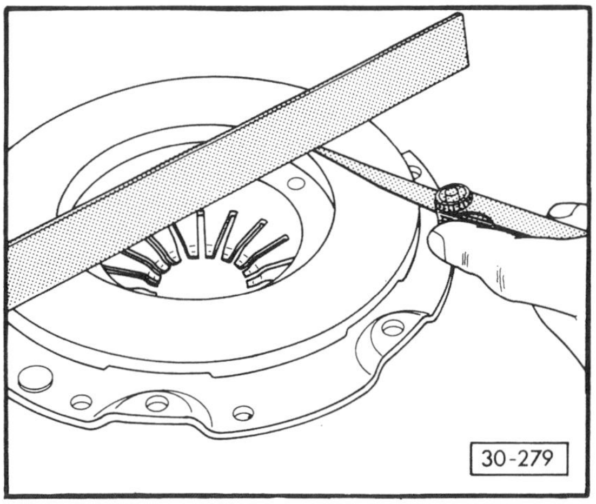

30-279

- Auflagefläche der Druckplatte auf Risse, Brandstellen und Verschleiß prüfen. Druckplatten, die bis zu 0,2 mm nach innen durchgebogen sind, dürfen noch eingebaut werden. Die Prüfung erfolgt mit Lineal und Fühlerblattlehre.
- Schwungrad auf Brandrisse und Riefen prüfen.
- Verölte, verfettete oder mechanisch beschädigte Kupplungsscheiben austauschen.
- Kupplungsscheibe auf ausreichende Belagstärke und Belagrisse prüfen.
- In der Werkstatt kann die Kupplungsscheibe auf Schlag geprüft werden. Der Seitenschlag darf bei der Kupplungsscheibe maximal 0,8 mm betragen (2,5 mm vom Außenrand gemessen). **Achtung:** Diese Prüfung ist nur notwendig, wenn die alte Kupplungsscheibe wieder eingebaut werden soll und die Kupplung vorher nicht richtig ausgekuppelt hat. Gegebenenfalls darf die Kupplungsscheibe vorsichtig ausgerichtet werden.
- Ausrücklager von Hand prüfen. Dazu Lager leicht zusammenpressen und drehen. Das Lager muß sich leicht drehen lassen, sonst austauschen.
- In eingebautem Zustand macht sich ein defektes Ausrücklager durch Geräusche bei getretenem Kupplungspedal bemerkbar. In diesem Fall Lager austauschen.

Einbau

Achtung: Werden Neuteile eingebaut, unbedingt Kupplungsdruckplatte und Kupplungsscheibe über Motorkennbuchstaben und Motornummer nach dem Ersatzteilkatalog zuordnen lassen, damit keine falschen Teile eingebaut werden.

- Vor dem Einbau einer neuen Kupplungsdruckplatte, Korrosionsschutzfett **nur an der Anlauffläche** des Ausrücklagers restlos entfernen. An den anderen Stellen darf das Fett auf keinen Fall entfernt werden, da sonst die Lebensdauer der Kupplung erheblich verkürzt wird.
- Zentrierstifte am Schwungrad auf festen Sitz prüfen.
- Kupplungsscheibe (Mitnehmerscheibe) und Kupplungsdruckplatte in Schwungrad einsetzen. Die Kupplungsdruckplatte in die entsprechenden Paßstifte setzen. Die Kupplungsscheibe muß mit einem passenden Dorn (zum Beispiel von HAZET) oder mit einer alten Getriebe-Antriebswelle zentriert werden.

Achtung: Die Verzahnung der Nabe ist vernickelt, daher **nicht** fetten.

- Kerbverzahnung der Antriebswelle und bei gebrauchten Kupplungsscheiben Verzahnung der Nabe von Korrosion reinigen und **nur** Verzahnung der Antriebswelle hauchdünn mit MoS_2-Fett schmieren. Die VW-Werkstätten verwenden das Fett G000100. Danach Kupplungsscheibe auf der Antriebswelle hin- und herbewegen, bis die Nabe auf der Welle leichtgängig ist. Überschüssiges Fett **unbedingt** entfernen.
- Beim Einsetzen der Kupplungsscheibe darauf achten, daß der Federkäfig zur Druckplatte zeigt.
- Befestigungsschrauben für Kupplungsdruckplatte einschrauben und nacheinander mit 1 bis 1½ Umdrehungen anziehen, bis die Druckplatte festgezogen ist. Anzugsdrehmoment: **20 Nm**. Die Druckplatte darf sich nicht verkanten, da sonst Paßstifte und Zentrierbohrungen beschädigt werden. Bei den Motoren AJA und AAB in Verbindung mit Zweimassenschwungrad beträgt das Anzugsmoment **13 Nm**.

Achtung: Die Druckplatte muß **vollständig** am Schwungrad anliegen. **Dann** erst Befestigungsschrauben einsetzen. **Keinesfalls** Druckplatte mit den Schrauben heranziehen, sonst werden die Zentrierbohrungen der Druckplatte und Zentrierstifte am Schwungrad beschädigt.

- Anschließend Zentrierdorn entfernen.
- Getriebe einbauen, siehe Seite 131.

Kupplungsbetätigung entlüften

Nur hydraulische Kupplungsbetätigung

Die Kupplungsbetätigung muß entlüftet werden, wenn das Kupplungspedal nicht oder nur verzögert zurückkommt, beziehungsweise wenn das Hydrauliksystem geöffnet wurde. Vorher Leichtgängigkeit der Lagerung des Kupplungspedals und der Übertotpunktfeder überprüfen.

Das Hydrauliksystem der Kupplung arbeitet mit Bremsflüssigkeit und hat einen gemeinsamen Vorratsbehälter mit der Bremsanlage.

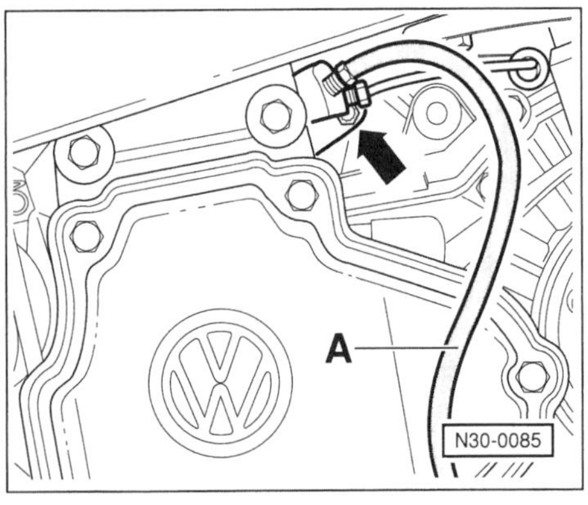

Entlüftet wird die Kupplungshydraulik mit dem Bremsen-Füll- und -entlüftungsgerät V.A.G 1238B, welches in der Regel nur in der Werkstatt vorhanden ist. Das Entlüftergerät gibt über den Bremsflüssigkeitsvorratsbehälter Druck (max. 2,5 bar) auf die Bremsflüssigkeit.

Entlüften

- Dämpfungswanne unterhalb von Motor/Getriebe, falls vorhanden, abbauen.
- Entlüfterschlauch –A– am Nehmerzylinder –Pfeil– aufstecken und Entlüfterventil öffnen.
- Kupplungsbetätigung entlüften.
- Nach Beendigung des Entlüftungsvorganges Kupplungspedal mehrmals betätigen.
- Entlüfterventil schließen und Schlauch vom Zylinder abziehen.
- Dämpfungswanne einbauen.

Kupplungsseilzug ersetzen

Nur mechanische Kupplungsbetätigung

Ausbau

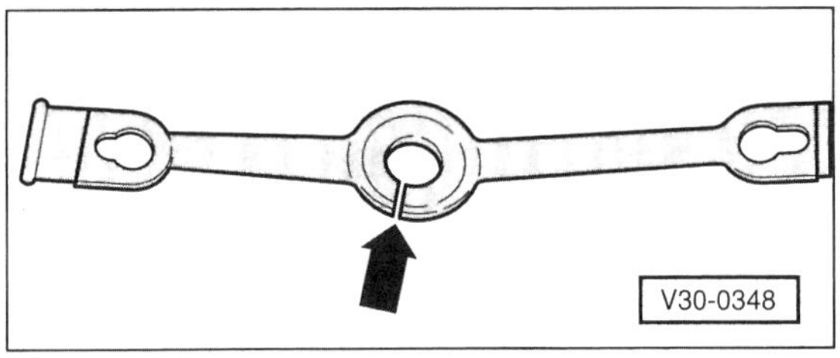

Achtung: Wird der alte Kupplungszug wieder eingebaut, muß der Nachstellmechanismus zusammengedrückt und mit einem Halteband in dieser Stellung fixiert werden. Hierzu kann, falls vorhanden, das Halteband verwendet werden mit dem die Nachstelleinheit bei neuen Zügen gespannt ist. Es muß lediglich die Öse des Haltebandes vorsichtig aufgeschnitten werden –Pfeil–.

- Kupplungspedal mehrere Male bis zum Anschlag betätigen.

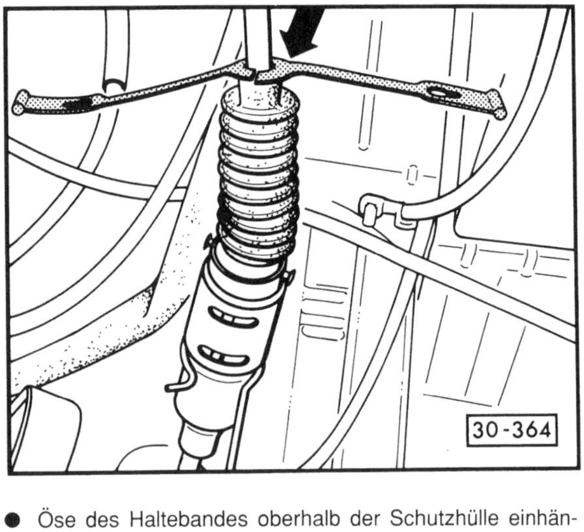

- Öse des Haltebandes oberhalb der Schutzhülle einhängen.
- Kupplungszug aus Haltebügel aushängen.

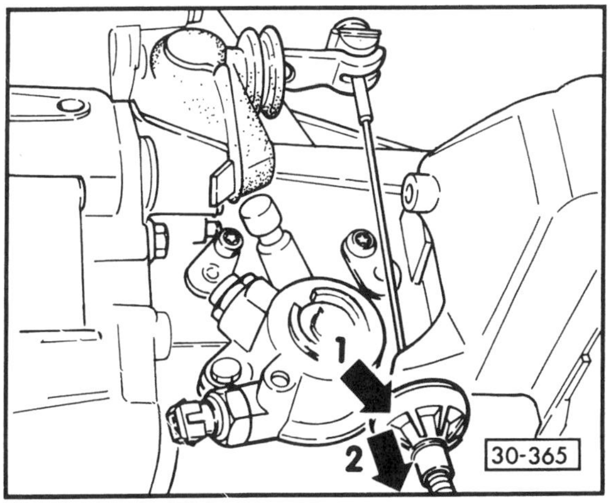

- Kupplungszug an der Kunststoffaufnahme –1– für den Gummipuffer bis zum Anschlag in Pfeilrichtung –2– ziehen. Dadurch wird der Nachstellmechanismus zusammengedrückt.

Achtung: Läßt sich der Zug nicht in die angegebene Richtung drücken, ist der Nachstellmechanismus defekt. In diesem Fall Seil mit Seitenschneider durchkneifen und Nippel aus den Befestigungen aushängen.

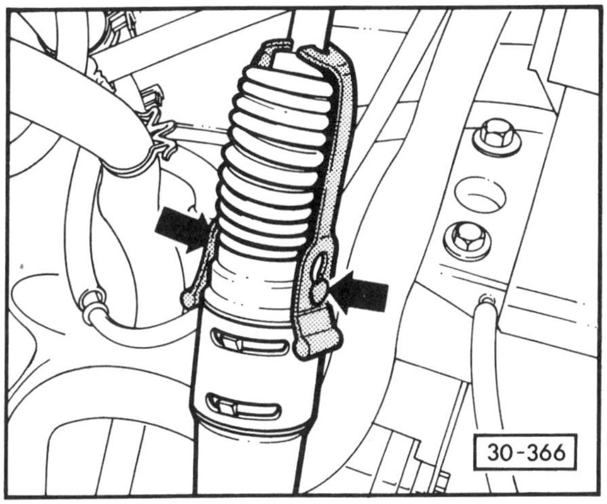

- In dieser Stellung Laschen des Haltebandes an den beiden Stiften –Pfeile– am Nachstellmechanismus einhängen. Hierzu wird eine Hilfsperson benötigt.
- Seil am Ausrückhebel aushängen.
- Kupplungsseilzug im Fahrzeuginnenraum aus dem Kupplungspedal aushaken.
- Gummipuffer aus der Abstützung am Getriebe drücken und Seilzug herausnehmen.

Einbau

- Kupplungszug immer komplett mit Nachstellvorrichtung ersetzen. Die Nachstellvorrichtung ist bei neuen Zügen durch ein Halteband zusammengedrückt. **Achtung:** Kupplungszug nicht knicken, die Funktion des Nachstellmechanismus ist sonst nicht sichergestellt.
- Seil am Ausrückhebel einhängen.
- Gummipuffer in die Seilführung am Getriebe drücken.
- Seil durch die Stirnwand führen, und in das Kupplungspedal einhängen.
- Seil in die Führung am Haltebügel drücken.
- Halteband am Nachstellmechanismus entfernen und Kupplungsbetätigung prüfen.

Prüfen

- Kupplungspedal mindestens 5mal bis zum Anschlag betätigen.

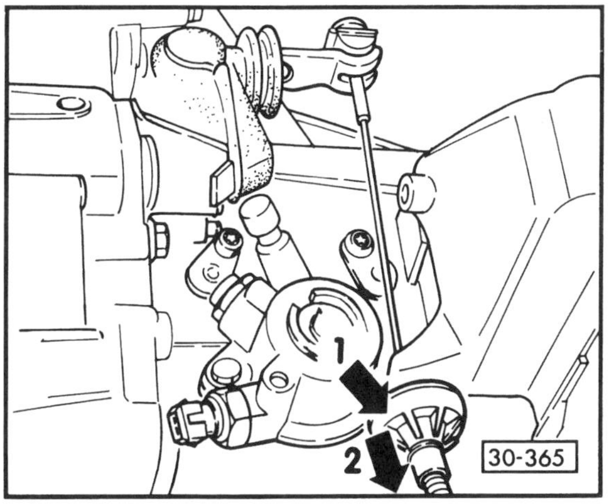

- Hülle des Kupplungszuges an der Kunststoffaufnahme –1– ca. 10 mm weit in Pfeilrichtung –2– ziehen. Sie muß sich dabei frei bewegen lassen.
- Wenn die Funktionsprüfung mehrmals vorgenommen werden soll, ist vorher immer erst das Kupplungspedal zu betätigen, da der Nachstellmechanismus nach jedem Prüfvorgang verriegelt und deshalb nicht zusammengedrückt werden kann.

Achtung: Gehäuse der automatischen Nachstellung nicht öffnen, da es nicht mehr zusammengesetzt werden kann.

Störungsdiagnose Kupplung

Störung	Ursache	Abhilfe
Kupplung rupft	Zu niedrige Leerlaufdrehzahl	■ Drehzahl einstellen
	Motor- und Getriebelager defekt	■ Prüfen, gegebenenfalls auswechseln
	Getriebe liegt in der Aufhängung nicht fest	■ Befestigungsschrauben nachziehen
	Druckplatte trägt ungleichmäßig	■ Druckplatte auswechseln
	Mitnehmerscheibe kein Original-VW-Teil	■ Original-VW-Kupplungsscheibe einbauen
	Kurbelwelle fluchtet nicht zur Getriebe-Antriebswelle	■ Zentrierflächen von Motor und Getriebe überprüfen
	Ausrücker drückt einseitig	■ Ausrücker überprüfen
	Seilführung falsch verlegt[2)]	■ Seilführung in Ordnung bringen
Kupplung rutscht	Kupplungsscheibe verschlissen	■ Dicke der Kupplungsscheibe prüfen, gegebenenfalls auswechseln
	Nehmerzylinder klemmt[1)]	■ Nehmerzylinder ersetzen
	Spannung der Membranfeder zu gering	■ Druckplatte auswechseln
	Nehmerzylinder undicht[1)]	■ Sichtprüfung durchführen
	Belag verhärtet oder verölt	■ Kupplungsscheibe austauschen
	Kupplung wurde überhitzt	■ Original-VW-Teil einbauen
Kupplung trennt nicht richtig	Belag durch Abrieb verklebt	■ Kupplungsscheibe austauschen
	Kupplungsscheibe klemmt auf der Antriebswelle, Kerbverzahnung trocken oder verklebt	■ Kerbverzahnung reinigen, entgraten, ggf. Rost entfernen und neu schmieren; z. B. MoS_2-Puder einbürsten
	Kupplungsscheibe hat Seitenschlag	■ Kupplungsscheibe prüfen lassen, ersetzen
	Geberzylinder undicht[1)]	■ Bei durchgetretenem Kupplungspedal beobachten, ob Flüssigkeit im Bremsflüssigkeitsvorratsbehälter aufwallt, ggf. Kupplung entlüften oder Geberzylinder austauschen
	Kupplungspedal erreicht den Begrenzungsanschlag nicht	■ Prüfen, ob Begrenzungsanschlag erreicht wird, gegebenenfalls Fußmatte ausschneiden
	Ausrücker defekt	■ Ausrücker auf Verformung prüfen
	Luft im Hydrauliksystem[1)]	■ Kupplungshydraulik entlüften
	Seilzug-Nachstellung defekt[2)]	■ Nachstelleinheit gangbar machen, Kupplungszug ersetzen
	Führungslager für die Getriebe-Antriebswelle in der Kurbelwelle defekt	■ Führungslager in der Kurbelwelle ersetzen
	Mitnehmerscheibe stark verbogen, oder Belag gebrochen	■ Mitnehmerscheibe ersetzen
Geräusch bei betätigtem Kupplungspedal	Ausrücklager defekt	■ Ausrücklager prüfen, ersetzen
	Kupplungsscheibe schlägt an die Druckplatte	■ Kupplungsscheibe auswechseln
Auf- und abschwellendes Geräusch bei Zug- oder Schubzustand, oder wenn das Fahrzeug in ausgekuppeltem Zustand rollt	Torsionsdämpfer der Kupplungsscheibe schwergängig	■ Kupplungsscheibe erneuern
	Nietverbindungen der Kupplung locker	■ Kupplung ersetzen
	Unwucht der Kupplung zu groß	■ Kupplung und Mitnehmerscheibe ersetzen

[1)] Gilt nur bei hydraulisch betätigter Kupplung
[2)] Nur bei Kupplungsbetätigung durch Seilzug

Das Getriebe

Das Getriebe kann ohne Ausbau des Motors ausgebaut werden. Ein Ausbau ist dann erforderlich, wenn die Kupplung ausgewechselt werden soll oder wenn das Getriebe erneuert beziehungsweise überholt werden muß. Da es jedoch in keinem Fall anzuraten ist, Reparaturen am Getriebe mit Heimwerkermitteln in Angriff zu nehmen, beschreibe ich lediglich den Ausbau des Aggregates.

Hinweis: Ab 1/96 wird der T4 mit langem oder kurzem Vorderwagen gefertigt. Der kurze Vorderbau beschränkt sich auf den Transporter, während die Modelle »Caravelle, Multivan, California« mit dem langen Vorbau ausgerüstet sind.

Getriebe aus- und einbauen

Außer 2,5-l-TDI- und 2,8-l-VR-6-Motor

Ausbau

Achtung: Es wird der Ausbau für Fahrzeuge bis 12/95 beschrieben, auf Besonderheiten ab 1/96 wird hingewiesen.

- Batterie-Massekabel (–) abklemmen. **Achtung:** Dadurch wird aus dem Speicher des Radios der Code für die Diebstahlsicherung gelöscht. Die Batterie darf nur bei ausgeschalteter Zündung abgeklemmt werden, da sonst das Steuergerät der Einspritzanlage beschädigt wird. Vor dem Abklemmen sollten auch die Hinweise im Kapitel »Radio« bzw. »Batterie aus- und einbauen« durchgelesen werden.
- Kupplungszug aus dem Haltebügel aushängen.
- **Bis 12/95 bzw. Fahrzeuge mit kurzem Vorderbau:** Kühler vorklappen, siehe Seite 17.

Ab 1/96 mit langem Vorderbau:

- Abfangvorrichtung VW 10-222A mit 10-222A/5 und /7 montieren und Motor über die Spindel leicht vorspannen.
- Steht die Aufhängevorrichtung nicht zur Verfügung, geeignetes Rohr über Motorraum legen und in den Kotflügelsicken abstützen, dabei Holz unterlegen. Nicht das Rohr auf den Kotflügel legen. Geeignetes Drahtseil oder Haken in die Halteösen des Motors einhängen und mit Rohr über ein Spindel verbinden. Haken oder Drahtseil spannen.

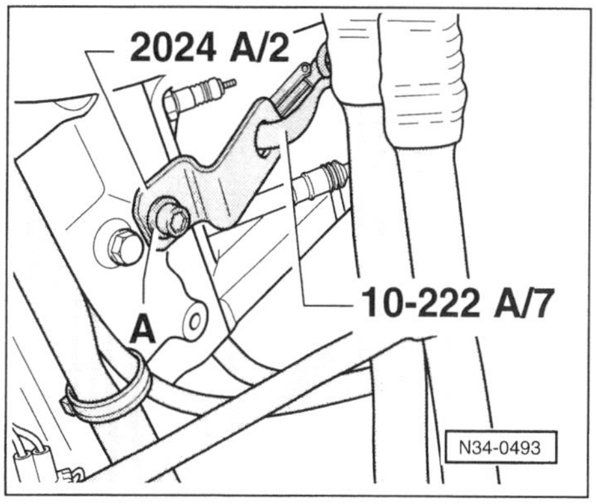

- **2,5-l-Benziner:** Stecker für die Zündkerze des 2. Zylinders abziehen und Lasche VW-2024 A/2 mit 10-222 A/7 am Motorblock anschrauben. A = Unterlegscheibe, Dicke 2 mm.

- Alle Kabelverbindungen von Getriebe und Anlasser mit Tesaband kennzeichnen und abbauen. Einbaulage mit Filzstift markieren, damit sie später wieder an der gleichen Stelle eingebaut werden können.

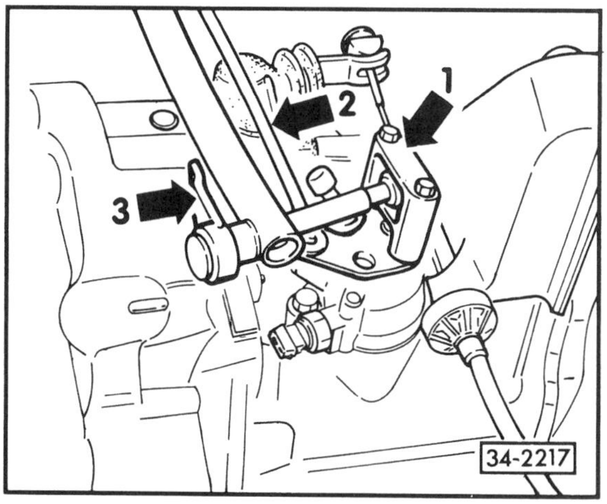

- Schaltbetätigung vom Getriebe abbauen. Dazu Gabelkopf abschrauben –1–. Schaltstange vorn vom Getriebeschalthebel abhebeln –2–. Lagerbock mit Wählstange abschrauben –3–. Schaltstange und Wählstange hochbinden.

- Schaltbetätigung vom Getriebe abbauen. Dazu Gabelkopf abschrauben –1–. Schaltstange vorn vom Getriebeschalthebel abhebeln –2–. Lagerbock mit Wählstange abschrauben –3–. Schaltstange und Wählstange hochbinden.
- Kupplungsbetätigung ausbauen. Dazu bei Fahrzeugen mit hydraulischer Kupplungsbetätigung Nehmerzylinder vom Getriebe abschrauben, zur Seite legen und mit Draht sichern. **Achtung:** Leitungssystem **nicht** öffnen, sonst muß das Kupplungssystem nach dem Einbau entlüftet werden. Kupplung bei ausgebautem Nehmerzylinder **nicht** betätigen.
- Bei Fahrzeugen mit mechanischer Kupplungsbetätigung Kupplungszug am Getriebe und Lagerbock für Getriebe aushängen, siehe Seite 128.
- Halter für Antriebswelle für Geschwindigkeitsmesser vom Getriebe abbauen.

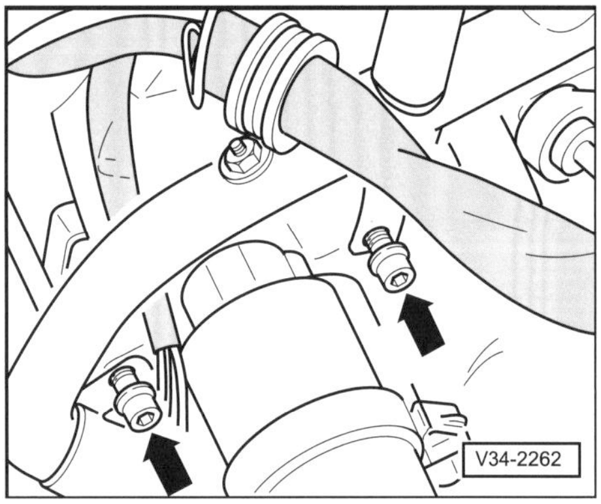

- Rohrleitung für Kühlflüssigkeit – vom Ausgleichbehälter zur Kühlmittelpumpe – am Anlasser abschrauben –Pfeile–.
- Leitungsstrang von der Rohrleitung abschrauben.
- Verbindungsschrauben Motor/Getriebe oben herausschrauben.
- **Benziner:** Unterdruckleitung für Bremskraftverstärker vom Motor abbauen.
- **4-Zylinder-Diesel:** Betätigungszüge vom Motor abbauen, siehe Seite 89/90.

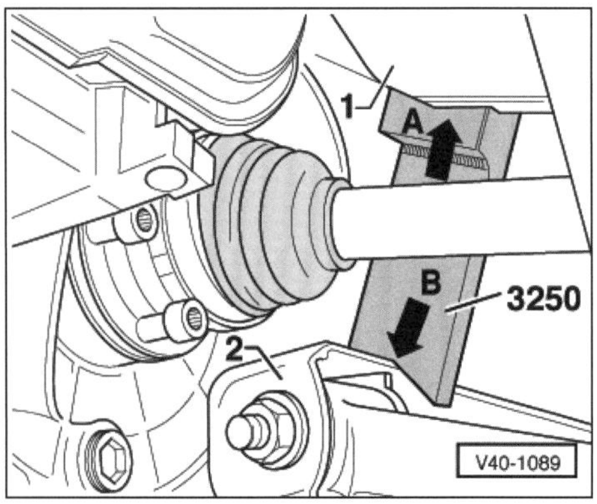

- **Bis 12/95:** Abstützvorrichtung VW-3250 auf beiden Seiten so einsetzen, damit die linke Gelenkwelle und die Schraube für Stoßdämpfer und Koppelstange/Stabilisator rechts, ausgebaut werden können. Die Auflage –A– der Abstützvorrichtung muß sich vor dem oberen Achslenker –1– befinden. Der V-förmige Ausschnitt –B– steht auf dem Aggregateträger –2– auf, siehe auch Seite 144.

Achtung: Die Abstützvorrichtung VW-3250 einsetzen, bevor das Fahrzeug angehoben wird, ansonsten muß das Fahrzeug wieder eingefedert beziehungsweise belastet werden.

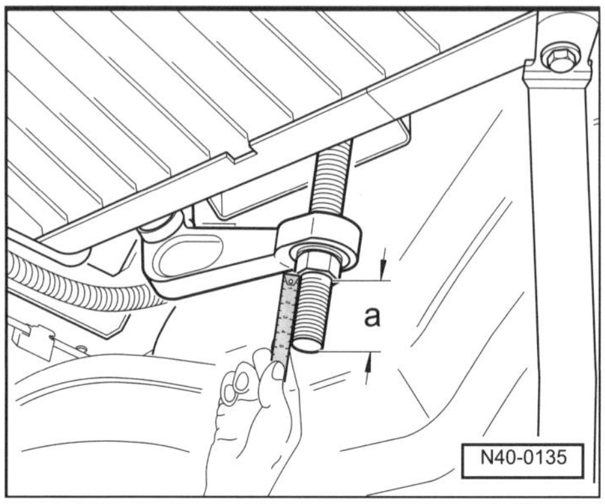

Achtung: Ab 1/96 kann die Abstützvorrichtung 3250 nicht mehr eingesetzt werden. Deshalb Einstellung des Stabilisators am Gewinde markieren oder Überstand des Gewindes von der Mutter bis zur Stirnseite der Gewindestange messen und Wert –a– notieren. Stabilisator durch Lösen der Mutter entspannen. Beim Einbau Stabilisator auf das gleiche Maß vorspannen.

- Linke Gelenkwelle ausbauen, siehe Seite 145.
- Rechte Gelenkwelle vom Getriebe abflanschen.
- Schraube für Stoßdämpfer und Koppelstange/Stabilisator rechts herausschrauben.
- Masseband (–) von Getriebe und Lagerbock abschrauben.
- Anlasser ausbauen, siehe Seite 254.
- **Diesel:** Unterdruckleitung für Bremskraftverstärker von der Vakuumpumpe am Motor abbauen.
- **5-Zylinder:** Generator ausbauen, siehe Seite 251.

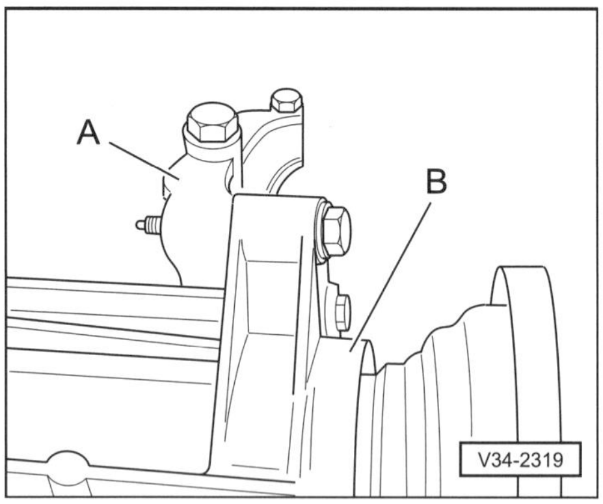

- Getriebeträger –A– vom Lagergehäuse –B– und vom Motor abbauen. Die Abbildung zeigt den Getriebeträger beim 4-Zylindermotor.

- **4-Zylinder:** Befestigungsschraube Motor/Getriebe oberhalb des Lagergehäuses abschrauben.
- **4-Zylinder:** Abschirmblech unten für Schwungrad ausbauen.
- **Klimaanlage:** Kompressor abbauen, zur Seite legen und mit Draht aufhängen. **Achtung:** Leitungssystem **nicht** öffnen.

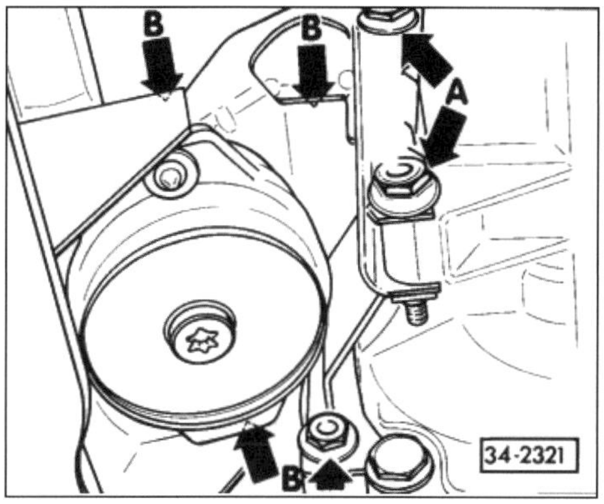

- **Bis 8/92** (Getriebebaudatum 09 08 2): Getriebelager hinten zusammen mit der Konsole –Pfeile A/B– ausbauen. Zum Herausnehmen, Motor/Getriebe gegebenenfalls etwas nach vorn drücken.
- **Seit 8/92** (Getriebebaudatum 10 08 2): Hinteres Motor-Getriebe-Lager abschrauben. Dabei die Schraube –C– herausdrehen, Getriebe nach vorn schwenken und Getriebelager herausnehmen, siehe auch Abbildung 34-2856 auf Seite 129.
- Antriebswelle für Geschwindigkeitsmesser vom Lagergehäuse der rechten Flanschwelle abbauen.

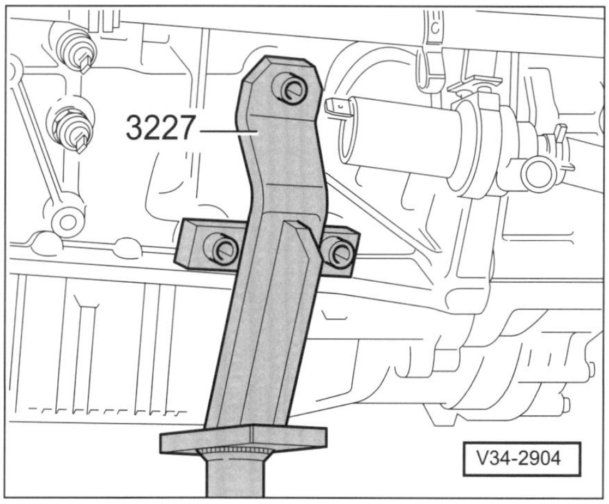

- Motoraufnahme VW-3227 wie in der Abbildung dargestellt anschrauben.

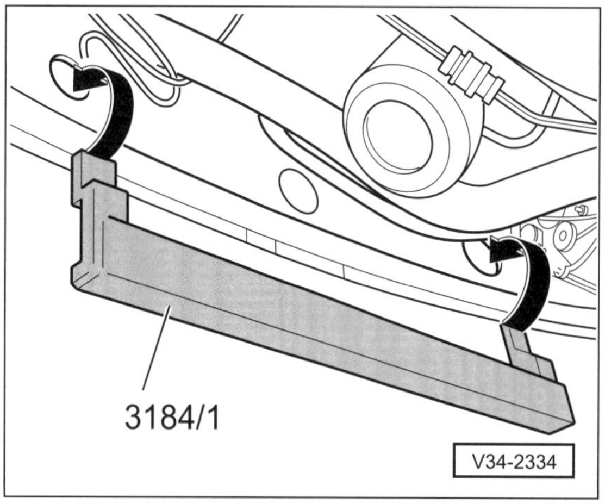

- Hilfsträger VW-3184/1 für Abfangvorrichtung VW-3184 in den Abschlußträger einhängen –Pfeile–. Falls erforderlich, behindernde Leitungsstränge und Rohrleitungen demontieren.
  Achtung: Damit der Hilfsträger bei Fahrzeugen **ab 1/96** mit kurzem Vorderwagen eingehängt werden kann, müssen an die beiden Arme links und rechts oben je 2 Fasen von 45° und 5 mm Breite angebracht werden.

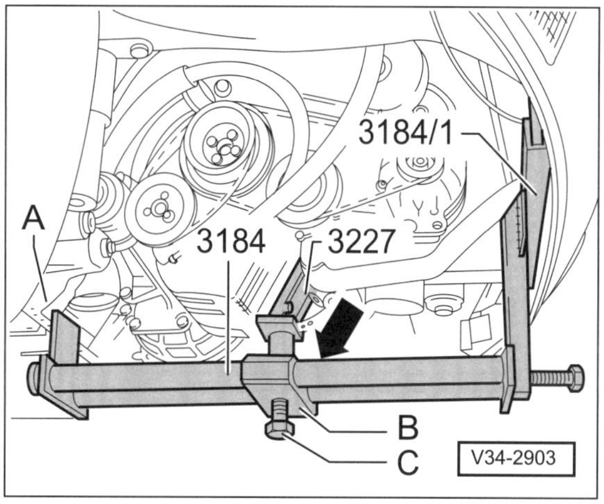

- **Bis 12/95 und mit kurzem Vorderwagen ab 1/96:** Abfangvorrichtung VW-3184 vorn in den Hilfsträger VW-3184/1 und hinten in den Aggregateträger –A– einhängen, und dabei den Zapfen der Motoraufnahme 3227 in die Bohrung des beweglichen Schlittens –B– einführen. **Achtung:** Bei korrekter Montage der Abfangvorrichtung liegt der Schlitten –B– am rechten Rohr an –Pfeil–.
- Abhebesicherungen nach Montage der Abfangvorrichtung anziehen.
- Abfangvorrichtung über Spindel –C– vorspannen.

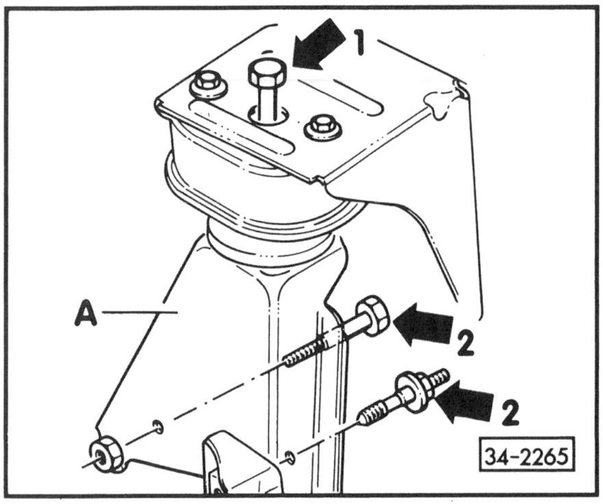

- **Bis 12/95:** Lagerbock –A– für das Getriebe zuerst vom Gummimetallager am Aufbau –1– und dann vom Getriebe abschrauben –2–. **Achtung:** Zum Abbauen des Lagerbockes vom Getriebe Aggregat absenken.

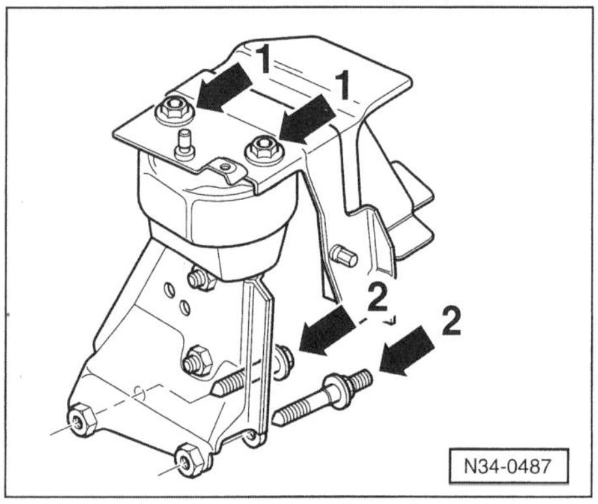

- **Ab 1/96:** Linke Getriebelagerung komplett ausbauen. Dazu die Muttern –1– und die Schrauben –2– herausdrehen.
- Stabilisator an beiden Koppelstangen bis Anschlag hochdrücken, um Freigang für das Abgasrohr zu erhalten.

Achtung: Stabilisator und, falls vorhanden, Lenkungsdämpfer im Bereich der Abgasanlage abdecken, damit die Lackschutzschicht nicht beschädigt wird.

- Abgasrohr vorn vom Vorschalldämpfer oder Katalysator trennen, siehe Seite 117.
- **4-Zylinder:** Abschirmblech Abgasrohr/Tank abschrauben.
- Motor/Getriebeeinheit abwechselnd vorschwenken und absenken. Dabei rechte Gelenkwelle so führen, daß sie am Gelenkflansch des Getriebes ansteht.
- **5-Zylinder:** Befestigungsschrauben Motor/Getriebe oberhalb des Lagergehäuses der Abtriebswelle/Flanschwelle rechts herausdrehen.
- Getriebeheber VW-1383 unter das Getriebe stellen und die restlichen Befestigungsschrauben Motor/Getriebe herausschrauben.
- Getriebe sichern, vom Motor abdrücken und vorsichtig absenken.

Einbau

- Vor dem Einbau Kupplung prüfen, siehe Seite 126.
- Kupplungsausrücklager auf leichten Lauf prüfen. **Achtung:** Lager nur abwischen, nicht auswaschen. Sind vor dem Ausbau Laufgeräusche des Ausrücklagers beim Auskuppeln aufgetreten, Lager auswechseln, siehe Seite 126.
- Kerbverzahnung der Antriebswelle reinigen und leicht mit Moly-Gleitpaste oder Moly-Spray schmieren.

Achtung: Wenn das Getriebe ersetzt wird, ist immer der Getriebeschalthebel umzubauen.

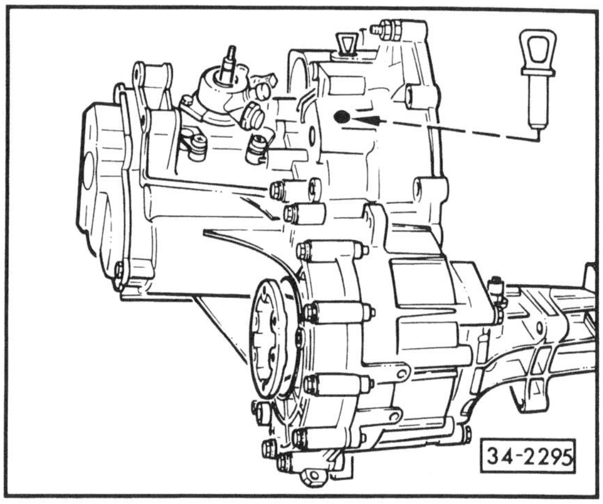

- Kupplungsausrückhebel vor Einbau des Getriebes zum Getriebegehäuse drücken und durch Montagestift oder Schraube M8 x 22 sichern.
- Bei Fahrzeugen mit Servolenkung vor Einbau des Getriebes die Befestigungsschrauben Lagergehäuse an Getriebeträger in die Aufnahmebohrungen des Lagergehäuses einsetzen.
- Getriebe anheben und waagerecht in die Kupplung einfahren. Falls beim Einsetzen die Getriebe-Antriebswelle nicht in die Kupplungsscheibe einrastet, Antriebswelle von hinten am Flansch für die Gelenkwelle mit der Hand entsprechend verdrehen. Beim Ansetzen des Getriebes auf richtigen Sitz des Deckbleches achten.
- Befestigungsschrauben Motor/Getriebe soweit möglich einschrauben.

Befestigungsschrauben Motor/Getriebe

4-Zylinder-Motor

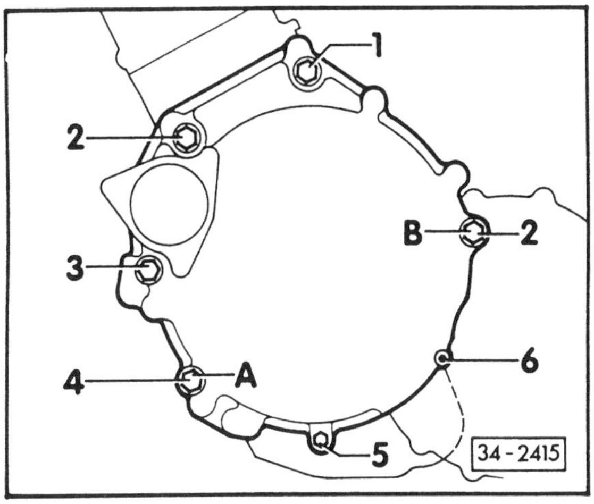

1 – Schraube	M12x55,	80 Nm	4 – Schraube	M12x130,	80 Nm
2 – 2 Schraub.	M12x60,	80 Nm	5 – Schraube*	M8x32,	25 Nm
3 – Schraube	M12x100,	80 Nm	6 – Schraube*	M8x12,	25 Nm

Paßhülsen zur Zentrierung in Position A und B.
*) Befestigungsschrauben für Abschirmblech Schwungrad

5-Zylinder-Motor

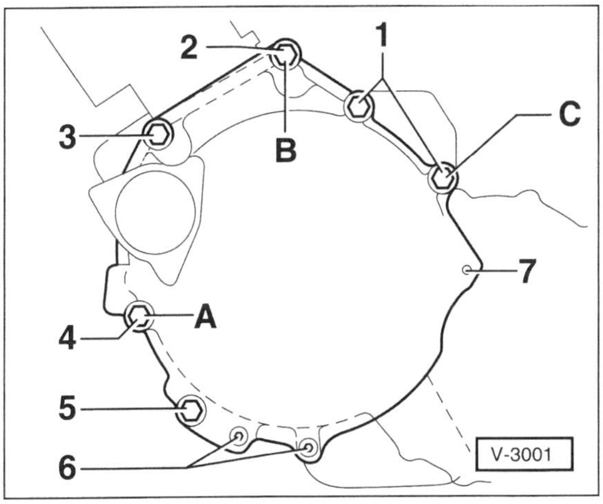

1 – 2 Schr.*	M12x70,	80 Nm	5 – Schraube	M12x130,	80 Nm
2 – Schraube	M12x70,	80 Nm	6 – Schraube	M8x45,	25 Nm
3 – Schraube	M12x60,	80 Nm	7 – Schraube**	M8x45,	25 Nm
4 – Schraube	M12x100,	80 Nm			

Paßhülsen zur Zentrierung in Position A und B.
*) Befestigungsschrauben für Abschirmblech Schwungrad
**) Von der Motorseite her anziehen
Achtung: Seit 1/96 ist an Position –C– eine längere Schraube (M12 x 130) eingebaut, da der Anschraubflansch verstärkt wurde.

- Motor/Getriebeaggregat abwechselnd einschwenken und hochfahren.
- Die rechte Gelenkwelle ist dabei so zu führen, daß sie an der Flanschwelle des Getriebes ansteht.

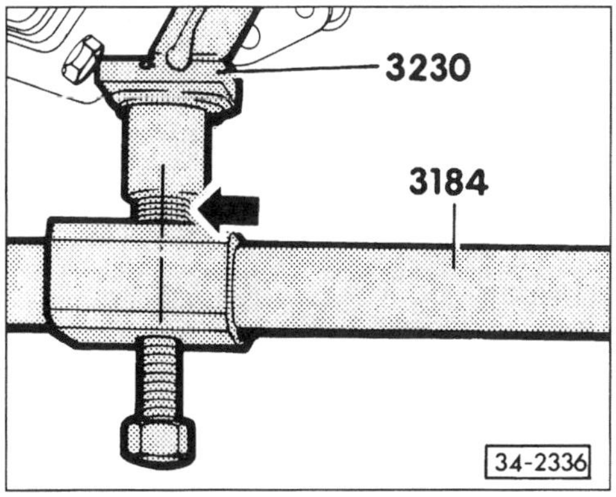

Achtung: Zum Ansetzen der Befestigungsschraube –Aggregateaufnahme links– an Aufbau müssen der Aufnahmezapfen der Motoraufnahme und die Spindel der Abfangvorrichtung –Pfeil– weitgehend auf einer Linie stehen. Abfangvorrichtung VW-3184 erst abnehmen, wenn die Befestigungsschrauben der linken Aggregateaufnahme angezogen sind.

- **4-Zylinder:** Abschirmblech Abgasrohr/Tank anschrauben.
- Abgasrohr vorn mit Vorschalldämpfer oder Katalysator verbinden, siehe Seite 112.
- Stabilisator an beiden Koppelstangen bis Anschlag hochdrücken, um Freigang für das Abgasrohr zu erhalten.
- **Bis 12/95:** Lagerbock am Getriebe und am Gummimetallager mit **65 Nm** anschrauben.
- **Ab 1/96:** Linke Getriebelagerung einbauen. Muttern –1– mit **55 Nm** anziehen, Schrauben –2– mit **50 Nm** festziehen und anschließend mit starrem Schlüssel um ¼ **Umdrehung (90°)** weiterdrehen, siehe Abbildung N34-0487.
- Falls ausgebaut, Leitungsstränge und Rohrleitungen einbauen.
- Abfangvorrichtung VW-3184 ausbauen.
- Motoraufnahme VW-3230/3227 abschrauben.
- Antriebswelle für Geschwindigkeitsmesser am Lagergehäuse der rechten Flanschwelle anbauen.

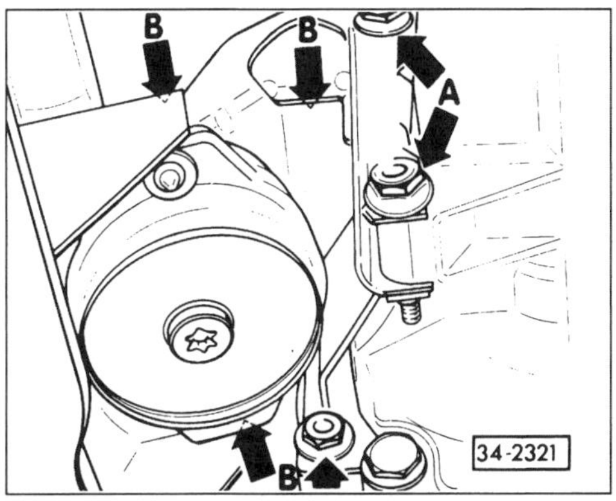

- **Bis 8/92** (Getriebebaudatum 09 08 2): Hintere Motor-Getriebe-Lagerung spannungsfrei einbauen. Schrauben –A– mit **65 Nm** (nur wenn Lager vom Getriebe abgebaut wurde), Schrauben –B– mit **45 Nm** anziehen.

Achtung: Nach Getriebetausch oder -instandsetzung muß die Dicke der Ausgleichbleche zwischen Konsole und Getriebegehäuse neu ermittelt werden. Dazu Abstand zwischen Konsole und Getriebe messen und Bleche von 0,5 bzw. 1,0 mm Stärke zwischenlegen. Ist der Luftspalt kleiner als 0,5 mm, dann sind keine Bleche einzubauen.

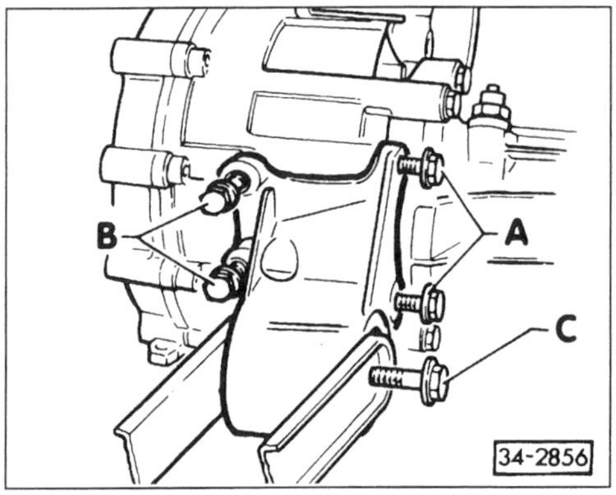

Achtung 8/92 – 12/95 (ab Getriebebaudatum 10 08 2): Es wird ein geändertes Getriebelager hinten eingebaut. Die Bohrungen –A– wurden von 10 mm auf 12 mm vergrößert. Die beiden bisherigen Sechskantschrauben M10 zur Befestigung Getriebelager an Aggregateträger wurden durch eine Sechskantschraube M16 –C– ersetzt. Das neue Getriebelager hinten kann **nicht** in bisherige Fahrzeuge eingebaut werden.

- **8/92 – 12/95:** Hintere Motor-Getriebe-Lagerung spannungsfrei einbauen. Schrauben –A– mit **100 Nm**, Schrauben –B– mit **40 Nm** und Schraube –C– mit **270 Nm** anziehen.

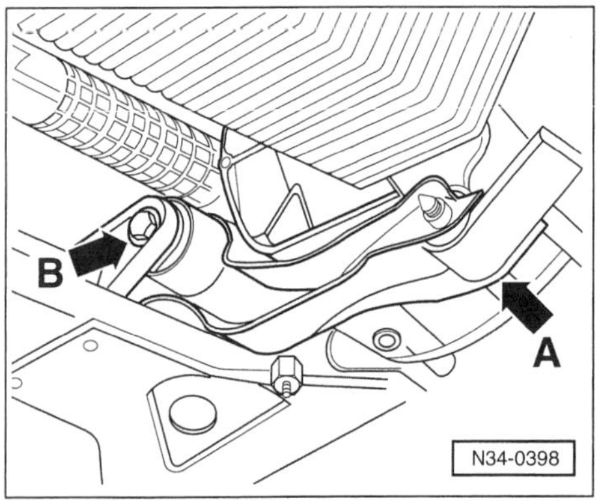

- **Seit 1/96:** Hintere Motor-Getriebe-Lagerung spannungsfrei einbauen. Schrauben –A– mit **80 Nm** festziehen und anschließend mit starrem Schlüssel um ¼ **Umdrehung (90°)** weiterdrehen, Schraube –B– mit **200 Nm** anziehen.
- **Klimaanlage:** Kompressor anschrauben.
- **4-Zylinder:** Abschirmblech unten für Schwungrad einbauen.
- **4-Zylinder:** Befestigungsschraube Motor/Getriebe oberhalb des Lagergehäuses abschrauben. Anzugsdrehmomente: Schraube M8 = **25 Nm**; Schraube M12 =**80 Nm**.

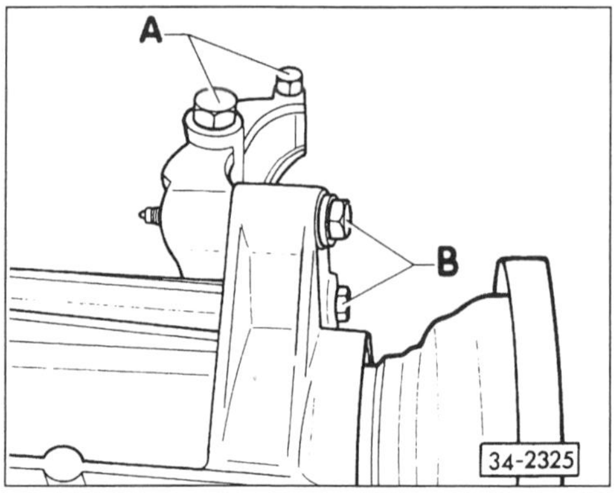

- Befestigungsschrauben Getriebeträger an Motor und an Lagergehäuse wie folgt anziehen: Schrauben –A– und –B– ansetzen. Zuerst die Schrauben –A– anziehen, dann die Schrauben –B–.
- **5-Zylinder:** Generator einbauen, siehe Seite 251.
- **Dieselmotor:** Unterdruckleitung für Bremskraftverstärker an der Vakuumpumpe aufschieben.
- Masseband (–) Getriebe/Lagerbock anschrauben.
- Anlasser einbauen, siehe Seite 254.
- Schraube für Stoßdämpfer und Koppelstange/Stabilisator rechts mit **160 Nm** anschrauben.
- Rechte Gelenkwelle am Getriebe anflanschen.
- Linke Gelenkwelle einbauen, siehe Seite 145.
- Abstützvorrichtung VW-3250 ausbauen.
- **4-Zylinder-Diesel:** Betätigungszüge am Motor anbauen und einstellen, siehe Seite 89/90.
- **Benziner:** Unterdruckleitung für Bremskraftverstärker am Motor anbauen.
- Verbindungsschrauben Motor/Getriebe oben einschrauben. Anzugsdrehmomente: Schraube M8 = **25 Nm**; Schraube M12 = **80 Nm**.
- Leitungsstrang an die Rohrleitung anschrauben.
- Rohrleitung für Kühlflüssigkeit – vom Ausgleichbehälter zur Kühlmittelpumpe – am Anlasser anschrauben.
- Halter für Antriebswelle für Geschwindigkeitsmesser am Getriebe anbauen.
- Bei Fahrzeugen mit mechanischer Kupplungsbetätigung Kupplungszug am Getriebe und Lagerbock für Getriebe einhängen, siehe Seite 128.
- **Mechanische Kupplungsbetätigung:** Kupplungspedal mindestens 5mal bis zum Anschlag betätigen, danach Funktion der Nachstellvorrichtung prüfen, siehe Seite 128.
- Bei Fahrzeugen mit hydraulischer Kupplungsbetätigung Nehmerzylinder am Getriebe mit **25 Nm** anschrauben.
- Montagestift oder Schraube M8x22 aus der Öffnung im Getriebe herausnehmen und Bohrung mit Stopfen verschließen.
- Schaltbetätigung anbauen und einstellen, siehe Seite 140.
- Befestigungen für elektrische Leitungen an den Kühlflüssigkeitsschläuchen an den gleichen Stellen anbauen wie vor dem Ausbau.

- Alle Kabelverbindungen von Getriebe und Anlasser entsprechend der Tesabandkennzeichnung anbauen.
- Kühler zurückklappen, siehe Seite 17.
- Kupplungszug am Haltebügel einhängen.
- Batterie-Massekabel (–) anklemmen. **Achtung:** Batterie nur bei ausgeschalteter Zündung anklemmen, sonst kann das Steuergerät der Einspritzanlage beschädigt werden.
- Zeituhr einstellen. Radio-Codierung eingeben.

Getriebe-Ölstand prüfen

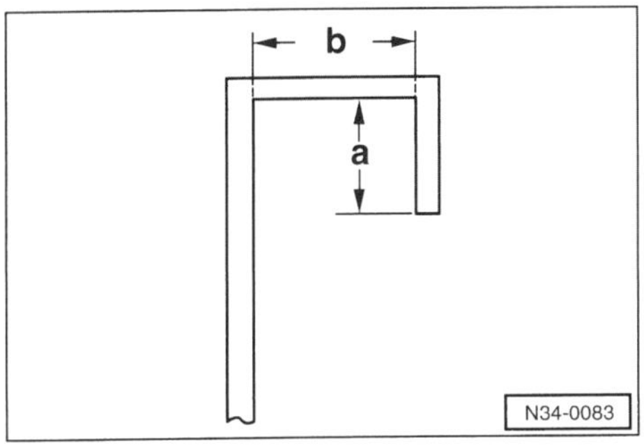

- Zum Prüfen des Ölstandes aus Draht folgendes Werkzeug anfertigen: a = 15 mm, b = 22 mm.

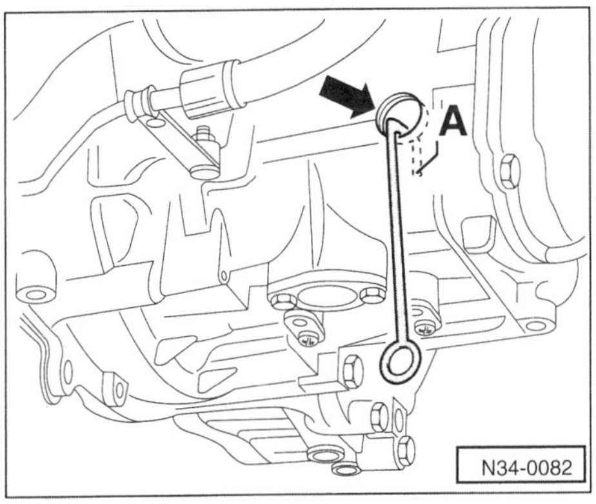

- Schraube für Getriebeölkontrolle herausschrauben.
- Prüfwerkzeug so einhängen –Pfeil–, daß der Steg –A– an der Innenwand des Gehäuses anliegt. Ölstand siehe Seite 297.

Die Vollautomatik

Der VW T4 mit 5- oder 6-Zylindermotor ist auch mit einer Getriebevollautomatik erhältlich. Das automatische Getriebe hat vier Fahrstufen (Gänge), die automatisch geschaltet werden.

Um schneller beschleunigen zu können, zum Beispiel bei Überholvorgängen, hat die Automatik einen sogenannten Kickdown-Schalter, der sich beim vollen Niedertreten des Gaspedals einschaltet. Der Kickdown-Effekt sorgt dafür, daß das Getriebe entweder länger im kürzeren Gang verweilt oder von einem höheren in einen niedrigeren Gang zurückschaltet.

Für die Beurteilung der Funktion der Getriebeautomatik und für die richtige Fehlersuche ist Erfahrung mit automatischen Getrieben und die Kenntnis der Arbeitsweise unerläßlich. Diese Materie kann nur durch lange Berufserfahrung erworben werden.

Der Allradantrieb

Die Syncro-Ausführung des T4 ist mit Allradantrieb ausgestattet. Die Besonderheit ist eine Visco-Kupplung zwischen Vorder- und Hinterachse.

Die Visco-Kupplung besteht aus einem mit Silikonöl angefüllten Gehäuse, in dem sich eng aneinander liegende Stahllamellen befinden, zwischen denen keine mechanische Verbindung besteht. Die Lamellen sind abwechselnd mit dem Kupplungsgehäuse – und damit der Kardanwelle – und mit der Antriebswelle zur Hinterachse verbunden. Der Kraftschluß entsteht durch das zähflüssige Silikonöl, das auf Drehzahlunterschiede zwischen den Lamellen reagiert. Je größer der Drehzahlunterschied zwischen der Vorder- und Hinterachse ist, desto mehr Kraft wird von der Vorderachse auf die Hinterachse abgegeben. Der Hinterradantrieb setzt weich und ruckfrei ein, er wird vom Fahrer kaum wahrgenommen.

Auf trockener Straße und normaler Fahrt, wo sich alle Räder mit nahezu gleicher Geschwindigkeit drehen, wird fast die ganze Antriebskraft von den Vorderrädern übertragen. Besteht jedoch beim starken Beschleunigen oder schlechtem Untergrund die Neigung der Vorderräder zum Durchdrehen, das heißt drehen die Vorderräder geringfügig schneller als die Hinterräder, überträgt die Visco-Kupplung sofort mehr Kraft auf die Hinterachse. Drehen die Vorderräder durch, wird fast der gesamte Antrieb von den Hinterrädern übernommen.

Beim Bremsen tritt automatisch ein Freilauf im Hinterachsdifferential in Funktion und unterbricht den Kraftfluß zur Hinterachse. Dadurch wird die richtige Bremskraftverteilung nicht beeinträchtigt, und das Fahrzeug bleibt fahrstabil.

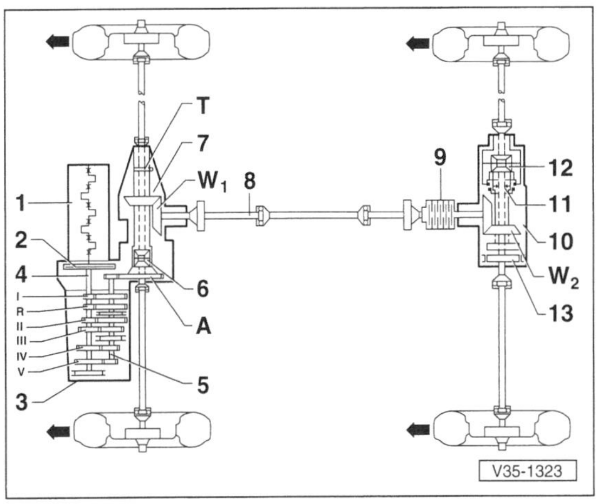

1 - Motor
2 - Kupplung
3 - Schaltgetriebe
4 - Antriebswelle
5 - Abtriebswelle/Triebwelle
6 - Ausgleichgetriebe
7 - Winkelgetriebe
8 - Kardanwelle
9 - Visco-Kupplung
10 - Achsantrieb hinten
11 - Freilauf - nur bei ABS
12 - Ausgleichgetriebe
13 - Differentialsperre
A - Achsantrieb
T - Tachoantrieb
W1 - Winkeltrieb vorn
W2 - Winkeltrieb hinten
Pfeile in Fahrtrichtung

Die Schaltung

Beim Einlegen eines Ganges wird zwischen der Querbewegung (Wählbewegung) in der Leerlaufposition und der eigentlichen Schaltbewegung unterschieden. Die Wählbewegung wird durch die Wählstange und den Gabelkopf auf das Getriebe übertragen. Dabei bewegt sich die Wählstange um die eigene Achse. Über Schaltstangen und Schalthebel wird die Getriebe-Schaltwelle in der Längsachse verstellt.

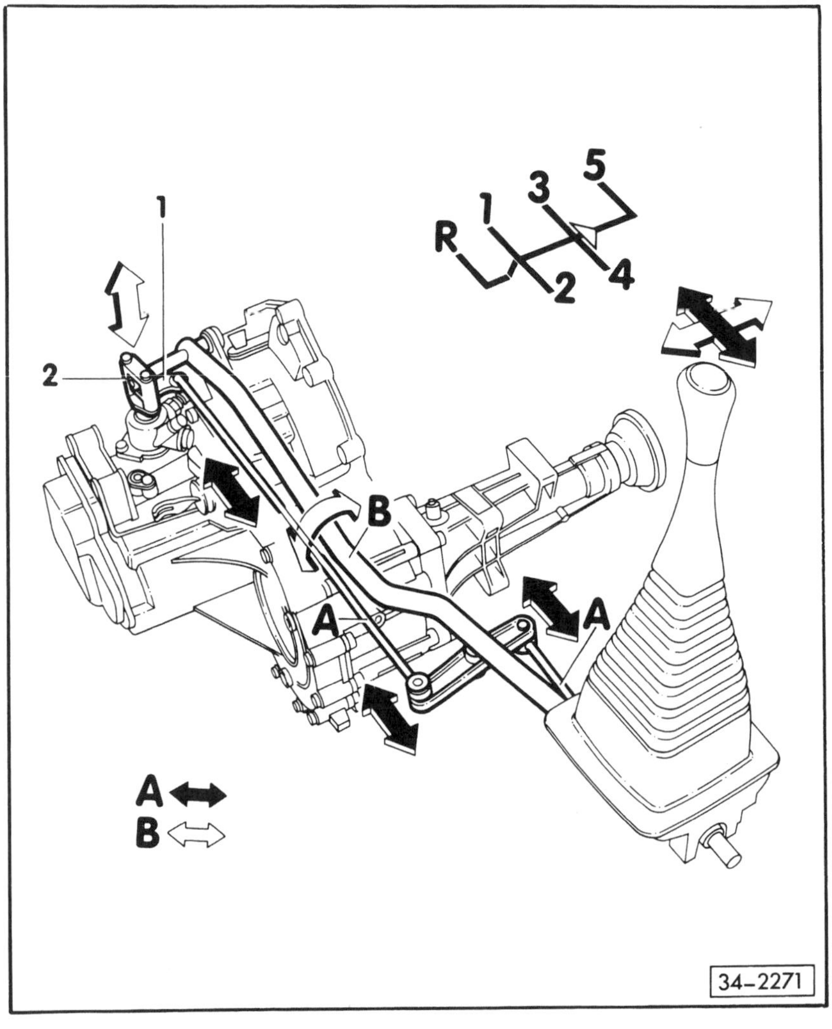

1 – Getriebeschalthebel für Schaltbetätigung

2 – Gabelkopf für Wählbewegung

A – Schaltstangen für Schaltbewegung

B – Wählstange für Wählbewegung

Pfeil A – Schaltbewegung

Pfeil B – Wählbewegung

Hinweis: Sämtliche Lager- und Berührungsflächen mit MoS_2-Schmierfett fetten.

Schaltgehäuse

1 – **Schaltknopf**
Zusammen mit Faltenbalg –2– ab- und aufschrauben. Dabei Faltenbalg in Position halten.

2 – **Faltenbalg**
In den Rahmen –4– eindrücken.

3 – **Manschette**
Nicht bei allen Fahrzeugen vorhanden. Wird gemeinsam mit dem Rahmen –4– montiert. Der Schriftzug »VORN« zeigt in Fahrtrichtung.

4 – **Rahmen**
Auf das Schaltgehäuse –7– und die Befestigungsschrauben aufdrücken. Der Schriftzug »VORN« –Pfeil– zeigt in Fahrtrichtung.

5 – **Dichtung**
Zwischen Rahmen und Bodenblech einsetzen. Die pfeilartige Markierung zeigt in Fahrtrichtung.

6 – **Bodenblech**

7 – **Schaltgehäuse**

8 – **Schraube, 9 Nm**

Hinweis: Sämtliche Lager- und Berührungsflächen mit MoS_2-Schmierfett fetten.

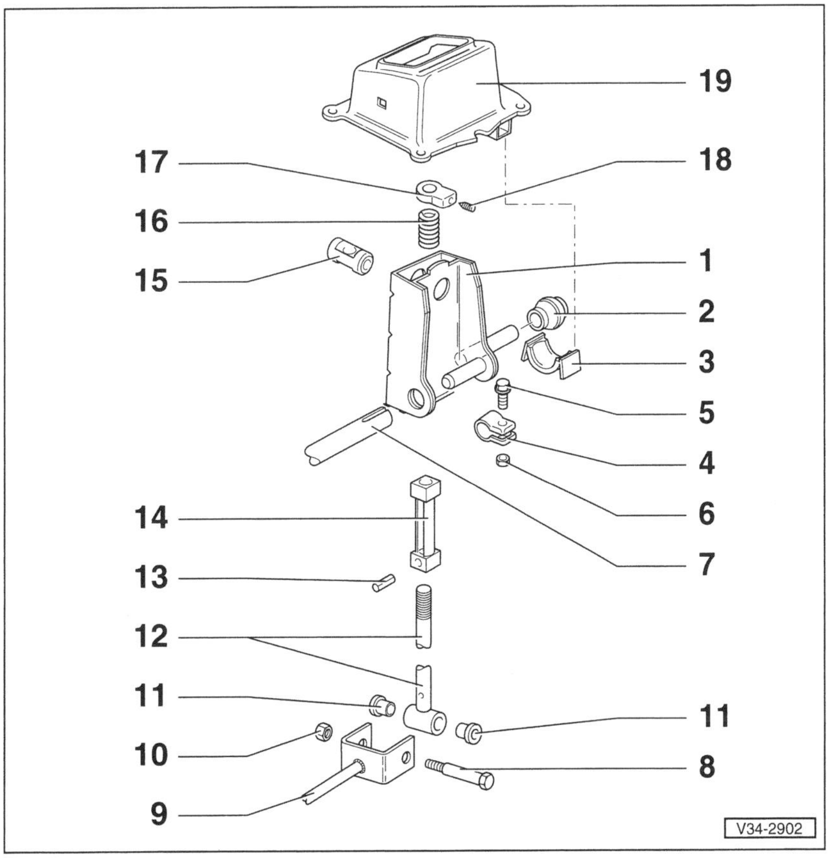

Schalthebel

1 – **Schaltbock**
Gemeinsam mit Schalthebel –12– ausbauen. Vorher die Teile –9–, –7–, –3– vom Schalthebel bzw. Schaltbock abbauen.

2 – **Lagerbuchse**

3 – **Lagerschale**
Mit VW-Dichtmittel AMV188200 einsetzen.

4 – **Rohrschelle**
Zum Einstellen der Schaltbetätigung und zum Ausbau von Schaltstange und Wählstange lösen.

5 – **Befestigungsschraube**

6 – **Selbstsichernde Mutter, 20 Nm**

7 – **Wählstange**

8 – **Paßschraube**

9 – **Schaltstange hinten**

10 – **Selbstsichernde Mutter, 5 Nm**

11 – **Lagerbuchse**

12 – **Schalthebel**
Im oberen Bereich nach hinten abgewinkelt.

13 – **Spannstift**
Mit Dorn austreiben.

14 – **Führungsbuchse**

15 – **Lagerbolzen**

16 – **Druckfeder**

17 – **Anschlag**

18 – **Gewindestift, 4 Nm**

19 – **Schaltgehäuse**

Schaltstangen und Wählstange

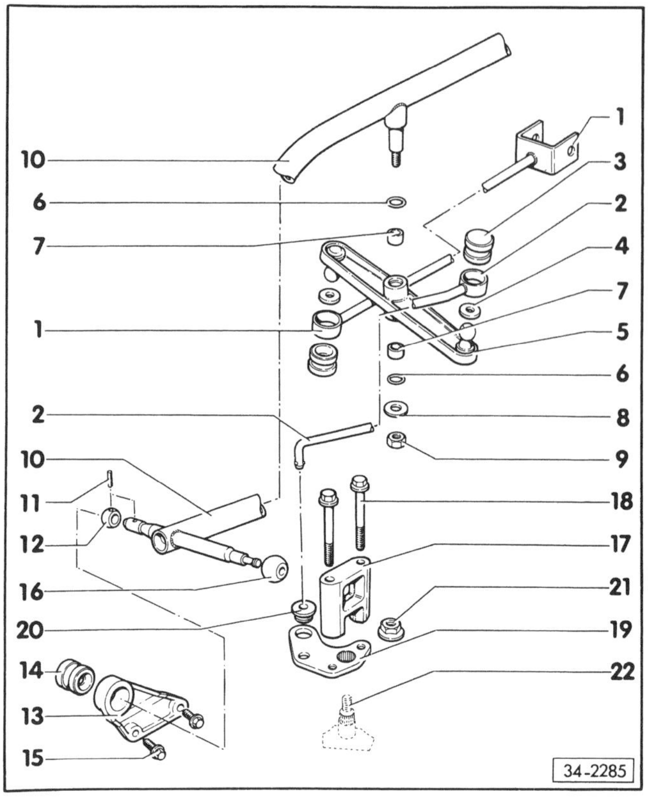

1 – **Schaltstange hinten**

2 – **Schaltstange vorn**
Die Schaltstangen können bei eingebauter Schaltbetätigung aus- und eingebaut werden.

3 – **Buchse**

4 – **Dichtscheibe**

5 – **Umlenkhebel**

6 – **Rundschnurring**

7 – **Lagerbuchse**

8 – **Scheibe**

9 – **Befestigungsmutter, 25 Nm**
Selbstsichernd, daher immer ersetzen.

10 – **Wählstange**
Gemeinsam mit dem Lagerbock –13– vom Getriebe abbauen.

11 – **Spannhülse**
Mit Dorn austreiben.

12 – **Lagerkugel**

13 – **Lagerbock**

14 – **Buchse**

15 – **Befestigungsschrauben Lagerbock/Getriebe, 20 Nm**

16 – **Lagerkugel – Wählstange in Gabelkopf**

17 – **Gabelkopf**

18 – **Schraube, 9 Nm**

19 – **Getriebeschalthebel**
Paßt nur in einer Stellung.

20 – **Lagerbuchse für Schaltstange vorn**

21 – **Mutter, 25 Nm**

22 – **Getriebeschaltwelle**

Hinweis: Sämtliche Lager- und Berührungsflächen mit MoS_2-Schmierfett fetten.

Schaltbetätigung einstellen/ Funktion prüfen

Einstellen

- Getriebe in Leerlaufstellung bringen, Handbremse anziehen.

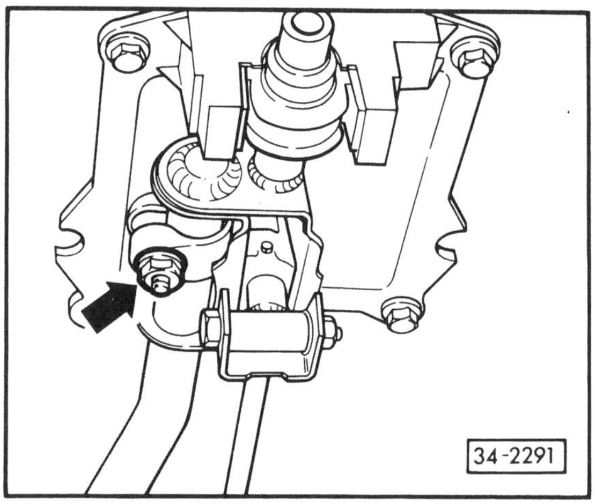

- Klemmschelle –Pfeil– lösen. Die Verbindung Wählstange/ Schaltbock muß leichtgängig sein.
- Schaltknopf und Faltenbalg abnehmen.
- Rahmen mit Manschette abnehmen.

Achtung: Die Berührungsflächen des Anschlages und des Schaltgehäuses müssen parallel zueinander stehen, gegebenenfalls vor Einsetzen der Lehre VW-3258 Anschlag ausrichten.

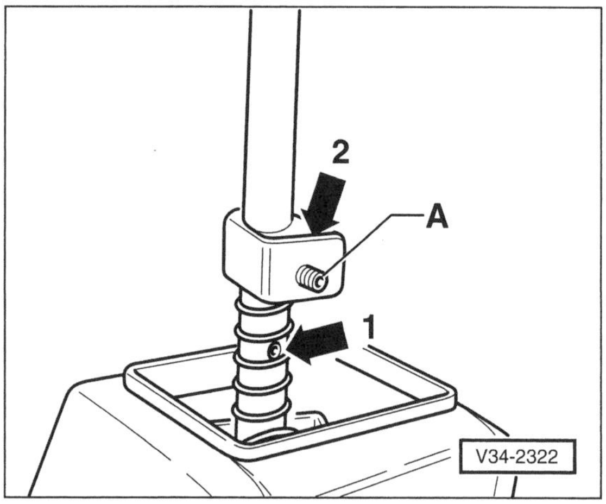

- Anschlag so ausrichten, daß sich der Gewindestift –A– in der Ansenkung des Schalthebels befindet –Pfeil 1–. Die abgeschrägte Seite des Anschlages –Pfeil 2– zeigt zum Schaltknopf.

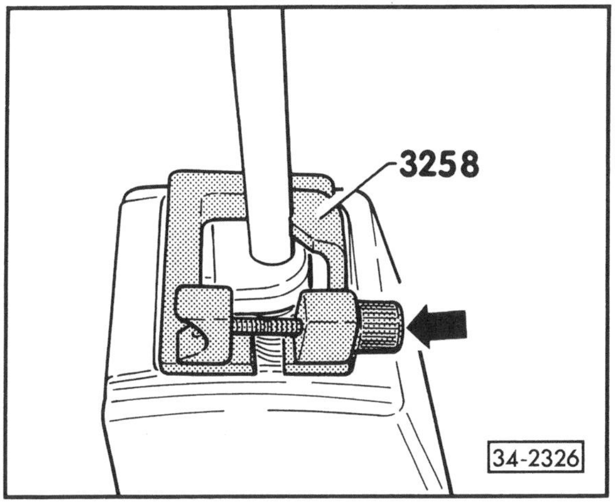

- Lehre VW-3258 bis Anschlag einsetzen und durch Anziehen der Rändelschraube –Pfeil– arretieren.
- Wählstange/Schaltbock spannungsfrei ausrichten (Getriebe in Leerlaufstellung) und Klemmschelle mit 20 Nm festziehen.
- Schalthebel zur Sitzbank ziehen, Rändelschraube lösen und Lehre entnehmen.

Funktion prüfen

- Der Schalthebel muß im Leerlauf in der Gasse 3./4. Gang stehen.
- Der Bereich des Schalthebels unterhalb der Kröpfung muß senkrecht stehen.
- Kupplung betätigen, Motor anlassen, ca. 3 – 6 Sekunden warten, damit die Antriebswelle des Getriebes zum Stillstand kommt, dann alle Gänge mehrmals durchschalten. Dabei auf die Funktion der Rückwärtsgangsperre achten.
- Rahmen mit Manschette und Schaltknopf mit Faltenbalg montieren.
- Falls die Schaltung beim wiederholten Einlegen eines Ganges noch hakt, ist folgendermaßen vorzugehen:
- 1. Gang einlegen.
- Spiel in der Schaltbetätigung aufheben, indem der Schalthebel mit 2 – 3 N bei eingelegtem 1. Gang, am Gewinde für den Schaltknopf nach links gedrückt wird.

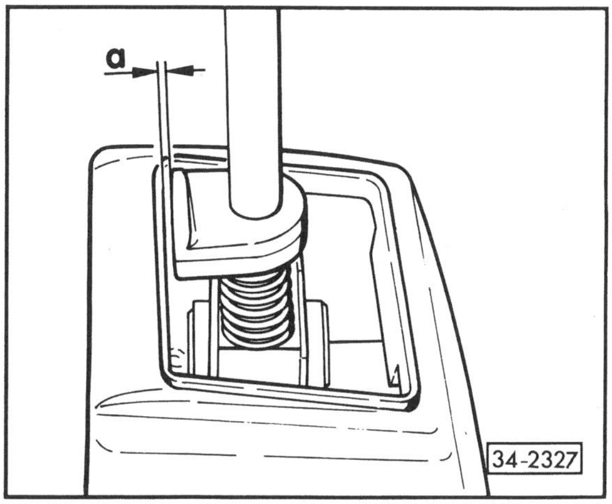

- Der Abstand Schalthebelanschlag/Schaltgehäuseanschlag muß in dieser Stellung a = 1,3 – 2,3 mm betragen.
- Andernfalls 1. Gang herausnehmen und Einstellvorgang wiederholen.

Achtung: Voraussetzung für eine korrekte Schalteinstellung sind 1. einwandfreie Betätigungs- und Übertragungselemente der Schaltbetätigung, 2. eine leichtgängige Schaltbetätigung. Ferner müssen Getriebe, Kupplung und Kupplungsbetätigung in einwandfreiem Zustand sein.

Die Vorderachse

Die Vorderachse ist als Doppelquerlenkerachse ausgebildet. Sie verfügt zudem über Schwingungsdämpfer und längsliegende Drehstäbe, die an den oberen Querlenkern angeordnet sind. Die kompakte Konstruktion ermöglicht einen günstigen Fußraum, der wesentlich mehr Platz bietet als dies bei einer Abfederung mit Schraubenfedern und den damit verbundenen Federdomen möglich gewesen wäre. Die Vorderachskinematik unterstützt ein untersteuerndes Lenkverhalten.

Tragendes Element der Vorderachse ist der Aggregateträger, der mit der Karosserie verschraubt ist. Motor und Getriebe sind über entsprechende Lager ebenfalls mit dem Aggregateträger verschraubt. Die Radführung übernehmen Achslenker, die in Gummimetallagern am Aggregateträger gelagert sind.

Die Motor-Antriebskraft wird über zwei Gelenkwellen, die mit jeweils zwei Gleichlaufgelenken ausgestattet sind, auf die Vorderräder übertragen.

Achtung: Schweiß- und Richtarbeiten an tragenden und radführenden Bauteilen der Vorderradaufhängung **sind nicht zulässig. Selbstsichernde Muttern** im Reparaturfall **immer ersetzen.**

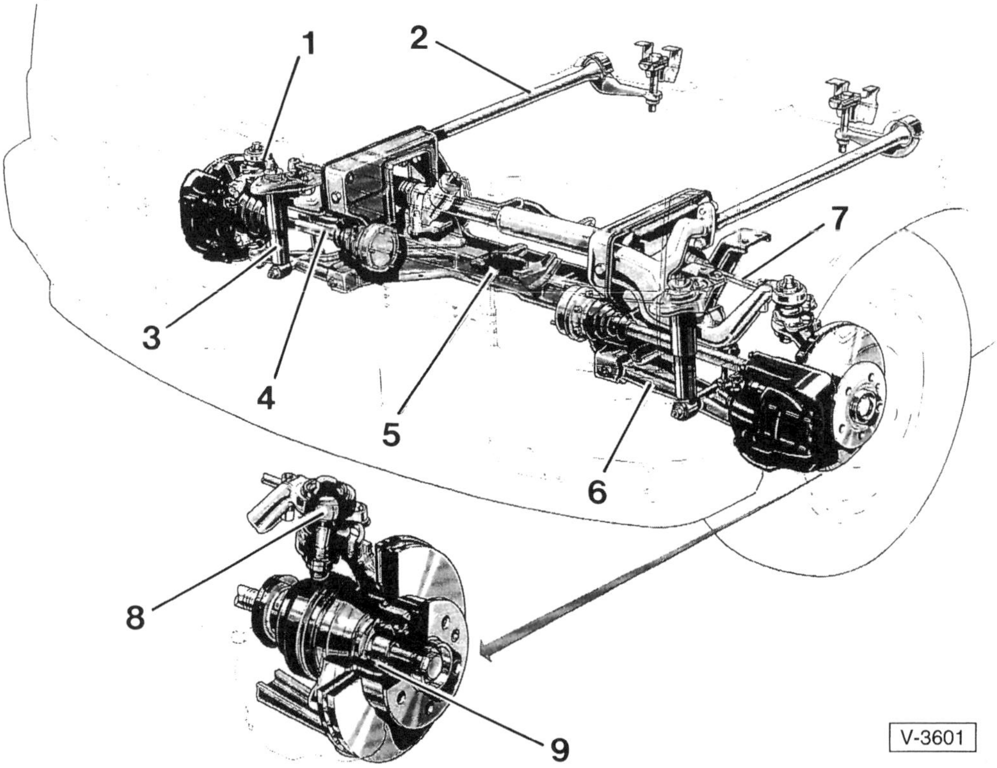

1 – Achslenker oben
2 – Drehstab rechts
3 – Stoßdämpfer
4 – Gelenkwelle rechts
5 – Aggregateträger
6 – Achslenker unten
7 – Spurstange links
8 – Achsgelenk oben
9 – Radlager

Aggregateträger/Stabilisator/Drehstab/Achslenker

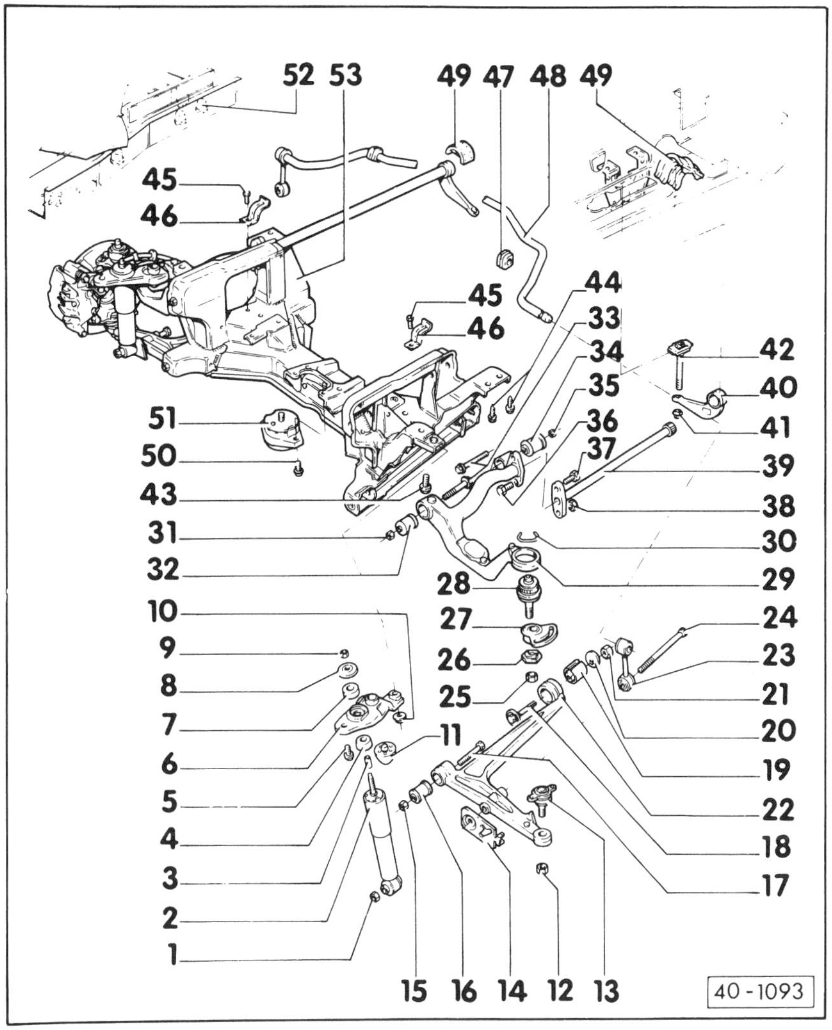

1 – **Mutter, 160 Nm**

2 – **Dämpfer**

3 – **Distanzrohr**

4 – **Lagerring unten**

5 – **Schraube, 100 Nm**

6 – **Aufnahme für Dämpfer**

7 – **Lagerring oben**

8 – **Scheibe**
Kragen zeigt nach unten.

9 – **Mutter, 25 Nm**

10 – **Mutter, 100 Nm**

11 – **Anschlagpuffer**

12 – **Mutter, 110 Nm**

13 – **Achsgelenk unten**

14 – **Luftleitblech**
Nur an Fahrzeugen mit 14"-Bereifung vorhanden.

15 – **Mutter, 160 Nm**

16 – **Lager vorn**

17 – **Sechskantschraube M14x1,5x82**

18 – **Exzenterschraube M12 bzw. M14**
Immer ersetzen, wenn Mutter gelöst wurde.

19 – **Lager hinten**

20 – **Exzenterscheibe**

21 – **Mutter M12x1,5 bzw. M14x1,5**
Achtung: Entsprechend dem ∅ der Mutter unterschiedliches Anzugsdrehmoment.
M12: 75 Nm + 90° weiterdrehen.
M14: 160 Nm.

22 – **Achslenker unten**

23 – **Koppelstange**

24 – **Sechskantschraube**
M14x1,5x175

25 – **Mutter, 110 Nm**
Selbstsichernd, daher ersetzen.

26 – **Exzenterscheibe**

27 – **Exzenterbuchse**
Vor Ausbau Einbaulage notieren.

28 – **Achsgelenk oben**

29 – **Achslenker oben**
Läßt sich nur bei ausgebautem Aggregateträger ausbauen.

30 – **Sicherungsring**
Mit Schraubendreher heraushebeln, ersetzen.

31 – **Mutter, 100 Nm**

32 – **Lager vorn**

33 – **Sechskantschraube M12x1,5x80**

34 – **Lager hinten**

35 – **Mutter, 100 Nm**

36 – **Sechskantschraube M14x1,5x42**

37 – **Sechskantschraube M14x1,5x30**

38 – **Mutter, 160 Nm**

39 – **Drehstab**
Darf nicht vertauscht werden, Kennzeichnung an der Stirnseite: »R« = rechts, »L« = links. Wird als Ersatzteil zusammen mit Spannhebel –40– geliefert. Farbkennzeichnung ca. 75 mm vom Flansch: weiß = 23,8 mm ∅, grün = 25,3 mm ∅, braun = 26,4 mm ∅. Vor dem Einbau auf Lackschäden prüfen, ggf. ausbessern. Für den Ausbau ist Spezialwerkzeug erforderlich.

40 – **Spannhebel**

41 – **Spannmutter**
Vor dem Ausbauen Einbaulage markieren.

42 – **Drehstabeinstellschraube**

43 – **Sechskantschraube, 160 Nm,**
M14x1,5x40

44 – **Sechskantschraube, 100 Nm,**
M12x1,5x32

45 – **Schraube, 55 Nm**

46 – **Schelle**

47 – **Stabilisatorlager**

48 – **Stabilisator**

49 – **Gummilager**

50 – **Schraube, 45 Nm**

51 – **Gummimetallager**

52 – **Schweißmutter**

53 – **Aggregateträger**
Seit 8/92 (FG-Nr. 70ZPH004343) wird ein Aggregateträger mit geänderter Aufnahme für das hintere Getriebelager eingebaut. Dieser Aggregateträger kann **nicht** in bisherige Fahrzeuge eingebaut werden.

Achtung: Seit 11/91 (FG-Nr. 70M083342) wurde die Exzenterschraube zur Nachlaufeinstellung von M12 in M14 geändert. In diesem Zusammenhang wurden auch das Langloch für die Nachlaufeinstellung am Aggregateträger und die Buchse des hinteren Gummimetallagers von 12 mm ∅ auf 14 mm ∅ geändert. Betroffen sind hiervon die Teile: –18–, –19–, –20–, –21– und –53–.

Oberen Achslenker abstützen

Bis 12/95

Der obere Achslenker wird durch die Vorspannkraft des Drehstabes nach unten gedrückt. Deshalb muß bei einigen Arbeiten an der Vorderachse der obere Achslenker abgestützt werden. Dazu wird die Abstützvorrichtung VW-3250 benötigt. Abstützvorrichtung links und rechts einsetzen.

Achtung: Ab 1/96 können die Abstützwerkzeuge nicht mehr eingesetzt werden. Stattdessen muß der Drehstab entspannt werden. Dies ist auch bei den Fahrzeugen bis 12/95 möglich, falls die Abstützwerkzeuge nicht vorhanden sind. Drehstab entspannen, siehe Seite 132.

Abstützvorrichtung immer einsetzen bevor das Fahrzeug angehoben wird! Wird die Abstützvorrichtung nach dem Aufbocken eingesetzt, muß das Fahrzeug abgelassen und durch Vor- und Zurückfahren wieder eingefedert beziehungsweise belastet werden (zum Beispiel durch eine Hilfsperson).

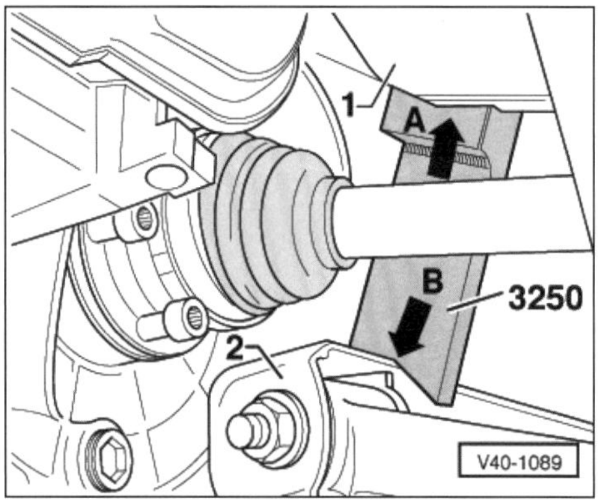

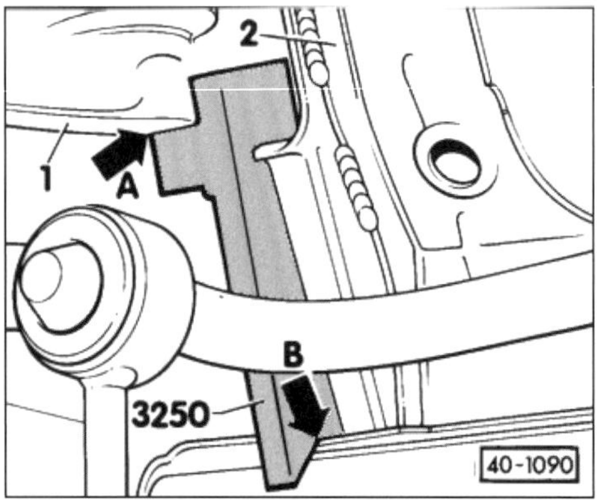

- Abstützvorrichtung so einsetzen, daß die Auflage –Pfeil A– unter dem oberen Achslenker –1– steht und der V-förmige Ausschnitt –Pfeil B– auf dem Aggregateträger –2– aufsteht.

Achtung: Vollbeladenes Fahrzeug gegebenenfalls mit Hebebühne soweit anheben, daß sich die Abstützvorrichtung gerade noch einsetzen läßt.

Dämpfer aus- und einbauen/prüfen

Ausbau

- **Bis 12/95:** Oberen Achslenker abstützen beziehungsweise Drehstab entspannen **(alle Modelle)**, siehe Abbildung V40-1207 auf Seite 132.
- Schraube unten für Dämpfer herausschrauben.
- Aufnahme für Dämpfer vom Aufbau abschrauben.

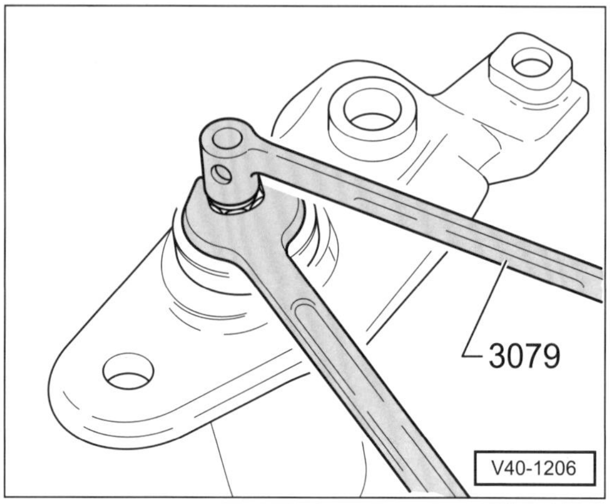

- Haltemutter für Stoßdämpfer wie in der Abbildung gezeigt von der Aufnahme abschrauben, Kolbenstange dabei gegenhalten, beispielsweise mit VW 3079.

Einbau

- Stoßdämpfer an der Aufnahme anschrauben.
- Aufnahme für Dämpfer am Aufbau abschrauben.
- Dämpfer unten anschrauben.
- Abstützung herausnehmen bzw. Drehstab spannen.

Stoßdämpfer prüfen

Der Stoßdämpfer kann von Hand geprüft werden.

- Ausgebauten Stoßdämpfer in Einbaulage halten. Stoßdämpfer auseinanderziehen und zusammendrücken.
- Der Stoßdämpfer muß sich über den gesamten Hub gleichmäßig schwer und ruckfrei bewegen lassen.
- Defekte Dämpfer erkennt man auch während der Fahrt an Polter- und Knackgeräuschen. Allerdings haben diese Geräusche häufig auch andere Ursachen, zum Beispiel lockere Schrauben, Muttern, defektes Radlager, Gleichlaufgelenk. Daher Dämpfer vor dem Ersetzen immer prüfen, ggf. am Stoßdämpferprüfstand prüfen lassen.
- Bei einwandfreier Funktion sind geringe Spuren von Stoßdämpferöl kein Grund zum Austausch. Als Faustregel gilt: Wenn ein Ölfleck sichtbar ist und sich nicht weiter ausbreitet, ist der Dämpfer in Ordnung. Voraussetzung ist, daß der Ölfleck stumpf, matt beziehungsweise durch Staub getrocknet ist. Ein geringfügiger Ölaustritt ist sogar von Vorteil, weil dadurch der Dichtring geschmiert wird und sich somit die Lebensdauer erhöht.
- Bei starkem Ölverlust Stoßdämpfer austauschen. Dämpferöl kann nicht nachgefüllt werden.

Gelenkwelle aus- und einbauen

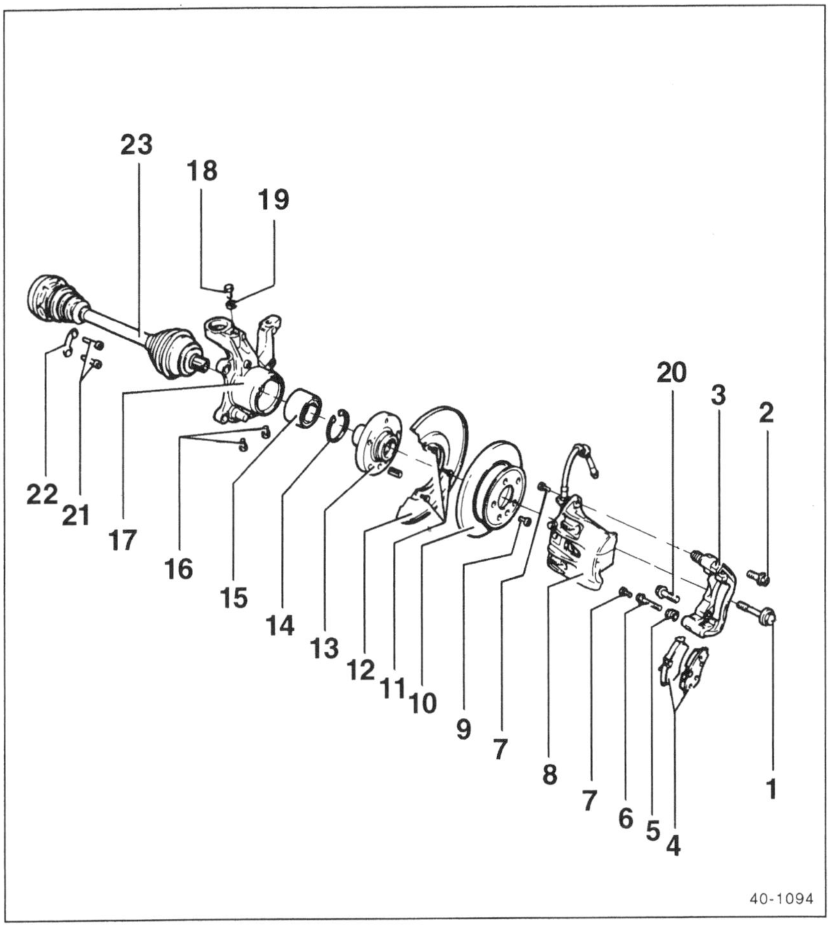

1 – **Schraube, 150 Nm + 90°**
Immer ersetzen.
Schraube mit Drehmomentschlüssel und 150 Nm anziehen und anschließend mit starrem Schlüssel ¼ Umdrehung (90°) weiterdrehen.
Nur bei auf den Rädern stehendem Fahrzeug lösen und festziehen. **Unfallgefahr!**

2 – **Radschraube, 180 Nm**

3 – **Bremsträger**

4 – **Bremsbeläge**

5 – **Schutzkappe**

6 – **Führungsbolzen**

7 – **Schraube, 35 Nm**

8 – **Bremssattel**

9 – **Halteschraube, 5 Nm**

10 – **Bremsscheibe**

11 – **Schrauben, 8 Nm**

12 – **Abdeckblech**

13 – **Radnabe**

14 – **Sicherungsring**

15 – **Radlager**

16 – **Schraube, 55 Nm, M10x20**

17 – **Radlagergehäuse**
Bei Fahrzeugen ohne Servolenkung liegt die Bohrung für den Spurstangenkopf ca. 20 mm weiter außen als an Fahrzeugen mit Servolenkung.
Seit 11/92 beträgt der Durchmesser der Bohrung 16 mm.

18 – **Schraube, 60 Nm, M12x1,5x22**

19 – **Scheibe**

20 – **Schraube, 280 Nm**

21 – **Schrauben, 70 Nm**

22 – **Unterlegplatte**

23 – **Gelenkwelle**

Achtung: Bei demontierter Gelenkwelle darf das Fahrzeug nicht geschoben werden, da bei fehlender axialer Vorspannung die Wälzkörper des Radlagers beschädigt werden. Gegebenenfalls statt der Gelenkwelle ein Außengelenk einbauen.

Ausbau

- Oberen Achslenker abstützen, siehe Seite 144.
- Befestigungsschraube für Radnabe an Gelenkwelle abschrauben. **Achtung:** Die Schraube besitzt ein hohes Lösemoment, daher muß das Fahrzeug beim Lösen auf dem Boden stehen. Unfallgefahr!
- Fahrzeug vorn aufbocken.
- Motorraumabdeckung unten ausbauen, siehe Seite 17.

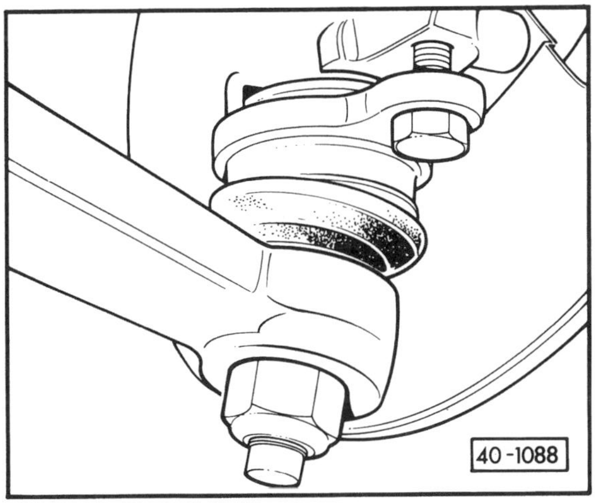

- Schraubverbindung Radlagergehäuse/unteres Achsgelenk trennen.
- Schraube für Stoßdämpfer/Koppelstange und Stabilisator ausbauen.
- Schrauben am inneren Gelenk herausschrauben.

Automatikgetriebe:

- Stecker vom Multifunktionsschalter abziehen.
- Gummimetallager hinten am Aggregateträger abschrauben, siehe »Getriebe aus- und einbauen«.

- Gelenkwelle vom Flansch abdrücken.
- Stoßdämpfer vollständig zusammenschieben.
- Gelenkwelle aus dem Radlagergehäuse herausziehen. Bei Fahrzeugen mit Automatikgetriebe gleichzeitig Motor/Getriebe etwas nach vorn drücken.

Einbau

- Vor dem Einbau Verzahnung der Gelenkwelle und Radnabe mit Benzin reinigen (fett- und ölfrei) sowie alle Rückstände von Sicherungsmitteln entfernen.
- Gelenkwelle in Radnabe einsetzen und mit alter Schraube befestigen. Schraube nicht festziehen.
- Gelenkwelle am Getriebe anflanschen. Schrauben für inneres Gleichlaufgelenk über Kreuz mit **80 Nm** festziehen. Unterlegplatten nicht vergessen.

Automatikgetriebe:

Achtung: Von 8/91-6/92 ist das innere Gleichlaufgelenk links und rechts mit unterschiedlichen Schrauben befestigt. **Rechte Gelenkwelle:** Schraube M10x48, Festigkeit 12.9, Innenvielzahnkopf. **Linke Gelenkwelle:** Schraube M10x45, Festigkeit 10.9, Innensechskantkopf. Bei Reparaturen grundsätzlich Schrauben der Festigkeit 12.9 einbauen. Für Fahrzeuge bis 6/92 Schrauben auf 45 mm kürzen, um den Freigang zum Getriebegehäuse sicherzustellen. Schrauben der Festigkeit 10.9 dürfen **auf keinen Fall** mit 70 Nm angezogen werden

- Gummimetallager hinten am Aggregateträger mit **45 Nm** anschrauben. Stecker Multifunktionsschalter aufschieben.

- Schraube für Stoßdämpfer/Koppelstange einsetzen und mit **160 Nm** festziehen.
- Unteres Achsgelenk am Radlagergehäuse wieder einsetzen und mit neuer Mutter und **110 Nm** (Schaltgetriebe) beziehungsweise **55 Nm** (Automatikgetriebe) festziehen.
- Motorraumabdeckung unten einbauen, siehe Seite 17.
- Fahrzeug ablassen.
- Achsschraube abschrauben und Gelenkwelle mit **neuer selbstsichernder** Schraube und **150 Nm** anschrauben. Anschließend mit starrem Schlüssel ¼ **Umdrehung (90°)** weiterdrehen. **Achtung:** Das Fahrzeug muß dabei auf dem Boden stehen. Sonst: Unfallgefahr!

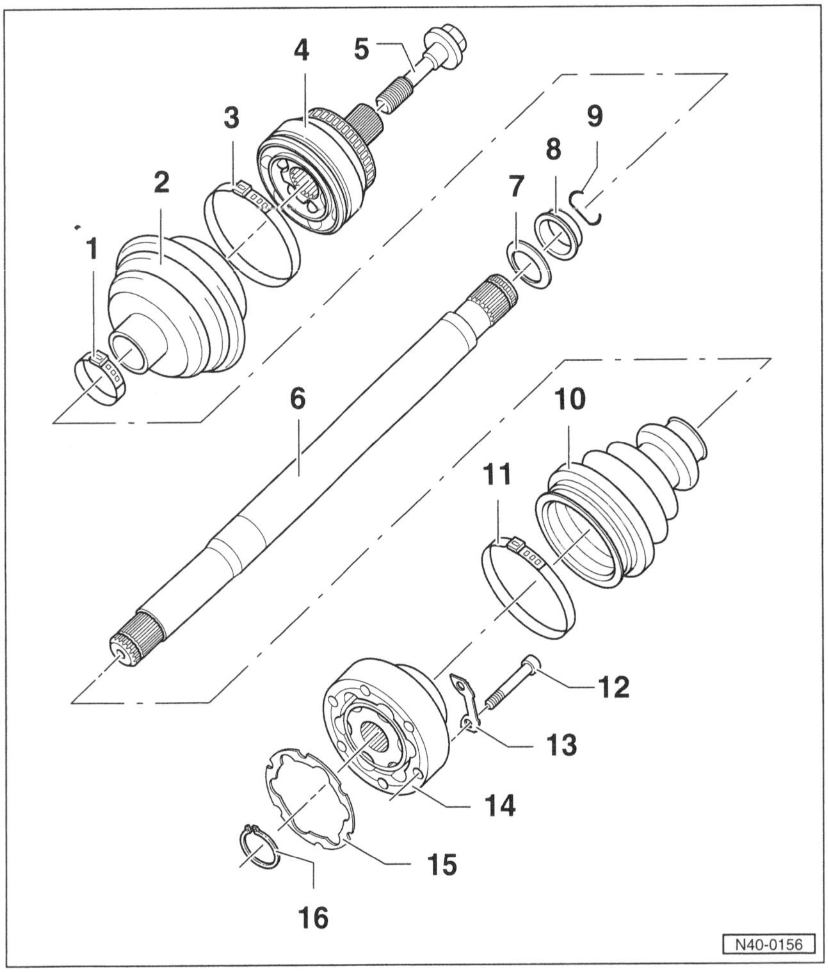

1 – **Klemmschelle**
2 – **Gelenkschutzhülle für Gleichlaufgelenk außen**
3 – **Klemmschelle**
4 – **Gleichlaufgelenk außen**
Gelenk nur komplett ersetzen.
5 – **Schraube, 150 Nm + 90°**
6 – **Gelenkwelle**
7 – **Tellerfeder**
Großer ∅ liegt am Anlaufring an.
8 – **Anlaufring**
9 – **Sicherungsring**
10 – **Gelenkschutzhülle für Gleichlaufgelenk**
Achtung: Gelenkwelle gründlich reinigen, bevor die neue Manschette montiert wird.
11 – **Klemmschelle**
12 – **Innenvielzahnschraube, 80 Nm**
13 – **Unterlegplatte**
14 – **Gleichlaufgelenk innen**
Nur komplett ersetzen.
Prüfen: Gelenk reinigen. Gelenkstück, Nabe, Käfig und Kugeln auf kleine Vertiefungen (Pittingbildung) und Freßspuren prüfen. Zu großes Verdrehspiel im Gelenk verursacht Lastwechselschlagen: Gelenk ersetzen. Glättungen und Laufspuren der Kugeln sind kein Grund, das Gelenk zu wechseln.
15 – **Dichtung**
Schutzfolie abziehen und in das Gelenk kleben.
Fahrzeuge ab 111 kW: Dichtung durch Deckel ersetzt.
16 – **Sicherungsring**
Mit Spitzzange aus- und einfedern.

Gelenkwelle zerlegen

Zerlegen

Achtung: Die Bezeichnungen der Teile beziehen sich auf Abbildung N40-0156 auf Seite 146.

- Gelenkwelle ausbauen.
- Schlauchbinder an beiden Gelenkschutzhüllen mit Seitenschneider aufschneiden und abnehmen. Gelenkschutzhülle zurückschieben.

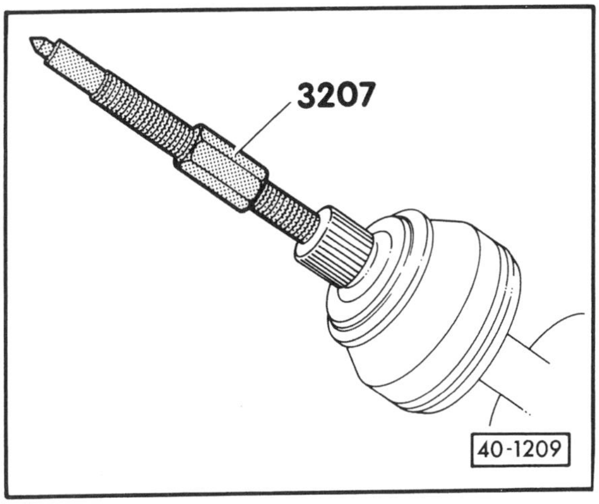

- Äußeres Gelenk abdrücken. Dazu Gelenkwelle mit Schutzbacken in einen Schraubstock einspannen. Faltenbalg zurückstülpen. Werkzeug V.A.G-3207 mit M16-Gewindeseite einschrauben, bis sich das Gleichlaufgelenk von der Profilwelle abdrückt.
- Inneres Gelenk: Sicherungsring –16– mit geeigneter Spitzzange ausfedern.

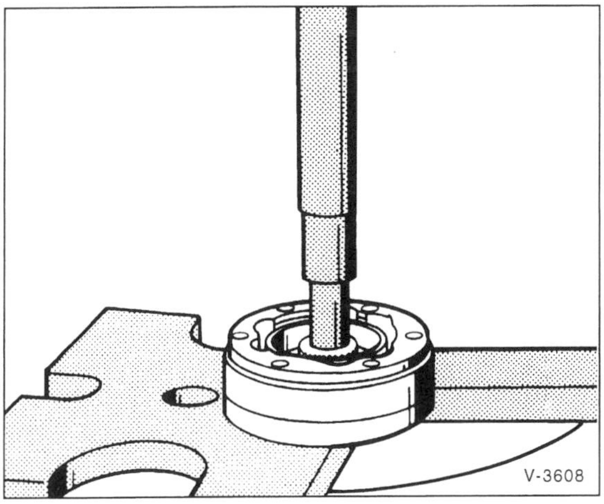

- Inneres Gelenk mit geeigneter Presse abpressen. Dabei die Kugelnabe abstützen.
- Inneres Gelenk: Dichtung –15– entfernen. Fahrzeuge ab 111 kw: Dichtung durch Deckel ersetzt. Mit Dorn vorsichtig abtreiben.

Zusammenbau

- Spröde oder defekte Gelenkschutzhüllen erneuern.
- Gelenkschutzhüllen mit Schlauchbindern auf die Welle schieben.
- Tellerfeder –7– und Anlaufring –8– auf die Profilwelle schieben. Dabei Tellerfeder lagerichtig aufsetzen. Der große Durchmesser der Tellerfeder (Konkavseite) stützt sich am Anlaufring ab.
- Neuen Sicherungsring –9– in die Nut der Welle einsetzen.
- Äußeres Gelenk mit 120 g VW-Schmierfett **G-6.3** fetten. Dabei ca. 80 g Fett durch die Innenverzahnung der Kugelnabe in das Außengelenk eindrücken. Ca. 40 g Fett auf der Innenseite des Gelenkes verteilt auftragen. **Achtung:** Wird nur die Gelenkschutzhülle ersetzt, gegebenenfalls Gelenk nachfetten.
- Äußeres Gelenk mit Kunststoffhammer auf die Welle auftreiben, bis der eingefederte Sicherungsring ausfedert.

Achtung: Ab Fg-Nr. 70RH136291 wird für das äußere Gelenk eine Gelenkschutzhülle aus Polyesterelastomer verwendet, bisher Gummi. Da der Kunststoff härter als Gummi ist, wird die Schutzhülle mit Edelstahl-Klemmen und einer speziellen drehmomentgesteuerten Zange befestigt. Der Einbau in bisherige Fahrzeuge ist nur möglich, wenn die Gelenkwelle komplett ersetzt wird.

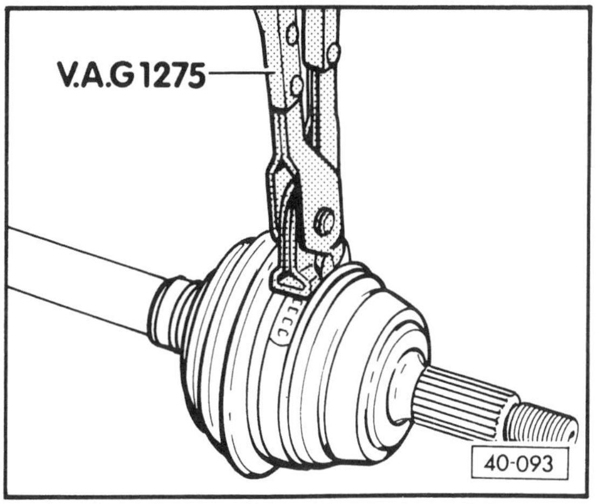

- Gelenkschutzhülle aus Gummi aufziehen und Schlauchbinder am großen Durchmesser mit Spezialzange, zum Beispiel V.A.G 1275 oder HAZET 1847-1, spannen.

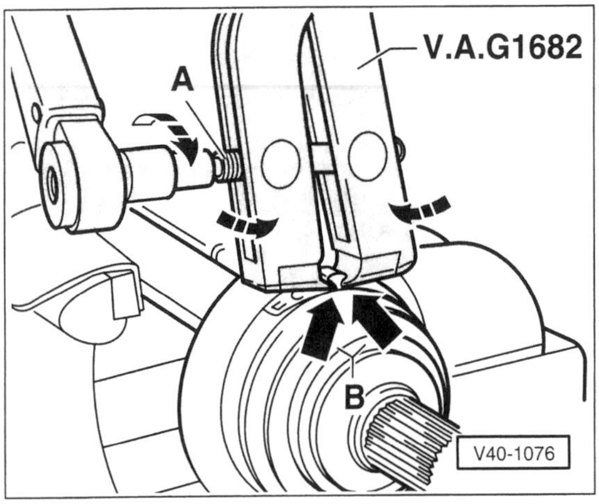

- Zum Spannen der Edelstahl-Schlauchbinder (ab FG-Nr. 70RH136291) muß die Spezialzange HAZET-1847 mit Zwischenstück 2250-2 oder V.A.G-1682 genommen werden, sonst wird die erforderliche Spannkraft nicht erreicht. Zange wie in der Abbildung gezeigt ansetzen, die Schneiden der Zange müssen in den Ecken –B– anliegen. In dieser Stellung Schraube –A– mit Drehmomentschlüssel und **25 Nm** anziehen und dadurch Schlauchbinder spannen. Das Spannen des Schlauchbinders am kleinen Durchmesser der Gelenkschutzhülle erfolgt in gleicher Weise.

Achtung: Das Gewinde der Zange muß leichtgängig sein, gegebenenfalls vorher mit MoS_2-Fett schmieren.

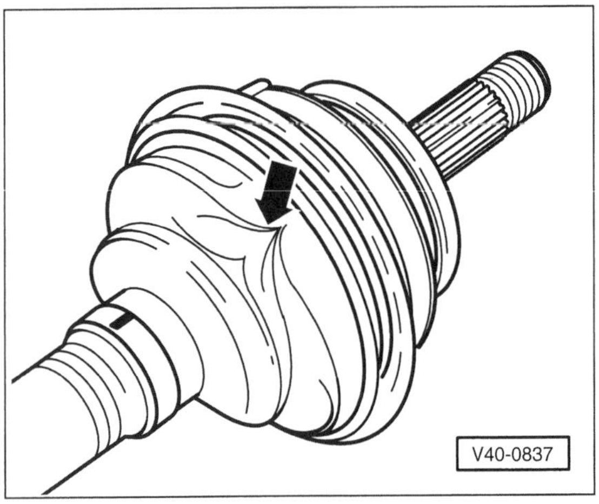

Achtung: Die Gelenkschutzhülle wird beim Aufsetzen auf den Gelenkkörper häufig eingedrückt. Dadurch entsteht in der Gelenkschutzhülle ein Unterdruck, der im Fahrbetrieb eine Falte nach innen zieht. Deshalb nach der Montage Schutzhülle am kleinen Durchmesser kurz mit einem Schraubendreher anlüften und so für einen Druckausgleich sorgen.

- Schlauchbinder am kleinen Durchmesser spannen.
- Inneres Gelenk: 120 g VW-Schmierfett **G-6.3** von jeder Seite in das Gelenk eindrücken. Wenn nur die Gelenkschutzhülle erneuert wird, gegebenenfalls Gelenk nur nachfetten.

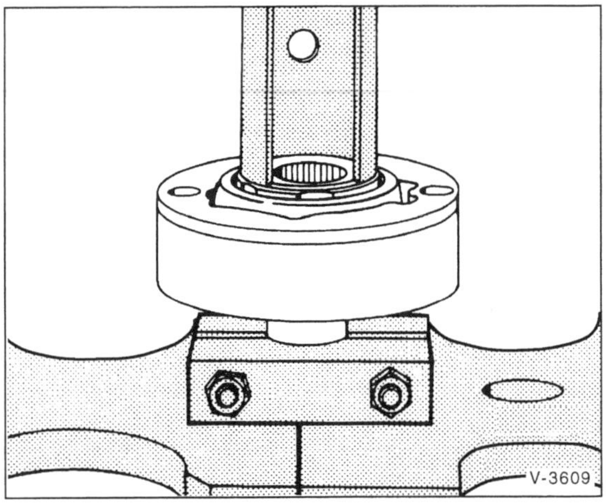

- Inneres Gelenk mit geeigneter Presse bis zum Anschlag aufpressen.
- Neuen Sicherungsring mit Spitzzange in die Nut der Welle einfedern.
- Inneres Gelenk: Gelenkschutzhülle und mit Schlauchbindern sichern.
- **Fahrzeuge bis 103 kW:** Neue Dichtung –15– in das innere Gelenk einkleben, vorher Schutzfolie von der Dichtung abziehen.
- **Fahrzeuge ab 111 kW:** Deckel auf das innere Gelenk kleben.
- Gelenkwelle einbauen.

Die Hinterachse

Bei der Hinterachse übernehmen Schräglenker die Radführung. Die Stoßdämpfer sind vor der Achse unter dem Ladeboden angebracht. In Verbindung mit den verwendeten kurzen Schraubenfedern ergibt diese Bauweise sehr kleine Radhäuser sowie einen extrem niedrigen Ladeboden.

Achtung: Schweiß- und Richtarbeiten am Achskörper und an den Achszapfen sind nicht zulässig.

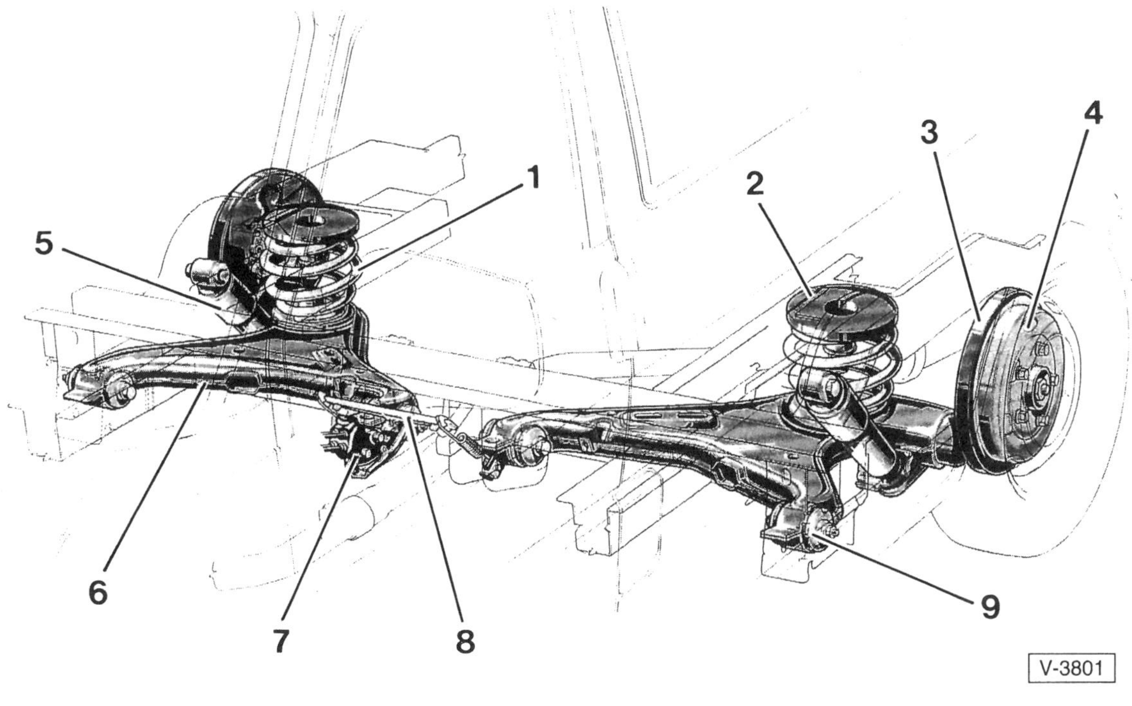

1 – Schraubenfeder
2 – Federaufnahme
3 – Bremsträger
4 – Bremstrommel
5 – Stoßdämpfer
6 – Achslenker
7 – Bremskraftregler
8 – Waagebalken
9 – Gummilager außen

Radaufhängung hinten

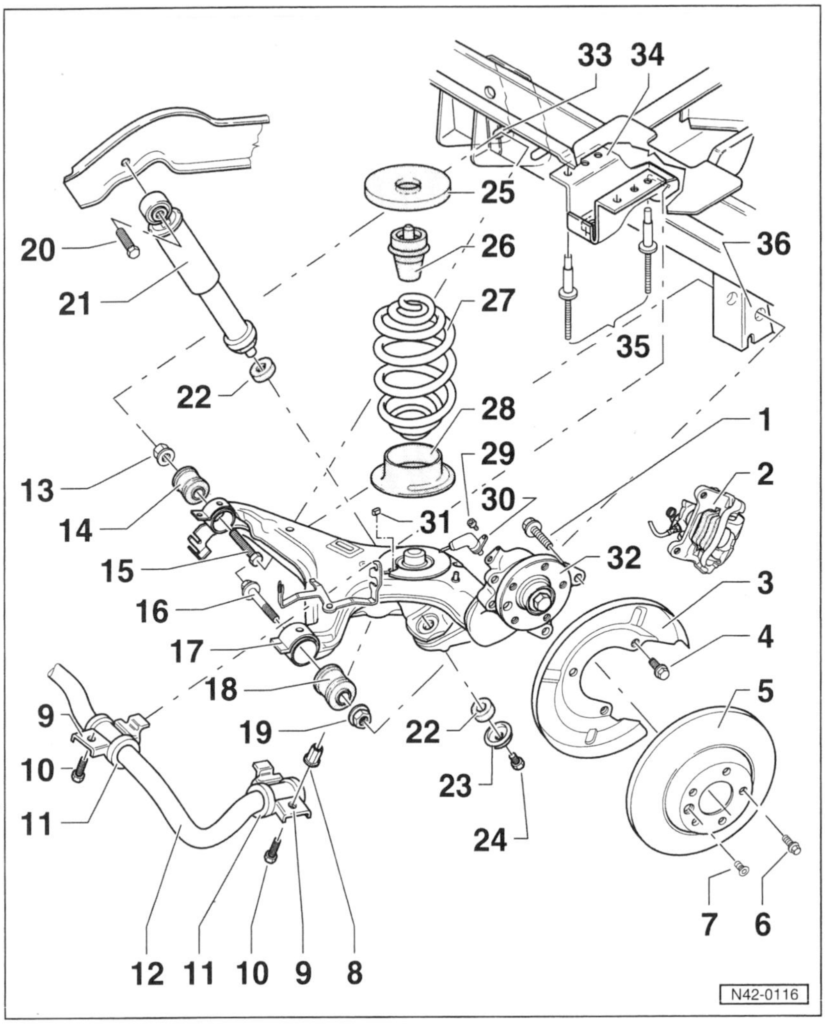

Die Abbildung zeigt die Ausführung ab 1/96 mit Scheibenbremse hinten.

1 – **Schraube, 170 Nm**

2 – **Bremssattel**

3 – **Abdeckblech**

4 – **Schraube, 8 Nm**

5 – **Bremsscheibe**

6 – **Radschraube, 180 Nm**

7 – **Innensechskantschraube, 10 Nm**

8 – **Blindnietmutter M8**
Nur an Fahrzeugen mit Stabilisator vorhanden.

9 – **Schelle**

10 – **Schraube, 30 Nm**

11 – **Gummilager**

12 – **Stabilisator**
Zusatzausstattung, kann nachgerüstet werden.
Bis FG-Nr. 70ZMH082959: ∅ = 25 mm,
ab FG-Nr. 70ZMH083000: ∅ = 26 mm.

13 – **Mutter, 100 Nm**

14 – **Gummilager innen**

15 – **Schraube**
Achtung: Vor dem Ausbau, Einbaulage kennzeichnen, sonst muß die Spur neu eingestellt werden.

16 – **Schraube**

17 – **Achslenker**
Einbaulage am inneren Lagerbock markieren. Zum Ausbau Feder für Bremskraftregler am Waagebalken aushängen. Wird der Achslenker erneuert, muß der Bremskraftregler neu eingestellt werden. Beim Festziehen der Schrauben, Achslenker in Einbaulage halten.

18 – **Gummilager außen**

19 – **Mutter, 160 Nm**

20 – **Schraube, 100 Nm**

21 – **Dämpfer**

22 – **Gummilager**

23 – **Scheibe**
Kragen zeigt zum Dämpfer.

24 – **Schraube, 45 Nm**

25 – **Federauflage oben**
So drehen, daß das Ende der Feder in der Vertiefung liegt.

26 – **Anschlagpuffer**

27 – **Schraubenfeder**
Vor dem Ausbau obere Schraube des Dämpfers ausbauen.
Allradantrieb: Gelenkwelle getriebeseitig abflanschen.

28 – **Federauflage unten**
So drehen, daß das Ende der Feder in der Vertiefung liegt.
Bis 5/92 Einbaulage: Verzinkte Seite zeigt nach oben, Gummizapfen wird in vordere Bohrung im Achslenker gesteckt.

29 – **Innensechskantschraube, 10 Nm**

30 – **Drehzahlfühler ABS**
Vor dem Einsetzen des Fühlers die Innenfläche der Bohrung reinigen und mit VW-Feststoffschmierpaste G000650 bestreichen.

31 – **Dämpfungspuffer**

32 – **Radlagerung**

33 – **Lagerbock innen**

34 – **Lagerbock**

35 – **Blindniet**

36 – **Lagerbock außen**

Stoßdämpfer aus- und einbauen

Ausbau

Achtung: Bei Fahrzeugen mit Allradantrieb Gelenkwelle getriebeseitig abflanschen und mit Draht waagerecht am Aufbau aufhängen. Andernfalls kann das Gleichlaufgelenk beschädigt werden.

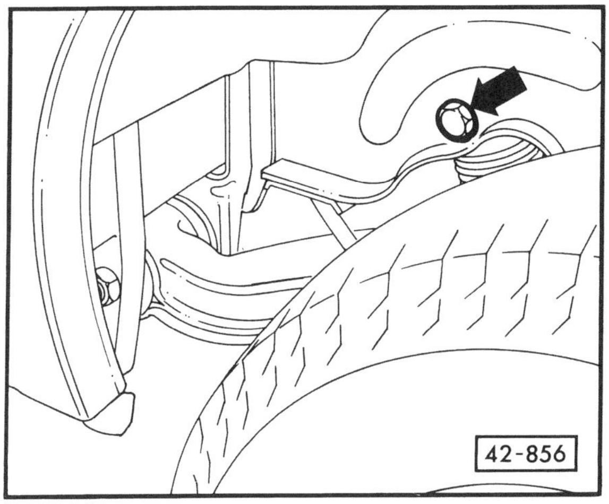

- Obere Befestigungsschraube –Pfeil– für Stoßdämpfer **bei auf den Rädern stehendem Fahrzeug** herausdrehen. Das Fahrzeug kann gegebenenfalls etwas angehoben werden, bis die Schraube zugänglich ist.

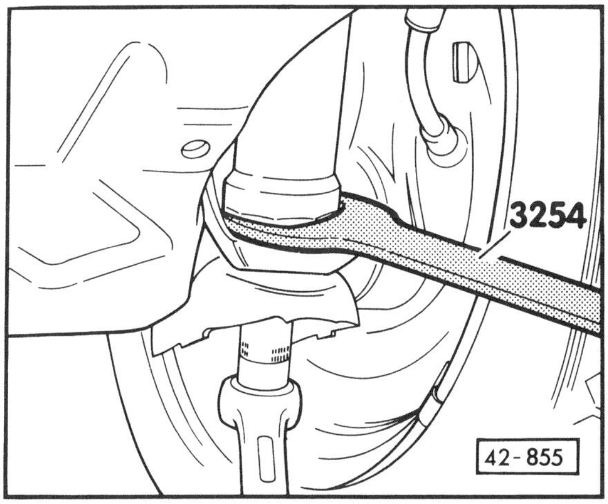

- Stoßdämpfer am Achslenker abschrauben, dazu am Stoßdämpfer mit Sonderwerkzeug VW-3245 gegenhalten.
- Stoßdämpfer herausnehmen.

Einbau

- Gummilager für Stoßdämpfer auf Porosität und Beschädigung prüfen, gegebenenfalls ersetzen.
- Stoßdämpfer einsetzen.
- Scheibe so ansetzen, daß der Kragen zum Stoßdämpfer zeigt.
- Stoßdämpfer unten mit **45 Nm** anschrauben.
- Fahrzeug langsam ablassen, bis die obere Stoßdämpferschraube eingesetzt werden kann.
- Schraube mit **100 Nm** festziehen.
- Fahrzeug gegebenenfalls ganz ablassen.

Schraubenfeder aus- und einbauen

Ausbau

Achtung: Bei Fahrzeugen mit Allradantrieb Gelenkwelle getriebeseitig abflanschen und mit Draht waagerecht am Aufbau aufhängen. Andernfalls kann das Gleichlaufgelenk beschädigt werden.

- Stoßdämpfer oben abschrauben. **Achtung:** Dabei muß das Fahrzeug auf den Rädern stehen, siehe »Stoßdämpfer aus- und einbauen.«
- Fahrzeug langsam aufbocken. Dadurch entspannt sich die Schraubenfeder.
- Schraubenfeder herausnehmen.

Einbau

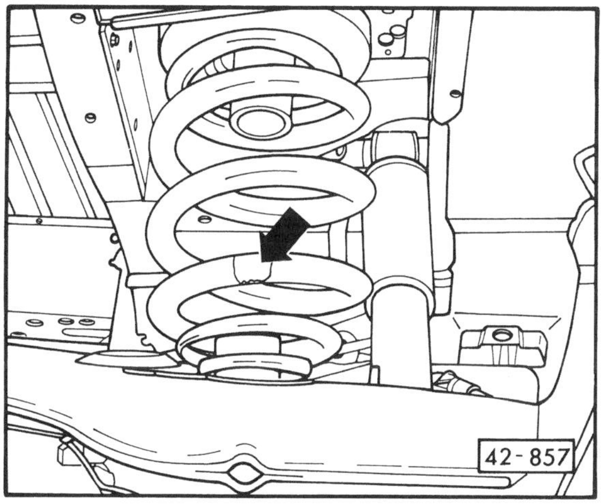

- Schraubenfeder auf Lackschäden prüfen, gegebenenfalls ausbessern.
- Schraubenfeder so einsetzen, daß die Farbmarkierung –Pfeil– nach hinten zeigt.
- Federaufnahme so drehen, daß das Ende der Schraubenfeder in der Vertiefung liegt.
- Fahrzeug langsam ablassen, dabei auf richtige Lage der Feder in der Aufnahme achten.
- Obere Schraube für Stoßdämpfer einsetzen und mit **100 Nm** festziehen.
- Gegebenenfalls Fahrzeug ganz ablassen.

Die Lenkung

Die Lenkung besteht im wesentlichen aus dem Lenkrad, der Lenksäule, dem Zahnstangen-Lenkgetriebe, den Spurstangen und der Lenkhilfe (5-Zylindermotor). Das Lenkrad ist auf der Lenksäule aufgeschraubt, die die Lenkbewegungen auf das Lenkgetriebe überträgt. Im Lenkgetriebe wird eine Zahnstange entsprechend dem Lenkradeinschlag nach links oder rechts bewegt. Spurstangen, die am Mitnehmer der Zahnstange befestigt sind, übertragen die Lenkkräfte über beide Radlagergehäuse auf die Räder.

Die Zahnstangenlenkung ist leichtgängig und spielfrei von Anschlag zu Anschlag. Sie ist wartungsfrei, allerdings müssen die Abdicht-Manschetten auf einwandfreien Zustand geprüft werden.

Die Bedienung der Lenkung wird bei Fahrzeugen mit 5-Zylindermotor (4-Zylinder als Zusatzausstattung) durch eine hydraulische Lenkhilfe erleichtert. Die hydraulische Lenkhilfe (Servolenkung) sorgt dafür, daß der Kraftaufwand beim Einschlagen der Lenkung möglichst gering gehalten wird. Die Lenkhilfe besteht aus der Ölpumpe, dem Vorratsbehälter und den Öldruckleitungen. Angetrieben wird die Ölpumpe über einen Keilriemen. Die Pumpe saugt das Hydrauliköl aus dem Vorratsbehälter an und fördert es mit hohem Druck zum Ventilkörper. Der Ventilkörper sitzt im Lenkgetriebe. Er ist mit der Lenksäule mechanisch verbunden und leitet das Öl je nach Lenkeinschlag in die entsprechende Seite des Arbeitszylinders. Dort drückt das Öl gegen den Zahnstangenkolben und unterstützt dadurch die Lenkbewegung. Gleichzeitig preßt der Kolben das Öl auf der anderen Seite des Arbeitszylinders über die Rücklaufnut des Drehschieberventils durch die Rücklaufleitung zurück zum Nachfüllbehälter.

Als Zusatzausstattung ist der Airbag erhältlich. Dies ist ein Sicherheitssystem, bei dem sich im Lenkrad und auch vor dem Beifahrer ein zusammengefalteter Luftsack befindet. Im Fall einer Frontalkollision wird über ein Steuergerät eine kleine Sprengladung in der Airbag-Einheit gezündet, die Abgase der Explosion blasen den Luftsack innerhalb weniger Millisekunden auf. Diese Zeit reicht aus, den Aufprall des nach vorn schnellenden Fahrers oder Beifahrers zu dämpfen. Der Airbag fällt dann innerhalb weniger Sekunden in sich zusammen, da die Gase durch Austrittsöffnungen entweichen.

Achtung: Selbstsichernde Muttern immer ersetzen. Schweiß- und Richtarbeiten an Lenkungsteilen sind nicht zulässig.

Airbag-Sicherheitshinweise

- Die Airbageinheit darf nicht zerlegt werden, bei Defekt ist sie immer komplett zu ersetzen. Da die Airbageinheit Explosivstoffe enthält, ist sie unter Verschluß oder geeigneter Aufsicht aufzubewahren. Die Entsorgung sollte die VW-Werkstatt vornehmen.
- Die Airbageinheit darf nicht mit Flüssigkeiten wie Fett oder Reinigungsmitteln behandelt werden.
- Die Airbageinheit darf auch kurzzeitig keiner Temperatur über +100° C (Trockenofen) ausgesetzt werden.
- **Die Airbageinheit darf nur bei abgeklemmtem Batterie-Massekabel (–) und »0«-Stellung des Zündschlüssels ausgebaut werden.**

Airbageinheit am Lenkrad aus- und einbauen

Ausbau

Achtung: Airbag-Sicherheitshinweise beachten.

- Zündung ausschalten, Zündschlüssel in »0«-Stellung.
- Batterie-Massekabel (–) abklemmen. **Achtung:** Dadurch werden elektronische Speicher gelöscht, wie zum Beispiel der Radiocode.
- Lenkrad in Mittelstellung bringen, Räder stehen geradeaus.
- Airbageinheit von der Lenkradrückseite mit Torxschlüssel T30 abschrauben.
- Airbageinheit vom Lenkrad abheben und roten Kabelstecker an der Rückseite abziehen.

Einbau

Achtung: Wurde der Airbag ausgelöst, ist grundsätzlich das Lenkrad ebenfalls zu ersetzen.

- Stecker für Airbageinheit aufstecken, muß hörbar einrasten.
- Airbageinheit einsetzen, mit **neuen** Schrauben und 7 Nm anschrauben.
- **Zuerst** Zündung einschalten, dann Batterie-Massekabel (–) anklemmen. **Achtung:** Während des Anklemmens der Batterie dürfen sich keine Personen im Fahrzeug aufhalten.
- Zeituhr einstellen Radiocode eingeben.

Airbageinheit am Lenkrad

Bis 8/98

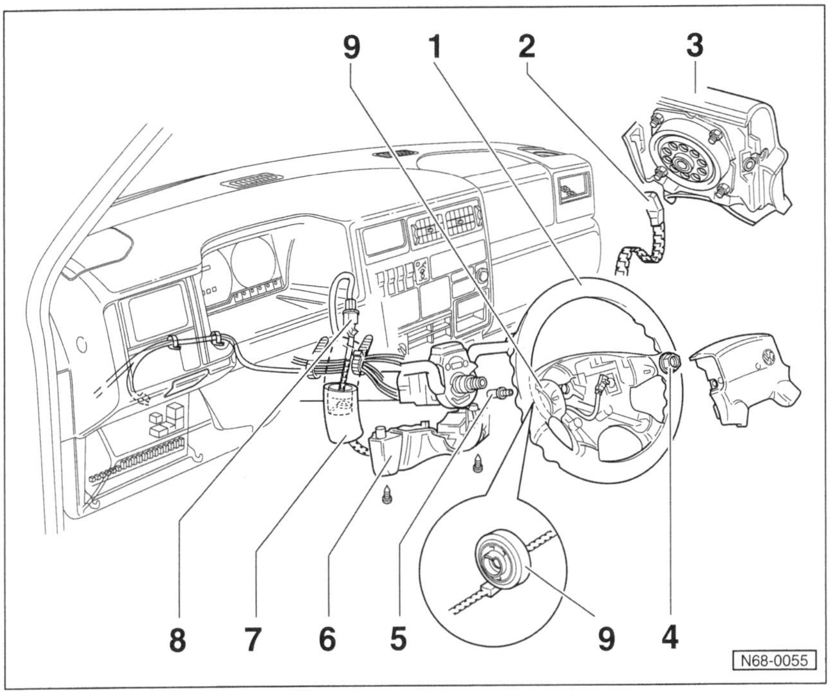

1 – **Lenkrad**

2 – **Stecker**

3 – **Airbageinheit**

4 – **Schraube, 67 Nm**

5 – **Torxschraube T30, 6,5 Nm**
Immer ersetzen.

6 – **Untere Verkleidung**

7 – **Schaumstoffrohr**

8 – **Steckverbindung**

9 – **Rückstellring mit Schleifring**
Ausbau:
◆ Steckverbindung für Signalhorn trennen
◆ Rückstellring mit 3 Schrauben vom Lenkrad abschrauben.
Achtung: Der Aus- und Einbau des Rückstellringes muß in Mittelstellung (Räder in Geradeausstellung) erfolgen.
Mittelstellung prüfen: Schleifring bis zum Anschlag (im Uhrzeigersinn) drehen und danach 3,5 Umdrehungen zurückdrehen.

Lenkrad aus- und einbauen

Bis 8/98

Ausbau

Fahrzeuge mit Airbag (Bezeichnungen beziehen sich auf Abbildung N68-0055):

- Airbageinheit –3– ausbauen, dabei Sicherheitshinweise beachten.
- Untere Verkleidung –6– für Lenkstockschalter ausbauen.
- Schaumstoffrohr –7– von Steckverbindung –8– abziehen und Steckverbindung trennen.

Fahrzeuge ohne Airbag

- Abdeckkappe von Hand abziehen.
- Elektrische Leitungen an der Abdeckkappe abziehen.
- Lenkrad drehen, Räder in Geradeausstellung bringen.

Alle Modelle

- Lenkrad drehen und Lenkschloß einrasten lassen.
- Befestigungsmutter mit Stecknuß SW 24 abschrauben.
- Lenkschloß entriegeln, Räder in Geradeausstellung bringen.
- Stellung des Lenkrades mit Filzstift markieren. Dazu Strich über Lenkrad und Stirnseite der Lenksäule ziehen.
- Lenkrad abziehen bzw. mit dem Handballen abschlagen. **Achtung:** Bei Fahrzeugen mit Airbag bleibt der Rückstellring –9– (Abbildung N68-0055) am Lenkrad.

Einbau

- Lenkrad entsprechend den Markierungen auf die Lenksäule aufschieben. Vor dem Einbau prüfen, ob sich der Blinkerhebel in Mittelstellung befindet, sonst wird der Rückstellnocken beschädigt.
- Scheibe auflegen und Sechskantmutter ansetzen.
- Lenkschloß einrasten lassen.
- Mutter mit **70 Nm** festschrauben.

Fahrzeuge mit Airbag:

- Steckverbindung verbinden und Schaumstoffrohr darüberschieben.
- Untere Verkleidung für Lenkstockschalter einbauen.

- Nach dem Einbau Probefahrt durchführen. Bei Geradeausfahrt muß die Lenkradspeiche waagerecht stehen, gegebenenfalls Lenkrad umsetzen.
- Airbageinheit einbauen.
- Elektrische Leitungen an der Abdeckkappe anschließen. Dabei auf Plus (+)- und Minus (–)-Kennzeichnung auf Lenkrad und Abdeckkappe achten.
- Abdeckkappe aufdrücken.
- Signalhorn und Blinkerrückstellung auf Funktion prüfen.

Lenkrad/Lenksäule

Bis 8/98

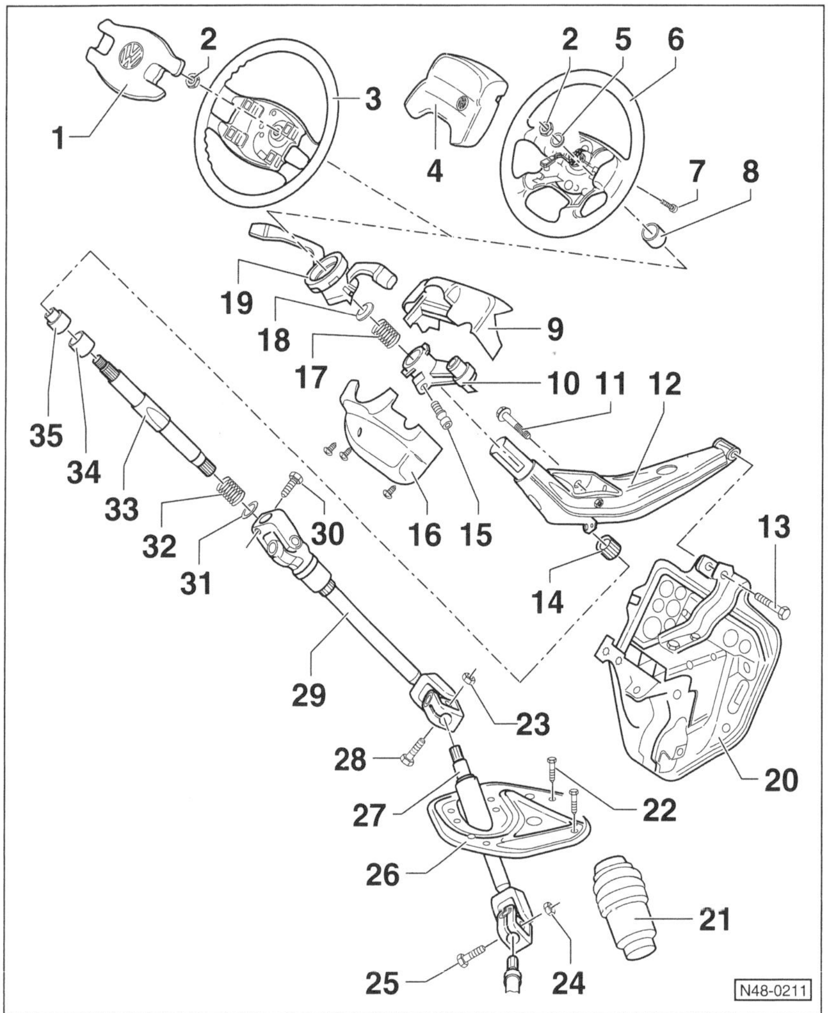

1 – **Abdeckkappe**
2 – **Mutter, 70 Nm**
3 – **Lenkrad ohne Airbag**
4 – **Airbageinheit**
5 – **Scheibe**
6 – **Lenkrad für Airbag**
7 – **Innensechskantschraube, 6,5 Nm** Immer ersetzen.
8 – **Distanzbuchse**
9 – **Verkleidung oben**
10 – **Lenkschloßgehäuse***
11 – **Schraube, 50 Nm** SW 15.
12 – **Mantelrohr**
13 – **Schraube, 25 Nm**
14 – **Kugellager***
15 – **Abreißschraube***
16 – **Verkleidung unten**
17 – **Feder oben***
18 – **Klemmscheibe***
19 – **Lenkstockschalter**
20 – **Aufnahmeplatte**
21 – **Schutzhülle**
22 – **Schraube, 20 Nm**
23 – **Mutter, 30 Nm + 90°** Selbstsichernd, daher ersetzen.
24 – **Mutter, 30 Nm + 90°** Selbstsichernd, daher ersetzen.
25 – **Schraube** Immer ersetzen
26 – **Lagerplatte mit Zentrierbolzen**
27 – **Lenkzwischenwelle unten**
28 – **Schraube** Immer ersetzen
29 – **Lenkzwischenwelle oben***
30 – **Schraube, 30 Nm + 2 x 45°***
31 – **Scheibe***
32 – **Feder unten***
33 – **Lenkstangenrohr***
34 – **Distanzbuchse***
35 – **Stützring***, ab 9/97 aus Metall mit spezieller Distanzbuchse.

*) Teile müssen außerhalb des Fahrzeuges zusammengebaut werden.

Spurstangenkopf aus- und einbauen

Ausbau

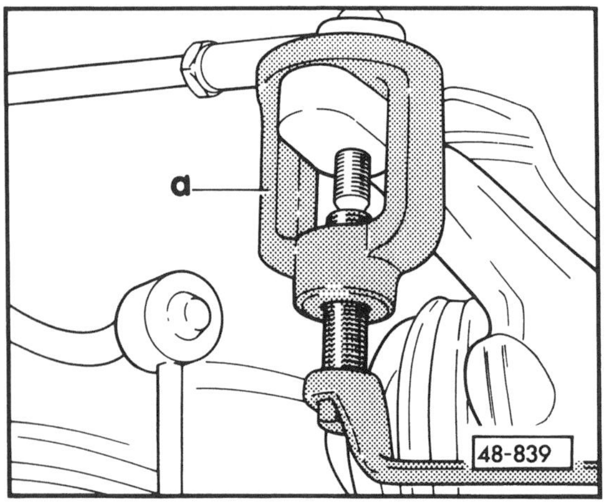

- Befestigungsmutter für Spurstangenkopf herausdrehen.
- Zapfen des Spurstangengelenks mit handelsüblichem Abzieher –a– vom Lenkspurhebel abdrücken.
- Kontermutter für Spurstangenkopf an der Spurstange lösen.
- Spurstangenkopf von der Spurstange abschrauben, dabei Umdrehungen zählen und für den späteren Einbau notieren.

Einbau

- Neues Spurstangengelenk mit der gleichen Umdrehungsanzahl aufschrauben.
- Spurstangenkopf mit Kontermutter und **55 Nm** sichern.
- Zapfen für Spurstangengelenk am Lenkspurhebel einsetzen und mit **neuer** selbstsichernder Mutter und **40 Nm** anschrauben.
- Spur prüfen lassen, siehe Seite. 156.

Flügelpumpe für Servolenkung

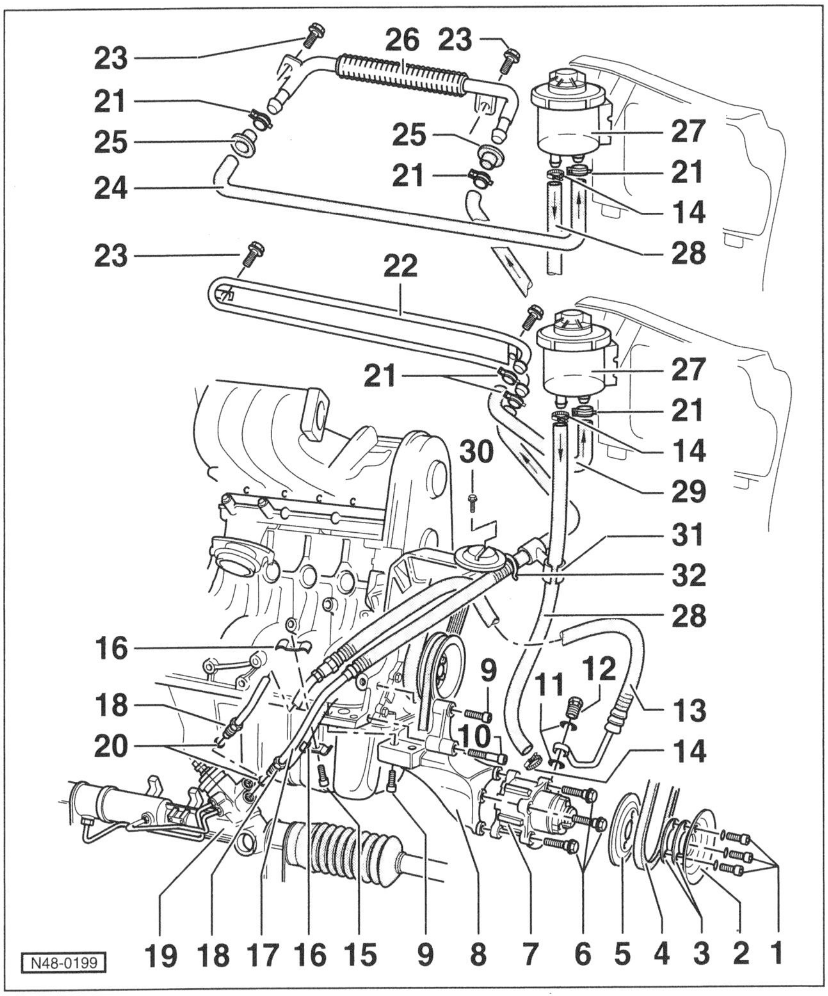

Die Abbildung zeigt den 4- und 6-Zylinder-Motor

Nur 6-Zylinder-Motor:

1 – **Schrauben, 20 Nm**
2 – **Keilriemenscheibenhälfte, vorn**
3 – **Einstellscheiben**
4 – **Keilriemen**
5 – **Keilriemenscheibenhälfte, hinten**
6 – **Schrauben, 20 Nm**
7 – **Flügelpumpe**
8 – **Halter**
9 – **Schraube, 20 Nm**
10 – **Schraube, 20 Nm**

4- und 6-Zylinder-Motor:

11 – **Dichtring**
12 – **Hohlschraube, 40 Nm**
13 – **Druckleitung**
14 – **Schraubschelle**
15 – **Schraube, 10 Nm**
16 – **Schelle**
17 – **Rücklaufleitung**
18 – **Überwurfmutter, 30 Nm**
19 – **Lenkgetriebe**
20 – **Runddichtring**
21 – **Federbandschelle**
22 – **Kühlleitung**
23 – **Schraube, 10 Nm**
24 – **Rücklaufschlauch**
25 – **Tülle**
26 – **Kühlleitung**
27 – **Nachfüllbehälter**
28 – **Saugschlauch**
29 – **Rücklaufschlauch**
30 – **Schraube, 10 Nm**
31 – **Leitungshalter**
32 – **Halter**

Lenksystem auf Dichtheit prüfen

Bei fehlendem Hydrauliköl im Ausgleichbehälter grundsätzlich Lenksystem auf Dichtheit prüfen.

- Motor starten und im Leerlauf drehen lassen.
- Lenkrad beidseitig bis zum Anschlag drehen und kurzzeitig festhalten. Dadurch baut sich der größtmögliche Leitungsdruck auf.
- In dieser Position folgende Sichtprüfungen auf Undichtigkeit durchführen:
  1. Drehkolbenventil
  2. Zahnstangenabdichtung. Hierzu Schlauchbinder des Faltenbalges lösen und Faltenbalg zur Seite schieben.
  3. Flügelpumpe
  4. Leitungsanschlüsse

Lenksystem entlüften

Das Lenksystem ist immer dann zu entlüften, wenn Leitungen abgenommen beziehungsweise die Anlage neu befüllt wurde.

Achtung: Abgelassenes Hydrauliköl nicht mehr verwenden. Grundsätzlich **neues Hydrauliköl VW-G002000** auffüllen.

- Wenn das Hydrauliköl gewechselt wird, grundsätzlich Filter mit Waschbenzin reinigen.
- Hydrauliköl bis zur MAX.-Markierung im Ausgleichbehälter auffüllen. Der Vorratsbehälter befindet sich im Motorraum in Fahrtrichtung gesehen rechts.
- Fahrzeug aufbocken.
- Lenkrad bei abgestelltem Motor mehrmals zügig von einem zum anderen Anschlag drehen, dadurch kann die Luft aus dem Zylinder entweichen.
- Hydrauliköl bis zur MAX.-Markierung nachfüllen.
- Räder geradeaus stellen und Fahrzeug ablassen.
- Motor starten und im Leerlauf drehen lassen. Dabei Flüssigkeitsspiegel im Ausgleichbehälter beobachten. Falls der Ölstand absinkt, so lange Hydrauliköl nachfüllen bis der Ölspiegel konstant an der MAX.-Markierung stehen bleibt.
- Lenkrad bei laufendem Motor von Anschlag zu Anschlag bewegen bis keine Luftblasen mehr im Ausgleichbehälter aufsteigen.

Die Fahrwerkvermessung

Optimale Fahreigenschaften und geringster Reifenverschleiß sind nur dann zu erzielen, wenn die Stellung der Räder einwandfrei ist. Bei unnormaler Reifenabnutzung sowie mangelhafter Straßenlage – bei schlechter Richtungsstabilität während der Geradeausfahrt sowie schlechten Lenkeigenschaften bei Kurvenfahrt – sollte die Werkstatt aufgesucht werden, um den Wagen optisch vermessen zu lassen.
Die Fahrwerkvermessung kann ohne eine entsprechende Meßanlage nicht durchgeführt werden. Ich beschränke mich deshalb hier auf die Beschreibung der für die Vermessung erforderlichen Grundbegriffe.

Spur/Sturz/Spreizung/Nachlauf

Als **Spur** bezeichnet man den seitlichen Abstand der Räder voneinander. Vorspur bedeutet, daß die Räder – in Höhe des Radmittelpunktes gemessen – vorn etwas enger zusammenstehen als hinten. Nachspur bedeutet, daß die Vorderräder vorn etwas weiter auseinanderstehen als hinten.
Der VW T4 wird auf Vorspur eingestellt.

Sturz und Spreizung vermindern die Übertragung von Fahrbahnstößen auf die Lenkung und halten bei Kurvenfahrt die Reibung möglichst gering.
Sturz ist der Winkel α, um den die Radebene von der Senkrechten abweicht. Die Vorderräder stehen also schräg, bei positivem Sturz beispielsweise im Radaufstandspunkt mehr zusammen als oben. Der VW T4 besitzt einen positiven Sturz.

Spur und Sturz verändern sich beim VW T4 je nach Beladungszustand.

Spreizung ist der Winkel β zwischen der Schwenkachse des Achsschenkels und der Senkrechten im Reifenaufstandspunkt, in Längsrichtung des Wagens gesehen.

Durch den Sturz- und Spreizwinkel werden die Berührungspunkte der Räder auf der Fahrbahn näher an die Schwenkachse des Achsschenkels herangebracht. Damit wird der sogenannte Lenkrollhalbmesser klein gehalten. Je kleiner der Lenkrollhalbmesser ist, desto leichtgängiger ist die Lenkung. Auch die Fahrbahnstöße wirken sich wesentlich schwächer auf das Lenkgestänge aus.

Nachlauf ist der Winkel zwischen der Schwenkachse des Achsschenkels und der Senkrechten im Reifenaufstandspunkt in Querrichtung des Fahrzeuges gesehen.
Der Nachlauf beeinflußt maßgeblich die Geradeausführung der Vorderräder. Zu geringer Nachlauf begünstigt ein Abweichen aus der Fahrtrichtung auf schlechten Straßen oder bei Seitenwind und läßt zudem nach der Kurvenfahrt die Lenkung nicht weit genug zur Mittelstellung zurücklaufen.

Prüfvoraussetzung

- Vorschriftsmäßiger Reifenfülldruck
- Genau ebene, waagerechte Meßfläche
- Fahrzeug in Leergewichtszustand: unbeladen, mit Reserverad, Wagenheber und vollem Tank.
- Fahrzeug vorher kräftig durchgefedert
- Lenkung richtig eingestellt
- Kein unzulässiges Spiel im Lenkgestänge
- Kein unzulässiges Spiel in der Radaufhängung

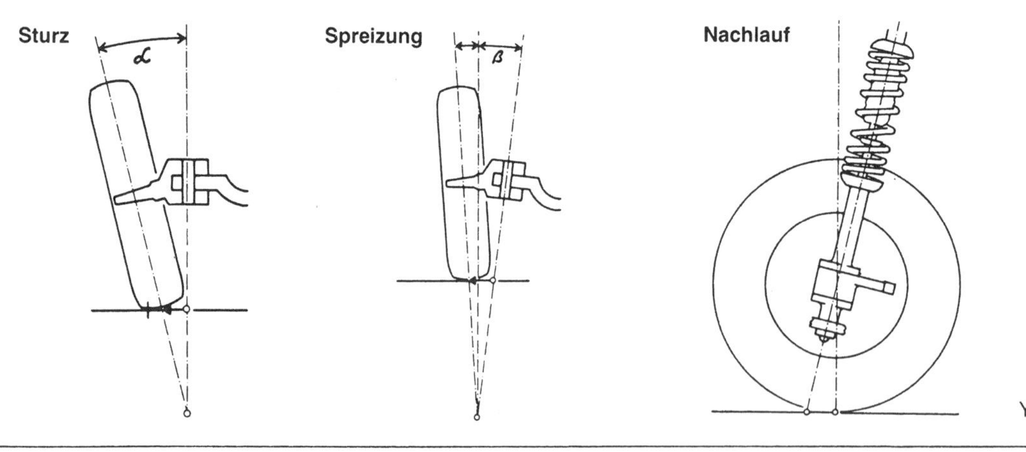

Y-4201

Die Bremsanlage

Das hydraulische Fußbremssystem im VW T4 besteht aus dem Hauptbremszylinder, dem Bremskraftverstärker und den Bremsen an den Vorder- und Hinterrädern. Die Handbremse wirkt über Seilzüge auf die Bremsbeläge der Hinterräder.

An den Vorderrädern sind Scheibenbremsen eingebaut, die je nach Ausführung zur besseren Wärmeabfuhr innenbelüftet sind. Die Hinterräder werden bis 12/95 durch selbstnachstellende Trommelbremsen verzögert. Ab 1/96 sind auch an den Hinterrädern Scheibenbremsen eingebaut.

Das hydraulische Bremssystem ist in zwei Kreise aufgeteilt, die diagonal wirken. Ein Bremskreis arbeitet vorn rechts/hinten links, der zweite vorn links/hinten rechts. Dadurch bremst bei Ausfall eines Bremskreises trotzdem noch ein Vorderrad und das entgegengesetzte Hinterrad, das Fahrzeug kann zum Stehen gebracht werden.

Der Druck für beide Bremskreise wird beim Betätigen des Bremspedals im Hauptbremszylinder aufgebaut. Über dem Hauptbremszylinder im Motorraum sitzt der Vorratsbehälter für die Bremsflüssigkeit. Auch die hydraulische Kupplungsbetätigung wird über den Bremsflüssigkeitsbehälter mit Bremsflüssigkeit versorgt (bei einigen Modellen wird die Kupplung allerdings nicht hydraulisch, sondern über Seilzug betätigt). Bei allen Modellen wird ein zu niedriger Bremsflüssigkeitsstand durch Aufleuchten einer Kontrolleuchte an der Schalttafel angezeigt, trotzdem sollte die Füllmenge regelmäßig kontrolliert werden.

Der Bremskraftverstärker arbeitet mit Luftunterdruck. Über entsprechende Ventile wird dann bei Bedarf die Pedalkraft durch den Unterdruck verstärkt. Bei den Benzinmotoren wird der Unterdruck aus dem Saugrohr des Motors entnommen, die Diesel-Versionen besitzen eine spezielle Unterdruckpumpe, die seitlich am Motor angeflanscht ist und den Unterdruck für den Bremskraftverstärker erzeugt.

Ein Bremskraftregler an der Hinterachse sorgt dafür, daß beim scharfen Bremsen die Hinterräder nicht überbremst werden (blockieren). Fahrzeuge mit Antiblockiersystem (ABS) und/oder Allradantrieb besitzen keinen Bremskraftregler. Die Bremskraftregelung der Hinterräder übernimmt entweder das ABS-Steuergerät oder die Viscokupplung des Allradantriebs.

Als Mehrausstattung wird der VW T4 auch mit Antiblockiersystem (ABS) angeboten. Die hier beschriebenen Arbeiten gelten für alle VW T4-Versionen, ob mit oder ohne ABS-System.

Je nach Baujahr und Ausstattung kommen unterschiedliche Scheibenbremsen zum Einsatz: Faustsattel-Scheibenbremsen oder Rahmensattel-Bremsen. Zum Wechseln der Bremsbeläge sind daher unterschiedliche Arbeitsschritte erforderlich.

Beim Reinigen der Bremsen fällt Bremsstaub an. Dieser Staub kann zu gesundheitlichen Schäden führen. Deshalb beim Reinigen der Bremsanlage darauf achten, daß der Bremsstaub nicht eingeatmet wird.

Die Bremsbeläge sind Bestandteil der Allgemeinen Betriebserlaubnis (ABE), außerdem sind sie vom Werk auf das jeweilige Fahrzeugmodell abgestimmt. Es empfiehlt sich deshalb, nur von VW beziehungsweise vom Kraftfahrtbundesamt freigegebene Bremsbeläge zu verwenden. Diese Bremsbeläge haben eine KBA-Freigabenummer.

Das Arbeiten an der Bremsanlage erfordert peinliche Sauberkeit und exakte Arbeitsweise. Falls die nötige Arbeitserfahrung fehlt, sollten die Arbeiten an der Bremse von einer Fachwerkstatt durchgeführt werden.

Hinweis: Auf stark regennassen Fahrbahnen sollte während des Fahrens die Bremse von Zeit zu Zeit betätigt werden, um die Bremsscheiben von Rückständen zu befreien. Durch die Zentrifugalkraft wird zwar das Wasser von den Bremsscheiben geschleudert, doch bleibt teilweise ein dünner Film von Silikonen, Gummiabrieb, Fett und Verschmutzungen zurück, der das Ansprechen der Bremse vermindert.

Nach dem Einbau von neuen Bremsbelägen müssen diese eingebremst werden. Während einer Fahrtstrecke von rund 200 km sollten unnötige Vollbremsungen unterbleiben.

Korrodierte Scheibenbremsen erzeugen beim Abbremsen einen Rubbeleffekt, der sich auch durch längeres Abbremsen nicht beseitigen läßt. In diesem Fall müssen die Bremsscheiben erneuert werden.

Eingebrannter Schmutz auf den Bremsbelägen und zugesetzte Regennuten in den Bremsbelägen führen zur Riefenbildung auf den Bremsscheiben. Dadurch kann eine verminderte Bremswirkung eintreten.

Technische Daten Bremsanlage

Bis 12/95 Ausführung	14-Zoll-Bereifung	15-Zoll-Bereifung	15-Zoll-Bereifung
Vorderradbremse	Faustsattel	Rahmensattel	Faustsattel
Bremssattelkolben mm Ø	54	54	54
Bremsscheibe mm Ø	260	280	282
Bremsscheibendicke mm	16[1)]	24[2)]	18[1)]
Verschleißgrenze mm	13	20	15
Bremsbelagdicke mm	13,5	13	13,5
Hinterradbremse			
Bremstrommel mm Ø	268	268	268
Verschleißgrenze mm Ø	269,5	269,5	269,5
Radbremszylinder mm Ø	19,05[3)] / 20,64	19,05[3)] / 20,64	20,64
Bremsbelagdicke mm	6,3	6,3	6,3

Ab 1/96	Vorderradbremse					Hinterradbremse	
Ausführung Bremssattel	C54	RC54	FN3/15"	FN3/16"	FNR/16"	1L	–
Bremssattelkolben mm Ø	54	54	57	57	57	38	38
Bremsscheibe mm Ø	282	280	280	300	313	280	294
Bremsscheibendicke mm	18[1)]	24[2)]	24[2)]	26[2)]	26[2)]	12[1)]	13,5[1)]
Verschleißgrenze mm	15	20	20	22	22	10	11,5
Bremsbelagdicke mm	13,5	13	13,5	13,5	14	11,5	10,75

[1)] Massive Bremsscheibe (nicht innenbelüftet), [2)] Innenbelüftete Bremsscheibe, [3)] Nur bis Fahrgestell-Nr. 70 M 033 887

Scheibenbremsbeläge vorn aus- und einbauen

Lucas-Faustsattel

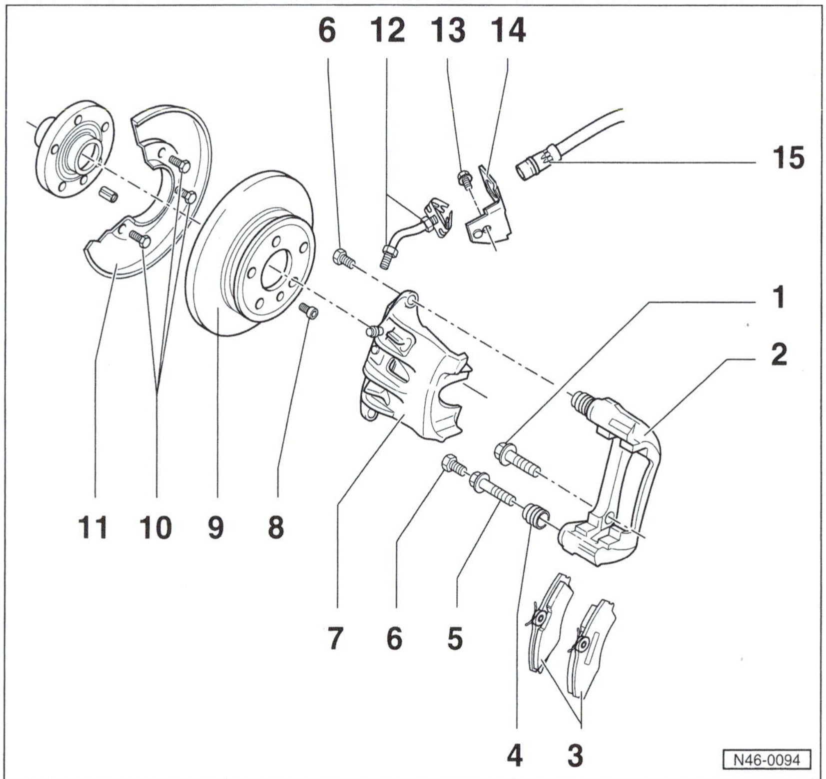

1 – **Schraube, 280 Nm**
2 – **Bremsträger**
3 – **Bremsbeläge**
Dicke prüfen, Verschleißgrenze: 2 mm ohne Belagrückenplatte. Beläge grundsätzlich achsweise ersetzen.
4 – **Schutzkappe**
5 – **Führungsbolzen**
6 – **Schraube, 35 Nm**
Selbstsichernd, immer ersetzen.
7 – **Bremssattel**
8 – **Innensechskantschraube, 10 Nm**
9 – **Bremsscheibe**
Immer achsweise ersetzen.
10 – **Schrauben, 10 Nm**
11 – **Abdeckblech**
12 – **Bremsleitung**
13 – **Schraube, 10 Nm**
14 – **Halter**
15 – **Bremsschlauch**

Achtung: Arbeitsschritte und Hinweise, die für alle Scheibenbremsanlagen im VW-T4 gelten, sind *kursiv* gedruckt.

Ausbau

- *Stellung der Vorderräder zur Radnabe mit Farbe kennzeichnen. Dadurch kann das ausgewuchtete Rad wieder in derselben Position montiert werden. Radschrauben lösen, dabei muß das Fahrzeug auf dem Boden stehen. Fahrzeug vorn aufbocken und Vorderräder abnehmen.*

Achtung: *Sollen die Bremsbeläge wieder verwendet werden, so müssen sie beim Ausbau gekennzeichnet werden. Ein Wechsel der Beläge von der Außen- zur Innenseite und umgekehrt – oder auch vom rechten zum linken Rad – ist nicht zulässig. Der Wechsel kann zu ungleichmäßiger Bremswirkung führen. Es empfiehlt sich, nur Bremsbeläge zu verwenden, die für dieses Fahrzeug freigegeben sind.* ***Grundsätzlich alle Scheibenbremsbeläge vorn gleichzeitig ersetzen, auch wenn nur ein Belag die Verschleißgrenze erreicht hat.***

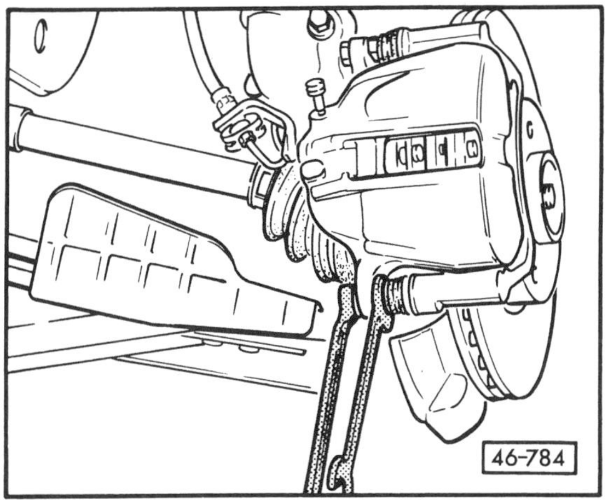

- Untere Befestigungsschraube für Bremssattelgehäuse herausschrauben. Dabei Führungsbolzen mit Maulschlüssel gegenhalten.

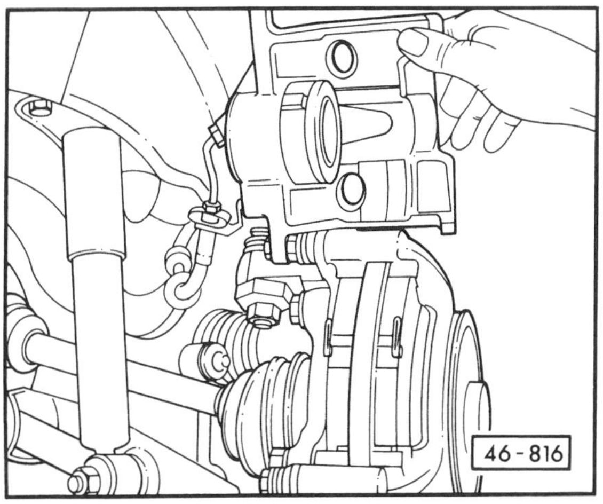

- Bremssattelgehäuse nach oben schwenken.
- Bremsbeläge herausnehmen.

Einbau

Achtung: Bei ausgebauten Bremsbelägen nicht auf das Bremspedal treten, sonst wird der Kolben aus dem Gehäuse herausgedrückt. *Wurde der Kolben versehentlich herausgedrückt, Kolben reinigen und wieder einsetzen. Vorher Kolben, Schutzkappe und Dichtring dünn mit Bremsflüssigkeit bestreichen. Darauf achten, daß Dichtring und Schutzkappe beim Einsetzen nicht beschädigt werden.* ***Anschließend Bremsanlage entlüften.***

- *Führungsfläche beziehungsweise Sitz der Beläge im Gehäuseschacht mit geeigneter Weichmetallbürste reinigen oder mit einem Lappen und Spiritus auswischen. Keine mineralölhaltigen Lösungsmittel oder scharfkantigen Werkzeuge verwenden.*
- *Vor Einbau der Beläge ist die Bremsscheibe durch Abtasten mit den Fingern auf Riefen zu untersuchen. Riefige Bremsscheiben können abgedreht werden (Werkstattarbeit), sofern sie noch eine ausreichende Dicke aufweisen. Bremsscheibe immer beidseitig abdrehen und auf ausreichende Verschleißreserve achten. Wenn eine Bremsscheibe nachgearbeitet wird, immer auch die Bremsscheibe des anderen Vorderrades in gleicher Weise nacharbeiten.*
- *Bremsscheibendicke messen, siehe Seite 166.*
- *Staubkappe für Bremskolben auf Anrisse prüfen. Eine beschädigte Staubkappe umgehend ersetzen lassen, da eingedrungener Schmutz schnell zu Undichtigkeiten des Bremssattels führt. Der Bremssattel muß hierzu zerlegt werden (Werkstattarbeit).*

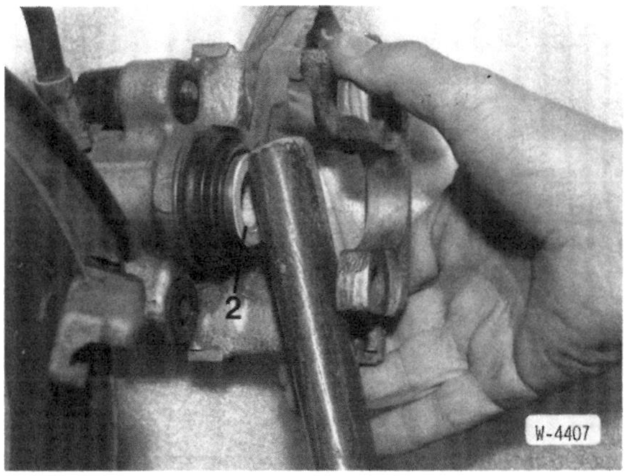

- ***Vorderer Bremssattel:*** *Bremskolben –2– mit Rücksetzvorrichtung zurückdrücken. Es geht auch mit einem Hartholzstab (Hammerstiel), dabei jedoch besonders darauf achten, daß der Kolben nicht verkantet wird und Kolbenfläche sowie Staubkappe nicht beschädigt werden.*

Achtung: *Beim Zurückdrücken des Kolbens wird Bremsflüssigkeit aus dem Radbremszylinder in den Ausgleichbehälter gedrückt. Flüssigkeit im Behälter beobachten, eventuell Bremsflüssigkeit mit einem Saugheber absaugen.*

Zum Absaugen eine Entlüfterflasche oder eine Plastikflasche verwenden, die nur mit Bremsflüssigkeit in Berührung kommt. Keine Trinkflaschen verwenden! ***Bremsflüssigkeit ist giftig und darf auf gar keinen Fall mit dem Mund über einen Schlauch abgesaugt werden. Saugheber verwen-***

den. Auch nach dem Belagwechsel darf die Max.-Marke am Bremsflüssigkeitsbehälter nicht überschritten werden, da sich die Flüssigkeit bei Erwärmung ausdehnt. Ausgelaufene Bremsflüssigkeit läuft am Hauptbremszylinder runter, zerstört den Lack und führt zur Korrosion.

Achtung: *Bei hohem Bremsbelagverschleiß Leichtgängigkeit des Kolbens prüfen. Dazu am **vorderen Bremssattel** Holzklotz in den Bremssattel einsetzen und durch Helfer langsam auf das Bremspedal treten lassen. Der Bremskolben muß sich leicht heraus- und hineindrücken lassen. Zur Prüfung muß der andere Bremssattel eingebaut sein. Darauf achten, daß der Bremskolben nicht ganz herausgedrückt wird. Bei schwergängigem Kolben Bremssattel instandsetzen (Werkstattarbeit).*

- Beide Bremsbeläge in den Bremsträger einsetzen. Dabei darauf achten, daß die Druckfedern gleichmäßig nach oben und parallel zur Belagoberkante stehen.
- Kolbengehäuse runterschwenken und am Bremsträger mit **neuer** selbstsichernder Befestigungsschraube und **35 Nm** festschrauben. Dabei Führungsbolzen gegenhalten.

Achtung: Jedem Original-VW-Bremsbelag-Reparatursatz liegt für jeden Bremssattel eine neue Sechskantschraube bei. **Diese Schrauben sind in jedem Fall zu benutzen.**

- *Vorderräder so ansetzen, daß die beim Ausbau angebrachten Markierungen übereinstimmen. Vorher Zentriersitz der Felge an der Radnabe sowie die Kegelfläche der Radschrauben mit Wälzlagerfett leicht einfetten. Gewinde der Radschrauben **nicht** fetten oder ölen. Räder anschrauben. Fahrzeug ablassen und Radschrauben über Kreuz mit **180 Nm** festziehen.*

Achtung: *Bremspedal im Stand mehrmals kräftig niedertreten, bis fester Widerstand spürbar ist. Dadurch werden die Bremsbeläge zentriert und nehmen einen dem Betriebszustand entsprechenden Sitz ein.*

- *Bremsflüssigkeit im Ausgleichbehälter prüfen, gegebenenfalls bis zur Max.-Marke auffüllen.*
- *Neue Bremsbeläge vorsichtig einbremsen, dazu Fahrzeug mehrmals von ca. 80 km/h auf 40 km/h mit geringem Pedaldruck abbremsen. Dazwischen Bremse etwas abkühlen lassen.*

Achtung: *Bis zu einer Fahrstrecke von ca. 200 km sollten keine Vollbremsungen vorgenommen werden.*

Achtung, Sicherheitskontrolle durchführen:

- *Sind die Bremsschläuche festgezogen?*
- *Befindet sich der Bremsschlauch in der Halterung?*
- *Sind die Entlüftungsschrauben angezogen?*
- *Ist genügend Bremsflüssigkeit eingefüllt?*
- *Bei laufendem Motor Dichtheitskontrolle durchführen. Hierzu Bremspedal mit 200 bis 300 N (entspricht 20 bis 30 kg) etwa 10 sec. betätigen. Das Bremspedal darf nicht nachgeben. Sämtliche Anschlüsse auf Dichtheit kontrollieren.*

Hinweis: *Bremsbeläge sind als Sondermüll zu entsorgen. Die örtlichen Behörden geben darüber Auskunft, ob auch eine Entsorgung über den hausmüllähnlichen Gewerbemüll zulässig ist.*

Scheibenbremsbeläge vorn aus- und einbauen

Lucas-Rahmensattel

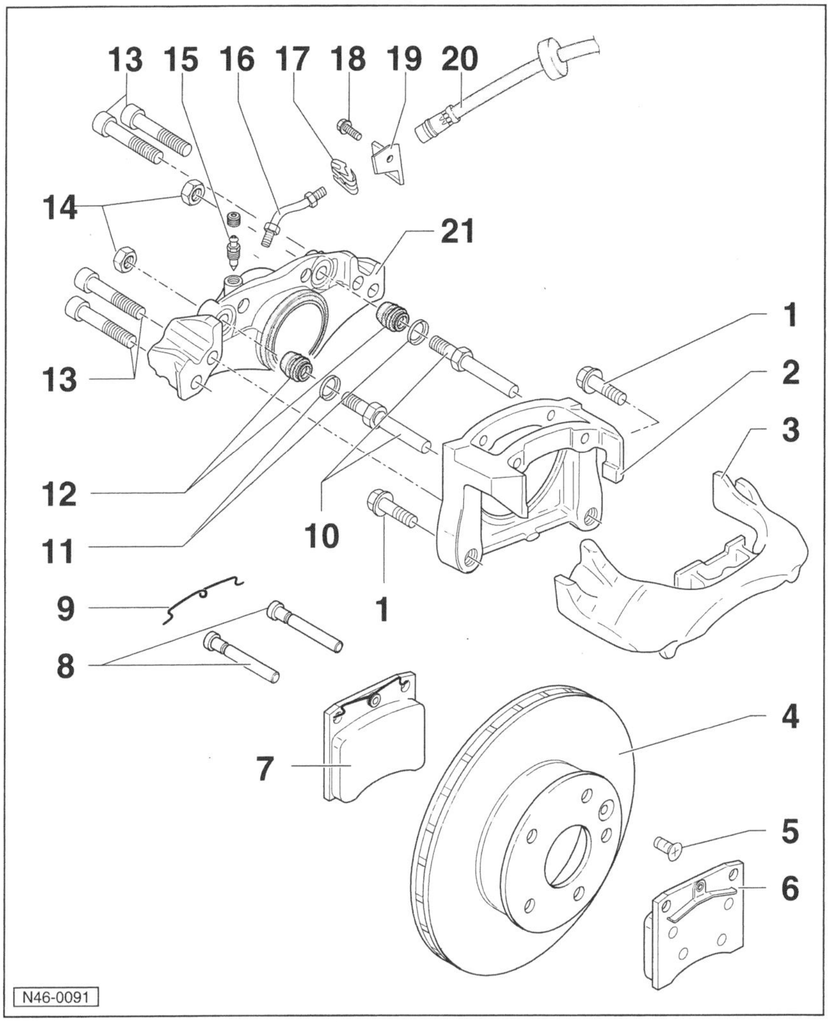

1 – **Schraube, 280 Nm**

2 – **Bremsträger**

3 – **Brücke**

4 – **Bremsschreibe**
Grundsätzlich achsweise ersetzen. Zum Ausbau vorher untere Schraube des Bremsträgers abschrauben und obere Schraube lösen.

5 – **Innensechskantschraube, 10 Nm**

6 – **Bremsbelag außen**
Dicke prüfen, Verschleißgrenze: 2 mm ohne Belagrückenplatte. Grundsätzlich achsweise ersetzen. Vor dem Einbau Klebefolie auf der Rückenplatte abziehen.

7 – **Bremsbelag innen**
Dicke prüfen, Verschleißgrenze: 2 mm ohne Belagrückenplatte. Grundsätzlich achsweise ersetzen.

8 – **Belaghaltestifte**

9 – **Sicherungsfeder**

10 – **Führungsbolzen**

11 – **Metallring**

12 – **Schutzkappe**
Auf Beschädigungen prüfen.

13 – **Innenvielzahnschraube, 90 Nm**

14 – **Mutter, 70 Nm**

15 – **Entlüfterschraube**

16 – **Bremsleitung**

17 – **Halter**

18 – **Schraube, 10 Nm**

19 – **Halter für Bremsschlauch**

20 – **Bremsschlauch**

21 – **Bremssattelgehäuse**

Achtung: Arbeitsschritte und Hinweise, die für alle Bremsanlagen im VW-T4 gelten, stehen im Kapitel für die »Lucas-Faustsattelbremse« und sind *kursiv* gedruckt. In diesem Kapitel sind nur die Abweichungen beschrieben.

- Schraubendreher unter die Sicherungsfeder –Pfeil– schieben und diese von den Belaghaltestiften abheben.

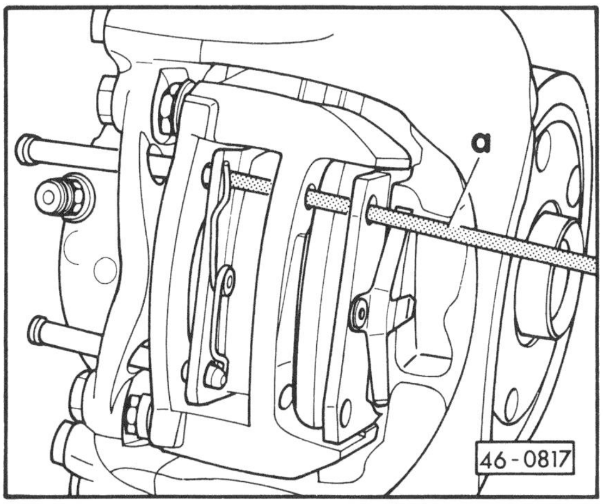

- Belaghaltestifte mit Hammer und einem handelsüblichen Austreibdorn –a–, zum Beispiel Hazet 748 Lgb-4, austreiben.

- Inneren Bremsbelag mit Ausziehhaken, Zange oder Schraubendreher herausziehen.
- Rahmen verschieben.
- Äußeren Bremsbelag mit einem Schraubendreher von der Belaghaltefläche an der Brücke lösen und herausziehen.

Einbau

- Bremssattelgehäuse reinigen. Besonders die Klebefläche für den Bremsbelag muß frei von Kleberesten und Fett sein.
- Inneren Bremsbelag in den Bremsträger einsetzen.
- Belaghaltestifte soweit einsetzen, daß der innere Belag gehalten wird.
- Schutzfolie vom äußeren Belag abziehen.
- Äußeren Bremsbelag vorsichtig einsetzen. **Achtung:** Darauf achten, daß der Bremsbelag nicht vor der richtigen Einbaulage mit dem Bremssattelgehäuse verklebt.
- Belaghaltestifte vollständig durchschieben, gegebenenfalls bis zum Anschlag einschlagen. Verrostete oder verbogene Haltestifte erneuern. **Achtung:** Beim Einsetzen beachten, daß die Federn der Bremsbeläge **unterhalb** der beiden Haltestifte liegen müssen.
- Sicherungsfeder in die Haltestifte einsetzen.
- Nach Einbau der Bremsbeläge, Bremspedal 3mal kräftig betätigen und dabei Pedal 5 bis 10 Sekunden halten, damit die äußeren Bremsbeläge am Bremssattelgehäuse festkleben. Andernfalls können im späteren Fahrbetrieb Geräusche beim Bremsen auftreten.

Scheibenbremsbeläge vorn aus- und einbauen

ATE/Teves-Faustsattel FN (In der Abbildung ist der Bremssattel FN3 am 15"-Fahrwerk dargestellt.)

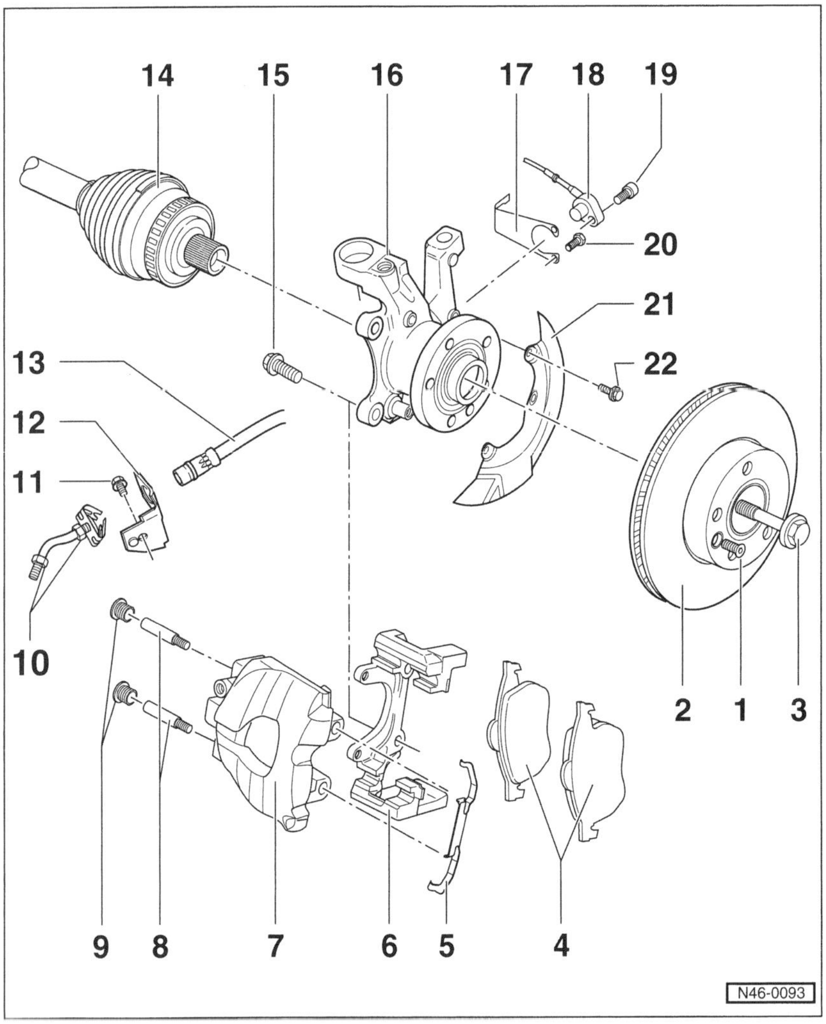

1 – **Innensechskantschraube, 10 Nm**

2 – **Bremsscheibe**
Achtung: Bremsscheibe nicht gewaltsam von der Radnabe trennen, gegebenenfalls Rostlöser anwenden. Andernfalls können Schäden an den Bremsscheiben auftreten.

3 – **Schraube, 150 Nm + 90°**
Nach jeder Demontage ersetzen. Schraube mit 150 Nm anziehen und anschließend mit einem starren Schlüssel um ¼ Umdrehung (90°) weiterdrehen.

4 – **Bremsbeläge**
Dicke prüfen, Verschleißgrenze: 2 mm ohne Belagrückenplatte. Grundsätzlich achsweise ersetzen.

5 – **Haltefeder**

6 – **Bremsträger**

7 – **Bremssattel**

8 – **Führungsbolzen, 25 Nm**

9 – **Abdeckkappe**

10 – **Bremsleitung**

11 – **Schraube, 10 Nm**

12 – **Halter**

13 – **Bremsschlauch**

14 – **Impulsrad für Drehzahlfühler ABS**

15 – **Schraube, 280 Nm**
Bei FNR-Bremssattel: **355 Nm**

16 – **Radlagergehäuse**

17 – **Halter**

18 – **Drehzahlfühler ABS**

19 – **Innensechskantschraube, 10 Nm**

20 – **Schraube**

21 – **Abdeckblech**

22 – **Schraube, 8 Nm**

Ausbau

Achtung: Arbeitsschritte und Hinweise, die für alle Scheibenbremsanlagen im VW-T4 gelten, stehen im Kapitel für die »Lucas-Faustsattelbremse« und sind *kursiv* gedruckt. In diesem Kapitel sind nur die Abweichungen beschrieben.

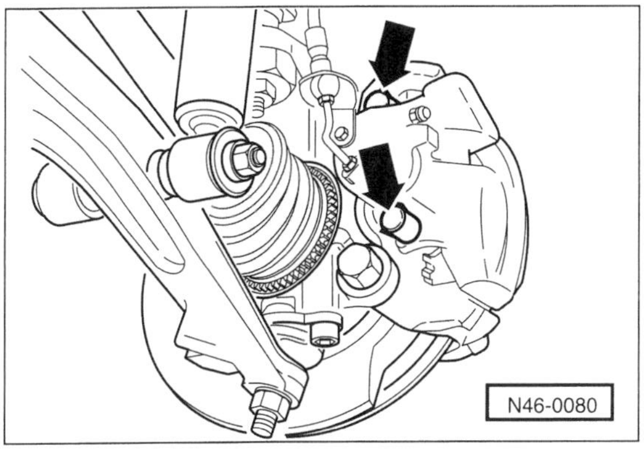

- Abdeckkappen mit Schraubendreher abhebeln.

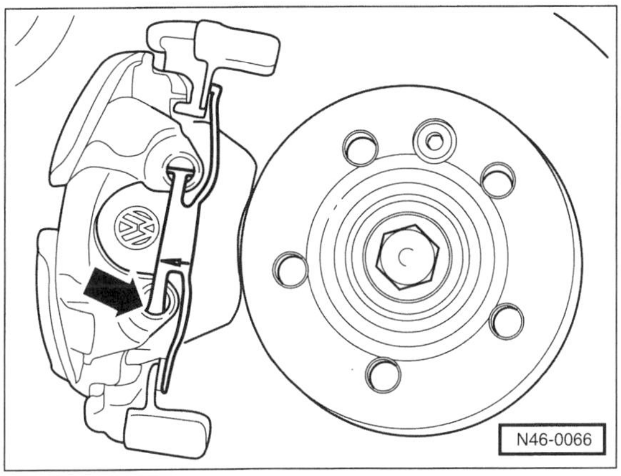

- Haltefeder für die Bremsbeläge am Bremssattelgehäuse aushängen und abnehmen.
- Falls vorhanden, Steckverbindung für Bremsbelagverschleißanzeige trennen. Dazu Fixierlasche am Steckerunterteil etwas anheben und anschließend um 90° drehen. Steckerunterteil aus dem Halter herausziehen.

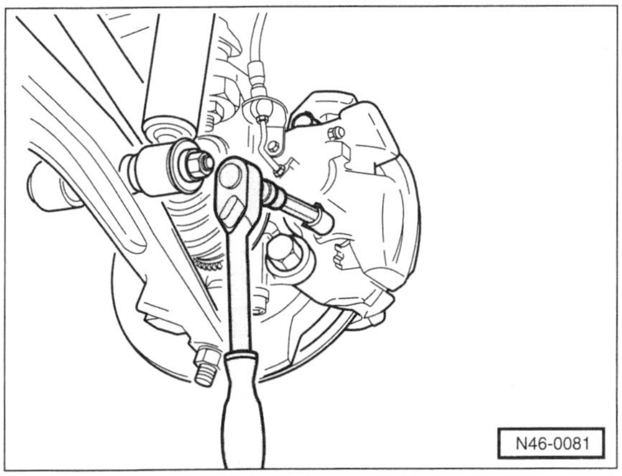

- Beide Führungsbolzen aus dem Bremssattel herausschrauben und abnehmen.
- Bremssattel abnehmen und so ablegen beziehungsweise mit Draht anbinden, daß der Bremsschlauch nicht durch das Gewicht des Bremssattels auf Zug beansprucht wird. **Achtung:** Ein gedehnter Bremsschlauch muß ersetzt werden.
- Bremsbeläge aus dem Bremssattel herausnehmen beziehungsweise vom Bremsträger abnehmen.

Einbau

- Bremssattelgehäuse reinigen. Besonders die Klebefläche für den Bremsbelag muß frei von Kleberesten und Fett sein.
- Inneren Bremsbelag mit Haltefeder in den Bremssattel einsetzen, dabei Haltefeder in den Kolben eindrücken.
- Schutzfolie vom äußeren Belag abziehen.
- Äußeren Bremsbelag auf den Bremsträger aufsetzen. **Achtung:** Darauf achten, daß der Bremsbelag nicht vor der richtigen Einbaulage mit dem Bremssattelgehäuse verklebt.
- Bremssattel mit innerem Belag ansetzen und mit 2 Führungsbolzen und **25 Nm** anschrauben.
- Beide Abdeckkappen aufdrücken.

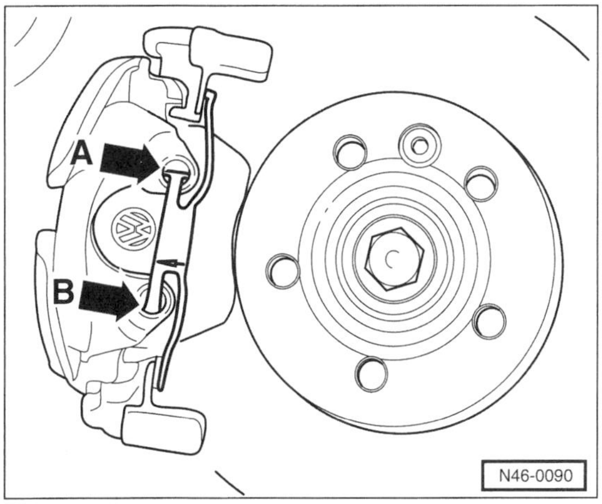

- Haltefeder folgendermaßen einsetzen:
  - ◆ Eine Bügelseite der Haltefeder unter den Bremsträger setzen und eine Nase in die Gehäusebohrung –Pfeil A– einsetzen.
  - ◆ Zweite Bügelseite unter den Bremsträger spannen und zweite Nase in die Bohrung –Pfeil B– einhängen.
- Falls vorhanden, Steckverbindung für Bremsbelagverschleißanzeige in den Halter einsetzen und verbinden.
- Nach Einbau der Bremsbeläge, Bremspedal 3mal kräftig betätigen und dabei Pedal 5 bis 10 Sekunden halten, damit die äußeren Bremsbeläge am Bremssattelgehäuse festkleben. Andernfalls können im späteren Fahrbetrieb Geräusche beim Bremsen auftreten.

Scheibenbremsbeläge hinten aus- und einbauen

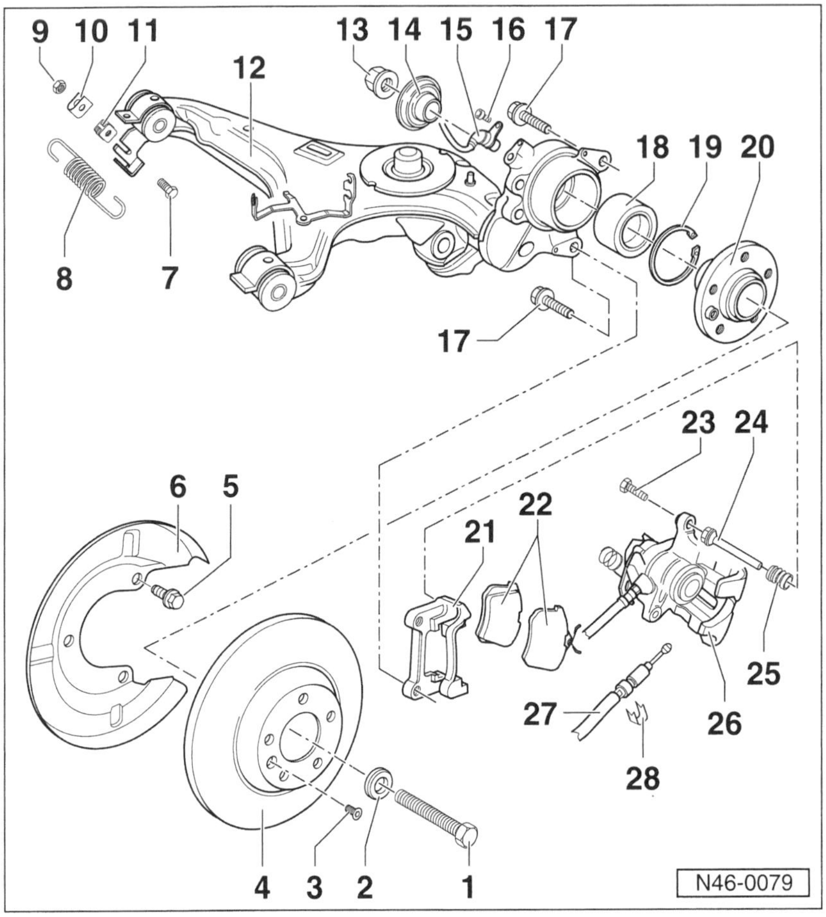

1 – **Schraube, 150 Nm + 90°**
Nur bei Allradantrieb vorhanden. Nach jeder Demontage ersetzen. Nur bei auf den Rädern stehendem Fahrzeug lösen.

2 – **Scheibe**

3 – **Innensechskantschraube, 10 Nm**

4 – **Bremsscheibe**

5 – **Schraube, 10 Nm**

6 – **Abdeckblech**

7 – **Schraube**

8 – **Feder für Bremskraftregler**
Nur bei Frontantrieb.

9 – **Mutter, 20 Nm**

10 – **Halteblech**
Vor Ausbau die Einbaulage mit Filzstift markieren.

11 – **Halter**

12 – **Achslenker**

13 – **Mutter, 200 Nm**
Selbstsichernd, immer ersetzen. Nur bei Frontantrieb.

14 – **Spannscheibe**

15 – **Drehzahlfühler**

16 – **Innensechskantschraube, 10 Nm**

17 – **Schraube, 170 Nm**

18 – **Radlager**

19 – **Sicherungsring**
Auf richtigen Sitz achten.

20 – **Radnabe**

21 – **Bremsträger**
Ab Fg-Nr. 70ZWH130483 bzw. 70ZWX121940 geändert. Bremsbeläge werden mit Belaghalteblechen eingebaut.

22 – **Bremsbeläge**
Verschleißgrenze = 2 mm, ohne Rückenplatte. Ab Fg-Nr. 70ZWH 130483 bzw. 70ZWX121940 mit Belaghalteblechen einsetzen.

23 – **Schraube, 35 Nm**
Selbstsichernd, daher immer ersetzen. Beim Lösen und Festziehen am Führungsbolzen gegenhalten.

24 – **Führungsbolzen**

25 – **Schutzkappe**

26 – **Bremssattel**

27 – **Handbremsseil**

28 – **Federklammer**

Ausbau

Achtung: Arbeitsschritte und Hinweise, die für alle Scheibenbremsanlagen im VW-T4 gelten, stehen im Kapitel für die »Lucas-Faustsattelbremse« und sind *kursiv* gedruckt. In diesem Kapitel sind nur die Abweichungen beschrieben.

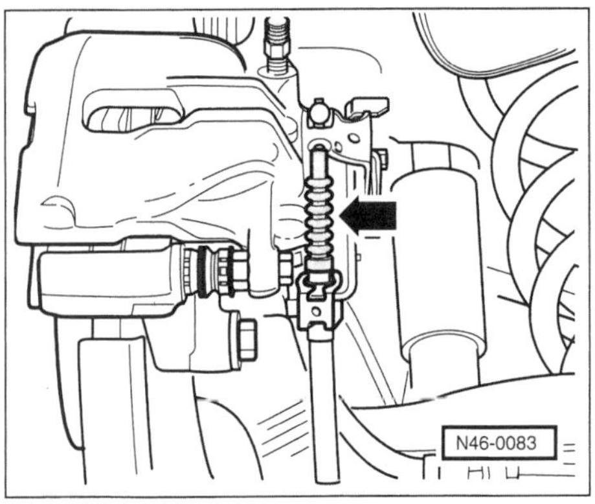

- Handbremsseil am Bremssattel aushängen.

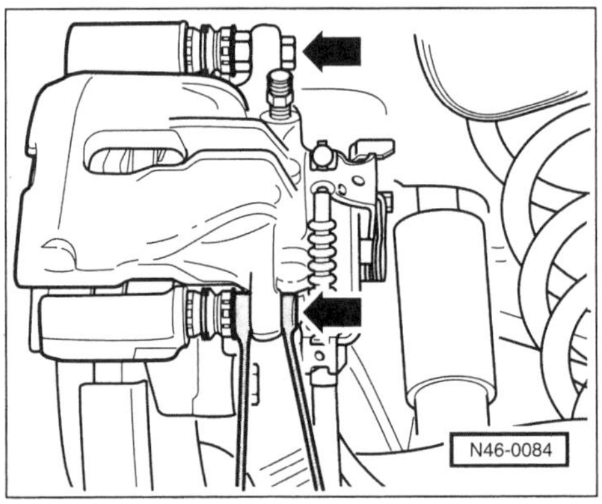

- Beide Schrauben –Pfeile– herausdrehen, dabei an den Führungsbolzen gegenhalten.

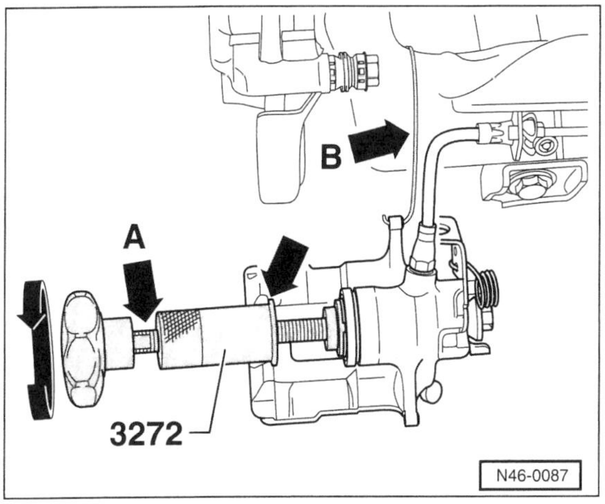

- Bremssattel abnehmen und mit Draht –B– am Achsträger aufhängen. Darauf achten, daß hierbei der Bremsschlauch nicht gedehnt oder verdreht wird.

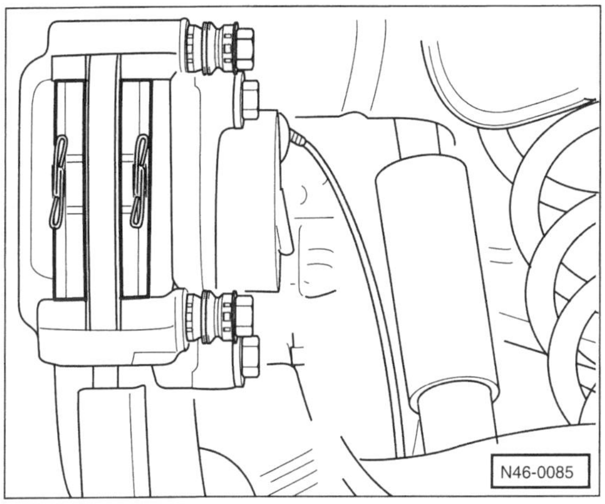

- Bremsbeläge herausnehmen.

Einbau

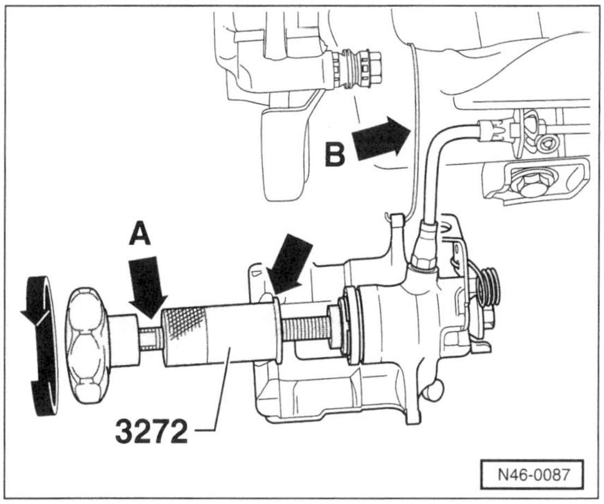

- Bremskolben zurückstellen. Dazu Kolben durch Rechtsdrehen mit dem Spezial-Schlüssel VW-3272 oder HAZET 4970/6 und unter kräftigem Druck einschrauben.
  - Spezial-Schlüssel VW-3272 so einsetzen, daß der Bund –Pfeil– des Werkzeuges am Bremssattel anliegt und die Schutzkappe des Kolbens nicht beschädigt wird.
  - Falls der Kolben schwergängig ist, kann ein Maulschlüssel SW 13 an den Schlüsselflächen –Pfeil A– des Werkzeuges angesetzt werden.
  - Falls das Spezialwerkzeug nicht zur Verfügung steht, Flacheisen durch die beiden Nuten des Bremskolbens führen und Kolben zurückdrehen.
  - **Achtung:** Der Bremskolben darf **nicht** mit der Kolbenrücksetzvorrichtung zurückgedrückt werden, sonst wird die automatische Nachstellung im Bremssattel zerstört.

Achtung: Beim Zurücksetzen des Kolbens (mit Spezialwerkzeug VW-3272) wird Bremsflüssigkeit aus dem Bremszylinder in den Ausgleichbehälter gedrückt. Flüssigkeit im Behälter beobachten, eventuell Bremsflüssigkeit mit einem Saugheber absaugen.

- Bremsbeläge einsetzen.
- Mit einer Fühlerblattlehre das Spiel zwischen Bremsbelägen und unterer Auflagefläche am Bremsträger beziehungsweise den Belaghalteblechen messen. **Sollwert:** Mindestens 0,4 mm. Bei kleinerem Spiel Auflagefläche am Bremsträger erneut reinigen.
- Bremsbeläge abnehmen und Auflagefläche für Bremsbeläge am Bremsträger dünn mit Festschmierstoffpaste, zum Beispiel VW-G000650, schmieren.
- Bremsbeläge einsetzen.
- Bremssattel ansetzen und mit **neuen, selbstsichernden** Schrauben und **35 Nm** anschrauben. Dabei an den Führungsbolzen gegenhalten.
- Handbremsseil am Bremssattel einhängen.
- Handbremse einstellen, siehe Seite 171.

Quietschgeräusche der Scheibenbremse beseitigen

Achtung: Die folgenden Arbeitsschritte nur bei Bremsbelägen anwenden, die **nicht eingeklebt** sind.

- Bremsbeläge ausbauen.
- Beläge und Bremssattel mit einer Weichmetallbürste oder einem Lappen und Spiritus reinigen.

Achtung: Bremsstaub nicht einatmen!

- Folgende Stellen mit Anti-Quietsch-Paste »Plastilube« oder Hochtemperaturpaste, z. B. »Liqui Moly LM-508-ASC«, bestreichen:
- ■ Alle zugänglichen Stellen der Bremsbelag-Rückenplatte.
- ■ Kolbenstirnseite.
- ■ Anlagefläche des Bremsträgers.
- ■ Gleitführungen des Bremssattels.

Achtung: Plastilube oder Hochtemperaturpaste darf **nicht** auf die Reibflächen der Bremsscheibe oder der Bremsbeläge kommen. Eventuell auf die Reibflächen gelangte Reste der Paste mit einem Lappen abwischen, gegebenenfalls mit Spiritus reinigen.

- Bremsbeläge einbauen.

Bremsscheibendicke prüfen

- Stellung der Räder zur Radnabe mit Farbe kennzeichnen. Dadurch kann das ausgewuchtete Rad wieder in derselben Position montiert werden. Radschrauben lösen, dabei muß das Fahrzeug auf dem Boden stehen. Fahrzeug aufbocken und Räder abnehmen.

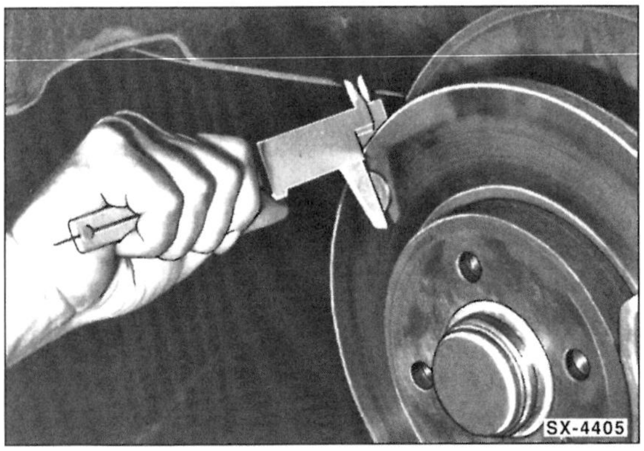
SX-4405

- Bremsscheibendicke messen. Die Werkstätten benutzen dazu eine spezielle Lehre oder eine Mikrometer-Bügelmeßschraube, da sich durch Abnutzung der Bremsscheibe ein Rand bildet. Man kann auch eine normale Schieblehre verwenden, allerdings muß dann auf jeder Seite der Bremsscheibe eine entsprechend starke Unterlage zwischengelegt werden (beispielsweise 2 Münzen). Um die exakte Bremsscheibendicke zu erhalten, müssen von dem gemessenen Maß die Dicke der Münzen abgezogen werden.

Achtung: Messung an mehreren Punkten der Bremsscheibe vornehmen.

- Maße für Bremsscheibe, siehe Seite 158.
- Immer beide Bremsscheiben erneuern, auch wenn nur eine Bremsscheibe die Verschleißgrenze erreicht hat.
- Bei größeren Rissen oder bei Riefen, die tiefer als 0,5 mm sind, Bremsscheibe erneuern.
- Räder so ansetzen, daß die beim Ausbau angebrachten Markierungen übereinstimmen. Vorher Zentriersitz der Felge an der Radnabe sowie die Kegelfläche der Radschrauben mit Wälzlagerfett leicht einfetten. Gewinde der Radschrauben **nicht** fetten oder ölen. Räder anschrauben. Fahrzeug ablassen und Radschrauben über Kreuz mit **180 Nm** festziehen.

Bremsscheibe/Bremssattel aus- und einbauen

Ausbau

- Stellung der Räder zur Radnabe mit Farbe kennzeichnen. Dadurch kann das ausgewuchtete Rad wieder in derselben Position montiert werden. Radschrauben lösen, dabei muß das Fahrzeug auf dem Boden stehen. Fahrzeug aufbocken und Räder abnehmen.
- **Faustsattel:** 2 Schrauben für Bremssattel am Radlagergehäuse herausdrehen und Bremssattel komplett mit Bremsträger abnehmen.
  Rahmenbremssattel: Zum Ausbau vorher untere Schraube des Bremsträgers abschrauben und obere Schraube lösen.
  Einbauort der Befestigungsschrauben, siehe auch Übersichts-Abbildungen zu den Scheibenbremsanlagen.
- Gegebenenfalls Halter für Bremsschlauch am Radlagergehäuse abschrauben.
- Bremssattel mit selbstangefertigtem Drahthaken so am Aufbau aufhängen, daß der Bremsschlauch nicht verdreht oder auf Zug beansprucht wird.

Achtung: Bremsschlauch nicht lösen, sonst muß das Bremssystem entlüftet werden.

- Soll der Bremssattel ganz abgenommen werden, muß vorher der Bremsschlauch an der Bremsschlauchkupplung abgeschraubt werden. Der Bremsschlauch kann sonst nicht am Bremssattel abgeschraubt werden. **Achtung:** Bremsflüssigkeit läuft aus. Bremsflüssigkeit in einer Flasche sammeln, die ausschließlich für Bremsflüssigkeit vorgesehen ist. Man kann auch vorher die Bremsflüssigkeit mit einem Saugheber aus dem Vorratsbehälter absaugen.
- Befestigungsschraube für Bremsscheibe mit Schlüssel für Innensechskantschrauben, Größe 5 mm, herausdrehen.
- Bremsscheibe abnehmen.

Achtung: Die Bremsscheibe darf **nicht** durch Gewaltanwendung (Hammerschläge) von der Radnabe getrennt werden. Stattdessen: handelsüblichen Rostlöser anwenden, um

Schäden an den Bremsscheiben zu vermeiden. Falls der Ausbau nur durch kräftige Hammerschläge möglich ist, aus Sicherheitsgründen sowohl die Bremsscheiben wie auch die Radlager erneuern. Das Erneuern der vorderen Radlager sollte der Werkstatt vorbehalten bleiben, da in der Regel nur dort eine entsprechende Presse vorhanden ist. Auch bei der Verwendung eines geeigneten Abziehers Bremsscheiben erneuern.

Einbau

Um ein gleichmäßiges Bremsen beidseitig zu gewährleisten, müssen beide Bremsscheiben die gleiche Oberfläche bezüglich Schliffbild und Rauhtiefe aufweisen. Deshalb **grundsätzlich beide** Bremsscheiben ersetzen, beziehungsweise abdrehen lassen.

Die Werkstatt kann die Bremsscheibe auf Schlag prüfen. Maximaler Scheibenschlag an der Bremsfläche gemessen: 0,03 mm. Maximal zulässige Dickentoleranz: 0,01 mm.

- Bremsscheibendicke messen, siehe Seite 166.
- Falls vorhanden, Rost am Flansch der Bremsscheibe und der Vorderradnabe entfernen und dünn einfetten.
- Neue Bremsscheiben mit Nitro-Verdünnung vom Schutzlack reinigen.
- Bremsscheibe auf Radnabe aufsetzen und mit der Innensechskantschraube anschrauben.
- Bremssattel mit den eingesetzten Bremsbelägen ansetzen. Dabei darf der Bremsschlauch nicht verdreht oder gedehnt werden. Freigängigkeit des Bremsschlauches bei vollem Lenkradeinschlag prüfen.
- Gegebenenfalls Halter für Bremsschlauch am Radlagergehäuse anschrauben.
- Bremssattel mit **280 Nm** anschrauben. **Achtung:** Hohes Drehmoment, stabiles Werkzeug verwenden. Beim Festziehen darauf achten, daß das Fahrzeug nicht von den Böcken rutscht. Werkzeug so ansetzen, daß der Griff beim Festziehen senkrecht nach unten gedrückt wird.
- Wurde der Vorratsbehälter geleert oder war der Bremsschlauch demontiert, Bremsschlauch anschrauben und Bremsanlage entlüften, siehe Seite 173.
- Räder so ansetzen, daß die beim Ausbau angebrachten Markierungen übereinstimmen. Vorher Zentriersitz der Felge an der Radnabe sowie die Kegelfläche der Radschrauben mit Wälzlagerfett leicht einfetten. Gewinde der Radschrauben **nicht** fetten oder ölen. Räder anschrauben. Fahrzeug ablassen und Radschrauben über Kreuz mit **180 Nm** festziehen.

Achtung: Bremspedal im Stand mehrmals kräftig niedertreten, bis fester Widerstand spürbar ist.

- Bremsflüssigkeitsstand im Ausgleichbehälter prüfen, siehe Seite 299.

Die Trommelbremse

Hinterradbremse bis 12/95

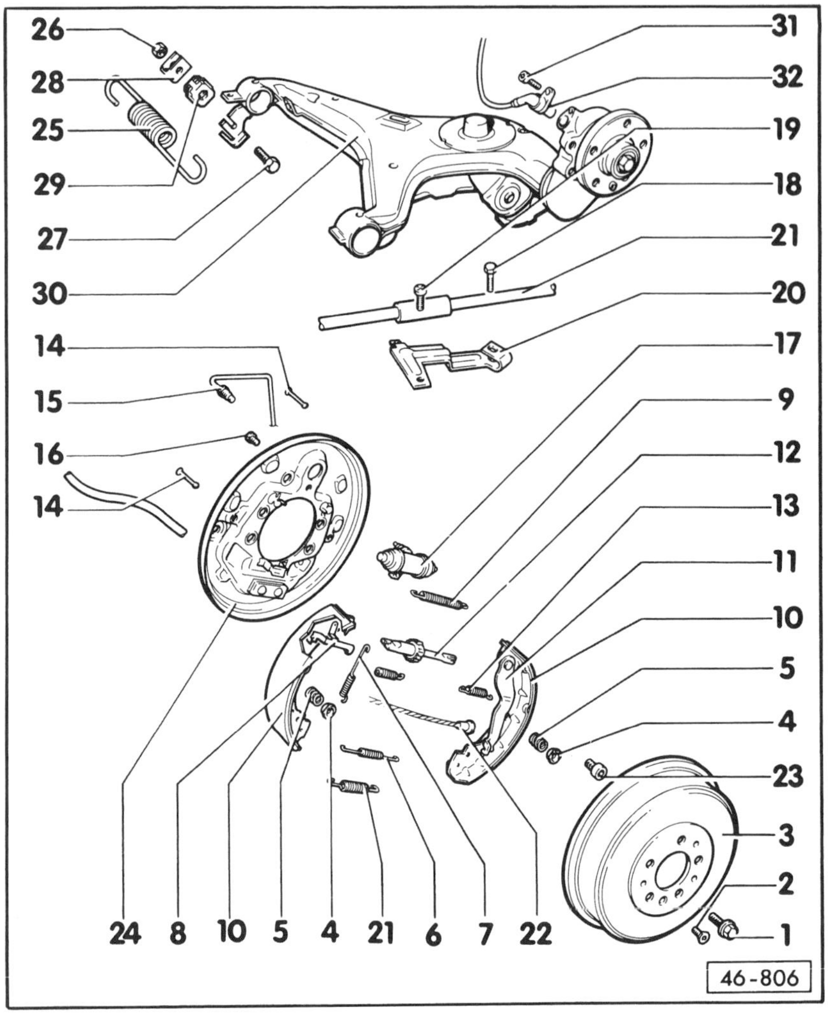

1 – **Radschraube, 180 Nm**
2 – **Innensechskantschraube, 5 Nm**
3 – **Bremstrommel**
4 – **Federteller**
5 – **Druckfeder**
6 – **Rückzugfeder unten**
7 – **Zugfeder**
8 – **Nachstellhebel**
9 – **Rückzugfeder oben**
10 – **Bremsbacken**
11 – **Bremshebel**
12 – **Druckstange mit Nachstellritzel**
Linkes Hinterrad: Rechtsgewinde, rechtes Hinterrad: Linksgewinde. Die Anschrägung an der Hülse und der längere Zapfen an der Druckstange zeigen zum Bremsträgerblech.
13 – **Rückzugfeder**
14 – **Spannstift**
15 – **Bremsleitung**
16 – **Schraube, 19 Nm**
17 – **Radbremszylinder**
18 – **Schraube, 7 Nm**
19 – **Blechschraube, 7 Nm**
20 – **Handbremsseil-Halter**
21 – **Untere Rückzugfeder**
22 – **Handbremsseil**
23 – **Innensechskantschraube, 160 Nm**
24 – **Bremsträger**
25 – **Feder für Bremskraftregler**
26 – **Sechskantmutter, 20 Nm**
27 – **Schraube**
28 – **Halteblech**
Vor Ausbau Einbaulage markieren.
29 – **Halter**
30 – **Achslenker**
31 – **Schraube, 10 Nm**
32 – **Drehzahlfühler ABS**

Flächen am Bremsträger, Bremsbackenstege in den Abstützungen und Bremshebel an Bremsbacke leicht mit Molykote-Paste G 6 einfetten.

Bremsbeläge grundsätzlich an beiden Rädern einer Achse ersetzen. Nur Bremsbeläge gleicher Qualität verwenden.

Bremstrommel aus- und einbauen

Ausbau

- Radschrauben bei auf dem Boden stehendem Fahrzeug lösen.
- Scheibenrad zur Radnabe mit Farbe kennzeichnen. Dadurch kann das ausgewuchtete Rad wieder an gleicher Stelle und gleicher Laufrichtung montiert werden.
- Fahrzeug aufbocken, Hinterrad abnehmen.
- Handbremse lösen.
- Innensechskantschraube für Bremstrommel, Schlüsselgröße 5 mm, an der Radnabe abschrauben.

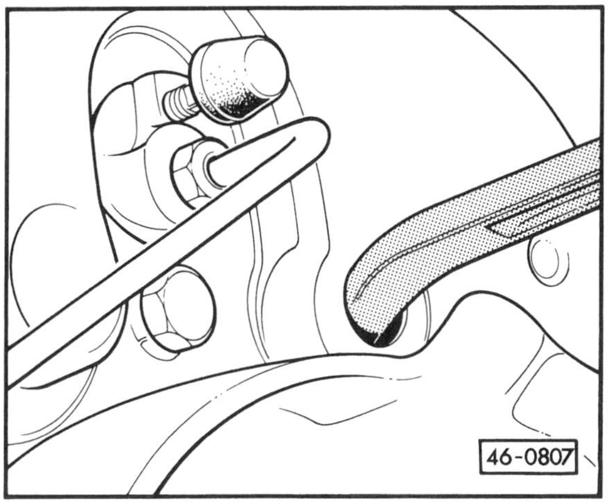

- Damit die Bremstrommel abgenommen werden kann, müssen die Bremsbacken zurückgestellt werden. Dazu das Ritzel der automatischen Nachstellung mit einem geeigneten Schraubendreher durch das Loch im Bremsträger drehen, bis die Bremsbeläge nicht mehr an der Bremstrommel anliegen. Das Rad muß sich frei durchdrehen lassen.
- Bremstrommel abnehmen. Falls erforderlich, Bremstrommel mit einem Universalabzieher von der Radnabe ziehen.

Einbau

- Bremstrommel sorgfältig reinigen. Riefige Bremstrommeln ausdrehen lassen, dabei immer beide Bremstrommeln bearbeiten lassen. Verschleißgrenze, siehe Seite 158.
- Hinterrad-Bremsbacken grundeinstellen, siehe Seite 171.
- Handbremse einstellen, siehe Seite 171
- Bremstrommel aufsetzen und mit der Innensechskantschraube anschrauben.
- Rad anschrauben, dabei auf Markierung zur Radnabe achten. Fahrzeug ablassen und Radschrauben mit **180 Nm** über Kreuz festziehen.

Achtung: Fußbremse bei gelöster Handbremse mehrmals betätigen. Dabei stellt die automatische Nachstellung die Bremsbacken in die richtige Position.

Bremsbacken aus- und einbauen

Die Hinterrad-Trommelbremse stellt sich automatisch nach. Dabei verändert die Druckstange durch eine Nachstelleinheit ihre Länge und sorgt für ein immer gleichbleibendes, konstruktiv vorgegebenes Lüftspiel zwischen Bremstrommel und Bremsbacken. Für die automatische Nachstellung ist die Druckstange mit einem Gewinde versehen, auf dem ein Ritzel (Zahnrad) sitzt. Durch Verdrehen des Ritzels verlängert sich die Druckstange. Nach einmaligem Betätigen der Fußbremse ist ein Lüftspiel zwischen Bremsbacken und Bremstrommel vorgegeben. Ist die Backenbewegung aufgrund von Belagverschleiß größer als das vorgegebene Lüftspiel, wird das Ritzel durch die Anordnung des Nachstellhebels und der Feder um einen Zahn weitergedreht. Dadurch verändert sich die Länge der Druckstange, und die Bremsbacken sind automatisch nachgestellt.

Achtung: Für den Ausbau der Federn eignet sich am besten eine spezielle Zange für Bremsfedern, zum Beispiel Hazet 797. Es geht jedoch auch mit einer Rohrzange.

Ausbau

- Bremstrommel ausbauen.

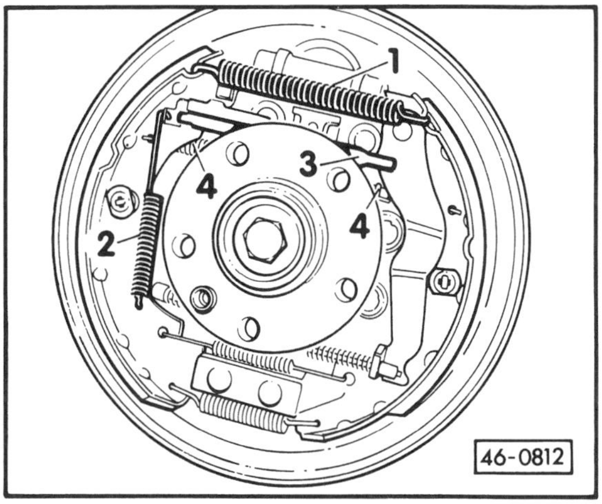

- Rückzugfeder –1– aushängen.
- Feder für Nachstellhebel –2– aushängen.
- Nachstellritzel für die Druckstange –3– mit einem Schraubendreher vollständig zurückdrehen.
- Rückzugfeder –4– aushängen.

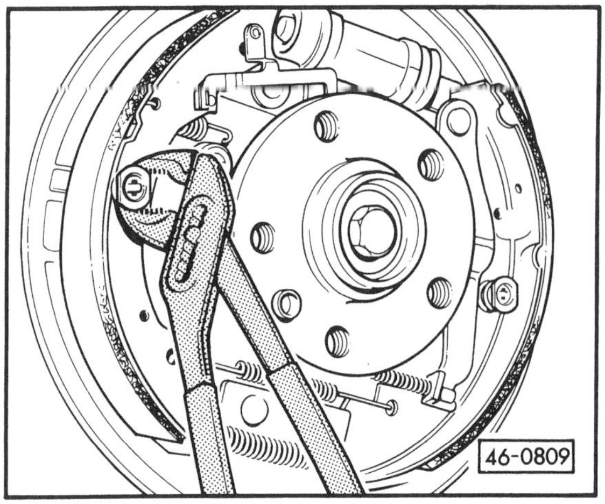

- Federteller für Druckfeder mit Rohrzange kräftig zurückdrücken und um 90° drehen (¼ Umdrehung). Während des Zurückdrückens von hinten am Bremsträger den Stift festhalten.
- 2. Federteller ausbauen.

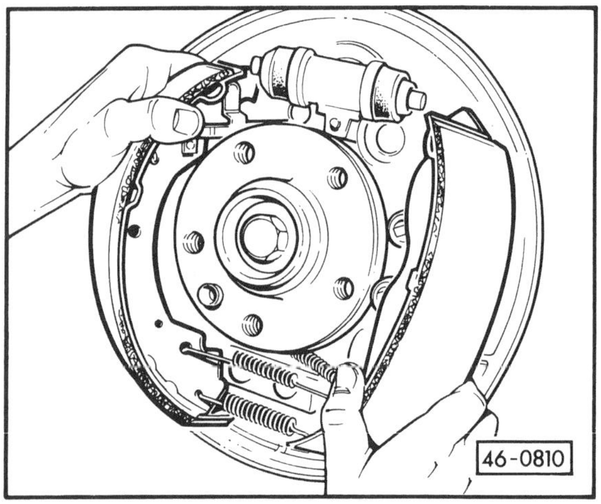

- Bremsbacken von Hand oben auseinanderziehen und herausnehmen.
- Rückzugfedern unten herausnehmen.

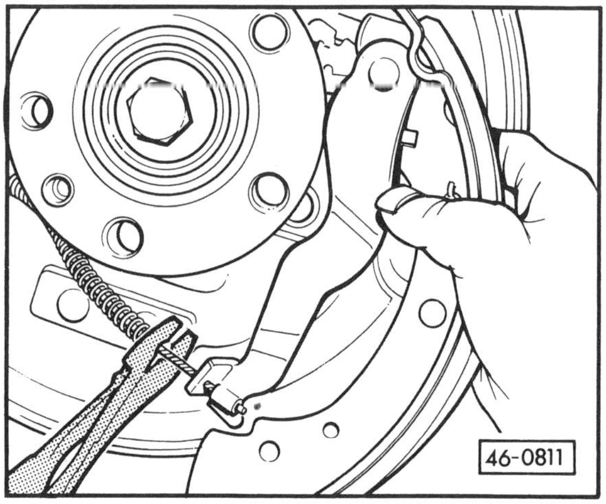

- Handbremsseil aushängen.

Einbau

Grundsätzlich Bremsbeläge nur achsweise ersetzen. Nur Bremsbeläge gleicher Qualität verwenden. Bremstrommel und Bremsträger säubern. Während die Bremsbacken ausgebaut sind, nicht auf die Bremse treten, da sonst die Bremskolben aus dem Radbremszylinder rutschen. Falls der Radbremszylinder feucht ist, Radbremszylinder überholen. Gewinde der Druckstange gangbar machen und leicht einfetten. Riefige Bremstrommel ausdrehen lassen. Dabei immer beide Trommeln einer Achse ausdrehen lassen.

- Gewinde der Druckstange, Bremsbacken-Anlageflächen am Bremsträger, Bremsbackenstege in den Abstützungen und Bremshebel an Bremsbacke leicht mit Molykote-Paste G 6 einfetten.
- Handbremsseil am Bremshebel einhängen.
- Rückzugfedern unten einsetzen und Bremsbacken auf die untere Abstützung heben.
- Druckstange mit Nachstellritzel oben zwischen die Bremsbacken einsetzen. Dabei beachten: Druckstange für linkes Hinterrad hat Rechtsgewinde, für rechtes Hinterrad Linksgewinde. Die Anschrägung an der Hülse und der längere Zapfen an der Druckstange zeigen zum Bremsträgerblech.
- Bremsbacken auf die Kolben des Radbremszylinders setzen.
- Stifte für Druckfedern von hinten durch die Bremsbacken schieben. Druckfedern aufsetzen, Federteller mit Kombizange ansetzen und Feder zusammendrücken. Dabei Stift von hinten gegenhalten. Federteller um 90° (¼ Umdrehung) verdrehen und dadurch arretieren.

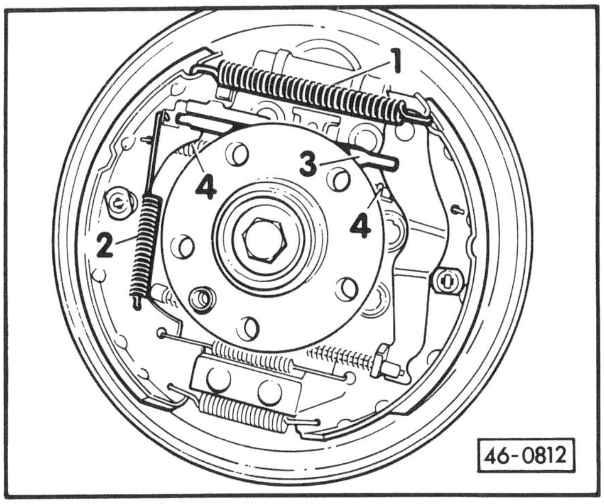

- Rückzugfedern in der Reihenfolge –4–, –2– und –1– einhängen. 3– Nachstellritzel.
- Hinterradbremse grundeinstellen.
- Bremstrommel einbauen, siehe Seite 169.
- Fußbremse mehrmals kräftig durchtreten. Damit ist die Hinterradbremse eingestellt.
- Rad anschrauben, dabei auf Markierung zur Radnabe achten. Fahrzeug ablassen und Radschrauben mit **180 Nm** über Kreuz festziehen.
- Handbremse einstellen.
- Probebremsung aus mittlerer Geschwindigkeit durchführen. Falls das Fahrzeug beim Bremsen schiefzieht, anhand der »Störungstabelle Bremse« den Fehler lokalisieren und beheben.

Hinterradbremse grundeinstellen

Die Grundeinstellung der Hinterradbremse wird bei abgebauter Bremstrommel vorgenommen. Sie ist nötig, wenn Teile der Bremse ausgebaut wurden. Ein Nachstellen der Bremsbacken ist auch bei angebauter Bremstrommel möglich, siehe Seite 169.

- Der Handbremshebel im Fahrerhaus muß gelöst, also ganz unten sein.
- Einstellmutter für Handbremsseile lösen, siehe Kapitel »Handbremse einstellen«.
- Bremsbacken zum Bremsträger durch Verschieben nach Augenmaß ausmitteln, zentrieren.

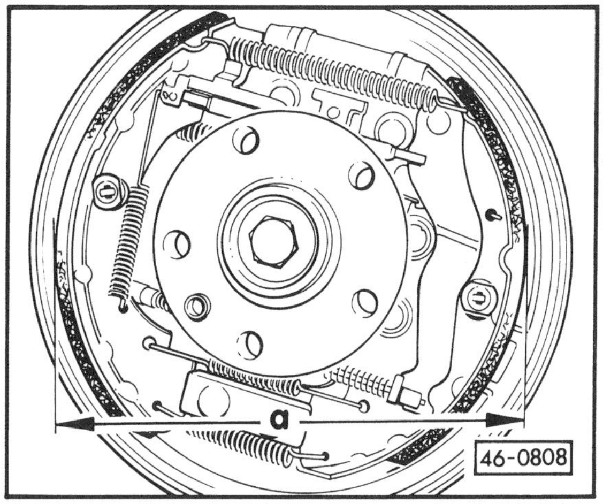

- Bremsbacken durch Verdrehen des Nachstellritzels (von hinten durch das Bremsträgerblech) auf den Durchmesser –a– einstellen.
  a = Innendurchmesser der Bremstrommel **minus 1,0 mm.**
  Beispiel: Der Innendurchmesser der Bremstrommel beträgt 268,0 mm, dann beträgt der einzustellende Durchmesser –a– der Bremsbacken: 267,0 mm.
- Anschließend Handbremse einstellen.

Handbremse einstellen

Durch die automatische Nachstellung der Hinterradbremse ist ein Nachstellen der Handbremse nicht erforderlich. Die Neueinstellung ist nur bei Ersatz der Handbremsseile oder Teilen der Bremse notwendig.

- Handbremse im Fahrerhaus ganz lösen.

Trommelbremse:

- Beide Bremstrommeln ausbauen, siehe Seite 169.

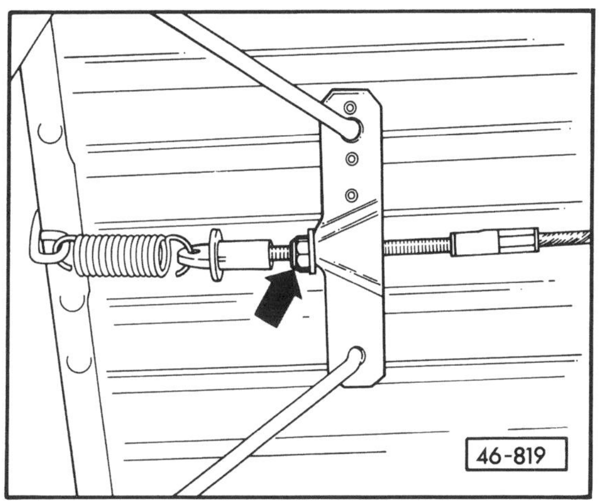

- Die Handbremse wird an der Einstellmutter für Handbremsseile eingestellt. Die Mutter befindet sich am Fahrzeugunterboden am Handbremszugausgleich.

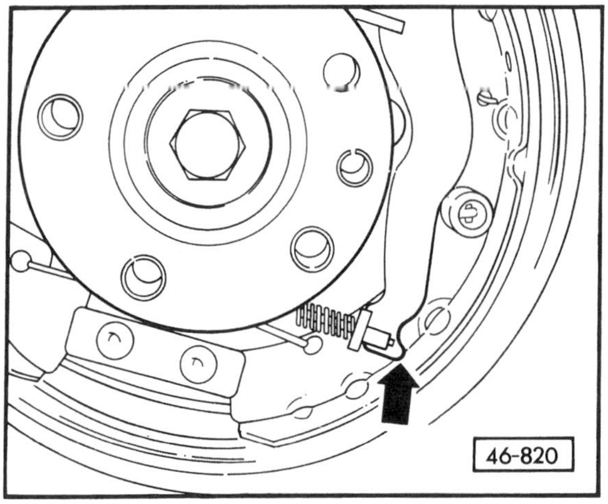

- Einstellmutter soweit anziehen, bis sich die Handbremshebel an beiden Hinterradbremsen 2 mm von den Bremsbacken abheben –Pfeil–, siehe Abbildung.
- Bremstrommeln einbauen, siehe Seite 169.

Achtung: Nach Einstellen der Hinterradbremse ergibt sich ein etwas vergrößerter Hand- und Fußhebelweg, der sich während des Fahrbetriebs durch Betätigen der Fußbremse verringert.

Scheibenbremse:

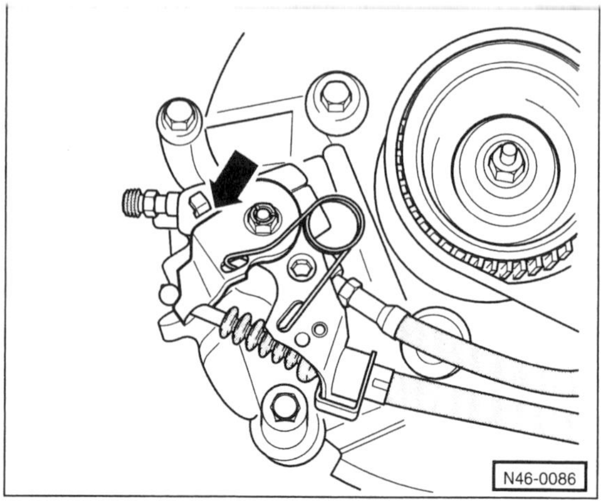

- Nachstellmutter –Pfeil– (Abbildung 46-819) soweit anziehen, bis sich die Hebel –Pfeil– an den Bremssätteln vom anschlag abheben.
  Maximal 1,0 mm Abstand zum Anschlag sind zulässig.
- Handbremse anziehen und anschließend wieder lösen.
- Prüfen, ob beide Räder frei durchdrehen.

Handbremshebel aus- und einbauen

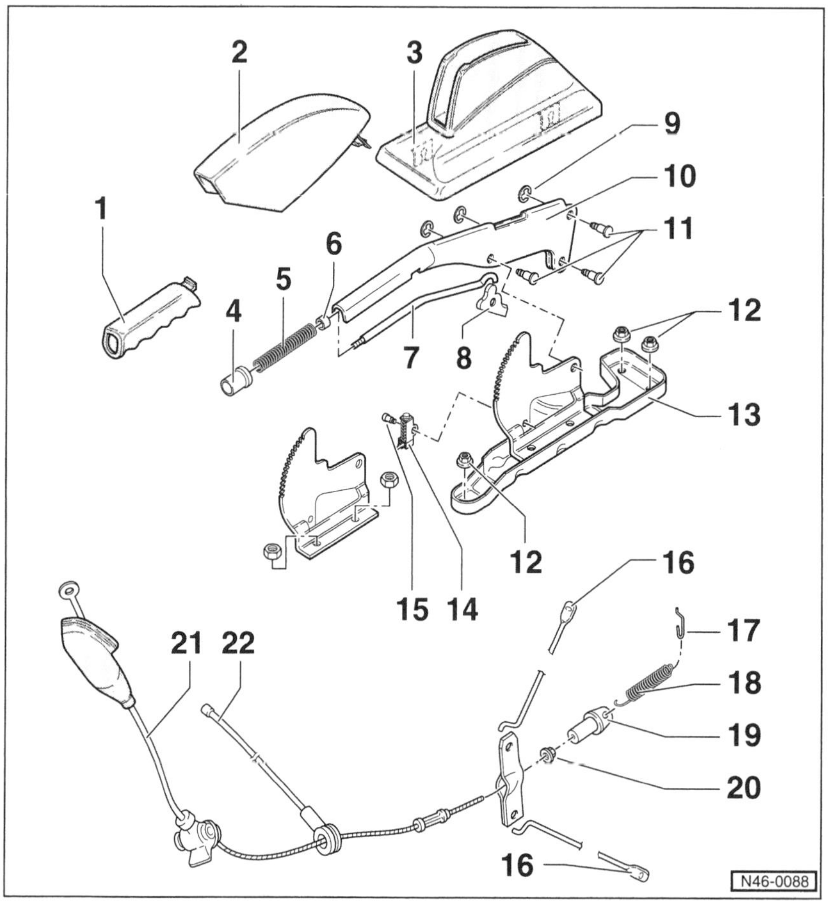

1 – **Handgriff**
Nach vorn abziehen, vorher Rastnasen unter dem Handgriff nach unten drücken.

2 – **Verkleidung für Handbremshebel**

3 – **Verkleidung**

4 – **Druckknopf**

5 – **Druckfeder**
Länge = 126 mm. Beim Einbau Federhülse –6– auf Druckfeder aufschieben.

6 – **Federhülse**

7 – **Klinkenstange**

8 – **Sperrklinke**

9 – **Sicherungsscheibe**

10 – **Handbremshebel**

11 – **Bolzen**

12 – **Mutter, 25 Nm**
Selbstsichernd, immer ersetzen.

13 – **Handbremsträger**

14 – **Kontaktschalter**

15 – **Spreizniet**

16 – **Zugstange**

17 – **Halter**

18 – **Rückzugfeder**

19 – **Federhalter**

20 – **Nachstellmutter**

21 – **Zugseil**
Nur im Pritschenwagen vorhanden.

22 – **Handbremsseil**

Die Bremsflüssigkeit

Beim Umgang mit Bremsflüssigkeit ist zu beachten:

- Bremsflüssigkeit ist giftig. Keinesfalls Bremsflüssigkeit mit dem Mund über einen Schlauch absaugen. Bremsflüssigkeit nur in Behälter füllen, bei denen ein versehentlicher Genuß ausgeschlossen ist.
- Bremsflüssigkeit ist ätzend und darf deshalb nicht mit dem Autolack in Berührung kommen, gegebenenfalls sofort abwischen und mit viel Wasser abwaschen.
- Bremsflüssigkeit ist hygroskopisch, das heißt, sie nimmt aus der Luft Feuchtigkeit auf. Bremsflüssigkeit deshalb nur in geschlossenen Behältern aufbewahren.
- **Bremsflüssigkeit, die schon einmal im Bremssystem verwendet wurde, darf nicht wieder verwendet werden. Auch beim Entlüften der Bremsanlage nur neue Bremsflüssigkeit verwenden.**
- Bremsflüssigkeits-Spezifikation: **FMVSS 116 DOT 4.**
- **Bremsflüssigkeit darf nicht mit Mineralöl in Berührung kommen.** Schon geringe Spuren Mineralöl machen die Bremsflüssigkeit unbrauchbar, beziehungsweise führen zum Ausfall des Bremssystems. Stopfen und Manschetten der Bremsanlage werden beschädigt, wenn sie mit mineralölhaltigen Mitteln zusammenkommen. Zum Reinigen keine mineralölhaltigen Putzlappen verwenden.
- Bremsflüssigkeit alle 2 Jahre wechseln, möglichst nach der kalten Jahreszeit.
- Alte Bremsflüssigkeit bei der örtlichen Deponie für Sondermüll abgeben.

Bremsanlage entlüften/ Bremsflüssigkeit wechseln

Entlüften

Nach jeder Reparatur an der Bremse, bei der die Anlage geöffnet wurde, kann Luft in die Druckleitungen eingedrungen sein. Dann ist das Bremssystem zu entlüften. Luft ist auch dann in den Leitungen, wenn sich beim Tritt auf das Bremspedal der Bremsdruck schwammig anfühlt. In diesem Fall muß die Undichtigkeit beseitigt und die Bremsanlage entlüftet werden.

Die Bremsanlage wird durch Pumpen mit dem Bremspedal entlüftet, dazu ist eine zweite Person notwendig. Der Arbeitsvorgang ist für Fahrzeuge mit und ohne ABS (Antiblockiersystem) identisch.

Achtung: Fahrzeuge mit **ABS** bzw. **ABS/EDS** (elektronische Differentialsperre) **müssen** unter folgenden Voraussetzungen **in der Fachwerkstatt entlüftet werden**:

- ◆ Mindestens eine Kammer des Bremsflüssigkeits-Vorratsbehälters ist leergelaufen.
- ◆ Bremsleitungen an Hauptbremszylinder und/oder ABS-Hydraulikeinheit wurden gelöst

Muß die ganze Anlage entlüftet werden, jede Radbremse einzeln entlüften. Das ist immer dann der Fall, wenn Luft in jeden einzelnen Bremszylinder gedrungen ist. Falls nur ein Bremssattel beziehungsweise Radbremszylinder erneuert bzw. überholt wurde, genügt in der Regel das Entlüften des betreffenden Zylinders.

Die Reihenfolge der Entlüftung: 1. Bremssattel beziehungsweise Radbremszylinder hinten rechts, 2. Bremssattel beziehungsweise Radbremszylinder hinten links, 3. Bremssattel vorn rechts, 4. Bremssattel vorn links.

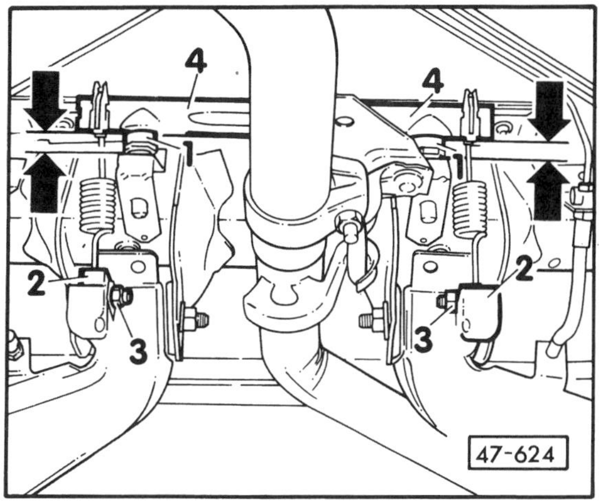

Achtung: Während die Hinterradbremsen entlüftet werden, Waagebalken –4– des Bremskraftreglers **nicht** nach unten drücken. 1– Anschlagpuffer, 2– Federaufnahme, 3– Mutter.

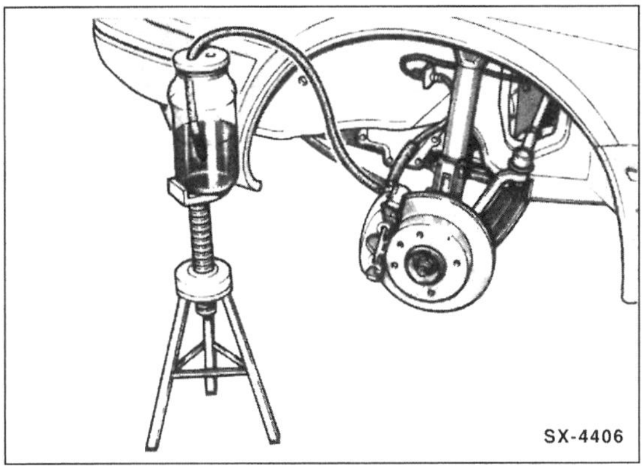

- Staubkappe vom Entlüfterventil des Bremszylinders abnehmen. Entlüfterventil reinigen, sauberen Schlauch aufstecken, anderes Schlauchende in eine mit Bremsflüssigkeit halbvoll gefüllte Flasche stecken (geeigneten Schlauch und passendes Gefäß gibt es auch im Autozubehör-Handel).
- Von einer Hilfsperson Bremspedal so oft niedertreten lassen, »pumpen«, bis sich im Bremssystem Druck aufgebaut hat. Zu spüren am wachsenden Widerstand beim Betätigen des Pedals.
- Ist genügend Druck vorhanden, Bremspedal ganz durchtreten, Fuß auf dem Bremspedal halten.
- Entlüfterventil am Bremssattel (beziehungsweise Radbremszylinder) etwa eine halbe Umdrehung mit Ringschlüssel öffnen. Ausfließende Bremsflüssigkeit in der Flasche sammeln. Darauf achten, daß sich das Schlauchende in der Flasche ständig unterhalb des Flüssigkeitsspiegels befindet.

- Sobald der Flüssigkeitsdruck nachläßt, Entlüfterventil schließen.
- Pumpvorgang wiederholen, bis sich Druck aufgebaut hat. Bremspedal niedertreten, Fuß auf dem Bremspedal lassen, Entlüfterschraube öffnen, bis der Druck nachläßt, Entlüfterschraube schließen.
- Entlüftungsvorgang an einem Bremszylinder so lange wiederholen, bis sich in der Bremsflüssigkeit, die in die Entlüfterflasche strömt, keine Luftblasen mehr zeigen.
- Nach dem Entlüften Schlauch von Entlüfterschraube abziehen, Staubkappe auf Ventil stecken.
- Die Bremszylinder an den anderen Rädern auf gleiche Weise entlüften, Reihenfolge einhalten.

Achtung: Während des Entlüftens ab und zu den Ausgleichbehälter beobachten. Der Flüssigkeitsspiegel darf nicht zu weit sinken, sonst wird über den Ausgleichbehälter Luft angesaugt. **Immer nur neue Bremsflüssigkeit nachgießen!**

- Nach dem Entlüften den Ausgleichbehälter bis zur Max.-Markierung auffüllen.

Bremsflüssigkeit wechseln

Alle 2 Jahre soll die Bremsflüssigkeit gewechselt werden. Dabei wird die verbrauchte Bremsflüssigkeit wie beim Entlüften aus dem Bremssystem herausgepumpt.

- Mit Absaugflasche die Bremsflüssigkeit im Bremsflüssigkeitsbehälter bis auf einen Stand von ca. 10 mm absaugen.
- Neue Bremsflüssigkeit auffüllen.
- Wie oben beschrieben, an den Entlüfterventilen der Radbremszylinder in der richtigen Reihenfolge folgende Mengen Bremsflüssigkeit ausfließen lassen:

Reihenfolge Entlüfterventile:	Bremsflüssigkeitsmenge:
hinten rechts	500 cm^3
hinten links	500 cm^3
vorne rechts	500 cm^3
vorne links	500 cm^3

Achtung: Da viel Bremsflüssigkeit herausgepumpt wird, entsprechend oft am Ausgleichbehälter neue Bremsflüssigkeit nachfüllen. Der Bremsflüssigkeitsbehälter darf nicht leerlaufen, sonst muß von vorne begonnen werden.

Radbremszylinder aus- und einbauen

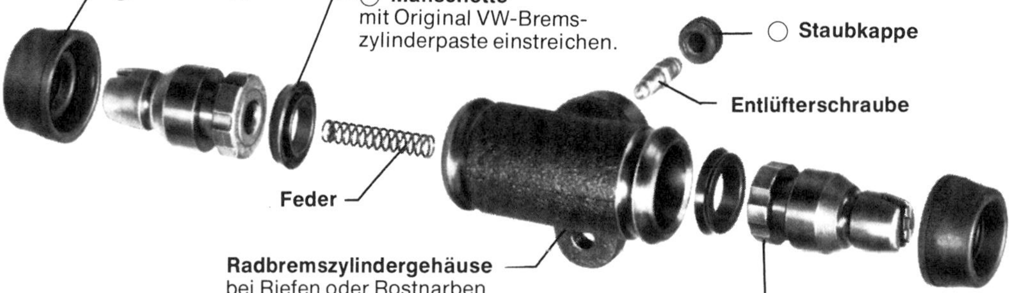

Achtung: Bei Instandsetzungen den kompletten Reparatursatz von VW einbauen. Der Radbremszylinder kann auch in eingebautem Zustand überholt werden, sofern nicht der Ersatz des Gehäuses notwendig ist. Eine Überholung ist erforderlich, wenn die Manschetten undicht sind oder die Bremskolben festsitzen. Wenn im Gehäuse Riefen oder Rostnarben vorhanden sind, muß der Radbremszylinder auf jeden Fall komplett erneuert werden. Es ist nicht erlaubt, Riefen oder Rostnarben wegzuschmirgeln. Beim Ersatz des Radbremszylinders darauf achten, daß der neue Zylinder den gleichen Durchmesser wie der ausgebaute besitzt, da es zwei Größen gibt.

Ausbau

- Bremstrommel und Bremsbacken ausbauen, siehe Seite 169.
- Überwurfmutter für Bremsleitung lösen, nicht abschrauben.
- Befestigungsschraube für Radbremszylinder hinten am Bremsträger herausdrehen.

Achtung: Wird der alte Radbremszylinder instandgesetzt, kompletten Reparatursatz einbauen. Bei mangelnder Erfahrung Arbeit der Fachwerkstatt überlassen.

Einbau

- Lappen unter Bremsträgerblech legen.
- Entlüfterventil abschrauben.
- Mutter für Bremsleitung abschrauben und sofort am neuen Radbremszylinder handfest anschrauben. Dadurch ist sichergestellt, daß nur wenig Bremsflüssigkeit ausläuft.
- Schraube für Radbremszylinder einschrauben und mit **20 Nm** festziehen.
- Überwurfmutter für Bremsleitung möglichst mit offenem Ringschlüssel und 5 Nm, also leicht, festziehen.
- Bremsbacken und Bremstrommel einbauen.
- Bremsanlage entlüften, siehe Seite 173.

Bremsleitung/Bremsschlauch ersetzen

Für das Bremsleitungssystem, das zusammen mit den druckfesten Bremsschläuchen für die Räder die Verbindung vom Hauptbremszylinder zu den vier Radbremsen herstellt, werden Rohre verwendet.

Die Bremsschläuche stellen die flexiblen Verbindungen zwischen den starren und beweglichen Fahrzeugteilen her.

- Fahrzeug aufbocken.
- Bremsleitung an den Überwurfmuttern lösen und abnehmen.
- Leitungsanschluß in Richtung Hauptbremszylinder mit geeignetem Stopfen verschließen oder vorher Bremsflüssigkeit mit Saugheber aus dem Vorratsbehälter absaugen.
- Neue Bremsleitung möglichst an gleicher Stelle verlegen.
- Soll der Bremsschlauch am Bremssattel erneuert werden, muß vorher der Bremssattel ausgebaut werden.
- Neuen Bremsschlauch so einbauen, daß er ohne Drall durchhängt und mit **15 Nm** festziehen.
- Nur vom Werk freigegebene Bremsschläuche einbauen.
- Nach dem Einbau bei entlastetem Rad prüfen (Wagen angehoben), ob der Schlauch allen Radbewegungen folgt, ohne irgendwo anzuscheuern.

Achtung: Bremsschläuche nicht mit Öl oder Petroleum in Berührung bringen, nicht lackieren oder mit Unterbodenschutz besprühen.

- Bremsanlage entlüften.
- Fahrzeug ablassen.
- Sicherheitskontrolle durchführen, siehe Seite 160.

Bremskraftverstärker prüfen

Der Bremskraftverstärker ist auf Funktion zu überprüfen, wenn zur Erzielung ausreichender Bremswirkung die Pedalkraft außergewöhnlich hoch ist.

- Bremspedal bei stehendem Motor mindestens fünfmal kräftig durchtreten, dann bei belastetem Bremspedal Motor starten. Das Bremspedal muß jetzt unter dem Fuß spürbar nachgeben.
- Andernfalls Unterdruckschlauch am Bremskraftverstärker abschrauben, Motor starten. Durch Fingerauflegen am Ende des Unterdruckschlauches prüfen, ob Unterdruck erzeugt wird.
- Ist kein Unterdruck vorhanden: Unterdruckschlauch auf Undichtigkeiten und Beschädigungen prüfen, gegebenenfalls ersetzen. Sämtliche Schellen fest anziehen. Bei den Benzinmotoren wird der Unterdruck aus dem Saugrohr des Motors entnommen, die Diesel-Versionen besitzen eine spezielle Unterdruckpumpe, die seitlich am Motor angeflanscht ist und den Unterdruck für den Bremskraftverstärker erzeugt.
- Unterdruckschlauch von der Vakuumpumpe abziehen und mit dem Finger prüfen, ob Unterdruck am Schlauchanschluß anliegt.
- Ist Unterdruck vorhanden: Unterdruck messen, gegebenenfalls Bremsservo ersetzen (Werkstattarbeit).

Bremslichtschalter aus- und einbauen/einstellen

Der Bremslichtschalter befindet sich am Pedalbock für das Bremspedal. Bremslichtschalter prüfen, siehe Seite 243.

Ersetzen/Einstellen

- Stecker vom Bremslichtschalter abziehen.

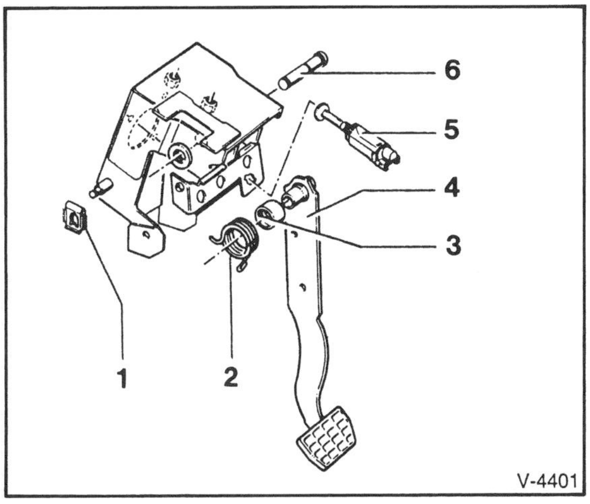

Die Abbildung zeigt das Bremspedal –4– mit Lagerung und Bremslichtschalter –5–.

- Bremslichtschalter –5– um 90° (¼ Umdrehung) nach links drehen und herausziehen.
- Vor dem Einsetzen des Schalters den Stößel ganz aus dem Schalter herausziehen.
- Schalter einsetzen und durch 90° Rechtsdrehung befestigen. Der Schalter stellt sich dabei selbst ein.
- Stecker aufschieben.

Die ABS-/EDS-Anlage

Als Sonderausstattung besitzt der VW T4 das BOSCH-Anti-Blockier-System (ABS). Ein nachträglicher Einbau des ABS ist nicht möglich.

Das Antiblockiersystem (ABS) verhindert, daß bei scharfem Abbremsen die Räder blockieren. Dadurch bleibt das Fahrzeug bei einer Vollbremsung lenkbar.

Das ABS ist funktionsbereit, sobald die Zündung eingeschaltet ist und die Geschwindigkeit 5–7 km/h erreicht. Es regelt alle Bremsvorgänge im Blockierbereich, sobald die Geschwindigkeit von 12 km/h einmal überschritten wurde.

Durch Drehzahlfühler an den Rädern wird die Radgeschwindigkeit gemessen. Aus den Signalen der einzelnen Drehzahlfühler errechnet das elektronische Steuergerät eine Durchschnittsgeschwindigkeit, die in etwa der Fahrzeuggeschwindigkeit entspricht. Durch Vergleich der einzelnen Radgeschwindigkeit und der Durchschnittsgeschwindigkeit aller Räder kann das Steuergerät feststellen, wenn sich ein Rad kurz vor dem Blockieren befindet.

Sobald ein Rad zum Blockieren neigt, der Bremsflüssigkeitsdruck im jeweiligen Bremssattel ist dann zu hoch im Verhältnis zur Haftfähigkeit des Reifens auf der Straße, hält das Hydrauliksystem aufgrund von Signalen des Steuergerätes den Flüssigkeitsdruck konstant. Das heißt, der Druck im Bremssattel erhöht sich nicht, auch wenn stärker auf das Bremspedal getreten wird. Besteht weiterhin Blockierneigung, wird der Flüssigkeitsdruck durch Öffnen eines Auslaßventils abgesenkt. Jedoch nur so weit, bis das Rad wieder geringfügig beschleunigt, dann wird der Druck wieder konstant gehalten. Beschleunigt das Rad über einen bestimmten Wert hinaus, wird der Druck durch das Hydrauliksystem wieder erhöht, jedoch nicht über den allgemeinen Bremsdruck hinaus.

Dieser Vorgang wiederholt sich bei scharfem Bremsen für jedes einzelne Rad so lange, bis das Bremspedal zurückgenommen wird, beziehungsweise bis kurz vor Stillstand (2–3 km/h) des Fahrzeuges.

Eine Sicherheitsschaltung im elektronischen Steuergerät sorgt dafür, daß sich das ABS bei einem Defekt (z. B. Kabelbruch) oder bei zu niedriger Betriebsspannung (Batteriespannung unter 10,5 Volt) selbst abschaltet. In diesem Fall leuchtet die ABS-Kontrolleuchte am Armaturenbrett während der Fahrt auf. Die herkömmliche Bremsanlage bleibt dabei in Betrieb. Das Fahrzeug verhält sich beim Bremsen dann so, als ob kein ABS eingebaut wäre.

Leuchtet während der Fahrt die ABS-Kontrollampe auf, dann weist dies darauf hin, daß sich das ABS abgeschaltet hat.

- Fahrzeug anhalten, Motor abstellen und wieder starten.
- Batteriespannung prüfen. Wenn die Spannung unter 10,5 Volt liegt, Batterie laden.

Achtung: Wenn die ABS-Kontrolleuchte am Anfang einer Fahrt aufleuchtet und nach einiger Zeit wieder erlöscht, deutet das darauf hin, daß die Batteriespannung zunächst zu gering war, bis sie sich während der Fahrt durch Ladung über den Generator wieder erhöht hat.

- Prüfen, ob die Batterieklemmen richtig festgezogen sind und einwandfreien Kontakt haben.
- Fahrzeug aufbocken, Vorderräder abnehmen, elektrische Leitungen an den Drehzahlfühlern auf äußere Beschädigungen (durchgescheuert) prüfen.
- Weitere Prüfungen des ABS sollten der Werkstatt vorbehalten bleiben.

ABS mit elektronischer Differentialsperre (EDS)

Je nach Modell und Ausstattung besitzt der VW T4 zusätzlich zum ABS eine elektronische Differentialsperre, kurz **EDS**. Aufbauend auf den Komponenten des ABS verbessert EDS die Traktion (Übertragung der Motorkraft) unter ungünstigen Fahrbahnverhältnissen besonders beim Bergauffahren, Beschleunigen oder Anfahren.

Auf Fahrbahnen mit unterschiedlicher Bodenhaftung kann es zum Durchdrehen eines Rades kommen, da die Ausgleichwirkung des Differentials dafür sorgt, daß beide Räder nur soviel Kraft übertragen können, wie es dem Reibwert zwischen Reifen und Fahrbahn auf der glatten Seite entspricht. Durch mechanisches Sperren der Ausgleichwirkung (Sperrdifferential) wird eine Traktionsverbesserung erreicht, da dann die Seite mit dem höheren Reibwert auch eine höhere Vortriebskraft übertragen werden kann. Herkömmliche, mechanische Differentialsperren können jedoch an einer angetriebenen Vorderachse aus zwei Gründen nicht eingesetzt werden: Der Lenkkomfort würde zu stark eingeschränkt, außerdem würde die Wirkung des ABS beeinträchtigt.

Funktionsweise des EDS: Das elektronische Steuergerät erfaßt über die Drehzahlsensoren des ABS die Drehzahlen der Antriebsräder (bei Allradantrieb aller vier Räder) und vergleicht sie laufend miteinander. Treten Drehzahlunterschiede über ca. 110/min auf, greift EDS automatisch ein und bremst das durchdrehende Rad soweit ab, bis es annähernd die gleiche Drehzahl wie das nicht durchdrehende Rad hat. Mit dieser Regelung wird wie beim mechanisch gesperrten Differential erreicht, daß das Rad mit den besseren Haftverhältnissen eine höhere Zugkraft übertragen kann. Bei Fahrzeuggeschwindigkeiten über 40 km/h schaltet sich das EDS ebenso wie bei Kurvenfahrt oder überhitzten Bremsen aus. Das System ist mehrfach gegen Fehlsteuerungen der Bremse abgesichert –sowohl elektronisch als auch hydraulisch.

Beim EDS-System werden viele Bauteile des ABS genutzt. Die Hydraulik-Einheit erhält als Zusatz-Komponente einen EDS-Ventilblock, das Steuergerät ist um die EDS-Software erweitert.

Achtung: Vor Schweißarbeiten mit einem elektrischen Schweißgerät muß der Stecker vom elektronischen ABS-Steuergerät (Einbauort bis 12/95: hinter der Verkleidung der Fahrertürsäule, A-Säule; ab 1/96 am ABS-Steuergerät) abgezogen werden. Stecker nur bei ausgeschalteter Zündung abziehen, nicht mit abgezogenem Stecker fahren. Bei Lackierarbeiten darf das Steuergerät kurzzeitig mit max. +90° C und langfristig (ca. 2 Stunden) mit max. +85° C belastet werden.

Störungsdiagnose Bremse

Störung	Ursache	Abhilfe
Leerweg des Bremspedals zu groß	Ein Bremskreis ausgefallen	■ Bremskreise auf Flüssigkeitsverlust prüfen
Bremspedal läßt sich weit und federnd durchtreten	Luft im Bremssystem	■ Bremse entlüften
	Zu wenig Bremsflüssigkeit im Ausgleichbehälter	■ Neue Bremsflüssigkeit nachfüllen Bremse entlüften
	Dampfblasenbildung. Tritt meist nach starker Beanspruchung auf, z. B. Paßabfahrt	■ Bremsflüssigkeit wechseln. Bremse entlüften
Bremswirkung läßt nach, und Bremspedal läßt sich durchtreten	Undichte Leitung	■ Leitungsanschlüsse nachziehen oder Leitung erneuern
	Beschädigte Manschette im Haupt- oder Radbremszylinder	■ Manschette erneuern. Beim Hauptbremszylinder Innenteile ersetzen, ggf. Hauptbremszylinder ersetzen
	Speziell bei Scheibenbremse: Stationärer Gummidichtring beschädigt	■ Bremssattel überholen
Schlechte Bremswirkung trotz hohen Fußdrucks	Bremsbeläge verölt	■ Bremsbeläge erneuern
	Ungeeigneter oder verhärteter Bremsbelag	■ Beläge erneuern Original VW-Beläge verwenden
	Bremskraftverstärker defekt	■ Bremsservo prüfen
	Speziell bei Scheibenbremse: Bremsbeläge abgenutzt	■ Bremsbeläge erneuern
Bremse zieht einseitig	Unvorschriftsmäßiger Reifendruck	■ Reifendruck prüfen und berichtigen
	Bereifung ungleichmäßig abgefahren	■ Abgefahrene Reifen ersetzen
	Bremsbeläge verölt	■ Bremsbeläge erneuern
	Verschiedene Bremsbelagsorten auf einer Achse	■ Beläge erneuern. Original VW-Beläge verwenden
	Schlechtes Tragbild der Bremsbeläge	■ Bremsbeläge austauschen
	Speziell bei Scheibenbremse: Verschmutzte Bremssattelschächte	■ Sitz- und Führungsflächen der Bremsbeläge im Bremssattel reinigen
	Korrosion in den Bremssattelzylindern	■ Bremssattel erneuern
	Bremsbelag ungleichmäßig verschlissen	■ Bremsbeläge erneuern (beide Räder)
	Speziell bei Trommelbremse: Kolben in den Radbremszylindern schwergängig	■ Radbremszylinder instand setzen

Störung	Ursache	Abhilfe
Bremse zieht von selbst an	Ausgleichsbohrung im Hauptbremszylinder verstopft	■ Hauptbremszylinder reinigen und Innenteile erneuern lassen
	Spiel zwischen Betätigungsstange und Hauptbremszylinderkolben zu gering	■ Spiel prüfen
Bremsen erhitzen sich während der Fahrt	Ausgleichsbohrung im Hauptbremszylinder verstopft	■ Hauptbremszylinder reinigen und Innenteile erneuern lassen
	Spiel zwischen Betätigungsstange und Hauptbremszylinder zu gering	■ Spiel prüfen
	Speziell bei Scheibenbremse: Drosselbohrung im Spezial-Bodenventil verstopft	■ Hauptbremszylinder reinigen, Innenteile ersetzen und Bremsflüssigkeit erneuern
	Speziell bei Trommelbremse: Bremsbacken-Rückzugfedern erlahmt	■ Rückzugfedern erneuern
Bremsen rattern	Ungeeigneter Bremsbelag	■ Beläge erneuern Original VW-Beläge verwenden
	Speziell bei Scheibenbremse: Bremsscheibe stellenweise korrodiert	■ Scheibe mit Schleifklötzen sorgfältig glätten
	Bremsscheibe hat Seitenschlag	■ Scheibe nacharbeiten oder ersetzen
	Speziell bei Trommelbremse: Bremsbeläge verschlissen	■ Beläge erneuern. Original VW-Beläge verwenden
	Bremstrommel unrund	■ Bremstrommel ausdrehen, gegebenenfalls ersetzen
Bremsbeläge lösen sich nicht von der Bremsscheibe, Räder lassen sich schwer von Hand drehen	**Speziell bei Scheibenbremse:** Korrosion in den Bremssattelzylindern	■ Bremssattel überholen, eventuell austauschen
Ungleichmäßiger Belag-Verschleiß	**Speziell bei Scheibenbremse:** Ungeeigneter Bremsbelag	■ Bremsbeläge erneuern Original VW-Beläge verwenden
	Bremssattel verschmutzt	■ Bremssattelschächte reinigen
	Kolben nicht leichtgängig	■ Kolben gangbar machen
	Bremssystem undicht	■ Bremssystem auf Dichtigkeit prüfen
Keilförmiger Bremsbelag-Verschleiß	**Speziell bei Scheibenbremse:** Bremsscheibe läuft nicht parallel zum Bremssattel	■ Anlagefläche des Bremssattels prüfen
	Korrosion in den Bremssätteln	■ Verschmutzung beseitigen
	Kolben arbeitet nicht richtig	■ Kolbenstellung (Kolbenring) prüfen

Störung	Ursache	Abhilfe
Bremse quietscht	Oft auf atmosphärische Einflüsse (Luftfeuchtigkeit) zurückzuführen	■ Keine Abhilfe erforderlich, und zwar dann, wenn Quietschen nach längerem Stillstand des Wagens bei hoher Luftfeuchtigkeit auftrat, aber nach den ersten Bremsungen sich nicht wiederholt
	Speziell bei Scheibenbremse: Ungeeigneter Bremsbelag	■ Beläge erneuern. Original VW-Beläge verwenden Rückenplatte mit Anti-Quietsch-Paste bestreichen
	Bremsscheibe läuft nicht parallel zum Bremssattel	■ Anlagefläche des Bremssattels prüfen
	Verschmutzte Schächte im Bremssattel	■ Bremssattelschächte reinigen
	Belaghaltefedern verbogen	■ Haltefedern erneuern
	Spreizfedern ausgeleiert	■ Spreizfedern erneuern
	Speziell bei Trommelbremse: Ungeeigneter Bremsbelag	■ Beläge erneuern
	Belag liegt nicht satt auf	■ Beläge erneuern
	Bremse verschmutzt	■ Radbremsen reinigen
	Rückzugfedern zu schwach	■ Rückzugfedern erneuern
Bremse pulsiert	**ABS** in Funktion	■ Normal, keine Abhilfe
	Speziell bei Scheibenbremse: Seitenschlag oder Dickentoleranz der Bremsscheibe zu groß	■ Schlag und Toleranz prüfen. Scheibe nacharbeiten oder ersetzen
	Bremsscheibe läuft nicht parallel zum Bremssattel	■ Anlagefläche des Bremssattels prüfen
	Speziell bei Trommelbremse: Anlagefläche des Scheibenrades an der Bremstrommel nicht plan, dadurch Verzug der Bremstrommel	■ Es kann versucht werden, die Scheibenräder untereinander auszutauschen. Besser: Bremstrommel mit angeschraubtem Rad auf einer geeigneten Drehbank ausdrehen

Räder und Reifen

Der VW T4 kann mit unterschiedlichen Räder-/Reifenkombinationen bestückt sein. Seit ca. 1996 müssen montierte Reifen, die nicht in den Fahrzeugpapieren vermerkt sind, auf jeden Fall in der EG-Übereinstimmungsbescheinigung **CoC** (**C**ertificate **of** **C**onformity) für das Fahrzeug aufgeführt sein. Diese Bescheinigung oder eine Kopie davon ist dann grundsätzlich im Fahrzeug mitzuführen. **Achtung:** Felgen und Radschrauben sind konstruktiv aufeinander abgestimmt. Bei jeder Umrüstung auf andere Felgen müssen deshalb die dazugehörigen Radschrauben mit der richtigen Länge und Kalottenform (Anlagefläche an der Felge) verwendet werden.

Der Reifenfülldruck wird vom Automobilhersteller in Abhängigkeit verschiedener Parameter festgelegt. Dazu zählen unter anderem die Zuladung und die Höchstgeschwindigkeit des Fahrzeugs. Die vorliegende Reifentabelle listet nur einen Querschnitt möglicher Reifen-/Felgenkombinationen auf. Eine komplette Liste mit dem jeweils richtigen Reifenfülldruck ist über die Fachwerkstatt erhältlich.

Achtung: Ab 1/96 ist der T4 mit geänderten Rädern (andere Einpreßtiefe) ausgestattet. Räder von Fahrzeugen bis 12/95 dürfen an den Modellen ab 1/96 **nicht** verwendet werden.

Achtung: Ab **9/00 (Modelljahr 2001)** ist der T4 mit geänderten Rädern und Radschrauben ausgestattet. Unterschied der Radschrauben: **Bis 8/00** ist der Bund der Schraube mit dem Sechskant verbunden. **Ab 9/00** ist der Bund der Schraube drehbar und **nicht** mit dem Sechskant verbunden. **Neue Radschrauben dürfen nicht an bisherigen Fahrzeugen verwendet werden. Räder für Fahrzeuge bis 8/00 dürfen nicht an Fahrzeugen ab 9/00 verwendet werden.**

Räder- und Reifenmaße/Reifenfülldruck

Bis 12/95

Reifengröße	**Felge** (Scheibenrad)	**ET**[3]	**Reifenfülldruck in bar**							
			Zulässige Achslast **bis** 1285 kg				Zulässige Achslast **ab** 1285 kg			
			halbe Zuladung[2]		volle Zuladung		halbe Zuladung[2]		volle Zuladung	
			vorn	hinten	vorn	hinten	vorn	hinten	vorn	hinten
185 R 14 C 99/97 N[1]	5½J x 14[1]	51[1]	3,2[1]	3,0[1]	3,0[1]	3,8[1]	3,4	3,8	3,4	3,8
195/70 R 15 97 S reinforced	6 J x 15	44	2,6	3,4	2,6	3,4	3,0	3,4	3,0	3,4
205/65 R 15 98 S reinforced	6 J x 15	44	2,6	3,4	2,6	3,4	3,0	3,4	3,0	3,4
205/65 R 15 99 S reinforced	7 J x 15	35	2,6	2,4	2,6	2,4	2,6	2,4	3,0	3,4
215/65 R 15 100 T reinforced	7 J x 15	35	2,6	3,4	2,6	3,4	3,0	3,4	3,0	3,4

Ab 1/96

Reifengröße	**Felge** (Scheibenrad)	**Einpreßtiefe** in mm	**Reifenfülldruck in bar**			
			halbe Zuladung[2]		volle Zuladung	
			vorn	hinten	vorn	hinten
195/70 R 15 97 S reinforced	6 J x 15	55	3,0	3,4	3,0	3,4
195/70 R 15 C 104/102 R	6 J x 15	55	3,8	4,0	3,8	4,0[4]
205/65 R 15 C 100 T	7 J x 15	46	3,5	3,2	3,5	3,2
205/65 R 15 C 100 T	6 J x 15	55	3,5	3,2	3,5	3,2

[1]) Nicht für syncro-Modelle

[2]) Gilt **nur** für CARAVELLE und MULTIVAN

[3]) ET = Einpreßtiefe in mm

[4]) Bei Achslast über 1600 kg: 4,5 bar

Achtung: Die technische Entwicklung geht ständig weiter. Es kann sein, daß inzwischen auch für ältere Fahrzeug-Modelle andere Reifenfülldrücke beziehungsweise andere Reifen-Felgen-Kombinationen zugelassen sind. Maßgebend sind die in den Fahrzeugpapieren angegebenen Größen.

Hinweis: Die gültigen Fülldruckwerte stehen auch auf einem Aufkleber an der Fahrertürschloßsäule.

- Sämtliche Überdruckangaben beziehen sich auf kalte Reifen. Der sich bei längerer Fahrt einstellende, um ca. 0,2 bis 0,4 bar höhere Überdruck darf nicht reduziert werden.
- Winterreifen werden in der Regel mit einem um 0,2 bar höheren Überdruck gefahren. Die Luftdruckempfehlungen des jeweiligen Reifenherstellers bei Winterreifen sind zu beachten.
- **»reinforced«:** Reifen in verstärkter Ausführung.
- Der Reifenfülldruck für das **Reserverad** entspricht dem maximalen Fülldruck der Hinterradreifen; z.B. bei Reifen 195/70 R 15: 3,4 bar.
- Da die Winterreifen einer Geschwindigkeitsbeschränkung unterliegen, muß ein Hinweis über die zulässige Höchstgeschwindigkeit im Blickfeld des Fahrers angebracht werden (§ 36, Absatz 1 StVZO).

Reifen- und Scheibenrad-Bezeichnungen

Beispiel Reifenbezeichnungen:

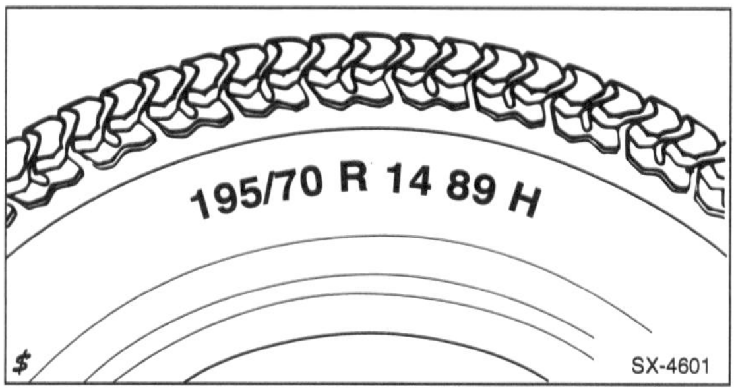

195 = Reifenbreite in mm

/70 = Verhältnis Höhe zu Breite (die Höhe des Reifenquerschnitts beträgt 70 % von der Breite). Fehlt diese Angabe des Querschnittverhältnisses (z. B. 155 R 13), so handelt es sich um das »normale« Höhen-Breiten-Verhältnis. Es beträgt bei Gürtelreifen 82 %.

R = Radial-Bauart (= Gürtelreifen).

14 = Felgendurchmesser in Zoll.

89 = Tragfähigkeits-Kennzahl.

H = Kennbuchstabe für zulässige Höchstgeschwindigkeit, H: bis 210 km/h. Der Geschwindigkeitsbuchstabe steht hinter der Reifengröße und gilt sowohl für Sommer- als auch für Winterreifen.

M+S = Winterreifen (M+S = Matsch und Schnee).

 = Nur mit diesem »Alpine-Symbol«, ein Bergpiktogramm mit Schneeflocke, sind die Reifen in der EU als Winterreifen zugelassen. Dies gilt auch für Ganzjahresreifen.

Geschwindigkeits-Kennbuchstabe

Kennbuchstabe	Zulässige Höchstgeschwindigkeit
M	130 km/h
N	140 km/h
P	150 km/h
Q	160 km/h
R	170 km/h
S	180 km/h
T	190 km/h
H	210 km/h

Reifen-Herstellungsdatum

Das Herstellungsdatum steht auf dem Reifen im Hersteller-Code.

Beispiel: DOT CUL2 UM8 0902 TUBELESS

DOT = Department of Transportation (US-Verkehrsministerium)
CU = Kürzel für Reifenhersteller
L2 = Reifengröße
UM8 = Reifenausführung
0902 = Herstellungsdatum = 9. Produktionswoche 2002
Hinweis: Falls anstelle der 4-stelligen Ziffer eine 3-stellige Ziffer gefolgt von einem ◁-Symbol aufgeführt ist, dann wurde der Reifen im vergangenen Jahrzehnt produziert. Die Bezeichnung 509◁ bedeutet beispielsweise: 50. Produktionswoche 1999.
TUBELESS = schlauchlos (TUBETYPE = Schlauchreifen)

Achtung: Neureifen müssen seit 10/98 zusätzlich mit einer ECE-Prüfnummer an der Reifenflanke versehen sein. Diese Prüfnummer weist nach, dass der Reifen dem ECE-Standard entspricht. Werden Reifen seit 10/98 **ohne** ECE-Prüfnummer montiert, erlischt die Allgemeine Betriebserlaubnis (ABE) des Fahrzeuges.

Scheibenradbezeichnungen

Beispiel: 6 J x 15 ET44 LK 5/112

6 = Maulweite der Felge in Zoll
J = Kennbuchstabe für Höhe und Kontur des Felgenhorns
x = Kennzeichen für einteilige Tiefbettfelge
15 = Felgen-Durchmesser in Zoll
ET44 = Einpresstiefe: 44 mm. Das Maß gibt in mm an, wie weit die Felgenanschraubfläche von der Felgenmitte entfernt ist.
LK 5 = Die Felge ist mit 5 Schrauben befestigt.
/112 = Der Lochkreisdurchmesser, auf dem die Schrauben angeordnet sind, beträgt 112 mm.

Austauschen und auswuchten der Räder

Es ist nicht zweckmäßig, bei einem Austausch der Räder die Drehrichtung der Reifen zu ändern, da sich die Reifen nur unter vorübergehend stärkerem Verschleiß der veränderten Drehrichtung anpassen.

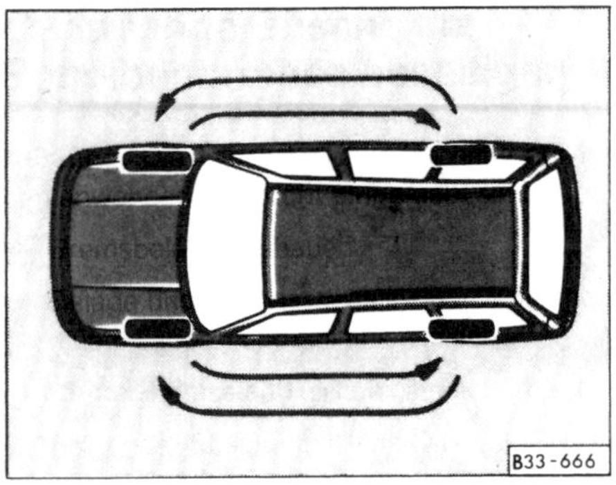

Bei deutlich stärkerer Abnutzung der vorderen Reifen empfiehlt es sich, die Vorderräder gegen die Hinterräder zu tauschen. Dadurch haben alle 4 Reifen etwa die gleiche Lebensdauer.

Reifen nicht einzeln, sondern mindestens achsweise ersetzen. Dabei Reifen mit der größeren Profiltiefe immer vorn montieren. An allen 4 Rädern sollen nur Reifen gleichen Typs und möglichst auch gleicher Profilart verwendet werden.

Achtung: Beim Erneuern und Demontieren schlauchloser Reifen ist unbedingt das Gummiventil aus Sicherheitsgründen mit auszutauschen.

Zum Festziehen der Radschrauben sollte immer ein Drehmomentschlüssel verwendet werden. Dadurch wird sichergestellt, daß die Radschrauben gleichmäßig fest angezogen sind.

- Zum Schutz gegen Festrosten ist der Zentriersitz der Felge an den Radnaben vorn und hinten bei jeder Demontage des jeweiligen Rades mit Wälzlagerfett leicht einzufetten.
- Leichtmetallfelgen sind durch einen Klarlacküberzug gegen Korrosion geschützt. Beim Radwechsel darauf achten, daß die Schutzschicht nicht beschädigt wird, andernfalls mit Klarlack ausbessern.
- Verschmutzte Schrauben reinigen. Schrauben erneuern, wenn das Gewinde beschädigt oder korrodiert ist. **Achtung:** Schrauben und Gewinde **nicht** ölen.
- Radschrauben über Kreuz in mehreren Durchgängen festziehen.

Achtung: Durch einseitiges oder unterschiedlich starkes Anziehen der Radschrauben können das Rad und/oder die Radnabe verspannt werden. **Das Anzugsdrehmoment beträgt für alle Radschrauben 180 Nm.**

Hinweise für Fahrzeuge mit Allradantrieb »syncro«

- Nur Reifen gleichen Fabrikats verwenden. Andernfalls können Drehzahlunterschiede auftreten und die Viscokupplung erhöht unnötig den Anteil des Hinterradantriebs. Dadurch können Schäden auftreten.
- Bei unterschiedlicher Profiltiefe empfiehlt es sich, die Reifen mit der größeren Profiltiefe vorn zu montieren. Grund: Abgenutzte Reifen haben einen kleineren Abrollumfang und drehen deshalb schneller. Dadurch treten Verspannungen im Antriebsstrang auf und die Reifen verschleißen schneller.

Auswuchten der Räder

Die serienmäßigen Räder werden im Werk ausgewuchtet. Das Auswuchten ist notwendig, um unterschiedliche Gewichtsverteilung und Materialungenauigkeiten auszugleichen.

Im Fahrbetrieb macht sich die Unwucht durch Trampel- und Flattererscheinungen bemerkbar. Das Lenkrad beginnt dann bei höherem Tempo zu zittern.

In der Regel tritt dieses Zittern nur in einem bestimmten Geschwindigkeitsbereich auf und verschwindet wieder bei niedrigerer und höherer Geschwindigkeit.

Solche Unwuchterscheinungen können mit der Zeit zu Schäden an Achsgelenken, Lenkgetriebe und Stoßdämpfern führen.

Räder grundsätzlich alle 20.000 km und nach jeder Reifenreparatur auswuchten lassen, da sich durch Abnutzung und Reparatur die Gewichts- und Materialverteilung am Reifen ändert.

Reifenpflegetips

Generell gilt, daß Reifen sozusagen ein »Gedächtnis« haben und unsachgemäße Behandlung – dazu zählt beispielsweise auch schnelles oder häufiges Überfahren von Bordstein- oder Schienenkanten – oft erst viel später zu Reifenpannen führt.

Reifen reinigen

- Reifen nicht mit einem Dampfstrahlgerät reinigen. Wird die Düse des Dampfstrahlers zu nahe an den Reifen gehalten, dann wird dessen Gummischicht innerhalb weniger Sekunden irreparabel zerstört, selbst bei Verwendung von kaltem Wasser. Ein auf diese Weise gereinigter Reifen sollte sicherheitshalber ersetzt werden.
- Ersetzt werden sollte auch ein Reifen, der über längere Zeit mit Öl oder Fett in Berührung kam. Der Reifen quillt an den betreffenden Stellen zunächst auf, nimmt jedoch später wieder seine normale Form an und sieht äußerlich unbeschädigt aus. Die Belastungsfähigkeit des Reifens nimmt aber ab.

Reifen lagern

- Reifen sollten kühl, dunkel, trocken und möglichst auch zugfrei untergebracht werden, auch dürfen sie nicht mit Fett und Öl in Berührung kommen.
- Räder liegend oder an den Felgen aufgehängt in der Garage oder im Keller lagern.
- Bevor die Räder abmontiert werden, Reifenfülldruck etwas erhöhen (ca. 0,3–0,5 bar).
- Für Winterreifen eigene Felgen verwenden, denn das Ummontieren der Reifen auf dieselben Felgen lohnt sich aus Kostengründen nicht.

Reifen einfahren

Neue Reifen haben vom Produktionsprozeß her eine besonders glatte Oberfläche. Deshalb müssen neue Reifen – das gilt auch für das neue Ersatzrad – eingefahren werden. Bei diesem Einfahren rauht sich durch die beginnende Abnutzung die glatte Oberfläche auf.

Während der ersten 300 km sollte man mit neuen Reifen speziell auf Nässe besonders vorsichtig fahren.

Schneeketten (Gleitschutzketten)

Die Verwendung von Schneeketten ist nur an der Antriebsachse (Vorderachse) erlaubt. Vor der Montage Radblenden abnehmen. Auf der Bereifung der Größe 215/65 R 15 (Breitreifen) dürfen **keine** Schneeketten montiert werden.

Auf allen Modellen dürfen nur feingliedrige Gleitschutzketten verwendet werden, die auf der Reifenfläche und an der Reifeninnenseite nicht mehr als 15 mm auftragen, einschließlich Kettenschloß. Es sollten nur von VW freigegebene Gleitschutzketten verwendet werden.

Mit Gleitschutzketten darf in Deutschland nicht schneller als 50 km/h gefahren werden. Auf schnee- und eisfreien Straßen sind die Gleitschutzketten abzunehmen.

Reserverad herausnehmen

Das Reserverad befindet sich hinten unter dem Fahrzeugboden und ist mit einer herunterklappbaren Halterung befestigt. Beim Lösen der Halterung unbedingt angegebene Reihenfolge einhalten, sonst kann die Halterung nach unten fallen, Unfallgefahr!

Halterung herunterklappen

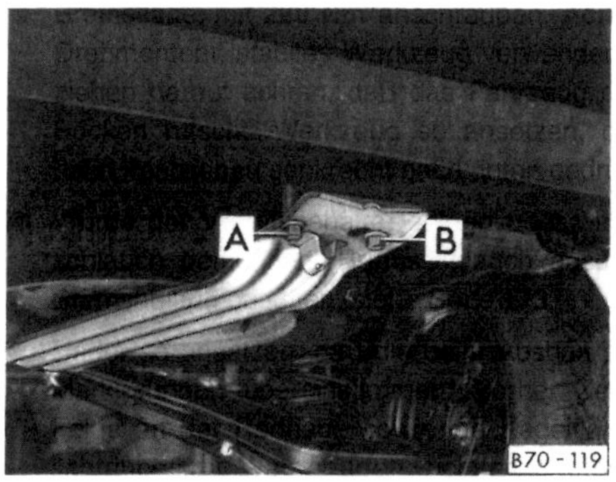

- Sicherungsschraube –B– lösen, bis sie sich nicht mehr weiter herausdrehen läßt. Die Schraube hat eine Sicherung und kann nicht abgenommen werden.
- Befestigungsschraube –A– ganz herausschrauben. Die Reserveradhalterung liegt dann auf der Sicherungsschraube –B– auf.

- Radschlüssel aus dem Bordwerkzeug in die Halterung einsetzen, siehe Abbildung. Der Schlüssel dient als Griff.
- Radschlüssel etwas anheben und nach rechts schwenken. Der Schraubenkopf der Sicherungsschraube paßt jetzt durch die Halterung. Halterung nach unten schwenken und Rad herausnehmen.

Halterung hochklappen

- Radschlüssel in die Halterung einstecken.
- Reserverad mit der Radschüssel nach oben auf die Halterung legen, Halterung nach oben schwenken und in die Sicherungsschraube einhängen.
- Radschlüssel entfernen.
- Erst Befestigungsschraube –A–, dann Sicherungsschraube –B– bis zum Anschlag leicht eindrehen. Erst dann beide Schrauben festziehen. **Achtung:** Es darf aus Sicherheitsgründen nur mit fest verschraubter Reserveradhalterung gefahren werden.

Hinweis: Der hintere Anlenkpunkt der Reserveradhalterung ist in der Höhe verstellbar, dadurch können verschiedene Reifenbreiten eingestellt werden.

Fehlerhafte Reifenabnutzung

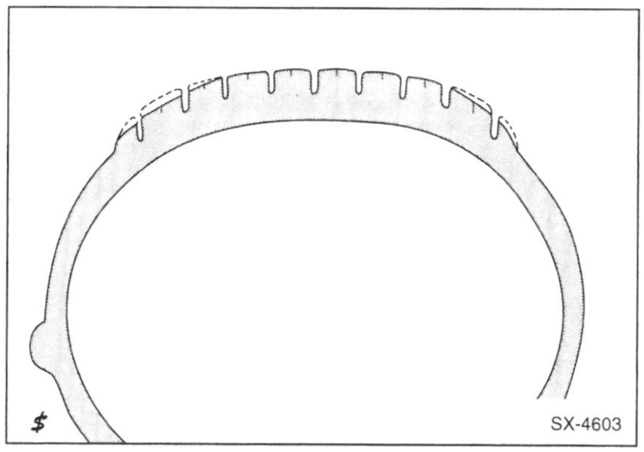

- An den Vorderrädern ist eine etwas größere Abnutzung der Reifenschultern gegenüber der Laufflächenmitte normal, wobei aufgrund der Straßenneigung die Abnutzung der zur Straßenmitte zeigenden Reifenschulter (linkes Rad: außen, rechtes Rad: innen) deutlicher ausgeprägt sein kann.

- Ungleichmäßiger Reifenverschleiß ist zumeist die Folge zu geringen oder zu hohen Reifenfülldrucks und kann auf Fehler in der Radeinstellung oder Radauswuchtung sowie auf mangelhafte Stoßdämpfer oder Felgen zurückzuführen sein.

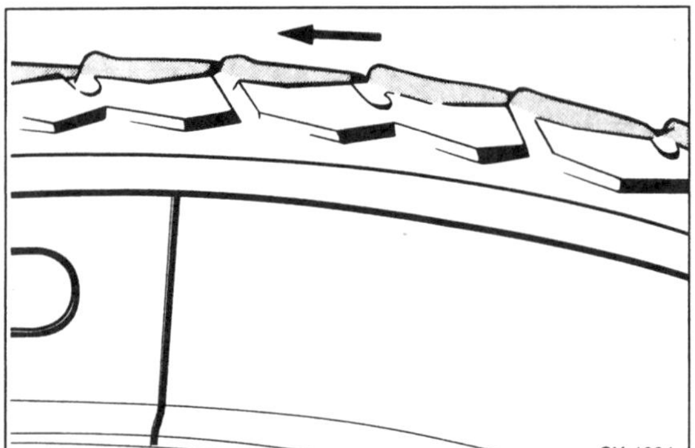

SX-4604

- Sägezahnförmige Abnutzung des Profils ist in der Regel auf eine Überbelastung des Fahrzeuges zurückzuführen.
- In erster Linie ist auf vorschriftsmäßigen Reifenfülldruck zu achten, wobei spätestens alle vier Wochen eine Prüfung vorgenommen werden sollte.
- Reifenfülldruck nur bei kühlen Reifen prüfen. Der Reifenfülldruck steigt nämlich mit zunehmender Erhitzung bei schneller Fahrt an. Dennoch ist es völlig falsch, aus erhitzten Reifen Luft abzulassen.
- Bei zu hohem Reifenfülldruck wird die Laufflächenmitte mehr abgenutzt, da der Reifen an der Lauffläche durch den hohen Innendruck mehr gewölbt ist.
- Bei zu niedrigem Reifenfülldruck liegt die Lauffläche an den Reifenschultern stärker auf, und die Laufflächenmitte wölbt sich nach innen durch. Dadurch ergibt sich ein stärkerer Reifenverschleiß der Reifenschultern.
- Falsche Radeinstellung und Unwucht ergeben jeweils typische Reifenverschleißbilder, auf die in der Störungsdiagnose hingewiesen wird.

Störungsdiagnose Reifen

Abnutzung	Ursache
Stärkerer Reifenverschleiß auf beiden Seiten der Lauffläche	■ Zu niedriger Reifenfülldruck
Stärkerer Reifenverschleiß in der Mitte der Lauffläche, über den gesamten Umfang	■ Zu hoher Reifenfülldruck
Auswaschungen der Profilseite	■ Statische und dynamische Unwucht des Rades. Eventuell zu großer Seitenschlag der Felge, zu großes Spiel in den Traggelenken
Auswaschungen in der Mitte des Reifenprofils	■ Statische Unwucht des Rades. Eventuell Folge von zu großem Höhenschlag
Starke Abnutzung an einzelnen Stellen in der Mitte der Lauffläche	■ Blockierspuren von Vollbremsungen
Schuppenförmige oder sägezahnähnliche Abnutzung des Profils. In krassen Fällen mit Gewebebrüchen verbunden, die nach einiger Zeit außen sichtbar werden	■ Überbelastung des Wagens. Innenseite der Reifen auf Gewebebrüche untersuchen!
Gummizungen an den seitlichen Profilkanten	■ Fehlerhafte Radeinstellung. Reifen radiert. Bei Hinterrädern auch Zustand der Stoßdämpfer prüfen!
Gratbildung an einer Profilseite des Vorderrades	■ Falsche Spureinstellung. Reifen radiert. Häufiges Fahren auf stark gewölbter Fahrbahn. Schnelle Kurvenfahrt
Stoßbrüche im Reifenunterbau. Anfangs nur im Innern des Reifens sichtbar	■ Überfahren von kantigen Steinen, Schienenstößen und ähnlichem bei hohen Geschwindigkeiten
Einseitig abgefahrene Laufflächen	■ Sturzeinstellung überprüfen

Die Karosserie

Der VW T4 besitzt eine selbsttragende Ganzstahl-Karosserie. Bodengruppe, Dach, Kotflügel (bis 12/95) und die Seitenteile sind miteinander verschweißt beziehungsweise durch ein Metallklebeverfahren verbunden. Größere Karosserieschäden lassen sich deshalb nur von einer Fachwerkstatt beheben. Beim Pritschenwagen ist der Pritschenaufbau mit dem Rahmen verschraubt.

Motorhaube, Heckklappe, Türen sowie die Kotflügel (seit 1/96) sind angeschraubt und lassen sich leicht auswechseln. Beim Einbau sind dann unbedingt die richtigen Luftspaltmaße einzuhalten, sonst klappert beispielsweise die Tür, oder es können erhöhte Windgeräusche während der Fahrt auftreten. Der Luftspalt muß auf jeden Fall parallel verlaufen, das heißt, der Abstand zwischen den Karosserieteilen muß auf der gesamten Länge des Spaltes gleich groß sein.

Alle feststehenden Scheiben sind eingeklebt, das Auswechseln sollte einer Fachwerkstatt vorbehalten bleiben.

Je nach Modell und Ausstattung unterscheiden sich die Arbeitshinweise, es wird dann unter der jeweiligen Überschrift hingewiesen, für welches Fahrzeugmodell die Hinweise gelten. Innerhalb dieses Kapitels wird auch auf die serienmäßig erhältliche Campingausstattung eingegangen.

Sicherheitshinweise bei Schweißarbeiten

- Soweit Schweißarbeiten oder andere funkenerzeugende Arbeiten in Batterienähe durchgeführt werden, muß grundsätzlich die Batterie ausgebaut werden.
- An Teilen der gefüllten Klimaanlage darf weder geschweißt noch hart- oder weichgelötet werden. Das gilt auch für Schweiß- und Lötarbeiten am Fahrzeug, wenn die Gefahr besteht, daß sich Teile der Klimaanlage erwärmen. Im Rahmen einer Reparatur-Lackierung dürfen im Trockenofen oder in seiner Vorwärmzone Objekttemperaturen bis lediglich **+80°** C auftreten.

Kotflügel vorn aus- und einbauen

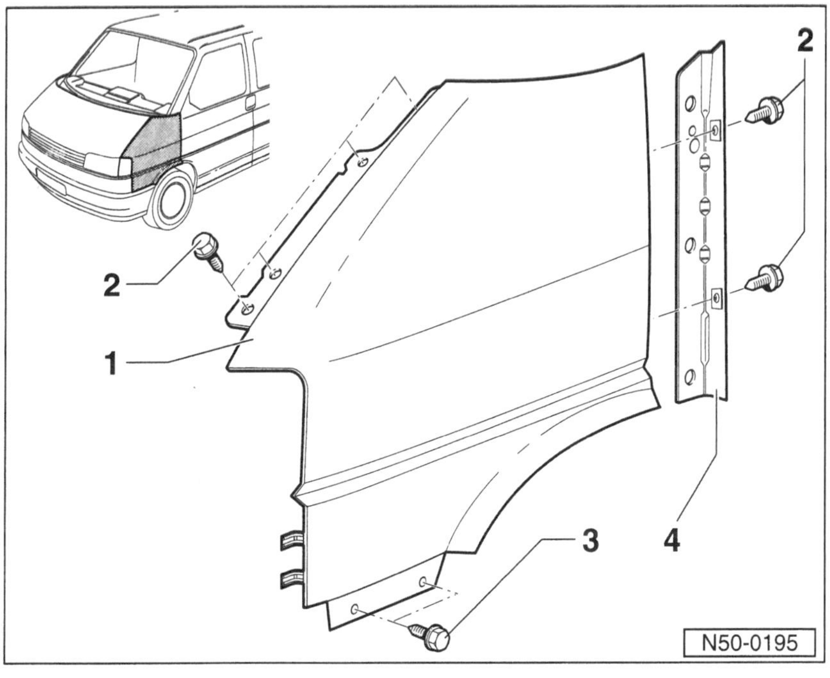

Ab 1/96

1 – Kotflügel

Ausbau:

- Stoßfänger vorn ausbauen.
- Blinkleuchten ausbauen.
- Schrauben –2– und –3– herausdrehen.
- Kotflügel im Bereich des Radlaufes mit einem Heißluftgebläse erwärmen und abziehen. Gegebenenfalls PVC-Unterbodenschutz mit einem scharfen Messer (Teppichmesser) durchtrennen.

Achtung: PVC-Material nur leicht und kurzzeitig erwärmen. Es darf sich farblich nicht verändern und keine Blasen bilden.

2 – Schraube
Mit kleiner Unterlegscheibe.

3 – Schraube
Mit großer Unterlegscheibe.

4 – Stegblech
Übergroße Bohrungen dienen zur Spaltmaßeinstellung zwischen Kotflügel, Motorhaube und Tür vorn.

Einbau:

- Vor dem Anschrauben des Kotflügels Schraubpunkte Radhaus/A-Säule mit je einer Zink-Zwischenlage, z. B. AKL-38103550, versehen.

Stoßfänger vorn aus- und einbauen

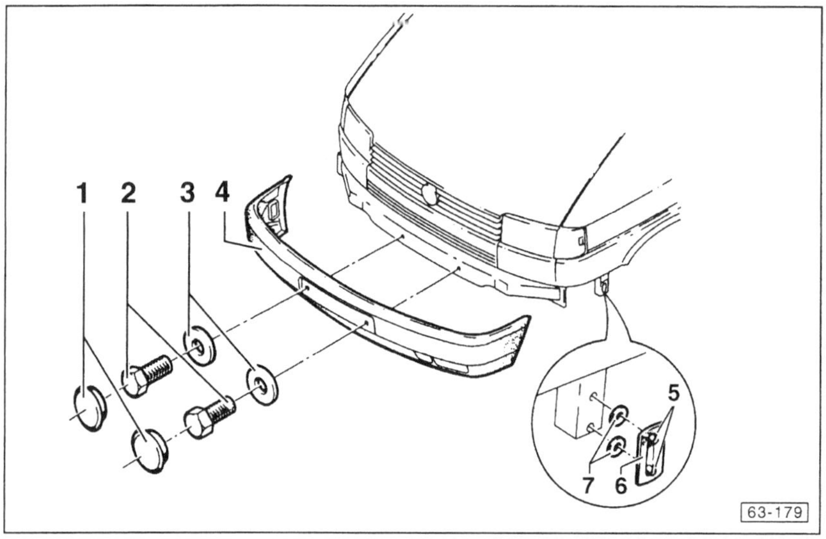

Bis 12/95

1 – **Abdeckkappe**
- ◆ Mit Schraubendreher abhebeln.

2 – **Sechskantschraube**

3 – **Scheibe**

4 – **Stoßfänger vorn**

5 – **Stifte**

6 – **Führungsteil**
- ◆ Stoßfänger beim Abnehmen parallel aus den Führungsteilen (links und rechts) herausziehen.

7 – **Dichtscheiben**

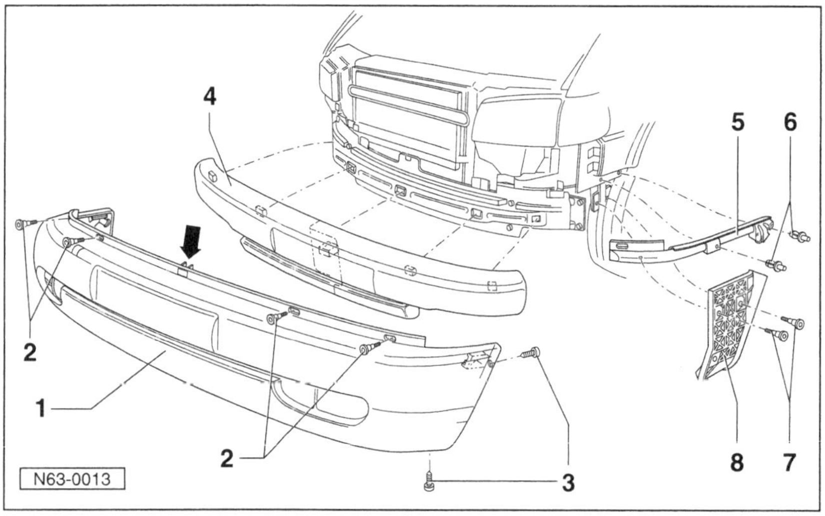

Ab 1/96 – langer Vorderwagen

1 – **Stoßfänger**
- ◆ Vorher Kühlergrill mit Blendrahmen ausbauen.
- ◆ Schrauben –2– und –3– herausdrehen.
- ◆ Abdeckung parallel nach vorn aus den Führungsteilen herausziehen.
- ◆ Einbau: Mittenfixierung –Pfeil– beachten.

2 – **Torxschrauben T30, 6 Nm**

3 – **Torxschrauben T25, 1,2 Nm**

4 – **Stoßabsorber**
- ◆ Ausbau: Zuerst rechte, dann linke Hälfte aushaken.

5 – **Führungsteil**

6 – **Spreizniet**

7 – **Schrauben, 1,5 Nm**

8 – **Halter für Stoßfänger**

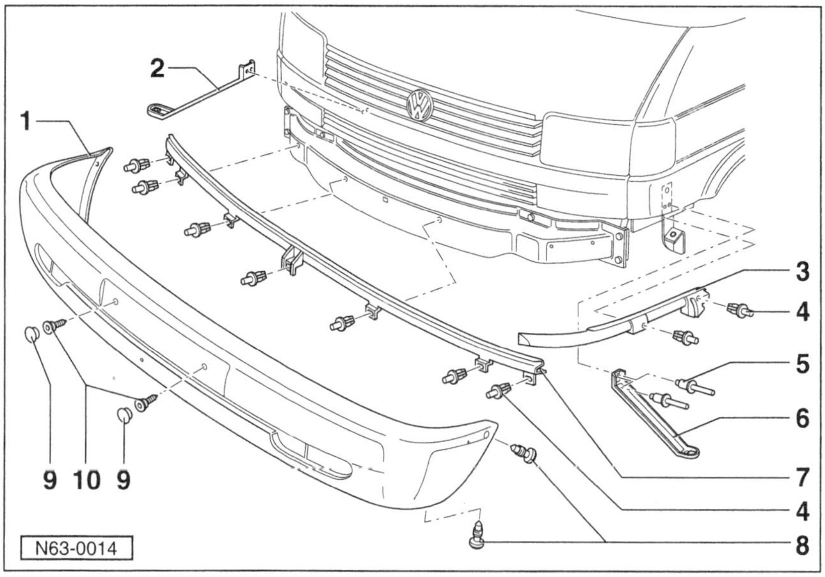

Ab 1/96 – kurzer Vorderwagen

1 – **Abdeckung**
- ◆ Abdeckkappen –9– abhebeln, Schrauben –10– und –8– herausdrehen.
- ◆ Abdeckung parallel aus den Führungsteilen herausziehen.

2 – **Halter für Stoßfänger**

3 – **Führungsteil**
- ◆ Stoßfänger parallel aus den Führungsteilen herausziehen.

4 – **Spreizniet**

5 – **Blindniet**

6 – **Halter für Stoßfänger**

7 – **Führungsteil**

8 – **Torxschrauben T25, 1,2 Nm**

9 – **Abdeckkappe**

10 – **Schraube, 6,5 Nm**

Stoßfänger hinten aus- und einbauen

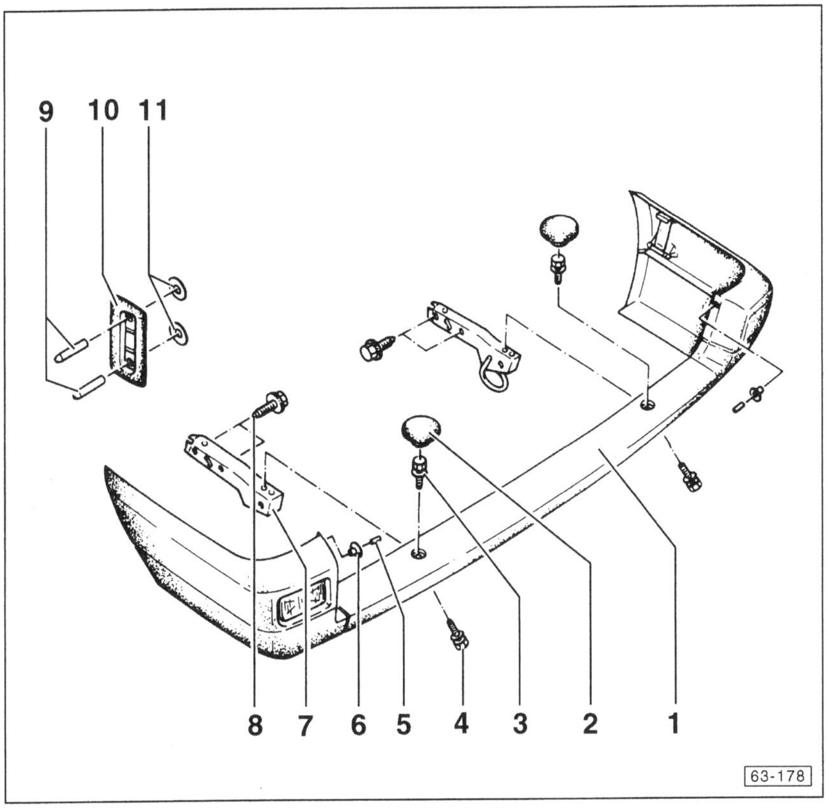

Bis 12/95

1 – **Stoßfänger hinten**

2 – **Abdeckkappe**
Mit Schraubendreher abhebeln.

3 – **Schraube mit Scheibe**

4 – **Schraube mit Scheibe**

5 – **Stift**

6 – **Clip**

7 – **Halter**

8 – **Kombischraube**

9 – **Stifte**

10 – **Führungsteil**
Stoßfänger beim Abnehmen parallel aus den Führungsteilen (links und rechts) herausziehen.

11 – **Dichtscheiben**

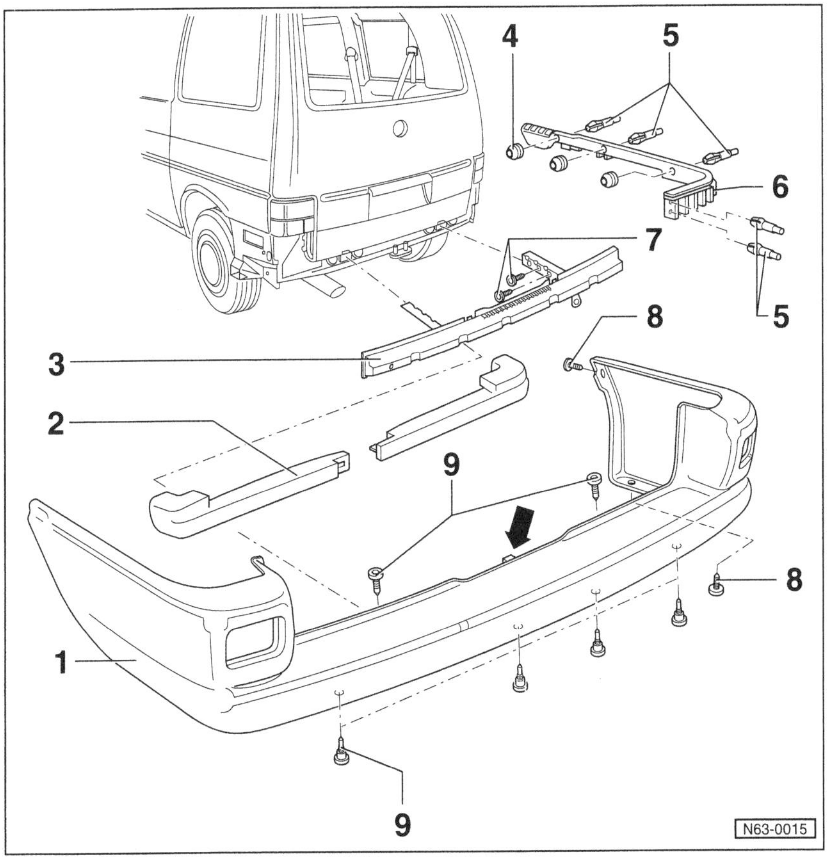

Ab 1/96

1 – **Stoßfänger**
Ausbau:
- ◆ Torxschrauben –8– und Sechskantschraube –7– herausdrehen.
- ◆ Stoßfänger hinten komplett mit Trägern aus den seitlichen Führungen –6– herausziehen.
- ◆ Torxschrauben –9– herausdrehen und Abdeckung –1– vom Träger mit Haltern –3– abziehen.

Einbau:
- ◆ Mittenfixierung –Pfeil– beachten.

2 – **Stoßabsorber**
- ◆ Ausbau: Zuerst rechte, dann linke Hälfte aushaken.

3 – **Träger mit Halter**

4 – **Tülle**

5 – **Spreizclip**

6 – **Führungsteil**
- ◆ Stoßfänger parallel aus den Führungsteilen herausziehen.

7 – **Schraube mit Scheibe, 15 Nm**

8 – **Torxschrauben T25, 1,2 Nm**

9 – **Torxschraube T30, 6 Nm**

Kühlergrill aus- und einbauen

Ab 1/96

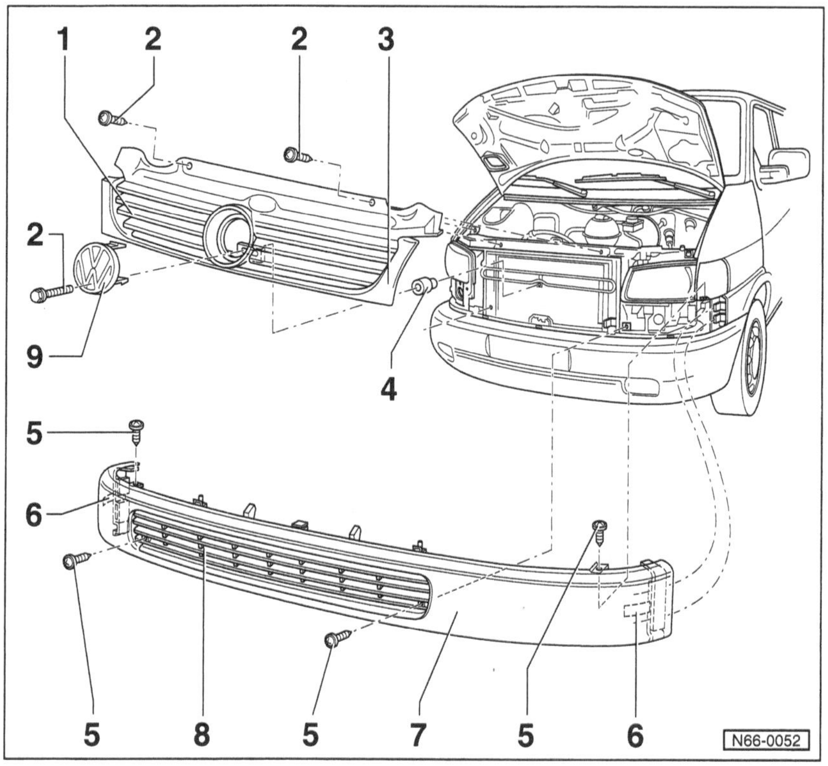

1 – Kühlergrill oben
Der Kühlergrill ist mit dem Blendrahmen verclipst.
Ausbau:
◆ Kombischrauben –2– herausdrehen und Kühlergrill oben mit Blendrahmen nach oben abziehen.

2 – Kombischraube

3 – Blendrahmen oben
In Wagenfarbe lackiert. Zusammen mit Kühlergrill oben ausbauen.

4 – Gummilager

5 – Kombischraube

6 – Entriegelungshebel
Wird zum Entriegeln der Eckbereiche benötigt.

7 – Blendrahmen unten
In Wagenfarbe lackiert. Zusammen mit Kühlergrill unten ausbauen.

8 – Kühlergrill unten
Der Kühlergrill ist mit dem Blendrahmen verclipst und verschraubt.
Ausbau:
◆ Kombischrauben –5– herausdrehen. Blinkleuchten ausbauen und seitliche Verrastungen mit Entriegelungshebeln –6– lösen. Kühlergrill mit Blendrahmen nach vorn abziehen.

9 – Firmenzeichen
In den Kühlergrill eingeclipst.

Speziell bis 8/94:

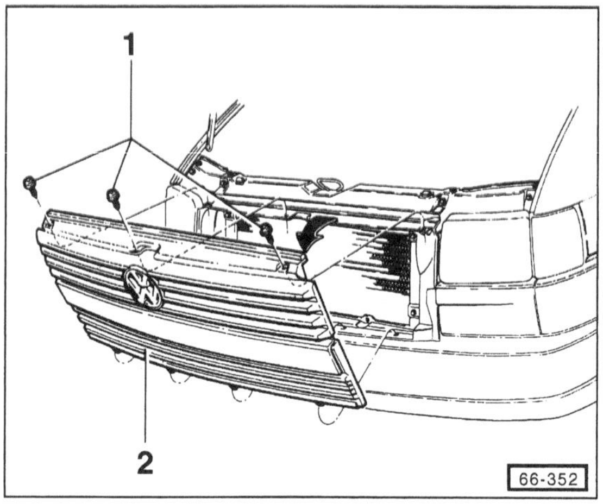

- Kreuzschlitzschrauben –1– herausschrauben.
- Kühlergrill –2– oben nach vorn klappen und unten aus den Aufnahmebohrungen herausheben.

Speziell Transporter ab 9/94
Caravelle, Multivan, California 9/94 – 12/95

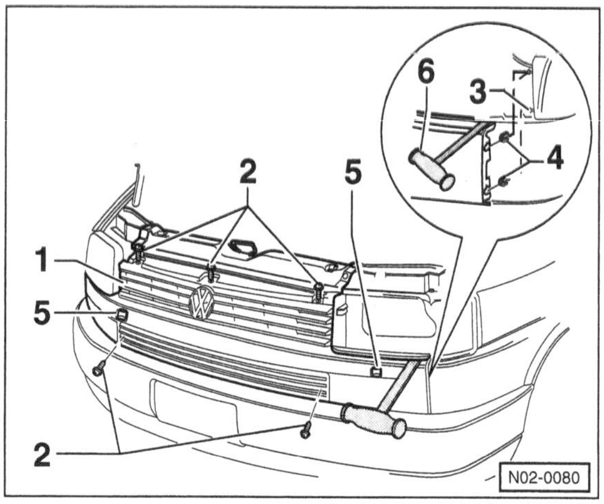

- Schrauben –2– herausschrauben.
- Spritzdüse –5–, falls vorhanden, auf der linken und rechten Seite herausziehen.
- Spezialwerkzeug 3370 (–6–) unterhalb des Scheinwerfers mit dem Blendrahmen verhaken.
- Kühlergrill –1– mit Blendrahmen auf der linken und rechten Seite von den T-Bolzen –3– abziehen, oben nach vorn klappen und unten aus den Aufnahmebohrungen herausheben. Falls dabei Befestigungsclips –4– beschädigt werden, diese beim Einbau ersetzen.

Abschlußträger vorn aus- und einbauen

Der vordere Abschlußträger ist angeschraubt und kann daher bei Unfallbeschädigung oder Reparaturen leicht demontiert werden.

Ausbau

- Motor-Unterschutz ausbauen, siehe Seite 17.
- Vorderen Stoßfänger abbauen.
- **Seit 9/94:** Kühlergrill ausbauen.

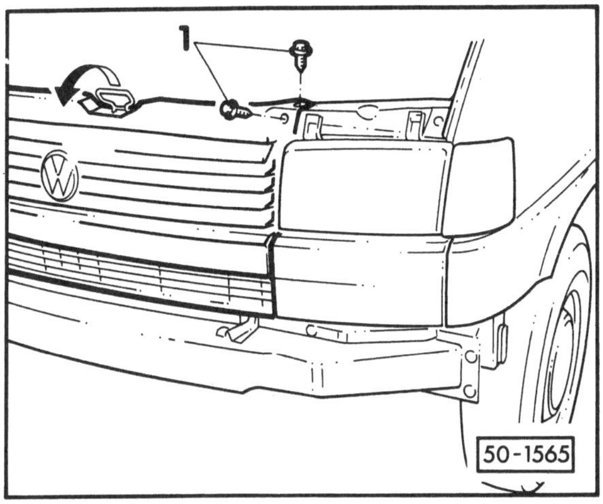

- Kombi-Sechskantschrauben –1– links und rechts herausschrauben. Anschließend Kühler mit Haubenschloßträger nach vorn klappen, siehe –Pfeil– in der Abbildung.

Achtung: Seit 9/94 befindet sich jeweils 1 Befestigungsschraube links und rechts im Schloßträger.

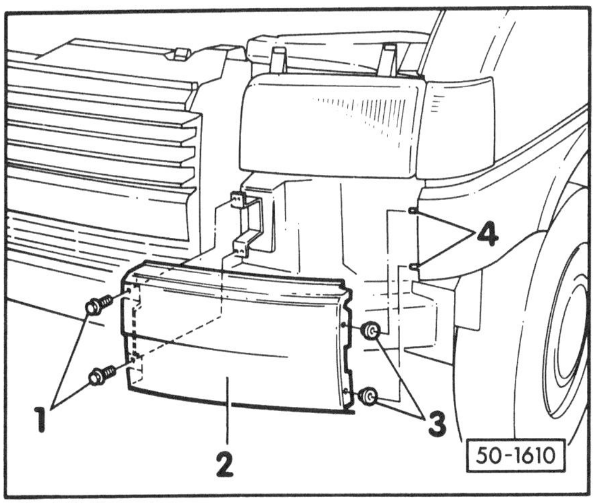

- Kombischrauben –1– links und rechts neben dem Kühlergrill herausdrehen.
- **Bis 9/91:** Abschlußbleche –2– mit Hülsen –3– von den Stiften –4– abziehen.
- **Seit 10/91:** Mit selbstgefertigtem Drahthaken (Ø 2 mm) Abschlußbleche –2– von den Stiften –4– abziehen. Haken dabei in Nuten ober- und unterhalb der Stifte ansetzen.
- Scheinwerfer und Blinkleuchte an beiden Fahrzeugseiten ausbauen, siehe Seite 260.

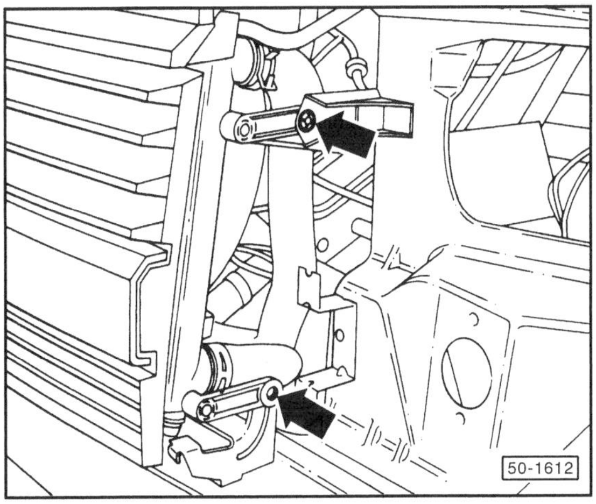

- Kühler an einen Kran oder Flaschenzug anseilen und Seil spannen, oder auf Böcken lagern.
- Stifte aus den Spreizclips –Pfeile– rechts und links heraustreiben und Spreizclips aus den Kühlerhaltern ausclipsen.
- Kühler mit dem Kran etwas nach oben heben. Die Schläuche können angeschlossen bleiben.

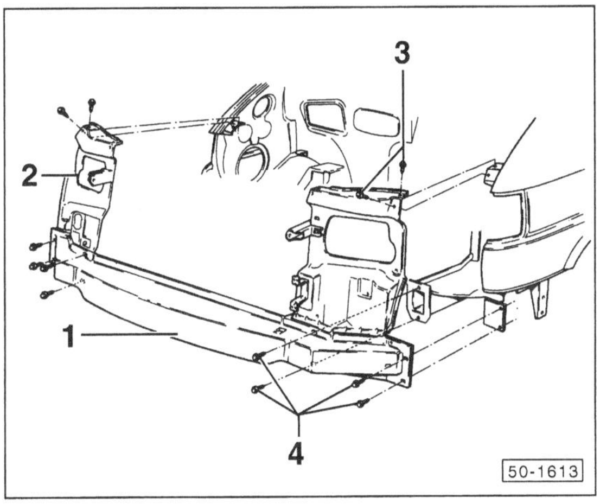

- Abschlußträger –1– mit Scheinwerferträger –2– abschrauben. **Achtung:** Beim Wiedereinbau Schrauben –3– und –4– mit **8 Nm**, also nicht zu fest, anschrauben.
- Elektrische Leitungen vom Abschlußträger abclipsen.

Einbau

- Der Einbau erfolgt in umgekehrter Reihenfolge wie der Ausbau.

Motorhaube aus- und einbauen

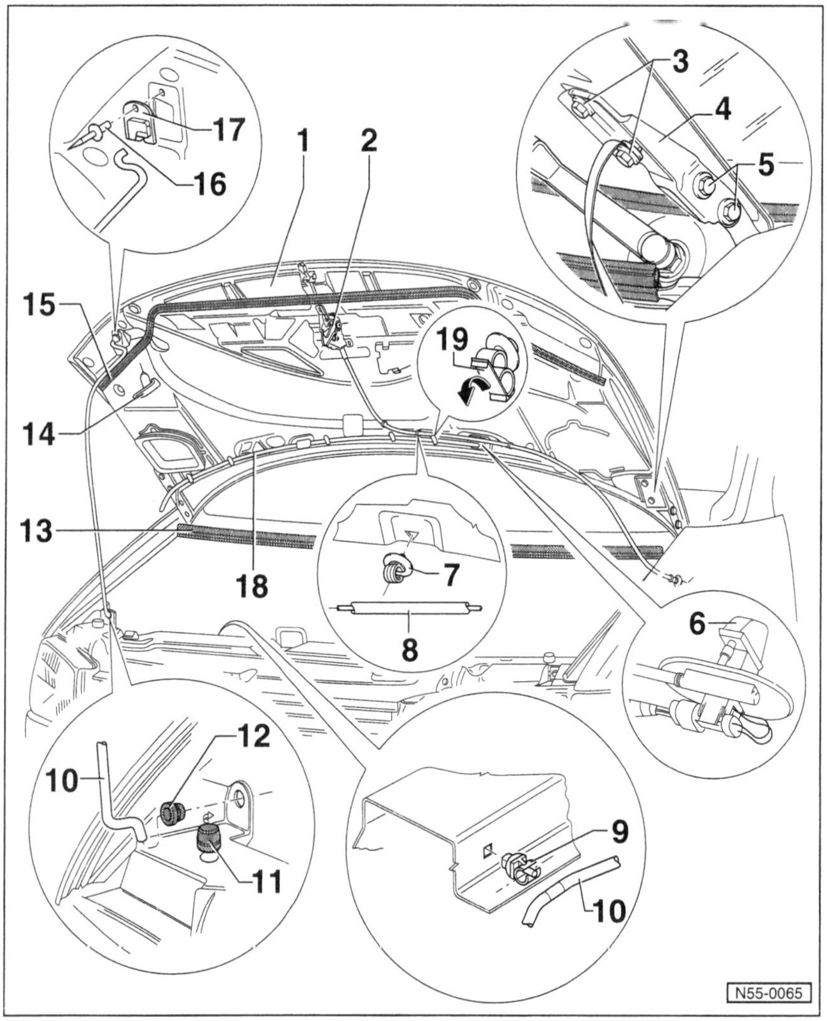

Ab 1/96

1 – **Motorhaube**

2 – **Haubenschloß**

3 – **Schraube, 25 Nm**
Zum Ausrichten der Haube in Längsrichtung.

4 – **Scharnier**

5 – **Schraube, 25 Nm**
Zum Einstellen der Spaltmaße zwischen Haube und Kotflügel.

6 – **Spritzdüse**

7 – **Clip**
Zum Ausbau um 180° drehen.

8 – **Seilzug**

9 – **Haubenstütze**

10 – **Gummipuffer**

11 – **Gummilager**

12 – **Dichtung Wasserkasten**

13 – **Clip**

14 – **CW-Dichtung**

15 – **Blindniet**

16 – **Halter für Haubenstütze**

17 – **Clip**

18 – **Schlauch**

Ausbau ab 1/96

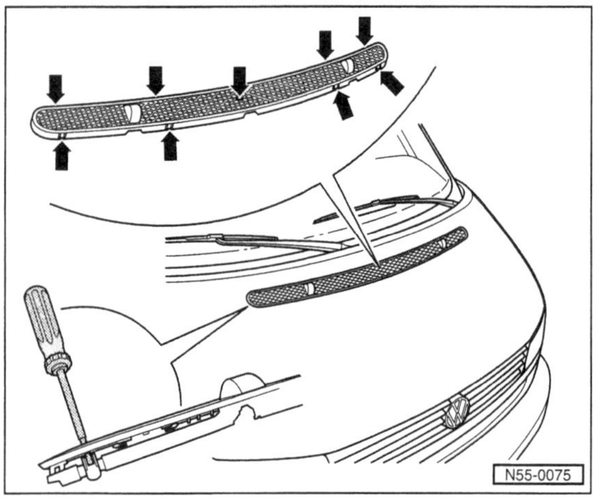

- Lüftungsgitter an den gekennzeichneten Stellen –Pfeile– ausrasten. Dazu mit kleinem Schraubendreher die Rastnasen entriegeln. Dabei Schraubendreher –1– in spitzem Winkel in die Öffnungen des Lüftungsgitters stecken.

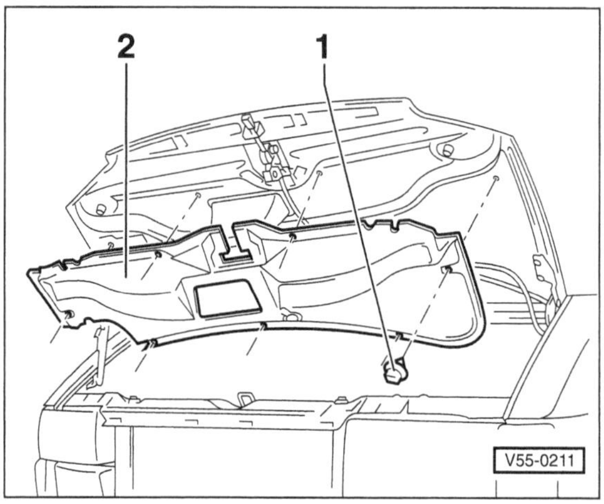

- **Fahrzeuge mit Motorhaubendämpfung:** Haube öffnen, Clips –1– um 60° drehen und herausziehen. Dämpfung –2– abnehmen.

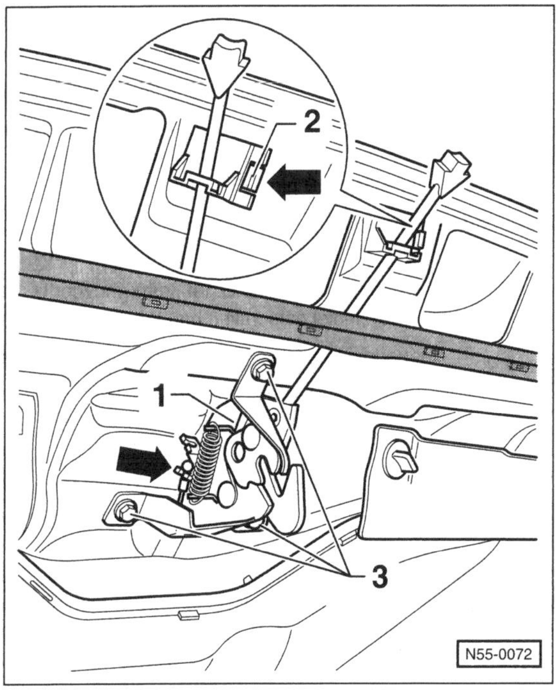

- Rastnase –2– am Halter für die Betätigungsstange in Pfeilrichtung nach links drücken und herausziehen.
- Einbaulage des Haubenschlosses kennzeichnen. Dazu Schraubenköpfe –3– mit Filzstift umkreisen.
- Schrauben –3– herausdrehen.
- Schloß –1– abnehmen und Seilzug aushängen –Pfeil–.
- Seilzug, Schlauch für Scheibenwaschanlage und elektrische Leitung für Waschdüsenheizung an der Haube ausclipsen.

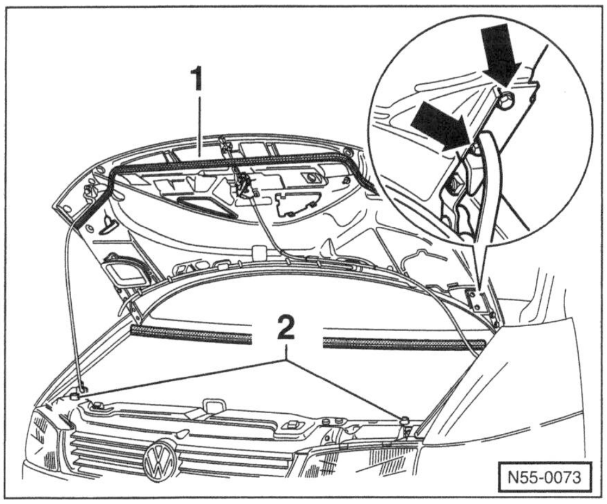

- Einbaulage der Haube –1– kennzeichnen. Dazu Schraubenköpfe –Pfeile– mit Filzstift umkreisen.
- Haube sicher abstützen und von den Scharnieren abschrauben

Einbau

- Haube lose anschrauben, nach den angebrachten Markierungen ausrichten und Schrauben mit 10 Nm festziehen.
- Gummipuffer –2– durch Verdrehen so einstellen, daß die Motorhaube mit den Kotflügeln bündig abschließt.
- Klappenschloß lose anschrauben, nach den angebrachten Markierungen ausrichten und Schrauben mit 10 Nm festziehen.

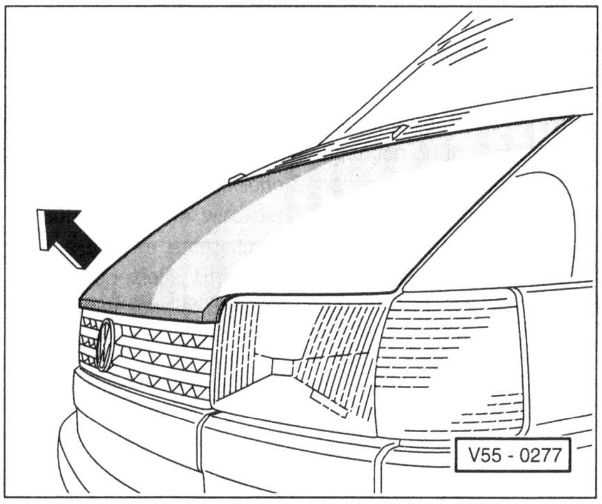

- Prüfen, ob die Haube richtig schließt. Dazu Motorhaube aus ca. 30 cm Höhe in das Schloß fallen lassen. Dabei muß die Haube ohne zusätzliches Nachdrücken vollständig verriegeln. Die Außenkontur muß mit dem Kotflügel übereinstimmen und es darf kein Spiel nach oben –Pfeil– auftreten. Andernfalls Schließöse einstellen.

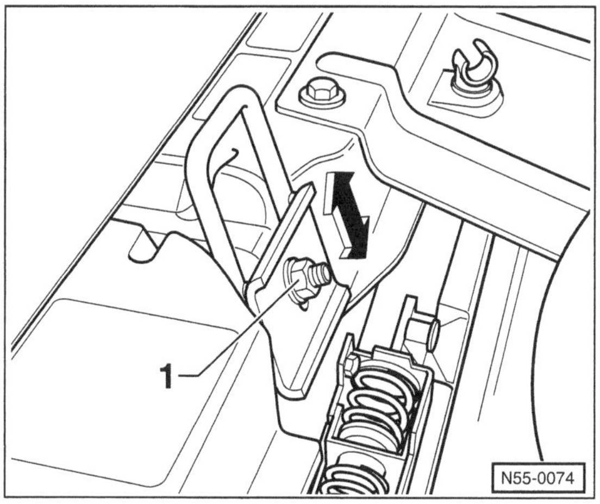

- Mutter –1– lösen und Schließöse so verschieben, daß die Haube richtig schließt. Öse mit 5 Nm festziehen.

Ausbau bis 12/95

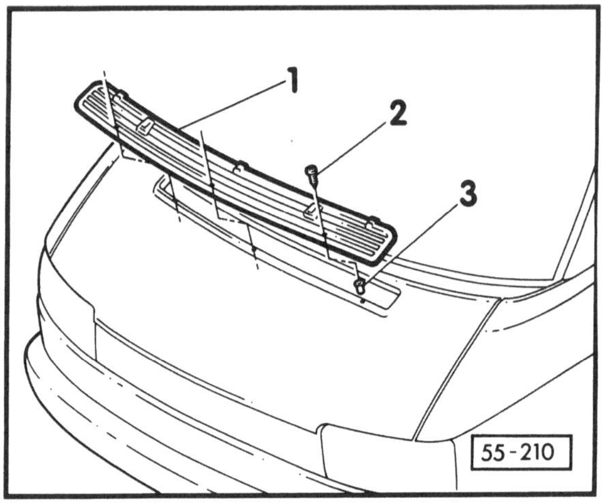

- 3 Kreuzschlitzschrauben -2- aus Spreizmutter -3- herausdrehen und Lufteintrittsgitter –1– vorsichtig herausheben.
- Schlauch von den Scheibenwaschdüsen abziehen, ausclipsen und aus der Haube herausziehen.
- Gegebenenfalls Motorhaubendämpfung ausbauen, siehe Seite 190.
- Falls vorhanden, Motorraumleuchte ausclipsen.

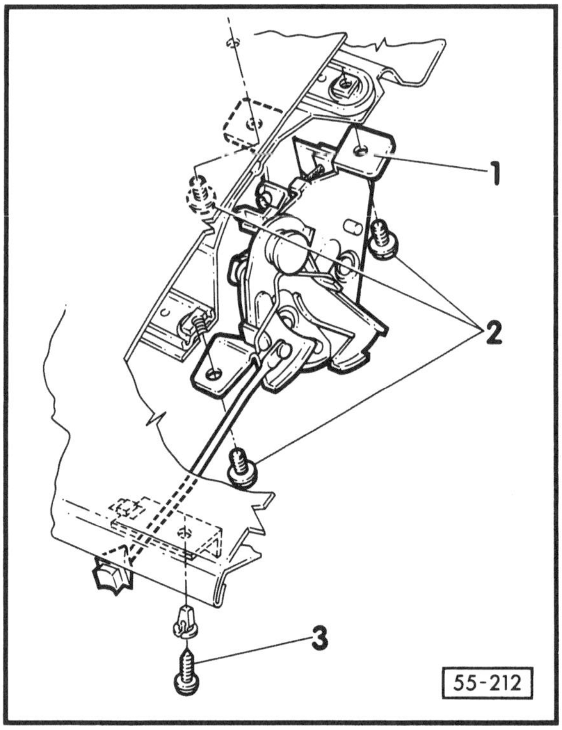

- Klappenschloß –1– ausbauen, dazu Kreuzschlitzschraube –3– und Sechskantschrauben –2– abschrauben. Schloß abnehmen und Bowdenzug für Schloßbetätigung an der Klappe ausclipsen.

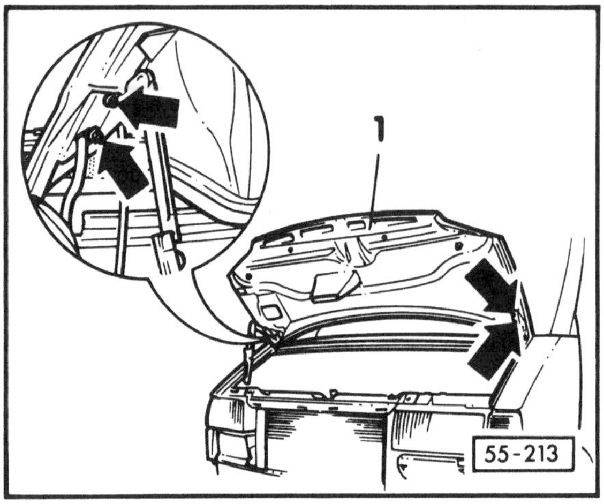

- Soll die Haube –1– wieder eingebaut werden, Schraubenköpfe an den Scharnieren mit Filzstift umkreisen, dies erleichtert den späteren Einbau.
- Sechskantschrauben –Pfeile– rechts und links am Scharnier herausschrauben, dabei Klappe von einer Hilfsperson festhalten lassen. Vorher links und rechts Lappen unterlegen, damit die Lackierung nicht zerkratzt wird. Haube abnehmen.

Einbau

- Motorhaube mit den Scharnieren lose verschrauben, noch nicht festziehen.
- Haube schließen und durch Verschieben ausrichten.
- Haube vorsichtig öffnen und Scharnierschrauben festziehen.
- Bowdenzug in den Clips verlegen und Schloß einsetzen.
- Schlauch auf die Scheibenwaschdüsen aufstecken und in der Haube verlegen.
- Falls vorhanden, Motorraumleuchte und Dämpfung einsetzen.
- Lufteintrittsgitter einsetzen und mit 3 Schrauben befestigen. Defekte Spreizmuttern –3– ersetzen, siehe Abbildung 55-210 unter »Ausbau«.

Heckklappe aus- und einbauen/einpassen

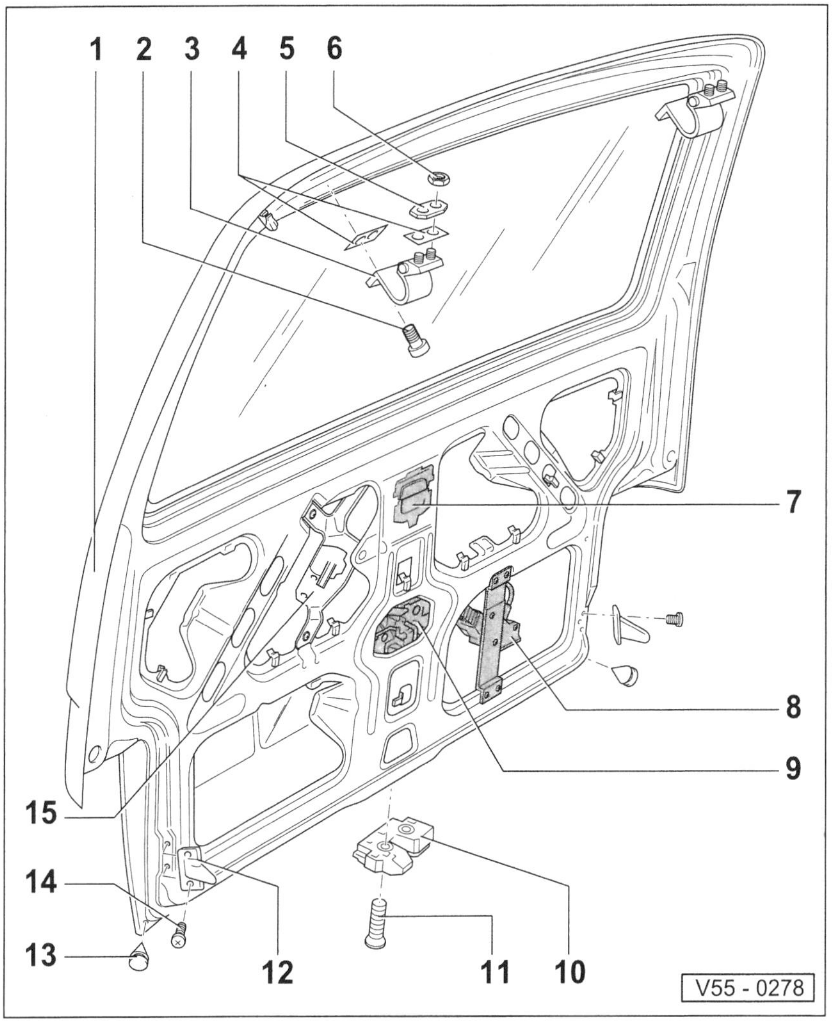

1 – **Heckklappe**
2 – **Kreuzschlitzschraube, 20 Nm**
3 – **Scharnier**
4 – **Dichtplatte**
5 – **Distanzplatte**
6 – **Sechskantmutter, 30 Nm**
7 – **Schloßbetätigung innen**
8 – **Motor für Zentralverriegelung**
9 – **Schloßbetätigung**
10 – **Schloß**
11 – **Linsenschraube, 20 Nm**
12 – **Führungszapfen**
13 – **Pfropfen**
14 – **Schraube, 10 Nm**
15 – **Motor für Heckscheibenwischer**

Ausbau

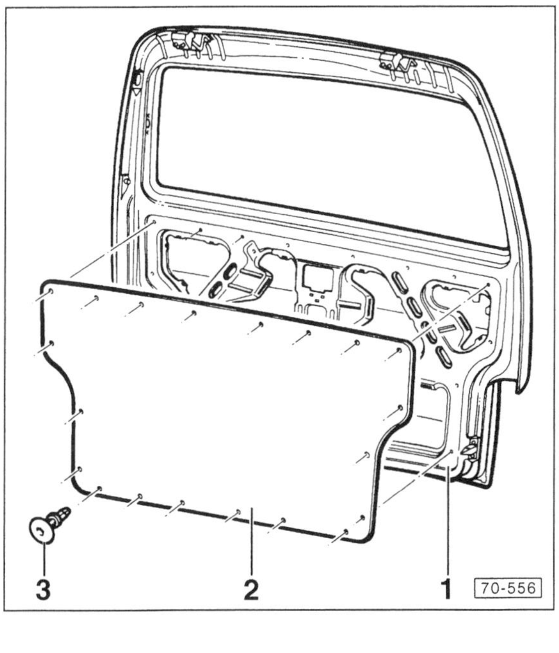

- Innenverkleidung –2– ausbauen, dazu Clips –3– mit Innensechskantschlüssel herausdrehen. Beim späteren Wiedereinbau werden die Clips nur eingedrückt, sie müssen nicht eingeschraubt werden.
- Anschlüsse für Heckscheibenheizung, Kennzeichenbeleuchtung, falls vorhanden Scheibenwischermotor und Zentralverriegelung, abklemmen und Leitungen aus der Klappe –1– herausziehen.
- Heckklappe abstützen oder von Helfer halten lassen.
- Gasdruckfeder für Heckklappe an der Heckklappe abbauen, siehe folgendes Kapitel.
- Kreuzschlitzschrauben an den Scharnieren abschrauben und Heckklappe abnehmen.

Einbau

- Der Einbau erfolgt in umgekehrter Reihenfolge. Kreuzschlitzschrauben an den Scharnieren mit **20 Nm** anziehen.

Klappe einpassen

Die Klappe muß eingepaßt werden, wenn die Klappe nicht korrekt in der Karosserie sitzt, beziehungsweise wenn eine neue Klappe eingebaut wurde.

- Die Einstellung erfolgt durch Lösen der Scharnierschrauben und Verschieben der Klappe. Die Scharniere haben größere Bohrungen als der Durchmesser der Befestigungsschrauben, das Scharnier kann also verschoben werden.
- Zum Einstellen der Fugenmaße die Sechskant-Scharnierschrauben **an der Karosserie** lösen, nicht herausdrehen. Damit die Schrauben erreicht werden können, Türdichtung abziehen und Verkleidung am Dachholm ausclipsen.
- Fugenmaß durch Verschieben der Klappe einstellen.
- Im unteren Bereich der Klappe ist die Einstellung am Schließkeil (Schloßteil an der Karosserie) vorzunehmen. Dazu Schließkeil so weit lösen, daß er mit etwas Kraftaufwand verschoben werden kann, zum Lösen der Schrauben ist ein 6 mm-Innensechskantschlüssel erforderlich. Klappe schließen und ausrichten. Anschließend Klappe vorsichtig öffnen und Schließkeil mit den beiden Schrauben und 20 Nm festziehen. Um das Verschieben besser kontrollieren zu können, Schließkeil mit Filzstift umranden.
- Türgummi und Verkleidung aufdrücken, sie muß einrasten.

Gasdruckfeder für Heckklappe aus- und einbauen

Ausbau

- Heckklappe öffnen und abstützen.

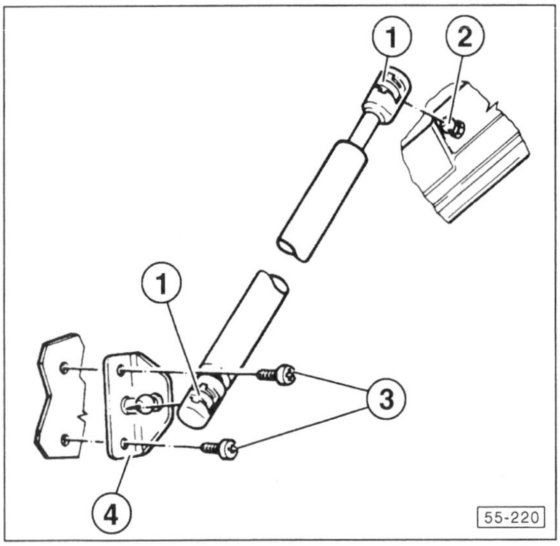

- Sicherungsklammer –1– mit einem Schraubendreher anheben und Gasdruckfeder vom Kugelzapfen an der Klappe abziehen.

Achtung: Wenn die Gasdruckfeder wieder verwendet wird, darf der Sicherungsbügel –1– nicht ganz aus der Kugelpfanne entfernt werden, da er sonst beschädigt wird. Zusätzlich abgebildete Teile: 2 – Kugelzapfen, 20 Nm; 3 – Schraube, 8 Nm; 4 – Lagerbock.

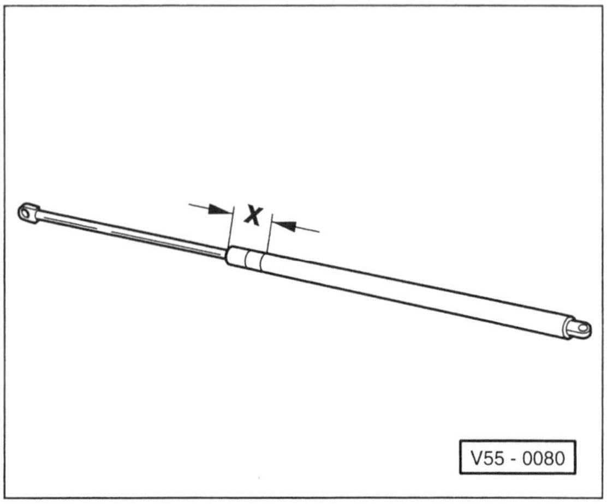

- Falls die Gasdruckfeder ersetzt wird, muß die alte Feder entgast werden, bevor sie auf den Müll gegeben wird. Dazu Gasdruckfeder **im Bereich x = 50 mm** in den Schraubstock einspannen. Feder unbedingt nur in diesem Bereich einspannen, sonst besteht **Unfallgefahr!** Anschließend Zylinder im ersten Drittel der Zylindergesamtlänge – ausgehend von der Bezugskante auf der Kolbenstangenseite – aufsägen. Um herausspritzendes Öl aufzufangen, Bereich des **Sägetrennschnittes mit einem Lappen abdecken. Außerdem ist während des Sägevorganges eine Schutzbrille zu tragen.**

Einbau

- Gasdruckfeder auf die Kugelköpfe aufdrücken, Sicherungsbügel einrasten.

Tür aus- und einbauen/einstellen

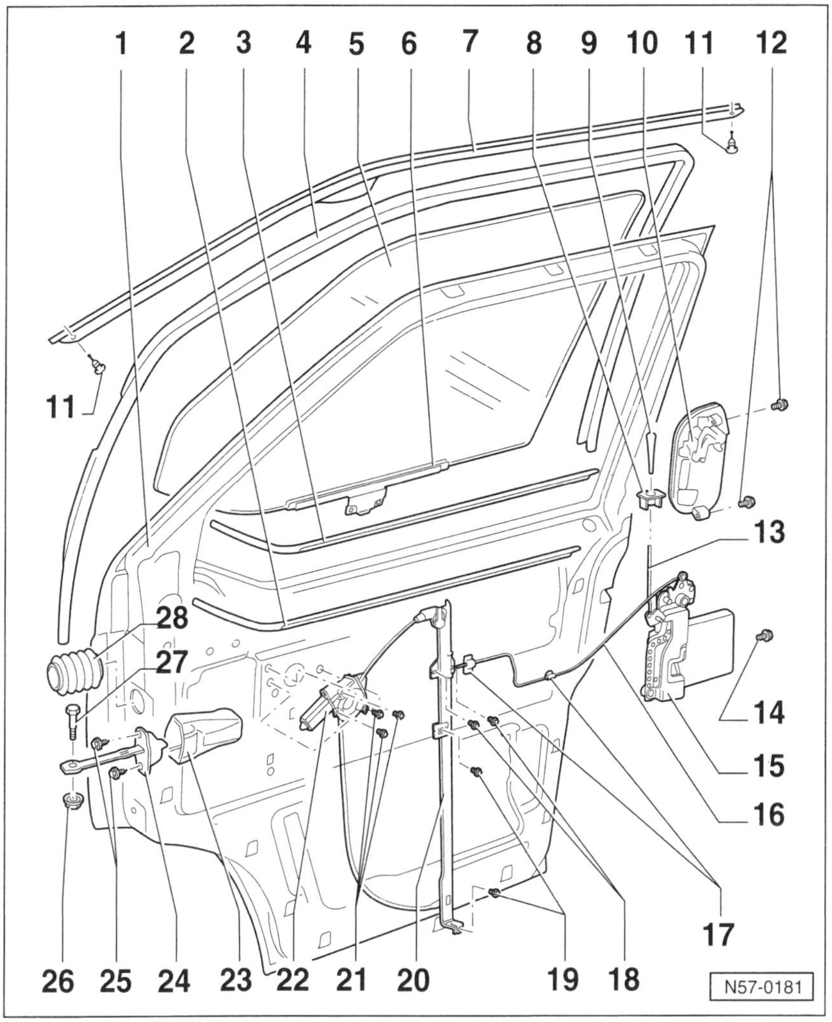

1 – **Tür vorn**

2 – **Fensterschachtabdichtung innen**
Auf dem Flansch aufgesteckt.

3 – **Fensterschachtabdichtung außen**
Auf dem Flansch aufgesteckt.

4 – **Fensterführung**

5 – **Türfensterscheibe**

6 – **Hebeschiene**

7 – **Dichtprofil**
Geclipst und geklebt.

8 – **Rosette**

9 – **Sicherungsknopf**

10 – **Türaußengriff**

11 – **Clip**

12 – **Linsenschraube, 8 Nm**

13 – **Sicherungsstange**

14 – **Linsenschraube, 8 Nm**

15 – **Türschloß**

16 – **Zugstange**

17 – **Clip**
Zur Befestigung und Führung der Zugstange

18 – **Schrauben, 7 Nm**

19 – **Schrauben, 7 Nm**

20 – **Fensterheber**

21 – **Schrauben, 7 Nm**

22 – **Motor für Fensterheber**

23 – **Hülle**
Von innen aufgesteckt.

24 – **Türfeststeller**

25 – **Schraube, 7 Nm**

26 – **Sicherungsmutter, 7 Nm**

27 – **Bolzen**

28 – **Faltenbalg**
Abdeckung bei Fahrzeugen ohne elektrische Fensterheber.

Ausbau

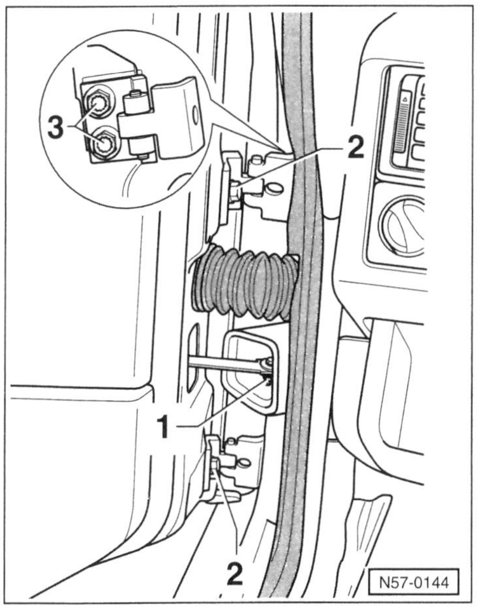

- Mutter –1– abschrauben und Bolzen herausziehen.
- Sechskantschrauben –2– aus dem oberen und dem unteren Scharnier herausdrehen und Tür herausheben. Soll die Tür wieder eingebaut werden, Schraubenköpfe mit Filzstift umkreisen, dies erleichtert das spätere Einstellen.

Achtung: Bei Fahrzeugen mit Sonderausstattungen wie Zentralverriegelung, elektrischem Fensterheber, elektrisch verstell- und beheizbaren Außenspiegeln oder Türlautsprechern: Elektrische Leitungen freilegen und aus der Tür herausziehen, dazu Türverkleidung ausbauen, siehe Seite 197.

Einbau

- Tür einsetzen und an den Scharnieren handfest anschrauben.
- Mutter –1– am Türfeststeller mit 7 Nm festziehen.
- Tür entsprechend den angebrachten Markierungen ausrichten und Schrauben –2– mit **55 Nm** festziehen.

Einstellen

Eine Einstellung der Tür ist immer dann erforderlich, wenn eine neue Tür eingebaut wird. Beim Einstellen der Fugenmaße ist grundsätzlich auf einen umlaufend gleich großen, parallelen Spalt zu den umliegenden Bauteilen zu achten.

- Türspaltmaße folgendermaßen einstellen: Tür ausbauen. Schrauben –3– lösen, die Scharniere verschieben und Schrauben mit **55 Nm** anziehen. Tür einbauen.
- Tür bündig zu den umliegenden Bauteilen einstellen: Scharnierschrauben –2– lösen und Tür am Scharnier innerhalb der übergroßen Bohrungen entsprechend ausrichten. Tür an die Karosserie-Kontur anpassen. Dabei müssen die Sicken in der Tür mit den Sicken des Kotflügels fluchten. Schrauben mit **55 Nm** festziehen.
- Zur Vermeidung von Windgeräuschen Tür nach innen oder außen verschieben, bis die Oberfläche mit dem vorderen Kotflügel fluchtet. Die Tür darf vorn maximal 1 mm weiter innen stehen als die Kotflügelkante.

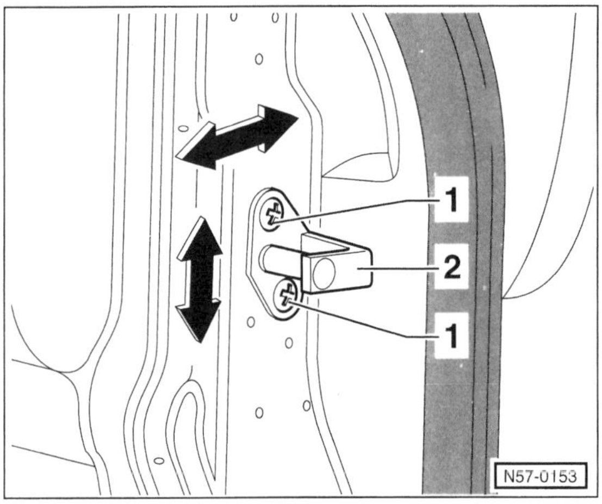

- Im hinteren Bereich der Tür ist die Einstellung am Schließbügel vorzunehmen. Dazu Schrauben –1– am Schließbügel –2– so weit lösen, daß er mit etwas Kraftaufwand verschoben werden kann. Tür schließen und ausrichten. Anschließend Tür vorsichtig öffnen und Schließbügel festziehen.

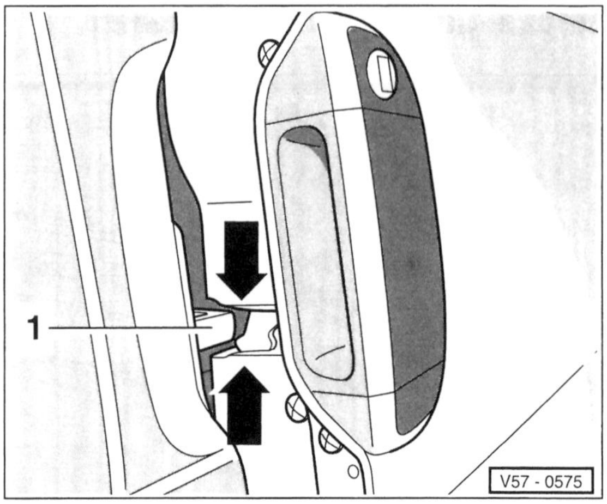

- Schließbügel –1– so einstellen, daß die Aussparung des Türschlosses mit der Drehfalle mittig zum Schließkeil –Pfeile– einrastet. Die Tür darf beim Schließen nicht angehoben oder nach unten gedrückt werden. In geschlossenem Zustand muß die Tür ohne Spiel sitzen.

Stellelement Zentralverriegelung aus- und einbauen

An jeder Tür- und Klappenöffnung ist ein Stellelement angebracht, das das Türschloß ferngesteuert öffnet und schließt.

Hinweis: Der Aus- und Einbau der Türschloß-Stellelemente erfolgt an allen Türöffnungen in ähnlicher Weise. Beschrieben werden die Arbeitsschritte an der vorderen Tür.

Ausbau

- Türverkleidung ausbauen, siehe entsprechendes Kapitel.

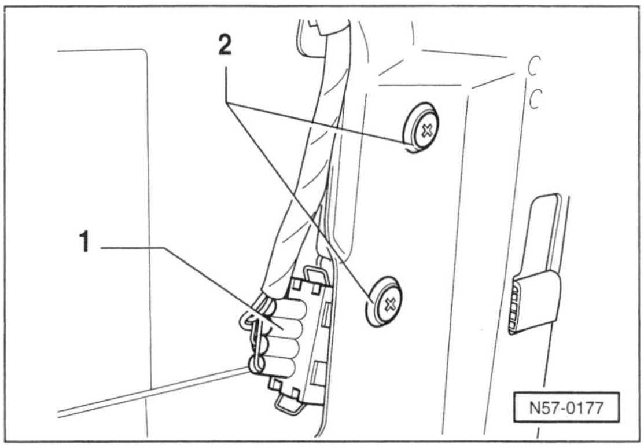

- Mehrfachstecker –1– vom Stellelement abziehen.
- 2 Kreuschlitzschrauben –2– herausdrehen und Stellelement zur Seite hängen.
- Verbindungsstange aushängen und Stellelement aus dem Türrahmen herausziehen.

Einbau

- Der Einbau erfolgt in umgekehrter Ausbaureihenfolge.

Türverkleidung aus- und einbauen

Ausbau

Beschrieben wird der Ausbau bei Fahrzeugen mit elektrischem Fensterheber. Bei Fahrzeugen mit manuellem Fensterheber ist in der Regel kein Türlautsprecher verbaut. Der Aus- und Einbau der Fensterkurbel ist in das Kapitel integriert.

- Türlautsprecher ausbauen. Dazu Lautsprecher-Abdeckung vorsichtig abhebeln.
- 4 Kreuzschlitzschrauben für Lautsprecher herausdrehen.

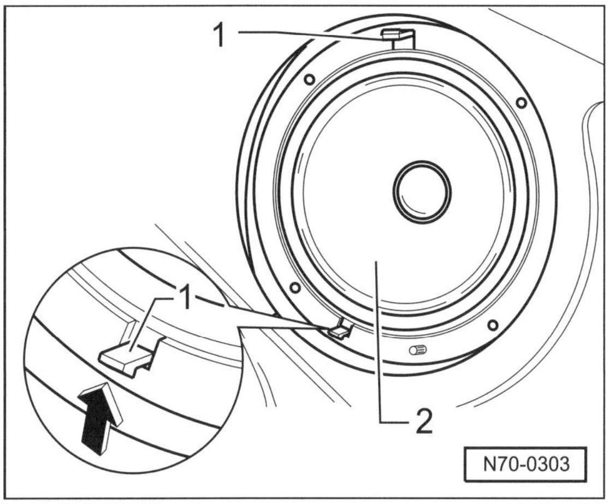

- Rastnasen –1– aushängen –Pfeil– und Lautsprecher –2– von der Türverkleidung abnehmen.
- Steckverbindung des Lautsprechers abziehen.

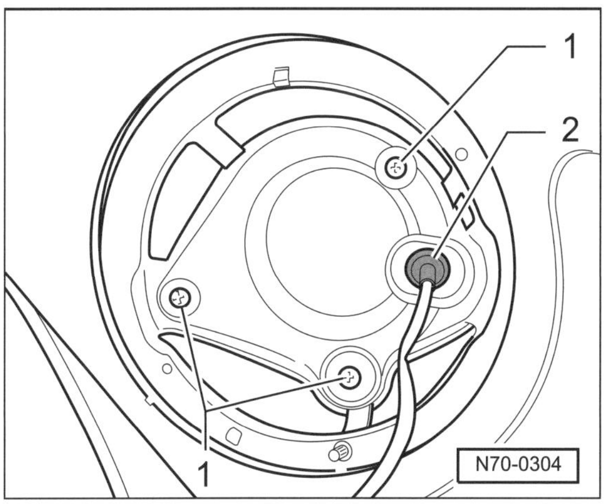

- In der Lautsprecheröffnung 3 Kreuzschlitzschrauben –1– herausdrehen. Tülle –2– mit Lautsprecherkabel in das Innere der Tür drücken.
- Fenster herunterfahren.

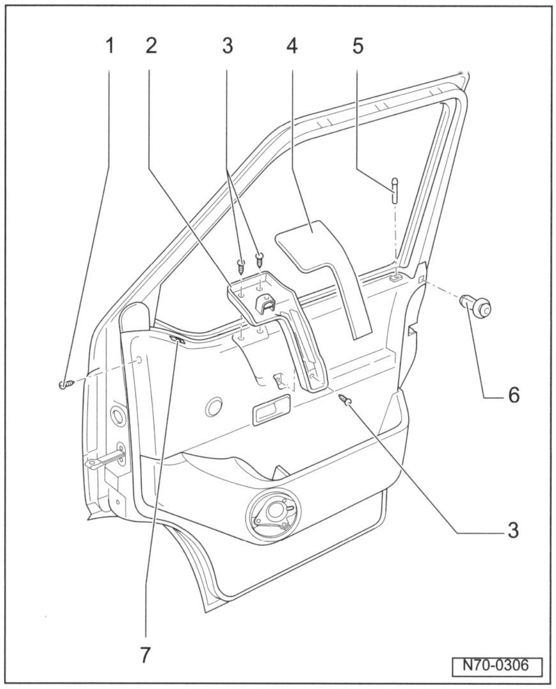

- Schalter –7– für Fensterheber und Spiegelverstellung vorsichtig heraushebeln und Steckverbindungen trennen.
- Sicherungsknopf –5– herausdrehen.
- Innenteil von Spreizclip –6– mit Innensechskantschlüssel herausdrehen und Clip aus der Bohrung herausziehen.

Manueller Fensterheber

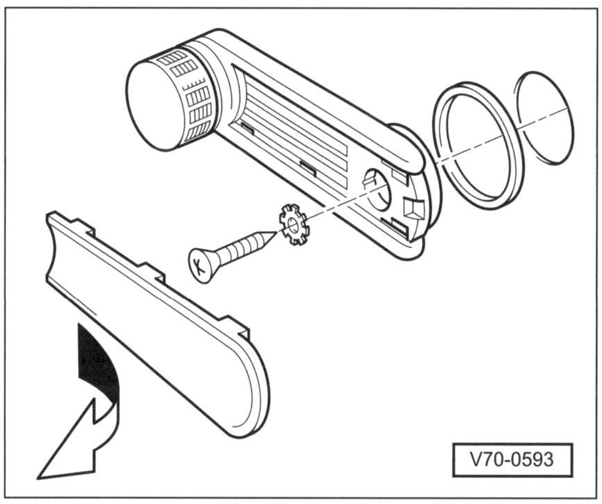

- Abdeckung der Fensterkurbel in Pfeilrichtung nach hinten schieben und von der Kurbel abheben.
- Schraube mit Zahnscheibe an der Fensterkurbelachse herausdrehen, Fensterkurbel mit Kurbelunterlage abnehmen. Einbaulage für Wiedereinbau beachten.

- Abbildung N70-0306: Haltegriff –2– ausbauen. Dazu Blende –4– abhebeln und darunterliegende Linsenschrauben –3– herausschrauben.
- Kreuzschlitzschraube –1– herausdrehen.

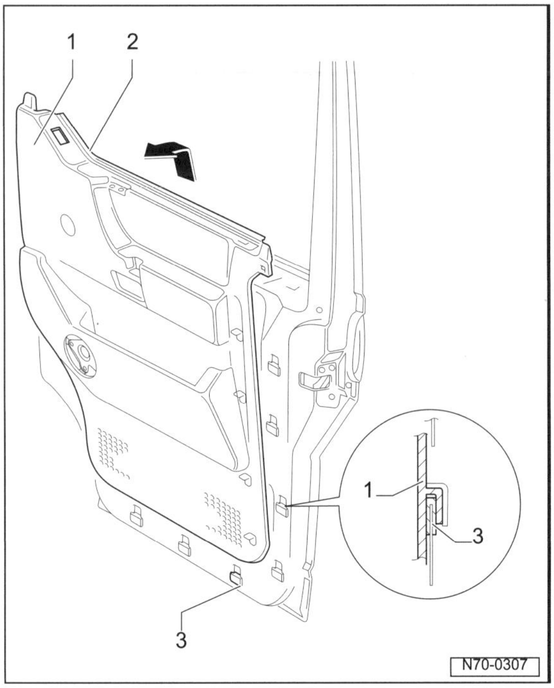

- Türverkleidung –1– zusammen mit der Fensterschachtabdichtung innen –2– in Pfeilrichtung aus den Aufnahmelöchern herausheben. Dabei ist einige Kraft notwendig.
- Leitungen für Lautsprecher und Schalter Fensterheber/Spiegelverstellung durch die Verkleidung führen.

Einbau

- Türverkleidung in umgekehrter Ausbaureihenfolge einbauen. Dabei Folgendes beachten:
- Vor dem Einsetzen der Verkleidung die Reiter –3– (Zwischenlagen) in die Aufnahmelöcher einhängen, siehe Abbildung N70-0307.

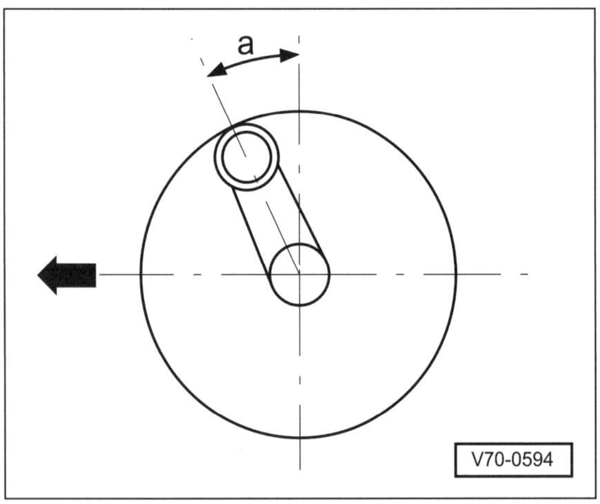

- Beim Einsetzen der Fensterkurbel die Unterlage nicht vergessen. Fensterkurbel so auf die Achse aufsetzen, daß sie bei **geschlossenem** Fenster ca. 25° nach vorn oben zeigt. –Pfeil– zeigt die Fahrtrichtung.

Türfensterscheibe aus- und einbauen

Ausbau

- Türverkleidung ausbauen.
- Fensterkurbel auf die Achse aufsetzen und Fensterscheibe ganz nach unten kurbeln.

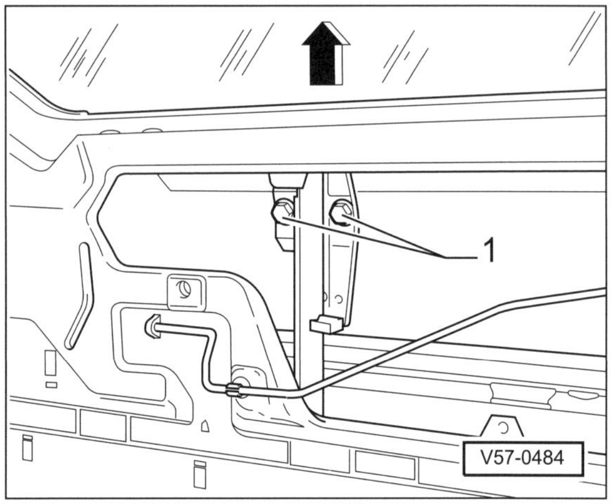

- Fensterscheibe vom Fensterheber abschrauben, dazu Schrauben –1– lösen.

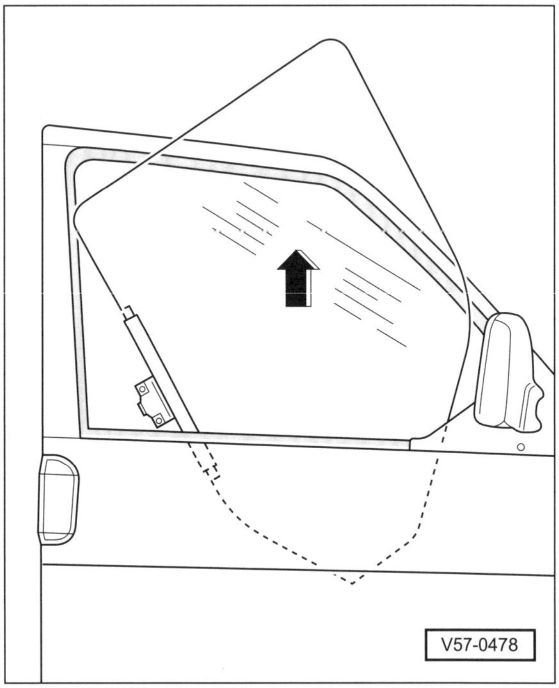

- Scheibe nach vorn neigen und aus dem Türschacht herausziehen.

Einbau

- Fensterscheibe in die Tür einsetzen.
- Fenster mit dem Fensterheber lose verschrauben.
- Fensterscheibe ganz nach oben kurbeln und Schrauben –1– mit **7 Nm** festziehen.

Fensterheber aus- und einbauen

Ausbau

- Türverkleidung ausbauen.
- Fensterscheibe nach unten kurbeln und vom Fensterheber abschrauben.
- Fenster von Hand in der Führung ganz nach oben schieben und in dieser Stellung mit Klebeband arretieren.

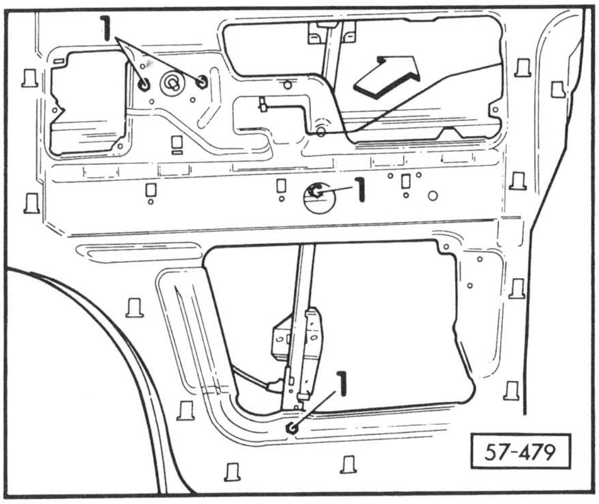

- Sechskantschrauben –1– abschrauben.
- Fensterheber mit Antrieb aus der oberen Öffnung –Pfeil– vorsichtig herausnehmen.

Einbau

- Der Einbau erfolgt in umgekehrter Reihenfolge. Schrauben –1– mit 8 Nm festziehen.

Türdichtung aus- und einbauen

Ausbau

- An die Türdichtung angrenzende Innenverkleidungen ausbauen. Um die obere Befestigungsschraube der B-Säulenverkleidung (B-Säule: 2. Dachsäule, von vorn gesehen, Türschließkeilträger) zu erreichen, Kleiderhaken zuerst unten herausschwenken, dann herausnehmen.
- Untere Sicherheitsgurtbefestigung lösen und Verkleidung etwas wegziehen.
- Türdichtung von der Karosserie abziehen. Die Gummidichtungen der Türen und Klappen sind aufgesteckt.

Einbau

- Türdichtung auf den Karosserieausschnitt aufdrücken. Traten Undichtigkeiten auf, Blechsicken mit handelsüblicher Karosserie-Abdichtmasse bestreichen, bevor die Dichtung aufgesetzt wird.
- Verkleidungen einbauen.

Türgriff/Türschloß aus- und einbauen

Soll das Schloß ausgebaut werden, muß zuvor der Türaußengriff demontiert werden.

Ausbau

- Türverkleidung ausbauen.

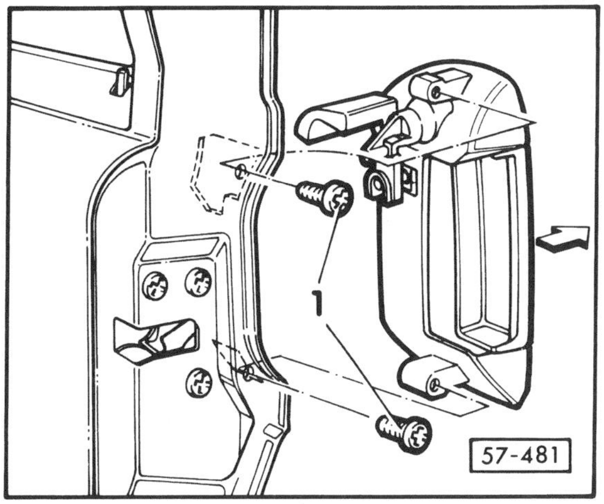

- Linsenschrauben –1– herausdrehen und Türaußengriff in Pfeilrichtung abnehmen.
- Sicherungsknopf am Fensterausschnitt von Hand abschrauben.
- Fensterscheibe ganz nach oben kurbeln.
- Zugstange zwischen Innenbetätigung und Schloß aus den Halteclipsen am Tür-Innenblech ausclipsen.

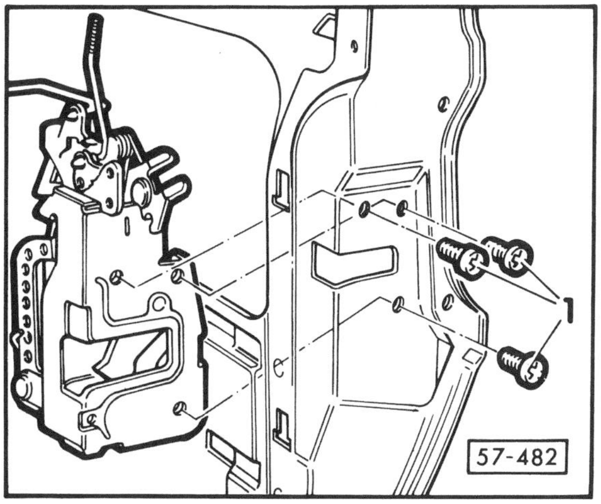

- Linsenschrauben –1– herausdrehen und Türschloß mit Zug- und Sicherungsstange herausnehmen.

Einbau

- Einbau in umgekehrter Reihenfolge wie der Ausbau. Alle Schrauben mit 8 Nm festziehen.

Schiebetür aus- und einbauen/einstellen

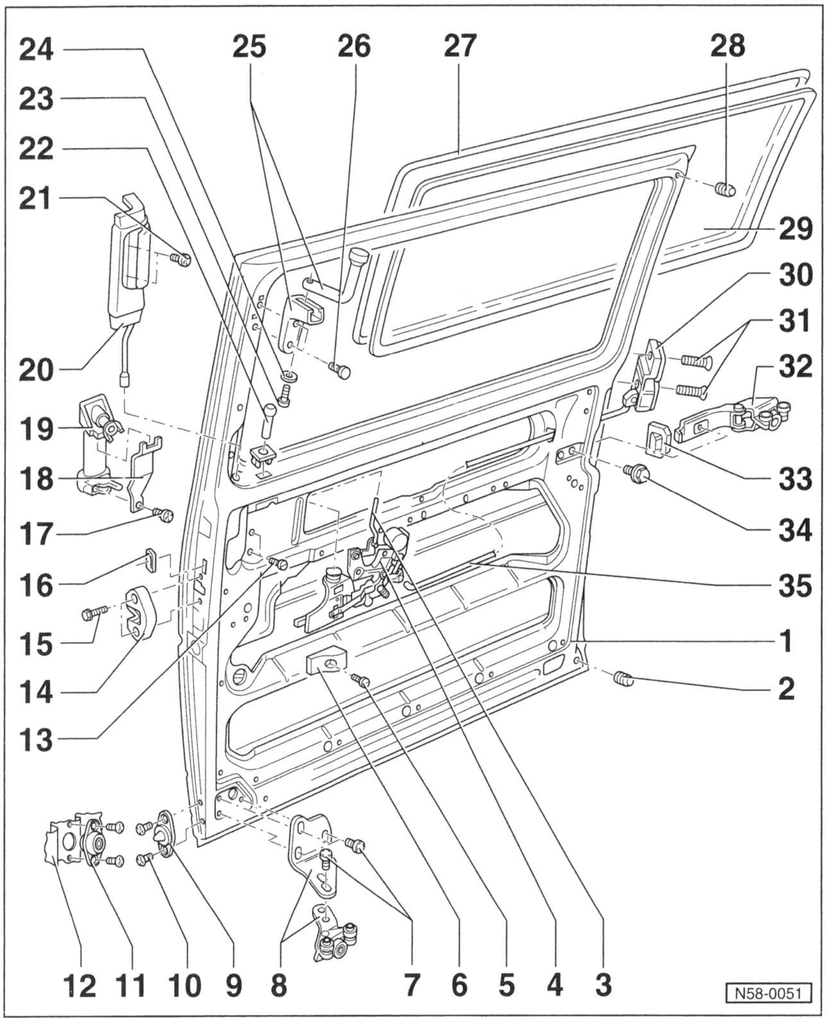

1 – Schiebetür
2 – Gummipuffer
3 – Sicherungsstange
4 – Fernbetätigung
5 – Kreuzschlitzschraube, 20 Nm
6 – Mittenanschlag
7 – Linsenschraube, 20 Nm
8 – Rollenführung unten
9 – Rastzapfen
Ab 1/96.
10 – Kreuzschlitzschraube, 20 Nm
Ab 1/96.
11 – Fangplatte
Ab 1/96.
12 – B-Säule
13 – Innensechskantschraube, 10 Nm
14 – Fangplatte
15 – Kreuzschlitzschraube, 20 Nm
16 – Rosette
17 – Kreuzschlitzschraube, 20 Nm
18 – Spannfeder
19 – Türaußengriff
20 – Innenbetätigung
21 – Innensechskantschraube, 10 Nm
22 – Sicherungsknopf
23 – Innensechskantschraube, 10 Nm
24 – Scheibe
25 – Rollenführung oben
26 – Innensechskantschraube, 10 Nm
27 – Scheibeneinfassung
28 – Gummipuffer
29 – Fensterscheibe
30 – Zentralschloß
31 – Kreuzschlitzschraube, 20 Nm
32 – Scharnierbeschlag
33 – Abdichtung
34 – Schraube, 55 Nm
35 – Zugstange

Ausbau

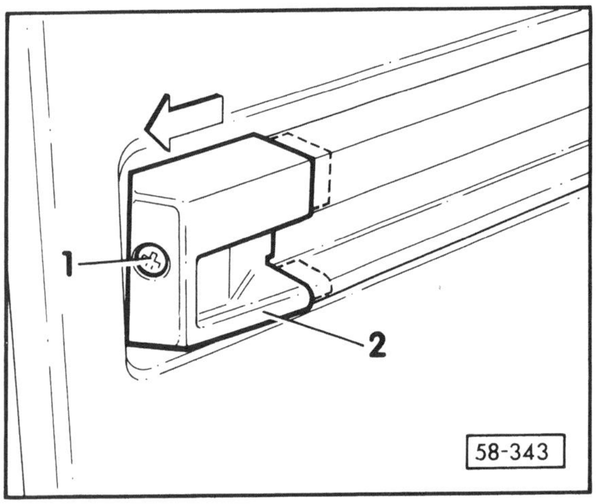

- Kreuzschlitzschraube –1– herausdrehen und Abschlußstück –2– von der Führungsschiene (außen an der Karosserie) abziehen.

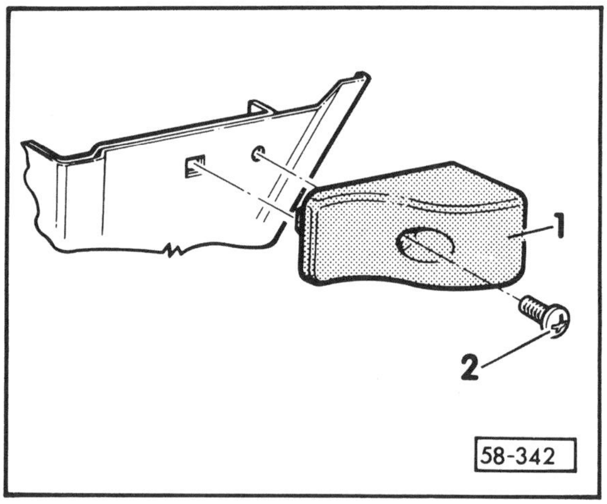

- Linsenschraube –2– innen an der Schiebetür herausdrehen und Mittenanschlag –1– abnehmen.

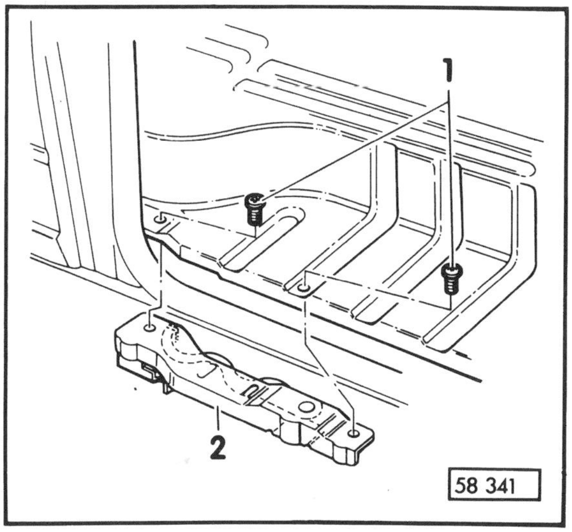

- Linsenschrauben –1– an der Trittstufe herausschrauben und Türfeststeller –2– abnehmen.

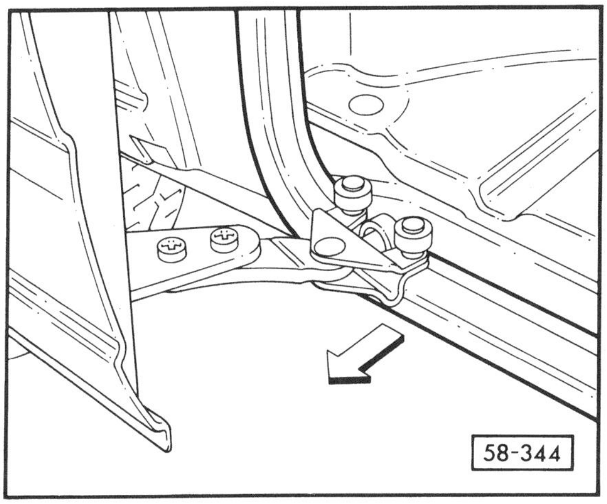

- Schiebetür ganz öffnen und Rollenführung dabei unten aus der Führungsschiene herausschwenken –Pfeil–.

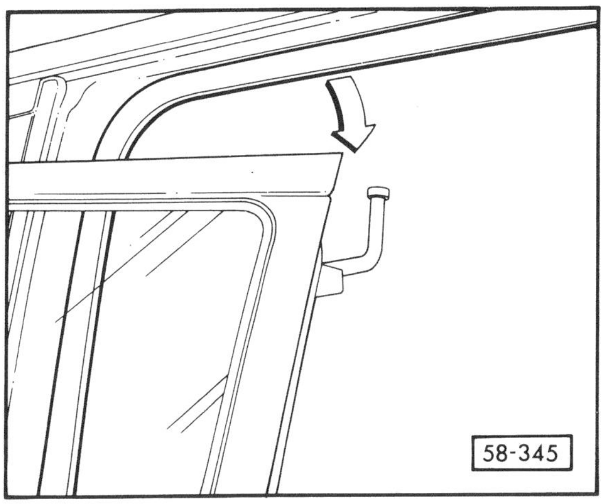

- Schiebetür im vorderen Bereich soweit absenken, bis sich die obere Rollenführung aus der Führungsschiene herausnehmen läßt.

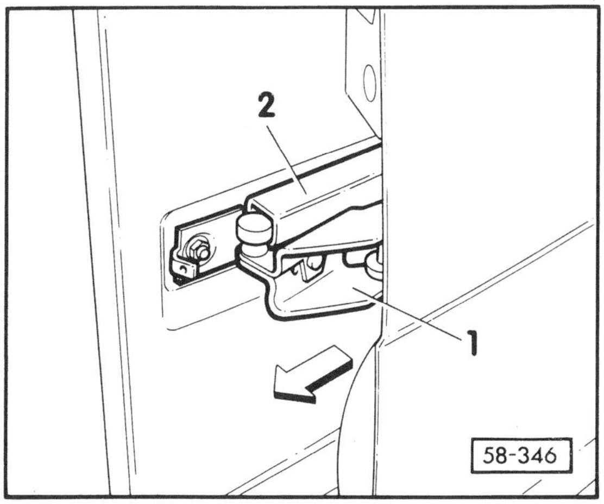

- Tür mit Hilfe einer zweiten Person soweit zurückschieben, bis der Scharnierbeschlag –1– aus der Führungsschiene –2– herausfährt.

Einbau

- Der Einbau erfolgt in umgekehrter Reihenfolge wie der Ausbau. Linsenschrauben mit **20 Nm** festziehen.

Einstellen

- Vor dem Einstellen, Verkleidung für Schiebetür ausbauen.

Scharnierbeschlag einstellen

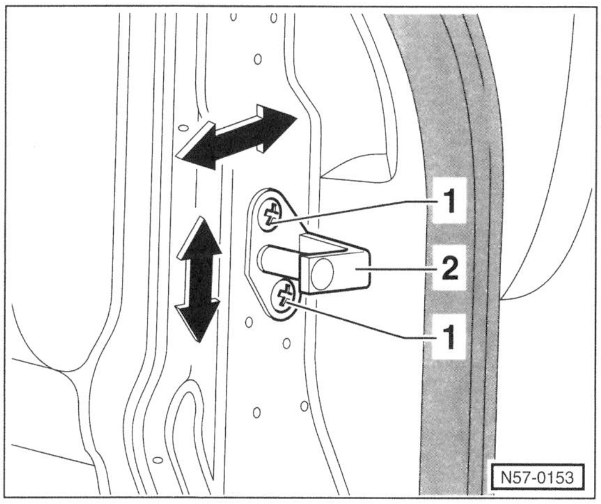

- Schließbügel –2– lösen. Dazu Schrauben –1– am Schließbügel so weit lösen, daß er mit etwas Kraftaufwand verschoben werden kann.
- Schiebetür vorsichtig schließen.

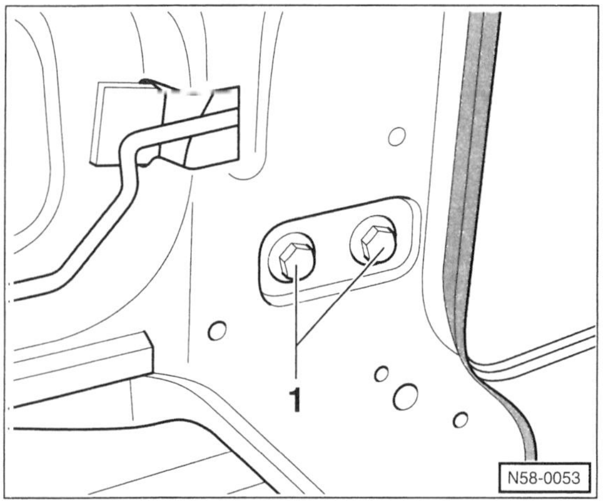

- Vom Innenraum her die Schrauben –1– lösen.
- Schiebetür durch Hilfsperson anheben lassen und Scharnierbeschlag mit Sechskantschrauben soweit wie möglich nach vorn schieben.
- Sechskantschrauben mit **60 Nm** anziehen.
- Schiebetür vorsichtig öffnen und Schließbügel mit **20 Nm** festziehen.

Untere Rollenführung einstellen

Die untere Rollenführung muß eingestellt werden, wenn die Schiebetür vorn höhenmäßig nicht stimmt und/oder nicht mit der Außenkontur der B-Säule fluchtet.

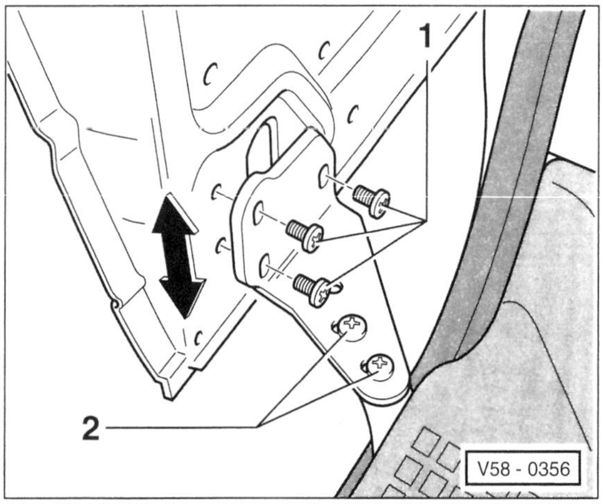

- Wenn die Schiebetür höhenmäßig nicht stimmt, Schrauben –1– lösen und Schiebetür entsprechend ausrichten. Schrauben mit **20 Nm** anziehen.
- Wenn die Schiebetür nicht mit der Außenkontur der B-Säule fluchtet, ist sie mit Hilfe der Kreuzschlitzschrauben –2– folgendermaßen einzustellen:
  - ◆ **Ohne Trittstufeneinsatz:** Kunststoffkappe von unten aus der Trittstufe herausdrücken.
  - ◆ **Mit Trittstufeneinsatz:** Trittstufenleuchte mit kleinem Schraubendreher heraushebeln, Stecker abziehen.

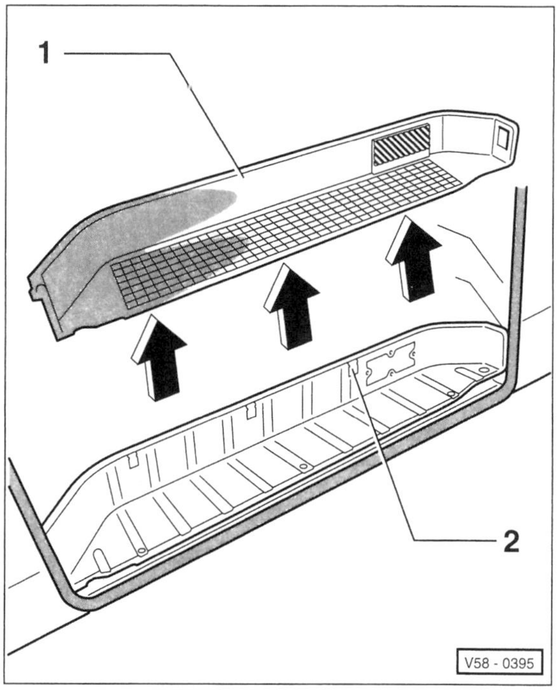

◆ **Mit Trittstufeneinsatz:** Trittstufeneinsatz –1– an der Außenseite –Pfeile– ausclipsen und in Einbaulage nach oben aus den Halteklammern –2– herausheben.

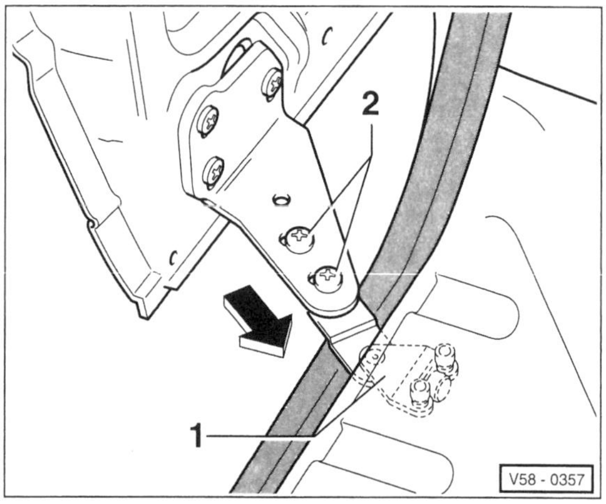

- Schrauben –2– lockern, Schiebetür gegen Rollenführung –1– drücken –Pfeil– und **nur** die türseitige Schraube festdrehen.
- Schiebetür vorsichtig schließen.
- Türseitige Schraube langsam lösen. Gleichzeitig von Helfer außen kontrollieren lassen, wann die Schiebetür mit der B-Säule fluchtet. In dieser Stellung die Schraube wieder festziehen.
- Schiebetür öffnen und beide Schrauben –2– mit **20 Nm** festziehen.

Obere Rollenführung einstellen

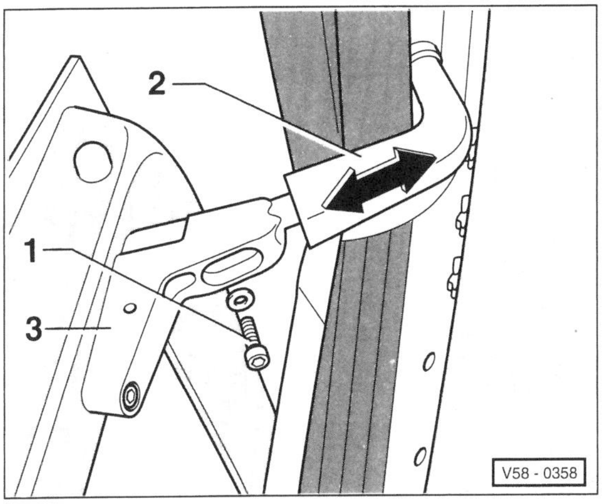

- Innensechskantschraube –1– lösen und obere Rollenführung –2– auf dem Halter –3– verschieben –Pfeile–, bis die Schiebetür vorn oben mit der Außenkontur der B-Säule fluchtet. In dieser Stellung Innensechskantschraube mit **10 Nm** festziehen.

Schließbügel einstellen

- Der Schließbügel –1– läßt sich nach Lösen der Schrauben –2– horizontal verschieben, siehe Abbildung N57-0153 auf Seite 201.
- Anschließend Schließbügel mit **20 Nm** festziehen.

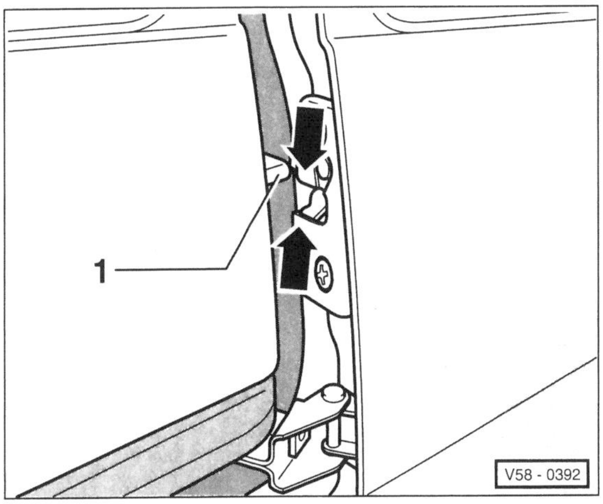

- Schließbügel –1– so einstellen, daß die Aussparung des Türschlosses mit der Drehfalle mittig zum Schließbügel –Pfeile– einrastet. Die Tür darf beim Schließen nicht angehoben oder nach unten gedrückt werden. In geschlossenem Zustand muß die Tür ohne Spiel sitzen.

Rastzapfen einstellen

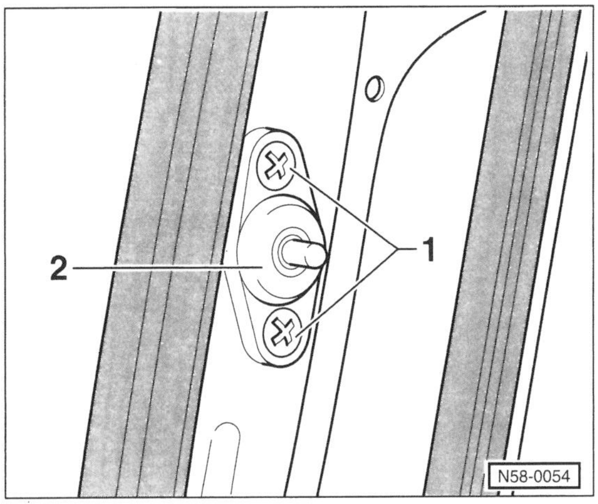

- Schrauben –1– soweit lösen, bis der Rastzapfen –2– sich bewegen läßt.

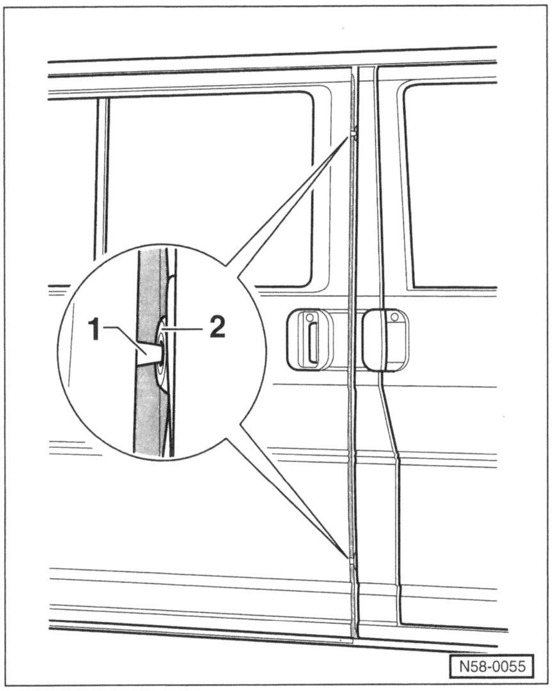

- Schiebetür langsam zuschieben, und die Stellung der Rastzapfen –1– zu den Fangplatten –2– überprüfen. Die Rastzapfen müssen parallel zu den Fangplatten stehen.
- Jetzt Schiebetür ganz schließen und dadurch die Rastzapfen einstellen.
- Schiebetür vorsichtig öffnen und die Schraube –1– mit **20 Nm** festziehen.

Hintere Flügeltür aus- und einbauen

(Sonderausstattung)

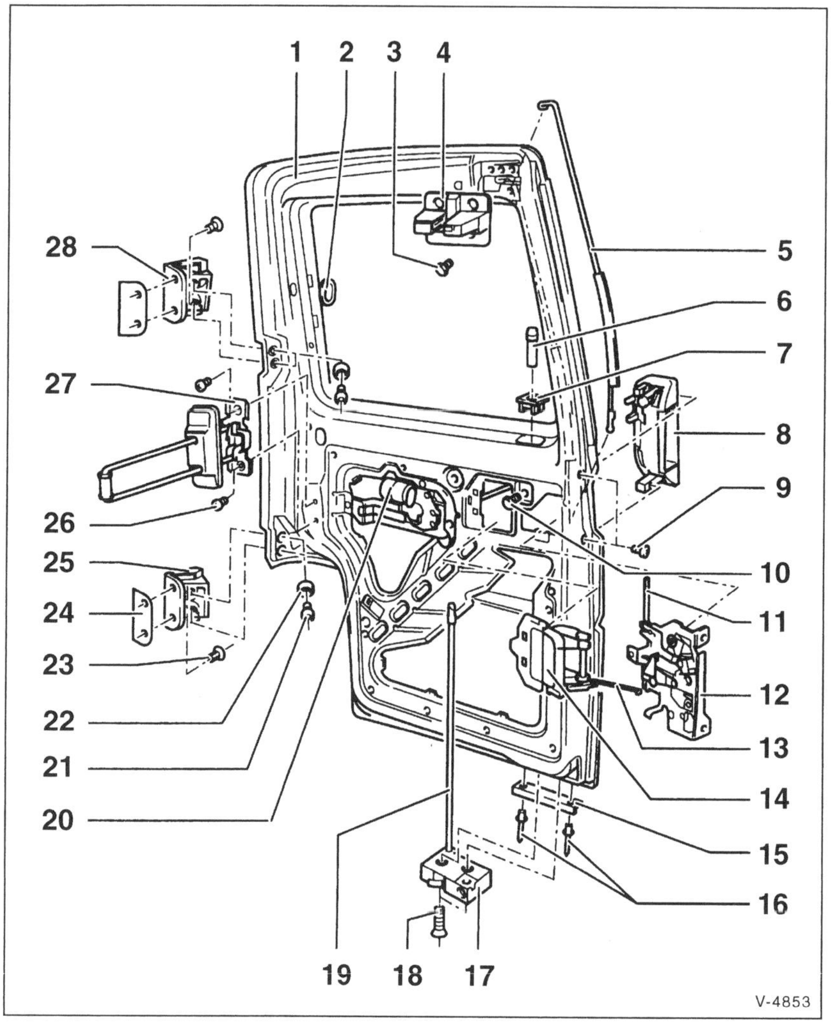

1 – **Flügeltür hinten rechts**

2 – **Tülle**

3 – **Innensechskantschraube**

4 – **Oberes Drehfallenschloß**

5 – **Obere Verriegelungsstange**
Einbau: In oberes Drehfallenschloß einhaken und von oben in die Türsäule einführen.

6 – **Sicherungsknopf**

7 – **Rosette**

8 – **Türaußengriff**
Ausbau: Linsenschrauben –9– herausschrauben und Türaußengriff nach außen abnehmen.

9 – **Linsenschraube**

10 – **Kombischraube**

11 – **Sicherungsstange**

12 – **Betätigungsschloß**

13 – **Betätigungsstange**

14 – **Innenbetätigung**

15 – **Anschlagleiste**

16 – **Niet**

17 – **Unteres Drehfallenschloß**

18 – **Senkschraube**

19 – **Untere Verriegelungsstange**

20 – **Wischermotor**

21 – **Innensechskantschraube**
Zur Befestigung Flügeltür an Scharnier.

22 – **Scheibe**

23 – **Senkschraube**
Zur Befestigung Scharnier an Karosserie.

24 – **Dichtung**

25 – **Unteres Scharnier**

26 – **Linsenschraube**

27 – **Türfeststeller**

28 – **Oberes Scharnier**

Ausbau

Die Beschreibung bezieht sich auf die Flügeltür hinten rechts. Der Ausbau der Flügeltür hinten links ist spiegelbildlich gleich.

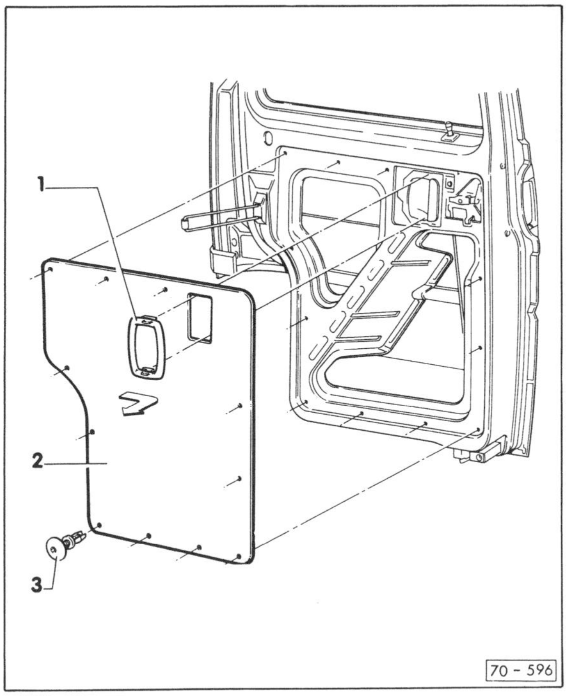

- Blende –1– in Pfeilrichtung ausclipsen, also zuerst nach hinten drücken, dann abnehmen.
- Clips –3– mit einem Innensechskantschlüssel herausdrehen und Verkleidung –2– abnehmen.
- Falls vorhanden, Leitungen für Wischer, Scheibenheizung und Zentralverriegelung abziehen und aus der Flügeltür herausziehen.

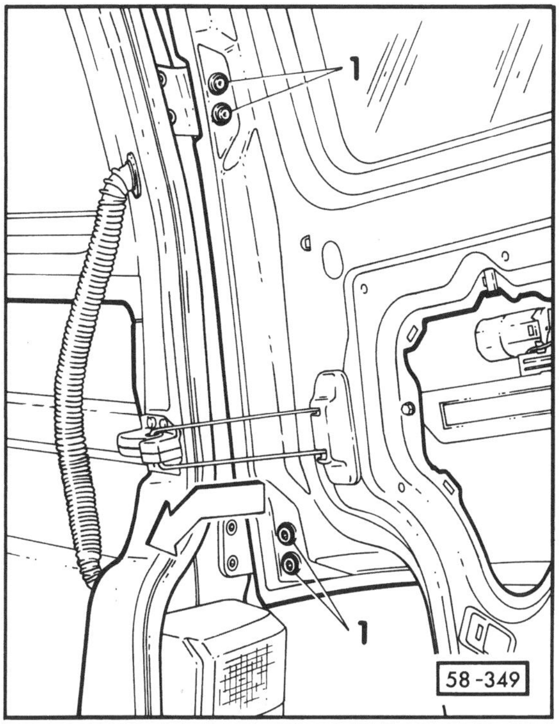

- Innensechskantschrauben –1– aus dem oberen und unteren Scharnier herausschrauben.
- Türfeststeller aushaken –Pfeil– und Flügeltür abnehmen.

Einbau

- Einbau erfolgt in umgekehrter Reihenfolge wie der Ausbau.

Kennzeichenleuchten-Abdeckleiste aus- und einbauen

Ausbau bei Heckklappe

- Heckklappen-Innenverkleidung ausbauen, dazu Clips mit 3 mm-Innensechskantschlüssel herausschrauben.

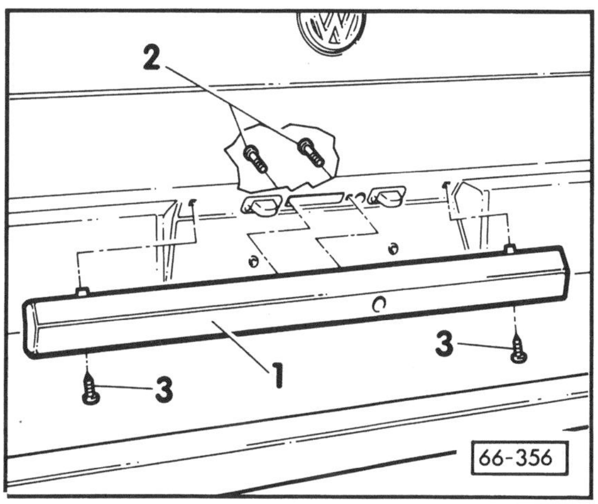

- Von der Innenseite her die Linsenschrauben –2– abschrauben.

- Kreuzschlitzschrauben -3- herausdrehen und Abdeckleiste -1- ausclipsen.

Ausbau bei hinteren Flügeltüren (Sonderausstattung)

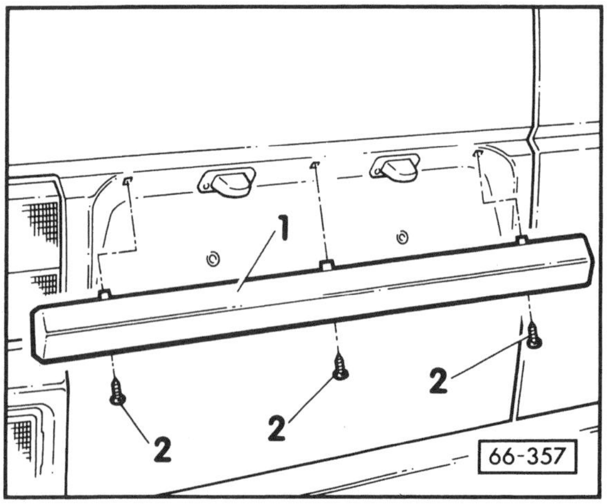

- 3 Kreuzschlitzschrauben -2- herausdrehen und Abdeckleiste -1- ausclipsen.

Außenspiegel aus- und einbauen/ Spiegelglas ersetzen

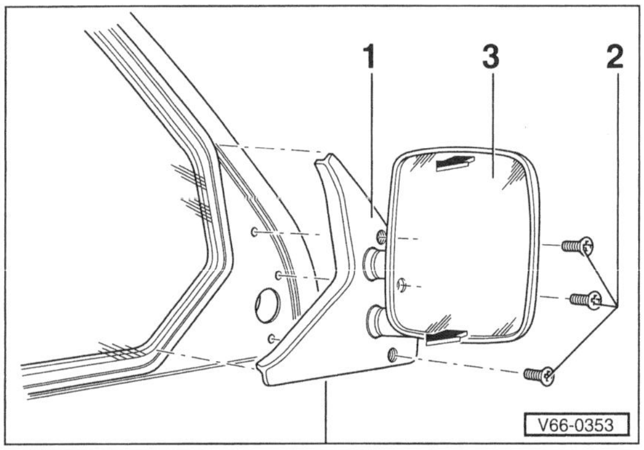

Ausbau

- Spiegel -1- und -3- mit 3 Schrauben -2- abschrauben, dabei Spiegel festhalten. Bei elektrisch verstellbarem Spiegel Steckverbindung im vorderen, oberen Bereich der Tür trennen. Anschließend Spiegel nach außen abnehmen.

Einbau

- Falls vorhanden, Stecker zusammenfügen.
- Spiegel ansetzen und festschrauben.

Spiegelglas ersetzen

Das Spiegelglas ist in den Glasträger im Spiegelgehäuse eingeclipst. Das Glas kann auch bei eingebautem Spiegel ersetzt werden.

- Spiegelglas zuerst unten, dann oben mit einem breiten Kunststoffspachtel vom Spiegelgehäuse abdrücken. Dabei Spiegelgehäuse mit Lappen oder Pappe gegen Beschädigung schützen.
- Zum **Einbau** Spiegelglas mit den Führungszapfen in die Aufnahmen einsetzen und kräftig aufdrücken. **Achtung:** Dabei nur in der Glasmitte drücken und unbedingt **Schutzhandschuhe** verwenden. Verletzungsgefahr durch ein eventuell brechendes Spiegelglas.

Innenspiegel aus- und einbauen

Ausbau

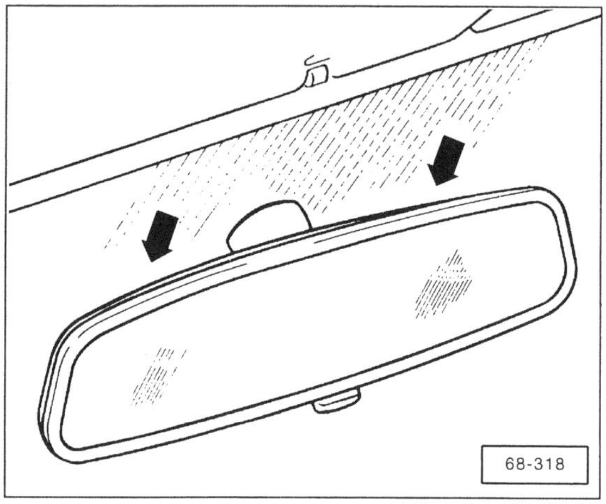

- Innenspiegel schräg nach unten von der Halteplatte abdrücken.

Einbau

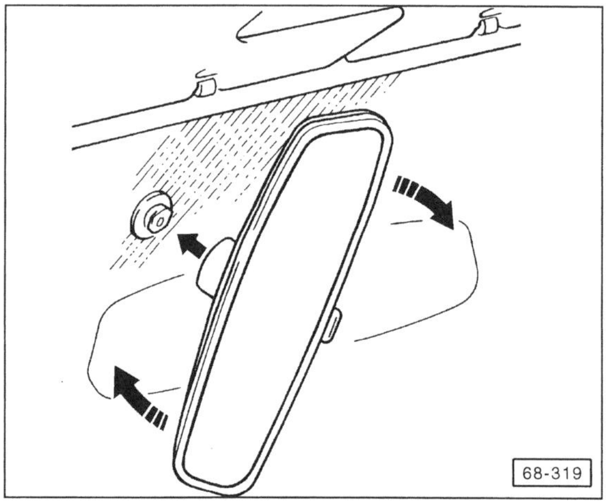

- Spiegel um 60° – 90° verdreht zur Anbaulage ansetzen und verdrehen, bis die Arretierfeder einrastet.

Vordersitze aus- und einbauen

Je nach Ausstattung sind unterschiedliche Vordersitze eingebaut:
- Drehsitze ohne Sitzgestell
- Nicht drehbare Sitze mit und ohne Sitzgestell
- Beifahrersitze können zusätzlich auch als Doppelsitzbank oder Klappsitz ausgeführt sein.

Sitze ohne Sitzgestell ausbauen (dreh- und nichtdrehbare Sitze)

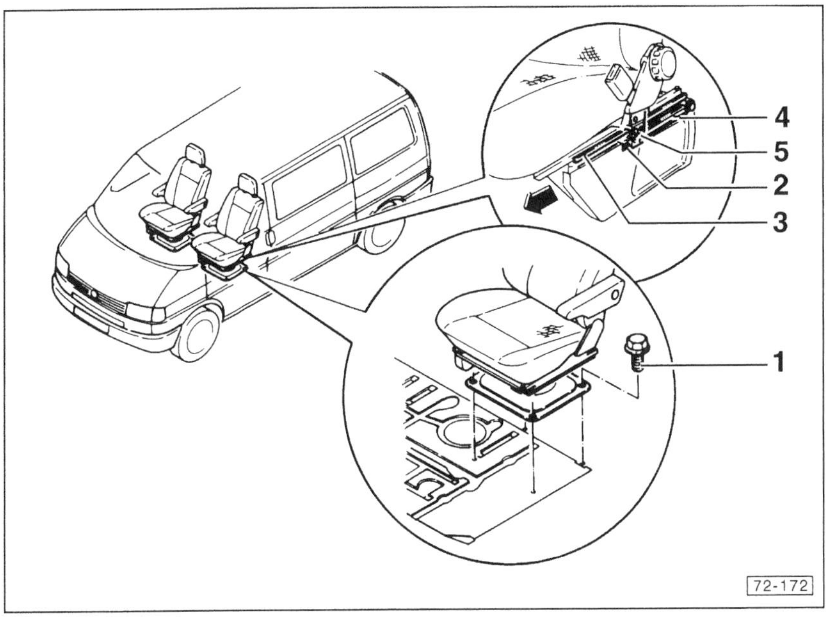

- Innensechskantschraube -2- (Schlüsselgröße 5 mm) an der inneren Sitzschiene herausdrehen, Sitzverstellung entriegeln und Sitz aus den Führungsschienen -3- in Pfeilrichtung herausziehen. Beim Herausziehen gleitet auch das Gurtschloß -5- aus der Führungsschiene -4-. **Achtung:** Beim Einbau Innensechskantschraube -2- mit **15 Nm** festziehen.

Beifahrer-Klappsitz ausbauen

- 4 Sechskantschrauben -1- herausdrehen und Klappsitz herausnehmen. Beim Einbau Schrauben mit **45 Nm** anziehen.

Einzelsitze mit Sitzgestell ausbauen

- Falls vorhanden, Zusatzbatterie unter dem Sitz ausbauen, siehe Seite 246.

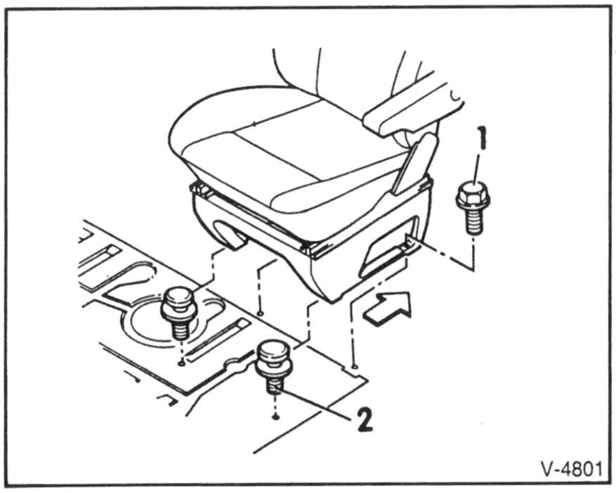

- Hintere Schrauben -1- herausdrehen.
- Sitz von den Bolzen -2- nach hinten abziehen. **Achtung:** Beim Einbau Sechskantschrauben -1- mit **45 Nm**, Bolzen -2- mit **30 Nm** anziehen.

Doppelbeifahrersitz ausbauen

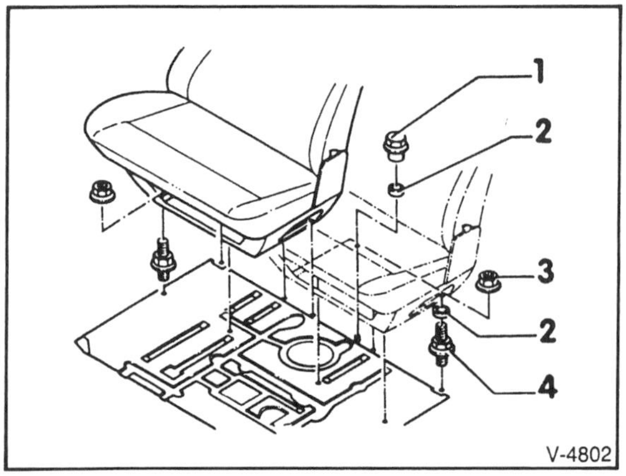

V-4802

- 5 Sechskantmuttern -3- abschrauben und Beifahrersitz abnehmen.

Achtung: Die Distanzscheiben -2- werden nur in Fahrzeuge mit Trennwand eingebaut, um den Freigang zwischen Sitzlehne und Trennwand zu gewährleisten. Die Distanzmutter -1- wird nur in Rechtslenker-Fahrzeugen eingebaut, also nicht im deutschsprachigen Raum. Anzugsdrehmomente Sechskantmutter -3- sowie Bundschraube -4-: **45 Nm**.

Mittlere Sitzreihe aus- und einbauen

Anstelle der mittleren Sitzbank für 2 Personen kann je nach Modell auch ein Einzelsitz montiert sein. Der Ausbau geschieht in gleicher Weise.

Ausbau

B70 - 171

- Hebel links und rechts am Sitzgestell nach oben ziehen und gleichzeitig Sitz nach hinten drücken. Dabei fährt der Sitz aus der Bodenverankerung heraus.

Einbau

- Sitz von hinten auf die Halterungen aufschieben, bis er einrastet. **Achtung:** Die Hebel links und rechts am Sitzgestell müssen sicher verriegelt sein. Sitze nur in Fahrtrichtung einsetzen, damit die Sicherheitsgurte angelegt werden können.

Hintere Sitzbank aus- und einbauen

Die hintere Sitzbank geht über die ganze Fahrzeugbreite. Bei der Doppelkabinen-Ausführung befindet sich unterhalb der Sitzbank ein Stauraum für Werkzeug, hier kann nur die Sitzfläche ausgebaut werden.

Ausbau

- Lehne für Sitzbank entriegeln und auf die Sitzfläche klappen.
- Sitzbank entriegeln und nach vorn umkippen, die Befestigungsschrauben sind jetzt sichtbar.

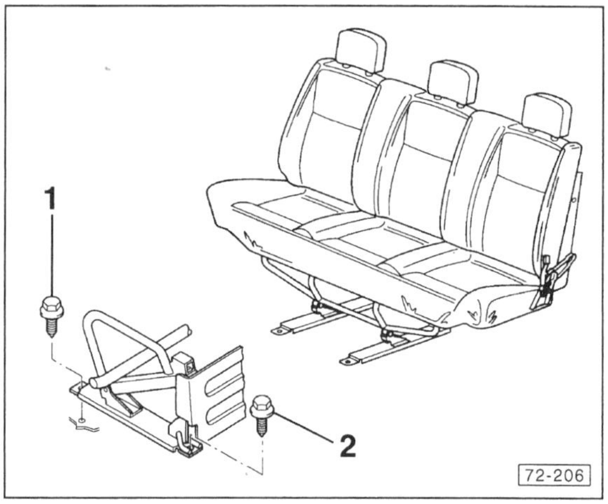

72-206

- Sechskantschrauben -1- und -2- herausdrehen und Dreiersitzbank aus dem Fahrzeug herausnehmen.

Einbau

- Der Einbau erfolgt in umgekehrter Reihenfolge. Sechskantschrauben mit **35 Nm** festziehen.

Handschuhfach aus- und einbauen

Fahrzeuge ohne Airbag:

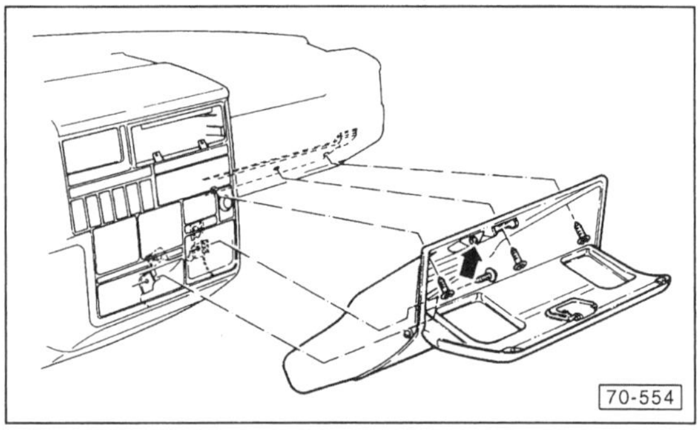
70-554

- Nur bei abschließbarem Handschuhfach: Innenleuchte -Pfeil- herausziehen und Anschlüsse abziehen.
- 7 Kreuzschlitzschrauben herausschrauben und Handschuhfach abnehmen.
- Der Einbau erfolgt in umgekehrter Reihenfolge.

Schiebedachmotor aus- und einbauen

Ausbau

- Schiebedach schließen.
- Abdeckung für Motor ausbauen.

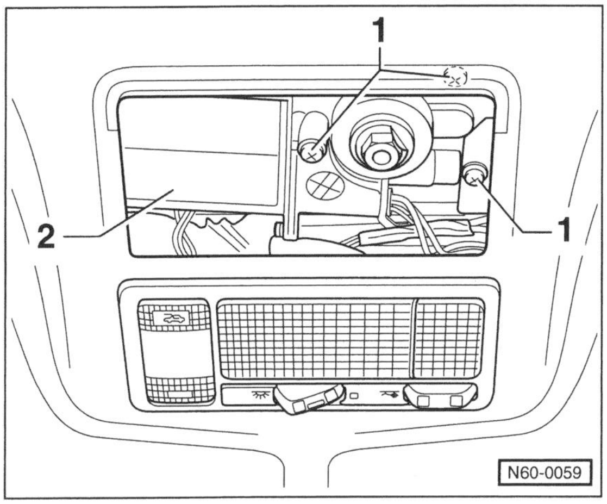

- Schrauben –1– herausdrehen.
- Steckverbindung trennen und Motor –2– herausnehmen.

Einbau

- Der Einbau erfolgt in umgekehrter Reihenfolge.

Parallellauf für Schiebedach prüfen/ einstellen

Prüfen

- Schiebedach öffnen.

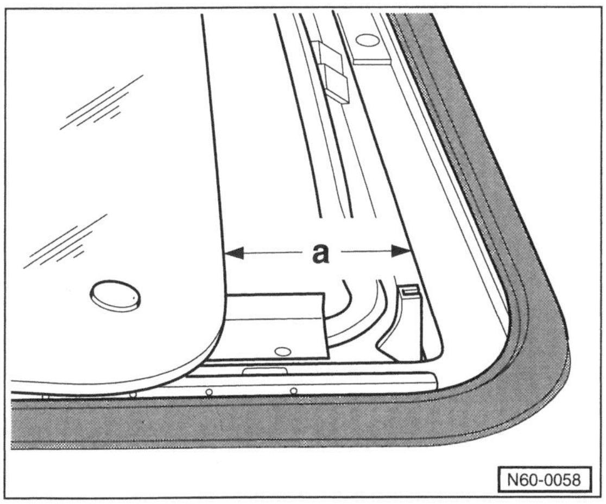

- Abstand –a– zwischen Glasdeckel und Rahmenkante auf der linken und rechten Seite messen.
- Der Abstand –a– muß auf der linken und rechten Seite gleich sein, andernfalls Parallellauf einstellen.

Einstellen

- Schiebedach öffnen.
- Abdeckung für Motor ausbauen.

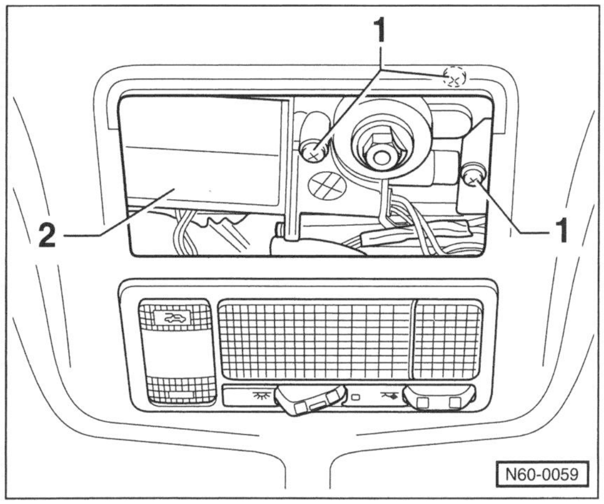

- Schrauben –1– soweit lösen, daß das Antriebsritzel mit den Seilzügen nicht mehr in Eingriff steht.

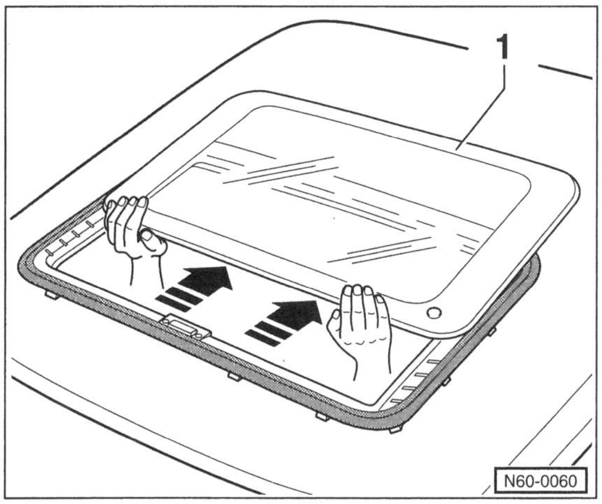

- Glasdeckel –1– von Hand bis an die hinteren Anschläge schieben.
- Elektrischen Antrieb anschrauben und Abdeckung wieder einclipsen.
- Schiebedach schließen und Funktion prüfen.

Die Campingausrüstung

Als Wohnmobil bietet VW das Modell California an, das sowohl mit Aufstelldach als auch mit starrem Hochdach lieferbar ist. Das Wohnmobil besitzt Einbauten, die mit Gas und Strom versorgt werden. Bei Arbeiten an der Gas- und Stromanlage sind bestimmte Sicherheitsvorschriften zu beachten.

Sicherheitsmaßnahmen bei Arbeiten am Wohnmobil

- Bei allen Reparaturarbeiten darf die 110/220 Volt-Spannungsversorgung nicht an der Außensteckdose angeschlossen sein.
- Alle Reparaturarbeiten an der 110/220 V-Anlage dürfen nur von einer Elektrofachkraft oder unter Anleitung einer solchen Person durchgeführt werden.
- Wird bei Reparaturarbeiten das Rohrleitungssystem der Flüssiggasgeräte geöffnet, ist vor Wiederinbetriebnahme der Flüssiggasgeräte unbedingt eine Dichtigkeitsprüfung durchzuführen. In der Bundesrepublik Deutschland darf diese Prüfung nur von einem DVFG-Sachkundigen (DVFG = Deutscher Verband Flüssiggas e.V.) gemäß DVGW-Arbeitsblatt G607 (DVGW = Deutscher Verein des Gas- und Wasserfaches e.V.) erfolgen. Im Ausland sind die dort gültigen Vorschriften einzuhalten.

Ladegerät aus- und einbauen

Achtung: Sicherheitsmaßnahmen bei Arbeiten am Wohnmobil beachten, siehe oben.

Ausbau

- Sitz-/Liegebank hinten ausbauen, siehe Seite 221.

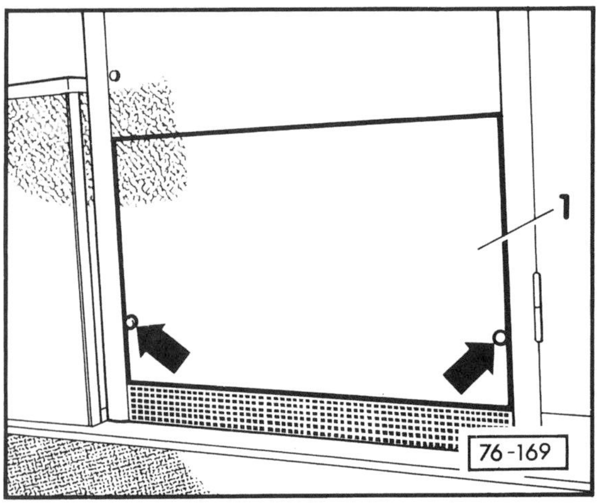

- Abdeckkappen –Pfeile– abhebeln und Kreuzschlitzschrauben aus der unteren Blende –1– herausdrehen.
- Blende nach unten drücken und an der Unterkante herausziehen.

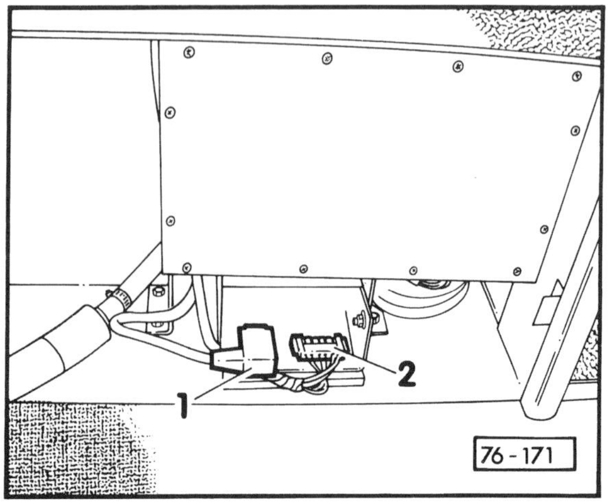

- Stecker –1– und –2– vom Ladegerät abziehen.

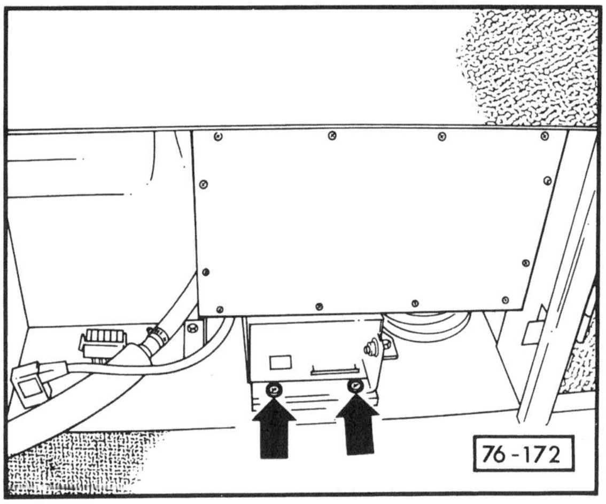

- Kreuzschlitzschrauben –Pfeile– herausdrehen und Ladegerät herausziehen.

Einbau

- Der Einbau erfolgt in umgekehrter Reihenfolge wie der Ausbau.

Zusatzbatterien aus- und einbauen

Achtung: Sicherheitshinweise beachten, siehe Seite 210.

Ausbau

- Hintere Sitzbank in Fahrtrichtung nach vorne ziehen.

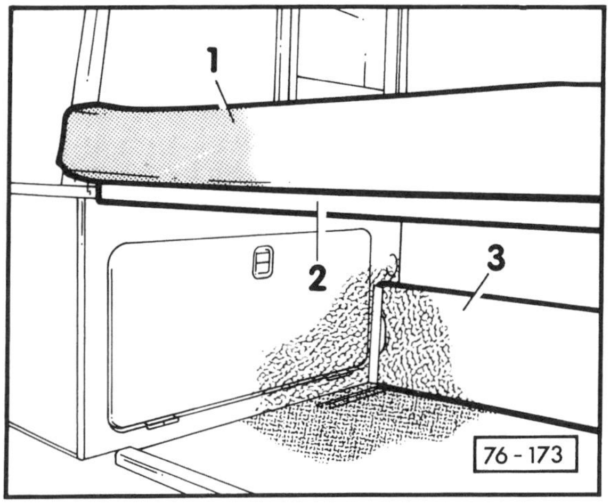

- Polsterauflage –1–, Auflagebrett –2– und Steckbrett –3– herausnehmen.
- Batterie-Klappe öffnen und aushängen.

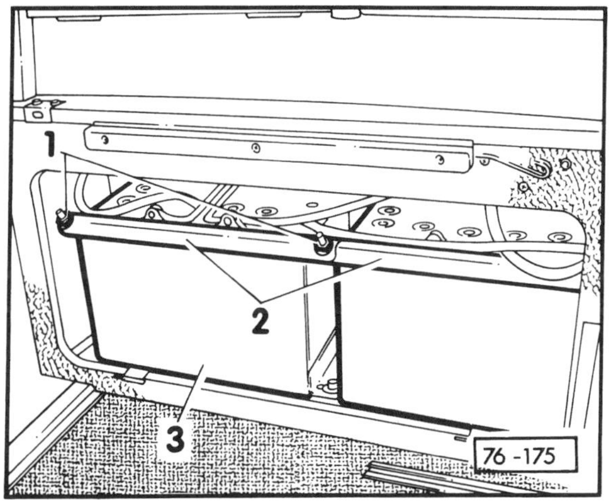

- Sechskantmuttern –1– abschrauben und Halterungen –2– abnehmen.
- Hintere Batterie –3– herausheben, Anschlüsse abschrauben und Pluskabel mit Klebeband isolieren.

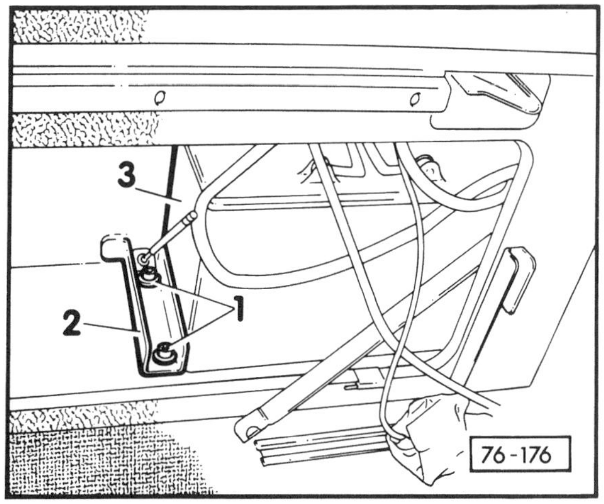

- Innensechskantschrauben –1– herausschrauben und Haltewinkel –2– herausnehmen.
- Vordere Batterie –3– herausheben, Anschlüsse abschrauben und Pluskabel isolieren.

Einbau

- Einbau erfolgt in umgekehrter Reihenfolge wie der Ausbau.

Gastank ausbauen

Campingausrüstung mit Gasanlage

Achtung: Sicherheitshinweise beachten, siehe Seite 210.

Ausbau

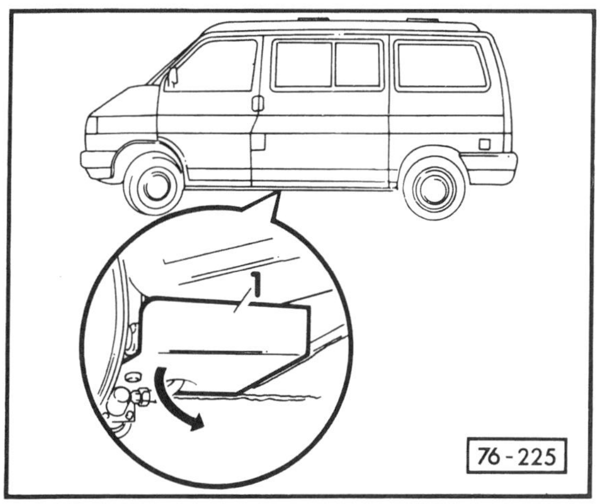

- Nur bei Gasanlage: Unterhalb des linken mittleren Bodenblechs Abdeckung –1– öffnen.

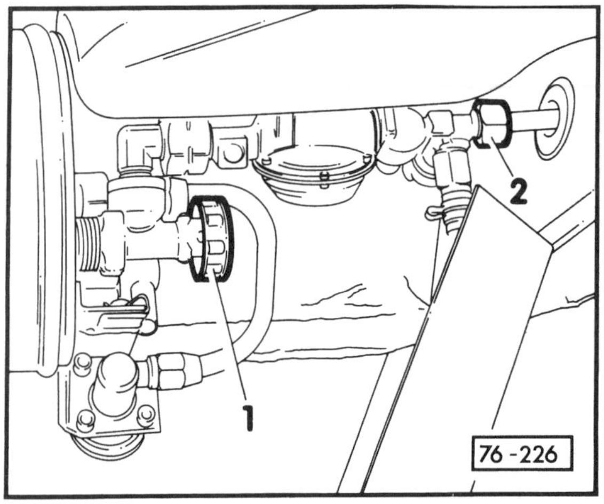

- Entnahmeventil –1– am Gastank zudrehen.
- Verschraubung –2– abschrauben.

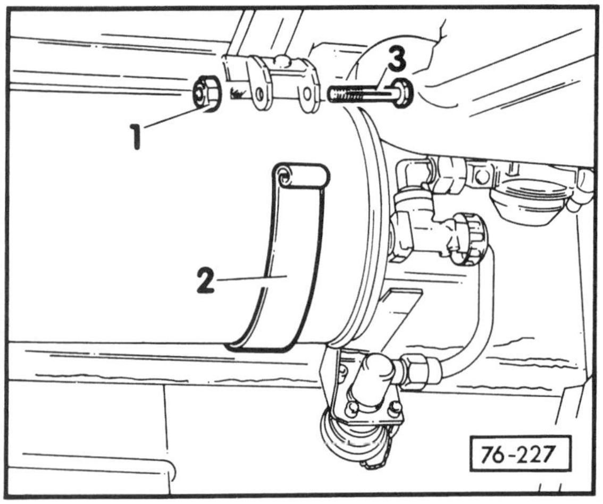

- 2 Sechskantmuttern –1– abschrauben.
- Haltebänder –2– durch Drehen der Sechskantschrauben –3– entspannen. Schrauben herausziehen.

Außensteckdose aus- und einbauen

Achtung: Sicherheitshinweise beachten, siehe Seite 210.

Ausbau

- Klappe der Außensteckdose öffnen. Vier Kreuzschlitzschrauben unterhalb der Klappe herausdrehen und 220 V-Außensteckdose herausziehen.

- Steckverbindung –2– (220 V) trennen und Steckdose –1– abnehmen.

Infoboard aus- und einbauen

Ausbau

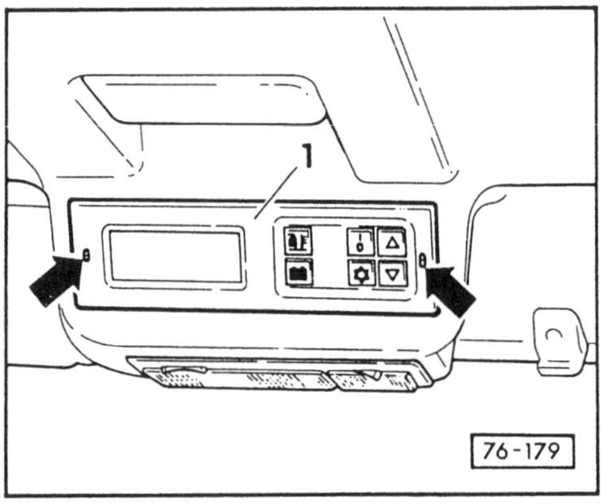

- Dorn mit Durchmesser 2,5 mm oder kleinen Schraubendreher ca. 20 mm tief in die beiden Bohrungen –Pfeile– eindrücken und Infoboard –1– herausziehen.

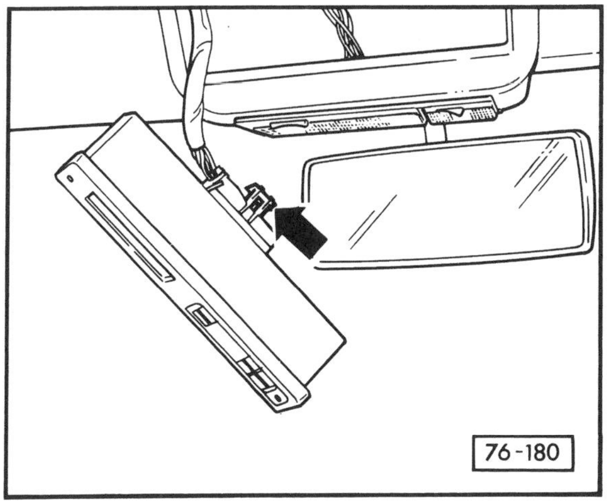

- Sicherungsklammer –Pfeil– heraushebeln und Steckverbindung abziehen.

Innenleuchten ausbauen

Bei der Campingversion sind spezielle Innenleuchten eingebaut, die sogenannte Transistorleuchte, die vordere Innenleuchte sowie die Leseleuchte.

Transistorleuchte ausbauen

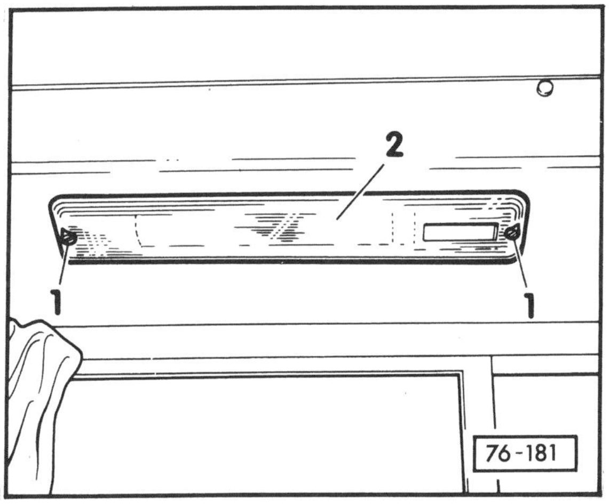

- Kunststoffmuttern –1– abschrauben und Lampenglas –2– abnehmen.
- Links und rechts je eine Kreuzschlitzschraube lösen und Lampengehäuse herausziehen.
- Anschlußkabel abziehen. **Achtung:** Beim Aufstecken der Steckverbindungen Kabel nicht vertauschen, Polarität beachten.

Innenleuchte ausbauen

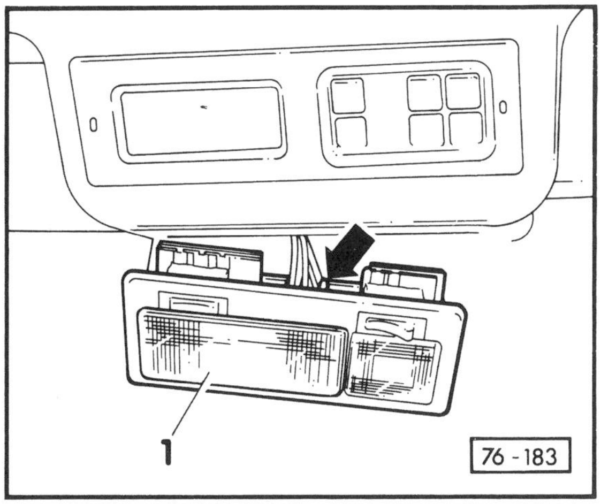

- Innenleuchte –1– heraushebeln und Steckverbindung –Pfeil– abziehen.

Leseleuchte ausbauen

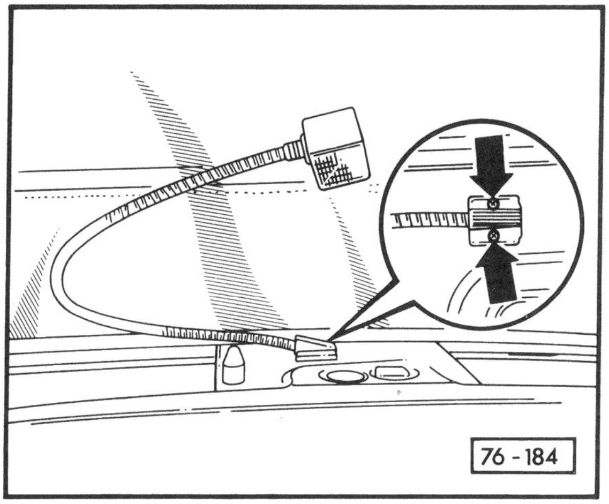

- Kreuzschlitzschrauben –Pfeil– herausdrehen.

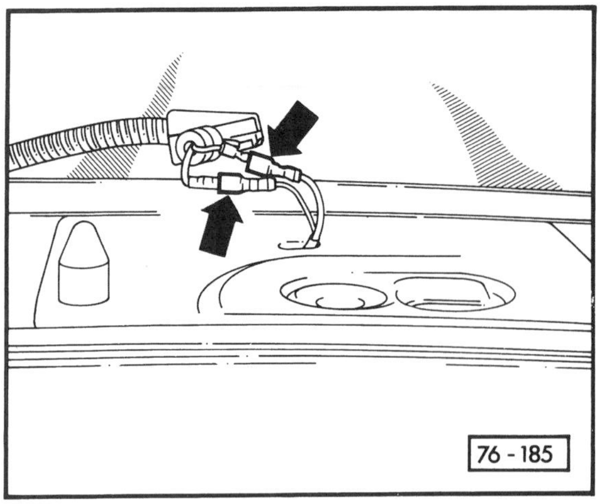

- Kabel mit Tülle so weit aus der Bohrung herausziehen, bis die Steckverbindungen sichtbar sind.
- Steckverbindungen –Pfeile– trennen.

Küchenschrank-Schublade ausbauen

- Küchenschrankdeckel hochklappen.

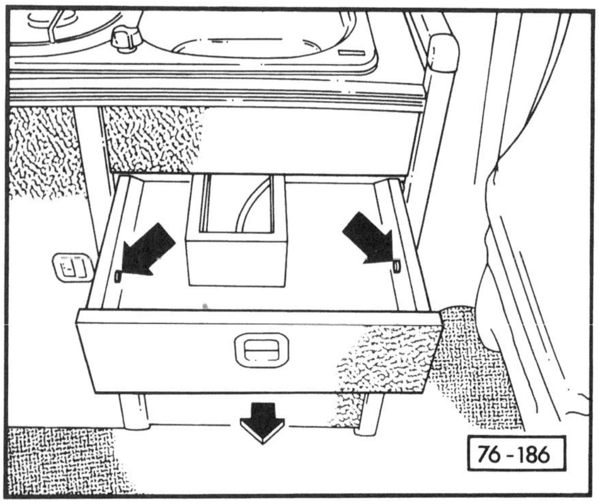

- Schublade aufziehen, Kreuzschlitzschrauben –Pfeile– herausschrauben und Schublade herausziehen.

Wasserhahn / Pumpenschalter ausbauen

Der Schalter für die elektrische Wasserpumpe ist im Wasserhahn integriert: Beim Öffnen des Hahns muß die Pumpe anlaufen.

Ausbau

- Küchenschrank-Schublade ausbauen.
- Tür vom rechten Staufach öffnen und aushaken.
- Zwischenboden unterhalb der Schublade ausbauen, dazu Bodenträger links und rechts herausziehen.

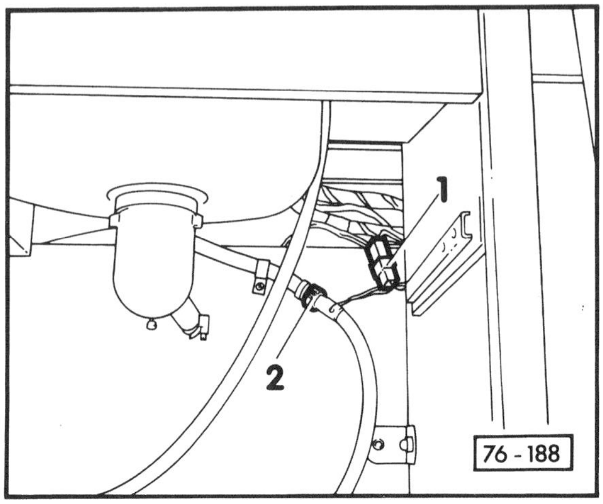

- Steckverbindung –1– trennen.
- Verschraubung –2– lösen und Wasserhahn mit Schlauch nach oben aus dem Küchenschrank herausziehen.

Wasserpumpe/Wasserstandsgeber ausbauen

Ausbau

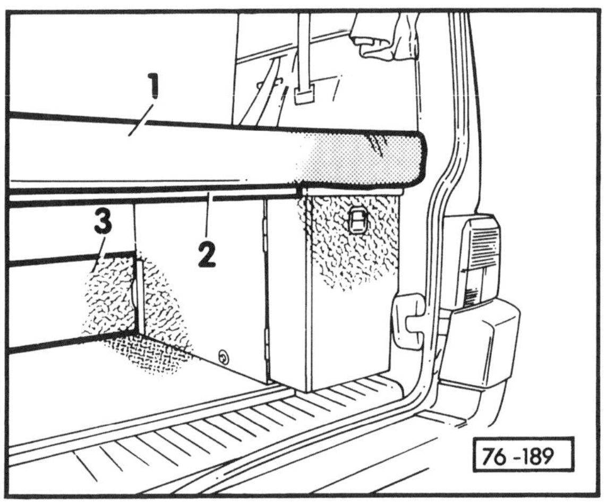

- Sitz-/Liegebank in Fahrtrichtung nach vorn ziehen.
- Polsterauflage –1–, Auflagebrett –2– und Steckbrett –3– herausnehmen.

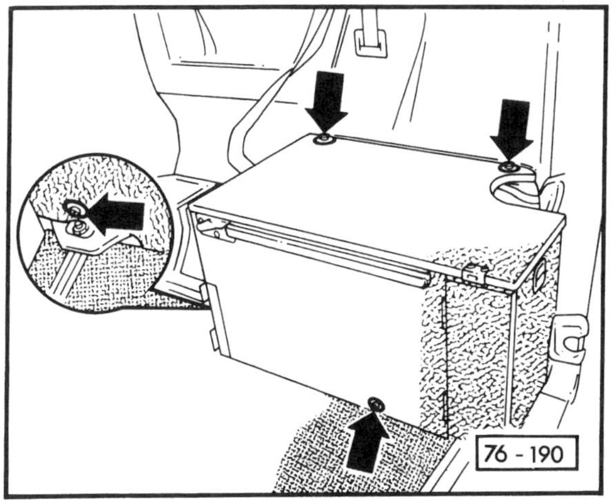

- 4 Kreuzschlitzschrauben –Pfeile– herausdrehen und Verkleidung für Wassertank herausheben.

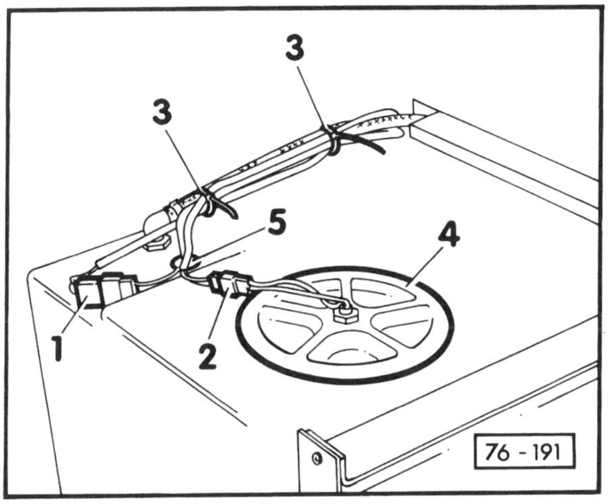

- Steckverbindung –1– und –2– trennen.
- Kabelbinder –3– lösen.
- Reinigungsdeckel –4– herausdrehen und mit Wasserstandsgeber herausnehmen.
- Anschlüsse für Wasserpumpe aus der Steckverbindung –1– heraustrennen und durch die Gummitülle –5– nach innen in den Wassertank ziehen.

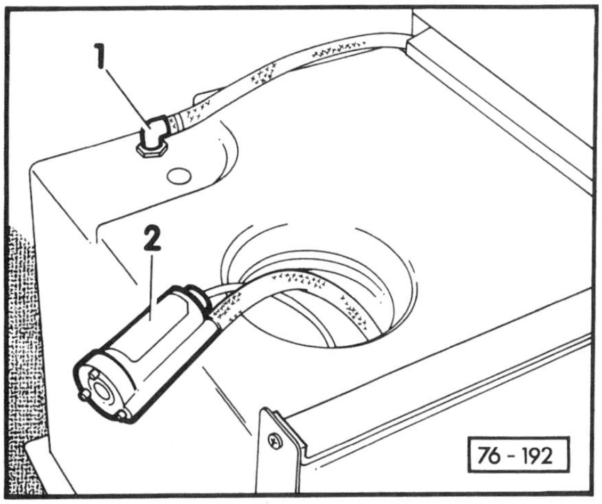

- Schlauch im Innern des Wassertanks vom Winkel –1– abziehen und Wasserpumpe –2– aus dem Tank ziehen.

Achtung: Beim Einbau die Kabelstecker (12 V) nicht vertauschen! Die Wasserpumpe fördert nur in der richtigen Drehrichtung (siehe Pfeil auf dem Pumpensockel) die volle Fördermenge.

Frischwassertank ausbauen

Ausbau

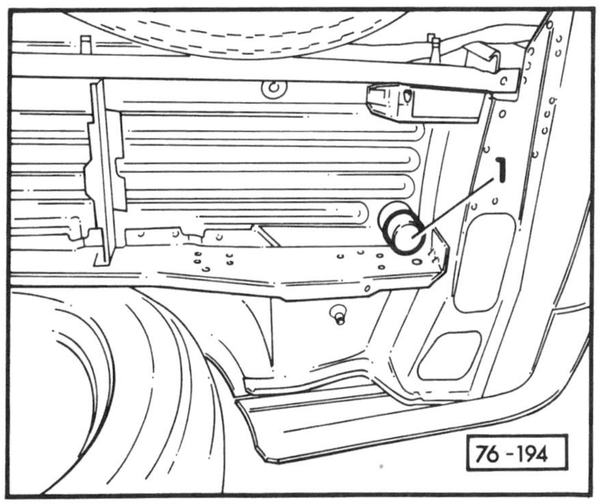

- Am hinteren rechten Bodenblech Tankverschlußmutter –1– abschrauben und im Tank befindliches Wasser ablassen.
- Wassertank-Verkleidung ausbauen, siehe Kapitel »Wasserpumpe ausbauen«.

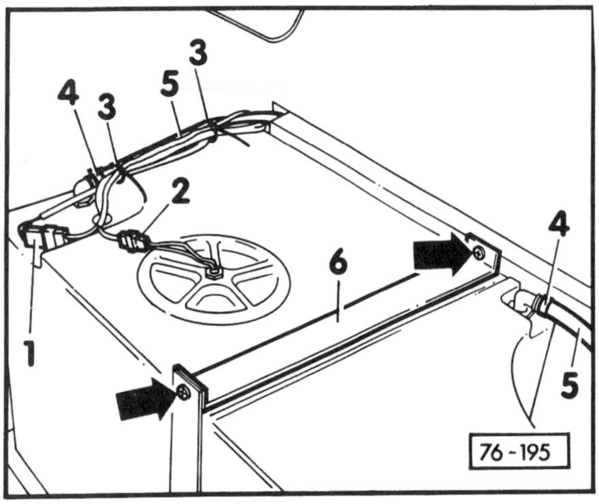

- Steckverbindungen –1– und –2– trennen.
- Kabelbinder –3– lösen.
- Klemmschellen –4– abkneifen und Schläuche –5– abziehen.
- Kreuzschlitzschrauben –Pfeile– abschrauben und oberes Halteband –6– abnehmen.

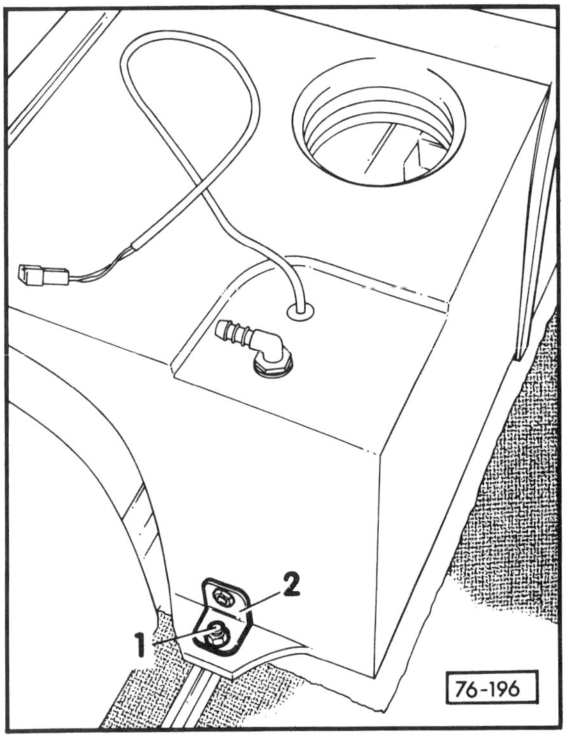

- Sechskantmutter –1– abschrauben und Befestigungswinkel –2– abnehmen.

Abwassertank ausbauen

Ausbau

- Küchenschrank ausbauen, siehe Seite 223.

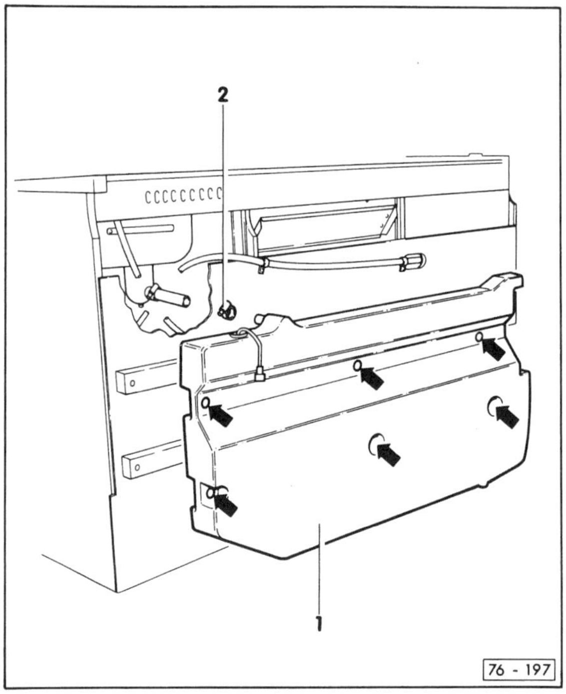

- Schraubschelle –2– lösen und Schlauch vom Abwassertank abziehen.
- Sechskantschrauben vom Innern des Küchenschrank abschrauben und Schrauben –Pfeile– nach außen herausdrücken.
- Abwassertank –1– abnehmen.

Entleerungshahn für Abwassertank ausbauen

Ausbau

- Abwassertank entleeren.
- Tür vom linken Staufach am Küchenschrank öffnen, Zwischenboden herausnehmen.

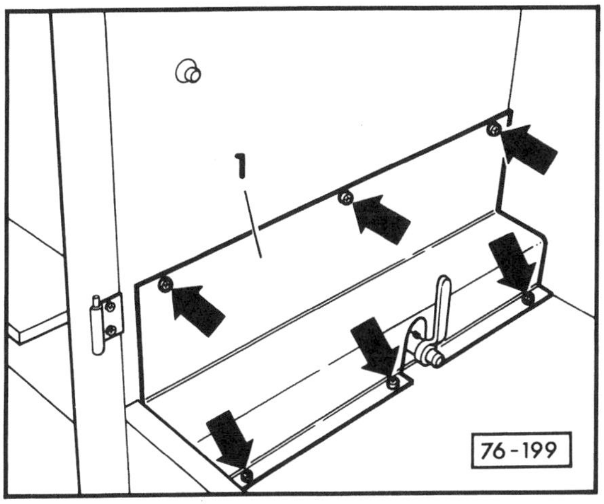

- 6 Kreuzschlitzschrauben –Pfeile– herausdrehen und Abdeckung –1– abnehmen.

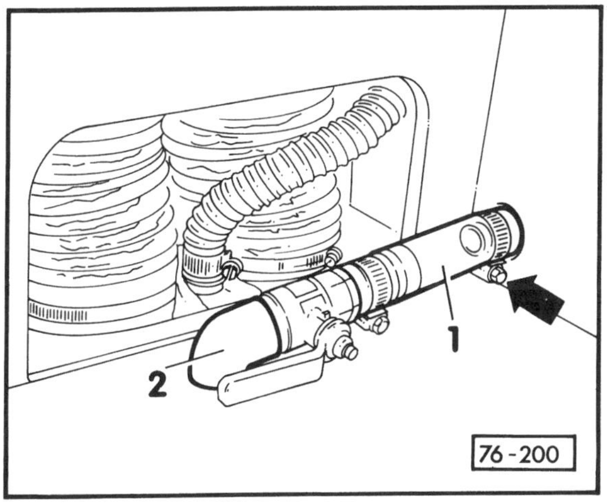

- Schraubschelle –Pfeil– lösen und Schlauch –1– abziehen.
- Entleerungshahn –2– nach oben aus dem Boden herausziehen.

Spülbecken-Abflußventil ausbauen

Ausbau

- Küchenschrank-Schublade ausbauen.
- Tür vom rechten Staufach öffnen und aushaken.
- Zwischenboden unterhalb der Schublade ausbauen, dazu Bodenträger links und rechts herausziehen.

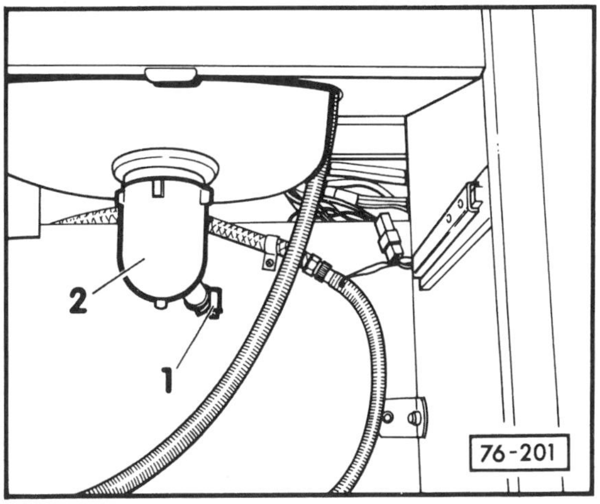

- Schraubschellen –1– lösen und Schlauch abziehen.
- Abflußventil –2– herausschrauben.

Spüle mit Kochstelle ausbauen

Je nach Ausstattung kann eine Spüle mit Spirituskocher oder mit Gaskocher eingbaut sein. Bei Gasanlage Sicherheitshinweise beachten, siehe Seite 210.

Ausbau

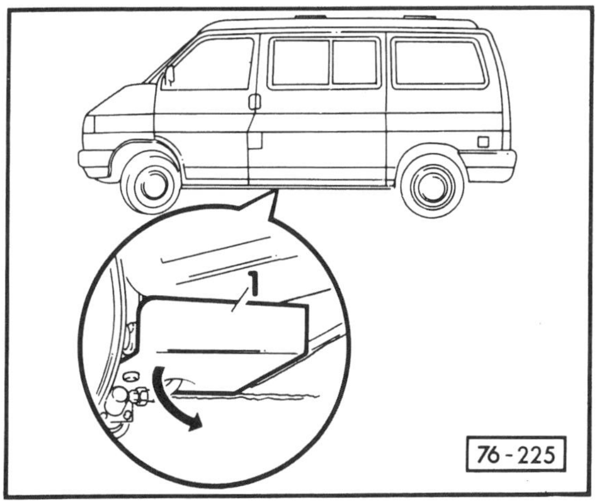

- Nur bei Gaskocher: Unterhalb des linken mittleren Bodenblechs Abdeckung –1– öffnen.

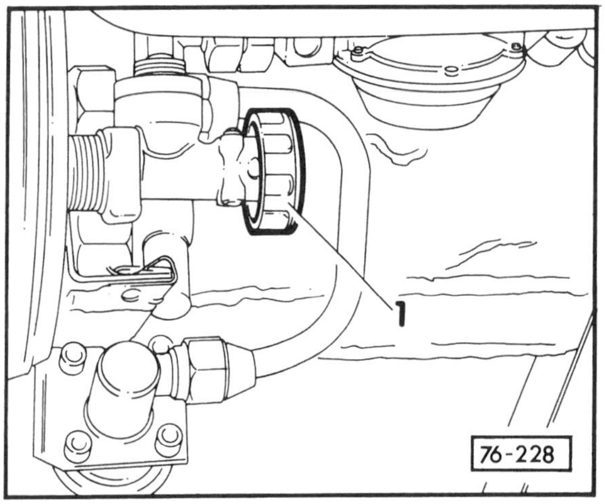

- Entnahmeventil –1– am Gastank zudrehen.
- Küchenschrank-Schublade ausbauen.
- Tür vom rechten Staufach öffnen und aushaken.
- Zwischenboden unterhalb der Schublade ausbauen, dazu Bodenträger links und rechts herausziehen.

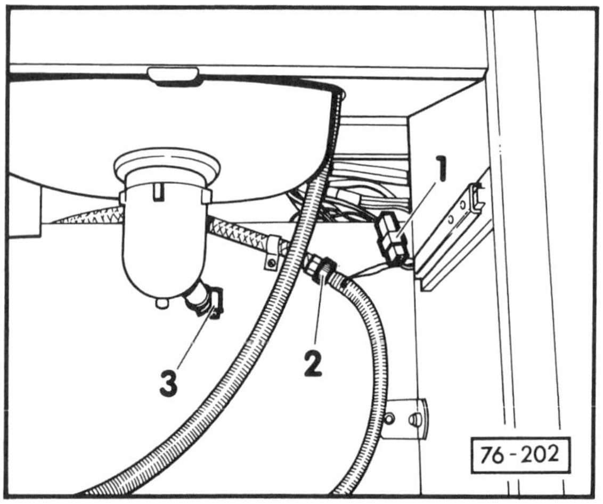

- Steckverbindung –1– trennen.
- Verschraubung –2– lösen und Wasserhahn mit Schlauch nach oben aus dem Küchenschrank herausziehen.
- Schraubschelle –3– lösen und Schlauch vom Abwassertank abziehen.
- Tür vom linken Staufach am Küchenschrank öffnen, Zwischenboden herausnehmen.

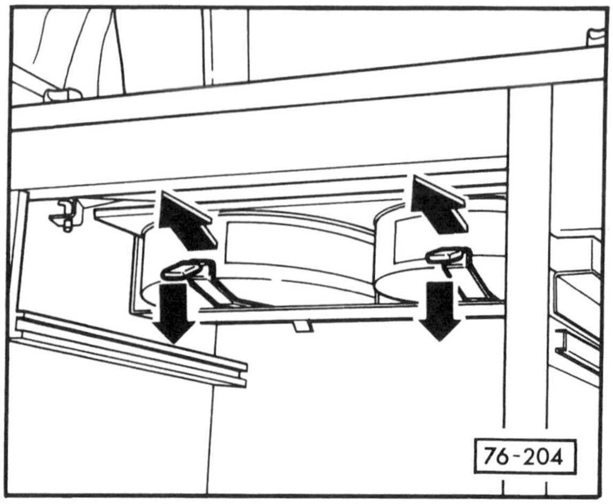

- Nur bei Spirituskocher: Blende abnehmen und Spiritusbehälter herausnehmen, dabei Hebel –Pfeile– nach unten drücken.

- Nur bei Spirituskocher: 2 Kreuzschlitzschrauben –Pfeile– herausdrehen.

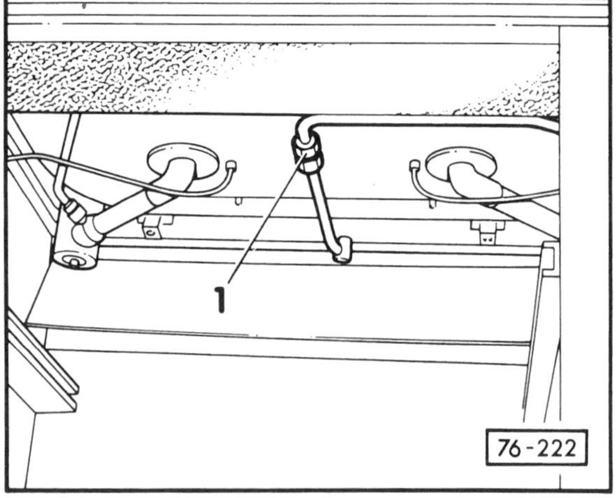

- Nur bei Gaskocher: Gasleitung –1– auseinanderschrauben.

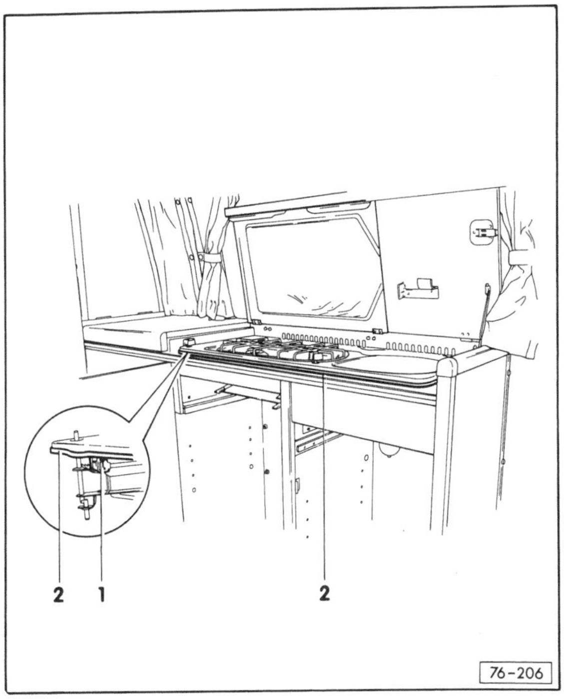

- 6 Halteklammern –1– lösen und um 90° (¼ Umdrehung) drehen.
- Spirituskocher mit Spüle nach oben aus dem Küchenschrank herausheben.

Achtung: Beim Einbau auf richtigen Sitz der umlaufenden Dichtung –2– achten. Sicherheitshinweise für Gasanlagen beachten, siehe Seite 210.

Kühltruhe ausbauen

Ausbau

- Ladegerät ausbauen, siehe Seite 210.

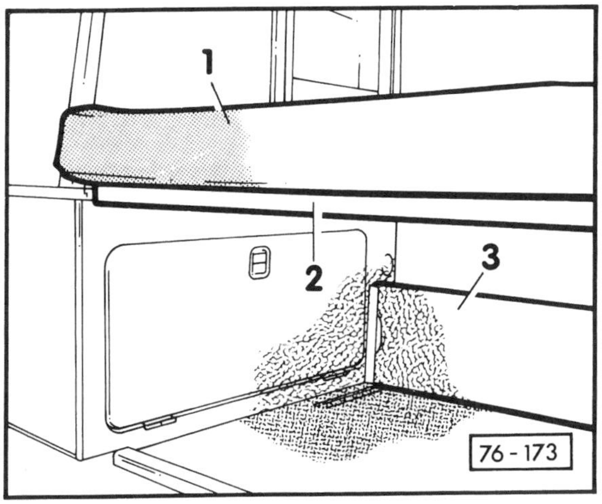

- Polsterauflage –1–, Auflagebrett –2– und Steckbrett –3– herausnehmen.

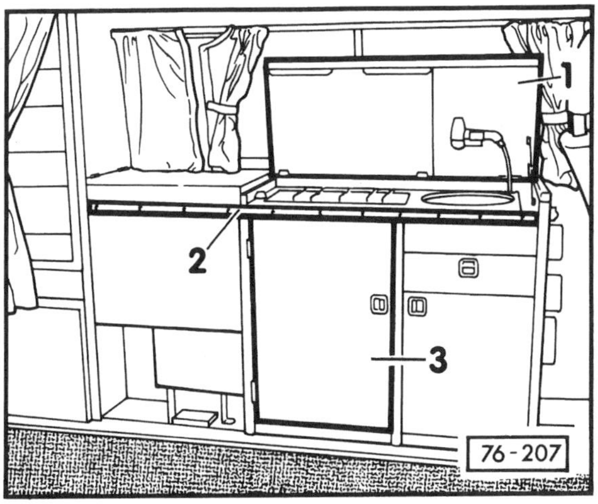

- Küchenschrankdeckel –1– hochklappen.
- Führungsschiene –2– abschrauben, dazu 10 Kreuzschlitzschrauben lösen.
- Tür vom linken Staufach –3– öffnen und aushängen.

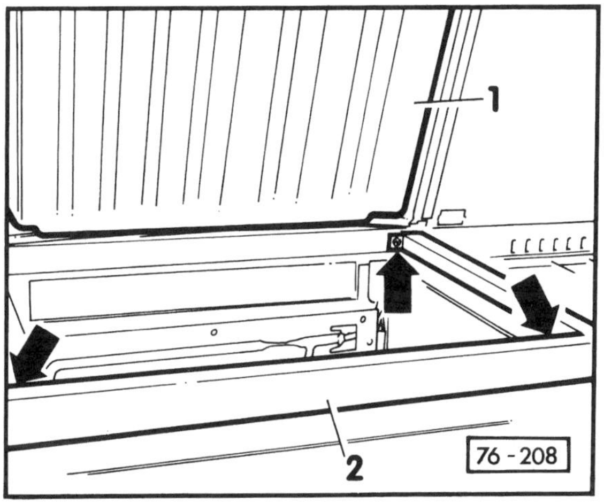

- Kühltruhendeckel –1– hochklappen.
- Einfaßrahmen –2– abschrauben, dazu 3 Kreuzschlitzschrauben –Pfeile– lösen.

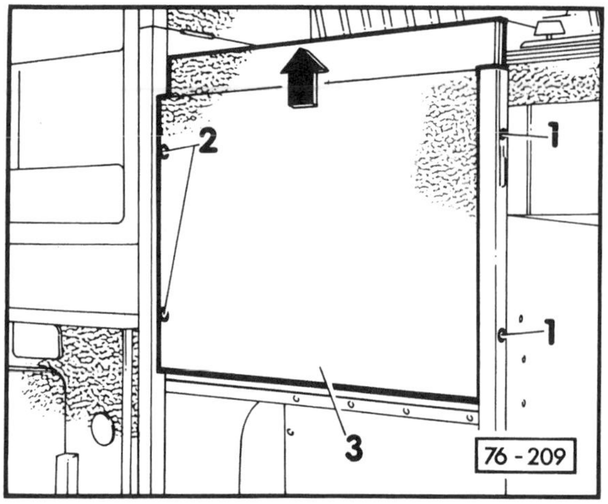

- Schrauben –1– abschrauben.
- Abdeckkappen –2– abhebeln, darunterliegende Schrauben herausdrehen und Blende –3– nach oben herausnehmen.
- Kühltruhendeckel schließen.
- Kleiderschrank-Klappe (links oberhalb der Kühltruhe) öffnen und abschrauben.
- Kühltruhendeckel öffnen.

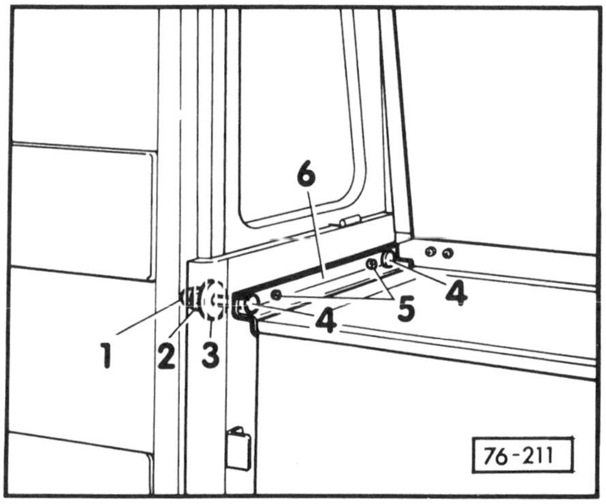

- Vom Innenraum des Kleiderschranks die Abdeckkappen –1– abhebeln, Sechskantschrauben –2– abschrauben, Scheiben –3– abnehmen und Schrauben –4– herausdrücken.
- Schrauben –5– herausdrehen und Abdeckung –6– herausziehen.

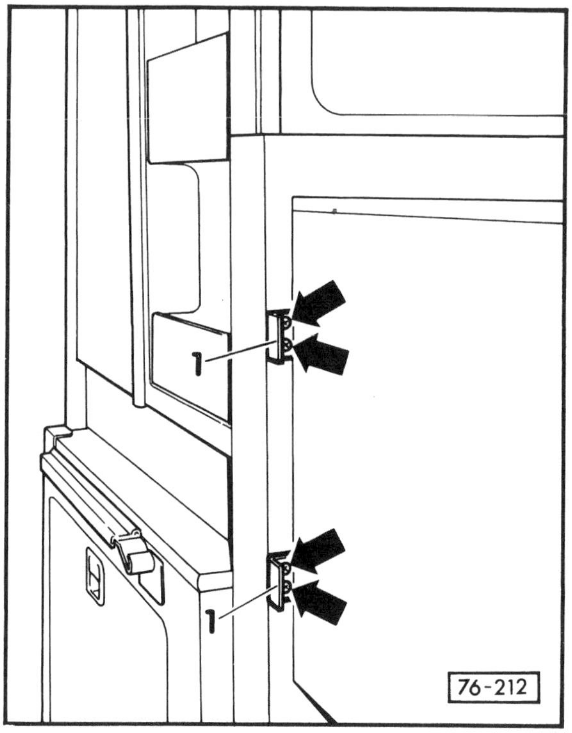

- Schrauben –Pfeile– abschrauben und die Winkel –1– abnehmen.

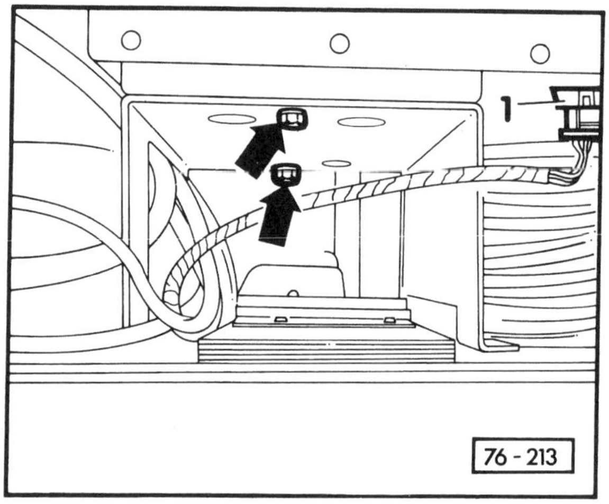

- Stecker –1– abziehen.
- Sechskantschrauben –Pfeile– aus dem Boden der Kühltruhe herausschrauben.

- Zwischenboden –1– aus dem linken Staufach des Küchenschranks herausnehmen.
- Abdeckung –2– abschrauben, dazu 6 Schrauben –Pfeile– lösen.

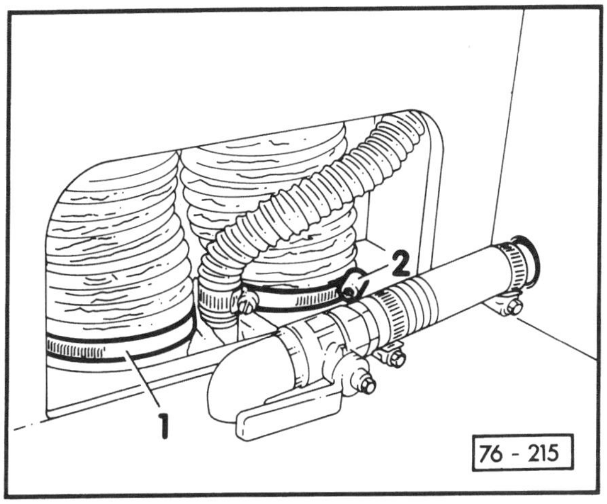

- Schraubschellen –1– und –2– lösen und Entlüftungsschläuche von den Bodenstutzen abziehen.
- Vordere Blende vom Spirituskocher abnehmen.

- Kreuzschlitzschrauben –Pfeile– herausdrehen.
- Kühltruhe herausheben.

Sitz-/Liegebank ausbauen

Ausbau

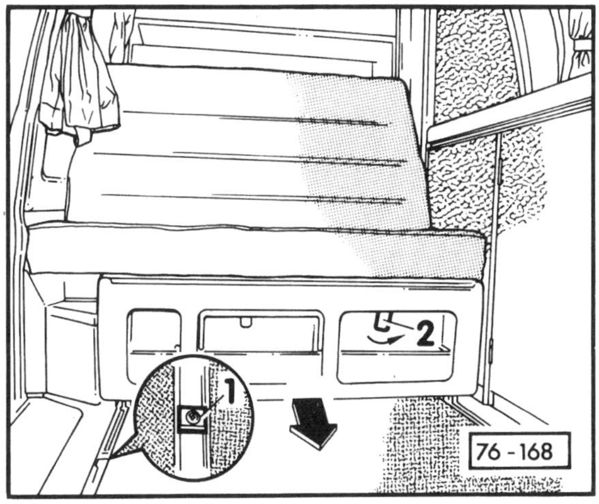

- Begrenzer –1– aus der Bodenschiene herausschrauben.
- Verriegelung –2– lösen, Sitz-/Liegebank in Fahrtrichtung nach vorne ziehen und aus den Schienen herausheben.

Abschließbares Staufach ausbauen

Ausbau

- Sitz-/Liegebank ausbauen.

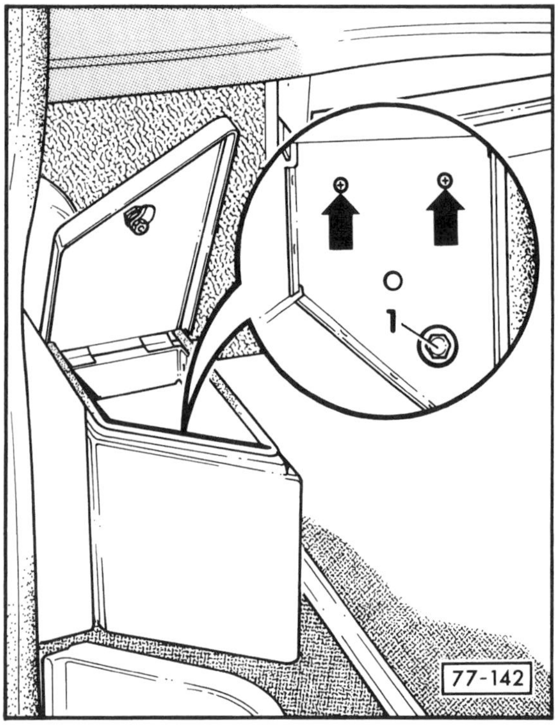

- Deckel vom Staufach öffnen, 2 Kreuzschlitzschrauben –Pfeile– und eine Sechskantschraube –1– aus dem Boden des Staufaches herausschrauben.

Hängeschrank ausbauen

Ausbau

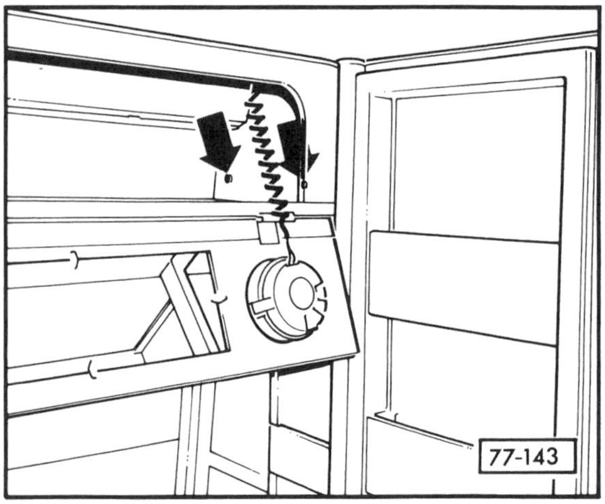

- Vom Innern des Kleiderschranks 2 Abdeckkappen abheben, Sechskantmuttern abschrauben und Schrauben –Pfeile– in den Hängeschrank durchdrücken.

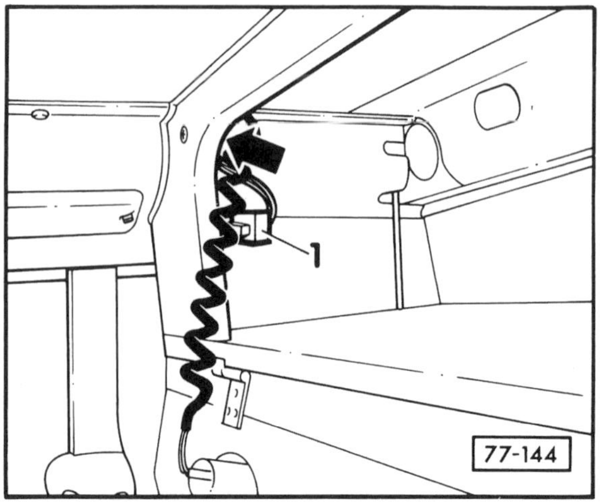

- Steckverbindung für Lautsprecherkabel –1– trennen.
- Schraubverbindung –Pfeil– lösen.

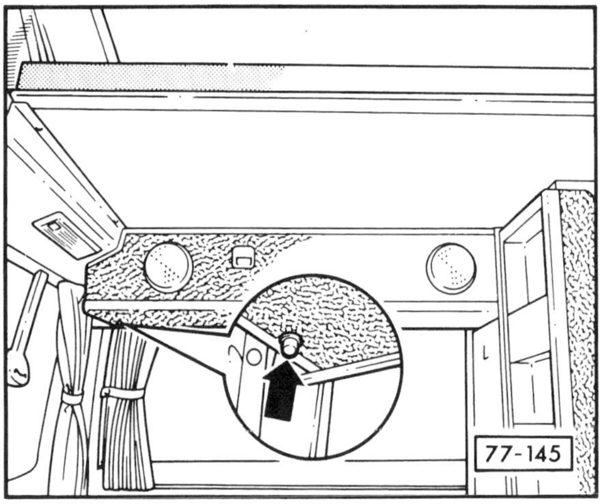

- Abdeckkappe –Pfeil– abhebeln, Sechskantmutter abschrauben und Hängeschrank abnehmen.

Küchenschrank ausbauen

Besitzt das Fahrzeug eine Gasanlage, Sicherheitshinweise beachten, siehe Seite 210.

Ausbau

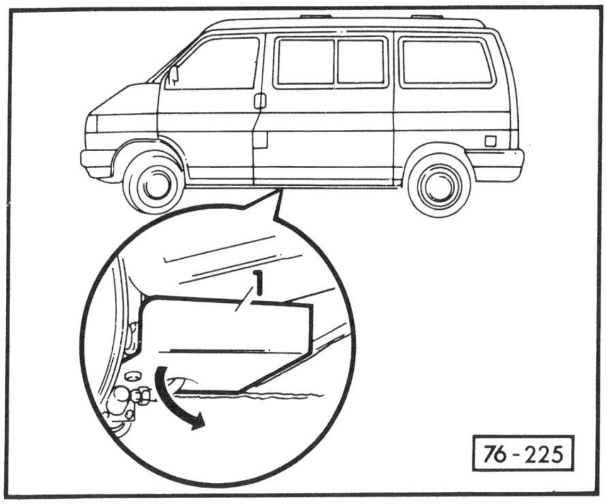

- Nur bei Gasanlage: Unterhalb des linken mittleren Bodenblechs Abdeckung –1– öffnen.

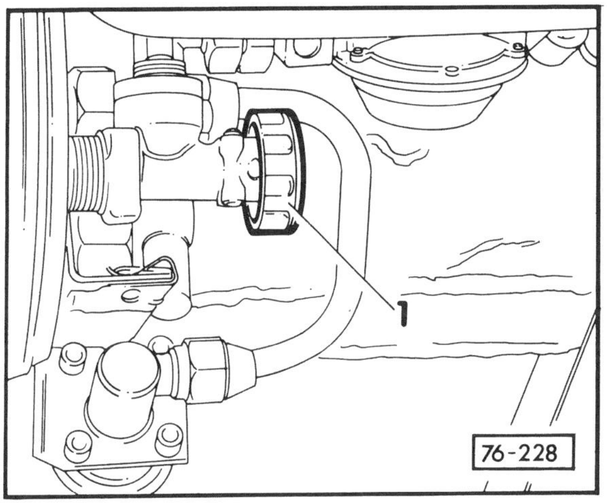

- Entnahmeventil –1– am Gastank zudrehen.
- Fahrersitz ausbauen, siehe Seite 207.
- Hintere Sitz-/Liegebank ausbauen, siehe Seite 221.
- Entleerunghahn für Abwassertank ausbauen, siehe Seite 217.

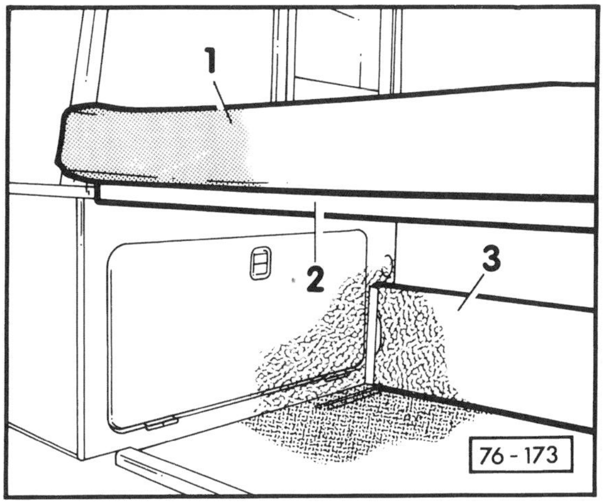

- Polsterauflage –1–, Auflagebrett –2– und Steckbrett –3– herausnehmen.

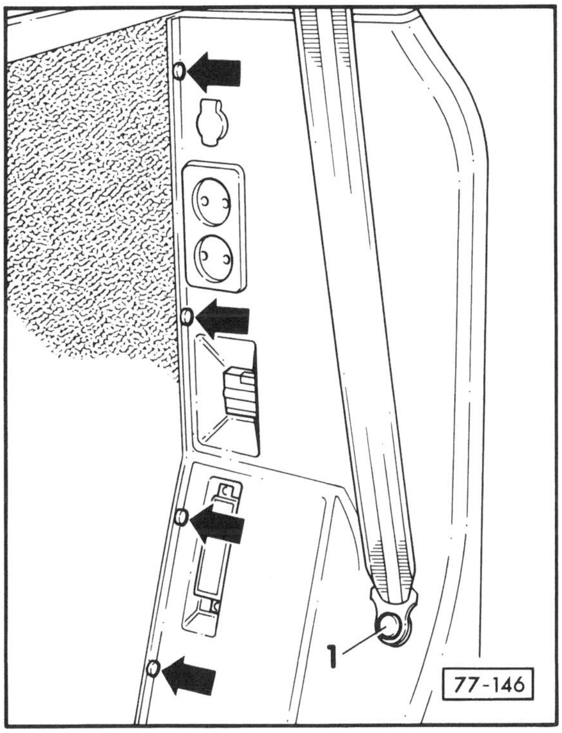

- Abdeckkappen –Pfeile– abhebeln und Kreuzschlitzschrauben herausdrehen.
- Abdeckkappe –1– abhebeln und darunterliegende Sechskantschraube für vorderen Sicherheitsgurt abschrauben. **Achtung:** Beim Einbau Sechskantschraube mit **40 Nm** anziehen.

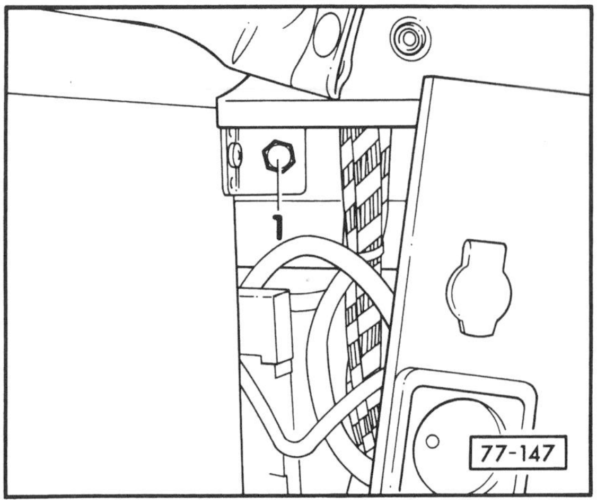

- Untere Verkleidung abnehmen und Sechskantschraube –1– herausschrauben.

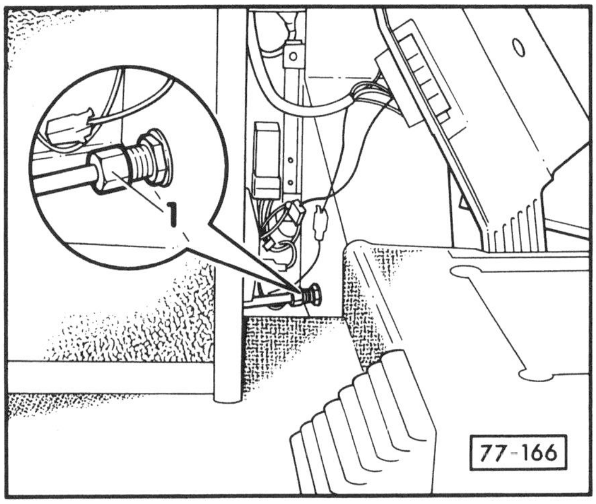

- Nur Fahrzeuge mit Gasanlage: Gasleitung an der Verschraubung –1– lösen.

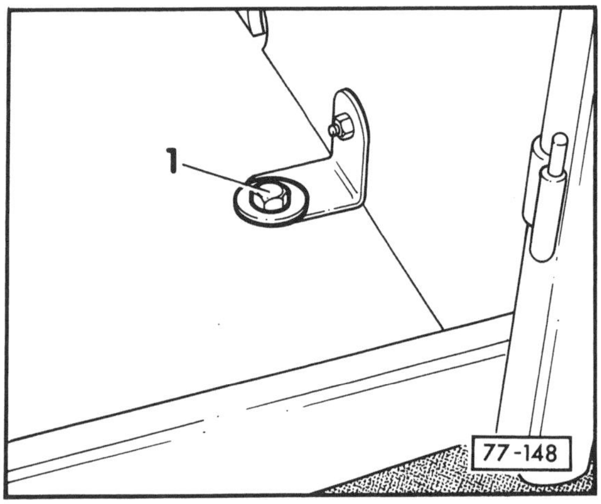

- Rechte Staufachtür des Küchenschranks öffnen und aushängen. Sechskantschraube –1– vom Boden abschrauben.

- Vom linken Staufach des Küchenschranks aus die Schraubschellen –1–, –2– und –3– lösen. Entlüftungsschläuche von den Bodenstutzen abziehen.

- Abdeckkappen –Pfeile– abhebeln und Kreuzschlitzschrauben aus der unteren Blende –1– herausdrehen.

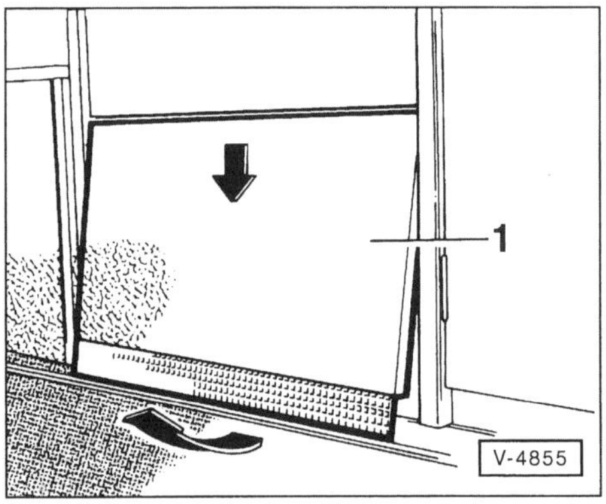

- Blende –1– nach unten drücken und an der Unterkante zur Fahrzeugmitte hin herausziehen.

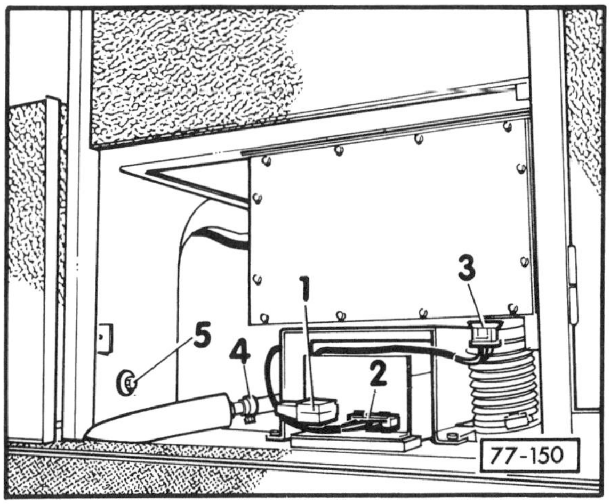

- Steckverbindungen –1–, –2– und –3– trennen.
- Schraubschellen –4– lösen und Schlauch abziehen.
- Sechskantschraube –5– herausschrauben.

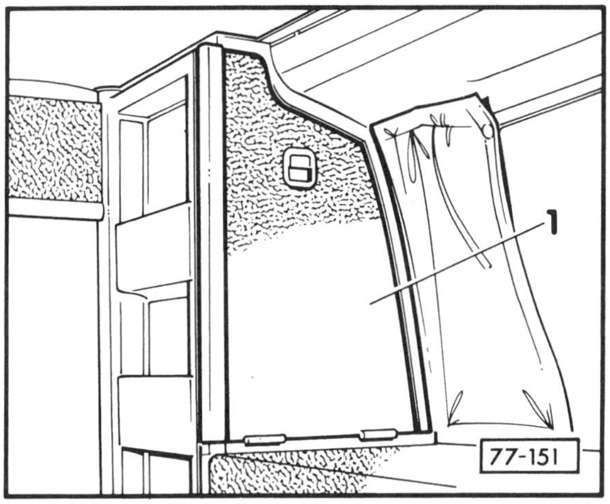

- Klappe für Kleiderschrank –1– öffnen und abschrauben.

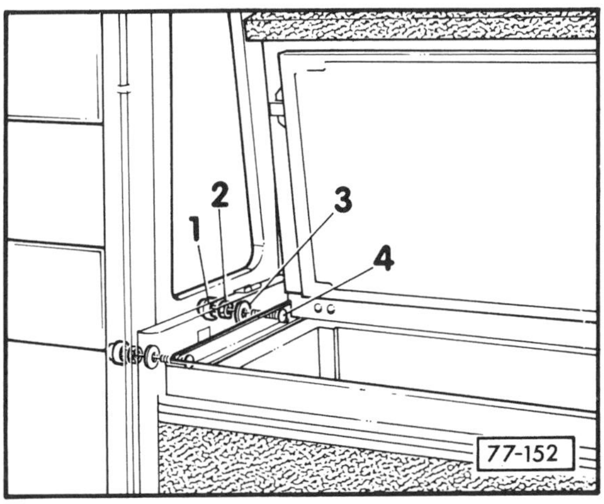

- Deckel für Kühltruhe öffnen.
- Im Kleiderschrank die Abdeckkappen –1– abhebeln, Sechskantmuttern –2– abschrauben, Scheiben –3– abnehmen und Schrauben –4– herausdrücken.

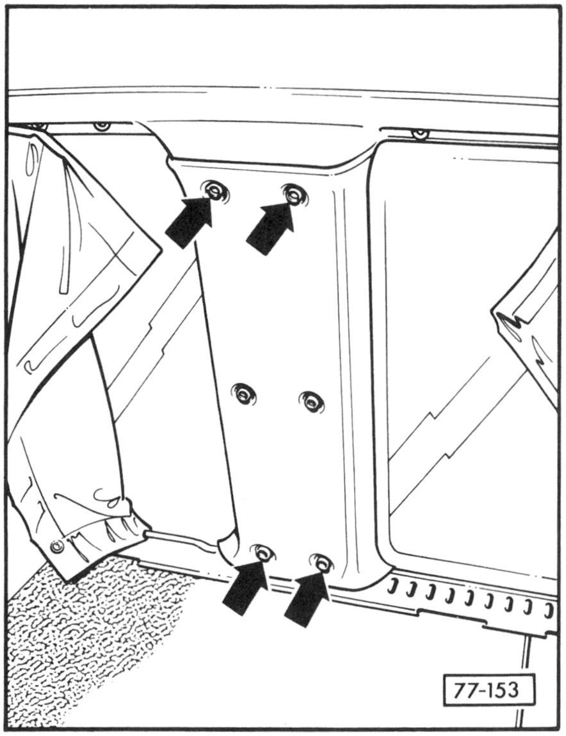

- Deckel für Kühltruhe schließen.
- Gardinen an der »C-Säule« (3. Fenstersäule von vorn) abknöpfen.
- Kreuzschlitzschrauben mit Druckknöpfen herausdrehen –Pfeile– und Verkleidung abnehmen.

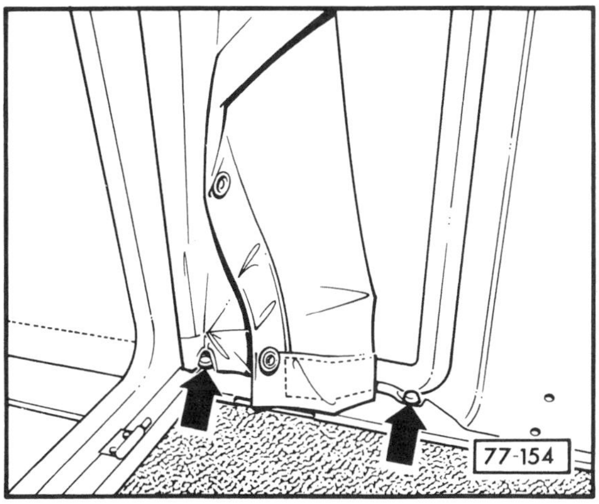

- Abdeckkappen –Pfeile– abhebeln und Schrauben herausdrehen.

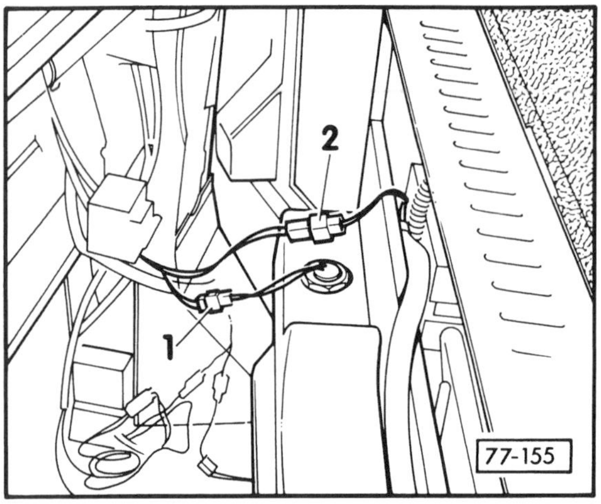

- Küchenschrank von der Wand zur Fahrzeugmitte hin heben.
- Steckverbindungen -1- (Geber für Wassertank) und -2- (für Wasserpumpe) trennen. Küchenschrank herausheben.

Achtung: Beim Einbau unbedingt Sicherheitsbestimmungen für Gasanlagen beachten. Es muß in jedem Fall von einer Prüfstelle eine Druckprüfung durchgeführt werden, siehe Seite 210.

Kleiderschrank ausbauen

Ausbau

- Zusatzbatterien ausbauen, siehe Seite 211.
- Hängeschrank ausbauen, siehe Seite 222.

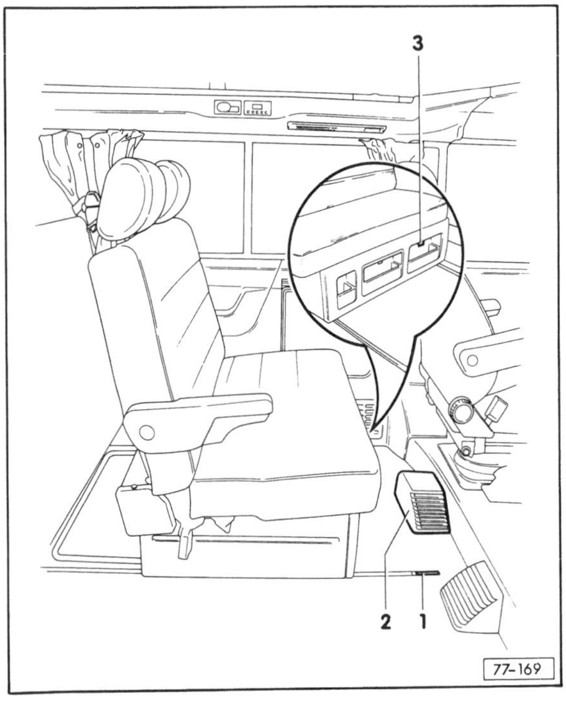

- Abdeckkappen -Pfeile- abhebeln und Kreuzschlitzschrauben aus der unteren Blende -1- herausziehen. Blende nach unten drücken und an der Unterkante zur Fahrzeugmitte hin herausziehen.

- Sechskantschraube -Pfeil- herausschrauben.

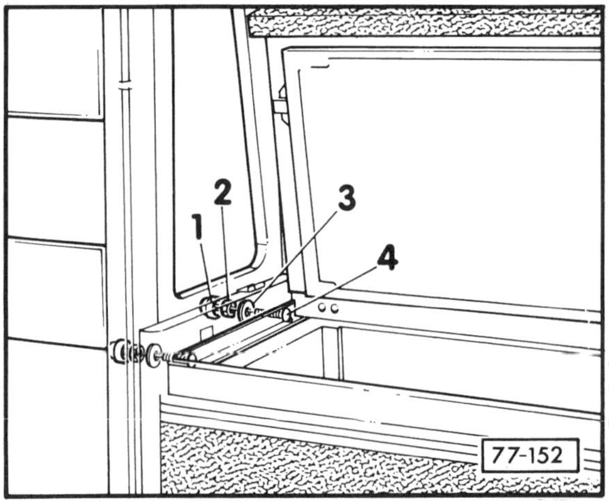

- Vom Innenraum des Kleiderschranks Abdeckkappen -1- abhebeln, Sechskantschrauben -2- abschrauben, Scheiben -3- abnehmen und Schrauben -4- herausdrücken.

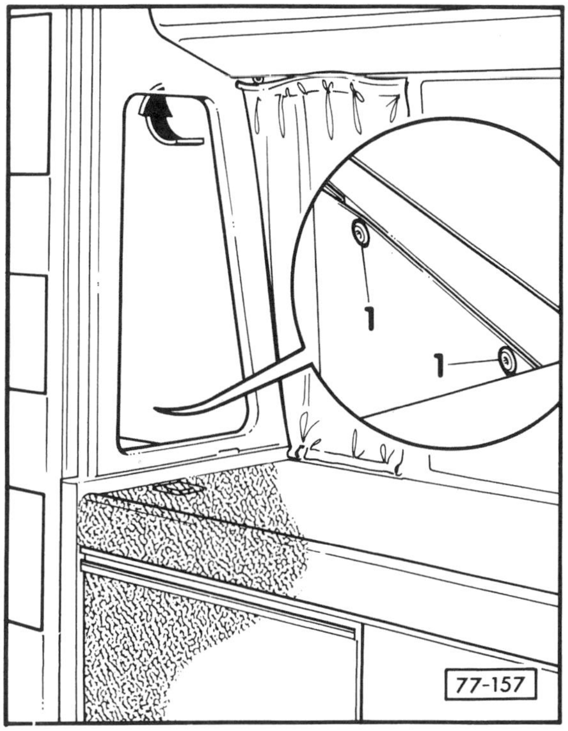

- Sechskantschraube mit Scheibe –Pfeil– herausdrehen.
- Clipse –1– mit Innensechskantschlüssel herausdrehen.

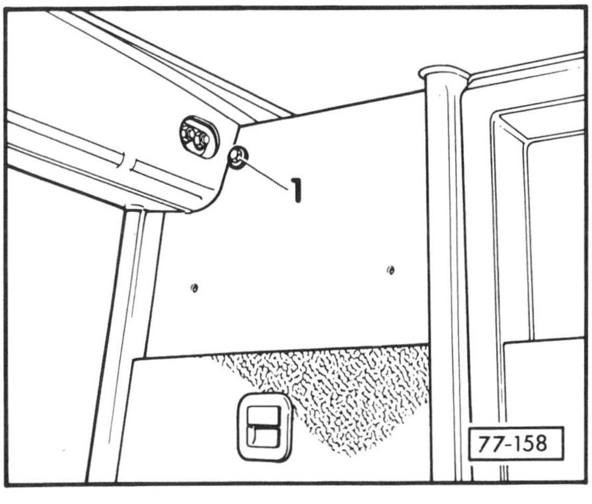

- Sechskantschraube –1– herausschrauben.

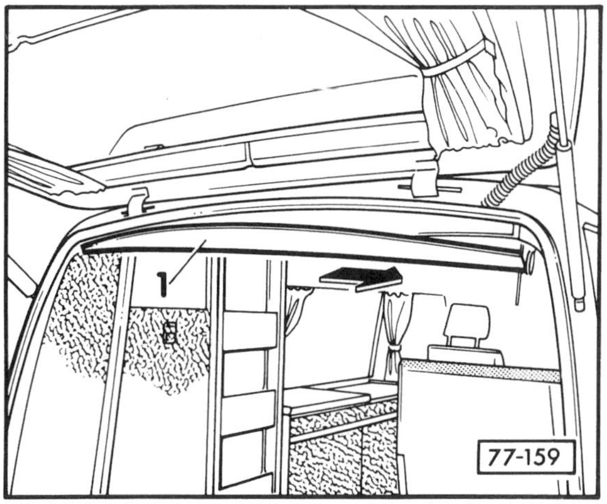

- Blende –1– ausclipsen und in Pfeilrichtung herausziehen.

- Innensechskantschrauben –Pfeile– herausschrauben und Batteriehalterungen –1– herausnehmen. **Achtung:** Vor dem Lösen der Schrauben, Batteriehalterungen mit Filzstift umkreisen, damit sie in gleicher Position wieder eingebaut werden können.
- Steckverbindung vom Temperaturfühler –2– abziehen.

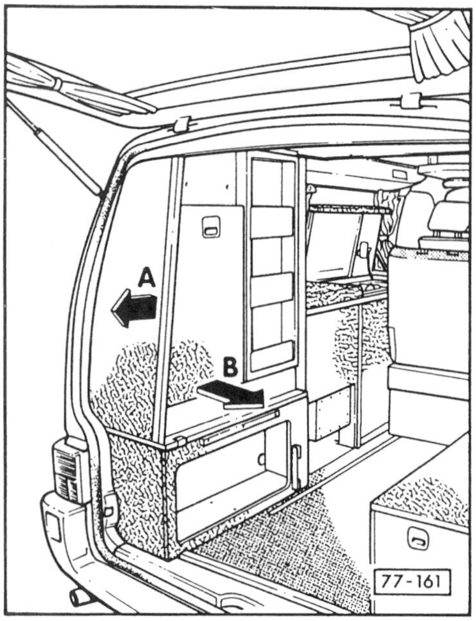

- Kleiderschrank vom Küchenschrank abziehen –Pfeil A– und zur Fahrzeugmitte heben –Pfeil B–.
- Batteriekabel aus dem Batteriekasten herausziehen und Kleiderschrank herausheben.

Aufstelldach ausbauen

Ausbau

- Aufstelldach aufstellen, vordere Bettplatte und beide Bettauflagen herausnehmen.

- Füllkeder –1– und Einlegeschnur des Faltenbalges –2– aus der unteren Schiene –3– herausziehen.

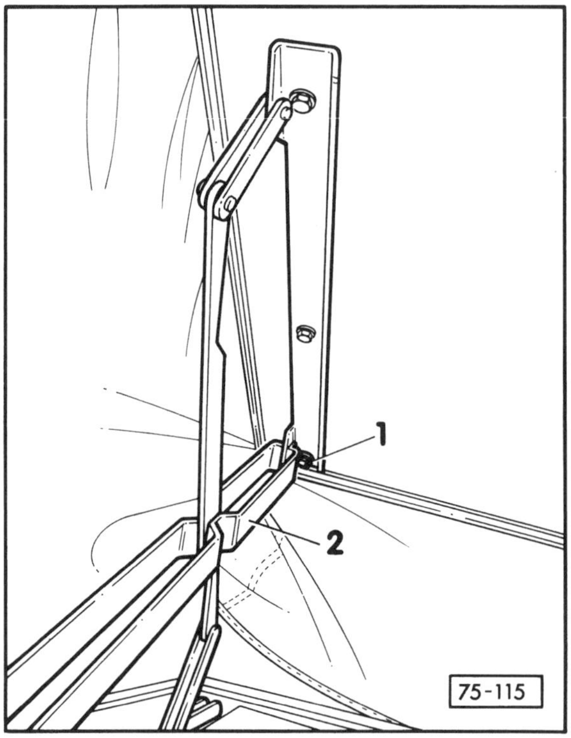

- Hintere Sechskantschraube –1– aus den Aufstellscheren –2– links und rechts herausschrauben.

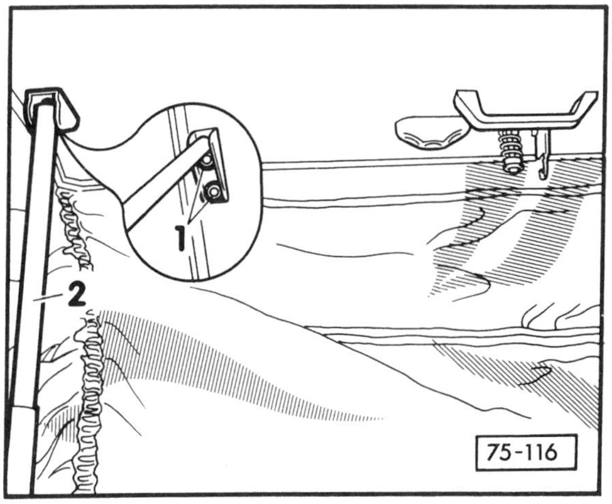

- Sechskantschrauben –1– von den Aufstellstützen –2– links und rechts herausschrauben.
- Aufstellstützen –2– auf den Dachrahmen legen.
- Aufstelldach im vorderen Bereich bis auf ca. 300 mm absenken und abstützen.

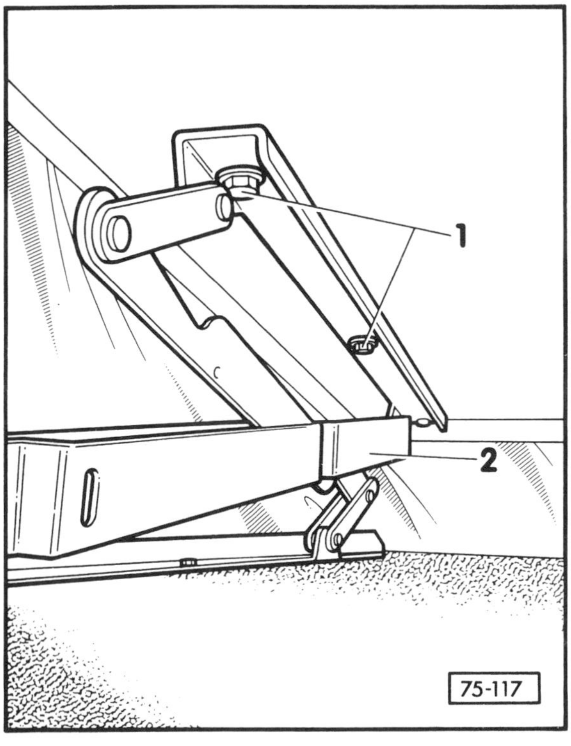

- Sechskantschrauben –1– aus den Aufstellscheren –2– links und rechts herausschrauben. **Achtung:** Zwischen den Aufstellscheren und dem Aufstelldach können sich Unterlagen befinden. Lage der Unterlagen notieren, da sie an gleicher Stelle wieder eingebaut werden müssen.
- Aufstelldach abnehmen, dazu sind 3 Personen notwendig.

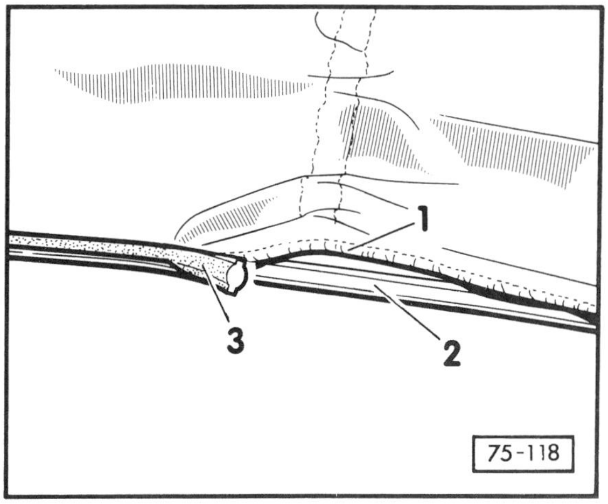

Achtung: Beim Einbau zuerst die Einlegeschnur des Faltenbalges –1– in die Schiene –2– einlegen. Dann Füllkeder –3– mit einem Hilfswerkzeug, zum Beispiel VW-1474/5, in die Schiene drücken.

Aufstelldach-Faltenbalg aus- und einbauen

Ausbau

- Aufstelldach aufstellen, vordere Bettplatte und Bettauflagen herausnehmen.
- Füllkeder und Einlegeschnur des Faltenbalges aus der unteren Schiene herausziehen, siehe Kapitel »Aufstelldach ausbauen«.

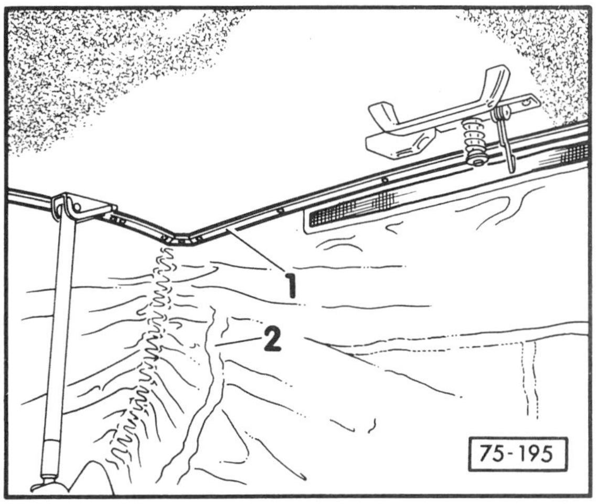

- Obere Schienen –1– umlaufend vom Aufstelldach abschrauben.
- Faltenbalg –2– nach oben über das Aufstelldach abnehmen.

Einbau

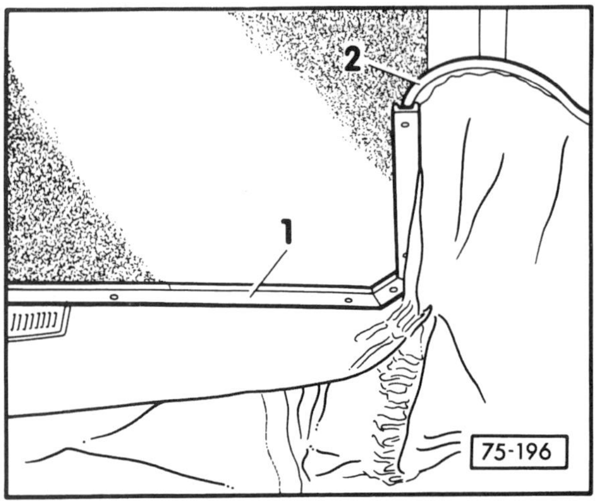

- Obere Schienen –1– vorne und hinten lose an das Aufstelldach schrauben.
- Faltenbalg über das Aufstelldach ziehen und ausrichten. **Achtung:** Beim Aufziehen darauf achten, daß der Faltenbalg nicht verschmutzt wird, Hilfsperson erforderlich.
- Obere Einlegeschnur des Faltenbalges –2– unter die lose verschraubten Schienen –1– legen.
- Vordere und hintere Schienen –1– festschrauben.
- Obere Schienen an den Längsseiten anschrauben.
- Aufstelldach ca. 10 cm absenken und in dieser Position abstützen.

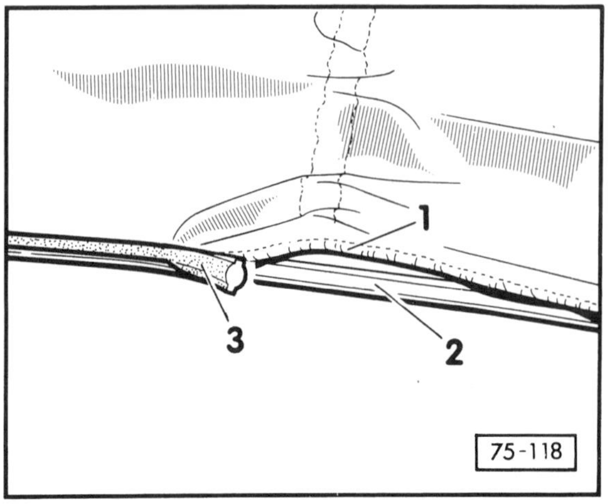

- Untere Einlegeschnur des Faltenbalges –1– in die Schiene –2– einlegen. Dann Füllkeder –3– mit einem Hilfswerkzeug, zum Beispiel VW-1474/5, in die Schiene drücken.

Die Heizung

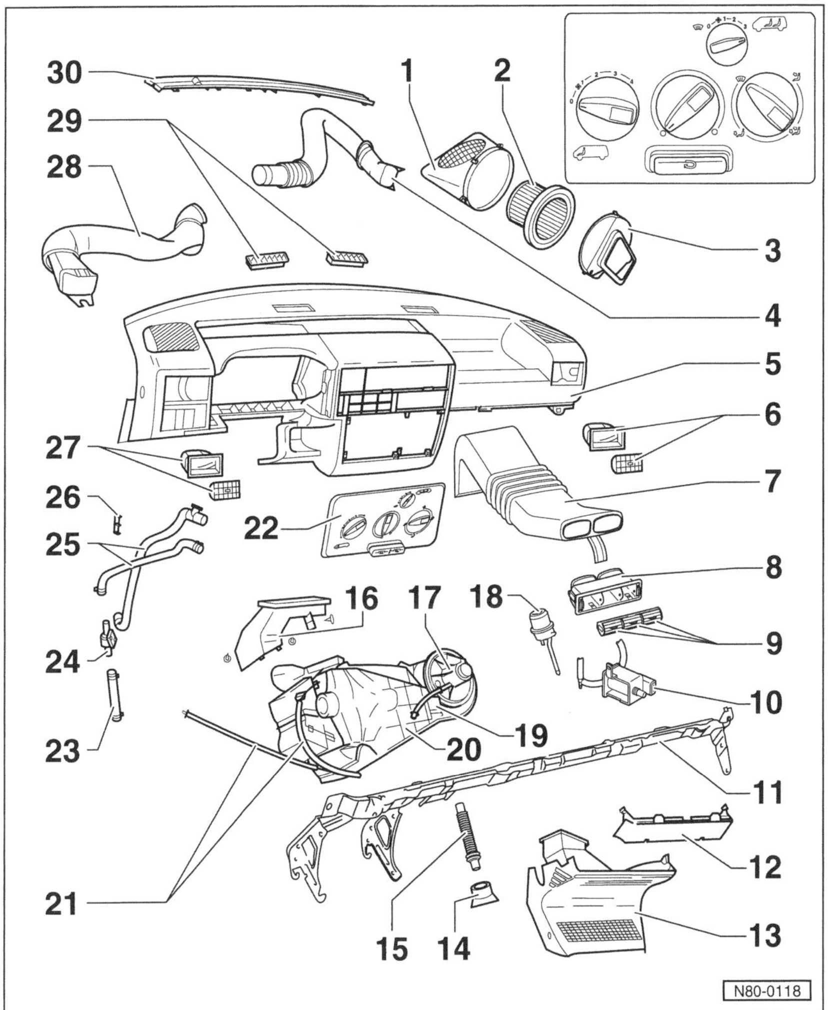

Die Abbildung zeigt die Ausführung **ab 1/96.**

1 – **Filtergehäuse**
Mit 3 Schnellverschlüssen am Verbindungsstück –3– befestigt.

2 – **Staub- und Pollenfilter**
Pollenfilter im Innenraum ist baugleich.

3 – **Verbindungsstück hinten**

4 – **Luftführung rechts**

5 – **Armaturentafel**

6 – **Ausströmer rechts**

7 – **Luftführung mitte**

8 – **Gehäuse für Mittenausströmer**

9 – **Mittenausströmer**

10 – **Zweiwegeventil für Frischluft- und Umluftklappe**

11 – **Träger**

12 – **Blende**

13 – **Konsole Fußraumausströmer**

14 – **Wasserablaufventil**
Achtung: Das Ventil darf nicht verklebt sein.

15 – **Wasserablaufrohr**

16 – **Zwischenstück »Defrost«**

17 – **Frischluftgebläse (Heizgebläse)**

18 – **Unterdruckdose für Frischluft- und Umluftklappe**

19 – **Vorwiderstand für Gebläse**
Mit Überhitzungssicherung.

20 – **Heizgerät**

21 – **Heizungszüge**

22 – **Regulierung für Heizluft und Frischluft**

23 – **Kühlmittelschlauch**

24 – **Regulierventil**

25 – **Kühlmittelschläuche**

26 – **Clip**

27 – **Ausströmer links**

28 – **Luftführung links**

29 – **Defrosterdüse**
Mit Schraubendreher aushebeln.

30 – **Lufteintrittsgitter**

Die Frischluft für die Heizung gelangt über das Heizgebläse in den Fahrzeuginnenraum. Dabei durchströmt die Luft das Heizungsgehäuse und wird durch verschiedene Klappen auf die einzelnen Lufteintrittsdüsen verteilt. Wird die Heizung auf »warm« gestellt, wird die kühle Luft durch den Wärmetauscher erwärmt. Der Wärmetauscher befindet sich im Heizungsgehäuse und wird durch das heiße Kühlmittel aufgeheizt. Die vorbeistreichende Frischluft erwärmt sich an den heißen Lamellen des Wärmetauschers und gelangt dann in den Fahrzeuginnenraum. Die Heizleistung wird wasserseitig gesteuert, das heißt, die Temperatur wird durch ein Ventil über den Kühlmitteldurchsatz durch den Wärmetauscher reguliert. Die Luftklappen sowie das Heizungsventil werden von den Bedienungshebeln aus über Bowdenzüge gesteuert.

Zur Verstärkung der Heizleistung dient ein vierstufiges Heizgebläse. Damit das Gebläse in den einzelnen Stufen mit unterschiedlicher Geschwindigkeit läuft, werden Widerstände vorgeschaltet. Die Widerstände befinden sich in der Anschlußplatte am Gebläse. Bei einem Defekt ist die komplette Anschlußplatte zu ersetzen.

Je nach Modell ist ein zweiter Wärmetauscher im hinteren Fahrgastraum (beziehungsweise Laderaum) vorhanden.

Sonderausstattungen: Als Stand- und Zusatzheizung werden sowohl eine Kühlwasser- als auch eine Umluft-Heizung angeboten. Auf Wunsch gibt es auch eine Klimaanlage. Arbeiten an diesen Sonderausstattungen erfordern spezielle Fachkenntnisse sowie Werkstatteinrichtungen, daher sollte bei Störungen eine Fachwerkstatt aufgesucht werden.

Ansaugstutzen aus- und einbauen

Ausbau

- Motorhaube öffnen.

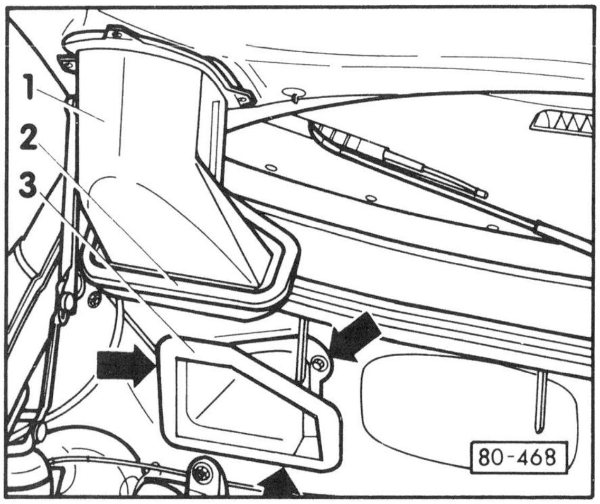

1 – Ansaugstutzen vorn, 2 – Dichtung, 3 – Ansaugstutzen hinten.

- Schrauben –Pfeile– herausdrehen.
- Ansaugstutzen an der Motorhaube abschrauben.
- Gegebenenfalls Dichtung –2– abnehmen.

Einbau

- Ansaugstutzen mit Dichtung einsetzen und anschrauben.

Heizgebläse prüfen/ aus- und einbauen

Ausbau

- Batterie-Massekabel (–) abklemmen. **Achtung:** Dadurch wird aus dem Speicher des Radios der Code für die Diebstahlsicherung gelöscht. Die Batterie darf nur bei ausgeschalteter Zündung abgeklemmt werden, da sonst das Steuergerät der Einspritzanlage beschädigt wird. Vor dem Abklemmen sollten auch die Hinweise im Kapitel »Radio« bzw. »Batterie aus- und einbauen« durchgelesen werden.
- Ansaugstutzen ausbauen.
- Lüfterrad in eingebautem Zustand auf Leichtgängigkeit prüfen.
- Handschuhfach ausbauen, siehe Seite 208.
- Rechte Luftführung ausbauen, siehe Abbildung N80-0118.
- Anschlußstecker am Gehäuse abziehen.

Vorwiderstand ausbauen

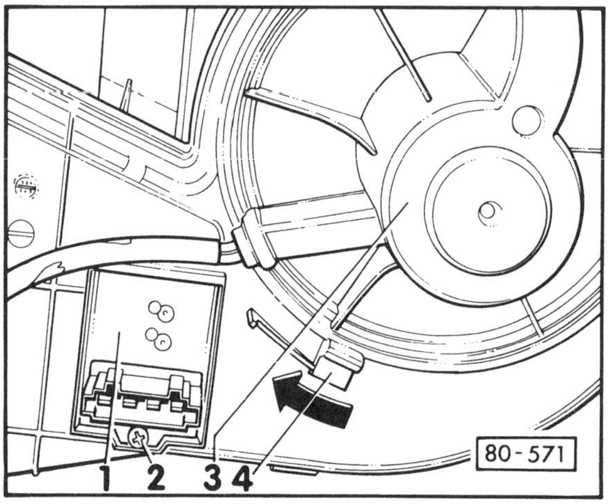

Achtung: Wenn das Heizgebläse nicht auf allen Stufen läuft, ist in der Regel ein Vorwiderstand defekt. In diesem Fall Anschlußplatte –1– ersetzen, dazu Schraube –2– herausdrehen.

Gebläse ausbauen

- Haltezunge –4– mit Schraubendreher nach unten drücken, siehe Abbildung. Gebläse –3– im Uhrzeigersinn drehen, zur Schalttafelmitte führen und herausnehmen.
- Eventuell vorhandene Fremdkörper aus dem Luftführungskanal herausnehmen.

Einbau

- Anschlußplatte ansetzen und anschrauben.
- Gebläse ansetzen, nach links drehen und einrasten.
- Anschlußstecker aufschieben.
- Batterie-Massekabel (–) anklemmen und Gebläse probelaufen lassen. **Achtung:** Batterie nur bei ausgeschalteter Zündung anklemmen, sonst kann das Steuergerät der Einspritzanlage beschädigt werden.
- Zeituhr einstellen.
- Diebstahlcode für Radio eingeben, siehe Kapitel »Radio-Codierung eingeben«.
- Luftführung einbauen.
- Ansaugstutzen einbauen.
- Handschuhfach einbauen.

Ausströmer aus- und einbauen

Ausbau

Ausströmer links/rechts:

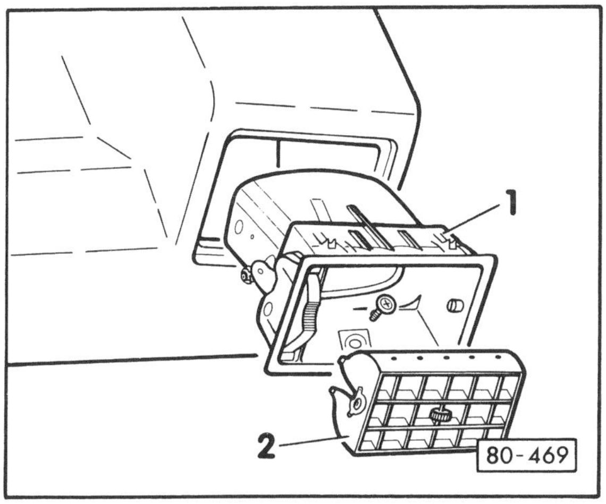

Ausströmer mitte:

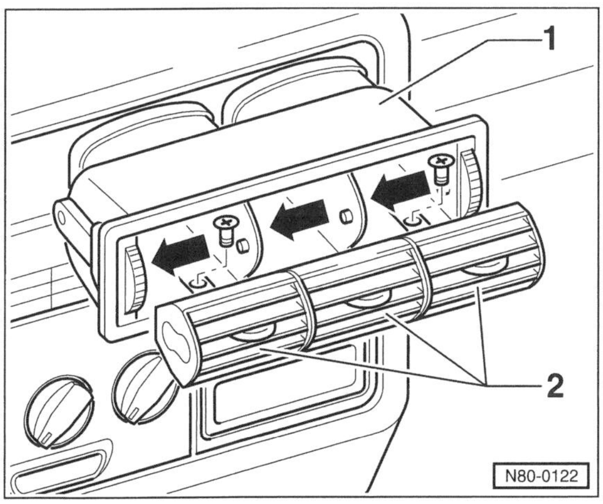

- Dreheinsatz –2– mit Spitzzange vorsichtig herausziehen.
- Schraube (bei Ausströmer mitte: 2 Schrauben) herausdrehen und Gehäuse –1– herausziehen.

Fußraumausströmer:

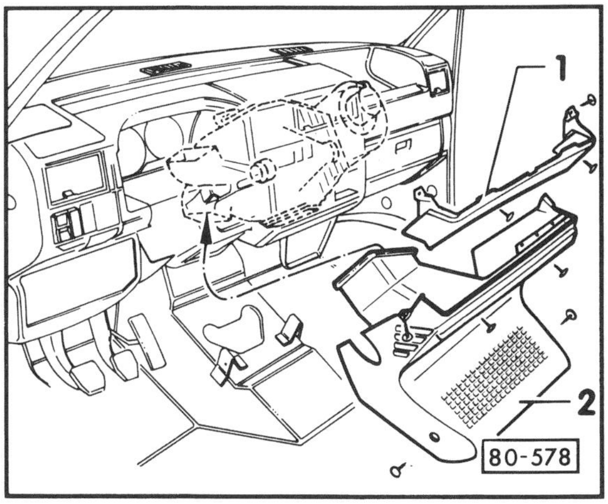

- Blende –1– lösen.
- Konsole Fußraumausströmer –2– lösen und abnehmen.

Einbau

- Gehäuse für Ausströmer einsetzen und anschrauben.
- Ausströmer zuerst in die linke Führungsnase –Pfeile– einsetzen, dann Ausströmer leicht eindrücken, bis er einrastet.

Heizungsregulierung aus- und einbauen

Ausbau bis 12/95

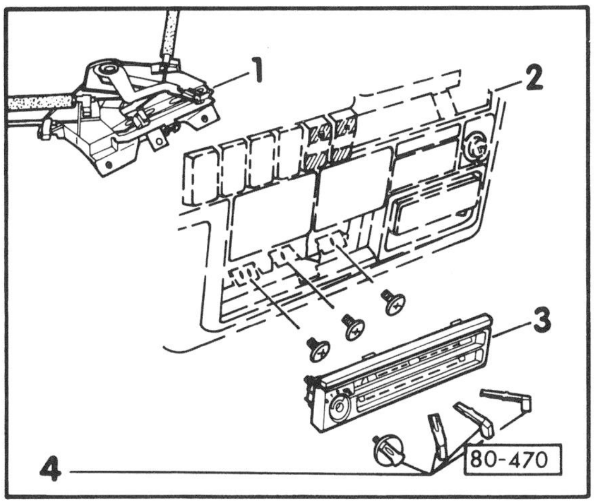

- Bedienknöpfe –4– von den Hebeln abziehen.
- Heizungsblende –3– abziehen.
- Schrauben aus der Instrumentenblende –2– herausdrehen.

- Regulierung –1– mit angebauten Zügen unter die Schalttafel drücken und nach unten herausnehmen.
- Heizungszüge ausbauen.

Einbau

- Heizungszüge an ausgebauter Regulierung befestigen.
- Regulierung unter die Schalttafel drücken, einsetzen und anschrauben.
- Blende aufdrücken.
- Bedienknöpfe aufdrücken.

Ausbau ab 1/96

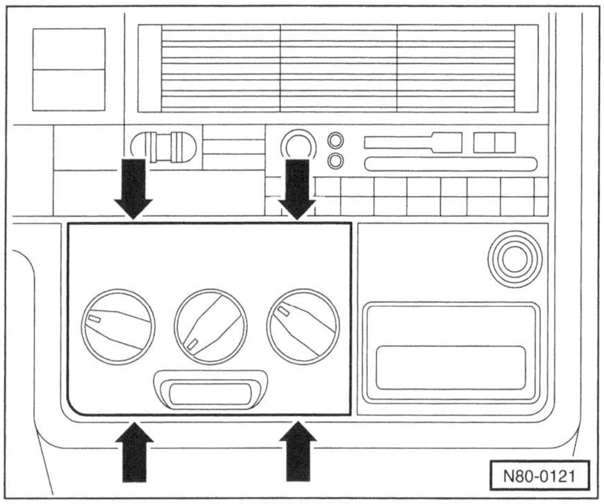

- Heizungsblende mit Schraubendreher und Unterlage an den Rastnasen –Pfeile– vorsichtig aushebeln.
- Aschenbecher und Blende für Aschenbecher ausbauen. Dazu Aschenbecher ganz herausziehen. Entriegelungstaste an der Unterseite nach oben drücken und Aschenbecher herausnehmen.
- Konsole für Fußraumausströmer ausbauen. Dazu Clips vorsichtig heraushebeln und zuerst die obere Blende, dann die Konsole abnehmen.

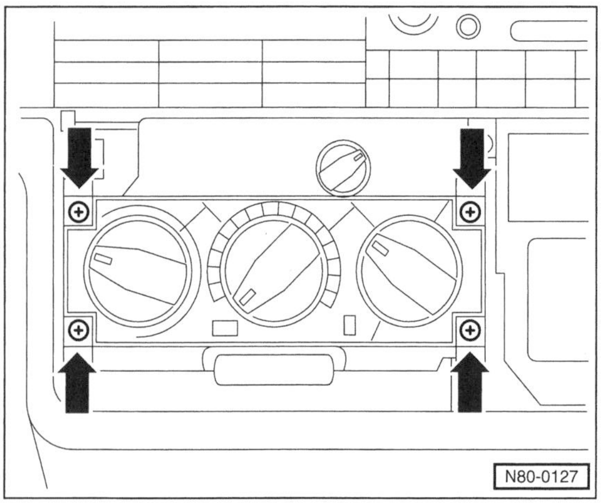

- Instrumentenblende abschrauben –Pfeile–.

- Regulierung mit angebauten Heizungszügen unter die Armaturentafel drücken.
- Steckverbindungen abziehen.
- Züge von der Regulierung lösen.

Einbau

- Züge an der ausgebauten Regulierung befestigen.
- Regulierung einsetzen und anschrauben.
- Konsole für Fußraumausströmer sowie obere Blende anclipsen.
- Aschenbecher einsetzen und schließen.
- Heizungsblende einclipsen.

Heizungszüge aus- und einbauen/ einstellen

Ausbau

- Heizungsregulierung ausbauen.
- Heizungszüge an den Betätigungshebeln aushängen und herausnehmen. Dazu Federklammern für Zughüllen mit Schraubendreher abhebeln und Züge abnehmen.

Einbau

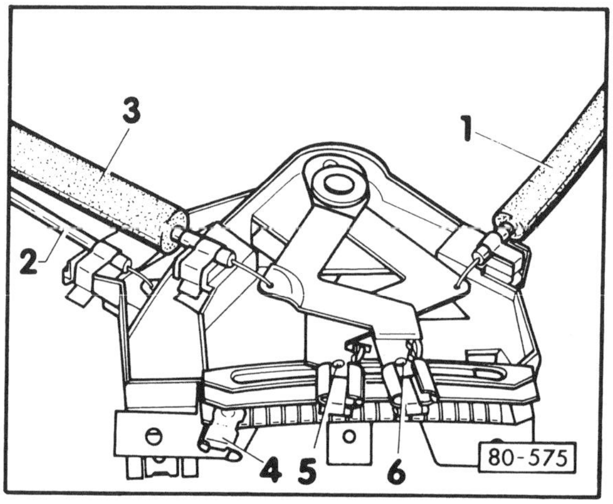

- Heizungszüge zuerst an der Heizungsregulierung einbauen. Zughüllen an die Anschläge auf der Regulierung setzen, dann die Federklammern mit einer Zange aufdrücken und einrasten.
- Heizungsregulierung einbauen.
- Hebel der Betätigung so stellen, daß die Züge maximal ausgefahren sind, siehe Abbildung: Hebel –5– (zur Fußraumklappe) ganz nach rechts schieben, –4– (zum Regulierventil) nach links, –6– (zur Defrosterklappe) nach links.

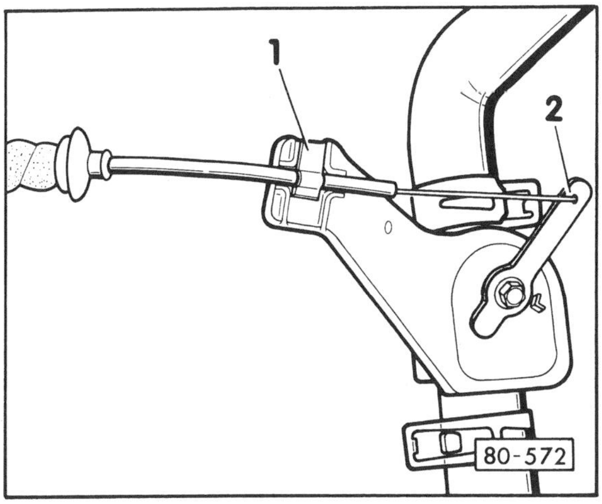

- Zug zum Regulierventil durch die Querwand in den Motorraum schieben und einhängen.
- Hebel –2– bis Anschlag nach rechts schieben (Ventil zu).
- Zughülle am Regulierventil mit Klammer –1– befestigen.

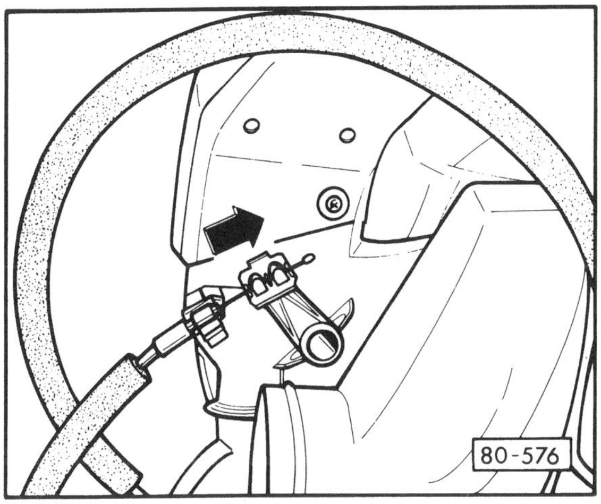

- Hebel der Defrosterklappe bis zum Anschlag in Pfeilrichtung drücken und Hülle des Zuges befestigen.

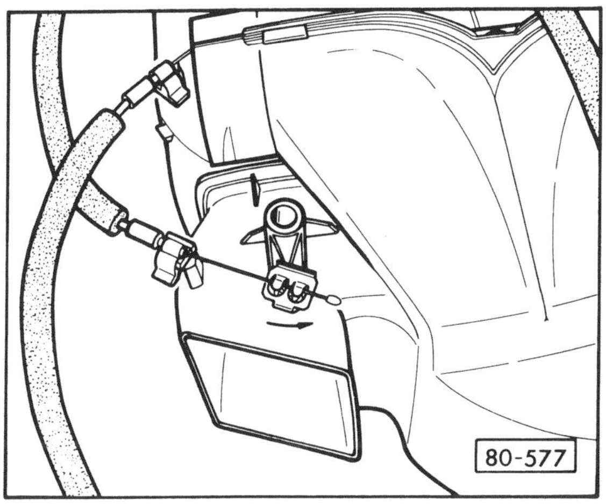

- Hebel der Fußraum-Klappe bis zum Anschlag in Pfeilrichtung drücken und Zughülle befestigen.

- **Klappen einstellen:** Bedienungsknöpfe an der Heizungsregulierung von Anschlag zu Anschlag schieben. Dabei stellen sich die Züge selbsttätig ein.

Speziell Fahrzeuge ab 1/96

- Züge zunächst an die ausgebaute Regulierung anbauen.
- Zughüllen an die Anschläge auf der Regulierung setzen und dann befestigen.
- Zum Einstellen der Züge für Defroster- und Fußraumklappe Drehknopf für Luftverteilung bis zum Anschlag nach links und rechts drehen.

Zug für Regulierventil an Regulierung:

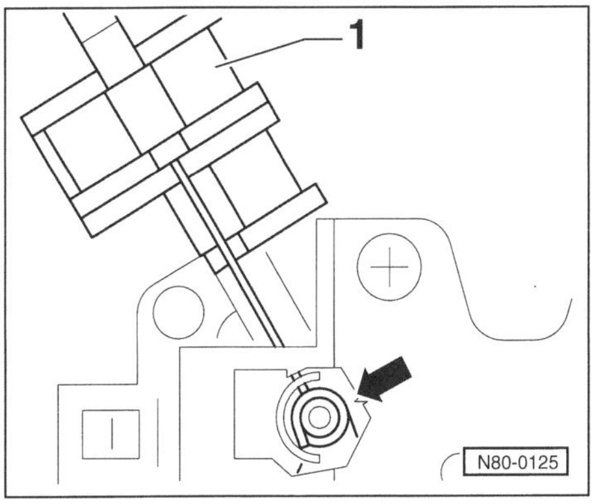

- Drehknopf für Regulierventil bis zum Anschlag nach links drehen.
- Seilzug einhängen –Pfeil–.
- Zug an der Regulierung –1– mit Klammer befestigen.

Zug für Fußraum-/Defrosterklappe an Regulierventil:

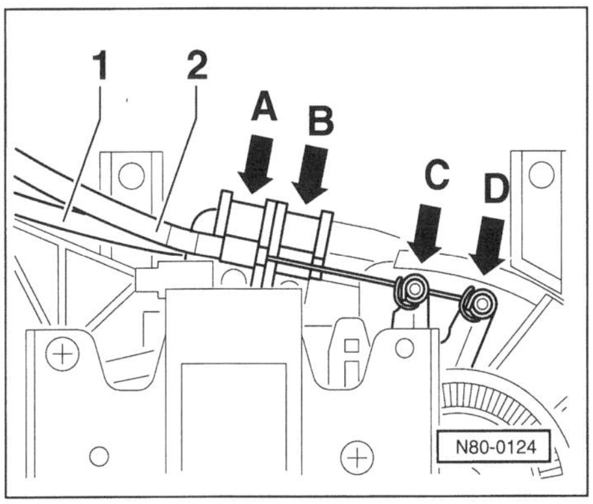

- Drehknopf für Luftverteilung bis zum Anschlag nach links drehen.
- Zug für Fußraumklappe –1– einhängen –Pfeil D–.
- Zug an der Regulierung mit Klammer –Pfeil B– befestigen.
- Zug an der Fußraumklappe einstellen.
- Zug für Defrosterklappe –2– einhängen –Pfeil C–.
- Zug an der Regulierung mit Klammer –Pfeil A– befestigen.

Staub- und Pollenfilter aus- und einbauen

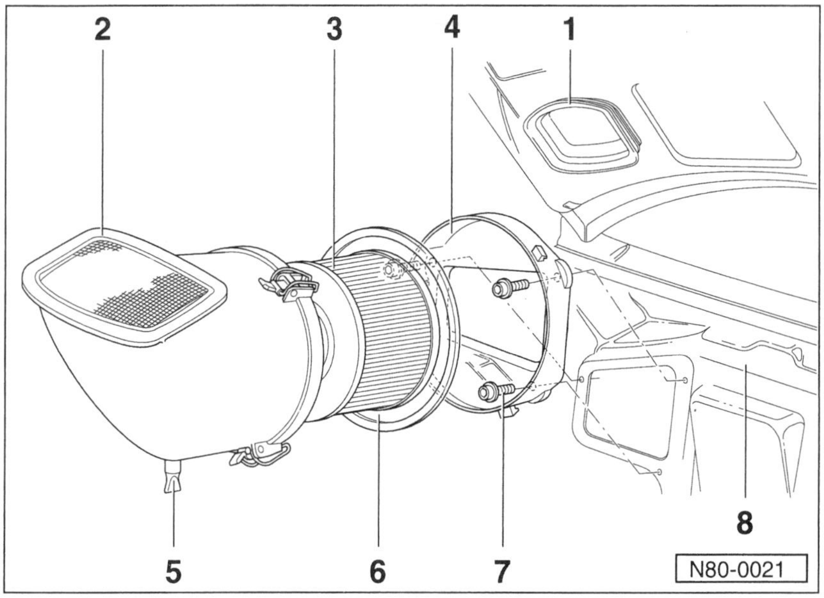

Achtung: Der nachträgliche Einbau des Filters ist nur bei Fahrzeugen **ab 1/95** möglich.

1 – **Haubeneinsatz**

2 – **Filtergehäuse**
Ausbau: 3 Schnellverschlüsse lösen und Gehäuse vom Verbindungsstück abziehen.

3 – **Staub- und Pollenfilter**
Filter im Innenraum hinten rechts ist baugleich.

4 – **Verbindungsstück**

5 – **Lippenventil**

6 – **Filterhalterung**

7 – **Innensechskantschraube, 3 Nm**

8 – **Querwand**

Zusatzwärmetauscher aus- und einbauen

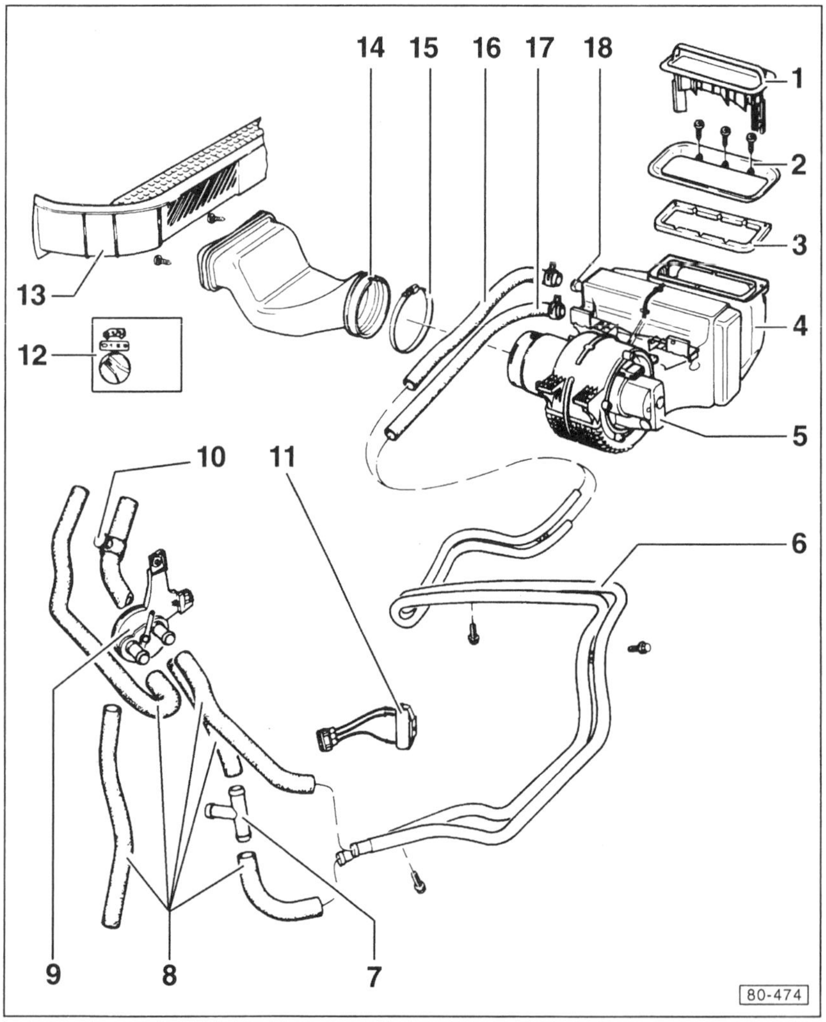

Nur Caravelle-Bus

1 – **Ausströmer**

2 – **Abdeckrahmen**

3 – **Dichtung**

4 – **Luftverteilergehäuse**

5 – **Warmluftgebläse**

6 – **Kühlmittelrohr**

7 – **T-Stück**

8 – **Kühlmittelschläuche**
Im Motorraum

9 – **Regulierventil**

10 – **Entlüftungsschraube**

11 – **Vorwiderstand**
Einbauort: Im Motorraum links.

12 – **Gebläseschalter**

13 – **Trittstufen-Einsatz**

14 – **Ansaugkanal**

15 – **Schlauchschelle**

16 – **Kühlmittel-Rücklauf**

17 – **Kühlmittel-Vorlauf**

18 – **Wärmetauscher**

Der Zusatzwärmetauscher ist unter dem Fahrzeugboden in Höhe der Schiebetür angebracht. Die Funktionsweise entspricht der vorderen Heizung: Ein Gebläse saugt durch ein Gitter (seitlich oberhalb der Schiebetür-Trittstufe) Frischluft an, die durch einen kühlmittelbeheizten Wärmetauscher und einen Ausströmer in den hinteren Fahrgastraum gelangt. Die Kühlmittelzufuhr zum Wärmetauscher wird über ein bowdenzuggesteuertes Ventil geregelt.

Ausbau

- Kühlmittel ablassen, siehe Seite 77.
- Kabelstecker am Gebläse abziehen.

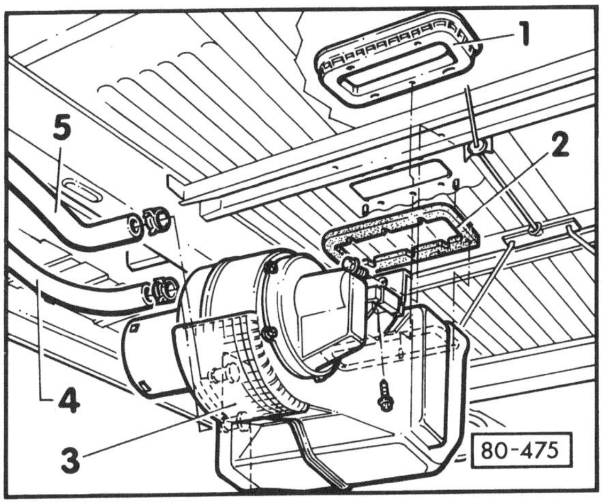

1 – **Abdeckrahmen, im Fahrgastraum**
2 – **Dichtung**
3 – **Zusatzwärmetauscher**
4 – **Kühlmittel-Vorlauf**
5 – **Rücklauf**

- Verbindungsschläuche in der Nähe vom Wärmetauscher –3– abziehen, dazu Schlauchschellen lösen. Vorher Schläuche mit einer geeigneten Klemme abklemmen, damit kein Kühlmittel ausläuft.

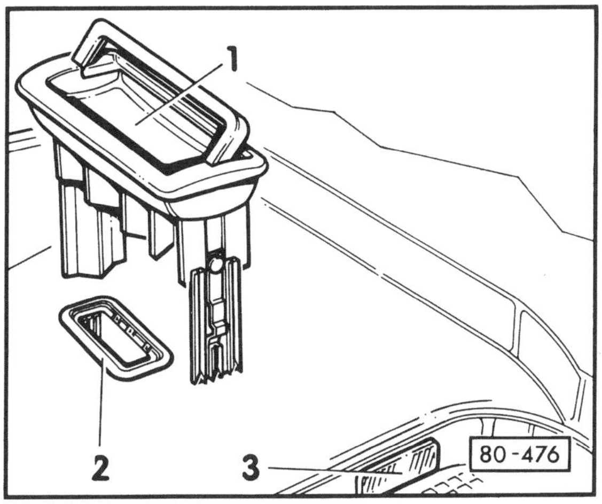

- Ausströmer –1– vom Fahrgastraum her herausziehen. Abdeckrahmen –2– heraushebeln. 3– Einsatz für Trittstufe.
- Schraubverbindungen des Wärmetauschers lösen.

Einbau

- Wärmetauscher anschrauben und Ausströmer montieren.
- Kühlmittelschläuche anschließen und Klemmen lösen.
- Kühlmittel auffüllen und Kühlsystem entlüften, siehe Seite 77.

Achtung: Wurde der Wärmetauscher ersetzt, Kühlmittel auf jeden Fall ersetzen.

Störungsdiagnose Heizung

Störung	Ursache	Abhilfe
Heizgebläse läuft nicht	Sicherung für Gebläsemotor defekt	■ Sicherung für Gebläse prüfen, ggf. ersetzen
	Gebläseschalter defekt, Kontakte korrodiert	■ Prüfen, ob am Gebläsemotor Spannung anliegt. Wenn nicht, Gebläseschalter ausbauen und prüfen, Anschlüsse reinigen
	Schleifkohlen für Gebläsemotor abgenützt	■ Prüfen, ob bei eingeschalteter Zündung und betätigtem Gebläseschalter am Kontakt des Gebläsemotors Spannung anliegt. Wenn ja, Motor ausbauen und Schleifkohlen prüfen, ggf. erneuern
Heizgebläse läuft nur in einer Geschwindigkeitsstellung nicht	Vorwiderstand defekt	■ Anschlußplatte ersetzen
Heizung läßt sich durch den Schieberegler nicht ausschalten	Seilzug für Heizventil beschädigt oder verstellt	■ Seilzüge einstellen bzw. ersetzen
Heizleistung zu gering	Kühlmittelstand zu niedrig	■ Kühlmittelstand prüfen, gegebenenfalls Kühlmittel auffüllen
	Kühlmittelregler defekt	■ Kühlmittelregler prüfen, ggf. ersetzen
Geräusche im Bereich des Heizgebläses	Eingedrungener Schmutz, Laub	■ Gebläse ausbauen, reinigen, Luftkanal säubern
	Lüfterrad hat Unwucht, Lager defekt	■ Gebläsemotor ausbauen und auf leichten Lauf prüfen

Die elektrische Anlage

Bei der Überprüfung der elektrischen Anlage stößt der Heimwerker in den technischen Unterlagen immer wieder auf die Begriffe Spannung, Stromstärke und Widerstand.

Die Spannung wird in Volt (V) gemessen, die Stromstärke in Ampère (A) und der Widerstand in Ohm (Ω). Mit dem Begriff Spannung ist beim Auto in der Regel die Batteriespannung gemeint. Es handelt sich dabei um eine Gleichspannung von ca. 12 Volt. Die Höhe der Batteriespannung hängt vom Ladezustand der Batterie und von der Außentemperatur ab. Sie kann zwischen 10 bis 13 Volt betragen. Demgegenüber wird die Bordspannung vom Generator (Lichtmaschine) erzeugt, die bei mittleren Drehzahlen ca. 14 Volt beträgt.

Der Begriff Stromstärke taucht im Bereich der Automobil-Elektrik relativ selten auf. Die Stromstärke ist beispielsweise auf der Rückseite von Sicherungen angegeben und weist auf den maximalen Strom hin, der fließen kann, ohne daß die Sicherung durchbrennt und damit den Stromkreis unterbricht.

Überall wo ein Strom fließt, muß er einen Widerstand überbrükken. Der Widerstand ist unter anderem von folgenden Faktoren abhängig: Leitungsquerschnitt, Leitungsmaterial, Stromaufnahme usw. Ist der Widerstand zu groß, treten Funktionsstörungen auf. Beispielsweise darf der Widerstand in den Zündleitungen nicht zu hoch sein, sonst fehlt ein ausreichend starker Zündfunke an den Zündkerzen, der das Kraftstoff-Luftgemisch entzündet und damit den Motor zum Laufen bringt.

Meßgeräte

Zum Messen der Bord-Elektrik gibt es im Handel sogenannte Mehrfach-Meßgeräte. Sie vereinen in einem Gerät das Voltmeter, um Spannungen zu messen, das Ampèremeter, um die Stromstärke zu messen und das Ohmmeter, um den Widerstand zu messen. Die im Handel befindlichen Meßgeräte unterscheiden sich hauptsächlich im Meßbereich und in der Meßgenauigkeit. Durch den Meßbereich wird festgelegt, in welchem Bereich Spannungen oder Widerstände liegen müssen, damit sie überhaupt vom Gerät erfaßt werden können.

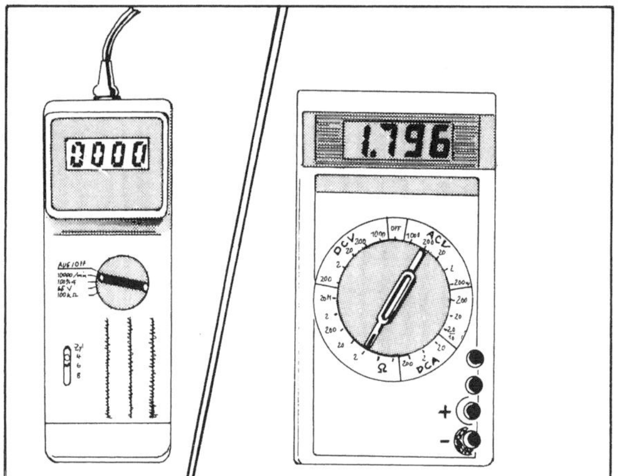

700.01

Für den Heimwerker gibt es Vielfach-Meßgeräte, die speziell für Prüfarbeiten am Auto abgestimmt sind. Mit solch einem Gerät können die Motordrehzahl, Zünd-Schließwinkel und außerdem Spannungen bis zu 20 Volt gemessen werden. Bei Widerstandsmessungen beschränkt sich das Gerät in der Regel auf den Kilo-Ohm-Bereich, also etwa 1 – 1000 kΩ.

Darüber hinaus werden Meßgeräte zur Überprüfung von elektrischen und elektronischen Bauteilen angeboten. Sie erlauben eine umfassende Messung von kleinen Widerständen in Ohm (Ω) bis zu großen Widerständen im Mega-Ohm-Bereich (MΩ). Spannungen (in Volt) können sehr exakt gemessen werden, was vor allem bei elektronischen Bauteilen erforderlich ist.

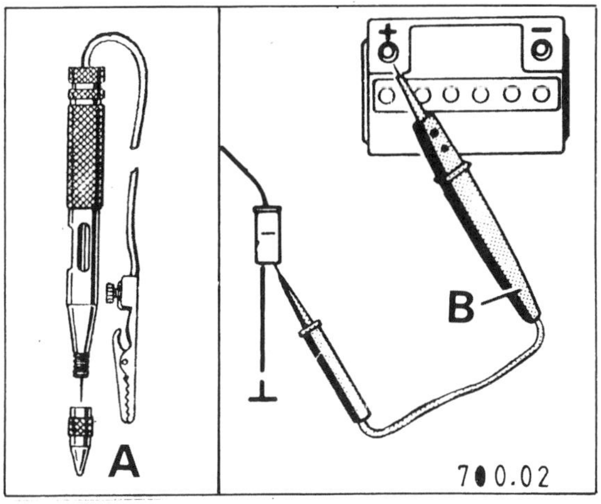

Wenn nur geprüft werden soll, ob überhaupt Spannung (V) anliegt, eignet sich hierzu eine einfache Prüflampe –A–. Dies gilt allerdings nur für Stromkreise, in denen sich keine elektronischen Bauteile befinden. Denn Elektronikteile reagieren äußerst empfindlich auf zu hohe Ströme. Unter Umständen können sie bereits durch das Anschließen einer Prüflampe zerstört werden. **Achtung:** Bei elektronischen Bauteilen (Transistoren, Dioden, Kondensatoren und vor allem bei ganzen Steuergeräten) ist ein hochohmiger Spannungsprüfer –B– erforderlich. Er arbeitet wie eine Prüflampe, jedoch ohne daß elektronische Bauteile geschädigt werden, und eignet sich für sämtliche Prüfarbeiten.

Meßtechnik

Spannung messen

Spannung kann schon mit einer einfachen Prüflampe oder einem Spannungsprüfer nachgewiesen werden. Allerdings erkennt man dann nur, ob überhaupt Spannung anliegt. Um die Höhe der anliegenden Spannung zu prüfen, muß ein Voltmeter (Spannungs-Meßgerät) angeschlossen werden.

Zunächst ist beim Voltmeter der Meßbereich einzustellen, in dem sich die zu messende Spannung voraussichtlich befindet. Spannungen am Fahrzeug sind in der Regel nicht höher als ca. 14 Volt. Eine Ausnahme bildet die Zündanlage; hier kann die Zündspannung bis zu 30000 Volt betragen. Diese hohe Spannung ist nur mit einem speziellen Meßgerät oder einem Oszilloskop meßbar.

Während man bei Meßgeräten, die speziell auf das Auto abgestimmt sind, am Wählschalter nur das Voltmeter einschalten muß, sind bei einem allgemeinen Vielfachmeßgerät erst eine Reihe von Entscheidungen zu fällen. Zunächst wird mit dem Wählschalter der Bereich Gleichspannung (DCV im Gegensatz zu ACV=Wechselspannung) eingestellt. Dann wird der Meßbereich gewählt. Da beim Auto außer an der Zündanlage keine höheren Spannungen als ca. 14 Volt auftreten, sollte die Obergrenze des einzustellenden Meßbereiches etwas höher liegen (ca. 15 bis 20 Volt). Falls sicher ist, daß die gemessene Spannung wesentlich niedriger ist, zum Beispiel im Bereich von 2 Volt, kann der Meßbereich heruntergeschaltet werden, um eine größere Anzeigegenauigkeit zu erreichen. Liegen höhere Spannungen an, als sie vom Meßbereich des Gerätes erfaßt werden, kann das Meßgerät zerstört werden.

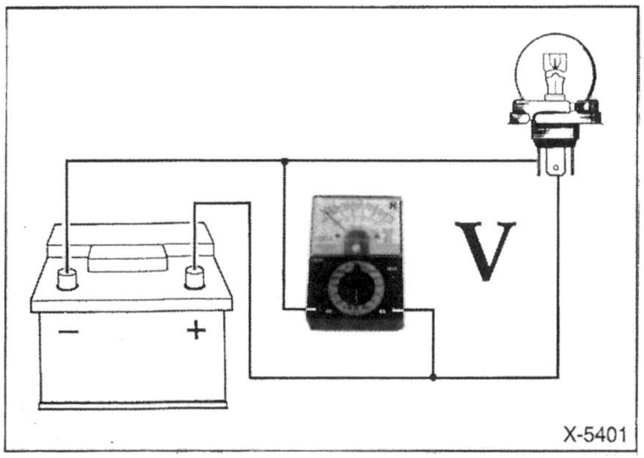

Die Kabel des Meßgerätes entsprechend der Zeichnung parallel zum Verbraucher anschließen. Dabei wird das rote Meßkabel an die vom Batterie-Pluspol kommende Leitung angelegt, das schwarze Meßkabel an die Masse-Leitung oder an Fahrzeugmasse, wie zum Beispiel den Motorblock.

Prüfbeispiel: Wenn der Motor nicht richtig anspringt, weil der Anlasser zu langsam dreht, ist es zweckmäßig, die Batteriespannung zu prüfen, während der Anlasser betätigt wird. Dazu das Voltmeter mit dem roten Kabel (+) an den Batterie-Pluspol und mit dem schwarzen Kabel an Fahrzeugmasse (–) anklemmen. Anschließend durch einen Helfer den Anlasser betätigen lassen und den Spannungswert ablesen. Liegt die Spannung unter ca. 10 Volt (bei einer Batterie-Temperatur von +20°C), muß die Batterie überprüft und eventuell vor den nächsten Startversuchen geladen werden.

Stromstärke messen

Am Auto ist es relativ selten erforderlich, die Stromstärke zu messen. Beispiel, siehe Kapitel »Batterie entlädt sich selbständig«. Benötigt wird hierzu ein Ampèremeter, welches ebenfalls in einem Vielfachmeßgerät integriert sein kann.

Vor der Strommessung wird das Meßgerät auf den Meßbereich eingestellt, in dem sich die zu messende Stromstärke voraussichtlich befindet. Falls das nicht bekannt ist, höchsten Meßbereich einstellen und, falls keine Anzeige erfolgt, nacheinander in die nächstniedrigeren Meßbereiche schalten.

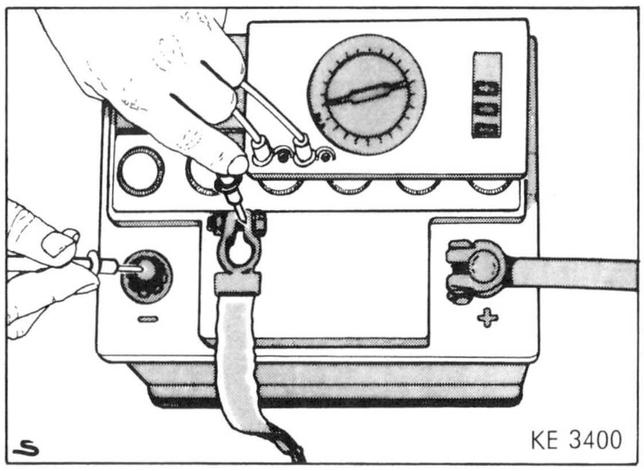

Für die Messung der Stromstärke muß der Stromkreis aufgetrennt werden, das Meßgerät (Ampèremeter) wird dazwischengeschaltet. Dazu wird beispielsweise der Stecker abgezogen und das rote Kabel (+) des Ampèremeters an die stromführende Leitung angeschlossen. Das schwarze Kabel (–) wird an den Kontakt angelegt, an dem normalerweise die unterbrochene Leitung angeschlossen ist. Die Massekontakte zwischen Verbraucher und Stecker müssen dann mit einem Hilfskabel verbunden werden.

Achtung: Keinesfalls sollte mit einem normalen Ampèremeter die Stromstärke in der Leitung zum Anlasser (ca. 150 A) oder zu den Glühkerzen beim Dieselmotor (bis 60 A) gemessen werden. Durch die hierbei auftretenden hohen Ströme kann das Meßgerät zerstört werden. Die Werkstatt benutzt für diese Messungen ein Ampèremeter mit Gleichstromzange. Dabei wird eine Stromzange über das isolierte Stromkabel geklemmt und der Stromwert durch Induktion gemessen.

Widerstand messen

Vor der Prüfung des Widerstandes ist grundsätzlich sicherzustellen, daß am Bauteil, an welches das Ohmmeter angeschlossen wird, keine Spannung anliegt. Also immer vorher Stecker abziehen, Zündung ausschalten, Leitung beziehungsweise Aggregat ausbauen oder Batterie abklemmen. Andernfalls kann das Meßgerät beschädigt werden.

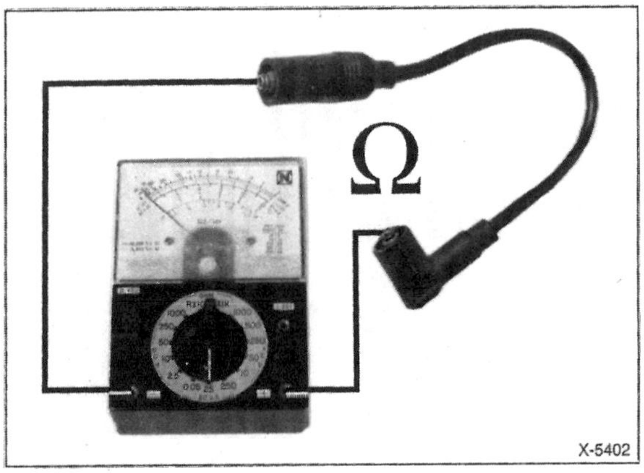

X-5402

Das Ohmmeter wird an die 2 Anschlüsse eines Verbrauchers oder an die 2 Enden einer elektrischen Leitung angeschlossen. Dabei spielt es keine Rolle, welches Kabel (+/–) des Meßgerätes an welchen Kontakt angeklemmt wird.

Die Widerstandsmessung am Auto erstreckt sich weitgehend auf 2 Bereiche:

1. Kontrolle eines in den Stromkreis integrierten Widerstandes oder Bauteils.

2. »Durchgangsprüfung« einer elektrischen Leitung, eines Schalters oder einer Heizwendel. Dabei wird geprüft, ob eine elektrische Leitung im Fahrzeug unterbrochen ist und deshalb das angeschlossene elektrische Gerät nicht funktionieren kann. Zur Messung wird das Ohmmeter an die beiden Enden der betreffenden elektrischen Leitung angeschlossen. Beträgt der Widerstand 0 Ohm (Ω), dann ist „Durchgang" vorhanden. Das heißt, die elektrische Leitung ist in Ordnung. Bei unterbrochener Leitung zeigt das Meßgerät ∞ (unendlich) Ω an.

Elektrisches Zubehör nachträglich einbauen

Beim Bohren von Karosserie-Löchern müssen die Lochränder anschließend entgratet, grundiert und lackiert werden. Die beim Bohren zwangsläufig anfallenden Späne sind restlos aus der Karosserie zu entfernen.

Bei allen Einbauarbeiten, die das elektrische Leitungssystem berühren, ist, um der Gefahr von Kurzschlüssen im elektrischen Leitungssystem vorzubeugen, grundsätzlich das Massekabel (–) von der Fahrzeugbatterie abzuklemmen und zur Seite zu hängen.

Achtung: Wird die Batterie abgeklemmt, werden unter Umständen der Fehlerspeicher für Motor- und Getriebesteuerung, Antiblockiersystem sowie andere elektrische Geräte wie zum Beispiel das Radio und die Zeituhr stillgelegt beziehungsweise Speicherwerte gelöscht. Spezielle Hinweise zu diesem Thema stehen im Kapitel »Batterie-Ausbau«.

Kabel, die beim Einbau von Zubehör zusätzlich zu dem serienmäßig eingebauten Kabelsatz im Fahrzeug verlegt werden müssen, sind nach Möglichkeit immer entlang der einzelnen Kabelstränge unter Verwendung der vorhandenen Kabelschellen und Gummitüllen zu verlegen.

Falls erforderlich, sind die neu verlegten Kabel, um Geräuschen während der Fahrt vorzubeugen und das Scheuern von Kabeln zu vermeiden, mit Isolierband, plastischer Masse, Kabelbändern und dergleichen zusätzlich festzulegen. Hierbei ist besonders darauf zu achten, daß zwischen den Bremsleitungen und den festverlegten Kabeln ein Mindestabstand von 10 mm sowie zwischen den Bremsleitungen und den Kabeln, die mit dem Motor oder anderen Teilen des Fahrzeuges schwingen, ein Mindestabstand von 25 mm vorliegt.

Sofern zusätzliche elektrische Verbraucher eingebaut werden, ist in jedem Fall zu überprüfen, ob die erhöhte Belastung noch von dem vorhandenen Drehstromgenerator mit übernommen werden kann. Falls erforderlich, sollte ein Generator mit größerer Leistung vorgesehen werden.

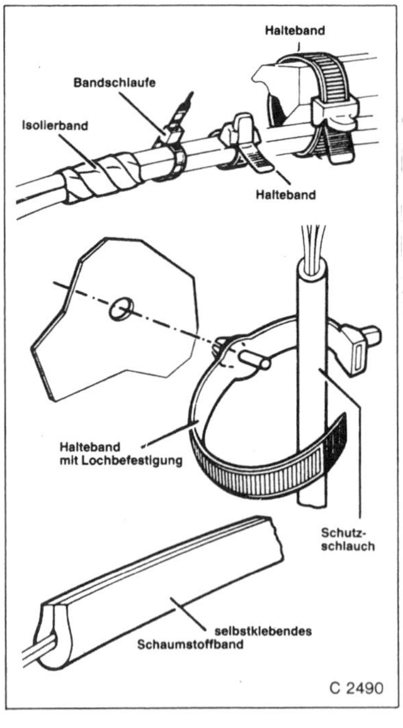

C 2490

Fehlersuche in der elektrischen Anlage

Beim Aufspüren eines Defekts in der elektrischen Anlage ist es wichtig, systematisch vorzugehen. Dies gilt sowohl beim Überprüfen von ausgefallenen Glühlampen wie auch bei nicht laufenden Elektromotoren.

Der **erste Schritt** ist immer die Überprüfung der Sicherung, sofern das elektrische Bauteil abgesichert ist. Die aktuelle Sicherungsbelegung ergibt sich aus dem Aufdruck auf dem Sicherungskastendeckel.
Defekte Sicherung gegebenenfalls auswechseln und nach Einschalten des elektrischen Verbrauchers kontrollieren, ob diese nicht unmittelbar wieder durchbrennt. In diesem Fall muß zuerst der Fehler aufgespürt und behoben werden, in der Regel handelt es sich um einen Kurzschluß. Das bedeutet, an irgend einer Stelle, mitunter auch intern im elektrischen Gerät, sind Masse- und Plusanschluß miteinander verbunden.
Zweiter Prüfschritt: Wenn bei intakter Sicherung die Glühlampe nicht leuchtet beziehungsweise der Elektromotor nicht anläuft, ist die Stromversorgung zu überprüfen.

Glühlampe prüfen

- Lampe ausbauen und sichtprüfen. Ist der Glühfaden durchgebrannt oder sitzt der Glaskolben locker im Sockel, Lampe erneuern.
- Um einwandfrei festzustellen, ob die Glühlampe intakt ist, geht man folgendermaßen vor: Eine Plusleitung (+) und eine Masseleitung (–) direkt an die Pole der Batterie anschließen und mit der Lampe verbinden. Dabei ist es unwichtig, wie die Kabel an die Lampe angeschlossen werden. Ein Kabel an den Stromanschluß, das andere an das Glühlampengehäuse. Wenn jetzt die Lampe nicht leuchtet, Lampe erneuern. Hinweis: Es muß sichergestellt sein, daß die Kontakte an der Lampe und in der Lampenfassung nicht korrodiert sind. Gegebenenfalls korrodierte oder verbogene Anschlüsse abschmirgeln und einwandfreien Kontakt herstellen.
- Ist die Lampe intakt, Lampe einsetzen und einschalten. Leuchtet die Lampe nicht, mit Prüflampe Stromzuführung überprüfen. Dazu Prüflampe an Masse anlegen. Das bedeutet: Das eine Kabel der Prüflampe muß an eine gute Massestelle am Motor (blankes Metall) oder direkt am Batterie-Minuspol angeschlossen werden. Die andere Prüflampen-Prüfspitze (+) entweder an den stromführenden Stecker halten oder mit der Prüfspitze in das stromführende Kabel einstechen. Wenn die Prüflampe jetzt aufleuchtet und die Lampe dennoch nicht brennt, ist die Massezuführung zur Lampe unterbrochen. Um dies zu überprüfen, Massehilfsleitung an die Lampenfassung anlegen. Die Lampe muß jetzt leuchten.
  Hinweis: Es gibt Lampen, die nur eine spannungsführende Zuleitung haben, zum Beispiel Standlicht, Fahrzeuginnenbeleuchtung. Diese Lampen sind über ihr Gehäuse direkt mit der Fahrzeugmasse verbunden.
- Wenn das stromführende Kabel zur Lampe keine Spannung aufweist, die Prüflampe also nicht aufleuchtet, ist sehr wahrscheinlich der Schalter defekt. Schalter auf Durchgang prüfen.

Elektromotoren prüfen

Im Auto werden immer mehr Komfortfunktionen von kleinen Elektromotoren übernommen. Dazu gehören bespielsweise der Fensterheber, das Schiebedach, die elektrische Zentralverriegelung oder die elektrische Antenne.

Jeder Motor wird bei Bedarf über einen Schalter zugeschaltet, meist von Hand. Bei der elektrischen Antenne wird der Schalter automatisch vom Radio angesteuert.

- Sicherung des betreffenden Elektromotors prüfen, gegebenenfalls ersetzen.

Hinweis: Elektromotoren vom elektrischen Fensterheber und dem Schiebedach besitzen Sicherungsautomaten, die sich bei einer Überlastung ausschalten und nach einiger Zeit wieder zuschalten. Vor einer erneuten Betätigung sollte die Überlastungsursache beseitigt werden. Das können vereiste Scheiben oder verschmutzte Fenster-Führungsschienen sein.

- Brennt die Sicherung gleich wieder durch, liegt ein Kurzschluß vor.
- Um eindeutig zu klären, ob der Defekt im Motor liegt, 2 Hilfskabel (∅ ca. 2 mm) direkt von der Fahrzeugbatterie an den Motor anlegen. Pluskabel an den Pluspol, Massekabel an Massepol des Motors. Die Pol-Belegung ergibt sich im Zweifelsfall aus dem Stromlaufplan. Dazu muß der Motor gegebenenfalls ausgebaut werden. Alle elektrischen Motoren im Fahrzeug werden mit Bordspannung (12 bis 14 Volt) versorgt. Funktioniert der Motor jetzt ordnungsgemäß, war die Stromversorgung defekt. Hinweis: Ein zu langsam laufender oder aussetzender Elektromotor kann auf abgenützte Schleifkohlen hinweisen. In diesem Fall Schleifkohlen (Bürsten) ersetzen.
- Funktioniert der Motor, anhand des Stromlaufplans feststellen, welche Zuleitung am Elektromotor Spannung führt, wenn der Schalter betätigt wird und zuvor die Zündung eingeschaltet wurde.
- Spannungsführendes Kabel am Elektromotor mit Prüflampe prüfen. Da bei Elektromotoren ein großer Strom fließt, kann eine herkömmliche Prüflampe mit Glühlampe genommen werden. Diese hat spitze Prüfnadeln, mit denen das Anschlußkabel durchstochen werden kann. So läßt sich auf einfache Weise die Spannung prüfen. Die Anschlußklemmen der Elektromotoren sind mit kleinen Zahlen gekennzeichnet, die normiert sind:
  – Klemme 32 ist der Masseanschluß
  – Klemme 33 der Plus (+)-Anschluß.
  Motoren, die links/rechtsherum drehen, zum Beispiel Fensterhebermotoren, haben zwei Plus-Anschlüsse. Hier ist
  – Klemme 33L der Anschluß der Drehrichtung linksherum,
  – Klemme 33R für rechtsherum.

Achtung: Der Scheibenwischermotor hat besondere Klemmenbezeichnungen, siehe entsprechendes Kapitel.

- Liegt keine Spannung am Elektromotor an, ist die Stromversorgung defekt. Fehler in der Zuleitung nach Stromlaufplan suchen und beheben. Elektromotoren haben in der Regel aufgrund des hohen Strombedarfs zusätzliche Schaltrelais. Prüfung, siehe entsprechendes Kapitel.
- Wurde kein Fehler gefunden, Schalter prüfen.
- Ist ein Kabel defekt, ist es oft sinnvoller, man legt ein neues Kabel, da es schwierig ist, einen Defekt im Kabel zu lokalisieren.

Schalter auf Durchgang prüfen

Die meisten elektrischen Verbraucher werden über einen von Hand betätigten Schalter ein- und ausgeschaltet. Darüber hinaus gibt es auch Schalter, die automatisch betätigt werden. Zu diesen Schaltern zählen zum Beispiel der Öldruckschalter und die Geber für Kühlmittelstand oder Bremsflüssigkeitsstand.

Grundsätzlich hat ein Schalter die Aufgabe, den Stromkreis zu schließen und zu unterbrechen. Es gibt Schalter, die die Masseleitung unterbrechen, und Schalter, die den Plusstrom unterbrechen.

Schalter für Lampen und Elektromotoren prüfen

- Betreffenden Schalter ausbauen.
- Einfache Schalter haben nur 2 Anschlüsse für die Kabel. In diesem Fall muß an einem Anschluß immer Spannung (+) anliegen und nach dem Einschalten an der anderen Klemme auch. Es gibt auch Schalter mit mehreren Klemmen. Bei diesen Schaltern anhand des Stromlaufplans klären, an welcher Klemme Spannung anliegen muß, gegebenenfalls vorher Zündung einschalten.
- Mit Prüflampe prüfen, ob am Schalter Spannung anliegt. Leuchtet die Prüflampe auf, Schalter betätigen und an der Ausgangsklemme prüfen, ob dort auch Spannung anliegt. Ist das der Fall, ist sichergestellt, daß der Schalter funktioniert.
- Wenn an der Eingangsklemme keine Spannung anliegt, liegt eine Unterbrechung in der Leitungs-Zuführung vor. Anhand des Stromlaufplans muß die Spannungszuführung kontrolliert und gegebenenfalls eine neue Leitung gelegt werden.

Geberschalter prüfen

Geberschalter sind beispielsweise: Öldruckschalter, Geber für Bremsflüssigkeits- und Kühlmittelstand.

- Durchgangsprüfer (Prüflampe oder Ohmmeter) an der Zu- und Ableitung des Schalters anschließen, dazu Kabel am Schalter abziehen. **Achtung:** Schalter, die im Motorblock eingeschraubt sind, haben in der Regel kein Massekabel, da das Schaltergehäuse über den Motorblock als Massepol dient.
- Bei geschlossenem Schalter muß der Durchgangsprüfer Durchgang anzeigen. Am besten ist ein Ohmmeter als Durchgangsprüfer: Bei geschlossenem Schalter muß es 0Ω, bei geöffnetem Schalter $\infty\Omega$ (unendlich) anzeigen.
- Die Funktionsfähigkeit etwa der Kühlmittel- oder Bremsflüssigkeitsstand-Warnschalter läßt sich am schnellsten prüfen, indem bei eingeschalteter Zündung die Zuleitung am Schalter abgezogen wird und an eine gute Massestelle, zum Beispiel gegen den Motorblock, gehalten wird. Spricht die Warnlampe im Schalttafeleinsatz jetzt an, liegt der Fehler am Schalter.
  Ein Sonderfall ist der Öldruckschalter: Bei stehendem Motor ist der Kontakt geschlossen (Warnlampe brennt), erst bei einem gewissen Öldruck öffnet der Schalter.

Relais prüfen

In vielen Stromkreisen ist ein Relais integriert. Ein Schaltrelais arbeitet wie ein Schalter. Beispiel: Wenn das Fernlicht über den Handschalter eingeschaltet wird, bekommt das Relais den Befehl, den Strom zum Fernlicht durchzuschalten. Man könnte natürlich den Strom auch direkt über den Lichtschalter von der Batterie zum Fernlicht legen. Bei allen Verbrauchern mit hoher Stromaufnahme (Fernscheinwerfer, Scheibenwischer, Nebelscheinwerfer) schaltet man jedoch ein Relais dazwischen, um den Schalter nicht zu überlasten beziehungsweise um kurze Stromwege sicherzustellen. Neben diesen Schaltrelais gibt es auch Funktionsrelais, zum Beispiel für die Wisch-Wasch-

Anlage oder das Zeitrelais für die Innenbeleuchtung.

Schaltrelais prüfen

Die Anschlußfahnen der Zubehör-Relais sind normiert. Beim Einschalten des betreffenden Verbrauchers wird das Relais angesteuert, das heißt durch den an Klemme 86 ankommenden Schaltstrom wird der Schaltstromkreis zu Klemme 85 geschlossen. Eine Magnetspule im Relaisinnern zieht einen Kontakt an und schließt so den Stromkreis für den »Arbeitsstrom«. Der Arbeitsstrom läuft von Klemme 30 über das Relais und Klemme 87 zum Stromverbraucher weiter.

Am einfachsten läßt sich die Funktionsfähigkeit eines Relais prüfen, wenn man es gegen ein intaktes auswechselt. So macht man es auch in der Werkstatt. Da dem Heimwerker jedoch in den seltensten Fällen ein neues Relais sofort zur Verfügung steht, empfiehlt sich folgender Arbeitsschritt bei den sogenannten Schaltrelais, wie sie unter anderem zum Schalten von Nebel- und Hauptscheinwerfern verwendet werden. Die hier angegebenen Klemmenbezeichnungen können vor allem bei den serienmäßig eingebauten Relais auch anders lauten.

- Relais aus der Halterung herausziehen.
- Zündung und entsprechenden Schalter einschalten.
- Zuerst mit Spannungsprüfer feststellen, ob an Klemme 30 (+) im Relaishalter Spannung anliegt. Dazu Spannungsprüfer an Masse (–) anschließen und die andere Kontaktspitze vorsichtig in Klemme 30 einführen. Wenn die Leuchtdiode des Spannungsprüfers aufleuchtet, ist Spannung vorhanden. Zeigt der Spannungsprüfer keine Spannung an, Unterbrechung vom Batterie-Pluspol (+) zu Klemme 30 anhand des Schaltplanes aufspüren.
- Leitungsbrücke aus einem Stück isoliertem Draht herstellen, die Enden müssen blank sein.
- Mit dieser Brücke im Relaishalter die Klemme 30 (Batterie +, führt immer Spannung) mit dem Ausgang des Relais-

Schließers Klemme 87 verbinden. Mit diesem Arbeitsschritt wird praktisch genau das getan, was ein intaktes Relais auch vornimmt. Wo sich die Klemmen im Relaishalter befinden, ist auf dem Relais beziehungsweise am Steckkontakt aufgeführt.

- Wenn bei eingesetzter Brücke zum Beispiel das Fernlicht aufleuchtet, kann man davon ausgehen, daß das Relais defekt ist.

- Wenn das Fernlicht nicht aufleuchtet, klären, ob die Masseverbindung zum Scheinwerfer intakt ist. Dann Unterbrechung in der Leitungsführung von Klemme 87 zum Hauptscheinwerfer anhand des Schaltplanes aufspüren und beheben.
- Falls erforderlich, neues Relais einsetzen.

Scheibenwischermotor prüfen

Der Scheibenwischermotor sitzt im Wasserkasten unterhalb der Windschutzscheibe, beim Heckwischer in der Heckklappe. Zum Prüfen muß die jeweilige Abdeckung demontiert werden. Im nachfolgenden wird vor allem auf den Frontscheibenwischer eingegangen, beim Heckwischer dementsprechend verfahren.

Klemmenbezeichnungen

Die Klemmen am Motor sind genormt:
– Klemme 31 ist der Masseanschluß (allgemein in der Fahrzeugelektrik).
– Klemme 53 erhält Spannung für die erste Wischergeschwindigkeit.
– Klemme 53 a liefert Plusstrom (+) für die Wischer-Endabstellung: Der Motor erhält über einen Schleifkontakt so lange Spannung, bis die Wischer in Ruhestellung gelaufen sind, wenn der Fahrer den Scheibenwischer ausschaltet.
– Klemme 53 b führt die Spannung für die zweite Wischergeschwindigkeit (Nebenschlußwicklung).
– Über Klemme 53 e wird der Wischermotor beim Zurücklaufen nach dem Abschalten abgebremst, damit die Wischer nicht über ihre Parkstellung hinauslaufen.
– Nicht überall vorhanden: Klemme 53 c führt zur elektrischen Scheibenwaschpumpe, Klemme 53 i ist bei Wischermotoren mit Permanentmagnet und dritter Bürste (für höhere Wischergeschwindigkeit) vorhanden.

Wischermotor prüfen

Zunächst klären, ob der Wischermotor oder die Stromversorgung defekt ist. Dazu folgendermaßen vorgehen:

- Mehrfachstecker am Wischermotor abziehen.
- Mit 2 Hilfskabeln Spannung (+) und Masse (−) von der Fahrzeugbatterie an den Wischermotor anlegen:
  – Ein Kabel vom Batterie-Pluspol zu Klemme 53 oder 53 b verlegen.
  – Das zweite vom Batterie-Minuspol zu Motor-Klemme 31 führen.
- Der Scheibenwischermotor muß jetzt je nach benutzter Klemme auf Stufe I oder II laufen. Wenn nicht, ist der Motor oder die entsprechende Stufe defekt. Wischermotor ausbauen, siehe Seite 276.

Blinkanlage prüfen

Die Takte für die Blink- und Warnblinkanlage werden von einem Relais erzeugt, dem sogenannten Blinkgeber. Die Warnblinkanlage ist ohne Sicherung an das Relais angeschlossen. Die Richtungs-Blinkanlage wird über eine Sicherung im Sicherungskasten abgesichert.

- Ist der Blinker-Rhythmus auf einer Seite schneller als auf der anderen Seite, ist auf der »schnellen« Seite eine Glühlampe defekt oder eine Leitungsunterbrechung vorhanden.
- Bei allen anderen Störungen ist meist das Blinkrelais die Ursache. Klemmenbelegung am Blinkgeber, die Anschlußfahnen sind markiert:
  – Klemme 31 ist Masse (minus, allgemein in der Fahrzeugelektrik)
  – Klemme 49 ist Relaiseingang (plus liegt ständig an), Klemme 49 a der Relaisausgang
  – Klemme C geht zur Kontrollampe im Schalttafeleinsatz, bei Anhängevorrichtung (Zusatzausstattung) kann eine weitere Klemme C 2 für die Anhänger-Blinkkontrolle vorhanden sein.
- Steht kein neues Relais zur Verfügung, dünnen Draht vorsichtig zwischen Klemme 49 und 49a im Relaisstecker einstecken. **Achtung:** Dabei dürfen die empfindlichen Relaiskontakte nicht beschädigt werden. Drahtenden vor dem Einstecken umbiegen, damit keine scharfen Kanten vorhanden sind. Defektes Blinkrelais wieder aufsetzen. Die Anschlußfahnen sind so lang, daß das Relais trotz Überbrückung wieder aufgesteckt werden kann.
- Zündung einschalten. Wird der Blinkhebel jetzt betätigt, leuchtet die betreffende Blinkerseite dauernd auf. Durch Ein- und Ausschalten mit dem Blinkerhebel kann ein Blinkrhythmus erzeugt werden. Dennoch: Umgehend neues Blinkrelais einbauen.
- Leuchtet das Blinklicht trotz Überbrückung der Relaiskontakte nicht, liegt ein Defekt im Blinkerschalter oder in der elektrischen Zuleitung vor.

Bremslicht prüfen

- Wenn das Bremslicht nicht aufleuchtet, zuerst Sicherung im Sicherungkasten überprüfen.
- War die Sicherung in Ordnung, anschließend Brems-Glühlampen überprüfen, gegebenenfalls erneuern.

Sind die Brems-Glühlampen in Ordnung, anschließend Bremslichtschalter prüfen. Oberhalb des Bremspedals sitzt am Pedalbock der Bremslichtschalter. Beim Niedertreten des Bremspedals wandert ein Druckstift aus dem Schalter heraus. Der Schalterkontakt schließt, und die Bremslichter leuchten auf.

- Bremslichtschalter überprüfen. Dazu Abdeckung oberhalb der Pedale ausbauen. Kabelstecker vom Bremslichtschalter abziehen.
- Zündung einschalten.
- Beide Kontakte im Kabelstecker des Bremslichtschalters mit einer kurzen Hilfsleitung überbrücken. Wenn die Bremslichter jetzt aufleuchten, ist der Bremslichtschalter defekt.
- Bremslichtschalter ersetzen.

Die elektronische Wegfahrsicherung

Der VW T4 ist ab 1/95 serienmäßig mit einer elektronischen Wegfahrsicherung ausgerüstet. Bei aktiviertem System verhindert die Anlage das Anspringen des Motors, wenn nicht der mit dem richtigen Code versehene Schlüssel verwendet wird.

Die Anlage besteht aus:

- dem Steuergerät für elektronische Wegfahrsicherung,
- dem angepaßten Motorsteuergerät bei Benzin- und Direkteinspritzer-Dieselmotoren,
- dem Steuergerät für das Kraftstoffabschaltventil bei Wirbelkammer-Dieselmotoren,
- einer Lesespule am Zündschloß,
- dem Zündschlüssel mit eingebautem Transponder. Der Transponder ist eine batterielos arbeitende Empfangs- und Sendeeinheit, die für jeden Schlüssel einen anderen fest eingespeicherten Code enthält.

■ Die Wegfahrsicherung wird durch Einschalten der Zündung deaktiviert. Dabei wird durch die Lesespule elektrische Energie induktiv auf den Transponder im Schlüssel übertragen.

■ Der Schlüsselcode wird gelesen und an das Steuergerät für Wegfahrsicherung übermittelt. Dort wird der Schlüsselcode mit dem abgespeicherten Wert verglichen. Anschließend wird der Code des Motor-Steuergerätes oder des Steuergerätes für Kraftstoffabschaltventil geprüft.

Achtung: Bei Austausch des Motor-Steuergerätes, muß das neue Steuergerät an das eingebaute System der Wegfahrsicherung angepaßt werden.

■ Falls keine Übereinstimmung der Codes vorhanden ist, wird der Motor nach maximal 2 Sekunden abgeschaltet. Das kann auch folgende Ursachen haben:

- ◆ Lesevorgang durch zusätzliche Schlüssel am Schlüsselbund behindert,
- ◆ Schlüsselcode defekt.

■ Die elektronische Überprüfung der Wegfahrsicherung erfolgt mit dem V.A.G-Diagnosegerät 1551 oder 1552 durch Abrufen des Fehlerspeichers.

Hinweis: Das Steuergerät für Kraftstoffabschaltventil (Dieselmotoren ABL, AAB, AJA) ist mit 2 Abreißschrauben an der Einspritzpumpe befestigt. Es kann auch nachträglich eingebaut werden (Werkstattarbeit), vorausgesetzt das Abschaltventil besitzt eine 2fach-Steckverbindung.

Geheimnummer

Die Geheimnummer ist bei Neufahrzeugen auf einem Schlüsselanhänger verdeckt (erkennbar durch Aufrubbeln) angebracht. Nach Eingabe der Geheimnummer mit dem V.A.G-Diagnosegerät kann das Steuergerät neue Schlüssel-Codes lernen, zum Beispiel bei Verlust von Fahrzeugschlüsseln.

Identnummer

Die Identnummer wird benötigt, um bei Verlust der Geheimnummer diese beim VW-Werk zu erfragen. Sie befindet sich bei Neufahrzeugen auf einem Schlüsselanhänger. Ist die Identnummer verloren, kann sie mit dem V.A.G-Diagnosegerät aus dem Steuergerät der Wegfahrsicherung ausgelesen werden.

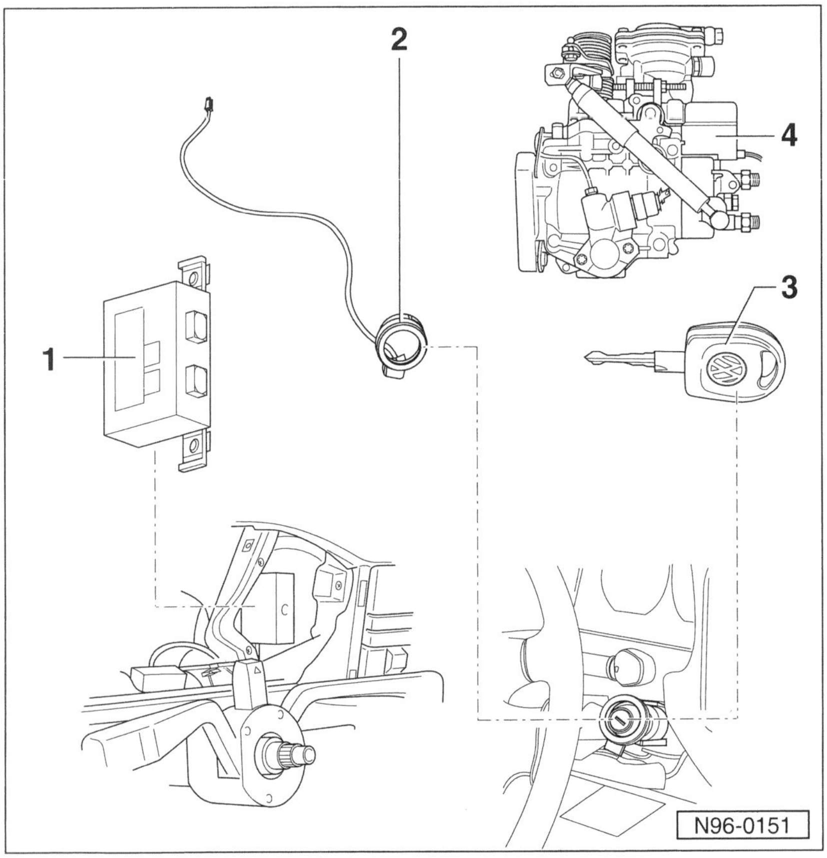

1 – Steuergerät für elektronische Wegfahrsicherung
Das elektronische Steuergerät befindet sich hinter dem Armaturenbrett auf der rechten Seite, hinter dem Schalttafeleinsatz. Der Dieselmotor besitzt ein zusätzliches Steuergerät für das Kraftstoffabschaltventil auf der Dieseleinspritzpumpe.

2 – Lesespule für Wegfahrsicherung
Die Lesespule ist auf das Lenkschloßgehäuse aufgesteckt und über ein Kabel mit dem Steuergerät verbunden.

3 – Transponder
Antwort-Lesespeicher, im Zündschlüssel integriert.

4 – Steuergerät für Kraftstoffabschaltventil
An der Diesel-Einspritzpumpe aufgeschraubt.

Hupe prüfen

Je nach Ausstattung besitzt der VW T4 eine Hupe oder Zweiklanghörner, die sich im Motorraum unterhalb des Stoßfängers befinden. Bei Betätigung der Hupe am Lenkrad wird ein Stromkreis geschlossen. Bei Modellen mit Zweiklanghörnern ist zur Schonung der Hupkontakte ein Relais zwischengeschaltet. Bei beiden Versionen liegt ständig Spannung an Klemme 15 an der Hupe an, der Hupknopf schließt den Stromkreis zur Fahrzeugmasse.

Prüfen

V-5401

- Anschlußstecker abziehen, dabei seitliche Drahtbügel zusammendrücken. Haltemutter lösen und Hupe herausnehmen.
- Hupe mit Hilfsleitungen direkt an die Fahrzeugbatterie anschließen. Die Hupe muß ertönen.
- Es kann versucht werden, eine verstimmte oder ganz defekte Hupe durch Verdrehen der Einstellschraube (Torxschraubendreher, Größe T 20) an der Rückseite wieder in Gang zu setzen, siehe –Pfeil– in der Abbildung. Zuvor Dichtmasse am Schraubenkopf abkratzen. Nach dem Einstellen Schraube wieder mit Karosserie-Dichtmasse gegen Feuchtigkeit schützen.

Heizbare Heckscheibe prüfen

Bei eingeschalteter Heckscheibenheizung muß das Feld mit den sichtbaren Leiterbahnen nach einiger Zeit frei von Beschlag oder Eis sein.

- Bei Störungen zuerst Sicherung im Sicherungkasten überprüfen.
- Ist die Sicherung in Ordnung, anschließend festen Sitz des Kabelsteckers und die Zuleitung zur Heckscheibe überprüfen, Steckkontakte gegebenenfalls von Korrosion reinigen.
- Funktioniert die Heckscheibenheizung immer noch nicht, Schalter prüfen, siehe Seite 242.
- Funktion des Schaltrelais prüfen, siehe Seite 242.
- Sind Heizfäden unterbrochen, hilft handelsüblicher Leitsilberlack zur Wiederherstellung der Verbindung.

Sicherungen auswechseln

Um Kurzschluß- und Überlastungsschäden an den Leitungen und Verbrauchern der elektrischen Anlage zu verhindern, sind die einzelnen Stromkreise durch Schmelzsicherungen geschützt. Es werden Sicherungen verwendet, die neuesten technischen Erkenntnissen entsprechen. Sie sind mit Messerkontakten ausgestattet, so daß herkömmliche Sicherungen nicht mehr verwendet werden können.

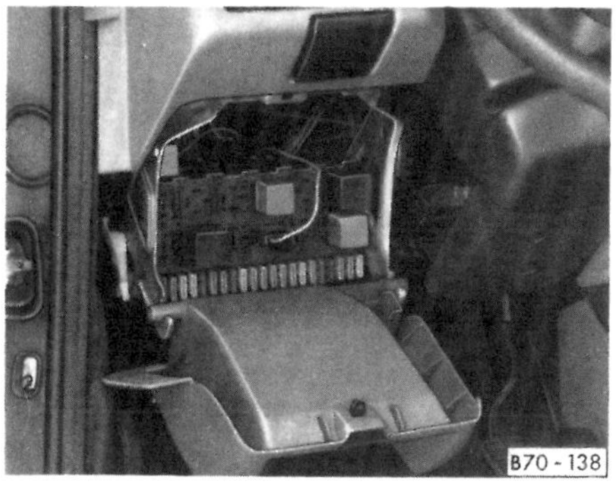

Die Zentralelektrik mit den Relais und Sicherungen sind in einem Sicherungskasten untergebracht, der sich unter einer Abdeckung links an der Schalttafel befindet.

- Abdeckung oben entriegeln, dazu Knopf um 90° (¼ Umdrehung) nach links oder rechts verdrehen und Abdeckung nach unten klappen.
- Sicherungs- und Relaisbelegung, siehe Seite 307.
- Vor dem Auswechseln einer Sicherung immer zuerst den betroffenen Verbraucher ausschalten.

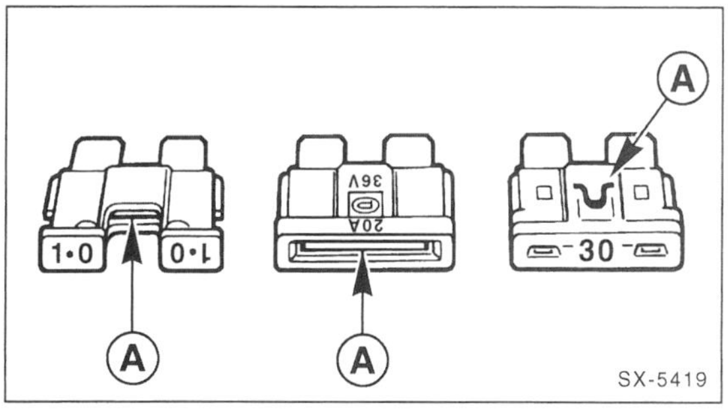

- Eine durchgebrannte Sicherung erkennt man am durchgeschmolzenen Metallstreifen –A–. Eine Übersicht der aktuellen Sicherungsbelegung befindet sich an der Rückseite der Sicherungskasten-Abdeckung sowie in der Betriebsanleitung des Fahrzeugs.
- Defekte Sicherung herausziehen.
- Neue Sicherung **gleicher Sicherungsstärke** einsetzen.
- Brennt eine neu eingesetzte Sicherung nach kurzer Zeit wieder durch, muß der entsprechende Stromkreis überprüft werden.
- Auf keinen Fall Sicherung durch Draht oder ähnliche Hilfsmittel ersetzen, weil dadurch ernste Schäden an der elektrischen Anlage auftreten können.
- Es ist empfehlenswert, stets einige unterschiedlich starke Ersatz-Sicherungen im Wagen mitzuführen.

Nenn-stromstärke	Kennfarbe	Nenn-stromstärke	Kennfarbe
5 A	beige	20 A	gelb
10 A	rot	25 A	weiß
15 A	blau	30 A	grün

- Die Nennstromstärke der Sicherung ist auf der Rückseite des Griffes aufgedruckt. Außerdem hat der Griff eine Kennfarbe, an der ebenfalls die Nennstromstärke zu erkennen ist.
- Abdeckung hochklappen und arretieren.

Batterie aus- und einbauen

Die Batterie befindet sich links im Motorraum unter einer Abdeckung. Diese Abdeckung muß zum Ausbau der Batterie entfernt werden. Bei Fahrzeugen mit Zusatzbatterie befindet sich eine 2. Batterie unter dem Fahrersitz. In der Campingausstattung können weitere Batterien im Heckraum installiert sein, siehe auch Kapitel »Campingausrüstung«.

Achtung: Wird die Hauptbatterie abgeklemmt, werden der Fehlerspeicher der Motorsteuerung, das Antiblockiersystem sowie andere ständig im Eingriff befindliche Geräte (zum Beispiel Radio und Zeituhr) stillgelegt beziehungsweise deren Speicher gelöscht. Vor dem Abklemmen gegebenenfalls Fehlerspeicher abrufen lassen, nach dem Anklemmen betreffende Geräte neu programmieren.

Einige serienmäßig eingebaute Radios besitzen überdies eine Codierung. Die Anti-Diebstahl-Codierung verhindert die unbefugte Inbetriebnahme des Gerätes, wenn die Stromversorgung unterbrochen wurde. Die Stromversorgung ist beispielsweise unterbrochen beim Abklemmen der Batterie, beim Ausbau des Radios oder wenn die Radiosicherung durchgebrannt ist.

Falls das Radio codiert ist, Radiocode vor Abklemmen der Batterie feststellen. Ist der Code nicht bekannt, kann nur die VW-Werkstatt das Autoradio wieder in Betrieb nehmen, siehe auch Seite 271.

Ausbau

- Zündung ausschalten.

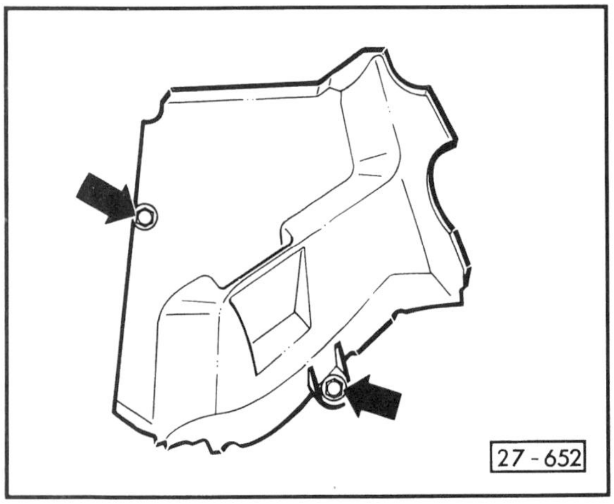

- Batterie im Motorraum: Motorhaube öffnen und Deckel der Batterieverkleidung abschrauben –Pfeile–.

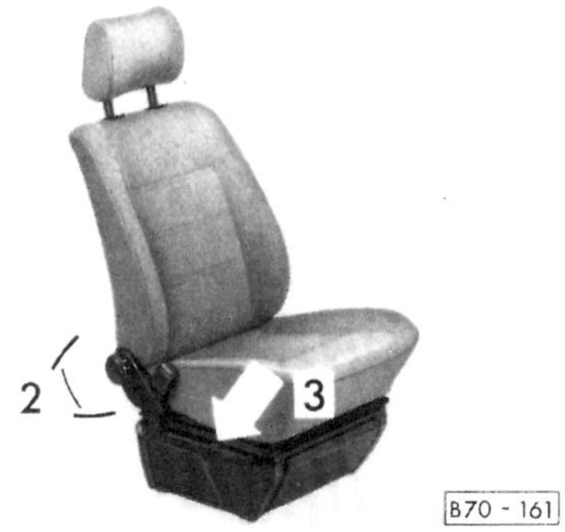

- 2. Batterie unter Fahrersitz ausbauen: Sitz ganz nach vorn schieben, dabei Sitzanschlag –3– nach außen ziehen. Dabei fährt der Sitz über den Sitzanschlag hinaus nach vorn, die Batterie ist von oben erreichbar.
- Zuerst Batterie-Massekabel (–) abklemmen, dann Pluskabel (+).

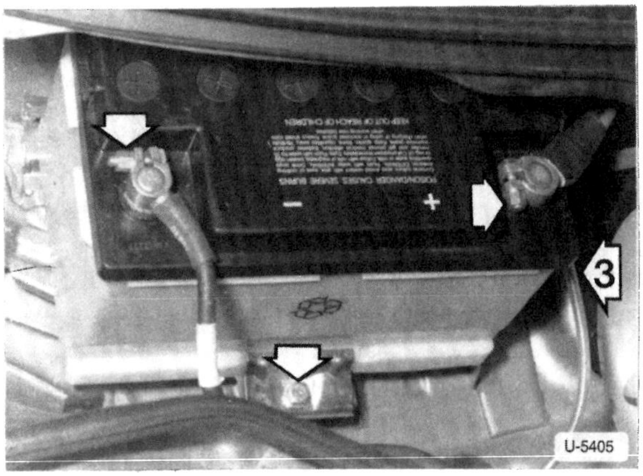

- Falls vorhanden, Entlüftungsschlauch –3– abziehen.
- Halteplatte abschrauben, Batterie herausnehmen.

Achtung: Batterien enthalten giftige Substanzen, die nicht in den Hausmüll gelangen dürfen. Altbatterien auf der Sondermülldeponie abgeben. Gemeindeverwaltungen informieren darüber, wo sich die nächste Annahmestelle befindet.

Hinweis:
Wenn Sie eine neue Autobatterie kaufen, nehmen Sie die Altbatterie zum Händller mit. Sonst müssen Sie für die neue Batterie Pfand bezahlen.

Einbau

Achtung: Die Zweitbatterie unter dem Fahrersitz hat eine Höhe von 175 mm. Sie darf **nicht** gegen eine 190 mm hohe Batterie ausgetauscht bzw. ersetzt werden.

- Vor dem Einbau Batterie-Pole blank kratzen, geeignet ist dazu eine Messingdrahtbürste. Batteriepole **nicht** fetten. Polfett/Vaseline darf nicht zwischen Batteriepol und Anschlußklemme gelangen, da sonst hohe Übergangswiderstände auftreten können.

- Batterie einsetzen, Halteplatte mit 25 Nm festschrauben.
- Pluskabel am Pluspol (+), dann Massekabel am Minuspol (–) anklemmen. **Achtung:** Durch eine falsch angeschlossene Batterie können erhebliche Schäden am Generator und an der elektrischen Anlage entstehen. Beim Anschließen der Batterie muß außerdem die Zündung ausgeschaltet sein, sonst können elektronische Steuergeräte beschädigt werden.
- Entlüftungsschlauch aufschieben.
- Abdeckung beziehungsweise Fahrersitz wieder einbauen.
- Gegebenenfalls Radiocode eingeben, siehe Seite 272.
- Zeituhr einstellen.

Batterie prüfen

Vor Beginn des Winters sollte die Batterie überprüft werden. Bei großer Kälte sinkt die Batteriespannung einer nur mäßig geladenen Batterie während des Anlassvorgangs stark ab.

Batterie mit »magischem Auge«

Falls die Batterie mit einem »magischen Auge« ausgestattet ist, kann durch diese optische Anzeige der Säurestand und teilweise der Ladezustand der Batterie geprüft werden. Das magische Auge befindet sich auf der Oberseite der Batterie.

Bevor eine Sichtprüfung am magischen Auge vorgenommen wird, vorsichtig mit dem Griff eines Schraubendrehers auf das magische Auge klopfen. Luftblasen, die die Anzeige beeinträchtigen könnten, steigen hierdurch auf. Die Farbanzeige des magischen Auges wird dadurch genauer.

- Magisches Auge von oben mit einer Taschenlampe anleuchten.

Magisches Auge mit 3-farbiger Anzeige beurteilen:

- Grün – die Batterie ist ausreichend geladen, der Säurestand ist in Ordnung.
- Schwarz – die Batterie ist zu gering geladen oder entladen. Ruhespannung prüfen, Batterie laden.
- Farblos oder gelb – der Säurestand ist zu niedrig. Die Batterie muss ersetzt werden.

Magisches Auge mit 2-farbiger Anzeige beurteilen:

Der Ladezustand der Batterie kann nicht am magischen Auge abgelesen werden. Hierzu ist eine Batterie-Belastungsprüfung erforderlich.

- Schwarz – der Säurestand ist in Ordnung.
- Farblos oder gelb – der Säurestand ist zu niedrig. Die Batterie muss ersetzt werden.

Ruhespannung prüfen

Der Batterie-Zustand wird durch Messen der Spannung mit einem Voltmeter zwischen den Batteriepolen überprüft.

- Batteriepole abklemmen, siehe Seite 249.
- Vor der Prüfung muß die Batterie mindestens 2 Stunden abgeklemmt sein.

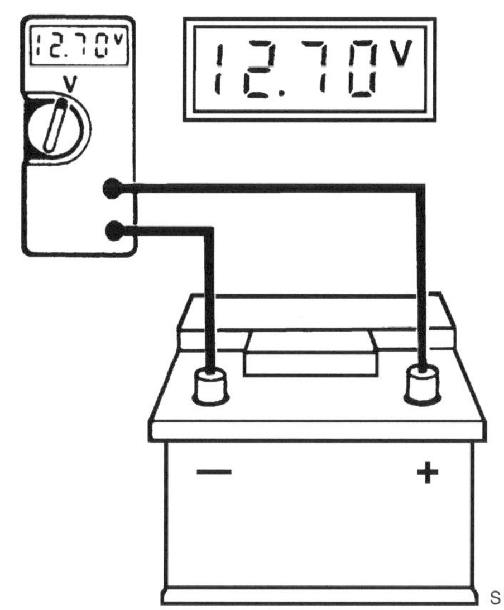

SX-5415

- Voltmeter an die Batteriepole anschließen und Spannung messen.
  Beurteilung:
  12,7 Volt oder darüber = Batterie in gutem Zustand
  12,5 Volt = normal
  12,3 Volt oder darunter = Batterie in schlechtem Zustand, Batterie laden oder ersetzen
- Batterie anklemmen.

Batterie unter Belastung prüfen

Achung: Wenn das magische Auge farblos oder hellgelb anzeigt, darf die Batterie nicht mit einem speziellen Prüfgerät unter Belastung geprüft werden. Explosionsgefahr!

- Voltmeter an den Polen der Batterie anschließen.
- Motor starten und Spannung ablesen.
- Während des Startvorganges darf bei einer vollen Batterie die Spannung nicht unter 10 Volt (bei einer Säuretemperatur von ca. +20° C) abfallen.
- Bricht die Spannung sofort zusammen so ist auf eine defekte Batterie zu schließen.

Hinweis: Beim Kauf einer neuen Autobatterie ist es sinnvoll die Altbatterie zum Händller mitzunehmen, sonst muß Pfand für die neue Batterie bezahlt werden.

Batterie laden

- Batterie niemals kurzschließen, das heißt Plus- (+) und Minuspol (–) dürfen nicht verbunden werden. Bei Kurzschluß erhitzt sich die Batterie und kann platzen. Nicht mit offener Flamme in Batterie leuchten. Batteriesäure ist ätzend und darf nicht in die Augen, auf die Haut oder die Kleidung gelangen, gegebenenfalls mit viel Wasser abspülen.
- Vor dem Laden Plus- und Massekabel von Batterie abklemmen, Massekabel (–) zuerst.

- Vor dem Laden Säurestand prüfen, gegebenenfalls destilliertes Wasser nachfüllen.
- Gefrorene Batterie vor dem Laden auftauen. Eine geladene Batterie gefriert bei ca. –65° C, eine halbentladene bei ca. –30° C und eine entladene schon bei ca. –12° C.
- Batterie nur in gut belüftetem Raum laden. Beim Laden der eingebauten Batterie Motorhaube geöffnet lassen.
- Bei der Normalladung beträgt der Ladestrom ca. 10 % der Kapazität. (Bei einer 50-Ah-Batterie also etwa 5,0 A.) Als Richtwert für die Ladezeit kann dann 10 Stunden genommen werden.
- Pluspol (+) der Batterie mit Pluspol, Minuspol (–) der Batterie mit Minuspol des Ladegerätes verbinden.
- Die Säuretemperatur darf während des Ladens +55° C nicht überschreiten, gegebenenfalls Ladung unterbrechen oder Ladestrom herabsetzen.
- So lange laden, bis alle Zellen lebhaft gasen und bei drei im Abstand von je einer Stunde aufeinanderfolgenden Messungen das spezifische Gewicht der Säure und die Spannung nicht mehr angestiegen sind.
- Nach der Ladung Säurestand prüfen, gegebenenfalls destilliertes Wasser nachfüllen.

Achtung: Der Motor darf nicht bei abgeklemmter Batterie laufen, da sonst die elektrische Anlage beschädigt wird.

Schnelladen/Starthilfe

- Das Laden beziehungsweise Starthilfe geben mit einem Schnelladegerät darf nur ausnahmsweise durchgeführt werden, da die Batterie hierdurch kurzfristig einer sehr hohen Stromstärke ausgesetzt ist. Länger gelagerte Batterien sollten nicht mit einem Schnelladegerät aufgeladen werden, Hinweise zu gelagerten Batterien beachten.

Batterie lagern

Batterien, die längere Zeit unbenutzt waren (zum Beispiel Fahrzeug stillgelegt), entladen sich selbst und können darüber hinaus sulfatiert sein. Wenn diese Batterien mit einem Schnelladegerät geladen werden, nehmen sie keinen Ladestrom auf oder werden durch sogenannte Oberflächenladung zu früh als »voll« ausgewiesen. Sie sind anscheinend defekt.

Bevor diese Batterien als defekt angesehen werden, sind sie zu prüfen:

- Säuredichte prüfen. Weicht die Säuredichte in allen Zellen nicht mehr als 0,02 g/ml voneinander ab, so ist die Batterie mit einem Normalladegerät zu laden.
- Batterie nach der Ladung durch eine Belastungsprüfung testen. Wenn sie die Sollwerte nicht erreicht, ist sie defekt.
- Weicht die Säuredichte in einer oder zwei benachbarten Zellen merklich nach unten ab (zum Beispiel 5 Zellen zeigen 1,16 g/ml und eine Zelle 1,08), hat die Batterie einen Kurzschluß und ist defekt.
- Um die Alterung der Batterie zu vermeiden, gelagerte Batterie daher etwa alle 3 Monate nachladen.

Batterie entlädt sich selbständig

Je nach Fahrzeugausstattung addiert sich zur natürlichen Selbstentladung der Batterie auch die Stromaufnahme der verschiedenen Steuergeräte im Ruhezustand. Daher sollte ein stehendes Fahrzeug spätestens alle 6 Wochen nachgeladen werden. Wenn der Verdacht auf Kriechströme besteht, Bordnetz nach folgender Anleitung prüfen:

- Zur Prüfung geladene Batterie verwenden.
- Zündung ausschalten.

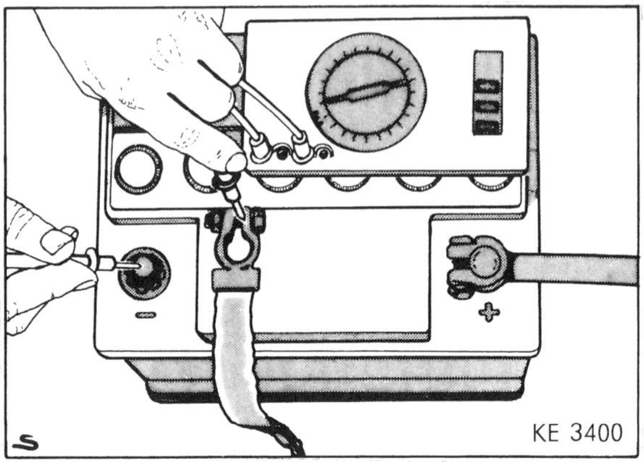
KE 3400

- Am Amperemeter (Meßbereich von 0–5 mA bis 5 A) den höchsten Meßbereich einstellen. Massekabel von der Batterie abklemmen. Amperemeter zwischen Batterie-Minuspol und Massekabel schalten.

Achtung: Die Prüfung kann auch mit einer Prüflampe durchgeführt werden. Leuchtet die Lampe zwischen Masseband und Minuspol der Batterie jedoch nicht auf, ist auf jeden Fall ein Amperemeter zu verwenden.

- Alle Verbraucher ausschalten, vorhandene Zeituhr (Dauerverbraucher) abklemmen, Türen schließen.
- Vom Amperebereich solange auf den Milliamperebereich zurückschalten, bis eine ablesbare Anzeige erfolgt (1–3 mA sind zulässig).
- Durch Herausnehmen der Sicherungen nacheinander die verschiedenen Stromkreise unterbrechen. Wenn bei einem der unterbrochenen Stromkreise die Anzeige auf Null zurückgeht, ist hier die Fehlerquelle zu suchen. Fehler können sein: korrodierte und verschmutzte Kontakte, durchgescheuerte Leitungen, interner Kurzschluß.
- Wird in den abgesicherten Stromkreisen kein Fehler gefunden, Leitungen an den nicht abgesicherten Aggregaten abzuziehen, wie: Generator, Anlasser, Zündung.
- Geht beim Abklemmen von einem der ungesicherten Aggregate die Anzeige auf Null zurück, betreffendes Bauteil überholen oder austauschen. Bei Stromverlust in Anlasser oder Zündanlage immer auch den Zündschalter nach Stromlaufplan prüfen.
- Batterie-Massekabel (–) anklemmen. **Achtung:** Batterie nur bei ausgeschalteter Zündung anklemmen, sonst kann das Steuergerät der Einspritzanlage beschädigt werden.
- Zeituhr einstellen.
- Diebstahlcode für Radio eingeben, siehe Kapitel »Radio-Codierung eingeben«.

Störungsdiagnose Batterie

Störung	Ursache	Abhilfe
Abgegebene Leistung ist zu gering, Spannung fällt stark ab	Batterie entladen	■ Batterie nachladen
	Ladespannung zu niedrig	■ Spannungsregler prüfen, ggf. austauschen
	Anschlußklemmen lose oder oxydiert	■ Anschlußklemmen reinigen und von Korrosion befreien, Befestigungsschrauben mit 6 Nm anziehen
	Masseverbindungen Batterie-Motor-Karosserie sind schlecht	■ Masseverbindung überprüfen, ggf. metallische Verbindungen herstellen oder Schraubverbindungen festziehen. Korrodierte oder gelblich schimmernde Befestigungsschrauben durch verzinnte Schrauben ersetzen
	Zu große Selbstentladung der Batterie durch Verunreinigung der Batteriesäure	■ Batterie austauschen
	Evtl. Batterie sulfatiert (grauweißer Belag auf den Plus- und Minusplatten)	■ Batterie mit kleinem Strom laden, damit sich der Belag langsam zurückbildet. Falls nach wiederholter Ladung und Entladung die abgegebene Leistung immer noch zu gering ist, Batterie austauschen
	Batterie verbraucht, aktive Masse der Platten ausgefallen	■ Batterie austauschen
Nicht ausreichende Ladung der Batterie	Fehler an Generator, Spannungsregler oder Leitungsanschlüssen	■ Generator und Spannungsregler überprüfen, instand setzen beziehungsweise austauschen
	Keilrippenriemen locker, Spannvorrichtung defekt	■ Spannvorrichtung prüfen, gegebenenfalls Keilrippenriemen ersetzen
	Zu viele Verbraucher angeschlossen	■ Größere Batterie einbauen; eventuell auch leistungsstärkeren Generator verwenden

Der Generator

Der VW T4 ist mit einem Drehstromgenerator ausgerüstet. Je nach Modell und Ausstattung können Generatoren mit unterschiedlichen Leistungen eingebaut sein. Die Leistung steht auf dem Typschild am Generator. **Achtung:** Wenn nachträglich elektrisches Zubehör eingebaut wird, sollte überprüft werden, ob die bisherige Generatorleistung noch ausreicht, gegebenenfalls stärkeren Generator einbauen.

Der Generator wird von der Kurbelwelle über den Keilriemen angetrieben. Dabei dreht sich der Läufer mit der Erregerwicklung innerhalb der feststehenden Ständerwicklung mit etwa doppelter Motordrehzahl.

Über Kohlebürsten und Schleifringe fließt der Erregerstrom durch die Erregerwicklung. Dabei bildet sich ein Magnetfeld.

Die Lage des magnetischen Feldes zur Ständerwicklung ändert sich ständig, entsprechend der Umdrehung des Läufers. Dadurch wird in der Ständerwicklung ein Drehstrom erzeugt.

Da die Batterie aber nur mit Gleichstrom geladen werden kann, wird der Drehstrom durch Gleichrichter in der Diodenplatte in Gleichstrom umgewandelt. Der Spannungsregler verändert den Ladestrom durch Ein- und Ausschalten des Erregerstromes, entsprechend dem Ladezustand der Batterie. Gleichzeitig hält der Regler die Betriebsspannung konstant bei ca. 14 Volt, unabhängig von der Drehzahl.

Achtung: Der Generator ist ein sogenanntes Austauschteil. Das bedeutet, daß ein defekter Generator bei Kauf eines überholten oder neuen Generators vom Hersteller in Zahlung genommen wird, daher Altteil zum Händler mitnehmen.

Sicherheitshinweise für den Drehstromgenerator

- Bei Arbeiten an der elektrischen Anlage im Motorraum grundsätzlich das Batterie-Massekabel (–) abklemmen.
- Kabel an Spannungsregler und Generator **nicht** vertauschen. Kabel vor dem Abklemmen mit Tesaband kennzeichnen.
- Batterie oder Spannungsregler **nicht** bei laufendem Motor abklemmen.
- Generator **nicht** bei angeschlossener Batterie ausbauen.
- Beim Elektroschweißen am Fahrzeug die Batterie grundsätzlich abklemmen.

Generatorspannung prüfen

- Voltmeter zwischen Plus- und Minuspol der Batterie anschließen.
- Motor starten. Die Spannung darf beim Startvorgang bis 8 Volt (bei +20° C Außentemperatur) absinken.
- Motordrehzahl auf 3000/min erhöhen. Die Spannung soll 13,5 bis 14,5 Volt betragen. Dies ist ein Beweis, daß Generator und Regler arbeiten. Die Generatorspannung (Bordspannung) muß höher als die Batteriespannung sein, damit die Batterie im Fahrbetrieb wiederaufgeladen wird.
- Regelstabilität prüfen. Dazu Fernlicht einschalten und Messung bei 3000/min wiederholen. Die gemessene Spannung darf nicht mehr als 0,4 Volt über dem vorher gemessenen Wert liegen.

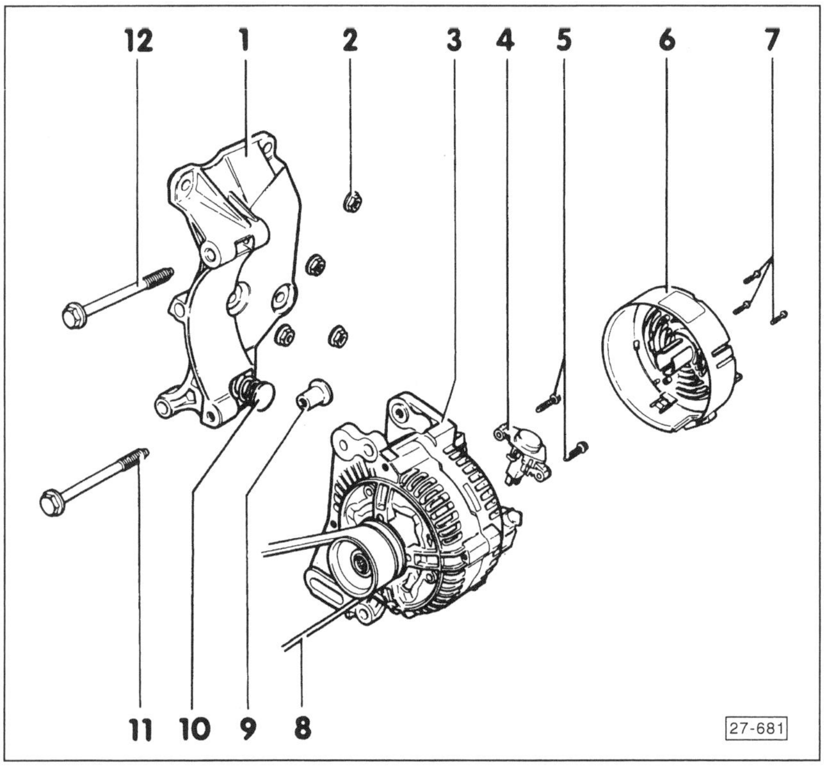

4-Zylinder-Dieselmotor seit 10/92
5-Zylinder-Benzinmotor seit 10/91

1 – **Halter**
2 – **Sechskantmuttern M8, 30 Nm**
3 – **Drehstromgenerator**
4 – **Spannungsregler**
5 – **Linsenkopfschrauben**
6 – **Schutzkappe**
7 – **Sechskantschrauben M3**
8 – **Keilrippenriemen**
9 – **Innengewindehülse M8**
10 – **Spannfeder mit Führungskappe**
11 – **Sechskantschraube M8, 25 Nm**
12 – **Sechskantschraube M8, 25 Nm**

- Liegen die gemessenen Werte außerhalb der Sollwerte, Generator von Fachwerkstatt überprüfen lassen.

Schaltschema des Generators

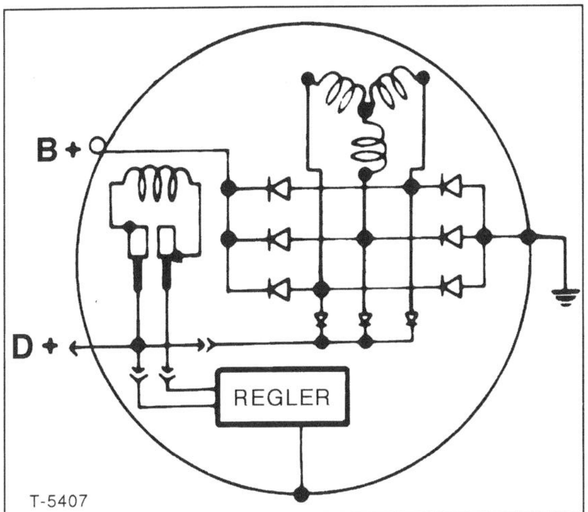

T-5407

Generator aus- und einbauen

Ausbau

- Zündung ausschalten.
- Batterie-Massekabel (–) abklemmen. **Achtung:** Durch Abklemmen der Batterie werden Speicher im Radio und in elektronischen Steuergeräten gelöscht. Falls das Radio codiert ist, Radiocode vor Abklemmen der Batterie feststellen. Ohne den Code kann das Autoradio nach dem Wiederanklemmen der Batterie nicht mehr in Betrieb genommen werden. Siehe auch Kapitel »Batterieausbau«.
- Falls vorhanden, Luftschlauch hinten am Generator abziehen.

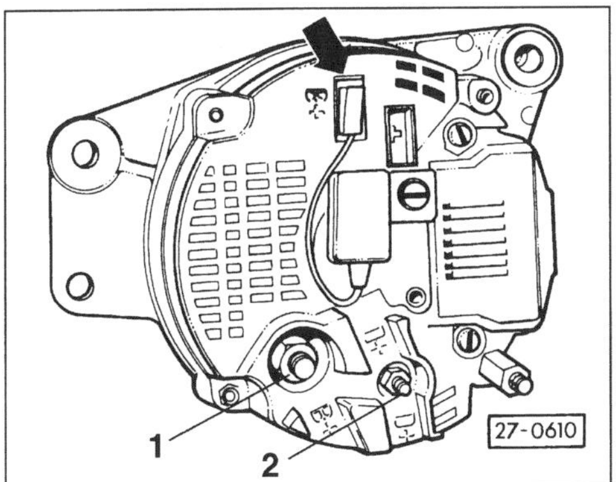

27-0610

- Schutzkappe wegziehen, dicke (B+) und dünne (D+) -Leitung von den Anschlüssen –1– und –2– abklemmen.
- 4-Zylinder-Benzinmotor: Schraube für Generatorlagerung lösen. Dazu 6 mm-Schlüssel für Innensechskantschrauben von vorn durch die Bohrung in der Zahnriemenabdeckung einsetzen und Schraube lösen.
- 5-Zylindermotoren und 4-Zylinder-Dieselmotor: Schrauben für Generatorlagerung lösen.
- Keilriemen entspannen und abnehmen, siehe Seite 53.

Fahrzeuge mit Keilrippenriemen

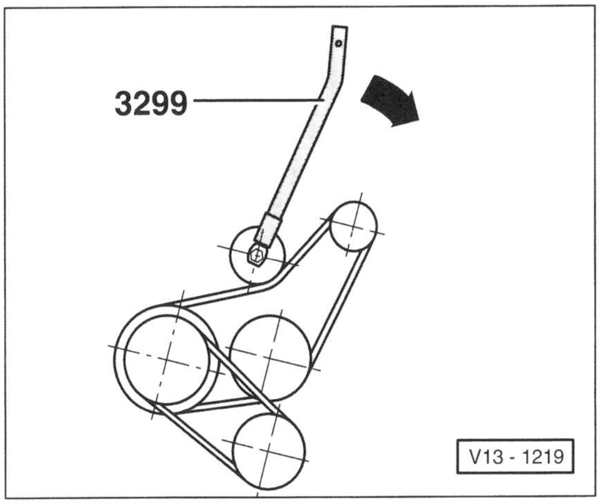

V13 - 1219

- **Riementrieb mit Spannrolle:** Spannrolle mit Hebel VW-3299 oder mit Montierhebel anheben, Keilrippenriemen entspannen und von der Generator-Riemenscheibe abnehmen.

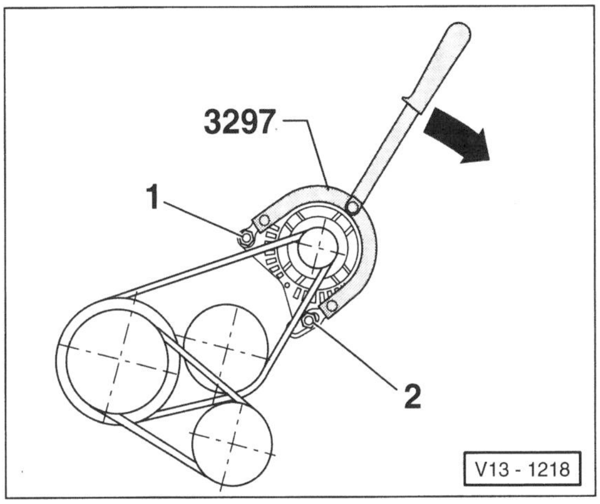

V13 - 1218

- **Riementrieb ohne Spannrolle:** Generator mit Hebel VW-3297 oder mit Montierhebel nach unten drücken, Keilrippenriemen entspannen und von der Generator-Riemenscheibe abnehmen. **Achtung:** Die Lagerschrauben –1/2– müssen mindestens um 1 Umdrehung gelöst sein.

- Schrauben für Generatorlagerung herausdrehen und Generator abnehmen.

Einbau

- Generator einsetzen und am Lagerbock anschrauben. Schraube noch nicht festziehen.
- Falls vorhanden, Spannschraube einsetzen.
- Keilriemen/Keilrippenriemen auf Verschleiß prüfen, gegebenenfalls ersetzen.

Keilrippenriemenverlauf 4-Zylinder-Benzinmotor:

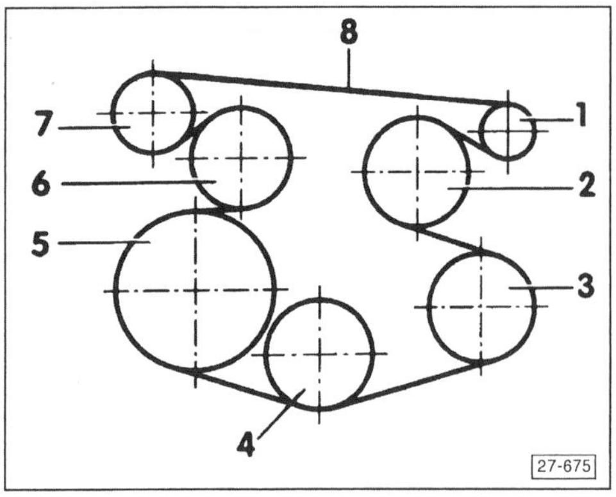

1 – Drehstromgenerator
2 – Umlenkrolle
3 – Klimakompressor
4 – Servopumpe
5 – Kurbelwelle
6 – Umlenkrolle
7 – Spannrolle
8 – Keilrippenriemen

Anstelle des Klimakompressors kann auch ein zweiter Generator eingebaut sein.

- Keilriemen/Keilrippenriemen auf die Generator-Riemenscheibe auflegen und spannen, siehe Seite 53.
- Spann- und Lagerschrauben festziehen. **Anzugsdrehmomente:** Bis 9/92: **35 Nm** bzw. Lagerschraube beim 4-Zylinder-Dieselmotor: **50 Nm**. Seit 9/92: **25 Nm** (Spannschraube zuerst festziehen).
- Elektrische Leitungen für Generator anschließen.
- Batterie-Massekabel (–) anklemmen. **Achtung:** Batterie nur bei ausgeschalteter Zündung anklemmen, sonst kann das Steuergerät der Einspritzanlage beschädigt werden.
- Zeituhr einstellen.
- Diebstahlcode für Radio eingeben, siehe Kapitel »Radio-Codierung eingeben«.

Schleifkohlen für Generator/ Spannungsregler ersetzen/prüfen

Je nach Ausführung können Generatoren verschiedener Firmen eingebaut sein. Der Ausbau der Schleifkohlen (Bürsten) ist bei BOSCH und VALEO-Generatoren bei eingebautem Generator möglich. Länge neuer Bürsten = 12 mm.

Ausbau

- Batterie-Massekabel (–) abklemmen. **Achtung:** Durch Abklemmen der Batterie werden Speicher im Radio und in elektronischen Steuergeräten gelöscht. Falls das Radio codiert ist, Radiocode vor Abklemmen der Batterie feststellen. Ohne den Code kann das Autoradio nach dem Wiederanklemmen der Batterie nicht mehr in Betrieb genommen werden. Siehe auch Kapitel »Batterieausbau«.

BOSCH-Regler

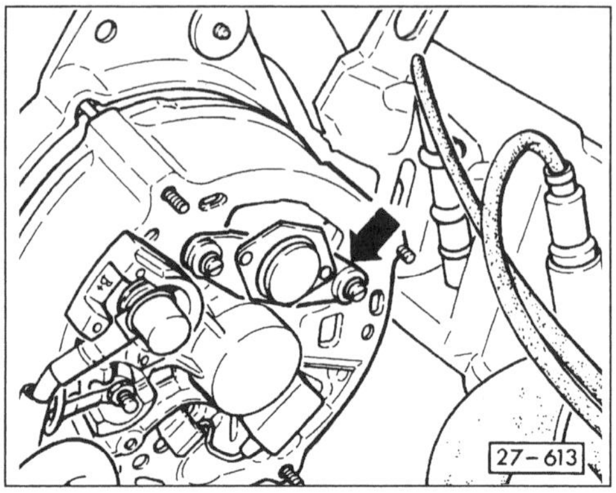

VALEO-Regler

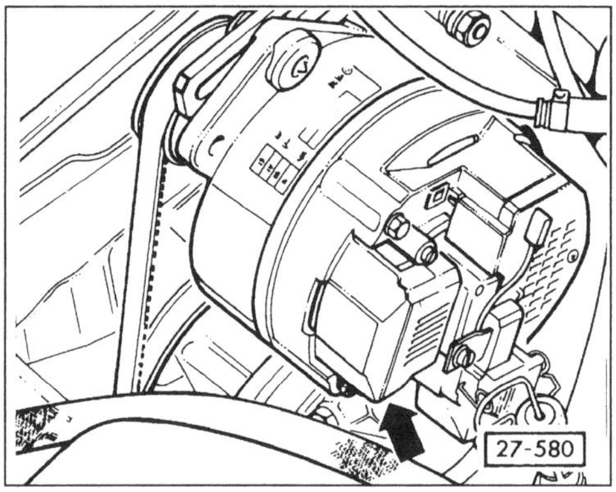

- Spannungsregler –Pfeil– an der Rückseite des Generators abschrauben (2 Schrauben) und vorsichtig herausziehen.

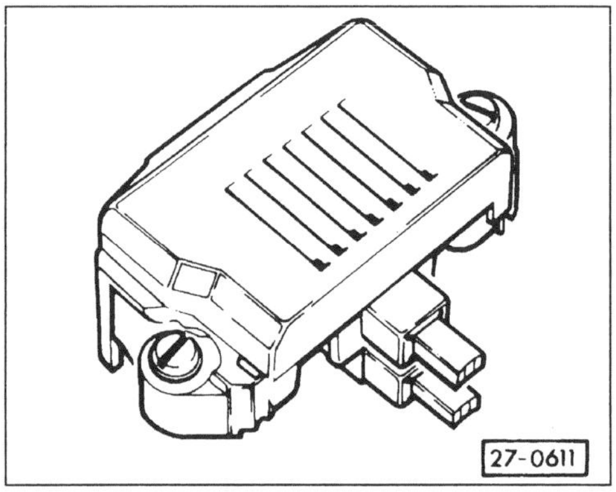

- Schleifkohlen ersetzen, wenn die Länge 5 mm oder weniger beträgt. Dazu Anschlußlitze auslöten.
- Schleifringe auf Verschleiß prüfen, gegebenenfalls feinstüberdrehen und polieren.
- Kontaktfläche reinigen und Vorspannung der Kontaktfeder prüfen, gegebenenfalls erneuern.

Einbau

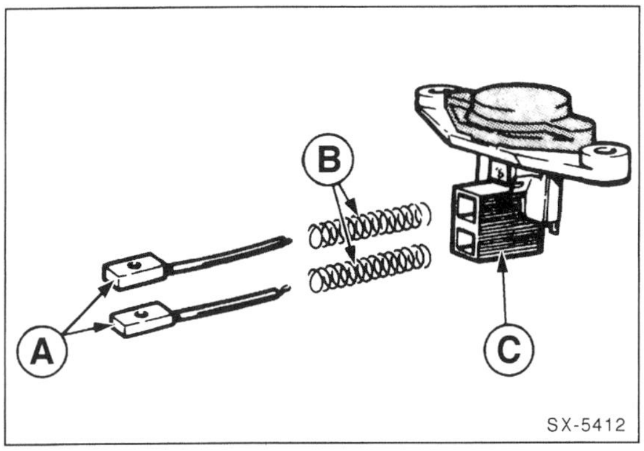

- Kohlebürsten –A– und Federn –B– in den Bürstenhalter –C– einsetzen und Anschlüsse verlöten.
- Damit beim Anlöten der neuen Bürsten kein Lötzinn in der Litze hochsteigen kann, Anschlußlitze der Bürsten mit einer Flachzange fassen. **Achtung:** Durch hochsteigendes Lötzinn würde die Litze steif und die Kohlebürste unbrauchbar werden.
- Der Isolierschlauch über der Litze muß neben der Lötstelle mit der vorhandenen Öse festgeklemmt werden.
- Nach dem Einbau neue Kohlebürsten auf leichten Lauf in den Bürstenhaltern prüfen.
- Spannungsregler erst mit einer Schraube von Hand befestigen, dann vorsichtig in endgültige Einbaulage drücken und festschrauben.
- Batterie-Massekabel (–) anklemmen. **Achtung:** Batterie nur bei ausgeschalteter Zündung anklemmen, sonst kann das Steuergerät der Einspritzanlage beschädigt werden.
- Zeituhr einstellen.
- Diebstahlcode für Radio eingeben, siehe Kapitel »Radio-Codierung eingeben«.

Störungsdiagnose Generator

Störung	Ursache	Abhilfe
Ladekontrollampe brennt nicht bei eingeschalteter Zündung	Lampe durchgebrannt	■ Ersetzen
	Masseband an Generator locker oder korrodiert	■ Masseband auf einwandfreien Kontakt prüfen, Schraube festziehen
	Batterie leer	■ Laden
	Unterbrechung in der Leitungsführung zwischen Generator, Zündschloß und Kontrollampe	■ Mit Ohmmeter nach Stromlaufplan untersuchen
	Steckverbindungen zwischen Diodenplatte und Spannungsregler nicht gesteckt	■ Kontrollieren, gegebenenfalls Stecker ersetzen
	Schleifkohlen liegen nicht auf dem Schleifring auf	■ Freigängigkeit der Schleifkohlen und Mindestlänge (5 mm) prüfen
	Erregerwicklung im Generator durchgebrannt	■ Läufer austauschen
Ladekontrollampe erlischt nicht bei Drehzahlsteigerung	Keilriemen locker	■ Keilriemen spannen
	Regler defekt	■ Generatorspannung prüfen, gegebenenfalls Regler austauschen
	Leitung D+ zwischen Drehstromgenerator und Kontrollampe hat Masseschluß	■ Leitung und Kontakte prüfen, ggf. Leitungsstrang ersetzen
Ladekontrollampe brennt bei ausgeschalteter Zündung	Plusdiode hat Kurzschluß	■ Dioden prüfen, gegebenenfalls Diodenplatte austauschen

Anlasser aus- und einbauen

Zum Starten des Verbrennungsmotors ist ein kleiner elektrischer Motor, der Anlasser, erforderlich. Damit der Motor überhaupt anspringen kann, muß der Anlasser den Verbrennungsmotor auf eine Drehzahl von mindestens 300 Umdrehungen in der Minute beschleunigen. Das funktioniert aber nur, wenn der Anlasser einwandfrei arbeitet und die Batterie hinreichend geladen ist.

Der Anlasser besteht aus einem Antriebs-, Pol- und Kollektorgehäuse. In dem Pol- und Kollektorgehäuse sind Anker und Kollektor sowie der Bürstenhalter gelagert. Im Bürstenhalter befinden sich Kohlebürsten, die ein Verschleißteil darstellen und sich zwar langsam, aber stetig abnutzen. Bei hoher Abnutzung der Kohlebürsten kann der Anlasser nicht mehr einwandfrei arbeiten.

In dem vorderen Antriebsgehäuse ist der Ritzelantrieb untergebracht. Wenn über den Zündanlaßschalter der Anlasser Spannung erhält, wird über den Magnetschalter, der auf dem Anlassergehäuse sitzt, das Ritzel auf einem Steilgewinde gegen den Zahnkranz des Schwungrades geschoben. Sobald das Ritzel bis zum Anschlag auf der Spindel vorgelaufen ist, ist es formschlüssig mit dem Schwungrad verbunden. Nun kann der Anlasser den Motor auf die erforderliche Anlaßdrehzahl bringen. Wenn der Verbrennungsmotor angelaufen ist, wird das Ritzel vom Motor her beschleunigt, es läuft also kurzzeitig schneller als der Motor und spurt aus, wodurch die Verbindung zum Verbrennungsmotor aufgehoben ist.

Da zum Starten des Verbrennungsmotors eine hohe Stromaufnahme erforderlich ist, ist im Rahmen der Wartung auf eine einwandfreie Kabelverbindung zu achten. Korrodierte Anschlüsse säubern und mit Polschutzfett einstreichen.

Achtung: Der Anlasser ist ein sogenanntes Austauschteil. Das bedeutet, daß ein defekter Anlasser bei Kauf eines überholten oder neuen Anlassers vom Hersteller in Zahlung genommen wird, daher Altteil zum Händler mitnehmen.

Ausbau

- Zündung ausschalten.
- Batterie-Massekabel (–) abklemmen. **Achtung:** Durch Abklemmen der Batterie werden Speicher im Radio und in elektronischen Steuergeräten gelöscht. Falls das Radio codiert ist, Radiocode vor Abklemmen der Batterie feststellen. Ohne den Code kann das Autoradio nach dem Wiederanklemmen der Batterie nicht mehr in Betrieb genommen werden. Siehe auch Kapitel »Batterieausbau«.
- Fahrzeug aufbocken.

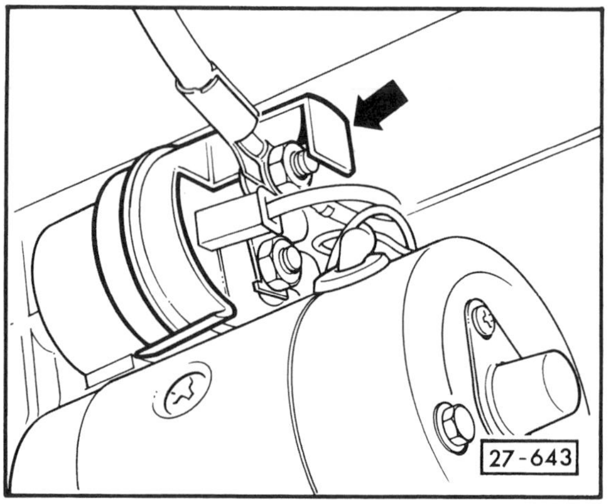

- Vor dem Lösen der Leitungen, schwarze Kunststoffkappe vom Magnetschalter abziehen.

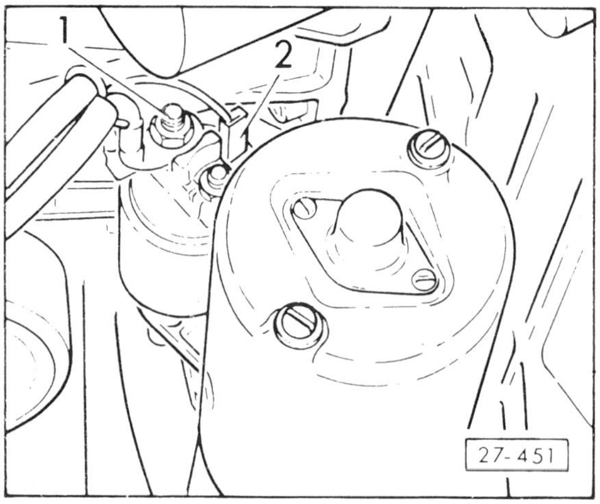

- 1 – Leitung Batterie-Anlasser und Anlasser-Generator von Klemme 30 abschrauben.
- 2 – Klemme 50 zum Zündanlaßschalter abziehen.

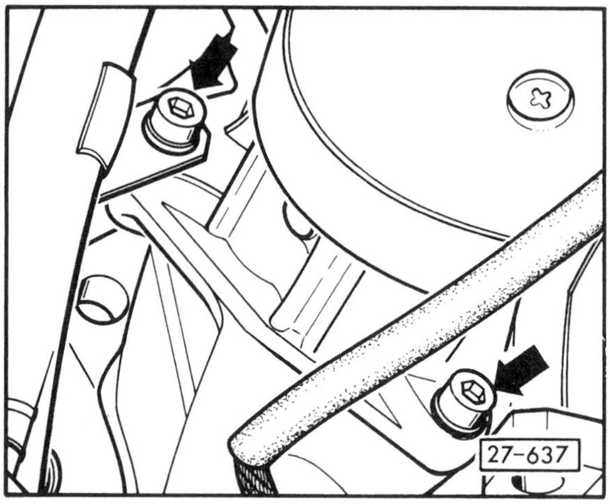

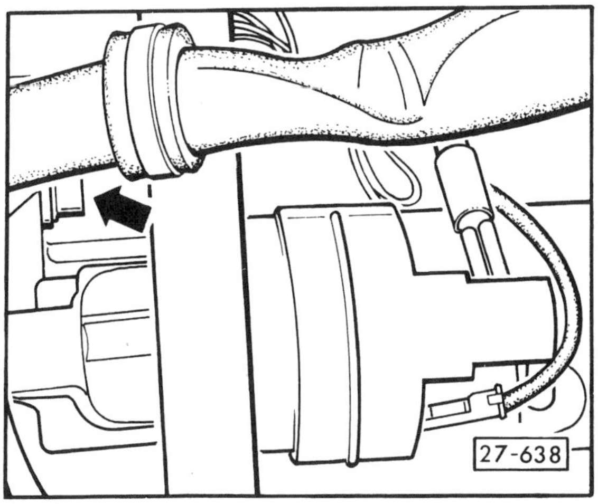

● 3 Anlasserschrauben vom Getriebe abschrauben. Dazu ist ein Inbusschlüssel erforderlich.

Einbau

● Anlasser einsetzen, 3 Schrauben mit **20 Nm**, also nicht zu fest, anschrauben.

● Leitung an Klemme 30 mit **15 Nm** anschrauben.

● Kabel auf Klemme 50 aufschieben.

● Kunststoff-Abdeckung aufdrücken.

● Batterie-Massekabel (−) anklemmen. **Achtung:** Batterie nur bei ausgeschalteter Zündung anklemmen, sonst kann das Steuergerät der Einspritzanlage beschädigt werden.

● Zeituhr einstellen.

● Diebstahlcode für Radio eingeben, siehe Kapitel »Radio-Codierung eingeben«.

Magnetschalter prüfen/ersetzen

Schaltschema Anlasser

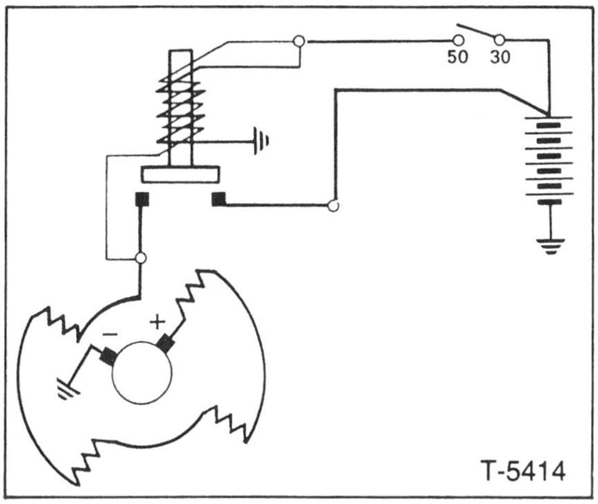

Bei einem Defekt des Magnetschalters wird das Ritzel im Anlasser nicht gegen den Zahnkranz des Schwungrades gezogen. Dadurch kann der Anlasser den Motor nicht durchdrehen.

Prüfen

● Anlasser ausbauen.

● An Klemme 50 (Stromanschluß für dickes Kabel) des Anlassers mit Starthilfekabel Batteriespannung 12 Volt anlegen.

● Mit Hilfskabel Klemme 50 und 30 am Anlasser kurz überbrücken, das Anlasserritzel muß nach vorne schnellen.

Ausbau

● 3 Befestigungsschrauben für Magnetschalter vom Antriebsgehäuse abschrauben und Magnetschalter aushängen.

Einbau

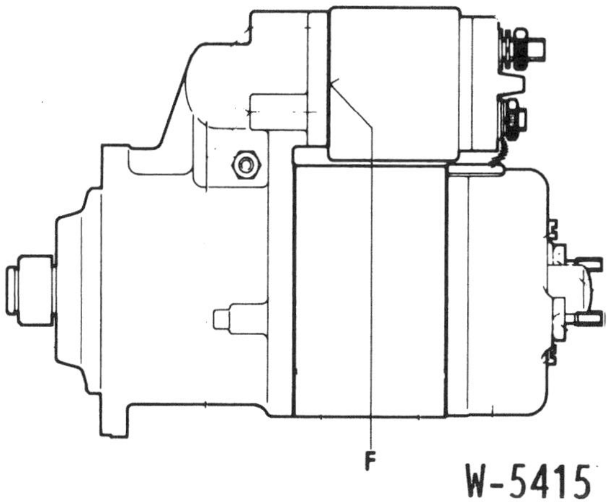

● Magnetschalter an Anlasser anschrauben, Trennfuge −F− beim Bosch-Anlasser mit geeignetem Dichtmittel abdichten.

● Leitung für Magnetschalter anschrauben.

● Anlasser prüfen, wie oben beschrieben.

● Anlasser einbauen.

Störungsdiagnose Anlasser

Wenn ein Anlasser nicht durchdreht, ist zunächst zu prüfen, ob beim Starten des Motors an der Klemme 50 des Magnetschalters die zum Einziehen benötigte Spannung von mindestens 10 Volt vorhanden ist. Liegt die Spannung unter dem genannten Wert, dann müssen die Leitungen, die zum Anlasserstromkreis gehören, nach dem Stromlaufplan überprüft werden. Ob der Anlasser bei voller Batteriespannung einzieht, kann folgendermaßen geprüft werden:

- Keinen Gang einlegen, Zündung eingeschaltet.
- Mit einer Leitung (Querschnitt mindestens 4 mm^2) die Klemmen 30 und 50 am Anlasser überbrücken, siehe auch Stromlaufplan.

Spurt der Anlasser dabei einwandfrei ein, so liegt der Fehler in der Leitungsführung zum Anlasser. Andernfalls Anlasser in ausgebautem Zustand überprüfen.

Prüfvoraussetzung: Leitungsanschlüsse müssen festsitzen und dürfen nicht oxydiert sein.

Störung	Ursache	Abhilfe
Anlasser dreht sich nicht beim Betätigen des Zündanlaßschalters.	Batterie entladen.	■ Batterie laden.
	Klemmen 30 und 50 am Anlasser überbrücken: Anlasser läuft an. Leitung 50 zum Zündanlaßschalter unterbrochen, Anlaßschalter defekt.	■ Unterbrechung beseitigen, defekte Teile ersetzen.
	Kabel oder Masseanschluß ist unterbrochen. Batterie entladen.	■ Batteriekabel und Anschlüsse prüfen. Spannung der Batterie messen, ggf. laden.
	Ungenügender Stromdurchgang infolge lockerer oder oxydierter Anschlüsse.	■ Batteriepole und -klemmen reinigen. Stromsichere Verbindungen zwischen Batterie, Anlasser und Masse herstellen.
	Keine Spannung an Klemme 50 (Magnetschalter).	■ Leitung unterbrochen Zündanlaßschalter defekt.
Anlasser dreht sich zu langsam und zieht den Motor nicht durch.	Batterie entladen.	■ Batterie laden.
	Kein Mehrbereichsöl im Motor.	■ Mehrbereichsöl einfüllen.
	Ungenügender Stromdurchgang infolge lockerer oder oxydierter Anschlüsse.	■ Batteriepole und -klemmen und Anschlüsse am Anlasser reinigen, Anschlüsse festziehen.
	Kohlebürsten liegen nicht auf dem Kollektor auf, klemmen in ihren Führungen, sind abgenutzt, gebrochen, verölt oder verschmutzt.	■ Kohlebürsten überprüfen, reinigen bzw. auswechseln. Führungen prüfen.
	Ungenügender Abstand zwischen Kohlebürsten und Kollektor.	■ Kohlebürsten ersetzen und Führungen für Kohlebürsten reinigen.
	Kollektor riefig oder verbrannt und verschmutzt.	■ Kollektor abdrehen oder Anker ersetzen.
	Spannung an Klemme 50 fehlt (mind. 10 Volt).	■ Zündanlaßschalter oder Magnetschalter überprüfen.
	Magnetschalter defekt.	■ Schalter auswechseln.
Anlasser spurt ein und zieht an, Motor dreht nicht oder nur ruckweise.	Ritzelgetriebe defekt.	■ Ritzelgetriebe ersetzen.
	Ritzel verschmutzt.	■ Ritzel reinigen.
	Zahnkranz am Schwungrad defekt.	■ Zahnkranz nacharbeiten, falls erforderlich, Schwungrad erneuern.
Ritzelgetriebe spurt nicht aus.	Ritzelgetriebe oder Steilgewinde verschmutzt bzw. beschädigt.	■ Ritzelgetriebe reinigen, ggf. ersetzen.
	Magnetschalter defekt.	■ Magnetschalter ersetzen.
	Rückzugfeder schwach oder gebrochen.	■ Rückzugfeder erneuern.
Anlasser läuft weiter, nachdem der Zündschlüssel losgelassen wurde.	Magnetschalter hängt, schaltet nicht ab.	■ Zündung sofort ausschalten, Magnetschalter ersetzen.
	Zündschloß schaltet nicht ab.	■ Sofort Batterie abklemmen, Zündschloß ersetzen.

Die Beleuchtungsanlage

Zur Beleuchtungsanlage zählen: Hauptscheinwerfer, Heckleuchten, Bremsleuchten, Rückfahrscheinwerfer, Blinkleuchten, Nebelscheinwerfer und Nebelschlußleuchten, Kennzeichenleuchten, Motorraumleuchte und Innenleuchten. Die Instrumentenbeleuchtung wird im Kapitel »Armaturen« behandelt.

Normale Glühlampen (nicht Halogenlampen) unterliegen dem Verschleiß. Etwa alle 2 Jahre sollten sie ausgewechselt werden, auch wenn sie noch intakt sind. Eine Glühlampe mit verminderter Leuchtkraft erkennt man auch an schwarzen Ablagerungen auf dem Glaskolben.

Vor dem Auswechseln einer Glühlampe Schalter des betreffenden Verbrauchers ausschalten. **Achtung: Glaskolben nicht mit bloßen Fingern anfassen.** Der Fingerabdruck würde verdunsten und sich – aufgrund der Wärme – auf dem Reflektor niederschlagen und diesen erblinden lassen. Grundsätzlich Glühlampe nur durch eine gleiche Ausführung ersetzen. Versehentlich entstandene Berührungsflecken mit sauberem, nicht faserndem Tuch und Alkohol oder Spiritus entfernen.

Lampentabelle

Um jederzeit eine Lampe auswechseln zu können, sollte stets ein Kasten mit Ersatzlampen im Wagen mitgeführt werden. Der VW-Kundendienst führt solche Ersatzlampenboxen. Eine Zusammenstellung der wichtigsten im VW verwendeten Lampen enthält die Tabelle.

12-V-Glühlampe für	DIN-Bezeichnung	
Fern/Abblendlicht	H 4	60/55 W
Stand- und Parklicht vorn	HL	4 W
Blinkleuchten vorn und hinten, Nebelschlußleuchte, Rückfahrleuchte	P 25-1	21 W
Brems- und Schlußleuchte		21/5 W
Kennzeichenleuchte	Glassockel	5 W

Glühlampen der Außenleuchten auswechseln

- Schalter der betreffenden Lampe ausschalten.

Scheinwerfer

- Motorhaube öffnen.
- Soll die linke Scheinwerferlampe ausgewechselt werden: Batterieabdeckung abschrauben und abnehmen, siehe Seite 246.
- Kabelstecker von der Scheinwerferrückseite abziehen.

- Gummiabdeckung von der Scheinwerferrückseite abnehmen.

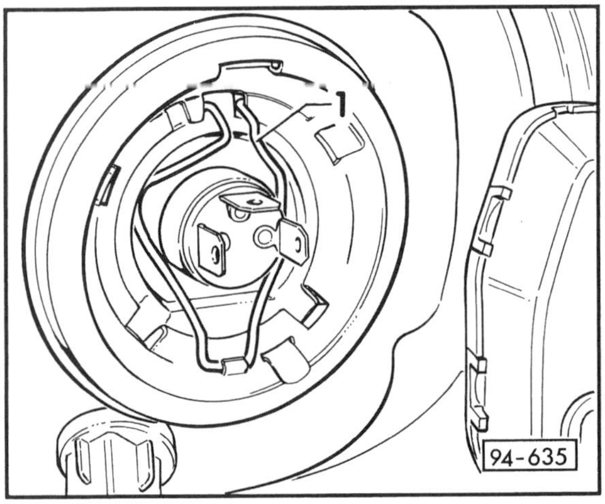

- Federdrahtbügel –1– der Lampenhalterung zusammendrücken und nach unten wegklappen.
- Defekte Lampe herausnehmen.
- Neue Glühlampe nicht am Glaskolben berühren. Glühlampe so einsetzen, daß die Nasen in die entsprechenden Aussparungen am Gehäuse passen. Die mittlere der 3 Steckfahnen am Lampensockel steht dann oben.
- Federklammer umklappen, Drahtbügel zusammendrücken und in die Haltenasen einrasten.
- Gummiabdeckung an der Scheinwerferrückseite aufsetzen, Steckfahnen durch die Aussparungen führen.
- Stecker auf die Fassung aufdrücken.
- Falls ausgebaut, Batterieabdeckung einsetzen und anschrauben.
- Scheinwerfereinstellung von einer Fachwerkstatt überprüfen lassen.

Standlicht vorn

- Die Standlichtlampe befindet sich im Reflektor der Hauptscheinwerfer. Standlicht-Glühlampe am Sockel nach links drehen und nach hinten aus dem Reflektor herausziehen, siehe Abbildung. Das Anschlußkabel kann am Sockel aufgesteckt bleiben.
- Glühlampe in die Fassung drücken, nach links drehen und herausnehmen.
- Neue Lampe eindrücken, nach rechts drehen und einrasten lassen.
- Lampenfassung in den Reflektor stecken und bis zum Anschlag nach rechts drehen.

Vordere Blinkleuchte

- Motorhaube öffnen.

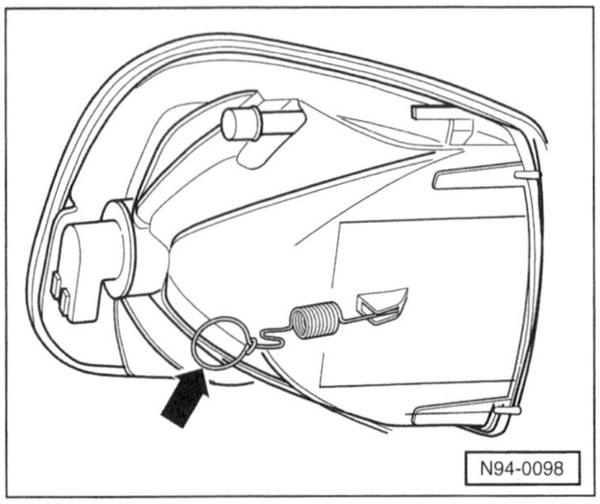

- **Ab 1/96:** Drahtfederbügel –Pfeil auf der Innenseite der Blinkleuchte aushängen.

- **Bis 12/95:** Schraubendreher von oben zwischen Scheinwerfer und Blinker stecken. Dadurch wird die Haltelasche zur Seite gedrückt.
- **Bis 12/95:** Schraubendreher in Pfeilrichtung nach vorn schwenken und damit Blinkergehäuse nach vorn herausschieben.
- Komplette Blinkleuchte nach vorn abziehen.

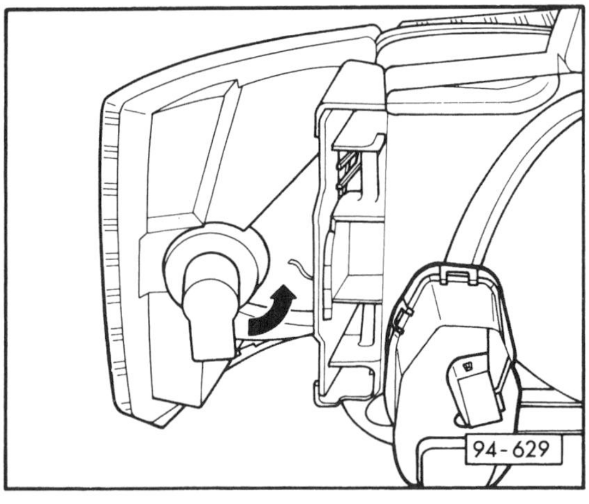

- Lampenfassung nach links drehen und aus der Blinkleuchte herausziehen.

- Lampe leicht in die Fassung hineindrücken, um 90° (1/4 Umdrehung) nach links drehen und Lampe herausnehmen.
- Neue Lampe einsetzen, leicht eindrücken und nach rechts drehen.
- Fassung in die Blinkleuchte einrasten (bis zum Anschlag nach rechts drehen).
- Blinkleuchte in die Führungen (oben und unten) einsetzen. Leuchte eindrücken, die Haltelasche muß hörbar einrasten.

Nebelscheinwerfer

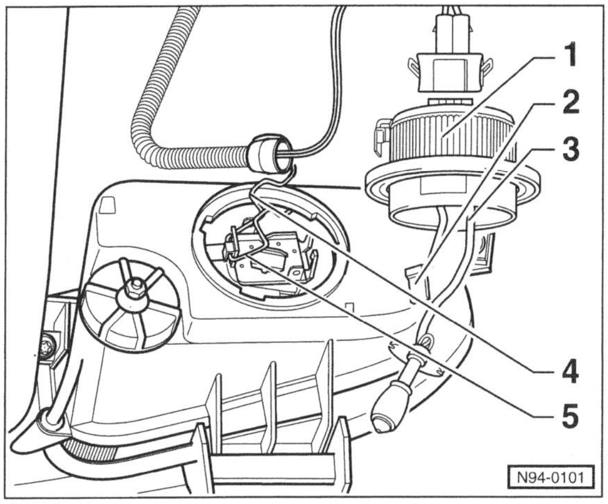

- An der Rückseite des Nebelscheinwerfers (unterhalb des Stoßfängers) Steckverbindung von der Schutzkappe abziehen.
- Schutzkappe –1– linksherum vom Gehäuse abschrauben.
- Massesteckverbindung –2– in der Leuchte und Steckverbindung –3– im Schutzkappengehäuse trennen.
- Federdrahtbügel –4– der Lampenhalterung aushaken, defekte Lampe herausnehmen.
- Neue Glühlampe so einsetzen, daß die Aussparung der Lampenfassung am Führungssteg des Gehäuses –5– liegt.
- Federklammer umklappen und in die Haltenasen einrasten.
- Massesteckverbindung und Steckverbindung im Schutzkappengehäuse verbinden
- Schutzkappe aufdrehen.
- Steckverbindung von der Schutzkappe aufschieben.
- Nebel-Scheinwerfereinstellung prüfen lassen.

Heckleuchten

- Heckklappe öffnen.

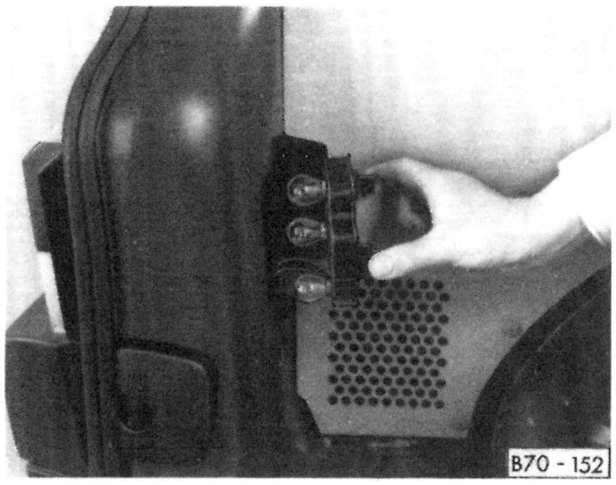

- Vom Kofferraum her in die Öffnung der Rückwand fassen und die beiden Klemmzungen des Lampenträgers zusammendrücken, dabei nach innen abnehmen.
- Defekte Lampe eindrücken, um 45° nach links drehen und herausnehmen.
- Neue Glühlampe in die Fassung eindrücken, nach rechts drehen und einrasten.
- Lampenträger in das Gehäuse einsetzen, die Rastzungen müssen einrasten.

Nebelschlußleuchte

- Klemmzunge der Nebelschlußleuchte –Pfeil– mit einem Schraubendreher nach links drücken und das Leuchtenglas heraushebeln.
- Lampengehäuse herausnehmen.
- Fassung der defekten Leuchte nach links drehen und herausnehmen.
- Glühlampe aus der Fassung linksherum herausdrehen und ersetzen.
- Lampenglas zuerst mit der linken Seite einsetzen und fest andrücken, bis die Klemmzunge einrastet.

Kennzeichenleuchten

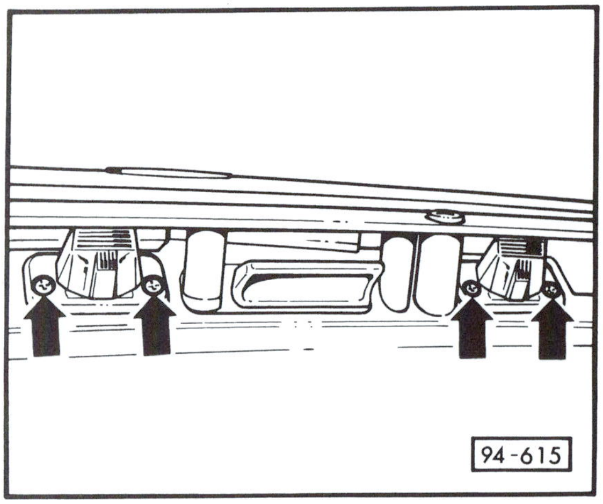

- Die Kennzeichenleuchten sind mit je 2 Schrauben befestigt. Leuchtenglas mit Kreuzschlitzschraubendreher abschrauben.
- Gesamte Kennzeichenleuchte herausziehen.
- Fassung an der Leuchte herausziehen.
- Lampe leicht in die Fassung hineindrücken, um 90° (1/4 Umdrehung) nach links drehen und Lampe herausnehmen.
- Neue Lampe einsetzen, leicht eindrücken und nach rechts drehen.
- Gehäuse einsetzen.
- Leuchtenglas aufsetzen und nicht zu fest anschrauben.

Glühlampen für Innenleuchten auswechseln

Achtung: Innenleuchte für Campingausrüstung (Transistorleuchte), siehe Seite 213.

- Schalter der betreffenden Lampe ausschalten.

Innenleuchten am Dachhimmel wechseln

- Leuchte an der dem Schalter gegenüberliegenden Seite heraushebeln.
- Fassung für Spotleuchte an der Rückseite um 90° (1/4 Umdrehung) nach links drehen und Lampe herausziehen. Neue Lampe einsetzen.
- Leuchtenglas vom Lampenträger aushängen und Sofittenlampe auswechseln. Saß die Lampe locker, Kontaktzungen etwas nachbiegen.
- Leuchte in den Ausschnitt am Dachhimmel eindrücken.

Innenleuchten an Trittstufe und Heckraumbeleuchtung auswechseln

- Schmalen Schraubendreher in die seitliche Aussparung am Lampenglas (gegenüber dem Schalter) stecken und Leuchte heraushebeln.
- Sofittenlampe auswechseln. Saß die Lampe locker, Kontaktzungen etwas nachbiegen.
- Leuchte an der Schalterseite zuerst wieder einsetzen und andrücken.

Motorraumleuchte auswechseln

- Leuchtenglas zusammendrücken und gleichzeitig abziehen.
- Lampe leicht in die Fassung hineindrücken, um 90° (1/4 Umdrehung) nach links drehen und Lampe herausnehmen.
- Neue Lampe einsetzen, leicht eindrücken und nach rechts drehen.
- Leuchtenglas aufsetzen und einrasten.

Scheinwerfer/Blinkleuchte aus- und einbauen

Die Blinkleuchte kann getrennt vom Scheinwerfer ausgebaut werden, siehe unter »Glühlampenwechsel«. Der Scheinwerfer selbst ist nicht zerlegbar, bei Schäden an Reflektor oder Streuscheibe muß das gesamte Teil ersetzt werden.

Ausbau

- Abschlußblech unterhalb der Scheinwerfer ausbauen, siehe Seite 189.
- Scheinwerfer- und Blinkerschalter ausschalten.

Bis 12/95:

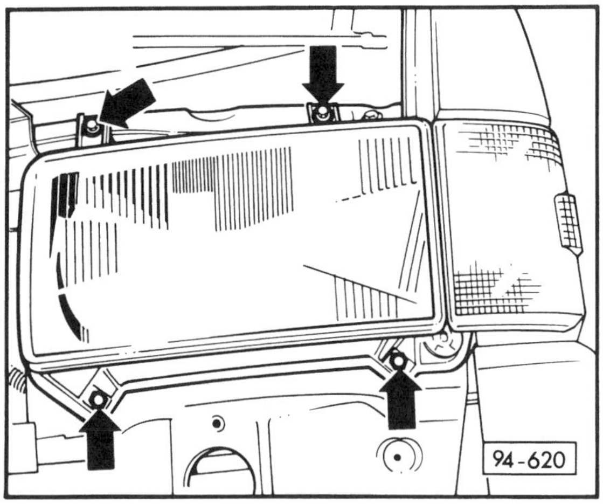

Ab 1/96:

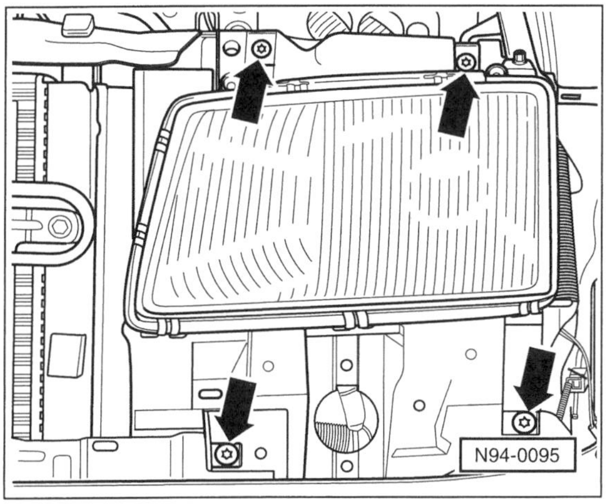

- Befestigungsschrauben –Pfeile– ausschrauben und Scheinwerfer mit Blinkleuchte nach vorn herausschieben.
- Stecker für Blinkleuchte und Scheinwerfer abziehen.
- Gegebenenfalls Blinkleuchte nach dem Drücken der Lasche nach vorn schieben und vom Scheinwerfer trennen.

Einbau

- Blinkleuchte in das Scheinwerfergehäuse einrasten.
- Anschlußstecker für Scheinwerfer und Blinkleuchte aufstecken.
- Scheinwerfer einsetzen und mit 4 Schrauben befestigen.
- Abschlußblech einsetzen, siehe Seite 189.
- Scheinwerfer von einer Fachwerkstatt einstellen lassen.

Scheinwerfer einstellen

Für die Verkehrssicherheit ist die richtige Einstellung der Scheinwerfer von großer Bedeutung. Die exakte Einstellung der Scheinwerfer ist nur mit einem Spezialeinstellgerät möglich. Es wird deshalb nur gezeigt, wo die Scheinwerfer eingestellt werden können und welche Bedingungen zum richtigen Einstellen der Scheinwerfer erfüllt sein müssen.

- Reifen müssen den vorgeschriebenen Reifenfülldruck haben.
- Das unbeladene Fahrzeug muß mit 75 kg (eine Person) auf dem Fahrersitz belastet sein.
- Kraftstofftank füllen.
- Fahrzeug auf ebene Fläche stellen.
- Vorderwagen mehrmals kräftig nach unten drücken, damit die Federung der Vorderradaufhängung sich setzt.
- Regulierknopf für Leuchtweitenregulierung auf »0« stellen.
- Die Scheinwerfer dürfen nur bei Abblendlicht eingestellt werden. Das Neigungsmaß beträgt für Normalscheinwerfer X = 12 cm auf 10 m Entfernung. Nebelscheinwerfer X = 20 cm auf 10 m Entfernung.

Bis 12/95:

Ab 1/96:

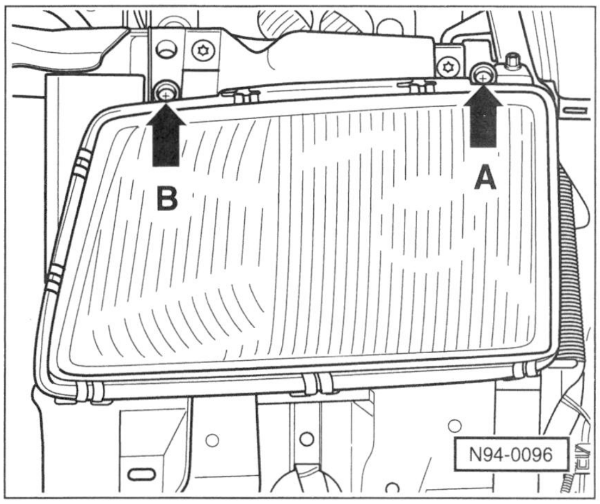

- Die Einstellschrauben sind: A – Höhenverstellung, B – Seitenverstellung.

Einstellung Nebelscheinwerfer

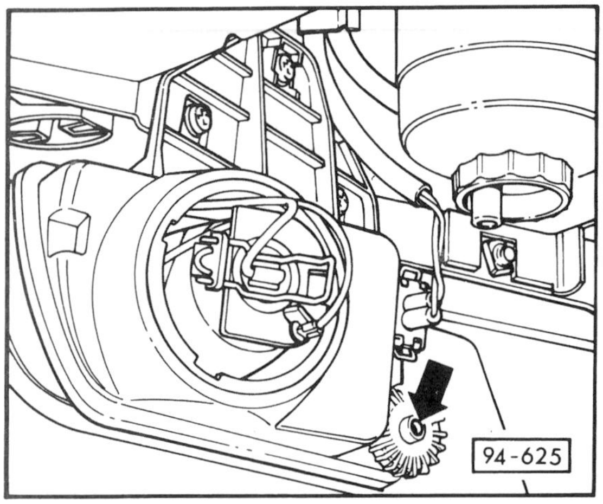

● An den Nebelscheinwerfern ist nur die Höheneinstellung, keine Seitenverstellung möglich. Zum Einstellen der Höhe Schraubendreher durch die Aussparung neben dem Scheinwerfer stecken und das Rändelrad verdrehen. Bei Fahrzeugen ohne Spoiler kann das Rändelrad auch mit der Hand verdreht werden, siehe vorhergehende Abbildung.

Stellmotor für Leuchtweiten-regulierung aus- und einbauen

Der Stellmotor für Leuchtweitenregulierung sitzt am Scheinwerfer. Im Einstellknopf am Armaturenbrett sitzt ein Potentiometer, das dem Stellmotor die gewünschte Position übermittelt.

Ausbau

● Scheinwerfer ausbauen.

● Einstellschraube für Höhenverstellung herausdrehen.

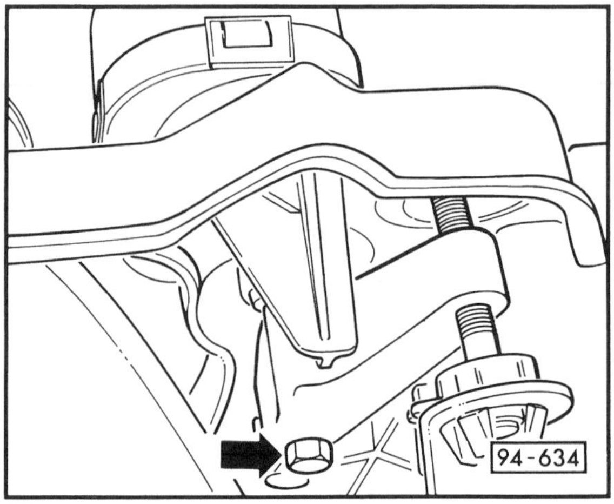

● Stellachse des Motors herausdrehen.

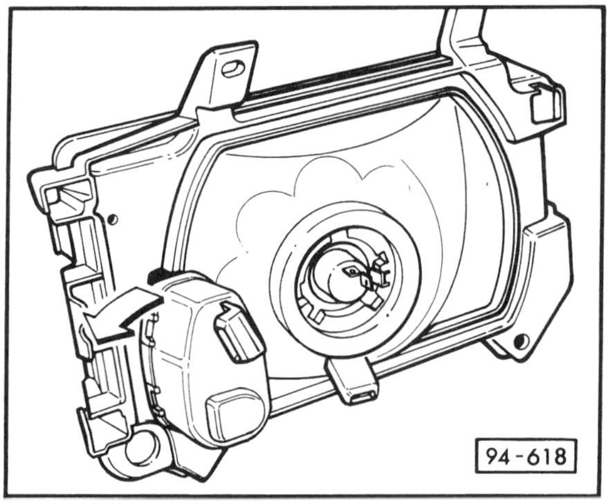

● Stellmotor durch Rechtsdrehen beim rechten und durch Linksdrehen beim linken Scheinwerfer aus dem Tragrahmen entriegeln.

● Stellmotor nach hinten herausziehen.

Einbau

● Stellmotor einsetzen, schwenken und dadurch verriegeln.

● Stellachse in den Motor einschrauben.

● Scheinwerfer einbauen und einstellen.

Nebelleuchte aus- und einbauen

Ausbau

- Schutzkappe von der Scheinwerferrückseite abnehmen.
- Elektrischen Anschlußstecker abziehen.

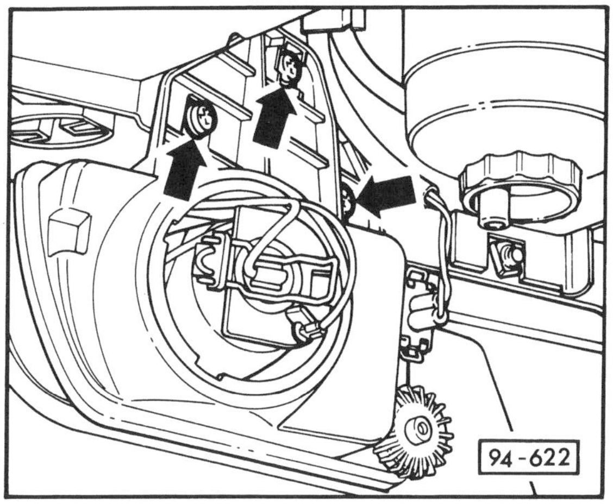

- **Bis 12/95:** Kreuzschlitzschrauben –Pfeile– herausdrehen und Nebelscheinwerfer zum Radhaus hin herausnehmen.

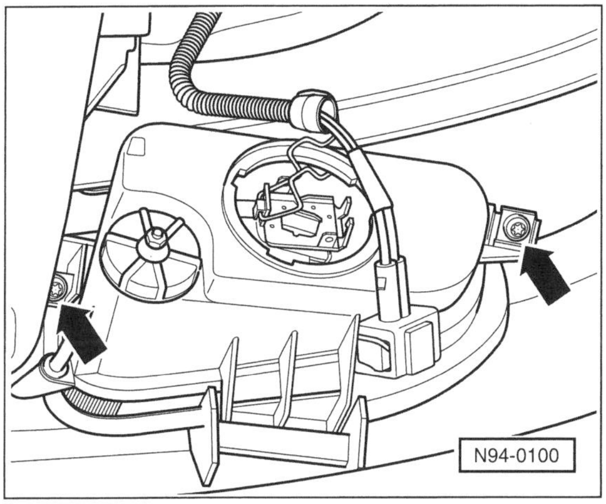

- **Ab 1/96:** Torxschrauben –Pfeile– herausdrehen und Nebelscheinwerfer zum Radhaus hin herausnehmen.

Einbau

- Nebelscheinwerfer anschrauben und Stecker aufschieben.
- Scheinwerfer einstellen lassen.

Heckleuchte aus- und einbauen

Ausbau, alle Modelle außer Pritschenwagen

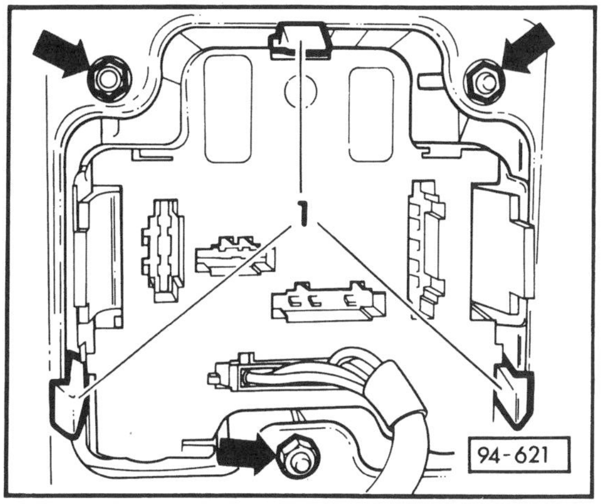

- Steckverbindung vom Lampenträger von innen her abziehen.
- 3 Muttern –Pfeile– herausdrehen.
- Haltelaschen –1– des Lampenträgers zusammendrücken und Leuchte nach außen abnehmen.
- Gummidichtung zwischen Leuchte und Karosserie abnehmen.

Ausbau bei Pritschenwagen

- Lampenglas mit 4 Schrauben abschrauben.
- Von der Innenseite her 2 Sechskantmuttern abschrauben und Leuchte abnehmen.

Einbau

- Poröse oder beschädigte Gummidichtung sowie gesprungene Leuchtengläser umgehend ersetzen, sonst dringt Wasser in den Innenraum.
- Leuchten mit Dichtung ansetzen, von innen her anschrauben.
- Glühlampen einbauen.

Die Armaturen

Beim VW T4 sind die Armaturen in einem Schalttafeleinsatz zusammengefaßt. Je nach Fahrzeugausstattung sind unterschiedliche Instrumente eingebaut.

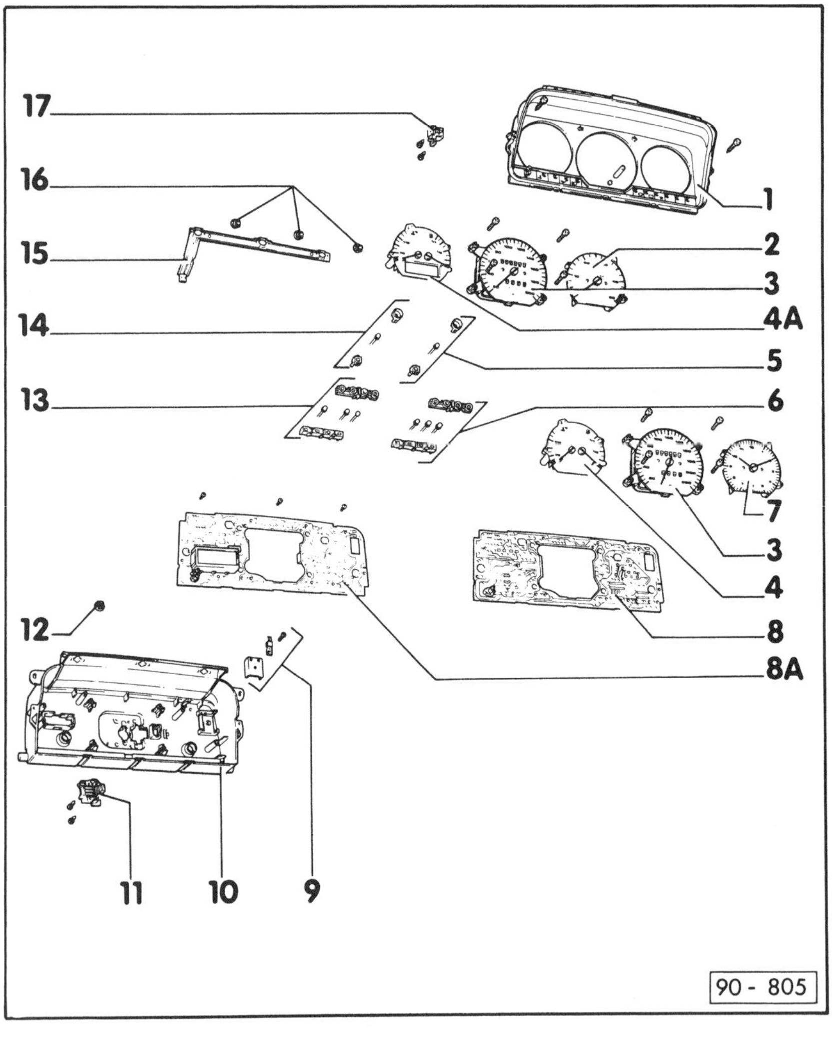

1 – **Abdeckscheibe**

2 – **Drehzahlmesser**

3 – **Tachometer, mechanisch**

4 – **Anzeigeinstrument**
Für Kühlmitteltemperatur und Kraftstoffvorrat.

4A – **Anzeigeinstrument**
Für Kühlmitteltemperatur und Kraftstoffvorrat, mit Ausschnitt für **Digitaluhr**.

5 – **Blinkerkontrolle rechts**

6 – **Kontrollampen rechts**

7 – **Analoguhr**

8 – **Leiterplatte für Analoguhr**

8A – **Leiterplatte mit Digitaluhr**

9 – **Spannungskonstanter**

10 – **Gehäuse**
Gehäuse nur zusammen mit Leiterplatte ersetzen.

11 – **Kontaktplatte**
Nur bei Ausführung mit Geschwindigkeitsgeber eingebaut.

12 – **Glühlampe 12V/1,2W**
Mit schwarzer Fassung, für Beleuchtung Digitaluhr.

13 – **Kontrollampen links**

14 – **Blinkerkontrolle links**

15 – **Leiterfolie**
Für Beleuchtung Schalttafeleinsatz.

16 – **Glühlampe 12V/1,2W**
Mit blauer Fassung, für Beleuchtung Schalttafeleinsatz.

17 – **Geschwindigkeitsgeber**
Nur bei mechanischem Tachometer (mit Tachowelle) eingebaut. Der Geber liefert das Signal für geschwindigkeitsabhängige Systeme wie: Radio-Lautstärkeregelung (GALA), Geschwindigkeits-Regelanlage.

Schalttafeleinsatz/Instrumentenblende aus- und einbauen

Bis 12/95: Instrumente, Kontrollampen mit Steckfassung und die Lampen für Beleuchtung sowie der Spannungskonstanter können nach dem Ausbau der Instrumentenblende, bei eingebautem Schalttafeleinsatz, von vorn ausgebaut werden. Soll dagegen die Glühlampe für die Digitaluhr-Beleuchtung oder die Kontaktplatte für den Geschwindigkeitsgeber ersetzt werden, ist das ganze Gehäuse auszubauen. Die Leiterplatte ist nur in Verbindung mit dem Gehäuse zu ersetzen.

Ab 1/96: Der Schalttafeleinsatz darf nicht zerlegt werden. Instrumente können nicht mehr einzeln ersetzt werden.

Ausbau

- Batterie-Massekabel (–) abklemmen. **Achtung:** Dadurch wird aus dem Speicher des Radios der Code für die Diebstahlsicherung gelöscht. Die Batterie darf nur bei ausgeschalteter Zündung abgeklemmt werden, da sonst das Steuergerät der Einspritzanlage beschädigt wird. Vor dem Abklemmen sollten auch die Hinweise im Kapitel »Radio« bzw. »Batterie aus- und einbauen« durchgelesen werden.
- Lenkrad ausbauen, siehe Seite 153.
- Lenkstockschalter ausbauen, siehe Seite 266.

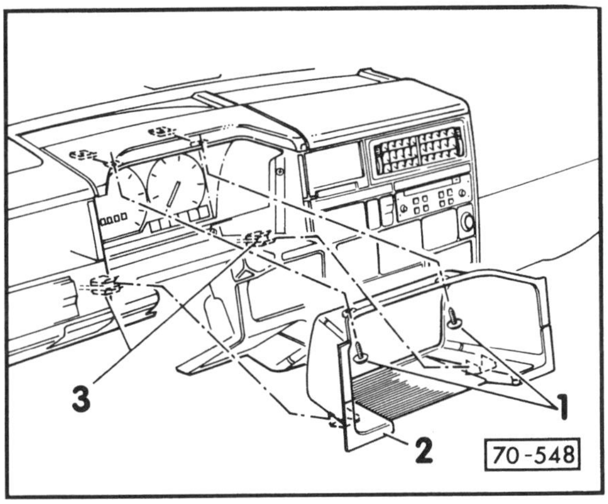

- Zwei Blechschrauben –1– herausdrehen und Instrumentenblende –2– aus den Federklammern –3– herausziehen.

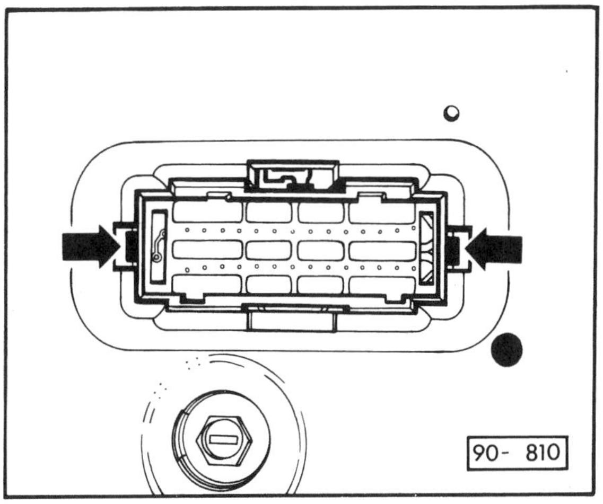

- Unter die Armaturentafel greifen und Mehrfachstecker hinter dem linken Anzeigeinstrument (für Kraftstoffvorrat/Kühlmitteltemperatur) abziehen, dabei Rastnasen –Pfeile– eindrücken.
- Falls vorhanden, Tachowelle hinten am Schalttafeleinsatz abziehen, dabei seitliche Stege am Kunststoffteil zusammendrücken, siehe auch Seite 267.

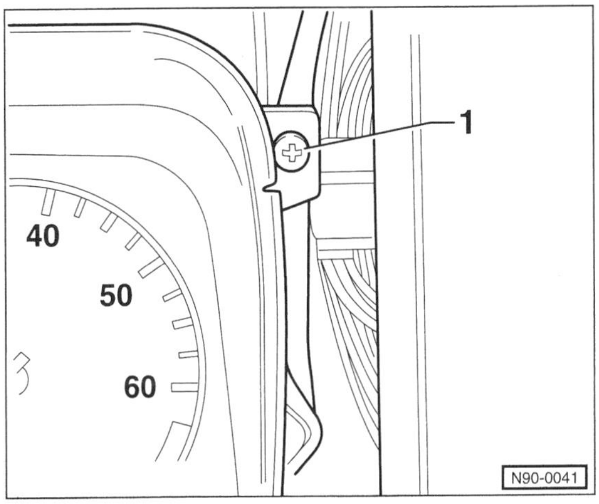

- Befestigungsschrauben –1– links und rechts herausschrauben.
- Schalttafeleinsatz aus der Schalttafel herausziehen und Schlauch zum Unterdruckgeber (nur bei Multifunktionsanzeige MFA) an der Rückseite abziehen.
- Befestigungsschrauben –1– der Abdeckscheibe lösen.
- Rückstellknopf für Tageskilometerzähler abziehen (herausziehen) und und Abdeckscheibe abnehmen.

Einbau

- Der Einbau geschieht in umgekehrter Reihenfolge wie der Ausbau. Elektrischen Anschlußstecker einsetzen und andrücken, bis er einrastet.
- Lenkstockschalter einbauen.
- Lenkrad einbauen, siehe Seite 153.

Lenkstockschalter aus- und einbauen

Ausbau

- Batterie-Massekabel (–) abklemmen. **Achtung:** Dadurch wird aus dem Speicher des Radios der Code für die Diebstahlsicherung gelöscht. Die Batterie darf nur bei ausgeschalteter Zündung abgeklemmt werden, da sonst das Steuergerät der Einspritzanlage beschädigt wird. Vor dem Abklemmen sollten auch die Hinweise im Kapitel »Radio« bzw. »Batterie aus- und einbauen« durchgelesen werden.
- Lenkrad ausbauen, siehe Seite 153.

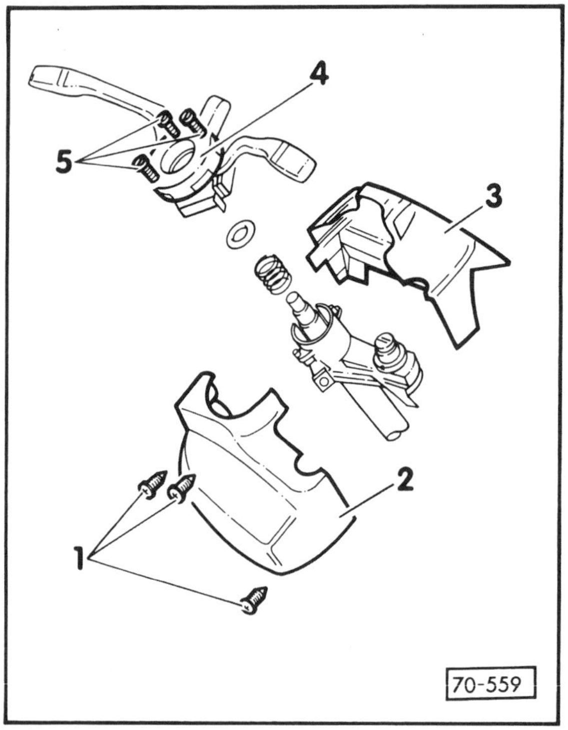

- Kreuzschlitzschrauben –1– herausdrehen und Verkleidung –2– abnehmen.
- Elektrische Steckverbindungen am Lenkstockschalter –4– abziehen.
- Schlitzschrauben –5– herausdrehen und Lenkstockschalter von der Lenkspindel abziehen.
- Verkleidungs-Oberteil –3– abnehmen.

Einbau

- Lenkstockschalter einsetzen und anschrauben, alle Steckverbindungen aufschieben.
- Verkleidungen einbauen.
- Lenkrad einbauen, siehe Seite 153.
- Zündung einschalten und Funktionen der Lenkstockschalter prüfen.

Anzeigeinstrumente aus- und einbauen

Bis 12/95

Die Anzeigeinstrumente können nach dem Ausbau der Instrumentenblende, bei eingebautem Schalttafeleinsatz, nach vorn ausgebaut werden.

Ausbau

- Batterie-Massekabel (–) abklemmen. **Achtung:** Dadurch wird aus dem Speicher des Radios der Code für die Diebstahlsicherung gelöscht. Die Batterie darf nur bei ausgeschalteter Zündung abgeklemmt werden, da sonst das Steuergerät der Einspritzanlage beschädigt wird. Vor dem Abklemmen sollten auch die Hinweise im Kapitel »Radio« bzw. »Batterie aus- und einbauen« durchgelesen werden.
- Instrumentenblende ausbauen, siehe Seite 265.

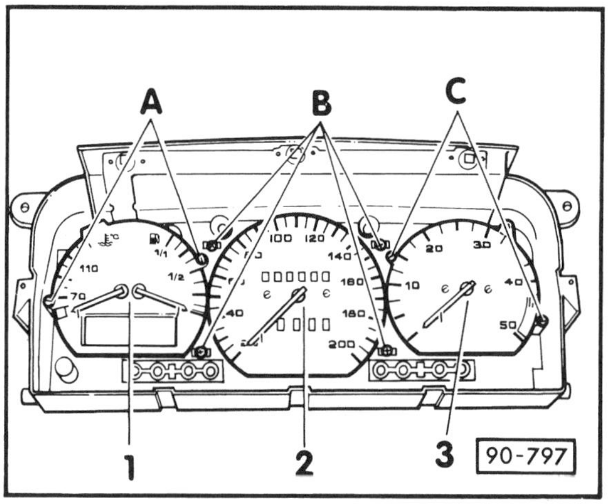

- Die Instrumente –1– und –3– sind gesteckt und lassen sich nach vorn aus dem Gehäuse herausziehen. –A– und –C– Befestigungen für –1– und –3–.
- Soll der Tachometer –2– ausgebaut werden, Tachowelle hinten am Schalttafeleinsatz abziehen, dabei Kunststoffkupplung seitlich zusammendrücken. Schrauben –B– lösen und Tachometer herausziehen.

Einbau

- Instrumente einsetzen, dabei darauf achten, daß die Stecker an der Instrumenten-Rückseite vorsichtig in die Steckkontakte der Leiterplatte geschoben werden.
- Tachometer anschrauben, Tachowelle einclipsen.
- Instrumentenblende montieren, siehe Seite 265.
- Batterie-Massekabel (–) anklemmen. **Achtung:** Batterie nur bei ausgeschalteter Zündung anklemmen, sonst kann das Steuergerät der Einspritzanlage beschädigt werden.
- Zeituhr einstellen.
- Diebstahlcode für Radio eingeben, siehe Kapitel »Radio-Codierung eingeben«.

Tachowelle aus- und einbauen

Achtung: Eine falsch verlegte Tachowelle kann dazu führen, daß die Tachoanzeige schwankt, Geräusche im Bereich des Geschwindigkeitsmessers auftreten, oder daß die Tachowelle bricht.

Ausbau

- Mit der Hand von unten hinter den Schalttafeleinsatz greifen. Kunststoff-Kupplung der Tachowelle am Schalttafeleinsatz entrasten (seitliche Stege zusammendrücken) und Antriebswelle vom Gehäuse abziehen.

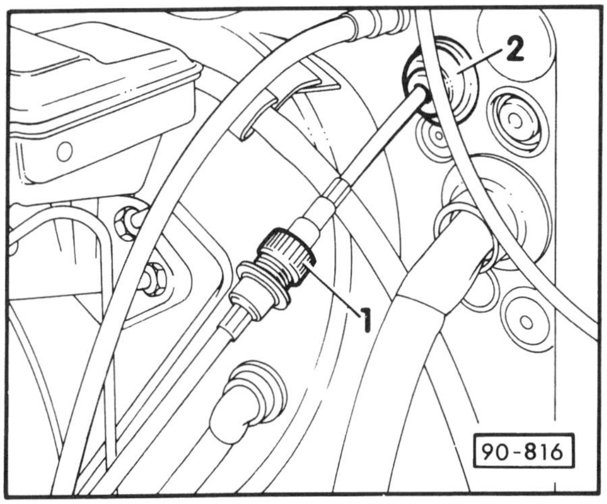

- Kupplung –1– der Tachowelle im Motorraum, in der Nähe des Bremsflüssigkeitsbehälters, auseinanderschrauben und Welle mit Gummidichtung –2– aus der Trennwand ziehen.
- Die Tachowelle ist zweigeteilt. Untere Tachowelle am Getriebe vom Antriebsgehäuse der rechten Gelenkwelle abschrauben.
- Verlegung der Tachowelle im Motorraum merken.
- Im Motorraum Tachowelle aus den Clipsen lösen, gegebenenfalls Kabelbinder aufschneiden.

Einbau

- Tachowelle in den Innenraum führen, Gummidichtung in die Öffnung eindrücken.
- Tachowelle in den Geschwindigkeitsmesser einführen und einrasten. **Achtung:** Tachowelle **muß** einrasten. Festen Sitz der Tachowelle durch Ziehen an der Welle prüfen.
- Tachowelle im Motorraum zusammenschrauben. Auf einwandfreie Verlegung der Tachowelle im Motoraum achten.
- Welle am Getriebe anschrauben.

Kontrollampen aus- und einbauen/ Dioden prüfen

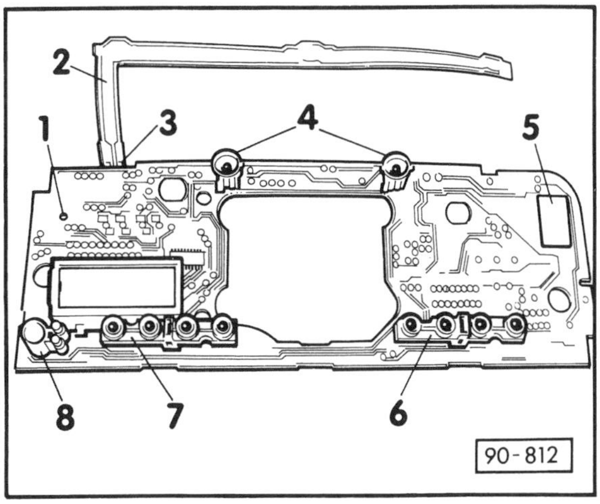

Die Kontrollampen –4– (Blinker), –6– und –7– sind Leuchtdioden. 1– Leiterplatte, 2– Leiterfolie für Schalttafeleinsatzbeleuchtung, 3– Steckverbindung für Leiterfolie, 5– Aussparung für Spannungskonstanter, 8– Digitaluhr.

Ausbau

- Instrumentenblende ausbauen, siehe Seite 265.

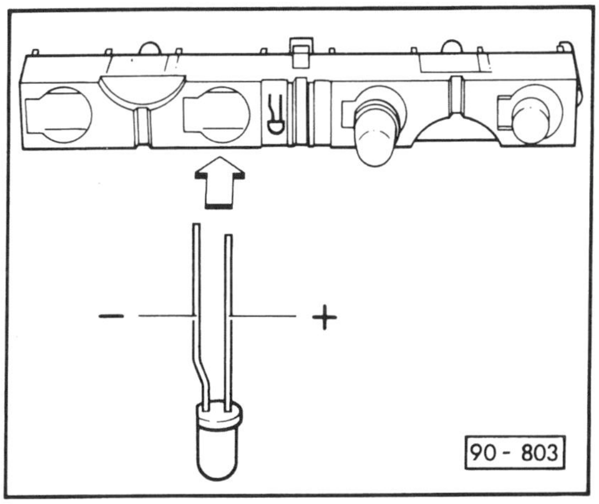

- Abdeckung des Lampenträgers abziehen und defekte Kontrollampe herausziehen.

Einbau

Achtung: Beim Einbau der Leuchtdioden ist die Polarität entsprechend des Symbols auf dem Lampenträger zu beachten, siehe Abbildung. Eine falsch herum eingesetzte Diode leuchtet nicht und kann zu einem Defekt führen.

- Leuchtdiode eindrücken.
- Oberteil des Lampenträgers aufdrücken.

Leuchtdiode prüfen

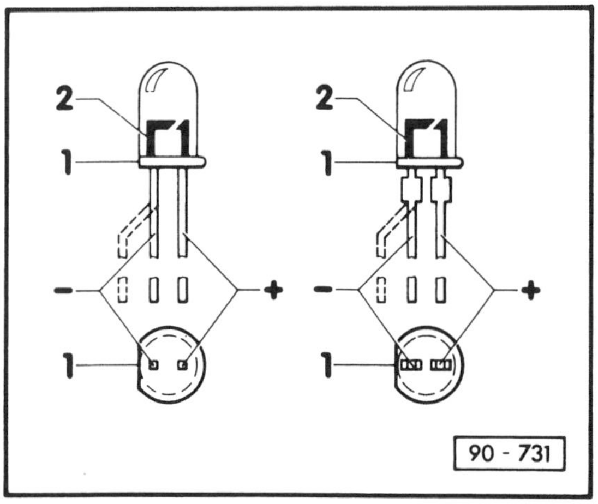

- Leuchtdiode an eine 1,8 Volt-Gleichstromquelle anschließen. Die Diode muß leuchten. In eingebautem Zustand (im Schalttafeleinsatz) sind Vorwiderstände zwischengeschaltet, welche die Batteriespannung (12 V) auf 1,8 V erniedrigen. **Achtung:** Beim Anschließen auf richtige Polarität achten. Der Minuspol der Leuchtdiode ist durch eine Phase –1– am Diodengehäuse und durch den größeren Pol –2– im Diodengehäuse gekennzeichnet. Bei einigen Dioden ist der Minus-Anschluß zusätzlich abgewinkelt.

Die Fachwerkstatt verwendet zur Prüfung das Digitalmultimeter VW-1315A. Tasten für Widerstands- und Spannungsmessung –Pfeile– gleichzeitig drücken. Rote Klemme an den geraden Plus-Anschluß der Leuchtdiode anschließen, schwarze Klemme an den abgewinkelten Minus-Anschluß. Die Diode muß leuchten, andernfalls ersetzen.

Spannungskonstanter prüfen / aus- und einbauen

Der Spannungskonstanter stabilisiert für die Anzeigeinstrumente die Betriebsspannung. Der Spannungskonstanter ist zu prüfen, wenn die Kraftstoffvorrats- **und** die Kühlmitteltemperaturanzeige falsche Meßwerte anzeigen.

- Blende vor Schalttafeleinsatz mit Abdeckscheibe ausbauen, siehe Seite 265.

Achtung: Dabei bleibt die Fahrzeugbatterie angeschlossen.

- Linkes Instrument ausbauen. **Achtung:** Bei Schalttafeleinsätzen mit Analoguhr oder Drehzahlmesser befindet sich der Spannungskonstanter –1– in einer Steckfassung auf der Leiterplatte hinter dem rechten Instrument.
- Zündung einschalten.

Versorgungsspannung prüfen:

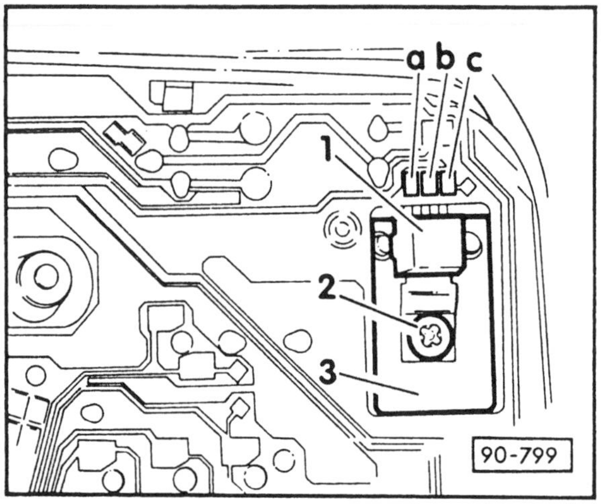

- Voltmeter zwischen Plus-Eingang (Klemme 15) –a– und Masse –b– anschließen. **Sollwert:** ca. Batteriespannung (12 Volt). Andernfalls Leitungsunterbrechung nach Stromlaufplan ermitteln.

Ausgangsspannung prüfen:

- Voltmeter zwischen Plus-Ausgang –c– und Masse –b– anschließen. **Sollwert:** 9,5 – 10,5 Volt, andernfalls Unterbrechung auf der Leiterfolie oder Spannungskonstanter defekt. Defektes Teil ersetzen. **Achtung:** Die Leiterfolie kann nicht einzeln ersetzt werden, bei Defekt ist der gesamte Schalttafeleinsatz zu ersetzen.

Ausbau

- Zündung ausschalten.
- Befestigungsschraube –2– herausschrauben und Spannungskonstanter –1– aus den Kontakten –a, b, c– nach unten herausziehen, siehe Abbildung 90-799.

Einbau

- 3 Anschlüsse in die richtigen Kontakte –a, b, c– stecken.
- Spannungskonstanter fest auf das Kühlblech –3– schrauben. Das Kühlblech dient zur Ableitung der im Betrieb entstehenden Wärme. Der Konstanter darf daher nicht ohne Kühlblech in Betrieb genommen werden.

Glühlampe für Digitaluhrbeleuchtung aus- und einbauen

Die Glühlampe für die Digitaluhrbeleuchtung befindet sich auf der Rückseite des Schalttafeleinsatzes.

Ausbau

- Schalttafeleinsatz ausbauen, siehe Seite 265.

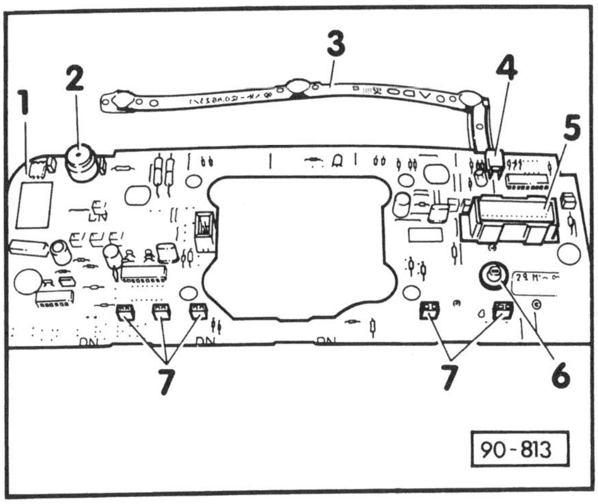

- Fassung –6– für Glühlampe um 90° (¼ Umdrehung) verdrehen, bis die Kerbe auf der Fassung senkrecht steht. 1– Leiterplatte, 2– Warnsummer für Öldruckkontrolle, 3– Leiterfolie für Schalttafeleinsatzbeleuchtung, 4– Steckverbindung für Leiterfolie, 5– Steckverbindung zum Anschlußstrang, 7– Fassung für Kontrollampen.
- Fassung herausziehen.
- Glühlampe aus der Fassung nehmen.

Einbau

- Nach Einsetzen der Glühlampe die Fassung drehen, bis die Kerbe waagerecht steht.
- Schalttafeleinsatz einbauen.

Lenkstockschalter/Lenkschloßgehäuse

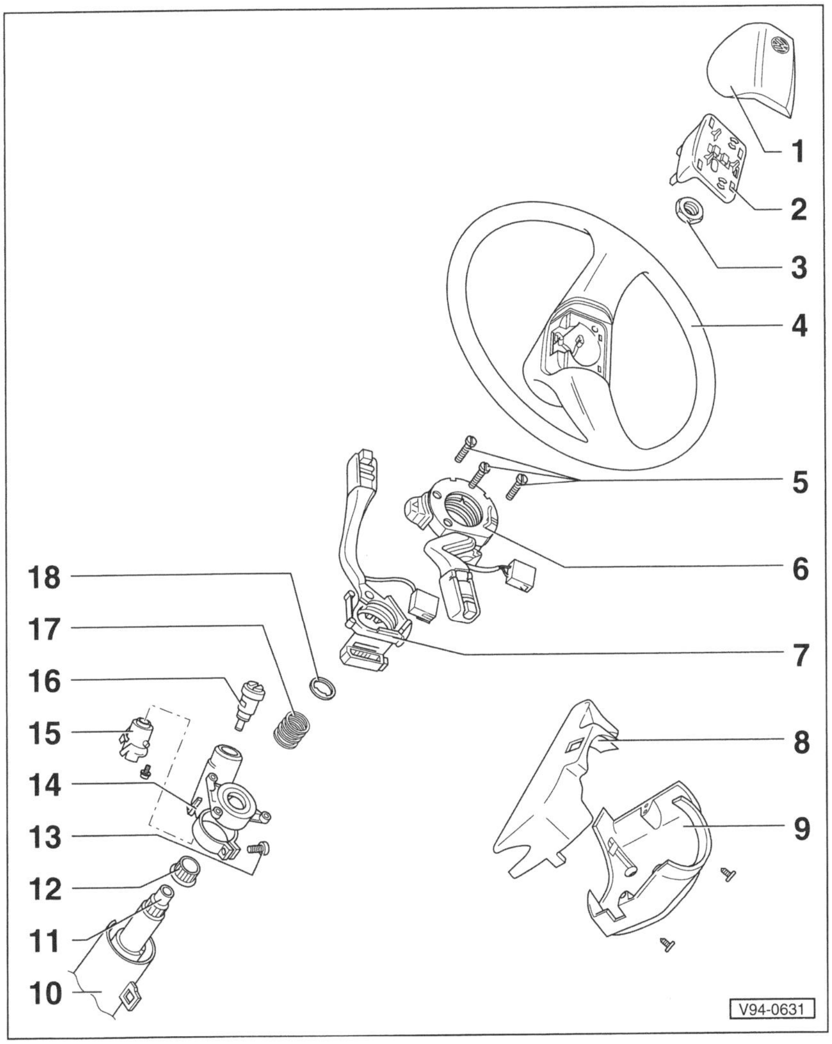

1 – **Abdeckung**
Ausbau: Abdeckung oben anheben und nach hinten abziehen.
Unter der Abdeckung befinden sich 3 Federn, die die Abdeckung und die darunterliegende Kontaktplatte auf Abstand halten.

2 – **Hupe-Kontaktplatte**

3 – **Sechskantmutter, 70 Nm**

4 – **Lenkrad**

5 – **Schrauben**
Für Befestigung Lenkstockschalter.

6 – **Lenkstockschalter links**
Für Blinker, Fern- und Abblendlicht, Lichthupe und Geschwindigkeits-Regelanlage (Sonderausstattung).

7 – **Lenkstockschalter rechts**
Für Scheibenwischer/-wascher und Multifunktionsanzeige (Sonderausstattung).

8 – **Verkleidung Oberteil**

9 – **Verkleidung Unterteil**

10 – **Mantelrohr**

11 – **Lenksäule**

12 – **Stützring**

13 – **Befestigungsschraube, 10 Nm**
Abreißschraube, für Lenkschloßgehäuse.

14 – **Lenkschloßgehäuse**

15 – **Zündanlaßschalter**

16 – **Schließzylinder**

17 – **Feder**

18 – **Klemmscheibe**

Schalter aus- und einbauen

Lichtschalter

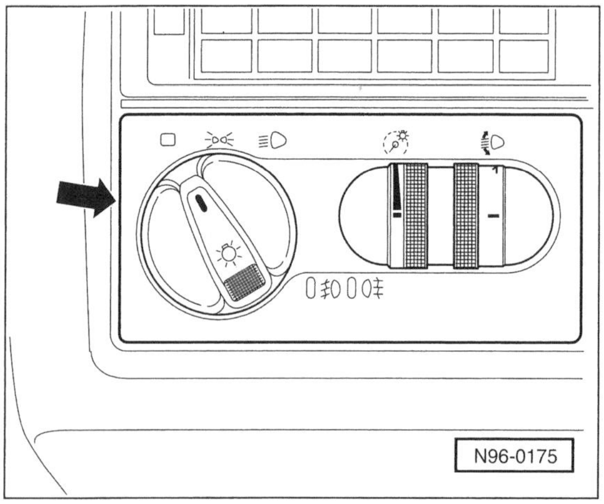

- Schraubendreher zwischen der linken Seite des Schaltergehäuses und der Armaturentafel –Pfeil– ansetzen und Schalter vorsichtig abdrücken.
- Schalter herausziehen und Stecker abziehen.
- Stecker aufschieben.
- Schalter in die Aufnahme in der Armaturentafel eindrücken und einrasten.

Schalter für heizbare Heckscheibe und Warnblinkanlage

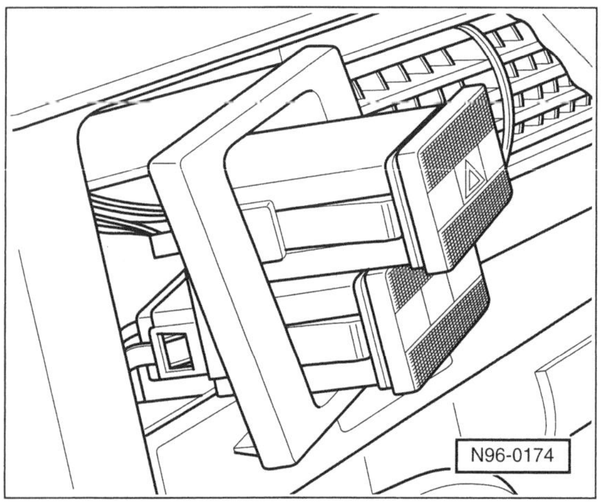

- Schraubendreher zwischen Schaltergehäuse und Verkleidung ansetzen und Schalter vorsichtig lösen.
- Schalter herausziehen und Stecker abziehen.
- Stecker aufschieben.
- Schalter in die Aufnahme in der Armaturentafel eindrücken und einrasten.

Radio aus- und einbauen

Das vom Werk eingebaute Radiogerät ist mit einer Einschubhalterung ausgestattet, die den schnellen Ein- und Ausbau des Radios ermöglicht. Allerdings gelingt das nur mit Ausziehbügeln, die beim Kauf des Radios beigelegt oder im Fachhandel erhältlich sind. Ob ein Radio mit Einschubhalterung eingebaut ist, erkennt man in der Regel an den 4 Bohrungen in der Frontplatte. Stehen keine Ausziehbügel zur Verfügung, können ersatzweise 4 Nägel mit ∅ 1,5 mm verwendet werden.

Achtung: Ab 10/93 wird zum Ausbau des serienmäßig eingebauten Radios ein geändertes Entriegelungswerkzeug benötigt.

Ausbau

- Zündung ausschalten.
- Batterie-Massekabel (–) abklemmen. **Achtung:** Beim Abklemmen der Batterie werden Speicher im Radio und in elektronischen Steuergeräten gelöscht. Serienmäßig eingebaute Radios sind in der Regel mit einer Anti-Diebstahl-Codierung ausgerüstet. Diese verhindert die unbefugte Inbetriebnahme des Gerätes, wenn die Stromversorgung unterbrochen wurde. Die Stromversorgung ist beispielsweise unterbrochen beim Abklemmen der Batterie, beim Ausbau des Radios oder wenn die Radiosicherung durchgebrannt ist.
  Falls das Radio codiert ist, Radiocode vor Abklemmen der Batterie oder Ausbau des Radios feststellen. Ist der Code nicht bekannt, kann nur die VW-Werkstatt das Autoradio wieder in Betrieb nehmen.

Die individuelle Code-Nummer ist in der Radio-Bedienungsanleitung angegeben. Sie sollte nicht im Fahrzeug aufbewahrt werden.

Radio bis 9.93

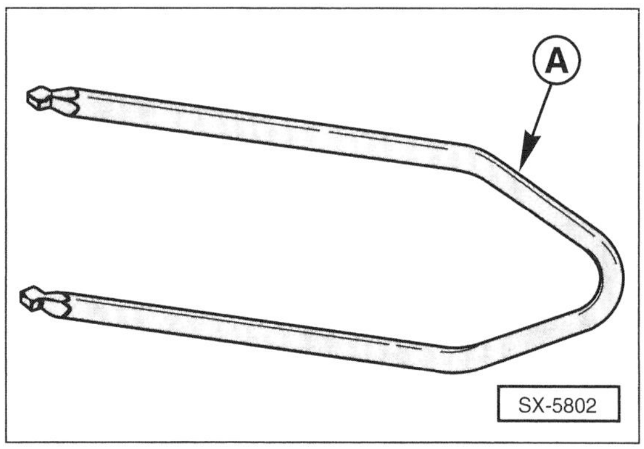

- Beide Ausziehbügel –A– links und rechts in die Öffnungen der Frontplatte einführen. Sind keine Öffnungen vorhanden, Bedienungsknöpfe und Blende abziehen.

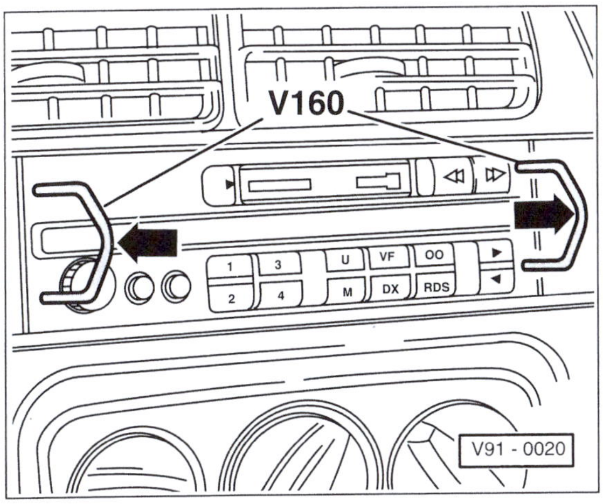

V91 - 0020

- Radio gleichmäßig herausziehen, dabei gleichzeitig Entriegelungsbügel –V160– nach außen drücken –Pfeile–. Radio beim Herausziehen nicht verkanten.

Radio ab 10.93

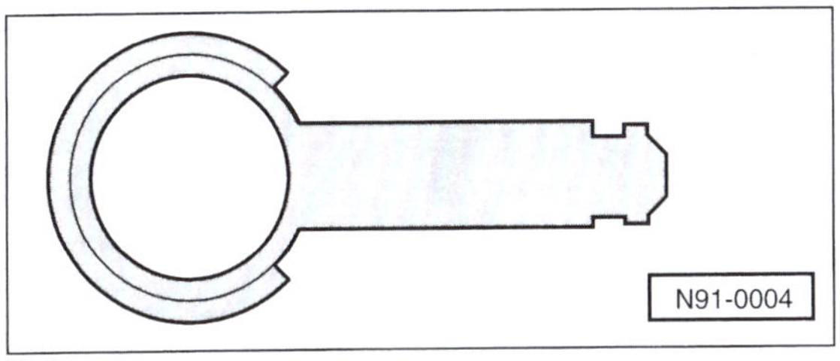
N91-0004

Für den Ausbau werden die beiden VW-Entriegelungswerkzeuge 3316 benötigt.

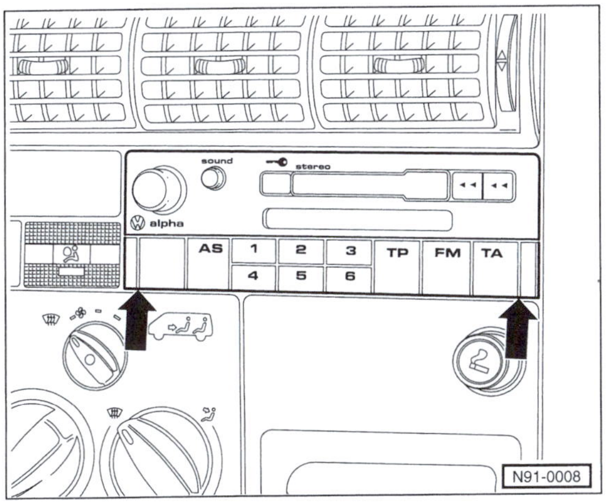

N91-0008

- Entriegelungswerkzeuge in die Entriegelungsschlitze –Pfeile– stecken, bis sie einrasten.

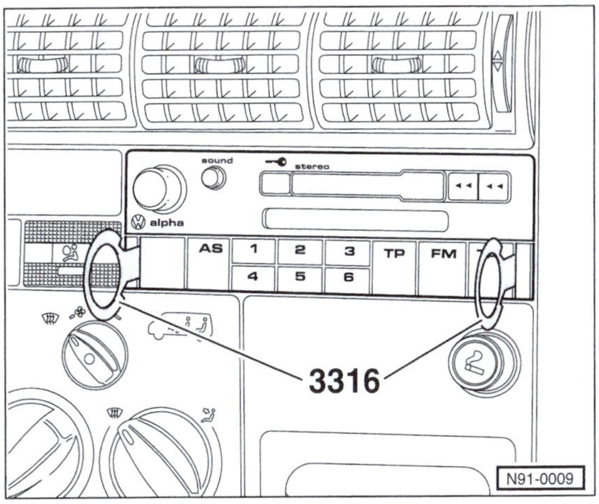

N91-0009

- Radio an den Grifflösen der Werkzeuge –3316– aus der Schalttafel herausziehen.

Achtung: Die Entriegelungswerkzeuge dürfen dabei **nicht** zur Seite gedrückt oder verkantet werden.

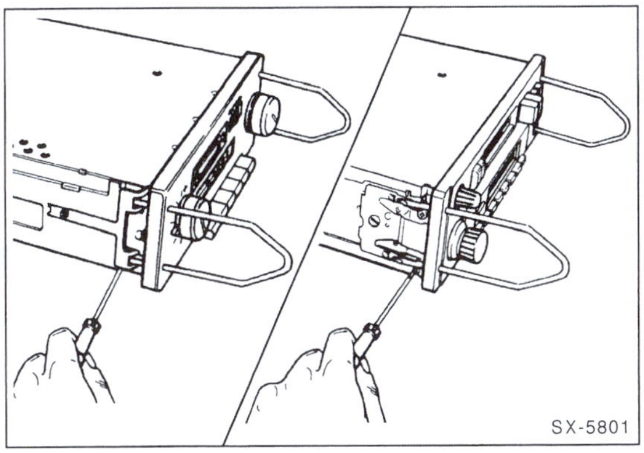
SX-5801

- Bei ausgebautem Radio Entriegelungswerkzeuge abnehmen. Dazu die seitlichen Rastnasen am Radio nach innen drücken
- Steckverbindungen für Lautsprecher und Antenne herausziehen, Mehrfachsteckverbindung für Stromversorgung abziehen. Falls das Radio nicht mit den serienmäßigen Mehrfachsteckern angeschlossen ist, Kabel vor dem Abziehen kennzeichnen, damit sie beim Einbau nicht vertauscht werden.

Einbau

- Elektrische Anschlüsse an der Rückseite des Radiogerätes anbringen.
- Radio in Armaturentafel eindrücken, bis die Haltefedern einrasten.
- Batterie-Massekabel (–) anklemmen.
- Radio einschalten und Funktion überprüfen. Falls ein Radio mit Anti-Diebstahl-Codierung eingebaut ist, zuvor Geheimcode eingeben.

Hinweise für den nachträglichen Radioeinbau

- Der serienmäßig eingebaute Mehrfachstecker des Kabelstranges paßt zu allen Radiogeräten aus dem VW-Zubehörprogramm seit Modelljahr 1988. Der Versorgungsstecker hat folgende Kabelfarben und Anschlüsse:

Rot – Dauerplus
Braun – Minus (Fahrzeugmasse)
Grau/Blau – Skalenbeleuchtung
Braun/Rot – Steuerleitung für Zündschloß-gesteuerte Ein-/Ausschaltung (Sonderausstattung). Diesen Anschluß keinesfalls zur Betriebsspannungs-Versorgung verwenden.
Blau/Weiß – Geschwindigkeitssignal für automatische Lautstärkeanpassung (Sonderausstattung)

- Für andere Radiogeräte ist ein VW-Adapterkabel erhältlich. **Achtung:** Wird das Adapterkabel nicht verwendet, unbedingt darauf achten, daß keine unisolierten Kabel frei herumliegen. Ein sonst möglicher Kurzschluß kann zu einem Kabelbrand führen.
- Darauf achten, daß nur typgeprüfte Entstörsätze (mit allgemeiner Betriebserlaubnis, ABE) verwendet werden, sonst kann die Zulassung des Fahrzeuges erlöschen. Im Handel gibt es speziell auf den VW abgestimmte Entstörsätze mit Einbauanleitung.

Radio-Codierung eingeben

Gilt nur für VW-Radio mit Codierung

Die Anti-Diebstahl-Codierung verhindert die unbefugte Inbetriebnahme des Gerätes, wenn die Stromversorgung unterbrochen wurde, z.B. beim Abklemmen der Batterie, Ausbau des Radios oder wenn die Radiosicherung durchgebrannt ist.

Falls das Radio codiert ist, Radiocode vorher feststellen. Ist der Code nicht bekannt, kann nur die VW-Werkstatt das Autoradio wieder in Betrieb nehmen. Die individuelle Code-Nummer ist in der Radio-Bedienungsanleitung angegeben.

Elektronische Sperre aufheben

- Stromversorgung herstellen, Radio einschalten. Es erscheint am Radio die Anzeige »SAFE«.
- Die Wellenbereichstasten »U« und »M« **gleichzeitig** so lange drücken, bis in der Radioanzeige »1000« erscheint. Tasten loslassen. **Hinweis:** Bei Radio »ALPHA« ab 8/98 die Tasten »TP« und »TA« drücken.
- Mit Hilfe der Stationstasten 1 bis 4 die geheime Code-Nummer eingeben. Dabei wird mit Taste 1 die erste Stelle der Code-Nummer eingegeben, mit Taste 2 die zweite Stelle usw. Taste jeweils entsprechend oft drücken.
- Anschließend wieder die Tasten »U« und »M« (»TP« und »TA«) gleichzeitig so lange drücken, bis in der Radioanzeige »SAFE« erscheint. Tasten loslassen. Das Gerät ist jetzt wieder betriebsbereit.

Achtung: Wird versehentlich eine falsche Code-Nummer eingegeben, erscheint in der Anzeige »SAFE« zunächst blinkend und dann dauernd. Jetzt kann der gesamte Vorgang **einmal** wiederholt werden. Wird erneut eine falsche Code-Nummer eingegeben, ist das Radio für ca. 1 Stunde gesperrt, es kann nicht in Betrieb genommen werden. Nach Ablauf von 1 Stunde – das Gerät muß dabei eingeschaltet bleiben – kann die elektronische Sperre wieder aufgehoben werden. Dieser Zyklus gilt für alle weiteren Versuche.

Speziell Radio »BETA« und »GAMMA« ab 8/98

Wenn das Radio im selben Fahrzeug wieder eingebaut wird, braucht keine Code-Nr. eingegeben werden.

Die Scheibenantenne

Die Scheibenantenne befindet sich in der Windschutzscheibe im Bereich der Beifahrerseite. Der Leitungsanschluß ist an der Scheibenantenne angeclipst.

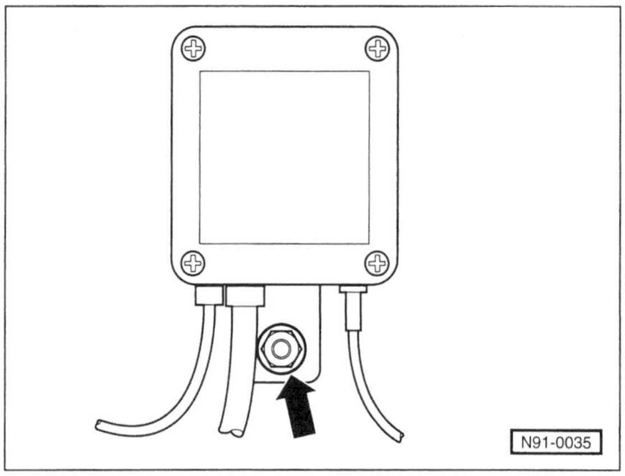

Der elektronische Antennenverstärker befindet sich hinter dem Handschuhkasten an der Spritzwand. Der Verstärker wird beim Einschalten des Radios über eine separate Leitung mit Spannung versorgt. **Hinweis:** Das zum Radio führende Antennenkabel läßt sich nicht vom Verstärker trennen.

Stabantenne aus- und einbauen

Ausbau

- Antennenteleskop ganz einschieben.

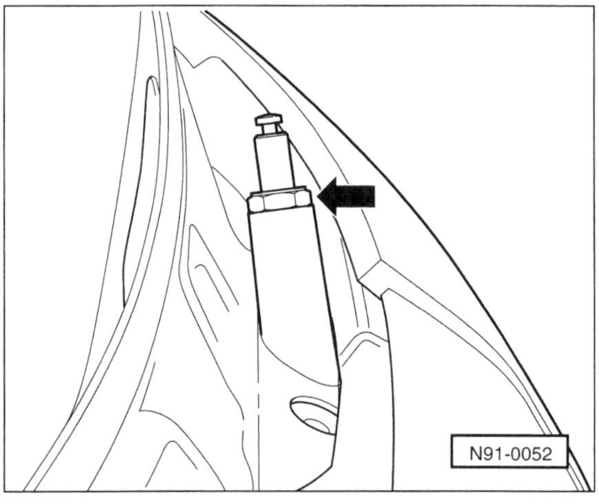

- Überwurfmutter –Pfeil– abschrauben und Antennenfuß abziehen.

- Batterieabdeckung im Motorraum ausbauen.
- Batterie-Massekabel (–) abklemmen. **Achtung:** Dadurch werden elektronische Speicher gelöscht, wie zum Beispiel der Radiocode. Hinweise im Kapitel »Batterie aus- und einbauen« beachten.

Achtung: Minuspol der Batterie unbedingt isolieren, damit kein versehentlicher Kontakt entstehen kann. Beim Herausziehen der Antenne kann der Pluspol berührt werden. Bei nicht abgeklemmter Batterie erfolgt dadurch ein totaler Kurzschluß, wodurch die elektrische Anlage beschädigt wird und die Batterie explodieren kann. Unfallgefahr!

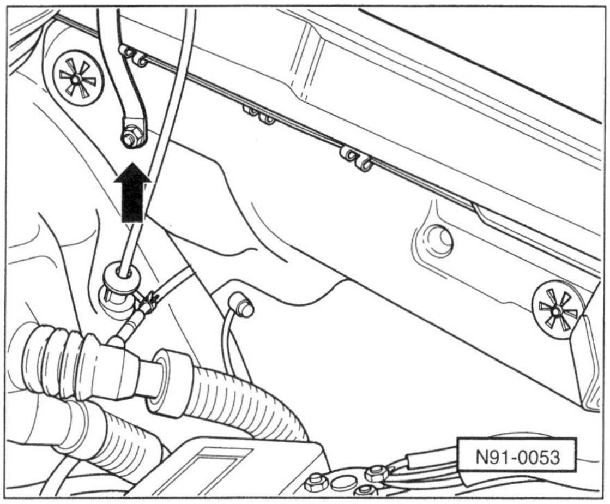

N91-0053

- Massekabel –Pfeil– am Kotflügel-Stehblech abschrauben.

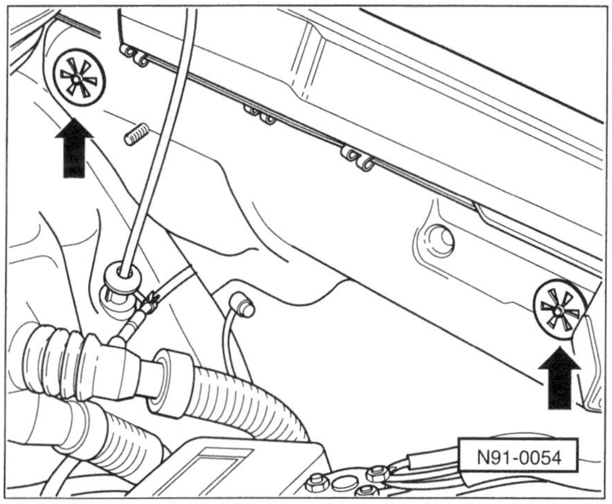

N91-0054

- Clips –Pfeile– am Stehblech abdrücken und Verkleidung herunterklappen.

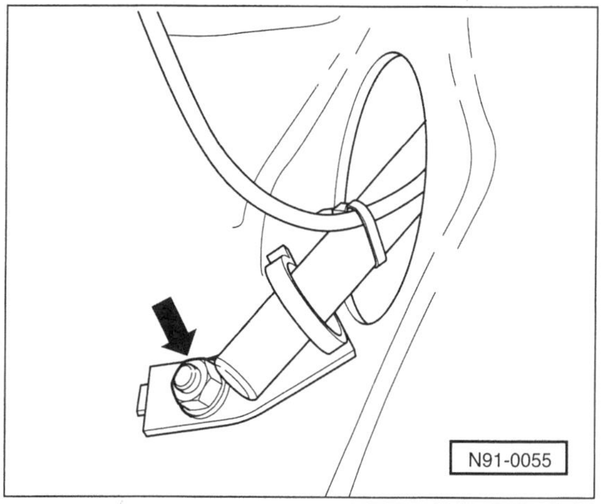

N91-0055

- Kunststoffmutter –Pfeil– vom Antennenhalter abschrauben und Halter herausnehmen.

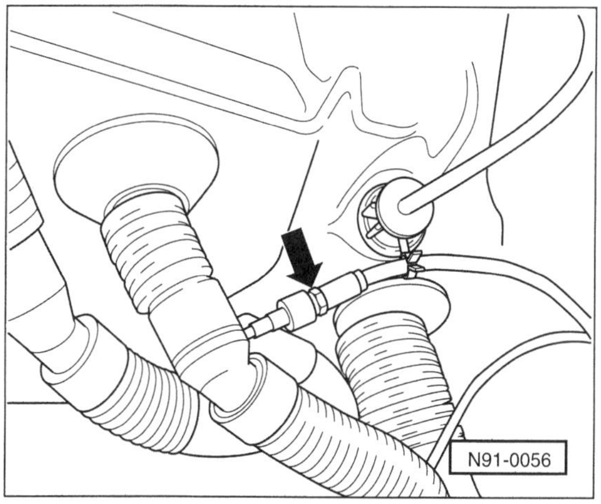

N91-0056

- Antennenleitung im Motorraum an der Schraubverbindung –Pfeil– trennen. Dazu Antennenleitung aus dem Halter ausclipsen.
- Stabantenne durch das Montageloch im Kotflügel-Stehblech nach unten herausziehen.

Einbau

- Der Einbau der Stabantenne erfolgt sinngemäß in umgekehrter Reihenfolge.

Achtung: Falls die Antenne nachträglich eingebaut wird, Antenne so einsetzen, daß sie in ausgezogenem Zustand leicht nach hinten innen geneigt ist. Dabei Hinweise des Antennenherstellers beachten.

Falls das Antennenkabel in den Innenraum durchgeführt wird, Bohrung mit Gummitülle beziehungsweise Karosserie-Abdichtmasse gut verschließen, sonst dringt Wasser in den Innenraum.

- Batterie-Massekabel (–) anklemmen.
- Zeituhr einstellen.
- Falls erforderlich, Diebstahlcode für Radio eingeben.

Die Scheibenwischanlage

Scheibenwischergummi ersetzen

Die Scheibenwischergummis sind bei schlechtem Wischbild zu ersetzen. Im Handel werden sowohl komplette Scheibenwischerblätter (Wischergummi mit Träger) als auch einzelne Wischergummis angeboten. Wird nur das Wischergummi ersetzt, darauf achten, daß der Träger nicht verbogen wird.

Achtung: Wenn die Scheibenwischerblätter rubbeln, genügt es in der Regel nicht, Wischerblätter oder Wischergummis zu ersetzen. Auf jeden Fall sollte der Anstellwinkel der Scheibenwischerarme kontrolliert beziehungsweise eingestellt werden, siehe Kapitel »Wartung«.

Ausbau

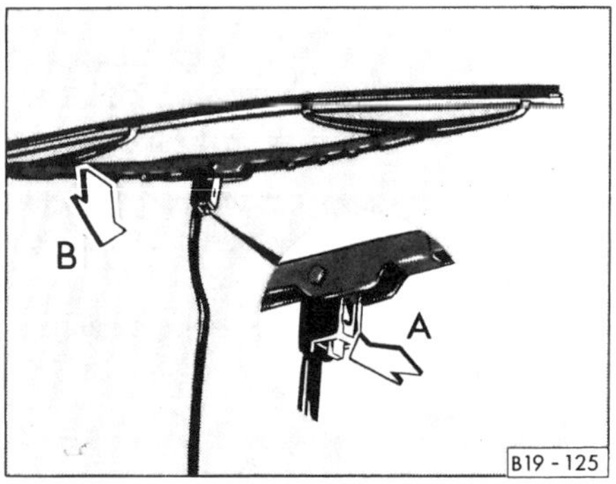

- Wischerarm hochklappen und Wischerblatt waagerecht stellen.
- Federklammer –A– niederdrücken und Wischerblatt nach unten –B– aus dem Haken am Wischerarm schieben.
- Wischerblatt nach oben schieben und vom Haken des Wischerarmes abnehmen.

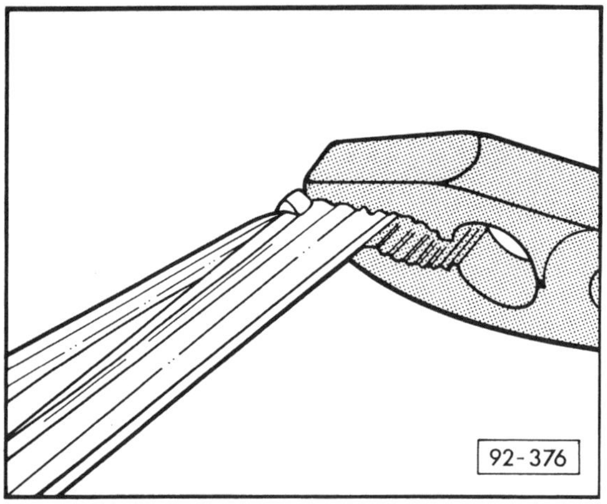

- An der geschlossenen Seite des Wischgummis beide Stahlschienen mit Kombizange zusammendrücken, seitlich aus der oberen Klammer herausnehmen und Gummi komplett mit Schienen aus den restlichen Klammern des Wischerblattes herausziehen.

Einbau

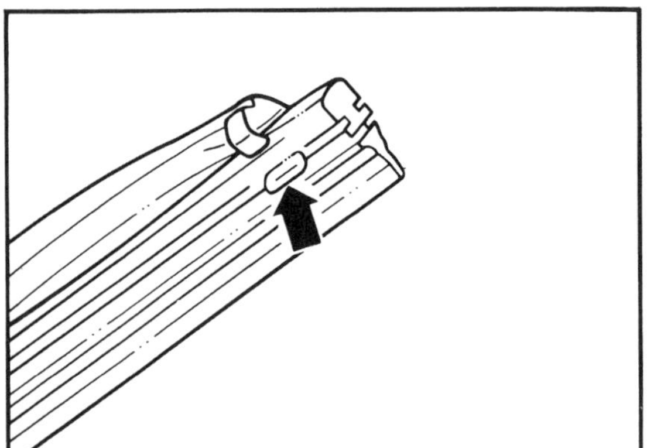

- Neues Wischgummi ohne Halteschienen in die eine Klammer des Wischerblattes lose einlegen.
- Beide Schienen so in den Wischgummi einführen, daß die Aussparungen der Schienen zum Gummi zeigen und in die Gumminasen der Rille einrasten.
- Beide Stahlschienen und Gummi mit Kombizange zusammendrücken und so in die andere Klammer einsetzen, daß die Klammernasen beidseitig in die Haltenuten –Pfeil– des Wischgummis einrasten.
- Wischerblatt über den Wischerarm schieben und Federklammer in den Haken des Wischerarms einclipsen.
- Wischerarm zurückklappen. Darauf achten, daß das Wischgummi überall an der Scheibe anliegt.

Scheibenwaschdüsen aus- und einbauen/einstellen

Ausbau

- Schrauben für Lufteintrittsgitter an der Motorhaube lösen, Gitter nach vorn schwenken.

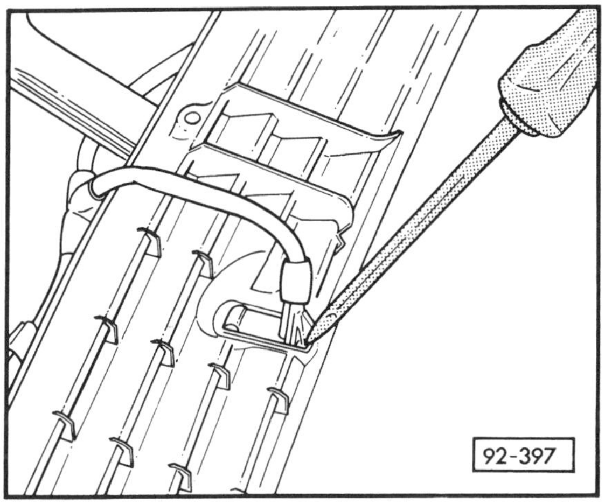

- Verrastung der Spritzdüse mit Schraubendreher zur Seite drücken und Spritzdüse herausnehmen.
- Zulaufschlauch für Düse abziehen.

Einbau

- Düse von oben eindrücken, sie muß einrasten.
- Zulaufschlauch aufschieben.
- Gitter einsetzen und anschrauben.

Einstellen

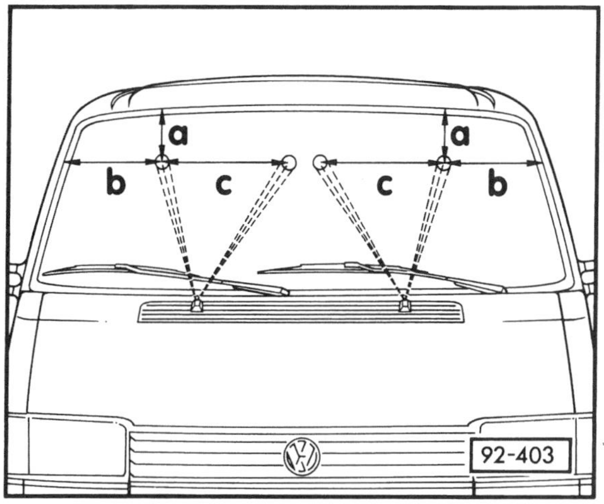

- Maße für Spritzstrahleinstellung:
  a = 160 mm, b = 320 mm, c = 400 mm.

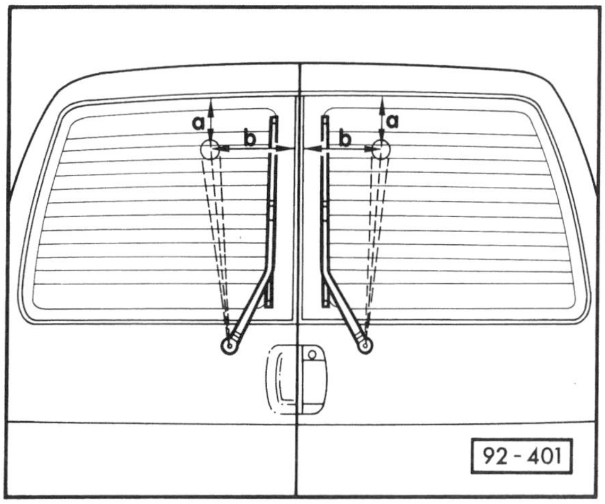

- **Heckscheibe:** Bei Ausführung mit Flügeltüren: –a– = 150 mm; –b– = 250 mm. Bei breiter (normaler) Heckklappe: Düse auf Mitte Wischerfeld einstellen.

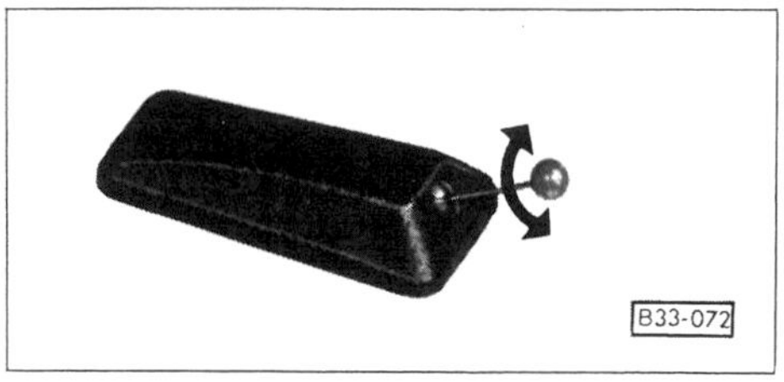

- Die Spritzrichtungen der Düsen können gegebenenfalls mit einer Nadel korrigiert werden.

Scheinwerferreinigungsanlage

Linker Scheinwerfer

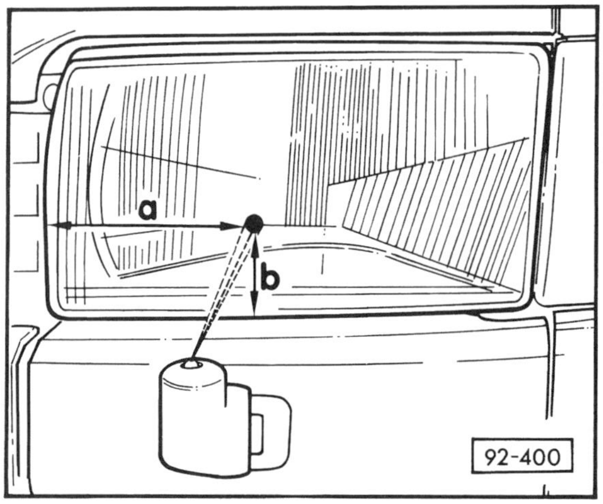

- Maße für Spritzstrahleinstellung: a = 120 mm, b = 50 mm. Die Fachwerkstatt verwendet zur Einstellung das Sonderwerkzeug VW-3019A. Vor der Einstellung Spritzdüse bis zum Anschlag herausziehen und mit geeignetem Holzstück festsetzen.
- Die Maße für den rechten Scheinwerfer sind spiegelbildlich.

Scheibenwischerantrieb/Scheibenwischermotor aus- und einbauen

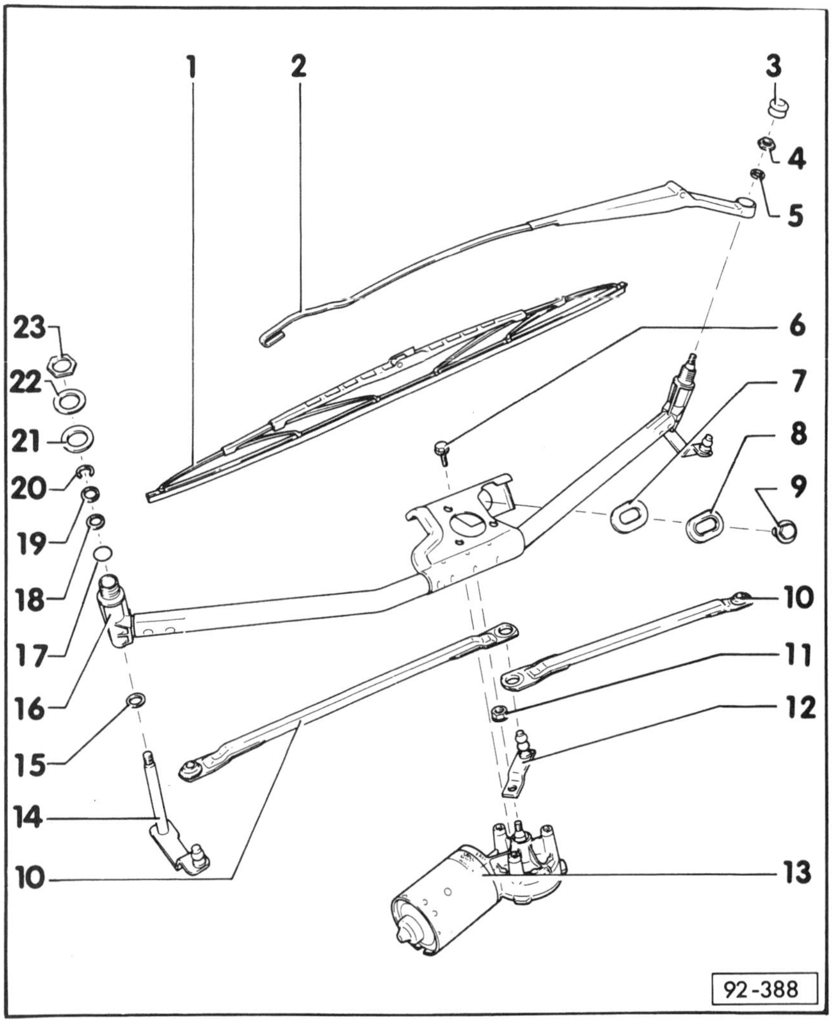

1 – **Wischerblatt**
2 – **Wischerarm**
3 – **Abdeckkappe**
4 – **Sechskantmutter, 16 Nm**
5 – **Scheibe**
6 – **Sechskantmutter, 5 Nm**
7 – **Gummitülle**
8 – **Distanzbuchse**
9 – **Schraube, 25 Nm**
10 – **Antriebsstange**
11 – **Selbstsichernde Mutter**
12 – **Kurbelarm**
13 – **Wischermotor**
14 – **Gelenkhebel**
15 – **Federscheibe**
16 – **Wischerrahmen**
17 – **O-Ring**
18 – **Distanzscheibe**
19 – **Scheibe**
20 – **Sicherungsring**
21 – **Kunststoffscheibe**
22 – **Distanzring**
23 – **Sechskantmutter, 10 Nm**

Ausbau

Der Wischermotor kann nur komplett mit Kurbelgestänge und Motorhalter ausgebaut werden. Die Angaben beziehen sich auf die Frontscheibenwischeranlage. Beim Heckwischer entsprechend vorgehen, Abweichungen sind im Text berücksichtigt.

- Zündung einschalten.
- Scheibenwischer ca. 2 Minuten laufen lassen und mit dem Scheibenwischerschalter abschalten. Dadurch läuft der Wischer in die Endstellung.
- Zündung ausschalten.
- Batterie-Massekabel (–) abklemmen. **Achtung:** Dadurch wird aus dem Speicher des Radios der Code für die Diebstahlsicherung gelöscht. Die Batterie darf nur bei ausgeschalteter Zündung abgeklemmt werden, da sonst das Steuergerät der Einspritzanlage beschädigt wird. Vor dem Abklemmen sollten auch die Hinweise im Kapitel »Radio« bzw. »Batterie aus- und einbauen« durchgelesen werden.
- Wischerarme abschrauben und von den Wischerachsen abziehen, vorher Abdeckkappen mit schmalem Schraubendreher abhebeln.
- Wischerrahmen mit Schraube –9– abschrauben und komplett mit Wischermotor herausnehmen.
- Antriebsstangen –10– von der Kurbel abhebeln.
- Motor vom Wischerrahmen abschrauben, dazu 3 Schrauben herausdrehen.
- Kurbel von der Motorachse abschrauben.

Einbau

- Wird ein neuer Wischermotor eingebaut, Motor vor dem Einbau in Parkstellung bringen. Dazu Mehrfachstecker anschließen und Motor laufen lassen. Anschließend Motor mit Wischerschalter ausschalten und in Endstellung laufen lassen. Mehrfachstecker abziehen.

Frontscheibenwischer:

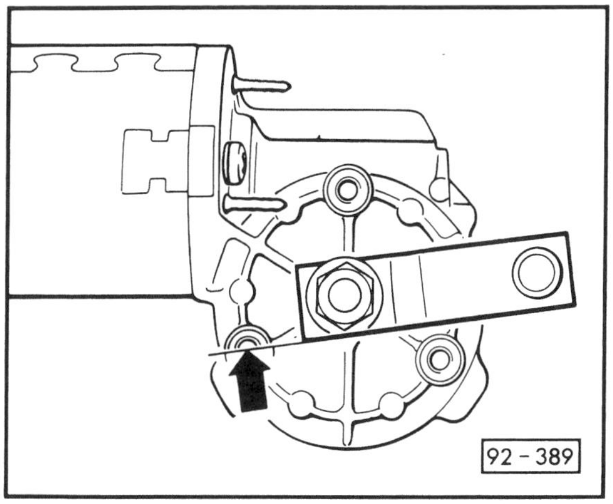

Heckscheibenwischer bei breiter Heckklappe:

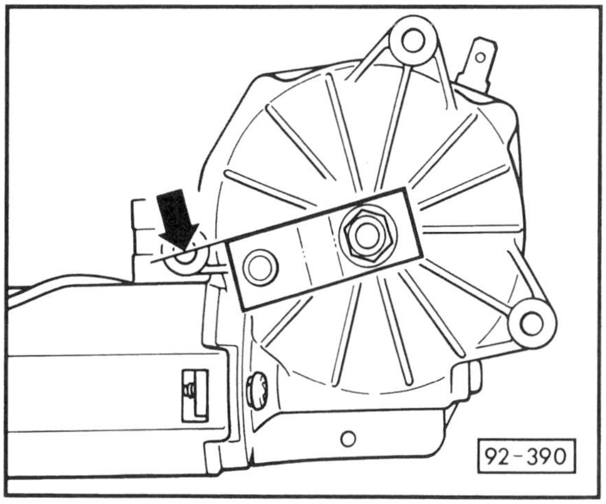

Heckscheibenwischer bei geteilter Heckklappe (Flügeltüren):

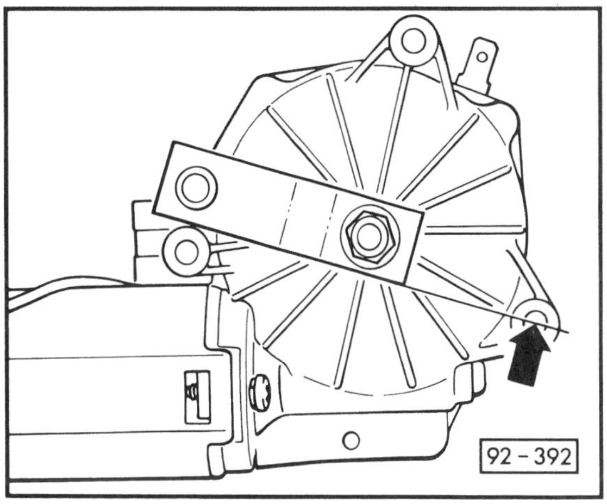

- Kurbel aufsetzen und so ausrichten, daß die Unterkante mit der jeweils angegebenen Schraubenbohrung fluchtet, siehe Abbildungen.
- Kurbel mit 30 Nm festschrauben.
- Wischermotor am Wischerrahmen anschrauben.
- Bei Frontscheibenwischer: Antriebsstangen auf die Kurbel aufdrücken.
- Motor mit Wischerrahmen einsetzen und mit 25 Nm anschrauben.
- Batterie-Massekabel (–) anklemmen. **Achtung:** Batterie nur bei ausgeschalteter Zündung anklemmen, sonst kann das Steuergerät der Einspritzanlage beschädigt werden.
- Zeituhr einstellen.
- Diebstahlcode für Radio eingeben, siehe Kapitel »Radio-Codierung eingeben«.
- Mehrfachstecker aufschieben und Wischermotor in Parkstellung laufen lassen.

Frontscheibenwischer:

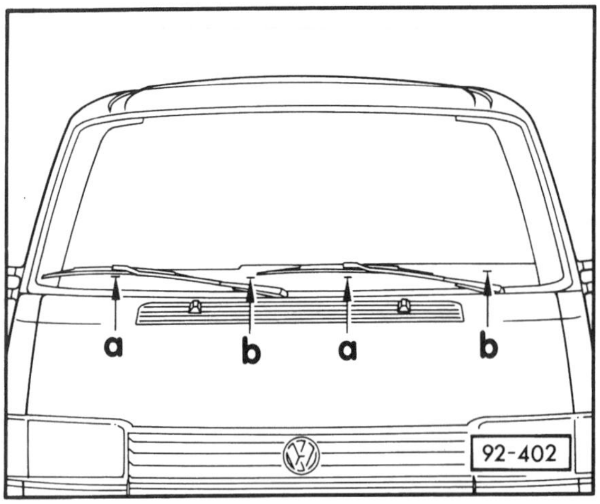

- Wischerarme entsprechend den in der Windschutzscheibe angebrachten Markierungen auf die Wischerlager schieben und mit 10 Nm festschrauben. a = Markierung für Linkslenkerfahrzeuge, b = Markierung für Rechtslenkerfahrzeuge (Exportmodelle).

Heckscheibenwischer:

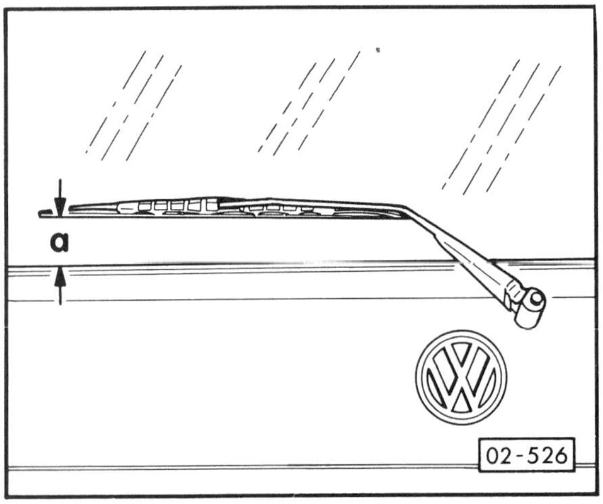

- Wischerblatt in Höhe des untersten Heizfadens der heizbaren Heckscheibe stellen, –a– = 45 mm. Bei Ausführung mit hinteren Flügeltüren die Scheibenwischer so aufsetzen, daß sie in der Endlage senkrecht stehen.
- Abdeckkappen aufdrücken.
- Funktion der Wischeranlage überprüfen.

Scheibenwaschpumpe prüfen/ersetzen

Prüfen

- Zündung einschalten und Scheibenwaschhebel betätigen. Wenn kein Waschwasser gegen die Frontscheibe gespritzt wird, Stecker abziehen.
- Spannungsprüfer an die beiden Kontakte des Steckers anschließen.
- Zündung einschalten und Scheibenwaschhebel betätigen. Der Spannungprüfer muß ca. Batteriespannung (12 V) anzeigen, andernfalls elektrische Zuleitung nach Stromlaufplan prüfen.
- Stecker aufschieben und erneut Scheibenwaschhebel betätigen. Läuft die Pumpe nicht an, obwohl Spannung anliegt, Pumpe austauschen.

Ersetzen

- Stecker abziehen.

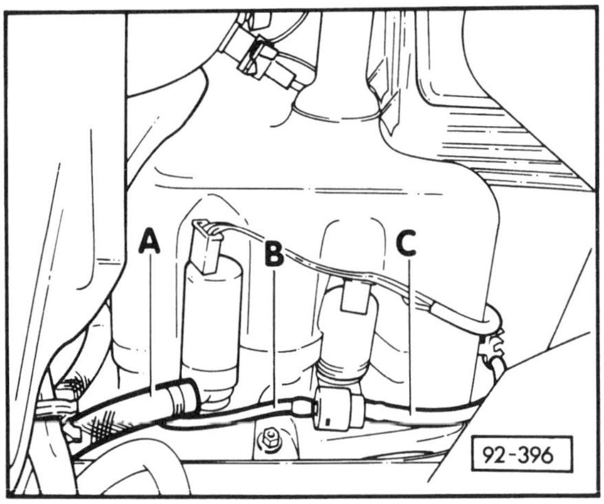

- Schläuche zur Scheinwerferwaschdüse –A–, zur Frontscheibendüse –B– sowie zur Heckscheibe –C– abziehen und mit geeignetem Stopfen verschließen.

Achtung: Falls die Pumpe erneuert werden soll, neue Pumpe bereitlegen.

- Pumpe aus dem Vorratsbehälter herausziehen und Öffnung im Waschwasserbehälter mit dem Daumen zuhalten.
- Neue Pumpe in die Dichtung einsetzen, dabei läuft etwas Flüssigkeit aus.
- Schläuche aufschieben.
- Stecker aufschieben.
- Funktion der Scheibenwaschpumpe prüfen.

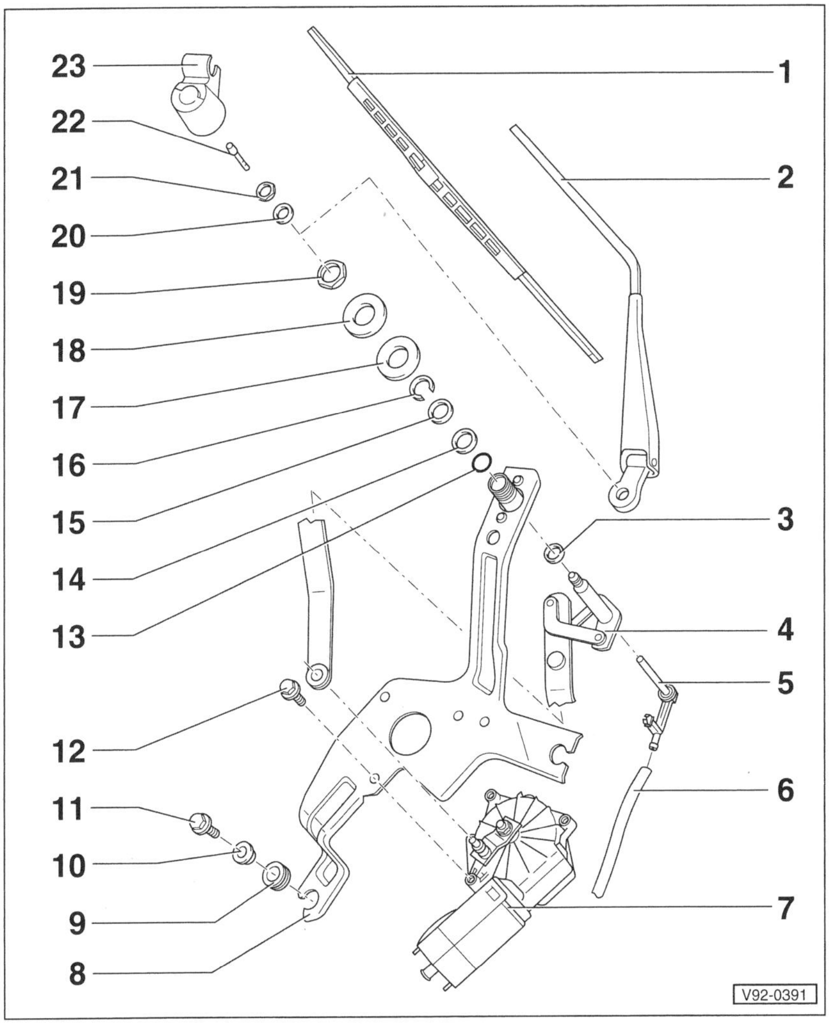

Heckscheiben-wischeranlage

Heckklappe:

1 – Wischerblatt
2 – Wischerarm
3 – Federscheibe
4 – Gelenkhebel mit Gestänge
5 – Anschlußrohr für Spritzdüse
6 – Schlauch
7 – Motor für Heckscheibenwischer
8 – Halter für Motor
9 – Gummiring
10 – Distanzstück
11 – M6-Schraube, 5 Nm
12 – M6-Schraube, 5 Nm
13 – O-Ring
14 – Distanzscheibe
15 – Scheibe
16 – Sprengring
17 – Kunststoffscheibe
18 – Distanzscheibe
19 – M16-Mutter, 10 Nm
20 – Scheibe
21 – M8-Mutter, 16 Nm
22 – Spritzdüse
23 – Abdeckkappe

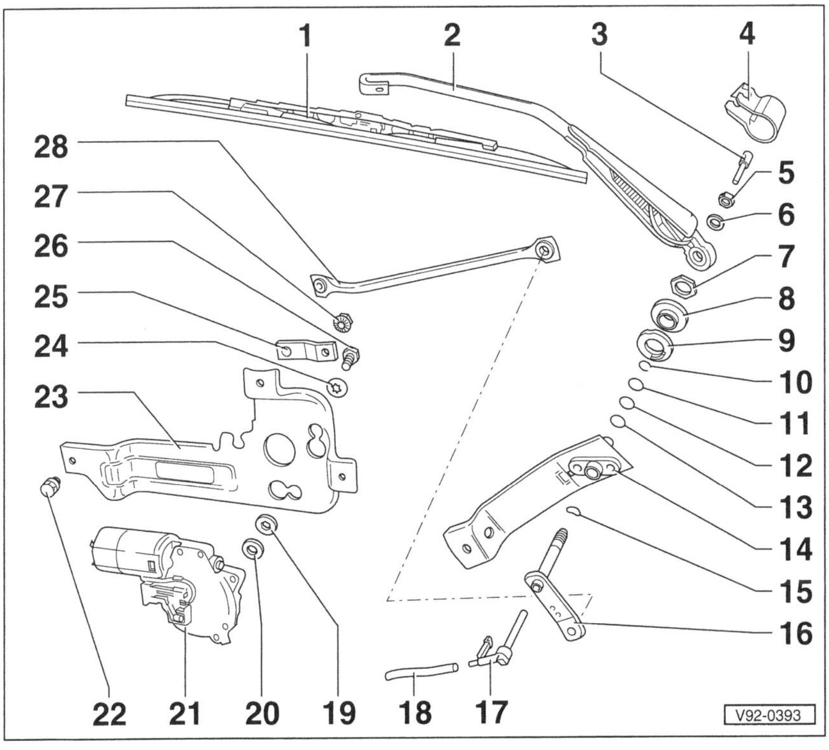

Flügeltüren:

1 – Wischerblatt
2 – Wischerarm
3 – Spritzdüse
4 – Abdeckkappe
5 – M8-Mutter, 16 Nm
6 – Scheibe
7 – M16-Mutter, 10 Nm
8 – Distanzscheibe
9 – Kunststoffscheibe
10 – Sicherungsring
11 – Scheibe
12 – Distanzscheibe
13 – O-Ring
14 – Halter für Wischerwelle
15 – Federscheibe
16 – Gelenkhebel
17 – Anschlußrohr für Spritzdüse
18 – Schlauch
19 – Gummitülle
20 – Distanzstück
21 – Motor für Heckscheibenwischer
22 – M6-Schraube, 5 Nm
23 – Halter für Motor
24 – Zahnscheibe
25 – Kurbel
26 – M6-Schraube, 5 Nm
27 – M8-Mutter, selbstsichernd
28 – Gelenkstange

Störungsdiagnose Scheibenwischergummi

Wischbild	Ursache	Abhilfe
Schlieren	Wischgummi verschmutzt	■ Wischgummi mit harter Nylonbürste und einer Waschmittellösung oder Spiritus reinigen
	Ausgefranste Wischlippe, Gummi ausgerissen oder abgenutzt	■ Wischgummi erneuern
	Wischgummi gealtert, rissige Oberfläche	■ Wischgummi erneuern
Im Wischfeld verbleibende Wasserreste ziehen sich sofort zu Perlen zusammen	Windschutzscheibe durch Lackpolitur oder Öl verschmutzt	■ Windschutzscheibe mit sauberem Putzlappen und einem Fett-Öl-Silikonentferner reinigen
Wischerblatt wischt einseitig gut - einseitig schlecht, rattert	Wischgummi einseitig verformt, „kippt nicht mehr“	■ Neues Wischgummi einbauen
	Wischerarm verdreht, Blatt steht schief auf der Scheibe	■ Wischerarm vorsichtig verdrehen, bis richtige, senkrechte Stellung erreicht ist
Nicht gewischte Flächen	Wischgummi aus der Fassung herausgerissen	■ Wischgummi vorsichtig in die Fassung einsetzen
	Wischerblatt liegt nicht mehr gleichmäßig an der Scheibe an, da Federschienen oder Bleche verbogen	■ Wischerblatt ersetzen. Dieser Fehler tritt vor allem bei unsachgemäßem Montieren eines Ersatzblattes auf
	Anpreßdruck durch Wischerarm zu gering	■ Wischerarmgelenke und Feder leicht einölen oder neuen Arm einbauen

Die Wagenpflege

Fahrzeug waschen

Aus Umweltschutzgründen ist es in den meisten Gemeinden verboten, Fahrzeuge auf öffentlichen Plätzen zu waschen. Wird das Auto sehr oft in einer automatischen Waschanlage gewaschen, hinterlassen die rotierenden Waschbürsten Schleifspuren auf dem Lack. Diese lassen sich verhindern, wenn man den Wagen von Hand in einer entsprechenden Waschanlage wäscht.

- Vogelkot, tote Insekten, Baumharze, Teerflecken, Streusalze und andere aggressive Ablagerungen sofort abwaschen, da sie ätzende Bestandteile enthalten, die Lackschäden verursachen.
- Beim Waschen reichlich Wasser verwenden. Lackierung nicht scharf abspritzen. Mit einem weichen Schwamm oder Waschhandschuh beziehungsweise einer weichen Bürste auf dem Dach beginnend von oben nach unten mit geringem Druck reinigen; Schwamm oft ausspülen.
- Waschmittel nur bei hartnäckiger Verschmutzung verwenden. Mit klarem Wasser gründlich nachspülen, um die Reste des Waschmittels zu entfernen. Bei regelmäßiger Benutzung von Waschmitteln muß öfter konserviert werden. Dem Waschwasser kann ein Konservierungsmittel beigegeben werden.
- In die Eintrittsöffnungen der Belüftungsanlage nur mit einem schwachen Strahl sprühen.
- Zum Abtrocknen sauberes Leder verwenden. Verschiedene Leder für Lack- und Fensterflächen verwenden, da Konservierungsmittelrückstände auf den Scheiben zu Sichtbehinderungen führen.
- Durch Streusalze besonders gefährdet sind alle innenliegenden Falze, Flansche und Fugen an Türen und Hauben. Diese Stellen müssen deshalb bei jedem Wagenwaschen – auch nach der Wäsche in automatischen Waschstraßen – mit einem Schwamm gründlich gereinigt und anschließend abgespült und abgeledert werden.
- Wagen niemals in der Sonne waschen oder trocknen. Wasserflecken sind sonst unvermeidlich.

Achtung: Nach der Wagenwäsche Bremsscheiben kurz trockenbremsen, da sich durch Nässe eine verringerte Bremswirkung ergibt.

Lackierung pflegen

Konservieren: So oft wie nötig soll die sauber gewaschene und getrocknete Lackierung mit einem Konservierungsmittel behandelt werden, um die Oberfläche durch eine porenschließende und wasserabweisende Wachsschicht gegen Witterungseinflüsse zu schützen. Auch wenn regelmäßig Waschkonservierer verwendet wird, empfiehlt es sich, den Lack mindestens zweimal im Jahr mit Hartwachs zu schützen.

Übergelaufenen Kraftstoff, übergelaufenes Öl oder Fett, beziehungsweise übergelaufene Bremsflüssigkeit **sofort entfernen,** sonst kommt es zu Lackverfärbungen.

Spätestens, wenn Wasser nicht mehr deutlich vom Lack abperlt, muß konserviert werden. Der Lack trocknet sonst aus.

Eine weitere Möglichkeit, den Lack zu konservieren, bieten Waschkonservierer. Waschkonservierer schützen die Lackierung jedoch nur ausreichend, wenn sie bei **jeder** Wagenwäsche verwendet werden und der zeitliche Abstand zwischen 2 Wäschen nicht mehr als 2 bis 3 Wochen beträgt. Nur Lackkonservierer verwenden, die Carnauba- oder synthetische Wachse enthalten.

Polieren: Polieren ist nur dann erforderlich, wenn der Lack infolge mangelhafter Pflege beziehungsweise unter der Einwirkung von Umwelteinflüssen unansehnlich geworden ist und sich durch eine Behandlung mit Konservierungsmitteln kein Glanz mehr erzielen läßt. Zu warnen ist vor stark schleifenden oder chemisch stark angreifenden Poliermitteln, auch wenn der erste Versuch damit noch so sehr zu überzeugen scheint.

Vor jedem Polieren muß der Wagen sauber gewaschen und sorgfältig abgetrocknet werden. Im übrigen ist nach der Gebrauchsanweisung für das Poliermittel zu verfahren.

Die Bearbeitung soll in nicht zu großen Flächen erfolgen, um ein vorzeitiges Eintrocknen der Politur zu vermeiden. Bei manchen Poliermitteln muß anschließend noch konserviert werden. Nicht in der prallen Sonne polieren!

Kunststoffteile und matt lackierte Teile dürfen nicht mit Konservierungs- oder Poliermitteln behandelt werden, da sich sonst Flecken bilden.

Teerflecke entfernen: Frische Teerflecke können mit einem in Waschbenzin getränkten weichen Lappen entfernt werden. Notfalls kann auch Tankstellenbenzin, Petroleum oder Terpentinöl verwendet werden. Sehr gut gegen Teerflecke eignet sich auch ein Lackkonservierer. Bei Verwendung dieses Mittels kann auf ein Nachwaschen verzichtet werden.

Insekten entfernen: Insekten enthalten aggressive Stoffe, die den Lackfilm beschädigen können. Deshalb sofort mit lauwarmer Seifen- oder Waschmittellösung abwaschen. Es gibt auch spezielle Insekten-Entferner.

Baumaterial-Spritzer entfernen: Spritzer jeglichen Baumaterials mit lauwarmem, neutralem Waschmittel abwaschen. Nur leicht reiben, da sonst die Lackierung zerkratzt werden kann. Nach dem Waschen mit klarem Wasser nachspülen.

Kunststoffteile pflegen: Kunststoffteile, Kunstledersitze, Himmel, Leuchtengläser sowie mattschwarz gespritzte Teile mit Wasser und eventuell einem Shampoo-Zusatz säubern, Himmel nicht durchfeuchten. Kunststoffteile gegebenenfalls mit Kunststoffreiniger behandeln.

Scheiben reinigen: Schnee und Eis von Scheiben und Spiegeln nur mit einem Kunststoffschaber entfernen. Um Kratzer durch Schmutz zu vermeiden, sollte der Schaber nicht vor- und zurückbewegt, sondern nur geschoben werden. Fensterscheiben innen und außen mit sauberem, weichem Lappen abreiben. Bei starker Verschmutzung helfen Spiritus oder Salmiakgeist und lauwarmes Wasser oder auch ein spezieller Scheibenreiniger. Beim Reinigen der Windschutzscheibe Scheibenwischerarm nach vorn klappen.

Bei der Reinigung der Windschutzscheibe sind auch die Wischerblätter zu säubern.

Achtung: Bei Verwendung silikonhaltiger Mittel dürfen die zur Reinigung der Lackierung verwendeten Waschbürsten, Schwämme, Lederlappen und Tücher nicht für die Scheiben verwendet werden. Beim Einsprühen der Lackierung mit silikonhaltigen Pflegemitteln sollten die Scheiben mit Pappe oder anderem Material abgedeckt werden.

Gummidichtungen pflegen: Gummidichtungen durch Einpudern der Dicht- und Gleitflächen mit Talkum oder Besprühen mit Silikonspray geschmeidig halten. So werden auch quietschende oder knarrende Geräusche beim Türenschließen vermieden. Auch das Einreiben der betreffenden Flächen mit Schmierseife beseitigt die Geräusche.

Reifen reinigen: Reifen nicht mit einem Dampfstrahlgerät reinigen. Wird die Düse des Dampfstrahlers zu nahe an den Reifen gehalten, wird dessen Gummischicht innerhalb weniger Sekunden irreparabel zerstört, selbst bei Verwendung von kaltem Wasser. Ein auf diese Weise gereinigter Reifen sollte sicherheitshalber ersetzt werden.

Leichtmetall-Scheibenräder mit Felgenreiniger besonders während der kalten Jahreszeit pflegen, jedoch keine aggressiven, säurehaltigen, stark alkalischen und rauhen Reinigungsmittel oder Dampfstrahler über +60° C verwenden.

Sicherheitsgurte nur mit milder Seifenlauge in eingebautem Zustand säubern, nicht chemisch reinigen, da dadurch das Gewebe zerstört werden kann. Automatikgurte nur in trockenem Zustand aufrollen.

Unterbodenschutz/ Hohlraumkonservierung

Die Fahrzeugunterseite einschließlich der Radkästen ist mit Unterbodenschutz beschichtet. Die besonders stark gefährdeten Bereiche in den Radläufen sind mit Kunststoffschalen gegen Steinschlag geschützt. Darüber hinaus wurden korrosionsgefährdete Karosserieteile aus verzinktem Blech hergestellt. Vor der kalten Jahreszeit und nach einer Unterbodenwäsche sollte der Unterbodenschutz kontrolliert und gegebenenfalls ausgebessert werden.

Im Schleuderbereich des Unterbaues können sich Staub, Lehm und Sand ablagern. Den angesammelten Schmutz entfernen, zumal er während der Winterzeit auch noch mit Streusalz angereichert sein kann.

Motorwäsche/Motorraum konservieren: Vor und nach der Streusalzperiode sollte der Motorraum gereinigt und anschließend konserviert werden. Motorwäsche nur bei ausgeschalteter Zündung durchführen. Vor der Motorwäsche, die zum Beispiel mit Kaltreiniger und einem Dampfstrahlgerät durchgeführt werden kann, Generator, Sicherungskasten und Bremsflüssigkeitsbehälter mit Plastikhüllen abdecken.

Zur Verhinderung von Korrosion am Vorderwagen (zum Beispiel Seitenteile, Längsträger oder Abschlußblech) und des Antriebaggregates muß der Motorraum einschließlich der im Motorraum befindlichen Teile der Bremsanlage, Achselemente mit Lenkung sowie Karosserieteile und Hohlräume mit einem hochwertigen Konservierungswachs eingesprüht werden. Dabei den Keil- und Zahnriementrieb vor Wachs schützen.

Polsterbezüge pflegen/reinigen

Textilbezüge: Polsterbezüge mit Staubsauger und Bürste reinigen. Bei starker Verschmutzung Textilbezüge mit Trockenschaum reinigen.

Fett- und Ölflecke mit Reinigungsbenzin oder Fleckenwasser behandeln. Das Reinigungsmittel darf aber nicht unmittelbar auf den Stoff gegossen werden, da sich sonst unweigerlich Ränder bilden. Fleck durch kreisförmiges Reiben von außen nach innen bearbeiten. Andere Verschmutzungen lassen sich meistens mit lauwarmem Seifenwasser entfernen.

Lederbezüge: Bei starker Sonneneinstrahlung und längerer Standzeit Sitze abdecken, damit sie nicht ausbleichen.

Trikot- oder Wollappen mit Wasser leicht anfeuchten und Lederflächen säubern, ohne das Leder oder die Nahtstellen zu durchfeuchten. Anschließend das getrocknete Leder mit einem sauberen und weichen Tuch nachreiben.

Stärker verschmutzte Lederflächen mit einem milden Feinwaschmittel ohne Aufheller (2 Eßlöffel auf 1 Liter Wasser) reinigen. Fett- und Ölflecke vorsichtig ohne Reiben mit Reinigungsbenzin abtupfen.

Die gereinigten (lackierten) Lederpolster sollten anschließend mit einem handelsüblichen Pflegemittel für Lederflächen behandelt werden. Solche Mittel sind bei den Fachwerkstätten und im Autofachhandel erhältlich. Das Mittel vor Gebrauch gut schütteln und mit einem weichen Lappen dünn auftragen. Nach dem Eintrocknen mit einem sauberen und weichen Tuch nachreiben. Diese Behandlung empfiehlt sich bei normaler Beanspruchung alle 6 Monate.

Motor-Starthilfe

Bei der Starthilfe mit einem Starthilfekabel sind einige Punkte zu beachten:

- Der Leitungsquerschnitt der Starthilfekabel soll bei Ottomotoren bis ca. 2,5 l Hubraum mindestens 16 mm^2 (Durchmesser ca. 5 mm) betragen. Bei Dieselmotoren oder Ottomotoren über ca. 2,5 l Hubraum soll der Leitungsquerschnitt mindestens 25 mm^2 betragen. Maßgebend ist dabei jeweils das Fahrzeug mit der entladenen Batterie. Der Leitungsquerschnitt ist in der Regel auf der Packung der Starthilfekabel angegeben. Beim Neukauf ist grundsätzlich ein Starthilfekabel mit isolierten Kabelzangen und 25 mm^2 Querschnitt empfehlenswert, da es sich auch für Motoren mit geringerem Hubraum eignet.
- Bei beiden Batterien muss die Spannung 12 Volt betragen. Die Kapazität der stromgebenden Batterie darf nicht wesentlich unter der der entladenen Batterie liegen.
- Eine entladene Batterie kann bereits bei –10° C gefrieren. Vor Anschluss der Starthilfekabel muss eine gefrorene Batterie unbedingt aufgetaut werden. Aufgetaute Batterie vor dem Laden auf Gehäuserisse prüfen, gegebenenfalls ersetzen. Aus Sicherheitsgründen empfiehlt es sich allerdings, eine einmal gefrorene Batterie grundsätzlich zu ersetzen.
- Die entladene Batterie muß ordnungsgemäß am Bordnetz angeklemmt sein.
- Fahrzeuge so weit auseinanderstellen, daß kein metallischer Kontakt besteht. Andernfalls könnte bereits beim Verbinden der Pluspole ein Strom fließen.
- Bei beiden Fahrzeugen Handbremse anziehen. Schaltgetriebe in Leerlaufstellung, automatisches Getriebe in Parkstellung »P« schalten.
- Alle Stromverbraucher ausschalten.
- Grundsätzlich Motor des Spenderfahrzeuges ca. 1 Minute vor dem Startvorgang und während des Startvorganges mit Leerlaufdrehzahl drehen lassen. Dadurch wird eine Beschädigung des Generators durch Spannungsspitzen beim Startvorgang vermieden.

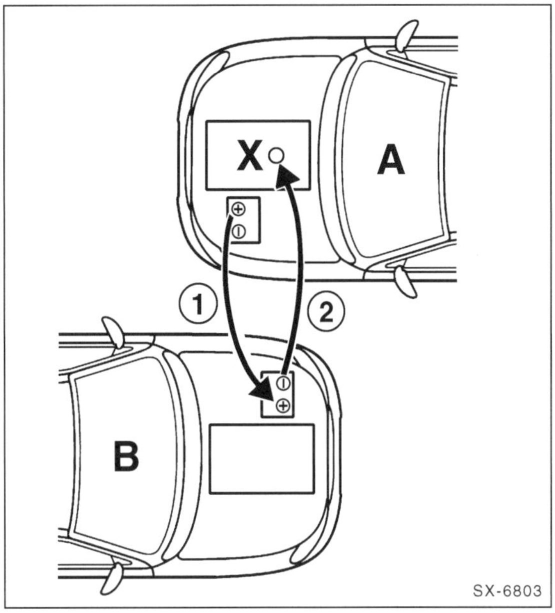

SX-6803

- Starthilfekabel in folgender Reihenfolge anschließen:

1. Rotes Kabel an den Pluspol der entladenen Batterie –A– anklemmen.
2. Das andere Ende des roten Kabels an den Pluspol der stromgebenden Batterie –B– anklemmen.
3. Schwarzes Kabel an den Minuspol der stromgebenden Batterie anklemmen.
4. Das andere Ende des schwarzen Kabels an eine gute Massestelle –X– des Empfängerfahrzeuges anschließen. Dadurch werden Masseverluste vermieden. Am besten eignet sich hierzu ein fest mit dem Motorblock verschraubtes Metallteil oder der Motorblock selbst. Unter ungünstigen Umständen könnte beim Anschließen des Kabels an den Minuspol der leeren Batterie, durch Funkenbildung und Knallgasentwicklung, die Batterie explodieren.

- Polzangen nochmals auf festen Sitz prüfen. Darauf achten, daß die Starthilfekabel nicht durch sich drehende Teile, wie etwa durch den Kühlerventilator, beschädigt werden können.

Achtung: Die Klemmen der Starthilfekabel dürfen bei angeschlossenen Kabeln nicht in Kontakt miteinander kommen, beziehungsweise die Plusklemmen dürfen keine Massestellen (Karosserie oder Rahmen) berühren.

- Motor des Empfängerfahrzeuges (leere Batterie) starten und laufen lassen. Beim Starten Anlasser nicht länger als 10 Sekunden ununterbrochen betätigen, da sich durch die hohe Stromaufnahme Polzangen und Kabel erwärmen. Deshalb zwischendurch eine »Abkühlpause« von mindestens ½ Minute einlegen.
- Grundsätzlich Motor des Spenderfahrzeuges während des Startvorganges mit Leerlaufdrehzahl drehen lassen. Dadurch wird eine eventuelle Beschädigung des Generators durch Spannungsspitzen beim Startvorgang vermieden. Sinkt allerdings die Leerlaufdrehzahl stark ab, kann etwas Gas gegeben werden.
- Während des Starthilfevorganges offene Flammen oder brennende Zigaretten in der Nähe der Batterie vermeiden, weil aus der Batterie brennbare Gase austreten können.
- **Nach der Starthilfe** Kabel in **umgekehrter** Reihenfolge abklemmen: Zuerst schwarzes Kabel (–) am Empfängerfahrzeug, dann am stromgebenden Fahrzeug abklemmen. Rotes Kabel zuerst am stromgebenden und dann am Empfängerfahrzeug abklemmen.

Achtung: Werden die vorgeschriebenen Anschlußhinweise nicht genau eingehalten, besteht die Gefahr der Verätzung durch austretende Batteriesäure. Außerdem können Verletzungen oder Schäden durch eine Batterieexplosion entstehen. Zudem können Defekte an den elektrischen Anlagen beider Fahrzeuge auftreten.

- Die entladene Batterie baldmöglichst mit einem Batterie-Ladegerät aufladen. Um die Batterie mit dem Drehstromgenerator vollständig aufzuladen, müsste der Motor ca. 8 Stunden ohne Unterbrechung laufen, ohne dass elektrische Verbraucher eingeschaltet sind.

Fahrzeug abschleppen

- Die Abschleppösen befinden sich vorn und hinten unter den Stoßfängern.
- Zündung einschalten, damit das Lenkrad nicht blockiert ist und die Blinkleuchten, das Signalhorn und gegebenenfalls die Scheibenwischer betätigt werden können.
- Da der Bremskraftverstärker nur bei laufendem Motor arbeitet, muß bei Fahrzeugen mit Bremskraftverstärker bei nicht laufendem Motor das Bremspedal entsprechend kräftiger getreten werden!
- Bei Fahrzeugen mit Servolenkung muß zum Lenken mehr Kraft aufgewendet werden, da bei stehendem Motor die Servo-Unterstützung fehlt.
- Das Abschleppseil soll elastisch sein, damit das schleppende und das gezogene Fahrzeug geschont werden. Nur Kunstfaserseile oder Seile mit elastischen Zwischengliedern verwenden.
- Ohne Getriebeöl darf das Fahrzeug nur mit angehobenen Antriebsrädern abgeschleppt werden.

Abschleppen von Fahrzeugen

mit Getriebeautomatik

- Wählhebelstellung „N".

Maximale Schleppgeschwindigkeit: 50 km/h!

Maximale Schleppentfernung: 50 Kilometer!

- Über große Entfernungen muß der Wagen vorn angehoben werden. Grund: Bei stehendem Motor arbeitet die Getriebeölpumpe nicht, das Getriebe wird für höhere Drehzahlen und längere Laufzeiten daher nicht ausreichend geschmiert.

Fahrzeug aufbocken

Für viele Wartungs- und Reparaturarbeiten muß das Fahrzeug aufgebockt beziehungsweise hochgehoben werden. In der Werkstatt wird der Wagen in der Regel mit der Hebebühne angehoben, man kann ihn jedoch auch mit dem Fahrzeug- oder Werkstatt-Wagenheber anheben. Grundsätzlich darf das Fahrzeug nur an den abgebildeten Aufnahmepunkten angehoben werden.

Bei Arbeiten unter dem Fahrzeug muß dieses, falls es nicht auf einer Hebebühne steht, auf vier stabilen Unterstellböcken stehen. **Auf keinen Fall dürfen Arbeiten unter dem Fahrzeug ausgeführt werden, wenn dieses nicht ausreichend gesichert ist.**

- Hebewerkzeuge zum Anheben des Fahrzeuges dürfen nur an den nachstehend gezeigten Stellen angesetzt werden, da sonst bleibende Verformungen am Fahrzeug nicht auszuschließen sind.

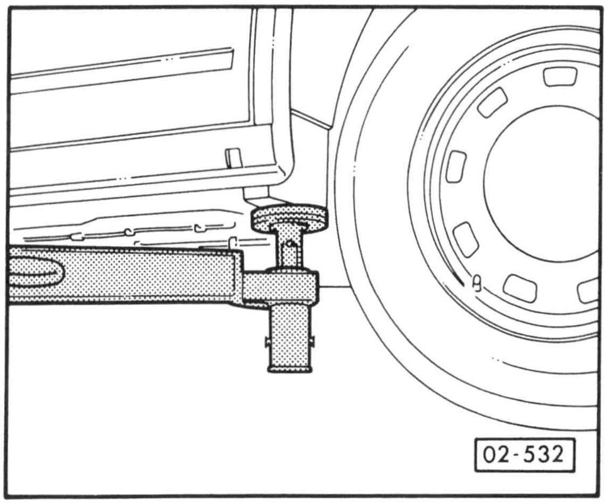

- **Vorn** am vorderen Querträger.

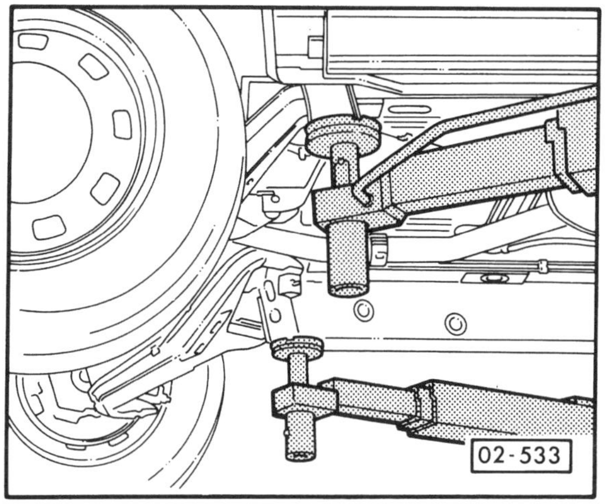

- **Hinten** am Lagerbock für den hinteren Achslenker.

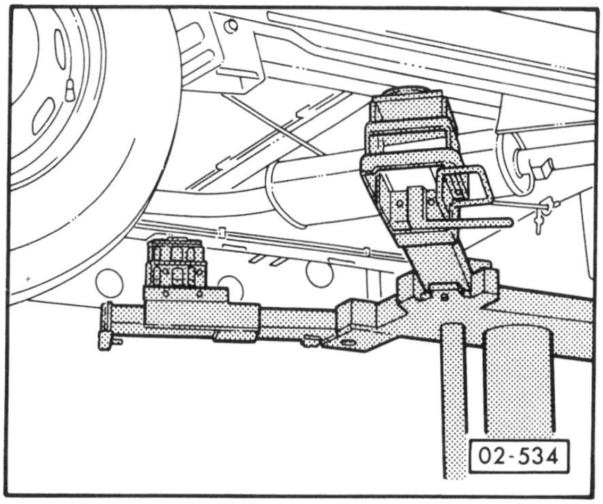

- Fahrzeuge mit kurzem Radstand können auch an den Aufnahmepunkten am Verstärkungsblech des Längsträgers angehoben werden. Das Fahrzeug muß auf jeden Fall unbeladen sein.

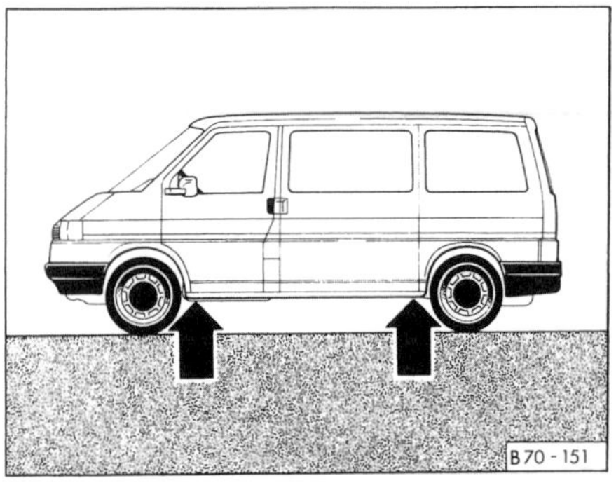

- Die Aufnahmen für den Bordwagenheber sind am Unterholm durch Eindrückungen gekennzeichnet –Pfeile–.

Achtung: An der Schiebetürseite unbedingt darauf achten, daß die Wagenheberklaue nicht unter die Schiebetür faßt.

- Beim Pritschenwagen Wagenheber hinten unter den Lagerbock des Achslenkers (Dreiecksmarkierung) ansetzen.
- Die Räder, die beim Anheben auf dem Boden stehen bleiben, mit Keilen gegen Vor- oder Zurückrollen sichern. Nicht auf die Feststellbremse verlassen, diese muß bei einigen Reparaturarbeiten gelöst werden.
- Fahrzeug nur auf ebener, fester Fläche aufbocken.

Achtung: Muß das Fahrzeug auf weichem Untergrund hochgebockt werden, müssen breite Bretter unter den Wagenheber und die Unterstellböcke gelegt werden, damit sich das Gewicht auf eine größere Fläche verteilt.

- Durch eine geeignete Gummi- oder Holzzwischenlage werden beim Anheben Beschädigungen an der Karosserie vermieden. Die Abbildung zeigt den Anhebepunkt vorn links.
- Fahrzeug mit Unterstellböcken so abstützen, daß jeweils ein Bein seitlich nach außen zeigt.
- Das Fahrzeug darf nur in unbeladenem Zustand angehoben werden.

Achtung: Keinesfalls darf der Wagen an Motor- oder Getriebeteilen sowie an Vorder- oder Hinterachse angehoben oder abgestützt werden. Niemals bei angehobenem Fahrzeug den Motor anlassen und einen Gang einlegen, solange auch nur ein Antriebsrad am Boden steht.

Das Werkzeug

Das Spezialwerkzeug

Der Aufwand an Werkzeug richtet sich ganz nach dem Umfang der Arbeiten, die am VW T4 ausgeführt werden sollen. Neben einer Grundausstattung ist in jedem Fall ein Drehmomentschlüssel empfehlenswert.

Gutes und stabiles Werkzeug wird von der Firma Hazet (42804 Remscheid, Postfach 10 04 61) angeboten. In den Tabellen sind die Werkzeuge mit der Hazet-Bestellnummer aufgeführt. Vertrieben wird das Werkzeug über den Fachhandel.

Bauteil	Werkzeug	Hazet-Nr.
Schrauben mit vorgeschriebenem Drehmoment	Drehmomentschlüssel 20–200 Nm	6122-1CT
Zündkerzen (4- und 5-Zylinder-Motor)	Zündkerzenschlüssel 20,8 mm, passende Umschaltknarre 3/8 Zoll	2505-2, 8816 GK
Zylinderkopfdichtungs-Zentrierung	Führungsbolzen mit Ausdreher	2570/5
Ventilschaftabdichtungen	Ventilschaftdichtungs-Aufdrücker	2577
Ventilfedern	Ventilfeder-Spanner	2577-2
Anlasserhalterung, Generatorlager 4-Zylinder-Motor etc.	Stecknuß für 6 mm Innensechskantschrauben	2584
Getriebeöl-Einfüll- und -Ablaßschraube	Stecknuß für 17 mm Innensechskantschrauben	985-17
Ölwannenschrauben 5-Zylinder-Dieselmotor	Kugelkopf-Innensechskantschlüssel 5 mm	2527-5
Radlager, Drehstabeinstellung, Bremskraftregler	lange Stecknuß für 27 mm Sechskant	2583
Abgasanlage	Spannkeile-Satz	2586 N/3
Zahnriemen-Spannrolle, Keilriemenrolle 5-Zyl.	Zweilochmuttern-Dreher	2587
Stoßdämpfer hinten	flacher Maulschlüssel, Weite 50 mm	2593-50
Sturzeinstellung	12-kant-Ringschlüssel, SW 46 mm	2593-46
Haltebänder für Gelenkwellenmanschetten	Klemmzange	1847-1

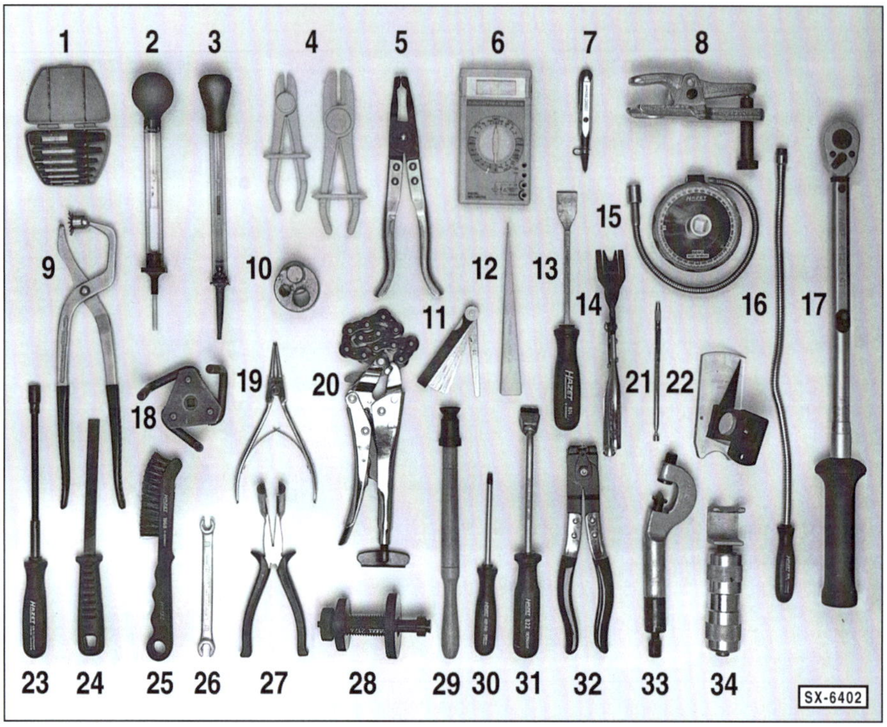

Abb.	Werkzeug	Hazet-Nr.
1	Schraubenausdrehersatz	840/5
2	Batteriesäureprüfer	4650-1
3	Kühlmittel-Frostschutzprüfer	–
4	Schlauchklemmen	4590/3
5	Zange für Ventilschaftabdichtungen	791-5
6	Multimeter	–
7	Spannungsprüflampe mit Spitze	2153
8	Ausdrücker für Spurstangenköpfe	1790-7
9	Bremsfedernzange	797
10	Stehbolzenausdreher	845
11	Fühlerblattlehre 0,05 – 1,0 mm	2147
12	Montagekeil	1965-20
13	Flachschaber zur Beseitigung von Dichtungsrückständen an Zylinderkopf sowie Motorblock	824
14	Abdrückzange für Verkleidungen	799-4
15	Winkelscheibe für drehwinkelgesteuerten Schraubenanzug	6690
16	Magnet-Sucher	1976
17	Drehmomentschlüssel 40 – 200 Nm	6122–1CT
18	Ölfilterschlüssel	2172
19	Spitzzange für Sicherungsringe	1846c-2
20	Ketten-Abgasrohrschneider	4682
21	Spritzdüseneinsteller für Scheibenwaschanlage	4850-1
22	Winkeleinsteller für Scheibenwischerarme	4851-1

Abb.	Werkzeug	Hazet-Nr.
23	Steckschlüssel flexibel, 8 und 10 mm	426-8, -10
24	Bremssattelfeile	4968-1
25	Bremssatteldrahtbürste	4968-2/-3
26	Offene Doppelringschlüssel für Überwurfmuttern der Bremsleitungen	612-8x10, 612-10x11
27	Zündkerzensteckerzange	1849-1
28	Kupplungs-Zentrierwerkzeug	2174
29	Ventileinschleifer	795
30	Torxschraubendreher (verschiedene Größen)	837-T20 bis -T45
31	Ziehklinge zum Entfernen von Unterbodenschutz etc.	822
32	Klemmzange für Haltebänder der Gelenkwellenmanschetten	1847-1
33	Hydraulischer Mutternsprenger	846-22
34	Schlag-Ausziehgerät für Bremsbeläge, Scheibenwischerarme etc.	1966
ohne Abbildung:		
	Zange für Federbandschellen (z.B. für Kühlmittelschläuche)	798-5
	Offener Ringschlüssel für Einspritzleitungen (Diesel)	4560
	Gelenkschlüssel für Glühkerzenausbau	2530
	Steckschlüssel für Lambdasondenausbau	4680-3
	Klemmzange für Edelstahlhaltebänder der Gelenkwellenmanschetten	1847
	Bremskolbendrehwerkzeug für hintere Scheibenbremse	4970/6

Wartungsplan VW T4

Die Wartungsintervalle beim T4 sind von der Zeitdauer und den gefahrenen Kilometern abhängig und werden dem Fahrer ab 8/98 über eine Service-Intervallanzeige angezeigt. Wenn ein Service erforderlich ist, erscheint die Service-Intervallanzeige nach Einschalten der Zündung sowie nach Anlassen des Motors für einige Sekunden anstelle der Tageskilometeranzeige im Tachometer oder im mittleren Display:

service OEL (Motorölwechsel-Service) oder
service INSP (Inspektions-Service)

Der Arbeitsumfang der angezeigten Inspektion ist unterschiedlich groß. Nachdem die Wartung durchgeführt wurde muß die Service-Intervallanzeige zurückgesetzt werden. Wenn der Inspektions-Service **INSP** durchgeführt wurde, muß auch die davor liegende Serviceart **OEL** einzeln aufgerufen und zurückgesetzt werden. Service-Intervallanzeige zurücksetzen, siehe Seite 304.

Als Maßstab bei der Berechnung der Wartungszyklen nimmt die Service-Intervallanzeige die Zeit, beziehungsweise die gefahrenen Kilometer seit dem letzten Zurücksetzen. Zusätzliche Faktoren wie Fahrzeugbeanspruchung werden hierbei nicht berücksichtigt.

Achtung: Die VW-Werkstätten fragen zusätzlich bei jeder Inspektion mit Hilfe des Fehlerauslesegerätes V.A.G. 1551 die Fehlerspeicher der elektronischen Steuergeräte von Motor, ABS, Airbag und Wegfahrsicherung ab. Es kann daher sinnvoll sein, in regelmäßigen Abständen eine Fachwerkstatt aufzusuchen, auch wenn die Wartung in Eigenregie durchgeführt wird. Die Abfrage der Fehlerspeicher wird am Diagnoseanschluß vorgenommen; bei dieser Gelegenheit kann auf Kundenwunsch auch die Intervallanzeige zurückgestellt werden.

Longlife-Service

Der **TDI-Dieselmotor seit Modelljahr 2000** (ab ca. 5/99) sowie der **VR6-Benzinmotor (AMV) seit Modelljahr 2001** wird nach dem so genannten »Longlife-Service«-System gewartet. Dadurch verlängern sich die Wartungsintervalle, je nach Motorbelastung, um bis zu 15.000 km. Fahrzeuge mit »Longlife-Service«-System sind an der PR-Nummer »**QG1**« im Serviceplan beziehungsweise im Fahrzeugdatenträger erkennbar, siehe Seite 12.

Für den Longlife-Service ist folgende Ausstattung nötig:

1. Flexible Service-Intervallanzeige: »**service in ... km**«.
2. Motorölstandsensor
3. Bremsbelagverschleißanzeige
4. Longlife-Motoröl nach VW-Norm, siehe Seite 68.
5. Wartungsarme Blei-Calcium-Batterie

Hinweis: Wird bei Fahrzeugen **mit** Longlife-Service, im Rahmen einer Wartung/Reparatur **kein** Longlife-Motoröl nach VW-Norm eingefüllt, dann muß die flexible Service-Intervallanzeige auf »nicht flexibel« umgestellt werden. Die Wartung erfolgt dann wie bei Fahrzeugen ohne Longlife-Service. Umgestellt wird die Service-Intervallanzeige durch Zurücksetzen mit den Einstelltasten im Schalttafeleinsatz, siehe Seite 304.

Achtung: Für die Beibehaltung des Longlife-Service muß die Service-Intervallanzeige mit dem VW-Diagnosegerät zurückgesetzt werden.

Ölwechsel-Service

Fahrzeuge ohne Longlife-Service:

- ❑ **Benzinmotor** und **TDI-Dieselmotor: alle 15.000 km,** bzw. **mindestens einmal jährlich**.
- ❑ **Wirbelkammer-Dieselmotor** (1X, ABL, AJA, AAB)**: alle 10.000 km,** bzw. **mindestens einmal jährlich.**

Achtung: Bei erschwerten Betriebsbedingungen, wie überwiegend Stadt- und Kurzstreckenverkehr, häufigen Gebirgsfahrten, Anhängerbetrieb und staubigen Straßenverhältnissen, den Ölwechsel-Service entsprechend öfter durchführen.

- ● Motoröl wechseln, Ölfilter ersetzen.
- ● Dieselmotor: Kraftstoffilter entwässern.
- ● Bremsbeläge vorn und hinten: Dicke prüfen.
- ● Bis Modelljahr '99: Staub- und Pollenfilter im Motor- bzw. im Innenraum ersetzen. Wirbelkammer-Dieselmotor (1X, ABL, AJA, AAB) jeden 2. Ölwechsel-Service.
- ● Ab 8/98: Service-Intervallanzeige zurücksetzen.

Wartung

Die Wartung ist in folgenden Abständen durchzuführen:

Ohne Longlife-Service: **Alle 12 Monate** die mit ● gekennzeichneten Positionen und **alle 30.000 km** sämtliche aufgeführten Wartungspunkte (● und ■). **Achtung:** Wartung **alle 24 Monate** bzw. **alle 30.000 km** bei Benzinmotor und Wirbelkammer-Dieselmotor (ABL, AJA) ab Modelljahr 2000.

Mit Longlife-Service: Entsprechend der Service-Intervallanzeige sämtliche aufgeführten Wartungspunkte (● und ■). Die Wartung schließt den Ölwechsel-Service mit ein.

Motor

- ● Motor: Öl wechseln, Ölfilter ersetzen.
- ● Motor: Sichtprüfung auf Ölundichtigkeiten.
- ● Kühl- und Heizsystem: Flüssigkeitsstand prüfen, Konzentration des Frostschutzmittels prüfen. Sichtprüfung auf Undichtigkeiten und äußere Verschmutzung des Kühlers.
- ● Abgasanlage und Lambdasondenkabel: Auf Beschädigungen prüfen.
- ● Dieselmotor: Kraftstoffilter entwässern (ab Modelljahr 2000 bei 30.000 km, 90.000km, 150.000 km,...).
- ● Wirbelkammer-Dieselmotor (1X, ABL, AJA, AAB): Leerlaufdrehzahl prüfen, ggf. einstellen (Werkstattarbeit).
- ■ Benzinmotor (AAC bis 5/93, AAF bis 12/92): Leerlaufdrehzahl/CO-Gehalt prüfen, einstellen (Werkstattarbeit).
- ■ Benziner bis 8/95: Alle 30.000 km Zündkerzen erneuern. Genaues Wechselintervall siehe Kapitel »Zündkerzen«.
- ■ Fahrzeuge mit Biodiesel: Kraftstoffilter ersetzen.
- ■ Keilriemen: Spannung und Zustand aller Riemen prüfen.
- ■ Benzinmotor bis 8/95, Dieselmotor bis 1/95 (manuelle Spannvorrichtung): Zustand und Spannung des Nockenwellen-Zahnriemens prüfen, ggf. Zahnriemen spannen.
- ■ 4-Zylinder-Benzinmotor ab 9/95: Zustand und Spannung des Nockenwellen-Zahnriemens prüfen. Erstmalig nach 90.000 km, dann alle 30.000 km

Getriebe, Achsantrieb

- ● Gelenkschutzhüllen: Auf Undichtigkeiten und Beschädigungen prüfen.
- ● Schalt-/Automatikgetriebe: Auf Undichtigkeiten prüfen.
- ■ Schaltgetriebe: Ölstand prüfen, gegebenenfalls auffüllen.

Vorderachse und Lenkung

- ● Spurstangenköpfe: Spiel und Befestigung prüfen, Staubkappen prüfen.
- ● Achsgelenke: Spiel und Staubkappen prüfen.
- ● Lenkung: Spiel prüfen, Faltenbälge auf Undichtigkeiten und Beschädigungen prüfen.
- ■ Servolenkung: Ölstand prüfen, gegebenenfalls auffüllen (ab Modelljahr '92 nur noch alle 60.000 km).

Karosserie/Innenausstattung

- ● Türfeststeller und Befestigungsbolzen: Schmieren.
- ● Schiebedach: Funktion prüfen, Führungsschienen reinigen und mit VW-Spezialfett G 000 450 02 schmieren.
- ● Lüftung/Heizung ab 9/95: Staub- und Pollenfilter im Motor- bzw. im Innenraum ersetzen.
- ● Sicherheitsgurte und Airbageinheiten: Auf äußere Beschädigungen sichtprüfen.
- ■ Unterbodenschutz und Hohlraumkonservierung: Prüfen.

Bremsen, Reifen, Räder

- ● Bremsflüssigkeitsstand: Prüfen, ggf. auffüllen.
- ● Bremsen: Dicke der Bremsbeläge vorn und hinten prüfen.
- ● Bremsanlage: Leitungen, Schläuche, Bremszylinder, Bremskraftverstärker und Bremskraftregler auf Undichtigkeiten und Beschädigungen prüfen.
- ● Bereifung: Profiltiefe und Reifenfülldruck prüfen, Reifen auf Verschleiß und Beschädigungen prüfen (einschließlich Reserverad).

Elektrische Anlage

- ● Alle Stromverbraucher: Funktion prüfen.
- ● Signalhorn: Funktion prüfen.
- ● Beleuchtungsanlage innen und außen: Funktion prüfen.
- ● Scheinwerfereinstellung prüfen.
- ● Batterie: Festen Sitz, Säurestand und Spannung prüfen. Falls vorhanden, auch Zusatzbatterie prüfen.
- ● Scheibenwischer: Wischergummis auf Verschleiß prüfen, gegebenenfalls ersetzen. Anstellwinkel prüfen, einstellen.
- ● Scheibenwaschanlage: Funktion und Düsenstellung prüfen, Flüssigkeit nachfüllen. Scheinwerfer-Waschanlage prüfen.
- ● Ab 8/98: Service-Intervallanzeige zurücksetzen.

Folgende Arbeiten zusätzlich durchführen:

Alle 2 Jahre

- ■ Bremsflüssigkeit: Erneuern.
- ■ Abgasuntersuchung durchführen (Werkstattarbeit): Das erste Mal nach 3 Jahren, danach alle 2 Jahre. Fahrzeuge ohne geregelten Katalysator: AU alle 12 Monate.

Alle 60.000 km

- ■ Luftfilter: Filtereinsatz erneuern, Filtergehäuse reinigen (Luftfilter mit Anzeige: Bei 75 % Verschmutzungsgrad).
- ■ Dieselmotor: Kraftstoffilter ersetzen.
- ■ Keilrippenriemen: Zustand prüfen. Bei Motoren ohne automatische Spannrolle Keilrippenriemen spannen.
- ■ Dieselmotor ab 2/95 (halbautomatische Spannvorrichtung): Zustand und Spannung des Zahnriemens prüfen, gegebenenfalls Zahnriemen spannen.
- ■ Servolenkung: Flüssigkeitsstand prüfen, gegebenenfalls Hydrauliköl auffüllen (ab 9/91).
- ■ Benziner ab 9/95: Zündkerzen erneuern.
- ■ Automatisches Getriebe bis 12/94 sowie beim VR6-Benzinmotor AMV: ATF-Öl wechseln.
- ■ Automatisches Getriebe ab 1/95: Ölstand prüfen.
- ■ Automatisches Getriebe: Ölstand im Achsantrieb prüfen.

Alle 120.000 km

- ■ Dieselmotor: Zahnriemen für Nockenwellenantrieb ersetzen (Werkstattarbeit). Beim TDI-Motor zusätzlich Zahnriemenspannrolle ersetzen.
- ■ TDI-Motor: Zahnriemen für Einspritzpumpe ersetzen (Werkstattarbeit).

Die Wartungsarbeiten

Hier werden, nach den verschiedenen Baugruppen des Fahrzeugs aufgeteilt, alle Wartungsarbeiten beschrieben, die gemäß dem Wartungsplan durchgeführt werden müssen. Auf die erforderlichen Verschleißteile sowie das möglicherweise benötigte Sonderwerkzeug wird jeweils hingewiesen.

Es empfiehlt sich, Reifendruck, Motorölstand und Flüssigkeitsstände für Kühlung, Wisch-/Wasch-Anlage etc. mindestens alle 4 bis 6 Wochen zu prüfen und gegebenenfalls zu ergänzen.

Achtung: Beim **Einkauf von Ersatzteilen** ist zur Identifizierung des Fahrzeuges unbedingt der **KFZ-Schein** mitzunehmen, denn nur durch die Fahrzeug-Identnummer ist eine eindeutige Zuordnung von Ersatzteil und Fahrzeugmodell möglich.

Um ganz sicher zu sein, daß man die richtigen Ersatzteile erhalten hat, empfiehlt es sich nach Möglichkeit, das Altteil auszubauen und zum Ersatzteilhändler mitzunehmen. Dort kann man es mit dem Neuteil vergleichen.

Motor und Abgasanlage

Folgende Wartungspunkte müssen nach dem Wartungsplan durchgeführt werden:

- Motor: Ölstand prüfen.
- Motor: Ölwechsel, Sichtprüfung auf Ölundichtigkeiten.
- Motor: Ölfilterwechsel, Sichtprüfung auf Ölundichtigkeiten.
- Kühl- und Heizsystem: Flüssigkeitsstand prüfen. Konzentration des Frostschutzmittels prüfen. Sichtprüfung auf Undichtigkeiten und äußere Verschmutzung des Kühlers.
- Keilriemen: Spannung und Zustand prüfen.
- Keilrippenriemen: Zustand prüfen.
- Trockenluftfilter: Filtereinsatz erneuern.
- Benzinmotor: Zündkerzen erneuern.
- Dieselmotor: Kraftstoffilter entwässern beziehungsweise erneuern.
- Abgasanlage: Auf Beschädigungen prüfen, Kabel der Lambda-Sonde (Benzinmotoren) auf Beschädigung prüfen.
- Zahnriemenspannung und Zahnriemenzustand prüfen.
- Dieselmotor: Zahnriemen ersetzen.
- Dieselmotor: Leerlaufdrehzahl kontrollieren, gegebenenfalls einstellen.

Motorölwechsel

Zum Motorölwechsel ist folgendes Werkzeug erforderlich:

- Eine Grube oder ein hydraulischer Wagenheber mit Unterstellböcken.
- Ein Spezialwerkzeug zum Lösen des Ölfilters (Ölfilterzange, Spannbandschlüssel oder HAZET-Werkzeug 2172).
- Stecknuß-Satz zum Lösen der Ölablaßschraube sowie eine Ölauffangschale (wenn Öl nicht abgesaugt wird), die mindestens 6 Liter Öl faßt.

Folgende Verschleißteile werden benötigt:

- Nur wenn Öl nicht abgesaugt wird: Aluminium- oder Kupfer-Dichtring für die Ölablaßschraube (wird manchmal mit dem Ölfilter mitgeliefert).
- Öl-Filterpatrone.
- Je nach Motor 5,0 bis 5,5 Liter Motoröl. Nur von VW freigegebenes Motoröl verwenden, siehe Seite 67.

Ölwechselmenge (mit Filterwechsel):
4-Zylindermotor: . . . . **5,0 l**
5-/6-Zylindermotor: . . . . **5,5 l**

- Die Mengendifferenz zwischen der »min«- und »max«-Markierung am Ölpeilstab beträgt: **1,5 Liter.** Der Ölstand sollte zwischen diesen Markierungen liegen.

Der Ölwechsel ist je nach Motor alle 15.000 km, 10.000 km oder 7.500 km durchzuführen. Falls sehr wenig gefahren wird, Ölwechsel einmal im Jahr vornehmen. Dabei wird gleichzeitig die Filterpatrone gewechselt, siehe Seite 289.

Bei Fahrzeugen mit »Long-Life-Service«-System Öl entsprechend der flexiblen Service-Intervallanzeige im Rahmen der Wartung wechseln.

Bei erschwerten Einsatzbedingungen wie Kurzstreckenverkehr, häufiger Kaltstart und sehr staubigen Straßenverhältnissen, sollten Motoröl und Ölfilter in kürzeren Abständen gewechselt werden.

Das Motoröl darf auch mittels einer Sonde (an der Tankstelle) über das Ölmeßrohr abgesaugt werden. Allerdings muß das neue Öl dann meistens bei der betreffenden Tankstelle gekauft werden.

Achtung: Altöl muß auf jeden Fall bei den Altöl-Sammelstellen abgegeben werden. Die Öl-Verkaufsstellen nehmen die entsprechende Menge Altöl kostenlos entgegen, daher beim Ölkauf Quittung und Ölkanister für spätere Altölrückgabe aufbewahren! Außerdem informieren Gemeinde- und Stadtverwaltungen darüber, wo sich die nächste Altöl-Sammelstelle befindet. **Keinesfalls darf Altöl einfach weggeschüttet oder dem Hausmüll mitgegeben werden, um größere Umweltschäden wie beispielsweise die Grundwasserverseuchung zu vermeiden.**

Motoröl ablassen

- Motor auf Betriebstemperatur bringen (+70° C Kühlmitteltemperatur).
- Fahrzeug waagerecht aufbocken.
- Untere Motorraumabdeckung abbauen, siehe Seite 17.
- Gefäß zum Auffangen des Altöls unter die Ölwanne stellen.

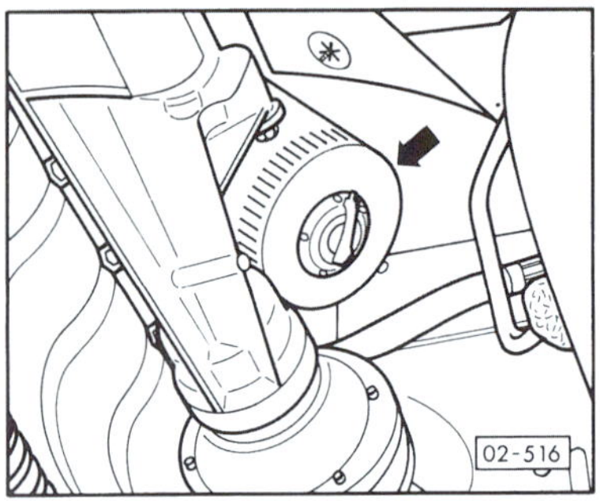

- Ölfilter abschrauben. Der Ölfilter sitzt beim 4-Zylindermotor vorn am Motorblock. Die Abbildung zeigt den 5-Zylindermotor. Zum Abschrauben des Ölfilters gibt es Spezialwerkzeuge, zum Beispiel den Ölfilterschlüssel HAZET 2169. Man kann auch einen spitzen Schraubendreher seitlich in den Ölfilter eintreiben. Es läuft dann allerdings Öl aus – Gefäß unterstellen.
- Ölfilter beim 6-Zylinder-Motor siehe Seite 70.

Achtung: Das Motoröl darf auch mittels einer Sonde abgesaugt werden.

- Ölablaßschraube unten an der Ölwanne herausdrehen und Altöl ganz ablassen. Damit das Öl schneller abfließt, Öleinfüllkappe abnehmen.

Achtung: Werden im Motoröl Metallspäne und Abrieb in größeren Mengen festgestellt, deutet dies auf Freßschäden hin, zum Beispiel Kurbelwellen- oder Pleuellagerschäden. Um Folgeschäden zu vermeiden, müssen nach der Motorreparatur die Ölkanäle sorgfältig gereinigt werden.

Auffüllen

- Ölablaßschraube mit neuem Dichtring einschrauben und fest, aber nicht mit zu großer Gewalt anziehen. **Anzugsdrehmoment** 4-Zylindermotor: **30 Nm;** 5-/6-Zylindermotor: **50 Nm**.
- Ölfilterflansch am Motorblock mit Kraftstoff reinigen. Eventuell dort verbliebene Filterdichtung abnehmen.
- Gummidichtring am Ölfilter dünn mit Motoröl bestreichen.
- **4-/5-Zylinder-Motor:** Neuen Ölfilter nur mit der Hand festschrauben. Wenn die Filterdichtung am Motorblock anliegt, Filter noch um ½ Umdrehung weiterdrehen. Hinweise auf dem Ölfilter beachten.

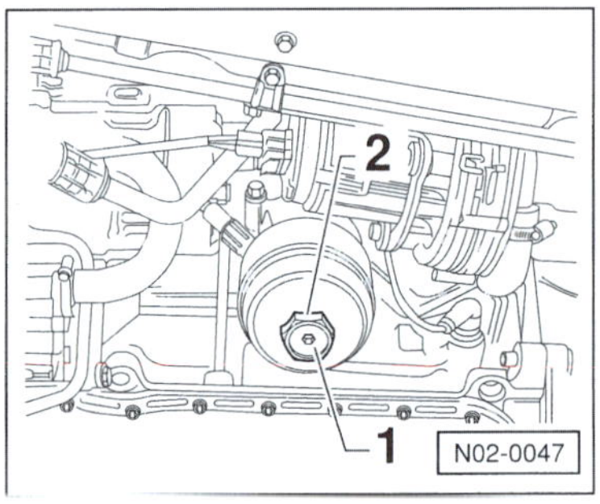

- **6-Zylinder-Motor:** Filtereinsatz mit O-Ring einbauen. Filterunterteil mit **25 Nm,** Ablaßschraube am Filter mit neuem Dichtring und **10 Nm** festziehen.

- Neues Öl am Einfüllstutzen des Zylinderkopfdeckels einfüllen. Anschließend Ölstand mit dem Meßstab kontrollieren.

Achtung: Grundsätzlich empfiehlt es sich, zunächst ½ Liter Motoröl weniger einzufüllen und den Motor warmlaufen zu lassen. Motor abstellen und nach einigen Minuten den Ölstand mit dem Meßstab kontrollieren und gegebenenfalls Öl ergänzen. Zuviel eingefülltes Motoröl muß wieder abgesaugt werden, da sonst Schäden am Katalysator auftreten können.

- Nach Probefahrt Dichtigkeit der Ablaßschraube und des Ölfilters überprüfen, gegebenenfalls vorsichtig nachziehen.
- Betriebswarmen Motor abstellen und Ölstand nach ca. 2 Minuten nochmals prüfen, gegebenenfalls korrigieren.
- Motorraum-Unterschutz wieder einbauen, siehe Seite 17.

Achtung: Um die Betriebsverhältnisse des Motors besser überwachen zu können, soll beim Ölwechsel immer ein Öl gleichen Typs und möglichst auch gleicher Marke verwendet werden. Daher ist es zweckmäßig, bei jedem Ölwechsel ein Hinweisschild am Motor zu befestigen, auf dem Marke und Viskosität des Öles vermerkt sind.

Sichtprüfung auf Ölverlust

Bei ölverschmiertem Motor und hohem Ölverbrauch überprüfen, wo das Öl austritt. Dazu folgende Stellen überprüfen:

- Öleinfülldeckel öffnen und Dichtung auf Porosität oder Beschädigung prüfen.
- Zylinderkopfdeckel-Dichtung.
- Zylinderkopf-Dichtung.
- Trennstelle Zündverteilerflansch.
- Ölfilterdichtung: Ölfilter am Ölfilterflansch.
- Ölablaßschraube (Dichtring).
- Ölwannendichtung.
- Trennstelle zwischen Motor und Getriebe (Dichtung an Schwungrad oder Getriebewelle).

Da sich bei Undichtigkeiten das Öl meistens über eine größere Motorfläche verteilt, ist der Austritt des Öls nicht auf den ersten Blick zu erkennen. Bei der Suche geht man zweckmäßigerweise wie folgt vor:

- Motorwäsche durchführen. Motor mit handelsüblichem Kaltreiniger einsprühen und nach einer kurzen Einwirkungszeit mit Wasser abspritzen. Vorher Zündverteiler und Generator mit Plastiktüte abdecken.
- Trennstellen und Dichtungen am Motor von außen mit Kalk oder Talkumpuder bestäuben.

- Ölstand kontrollieren, gegebenenfalls auffüllen.
- Probefahrt durchführen. Da das Öl bei heißem Motor dünnflüssig wird und dadurch schneller an den Leckstellen austreten kann, sollte die Probefahrt über eine Strecke von ca. 30 km auf einer Schnellstraße durchgeführt werden.
- Anschließend Motor mit Lampe absuchen, undichte Stelle lokalisieren und Fehler beheben.

Motorölstand prüfen

Etwa alle 1000 km oder vor längeren Fahrten sollte der Ölstand des Motors überprüft und gegebenenfalls ergänzt werden. Auf 1000 Kilometer soll der Motor nicht mehr als 1,0 Liter Öl verbrauchen. Mehrverbrauch ist ein Anzeichen für verschlissene Ventilschaftabdichtungen und/oder Kolbenringe beziehungsweise Öldichtungen.

Hinweis: Bei Fahrzeugen mit »Long-Life-Service«-System wird ein zu geringer Motorölstand im Schalttafeleinsatz angezeigt

- Das Fahrzeug muß beim Messen auf einer waagerechten Fläche stehen.
- Der Motor muß betriebswarm sein.
- Nach Abstellen des Motors mindestens 3 Minuten lang warten, damit sich das Öl in der Ölwanne sammelt.
- Ölpeilstab am Motor herausziehen und mit sauberem Lappen abwischen.

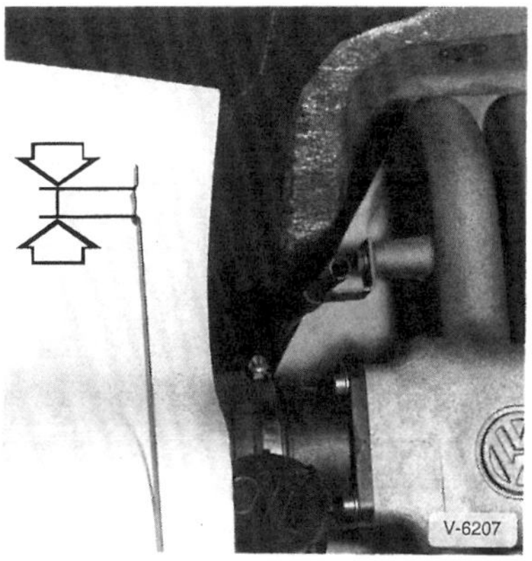

V-6207

- Anschließend Meßstab bis zum Anschlag einführen und wieder herausziehen. Der Ölstand muß zwischen den beiden Markierungen liegen.
- Neues Öl erst nachfüllen, wenn sich der Ölstand der unteren Marke nähert. Die Ölmenge von der min.- bis zur max.-Markierung beträgt bei allen Motoren **1,5 Liter**.

Achtung: Die max.-Markierung darf nicht überschritten werden, da sonst Schäden am Katalysator auftreten können.

- Nachgefüllt wird am Verschluß des Zylinderkopfdeckels. Beim Nachfüllen richtige Ölsorte verwenden, keine Ölzusätze verwenden.

Wahllos abwechselnder Gebrauch verschiedener Öltypen ist ungünstig. Motorenöle gleichen Typs, aber verschiedener Marken sollen möglichst nicht gemischt werden. Motorenöle gleichen Typs und gleicher Marke, aber verschiedener Viskosität können im Bedarfsfall während jahreszeitlicher Überschneidung ohne weiteres nachgefüllt werden.

Kühlmittelstand prüfen

Der Kühlmittelstand sollte in regelmäßigen Abständen – etwa alle vier Wochen – geprüft werden, zumindest aber vor jeder größeren Fahrt. Ein zu niedriger Kühlmittelstand wird außerdem bei entsprechend ausgestatteten Fahrzeugen durch Dauerblinken der Kontrolleuchte am Armaturenbrett angezeigt.

Zum Nachfüllen – auch in der warmen Jahreszeit – nur eine Mischung aus VW-Kühlerfrost- und Korrosionsschutzmittel »**G12 Plus**« (Farbe **lila**, Spezifikation TL-VW-774-**F**) und kalkarmem, sauberem Wasser verwenden. Auch im Sommer darf der Kühlerfrostschutz-Anteil im Kühlmittel nicht unter 40% liegen. Daher beim Nachfüllen Frostschutz ergänzen, siehe Kapitel »Frostschutz prüfen«.

Achtung: Das in anderen VW-Modellen verwendete, **grüne** VW-Kühlerfrost- und Korrosionsschutzmittel »**G11**« darf nicht mit »**G12 rot**« gemischt werden**, sonst kommt es zu schwerwiegenden Motorschäden.** Braunes Kühlmittel (G11 und »G12 rot« vermischt) sofort wechseln.

Hinweis: Das neue »**G12 Plus**« (**lila** Farbe) darf sowohl mit »**G11 grün**« als auch mit »**G12 rot**« gemischt werden.

Achtung: Um die Weiterfahrt zu ermöglichen, kann auch, insbesondere im Sommer, reines Wasser nachgefüllt werden. Der Kühlerfrostschutz muß dann jedoch baldmöglichst korrigiert werden.

B70-100

- Der Kühlmittelstand soll bei kaltem Motor (Kühlmitteltemperatur ca. +20° C) zwischen der MAX. und der MIN.-Markierung am Ausgleichbehälter liegen. Bei warmem Motor darf der Kühlmittelstand etwas über der MAX.-Markierung stehen.
- Größere Mengen **kaltes** Kühlmittel nur bei **kaltem Motor** nachfüllen, um Motorschäden zu vermeiden.

Achtung: Verschlußdeckel bei heißem Motor vorsichtig öffnen. Verbrühungsgefahr! Beim Öffnen Lappen über den Verschlußdeckel legen. Verschlußdeckel möglichst bei einer Kühlmittel-Temperatur unter +90° C öffnen.

- Verschlußdeckel beim Öffnen zuerst etwas aufdrehen und Überdruck entweichen lassen. Danach Deckel weiterdrehen und abnehmen.
- Sichtprüfung auf Dichtheit durchführen, wenn der Kühlmittelstand in kurzer Zeit absinkt.

Gesamtfüllmenge:
Alle Motoren: . . . . ca. 9,0 Liter
mit 2. Wärmetauscher: . . . . . . 10,8 Liter
mit 2. Wärmetauscher und
Zusatz-Wasserheizung:. . . . . . 11,4 Liter

Kühlsystem-Sichtprüfung auf Dichtheit

- Kühlmittelschläuche durch Zusammendrücken und Verbiegen auf poröse Stellen untersuchen, hartgewordene Schläuche ersetzen.
- Die Schläuche dürfen nicht zu kurz auf den Anschlußstutzen sitzen.
- Festen Sitz der Schlauchschellen kontrollieren. Gegebenenfalls neue Schraubschellen anstelle der bisherigen Klemmschellen einbauen.
- Dichtung des Verschlußdeckels für den Ausgleichbehälter auf Beschädigungen überprüfen.

Achtung: Ein zu niedriger Kühlmittelstand kann auch von einem nicht richtig aufgeschraubten Verschlußdeckel herrühren.

- Wenn der Kühlmittelstand häufig absinkt, ohne daß eine undichte Stelle lokalisiert werden kann, Kühlsystem bei warmem Motor prüfen. Dazu Motor warmfahren und im Leerlauf so lange drehen lassen, bis der Lüfter einschaltet. Darauf achten, ob Kühlflüssigkeit im Bereich der Kühlmittelpumpe austritt.
- Deutlicher Kühlmittelverlust und/oder Öl in der Kühlflüssigkeit sowie weiße Abgaswolken bei warmem Motor deuten auf eine defekte Zylinderkopfdichtung hin.

Achtung: Mitunter ist es schwierig, die Leckstelle ausfindig zu machen. Dann empfiehlt sich eine Druckprüfung durch die Werkstatt (Spezialgerät erforderlich). Hierbei kann ebenfalls das Überdruckventil des Verschlußdeckels geprüft werden. **Sollwerte** für Öffnungsdruck des Überdruckventils: Benzinmotoren: **1,3 bis 1,5 bar**; Dieselmotoren: **1,2 bis 1,5 bar**.

Frostschutz prüfen

Folgendes Prüfwerkzeug wird benötigt:

- Eine Prüfspindel, die es preiswert im Zubehörhandel gibt und auch oft an Tankstellen zur Benutzung vorliegt.

Regelmäßig vor Winterbeginn sollte sicherheitshalber die Konzentration des Frostschutzmittels geprüft werden, insbesondere wenn zwischendurch reines Wasser nachgefüllt wurde.

- Motor warmfahren, bis der obere Kühlmittelschlauch zum Kühler ca. handwarm ist.

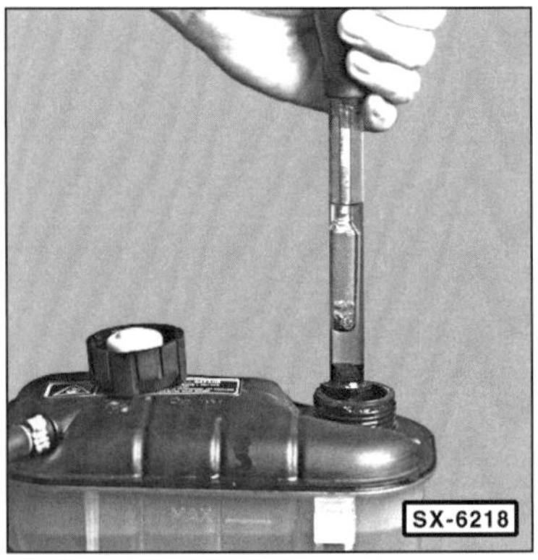

- Verschlußdeckel am Ausgleichbehälter vorsichtig öffnen. **Achtung:** Nicht bei heißem Motor öffnen, siehe unter »Kühlmittelstand prüfen«.
- Mit Meßspindel Kühlflüssigkeit ansaugen und am Schwimmer Kühlmitteldichte ablesen. Der Frostschutz soll in unseren Breiten bis –25° C reichen, bei extrem kaltem Klima bis –35° C.

Hinweis: Eventuell ist es erforderlich, die **Prüfspindel zu eichen**. Dabei ist folgendermaßen vorzugehen: 50 ml Kühlkonzentrat mit 50 ml Wasser mischen. Diese Mischung hat einen Frostschutz von –35° C. Frostschutz mit der Prüfspindel messen und eventuelle Abweichung zum Sollwert notieren. **Beispiel:** Die Prüfspindel zeigt –31° C an. Die Abweichung beträgt also –4° C. Wird dann am Fahrzeug ein Wert von –16° C gemessen, dann beträgt der tatsächliche Frostschutz (–16°) + (–4°) = –20° C.

Hinweis: Zum Messen des Frostschutzanteils kann auch das HAZET-Prüfgerät 4810-C verwendet werden.

VW-Kühlkonzentrat »G12 Plus« ergänzen

Für einen Frostschutz bis –25° C muss der Anteil an Frostschutzmittel in der Kühlflüssigkeit 40 % betragen. Soll der Frostschutz bis –35° C reichen, müssen Wasser und Kühlkonzentrat im Verhältnis 1:1 gemischt werden.

Achtung: Ist ein stärkerer Frostschutz erforderlich, kann der Anteil des Frostschutzmittels bis auf maximal 60 % erhöht werden, dann reicht der Frostschutz bis –40° C. Wird mehr Frostschutzmittel zugegeben, verringert sich der Frostschutz wieder, außerdem verschlechtert sich die Kühlwirkung.

Nur VW-Kühlerfrost- und Korrosionsschutzmittel **»G12 Plus«** (Farbe **lila**, Spezifikation TL-VW-774-**F**) verwenden. Das Kühlerfrostschutzmittel »**G12 Plus**« kann mit den bisherigen Frostschutzmitteln »**G12 rot**« und »**G11 grün**« gemischt werden.

Die Tabelle zeigt, wie viel Frostschutzmittel zugegeben werden muss, damit die gewünschte Konzentration erreicht wird.

Beispiel: Die Frostschutz-Messung mit der Spindel ergibt einen Frostschutz bis –10° C. In diesem Fall aus dem Kühlsystem 2,0 l Kühlflüssigkeit ablassen und dafür 2,0 l reines VW-Frostschutzkonzentrat auffüllen.

Gemess. Wert in °C	0	–5	–10	–15
	Differenzmenge in l			
4-/5-Zylinder-Mot.	3,5	3,0	2,0	1,5
6-Zylinder-Mot.	4,0	3,5	3,0	2,0

- Verschlußdeckel am Kühler verschließen und nach Probefahrt Frostschutz erneut überprüfen.

Zündkerzen ersetzen/ elektrische Anschlüsse prüfen

Nur Benzinmotor

Als Spezialwerkzeug wird benötigt:

- Ein Zündkerzenschlüssel, beispielsweise HAZET-4766-1.
- VR6-Motor mit 103 kW (140 PS): Abzieher für Zündkerzenstecker, zum Beispiel HAZET-1849-6.

Folgende Verschleißteile müssen gekauft werden:

- Je nach Zylinderzahl des Motors, 4, 5 oder 6 Zündkerzen. Die richtige Zündkerze, siehe Seite 66.

Ausbau

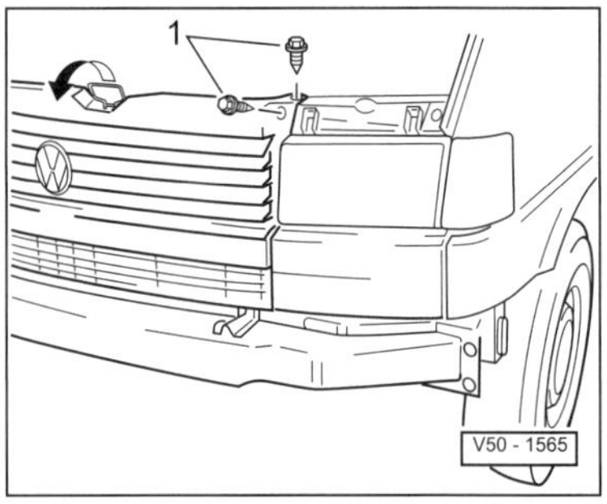

- Damit die Zündkerzen erreicht werden können, muß der Kühler mit Gitter nach vorn geklappt werden. Dazu 4 Befestigungsschrauben –1– herausschrauben.
- Anschließend Kühler am Haltegriff anheben und in Pfeilrichtung nach vorn schwenken.

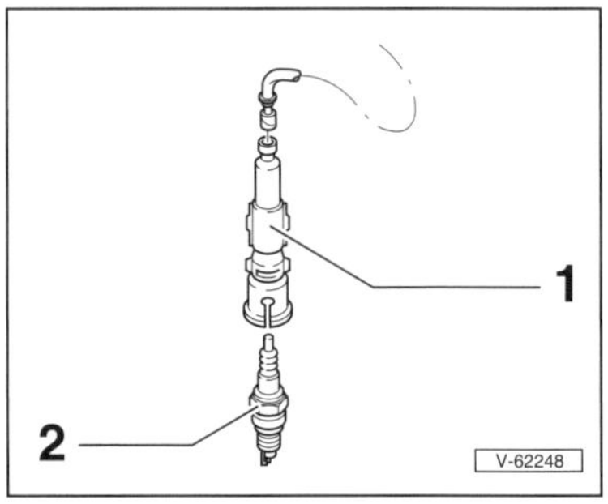

- Sämtliche Kerzenstecker –1– von den Zündkerzen –2– abziehen, dabei nur an den Steckern und nicht an den Kabeln ziehen.
- Zündkerzen-Nischen, wenn möglich, mit Preßluft ausblasen, damit bei ausgebauten Kerzen kein Schmutz in die Gewindebohrung fällt.

Achtung: Zündkerzen nur bei handwarmem oder kaltem Motor herausschrauben, sonst kann das Zündkerzengewinde im Zylinderkopf beschädigt werden.

- Zündkerzen mit Zündkerzenschlüssel herausschrauben

Einbau

- Gleichmäßigen Abstand der Masse-Elektroden zur Mittelelektrode sichtprüfen. Bei neuen Zündkerzen ist der Elektrodenabstand in der Regel richtig eingestellt, siehe Seite 66.
- Muß dennoch der Kontaktabstand einer Elektrode korrigiert werden, betreffende Masse-Elektrode vorsichtig nachbiegen. Dazu seitlich gegen die Elektrode klopfen. Zum Aufbiegen kleinen Schraubendreher am Gewinderand der Kerze abstützen, keinesfalls jedoch an der Mittel-Elektrode, da diese sonst beschädigt wird.
- Gewinde an den Kerzen mit sauberem Lappen reinigen.
- Zündkerzen von Hand bis zur Anlage am Zylinderkopf einschrauben. **Achtung:** Dabei Kerzen nicht verkantet ansetzen.
- Zündkerzen mit **30 Nm** (VR6-Motor: **25 Nm**) festziehen. **Achtung:** Steht kein Drehmomentschlüssel zur Verfügung, neue Zündkerzen mit Kerzenschlüssel um ca. 90° (¼ Umdrehung) anziehen. Gebrauchte Zündkerzen nur ca. 15° anziehen. Zu fest angezogene Zündkerzen können beim Herausschrauben abreißen oder das Gewinde im Zylinderkopf beschädigen. In diesem Fall Kerzengewinde mit UTC- oder Heli-Coil-Einsätzen reparieren.
- Kerzenstecker entsprechend der Zündfolge aufstecken. Zündfolge 4-Zylindermotor: 1–3–4–2; 5-Zylindermotor: 1–2–4–5–3.
- Durch Hin- und Herbewegen festen Sitz der Kerzenstecker und Zündkabel prüfen.
- Kühler wieder in die richtige Position schwenken und festschrauben.

Speziell VR6-Motor AMV

- Motorabdeckung über den Zündspulen mit Kerzenstecker ausbauen.

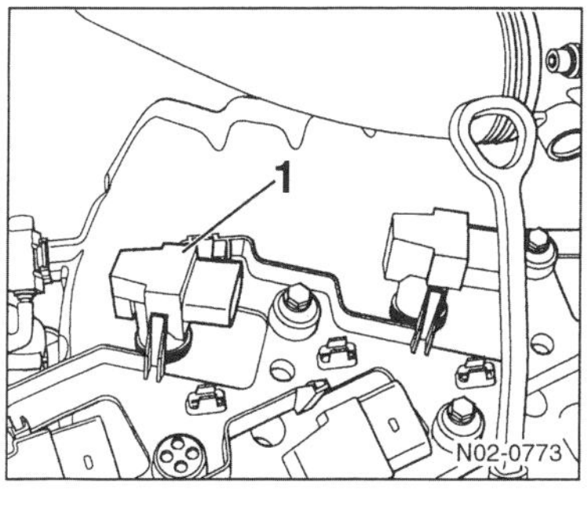

- Stecker von den Zündspulen –1– vorsichtig abziehen.
- Zündspulen vorsichtig nach oben von den Zündkerzen abziehen.
- Zündkerzen mit Zündkerzenschlüssel, zum Beispiel HAZET-4766-1, herausschrauben.

Elektrische Anschlüsse prüfen

- Sämtliche elektrischen Anschlüsse an der Zündspule sowie am Zündverteiler auf festen Sitz prüfen.
- Angerissene Klemmen ersetzen.
- Korrodierte Anschlüsse mit einer Drahtbürste oder Schmirgelleinen reinigen, gegebenenfalls mit Kontaktspray einsprühen.
- Die Kontakte dürfen nicht feucht sein, andernfalls Kontakte reinigen und mit Kontaktspray einsprühen.
- Zündkabel auf engen Radius biegen und auf Risse prüfen. Gegebenenfalls alle Zündkabel ersetzen.

Luftfiltereinsatz wechseln

Es wird kein Sonderwerkzeug benötigt.

Benötigtes Verschleißteil:

- Luftfiltereinsatz.

Ausbau

- **TDI (AJT, AHY):** Schelle lösen und Luftansaugschlauch vom Filtergehäuse ziehen. Stecker abziehen.

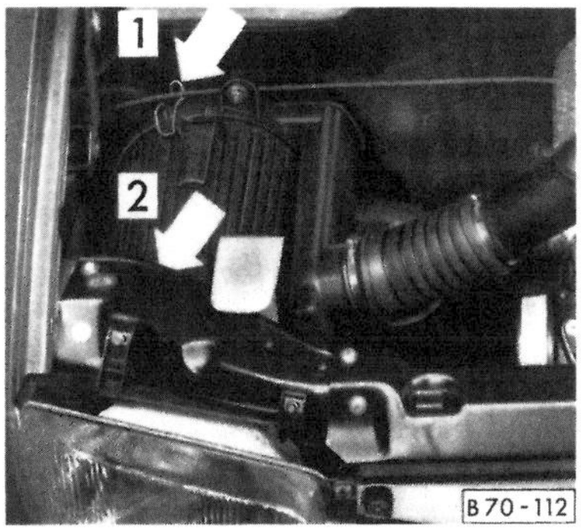

- Spannfeder –1– aufschnappen lassen.
- Verriegelung –2– nach unten drücken und aushaken (nicht AJT/AHY).
- Filtergehäuse nach oben herausnehmen und Filtereinsatz nach oben aus dem Filtergehäuse herausnehmen.
- Filtergehäuse mit einem Lappen auswischen.

Einbau

- **Neuen** Filtereinsatz in das Luftfiltergehäuse einlegen. Der alte Filtereinsatz soll **nicht** gereinigt und wiederverwendet werden.

- Deckel von oben einsetzen, dabei darauf achten, daß die Nase am Deckelrand in die entsprechende Aussparung der Aufnahme paßt.
- Spannfeder zuschnappen lassen.
- Verriegelungsgriff nach oben ziehen, bis er einrastet (nicht AJT/AHY).
- **TDI (AJT, AHY):** Luftansaugschlauch mit Schelle am Filtergehäuse befestigen. Stecker aufstecken.

Filter mit Sättigungsanzeige:

Die Anzeige befindet sich in einer Konsole unterhalb des Aschenbechers.

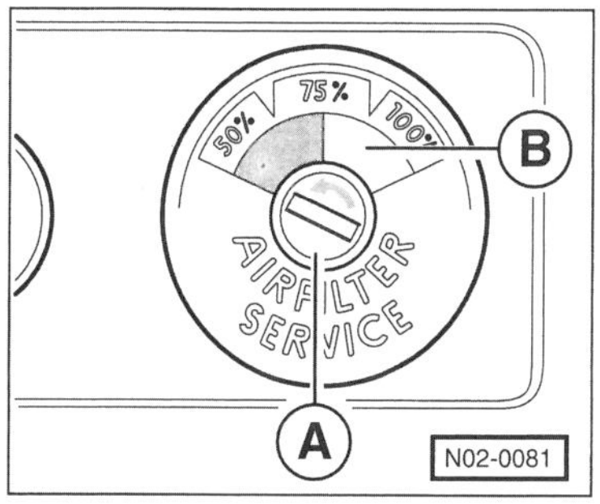

- Erreicht die rote Fläche im Anzeigenfeld die 75%-Markierung, ist der Filter zu ersetzen.
- Anschließend Anzeige zurücksetzen. Dazu Knopf –A– nach links drehen. Danach darf im Anzeigenfeld –B– die rote Fläche nicht mehr zu sehen sein.

Kraftstoffilter entwässern/ ersetzen

Nur Dieselmotor

Es wird kein Sonderwerkzeug benötigt.

Benötigtes Verschleißteil:

- Kraftstoffilter für den Dieselmotor.

Zum Auffangen des Wassersatzes ist ein geeignetes Auffanggefäß erforderlich. **Achtung:** Auslaufender Dieselkraftstoff muß besonders von Gummiteilen (Kühlmittelschläuche) sofort abgewischt werden, sonst werden die Gummiteile im Lauf der Zeit zerstört.

Entwässern

- Fahrzeug aufbocken.

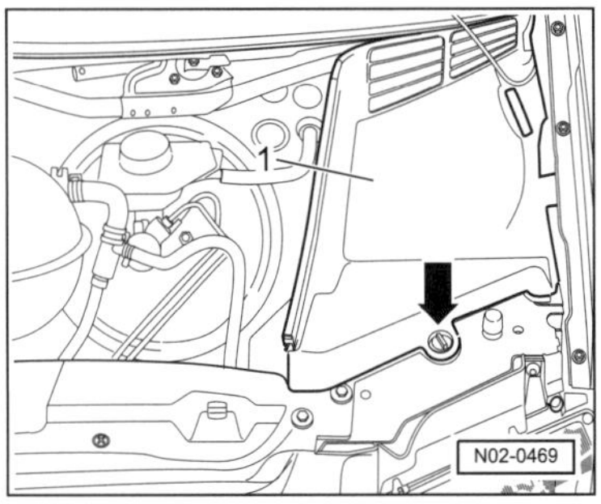

- Falls vorhanden, Batterie-Abdeckung –1– abnehmen. Dazu Klemmschraube –Pfeil– ½ Umdrehung lösen.

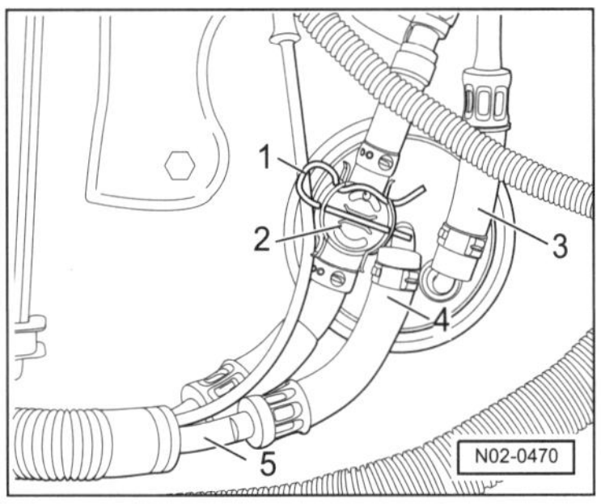

- Halteklammer –1– abziehen.
- Regelventil –2– mit angeschlossenen Kraftstoffleitungen nach oben herausziehen und zur Seite legen. Dicken Lappen unterlegen und eventuell herabtropfenden Kraftstoff auffangen.
- Auffangbehälter für Kraftstoff unter den Kraftstoffilter halten.

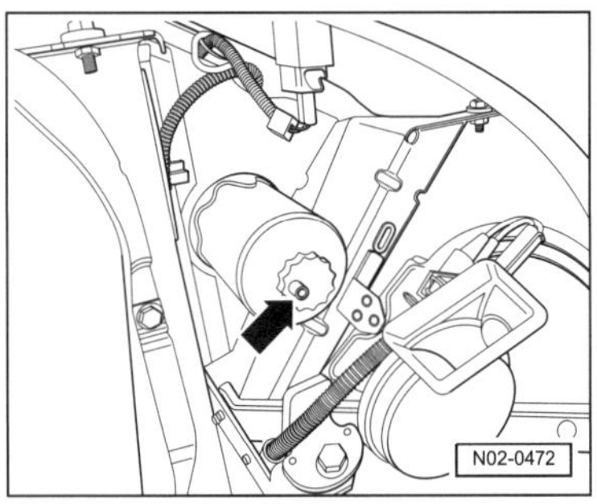

- Entwässerungsschraube –Pfeil– unten am Kraftstoffilter öffnen und etwa 100 cm^3 Flüssigkeit (ca. 1 Tasse voll) an der Entwässerungsschraube ablaufen lassen.
- Entwässerungsventil von Hand wieder festziehen.
- O-Ring am Regelventil erneuern.
- Regelventil oben am Filter mit angeschlossenen Kraftstoffleitungen einsetzen und mit Halteklammer sichern.
- Motor starten. Beim Startvorgang entlüftet sich die Kraftstoffanlage selbsttätig. Nach mehrmaligem Gasgeben muß der Kraftstoff blasenfrei durch die durchsichtige Leitung –5– zur Einspritzpumpe fließen, siehe Abbildung N02-0470.
- Kraftstoffanlage auf Dichtheit sichtprüfen insbesondere an den Anschlüssen des Kraftstoffilters.
- Falls abgebaut, Batterie-Abdeckung einbauen.
- Fahrzeug ablassen.

Filterwechsel

- Kraftstoffilter entwässern. Diesmal jedoch die gesamte Flüssigkeit aus dem Kraftstoffilter ablaufen lassen.

Achtung: *Die folgenden Bezeichnungen im Text beziehen sich auf Abbildung N02-0470.*

- Schlauchschellen öffnen und zurückschieben. Kraftstoffschläuche –3– und –4– von den Schlauchanschlüssen abziehen.
- Alten Filter nach oben drücken und herausnehmen.
- Neuen Filter mit sauberem Dieselkraftstoff füllen. Dadurch kann der Motor schneller gestartet werden.
- Neuen Filter von oben einsetzen und nach unten drücken.
- Neuen O-Ring am Regelventil –2– aufsetzen.
- Regelventil –2– mit angeschlossenen Kraftstoffleitungen einsetzen und mit Halteklammer –1– sichern.
- Kraftstoffschläuche –3– und –4– auf die Schlauchanschlüsse aufstecken.

Hinweis: Die Durchflussrichtung ist mit Pfeilen gekennzeichnet. Anschlüsse nicht vertauschen.

- Alle Kraftstoffschläuche mit Schlauchschellen sichern.
- Motor starten. Beim Startvorgang entlüftet sich die Kraftstoffanlage selbsttätig. Nach mehrmaligem Gasgeben muß der Kraftstoff blasenfrei durch die durchsichtige Leitung –5– zur Einspritzpumpe fließen.
- Kraftstoffanlage auf Dichtheit sichtprüfen insbesondere an den Anschlüssen des Kraftstoffilters.
- Falls abgebaut, Batterie-Abdeckung einbauen.
- Fahrzeug ablassen.

Keilriemen/Keilrippenriemen prüfen/ Zahnriemen spannen/ersetzen

Keilriemen prüfen

Es wird kein Sonderwerkzeug benötigt.

Benötigte Verschleißteile:

- Keilriemen entsprechender Größen. Es empfiehlt sich, immer alle Keilriemen zu erneuern, auch wenn nur einer verschlissen ist. Die richtigen Keilriemengrößen stehen in der Betriebsanleitung.

Zu niedrige Keilriemenspannung führt zum erhöhten Verschleiß oder Ausfall des Keilriemens. Bei zu hoher Spannung können Lagerschäden an den betreffenden Aggregaten auftreten.

- ■ Ein Keilriemen muß ersetzt werden bei: Übermäßiger Abnutzung, ausgefransten Flanken, Ölspuren, Porosität, Oberflächenrissen.
- Spannung des Keilriemens prüfen, und zwar durch kräftigen Daumendruck in der Mitte zwischen den beiden Riemenscheiben, die den größten Abstand voneinander haben.
- Die Keilriemen für den **Drehstromgenerator** sowie für die Pumpe der **Servolenkung** dürfen sich um **ca. 5 mm** durchdrücken lassen.
- Der Keilriemen für den Kompressor der **Klimaanlage** darf sich um **ca. 10 mm** durchdrücken lassen.
- Keilriemen ersetzen beziehungsweise spannen, siehe Seite 53.

Achtung: Bei einem neuen Keilriemen Spannung erst nach ca. 10 Minuten Laufzeit prüfen.

Keilrippenriemen prüfen/spannen

Zustand des Keilrippenriemens prüfen. Dabei auf folgende Beschädigungen achten:

- ■ Risse oder Brüche
- ■ Abtrennung von Deckschicht oder Zugsträngen
- ■ Ausfransen der Zugstränge
- ■ Ausgefranste oder glasige Flanken
- ■ Öl- oder Fettspuren
- Werden bei der Sichtprüfung Mängel festgestellt, Keilrippenriemen ersetzen, siehe Seite 54.

Zahnriemenspannung prüfen

Da die Arbeit, falsch ausgeführt, zu erheblichen Motorschäden führen kann, ist auf eine exakte Arbeitsweise zu achten. Der Zahnriemen muß bei Dieselmotoren alle 120.000 km gewechselt werden. Die

Prüfung der Spannung und der Zahnriemenwechsel wird im Kapitel »Motor« beschrieben.

Zahnriemenzustand prüfen

Der Zustand des Zahnriemens ist bei Fahrzeugen mit manueller Spannvorrichtung alle 30.000 km, bei Fahrzeugen mit halbautomatischer Spannvorrichtung alle 60.000 km zu prüfen. Bei schlechtem Zustand, Zahnriemen wechseln.

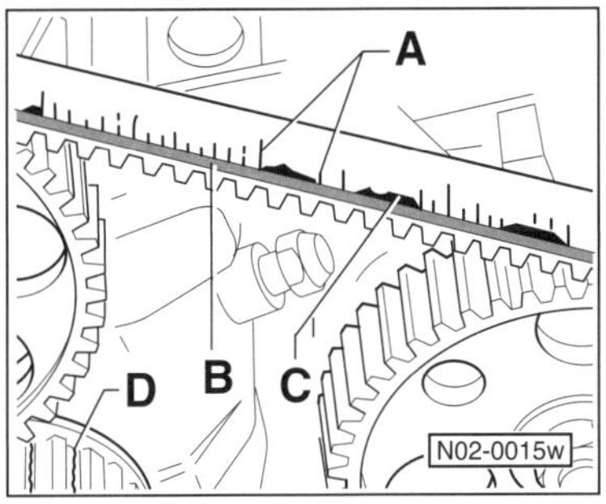

- Zahnriemenabdeckung ausbauen und Motor langsam von Hand durchdrehen, siehe Seite 19.
- Zahnriemenriemen sichtprüfen. Dabei besonders auf folgende Schäden achten:
  A – Risse in der Abdeckung
  B – Seitliches Anlaufen
  C – Ausfransungen
  D – Risse im Zahngrund
- Gegebenenfalls Zahnriemen ersetzen. Außerdem Ursache für den Schaden ermitteln und beseitigen.

Sichtprüfung der Abgasanlage

- Fahrzeug aufbocken.
- Befestigungsschellen auf festen Sitz prüfen.
- Abgasanlage mit Lampe auf Löcher, durchgerostete Teile sowie Scheuerstellen absuchen.
- Stark gequetschte Abgasrohre ersetzen.
- Gummihalterungen durch Drehen und Dehnen auf Porosität überprüfen und gegebenenfalls austauschen.
- Benzinmotoren: Kabel zur Lambda-Sonde überprüfen. Weist es Beschädigungen auf, Lambda-Sonde ersetzen. Die Sonde ist im Abgasrohr vor dem Katalysator eingeschraubt.
- Fahrzeug ablassen.

Getriebe/Achsantrieb

- Achswellen (Gelenkwellen): Gelenkschutzhüllen auf Undichtigkeiten und Beschädigungen prüfen.
- Schaltgetriebe/Achsantrieb: Sichtprüfung auf Dichtheit. Ölstand prüfen. Ein Ölwechsel ist nicht erforderlich.
- Automatisches Getriebe: ATF-Stand im Getriebe und Achsantrieb prüfen, gegebenenfalls ergänzen.
- Automatisches Getriebe: ATF-Öl wechseln (Werkstattarbeit).

Achtung: Altöl muß auf jeden Fall bei den Altöl-Sammelstellen abgegeben werden. Die Verkaufsstellen für neues Getriebeöl müssen das Altöl kostenlos entgegen nehmen. Außerdem informieren Gemeinde- und Stadtverwaltungen darüber, wo sich die nächste Altöl-Sammelstelle befindet. **Keinesfalls darf Altöl einfach weggeschüttet oder dem Hausmüll mitgegeben werden.** Größere Umweltschäden wie beispielsweise Grundwasserverseuchung wären sonst unvermeidbar.

Gummimanschetten der Gelenkwellen prüfen

- Fahrzeug aufbocken.

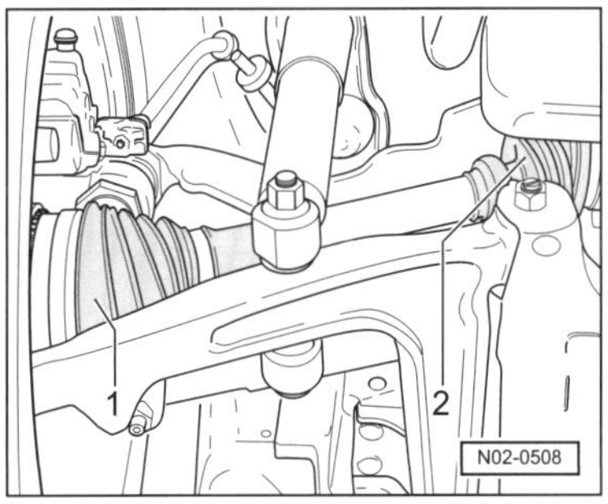

- Auf sichtbare Fettspuren an den Manschetten –1– und –2– sowie in deren Umgebung achten.
- Festen Sitz der Klemmschellen prüfen.
- Gummi der Manschette mit Lampe auf Porosität und Risse untersuchen. Eingerissene Gelenkschutzhüllen umgehend erneuern.
- Sollte die Manschette durch Unterdruck im Gelenk nach innen gezogen oder defekt sein, so ist sie umgehend auszutauschen.

Sichtprüfung auf Dichtheit

Folgende Leckstellen sind möglich:

- Trennstelle zwischen Motorblock und Getriebe (Schwungraddichtung/Wellendichtung-Getriebe).
- Öleinfüllschraube/Ölablaßschraube.
- Gelenkwelle an Getriebe.

Bei der Suche nach der Leckstelle folgendermaßen vorgehen:

- Getriebegehäuse mit Kaltreiniger reinigen.
- Ölstand kontrollieren, ggf. auffüllen.
- Mögliche Leckstellen mit Kalk oder Talkumpuder bestäuben.
- Probefahrt durchführen. Damit das Öl besonders dünnflüssig wird, sollte die Probefahrt auf einer Schnellstraße über eine Entfernung von ca. 30 km durchgeführt werden.
- Anschließend Fahrzeug aufbocken und Getriebe mit einer Lampe nach der Leckstelle absuchen.
- Leckstellen umgehend beseitigen.

Achtung: Bei trockenem Getriebe ist eine Ölstandskontrolle nicht erforderlich. Falls jedoch Öl ausgetreten ist, muß der Ölstand überprüft werden.

Ölstandprüfung Schaltgetriebe

- Fahrzeug waagerecht aufbocken.
- Gegebenenfalls Unterfahrschutz ausbauen.
- Einfüllschraube am Getriebe herausdrehen; die Einfüllschraube, Innensechskant SW 17, befindet sich an der Vorderseite des Getriebes unterhalb vom Anlasser.
- Ölstand prüfen, siehe Seite 137.
- **Schaltgetriebe »02B«:** Der Ölstand muß **0 bis 5 mm** unterhalb der Kontrollbohrung liegen.
- **Schaltgetriebe »02G«, 2,5-l-TDI- und 2,8-l-VR6-Motor:** Der Ölstand muß an der Unterkante der Kontrollbohrung liegen.
- **Schaltgetriebe »02D«, Allrad:** Der Ölstand muß **9 bis 10 mm** unterhalb der Kontrollbohrung liegen.
- Gegebenenfalls Getriebeöl mit einer Ölspritzkanne nachfüllen. Nicht zuviel Öl auf einmal einfüllen. Ölstand mit Finger oder Draht prüfen.

Getriebeölspezifikation: GL 4 SAE 80 (bis 11/94) oder Synthetiköl **G 50 SAE 75 W-90.**

Füllmenge »02B«: ca. 2,5 l
»02G«: ca. 2,3 l
»02G«, Allrad: ca. 2,7 l
»02D«, Allrad: ca. 3,0 l.

Achtung: Grundsätzlich darauf achten, daß nicht mehr Öl eingefüllt wird als bis zur Unterkante der Öleinfüllbohrung.

- Einfüllschraube mit **25 Nm** festziehen, Fahrzeug ablassen.

Automatik-Getriebe: Ölstand prüfen

Verschleißteile:

- Falls nachgefüllt werden muß: VW-ATF **G 052 162**; Getriebe »098« (bis 12/94): ausschließlich ATF **Dextron**. ATF = Automatic Transmission Fluid.

Automatikgetriebe »098« bis 12/94

Bei Fahrzeugen bis 12/94 muß laut Wartungsplan alle 60.00 km das Getriebeöl gewechselt werden (Werkstattarbeit).

Ölstand prüfen

- Fahrzeug auf ebene Fläche fahren, Wählhebel in Stellung »P« legen, Feststellbremse anziehen und den Motor starten.
- Der Peilstab für die Prüfung befindet sich im Motorraum. Hier wird auch das ATF eingefüllt. Ölmeßstab herausziehen und mit einem sauberen, nicht fasernden Lappen, am besten mit Leder abwischen. Anschließend Meßstab voll eintauchen, wieder herausziehen und Ölstand ablesen.

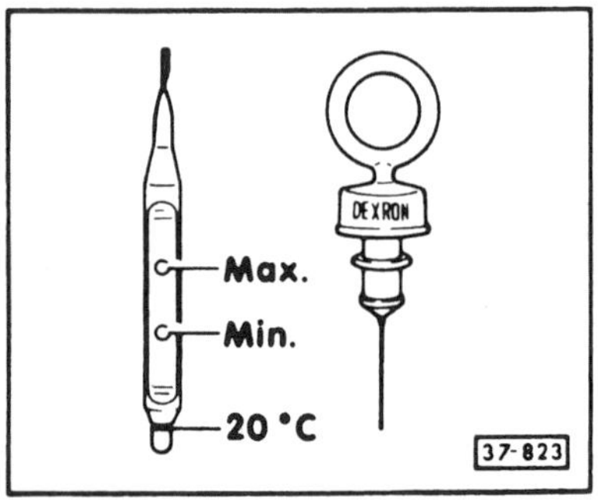

- Der Flüssigkeitsstand muß bei kaltem Zustand mindestens bis zur Markierung 20° C reichen. Ansonsten Getriebeöl nachfüllen.
- Getriebeöltemperatur auf etwa 50° C bis 70° C bringen. Dies wird nach einer ca. 10 km langen Fahrt erreicht.
- Fahrzeug auf ebene Fläche fahren, Wählhebel in Stellung »P« legen, Feststellbremse anziehen. Mit Peilstab ATF-Stand messen.
- Der Flüssigkeitsstand muß bei warmem Getriebeöl (ca. 60° C) zwischen der Min.- und Max.-Markierung des Peilstabes liegen.
- Altes Öl am Peilstab auf Aussehen und Geruch prüfen. Verbrannte Reibbeläge verursachen Brandgeruch. Verschmutztes Öl kann Störungen in der Getriebesteuerung hervorrufen.
- Gegebenenfalls Getriebeöl nachfüllen. Es dürfen nur die von VW freigegebenen ATF-Öle verwendet werden: ATF **Dextron**. Alle zugelassenen ATF-Öle lassen sich miteinander mischen. Keine Zusatzschmiermittel verwenden.

Achtung: Nicht zuviel Öl einfüllen. Zuviel Öl kann Störungen in der Automatik hervorrufen. In jedem Fall muß zuviel eingefülltes Öl wieder abgelassen oder mit einer Spritze abgesaugt werden.

- Nach erfolgter Prüfung oder Korrektur des Ölstandes Meßstab wieder ganz einführen.
- Fußbremse betätigen und sämtliche Wählhebelstellungen langsam durchschalten. Anschließend Ölstand nochmals kontrollieren.
- Motor abstellen.

Automatikgetriebe »01P« ab 1/95

Ölstand prüfen

Der Ölstand muß im Rahmen der Wartung alle 60.000 km geprüft werden.

- Auffanggefäß für ATF-Flüssigkeit unterstellen.

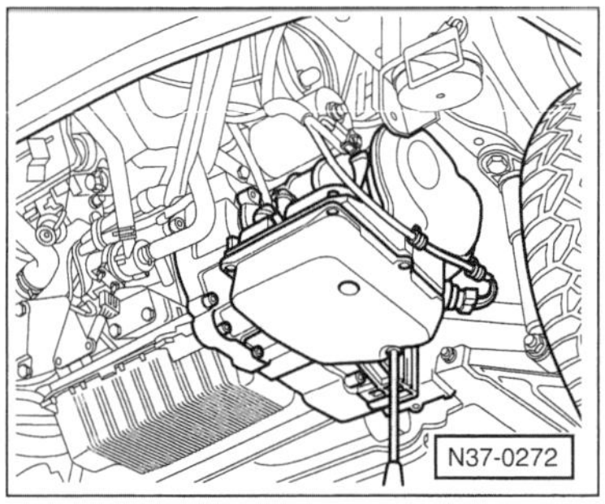

- Verschlußschraube zur ATF-Kontrolle aus der Ölwanne herausschrauben.
- Das im Überlaufrohr vorhandene ATF läuft ab.

Achtung: Die ATF-Temperatur darf vor der Prüfung nicht mehr als +30° C betragen.

- Wählhebel auf Stellung »P« stellen.
- Motor starten und ATF auf Prüftemperatur von 35° C bis 45° C bringen.
- Wenn anschließend, bedingt durch den Temperaturanstieg ATF aus der Bohrung tropft, ist der Ölstand in Ordnung.
- Zündung ausschalten.
- Dichtring an der Verschlußschraube mit Seitenschneider durchkneifen und entfernen.

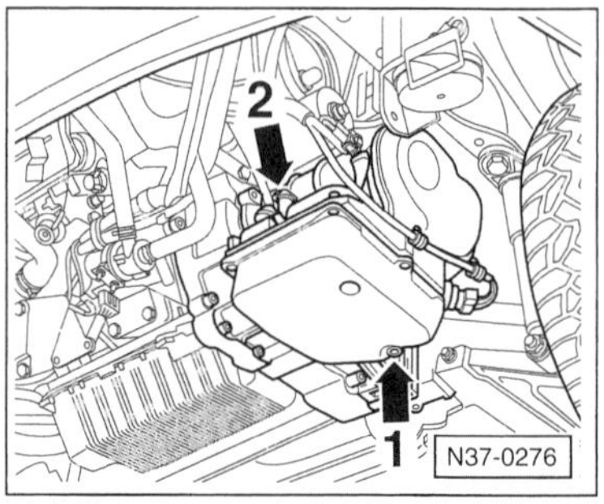

- Verschlußschraube –1– mit **neuem** Dichtring versehen und in die Ölwanne einschrauben. Verschlußschraube mit **15 Nm** festziehen. 2– Verschlußstopfen auf dem Einfüllrohr.

Getriebeöl nachfüllen/wechseln

Falls nur das Öl aus dem Überlaufrohr herausläuft, ATF über die Einfüllöffnung nachfüllen, bis es an der Kontrollbohrung austritt.

Beim VR6-Benzinmotor AMV muß laut Wartungsplan alle 60.00 km das ATF-Öl gewechselt werden. Dazu Überlaufrohr aus der Kontrollbohrung herausschrauben, Getriebeöl ablaufen lassen und Überlaufrohr wieder einschrauben.

- Vorratsbehälter mit Getriebeöl an der geöffneten Motorhaube aufhängen. **Achtung:** Es darf nur VW-ATF **G 052 162** verwendet werden.

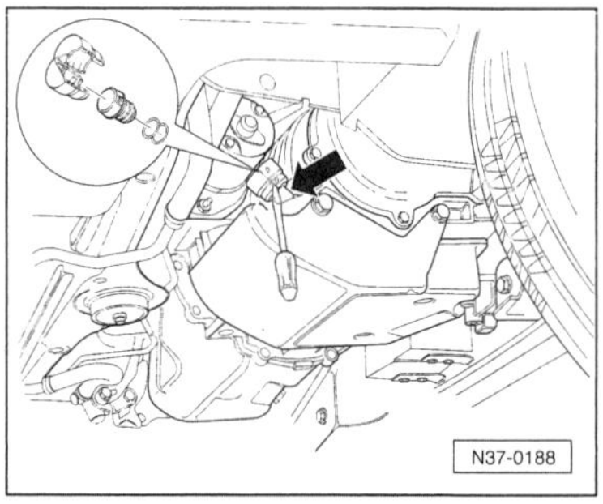

- Sicherungskappe für Verschlußstopfen –Pfeil– mit Schraubendreher abhebeln. Die Kappe wird dabei zerstört und muß ersetzt werden. Sie sichert den Sitz des Verschlußstopfens.

Achtung: Es kann auch eine Sicherungskappe mit Spangenverschluß eingebaut sein. Diese Kappe kann wiederverwendet werden.

- Verschlußstopfen vom Einfüllrohr ziehen.

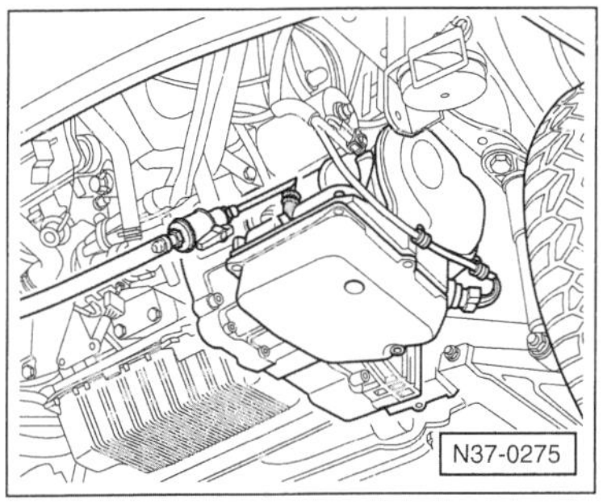

- Adapter V.A.G-1924 einsetzen und 3 Liter ATF einfüllen, bis Getriebeöl aus der Kontrollbohrung austritt.
- Verschlußschraube handfest in die Ölwanne einschrauben.
- Je nach Bauart Verschlußstopfen auf das Einfüllrohr stecken und mit **neuer** Kappe sichern, oder Sicherungskappe mit Spangenverschluß aufdrücken, bis der Bügel einrastet.
- Motor starten und im Stand einmal alle Wählhebelstellungen durchschalten.
- Motor abstellen und ATF-Stand prüfen.
- Verschlußschraube –1– mit **neuem** Dichtring versehen, in die Ölwanne einschrauben und mit **15 Nm** festziehen.

Automatik-Getriebe: Ölstand im Achsantrieb prüfen

Benötigtes Sonderwerkzeug:

- Stecknuß für Innensechskantschraube 12 mm.

Verschleißteile:

- Falls nachgefüllt werden muß: Getriebeöl G50 (Synthetiköl) SAE 75 W 90.

Prüfen

Der vorgeschriebene Ölstand ist für die einwandfreie Funktion des Achsantriebs beim automatischen Getriebe äußerst wichtig. Ein Ölwechsel ist nicht nötig.

- Fahrzeug waagerecht aufbocken.

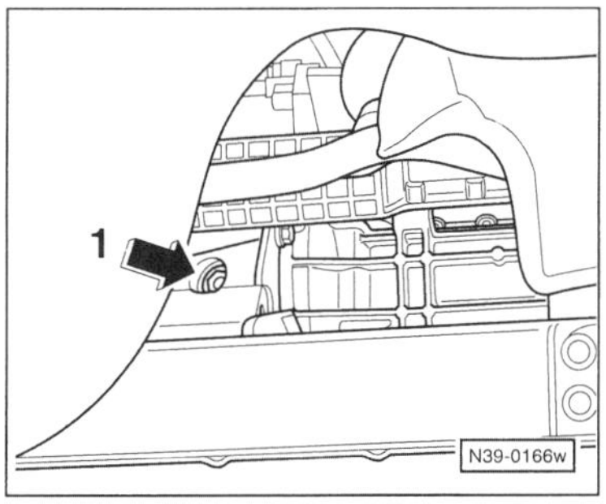

- **Ab 8/92**: Ölstandkontrollschraube –1– durch die Bohrung im Aggregatelager herausdrehen.

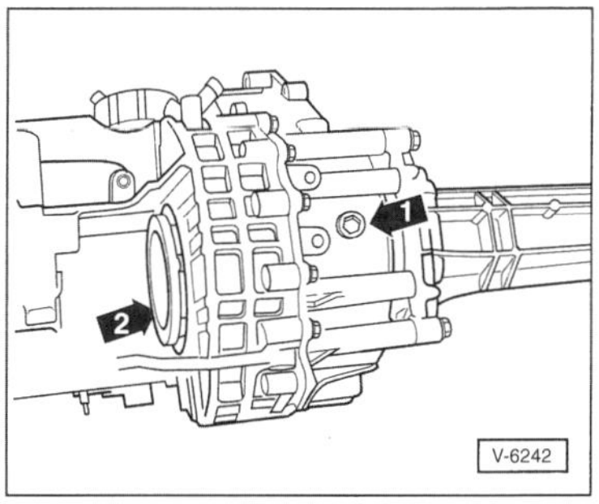

- **Bis 7/92:** Ölstandkontrollschraube –2– vor der Flanschwelle herausdrehen. **Hinweis:** Die Ölstandkontrolle kann auch durch die Bohrung –1– im Wandlergehäuse erfolgen.
- Mit dem Finger in die Bohrung fassen. Der Ölstand muß bis zum Rand der Öleinfüllöffnung reichen.
- Ölstandkontrollschraube mit **20 Nm** festschrauben

Achtung: Wird bei der Ölstandkontrolle im Achsantrieb des Automatik-Getriebes festgestellt, daß zuviel oder zuwenig Öl im Achsantrieb ist, liegt Ölaustausch mit dem Planetengetriebe vor. Ursache von einer VW-Werkstatt ermitteln und reparieren lassen.

Bremsen/Reifen/Räder

- Bremsanlage: Bremsflüssigkeitsstand und Dicke der Bremsbeläge prüfen.
- Bremsanlage: Leitungen, Schläuche, Bremszylinder, Bremskraftverstärker und Bremskraftregler auf Undichtigkeiten und Beschädigungen prüfen.
- Alle 2 Jahre Bremsflüssigkeit wechseln.
- Bereifung: Profiltiefe und Reifenfülldruck prüfen; Reifen auf Verschleiß und Beschädigungen (einschließlich Reserverad) prüfen.

Bremsflüssigkeitsstand prüfen

Der Vorratsbehälter für die Bremsflüssigkeit befindet sich im Motorraum. Er hat zwei Kammern, je eine für jeden Bremskreis. Der Schraubverschluß hat eine Belüftungsbohrung, die nicht verstopft sein darf.

Der Vorratsbehälter ist durchscheinend, so daß der Bremsflüssigkeitsstand jederzeit von außen überwacht werden kann. Außerdem wird beim VW T4 ein zu niedriger Bremsflüssigkeitsstand durch eine Warnleuchte an der Schalttafel signalisiert. Dennoch ist es ratsam, regelmäßig einen Blick auf den Vorratsbehälter zu werfen.

- Der Flüssigkeitsstand soll zwischen der MAX. und der MIN.-Marke liegen.
- Nur **neue** Bremsflüssigkeit der Spezifikation **FMVSS 116 DOT 4** einfüllen.

- Durch Abnutzung der Bremsbeläge entsteht ein geringfügiges Absinken der Bremsflüssigkeit. Das ist normal. Bei einem Flüssigkeitsstand etwas oberhalb der MIN.-Marke ist daher kein Nachfüllen erforderlich, wenn die Bremsbelagverschleißgrenze fast erreicht ist.
- Sinkt die Bremsflüssigkeit jedoch innerhalb kurzer Zeit stark ab, ist das ein Zeichen für Bremsflüssigkeitsverlust.

Die Leckstelle muß dann sofort ausfindig gemacht werden. In der Regel liegt es an verschlissenen Manschetten in den Radbremszylindern. Sicherheitshalber sollte die Überprüfung der Anlage von einer Fachwerkstatt durchgeführt werden.

Bremsbelagdicke prüfen

Die vorderen Scheibenbremsbeläge nutzen sich schneller ab als die hinteren Trommelbremsen. Dennoch ist es ratsam, bei der regelmäßigen Kontrolle die Bremsbeläge aller 4 Räder zu kontrollieren.

Scheibenbremse:

- Vorderrad zur Radnabe mit Farbe kennzeichnen, damit das ausgewuchtete Rad wieder an gleicher Stelle montiert werden kann. Radschrauben lösen.
- Fahrzeug aufbocken, Vorderräder abnehmen. Sind die Beläge relativ neu, kann die Prüfung auch nur an einem Vorderrad vorgenommen werden. In diesem Fall das **rechte** Vorderrad demontieren. Aufgrund des in etwa gleichen Verschleißverhaltens kann dann auf die Bremsbelagstärke am anderen Vorderrad geschlossen werden.

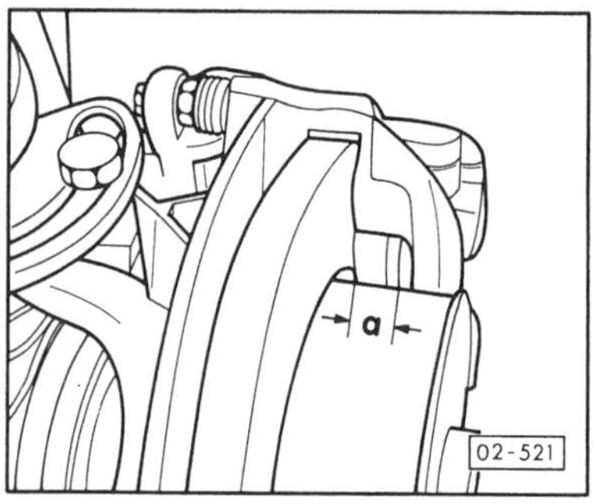

- Belagdicke – mit metallener Rückenplatte – von hinten durch den Bremsträger sichtprüfen. Im Zweifelsfall Bremsbeläge ausbauen und Belagdicke mit Schieblehre messen.
- Die Abbildung zeigt den äußeren Bremsbelag. Inneren Belag (an der Rückseite der Bremsscheibe) in gleicher Weise prüfen.
- Die Verschleißgrenze der vorderen Scheibenbremsbeläge ist erreicht, wenn ein Belag nur noch eine Dicke von **7 mm** (mit Trägerplatte) aufweist.

Hinterrad-Trommelbremse

- Fahrzeug aufbocken.

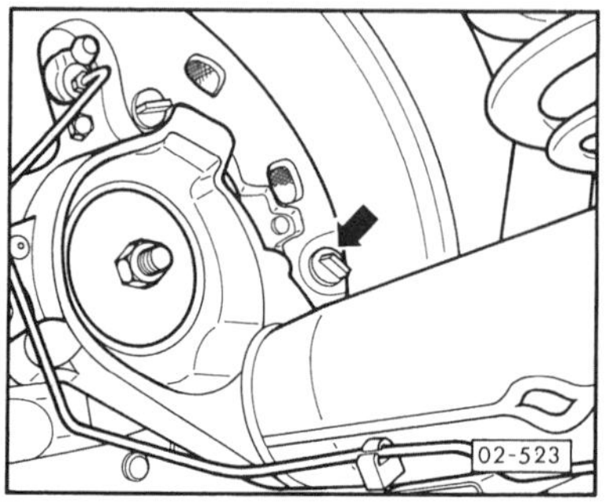

- An den hinteren Bremsträgern Verschlußstopfen abnehmen und mit Taschenlampe durch die Öffnung leuchten. Die Verschleißgrenze ist erreicht, wenn der Belag an dieser Stelle eine Stärke von **1,0 mm** (ohne Metallträgerbacke) hat. Im Zweifelsfall Bremstrommel ausbauen und Belagstärke messen. Bei der Belagkontrolle gleichzeitig auf durch Bremsflüssigkeit oder Öl verschmierte Beläge achten. In diesem Fall Bremsbeläge umgehend erneuern.

- Ist die Verschleißgrenze erreicht, Bremsbeläge auswechseln. Grundsätzlich alle Beläge einer Achse erneuern.

Hinweis: Nach einer Faustregel entspricht 1 mm Bremsbelag einer Fahrleistung von mindestens 1000 km. Diese Faustregel gilt unter ungünstigen Bedingungen. Im Normalfall halten die Beläge viel länger. Bei einer Belagdicke der Scheibenbremsbeläge von 10,0 mm (mit Rückenplatte) beträgt die Restnutzbarkeit der Bremsbeläge also noch mindestens 3000 km.

Sichtprüfung der Bremsleitungen

- Fahrzeug aufbocken.
- Bremsleitungen mit Kaltreiniger reinigen.
- Bremsleitungen vom Hauptbremszylinder zu den einzelnen Radbremszylindern mit Lampe anstrahlen und überprüfen. Der Hauptbremszylinder sitzt im Motorraum unter dem Vorratsbehälter für Bremsflüssigkeit.

- Beim Antiblockiersystem ABS führen die Bremsleitungen vom Hauptbremszylinder zur Hydraulikeinheit (vor der Batterie) und von dort zu dem Radbremsen. An der Hydraulikeinheit darf keine Bremsflüssigkeit austreten.
- Bremsleitungen dürfen weder geknickt noch gequetscht sein. Auch dürfen sie keine Rostnarben oder Scheuerstellen aufweisen. Andernfalls Leitung bis zur nächsten Trennstelle ersetzen.
- Bremsschläuche verbinden die Bremsleitungen mit den Radbremszylindern an den beweglichen Teilen des Fahrzeugs. Sie bestehen aus hochdruckfestem Material, können aber mit der Zeit porös werden, aufquellen oder durch scharfe Gegenstände angeschnitten werden. In einem solchen Fall sind sie sofort zu ersetzen.

- Bremsschläuche mit der Hand hin- und herbiegen, um Beschädigungen festzustellen. Schläuche dürfen nicht verdreht sein, farbige Kennlinie beachten, falls vorhanden!
- Lenkrad nach links und rechts bis zum Anschlag drehen. Die Bremsschläuche dürfen dabei in keiner Stellung Fahrzeugteile berühren.
- Anschlußstellen von Bremsleitungen und -schläuchen dürfen nicht durch ausgetretene Flüssigkeit feucht sein.

Achtung: Wenn der Vorratsbehälter und die Dichtungen durch ausgetretene Bremsflüssigkeit feucht sind, so ist das nicht unbedingt ein Hinweis auf einen defekten Hauptbremszylinder. Vielmehr dürfte die Bremsflüssigkeit durch die Belüftungsbohrung im Deckel oder durch die Deckeldichtung ausgetreten sein.

- Fahrzeug ablassen.

Bremsflüssigkeit wechseln

Benötigtes Sonderwerkzeug:

- Ringschlüssel für Entlüfterschrauben.

Benötigte Verschleißteile:

- Bremsflüssigkeit der Spezifikation **FMVSS 116 DOT 4**.

Die Bremsflüssigkeit nimmt durch die Poren der Bremsschläuche sowie durch die Entlüftungsöffnung des Vorratsbehälters Luftfeuchtigkeit auf. Dadurch sinkt im Laufe der Betriebszeit der Siedepunkt der Bremsflüssigkeit. Bei starker Beanspruchung der Bremse kann es deshalb zu Dampfblasenbildung in den Bremsleitungen kommen, wodurch die Funktion der Bremsanlage stark beeinträchtigt wird.

Die Bremsflüssigkeit soll alle 2 Jahre, möglichst im Frühjahr, erneuert werden. Bei vielen Gebirgsfahrten, Bremsflüssigkeit in kürzeren Abständen wechseln.

Der Bremsflüssigkeitswechsel wird im Kapitel »Bremsanlage« beschrieben.

Vorsichtsmaßregeln beim Umgang mit Bremsflüssigkeit beachten. Alte Bremsflüssigkeit bei der örtlichen Deponie für Sondermüll abgeben.

Reifenprofil prüfen

Die Reifen ausgewuchteter Räder nutzen sich bei gewissenhaftem Einhalten des vorgeschriebenen Fülldrucks und bei fehlerfreier Radeinstellung und Stoßdämpferfunktion auf der gesamten Lauffläche annähernd gleichmäßig ab. Bei ungleichmäßiger Abnutzung, siehe Störungsdiagnose im Kapitel »Reifen«. Im übrigen läßt sich keine generelle Aussage über die Lebensdauer bestimmter Reifenfabrikate machen, denn die Lebensdauer hängt von unterschiedlichen Faktoren ab:

- Fahrbahnoberfläche
- Reifenfülldruck
- Fahrweise
- Witterung

Vor allem sportliche Fahrweise, scharfes Anfahren und starkes Bremsen fördern den schnellen Reifenverschleiß.

Achtung: Die Rechtsprechung verlangt, daß Reifen lediglich bis zu einer Profiltiefe von 1,6 mm abgefahren werden dürfen, und zwar müssen die Profilrillen auf der gesamten Lauffläche noch mindestens 1,6 mm Tiefe aufweisen. Es empfiehlt sich jedoch, sicherheitshalber die Reifen bereits bei einer Mindestprofiltiefe von 3 mm auszutauschen.

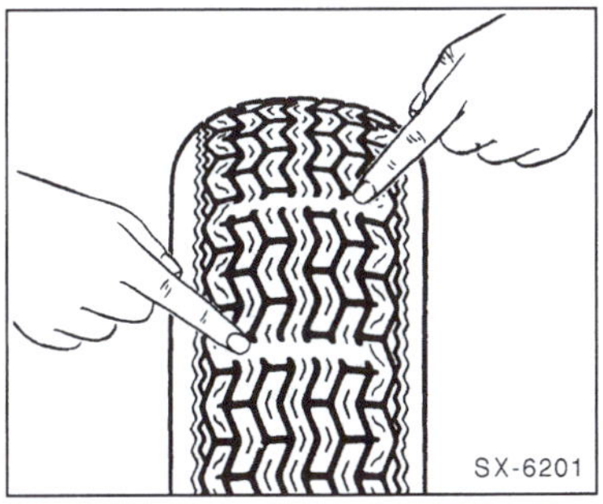

Nähert sich die Profiltiefe der gesetzlich zulässigen Mindestprofiltiefe, das heißt, weist der mehrmals am Reifenumfang angeordnete 1,6 mm hohe Verschleißanzeiger an diesen Stellen kein Profil mehr auf, müssen die Reifen gewechselt werden.

Achtung: M + S-Reifen haben auf Matsch und Schnee nur ausreichende Wirkung, wenn ihr Profil noch mindestens 4 mm tief ist.

Achtung: Reifen auf Schnittstellen untersuchen und mit kleinem Schraubendreher Tiefe der Schnitte feststellen. Wenn die Schnitte bis zur Karkasse reichen, korrodiert durch eindringendes Wasser der Stahlgürtel. Dadurch löst sich unter Umständen die Lauffläche von der Karkasse, der Reifen platzt. Deshalb: Bei tiefen Einschnitten im Profil aus Sicherheitsgründen Reifen austauschen.

Reifenfülldruck prüfen

- Reifenfülldruck nur am kalten Reifen prüfen.
- Reifenfülldruck einmal im Monat sowie im Rahmen der Wartung prüfen. Fülldrucktabelle, siehe Aufkleber am Fahrzeug beziehungsweise Betriebsanleitung.
- Zusätzlich sollte der Fülldruck vor längeren Autobahnfahrten kontrolliert werden, da hierbei die Temperaturbelastung für den Reifen am größten ist.

Reifenventil prüfen

- Staubschutzkappe vom Ventil abschrauben.

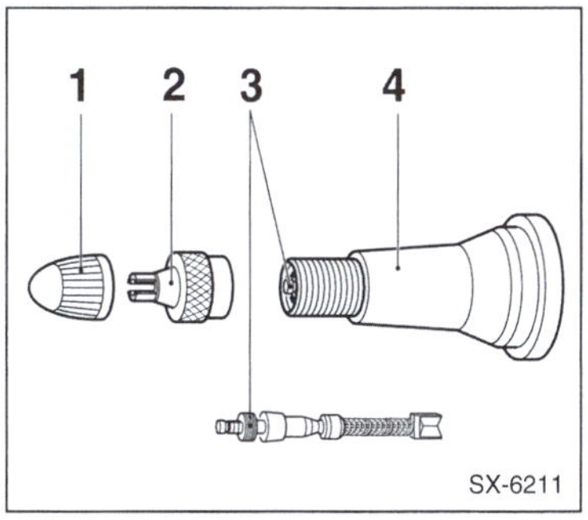

- Etwas Seifenwasser oder Speichel auf das Ventil geben. Wenn sich eine Blase bildet, Ventileinsatz –3– mit umgedrehter Schutzkappe –2– festdrehen.

Achtung: Zum Anziehen des Ventils kann nur eine Metallschutzkappe –2– oder das HAZET-Werkzeug 666-1 verwendet werden. Metallschutzkappen sind an der Tankstelle erhältlich. 1 – Gummikappe, 4 – Ventil.

- Ventil erneut prüfen. Falls sich wieder Blasen bilden oder sich das Ventil nicht weiter anziehen läßt, Ventil erneuern (Werkstattarbeit).
- Grundsätzlich Schutzkappe wieder befestigen.

- Spurstangenköpfe: Spiel und Befestigung prüfen, Staubkappen prüfen.
- Achsgelenke: Staubkappen prüfen.
- Lenkung: Faltenbälge auf Undichtigkeiten und Beschädigungen prüfen.
- Servolenkung: Flüssigkeitsstand prüfen, gegebenenfalls Hydrauliköl auffüllen.

Lenkungsspiel prüfen

- Lenkrad in Mittelstellung bringen.
- Lenkrad hin- und herbewegen, dabei Vorderräder beobachten. Am Lenkrad darf dabei maximal ein Spiel von etwa 25 mm vorhanden sein, ohne daß die Räder sich bewegen.
- Bei größerem Spiel am Lenkrad sind Lenkgestänge, Lenkgetriebe und die Lagerspiele der Vorderachse zu prüfen.
- Spurstangen kräftig von Hand hin- und herbewegen. Die Kugelgelenke dürfen kein Spiel aufweisen, andernfalls Gelenke oder Spurstange ersetzen.

Ölstand für Servolenkung prüfen

Benötigtes Sonderwerkzeug: Keines.

Benötigte Verschleißteile:

- Hydrauliköl »G 002 000«, erhältlich in der VW-Werkstatt.

Prüfen

Der Hydraulikölbehälter befindet sich in Fahrtrichtung gesehen rechts im Motorraum. Der Flüssigkeitsstand kann durch die Behälterwand gesehen werden.

- Vorderräder geradeaus stellen.
- Motor starten und im Leerlauf laufen lassen.

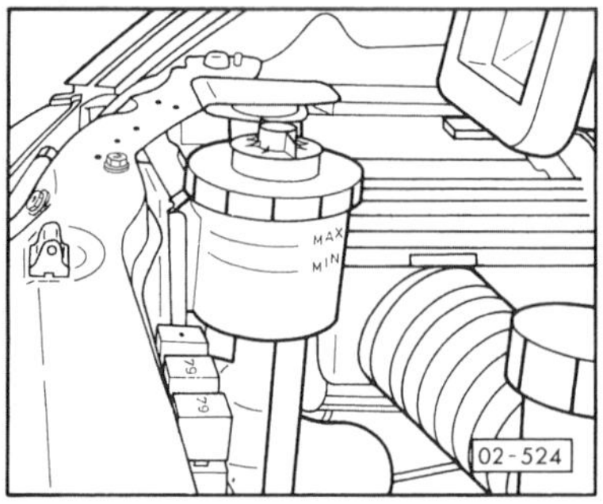

- Der Ölstand soll bei laufendem Motor zwischen den MIN.- und MAX.-Markierungen am Behälter liegen.
- Wenn der Ölstand bis zur MIN.-Markierung abgesunken ist, sollte die Servolenkung in der VW-Werkstatt überprüft werden, da Ölverlust vorliegt.
- Nachgefüllt werden darf nur »Hydrauliköl G 002 000«, erhältlich in der VW-Werkstatt.

Grundsätzlich nur **neues Öl** nachfüllen, da bereits kleinste Verunreinigungen zu Störungen an der hydraulischen Anlage führen können.

Lenkmanschetten prüfen

- Fahrzeug vorn aufbocken.

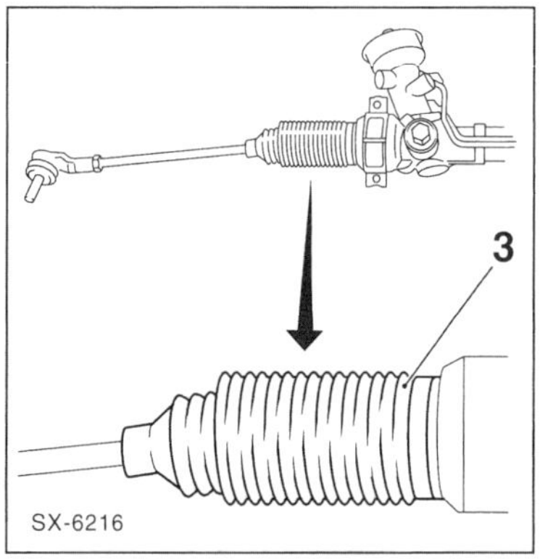

- Gummimanschetten –3– links und rechts mit Lampe anstrahlen und auf Beschädigungen überprüfen, dabei auf Fettspuren an den Manschetten und in deren Umgebung achten.
- Manschetten auf Risse, Einschnitte oder Marderbisse prüfen.
- Festen Sitz der Manschettenbänder prüfen.
- Fahrzeug ablassen.

Staubkappen für Spurstangen-/ Achsgelenke prüfen

- Fahrzeug vorn aufbocken.

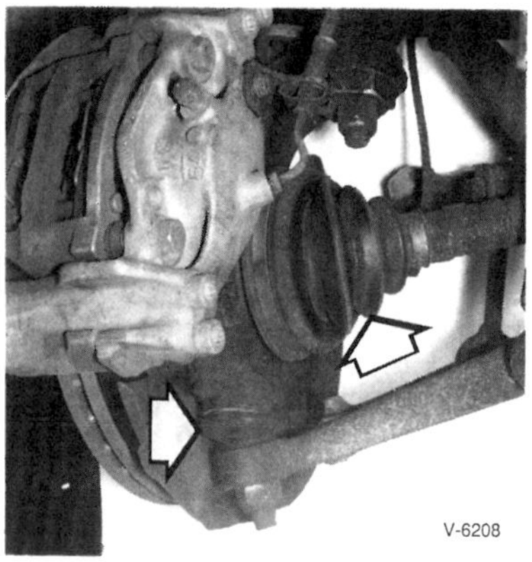

- Staubkappen links und rechts mit Lampe anstrahlen und auf Beschädigungen überprüfen, dabei auf Fettspuren an den Manschetten und in deren Umgebung achten.
- Bei beschädigter Staubkappe, sicherheitshalber entsprechendes Gelenk mit Schutzkappe auswechseln. Eingedrungener Schmutz zerstört mit Sicherheit das Gelenk.
- Befestigungsmuttern der Gelenke auf festen Sitz prüfen, dabei Mutter jedoch nicht verdrehen.

Elektrische Anlage

- Beleuchtungsanlage: Scheinwerfer, Schluß- und Bremsleuchten sowie Blinklampen prüfen, gegebenenfalls Scheinwerfer einstellen.
- Signalhorn: Prüfen.
- Scheibenwischer: Wischergummis auf Verschleiß prüfen.
- Scheiben- und Scheinwerferwaschanlage: Funktion prüfen, Düsenstellung kontrollieren, Flüssigkeit nachfüllen, Scheinwerfer-Waschanlage prüfen.
- Batterie: Spannung prüfen, Batteriepole reinigen. Batterie auf festen Sitz prüfen.
- Scheibenwischerblätter: Anstellwinkel prüfen, gegebenenfalls einstellen.
- Service-Intervallanzeige zurücksetzen.

Batterie prüfen

Achtung: Falls eine Batterie mit »magischem Auge« eingebaut ist, Hinweise im Kapitel »Elektrische Anlage« beachten, siehe Seite 247

Benötigtes Sonderwerkzeug:

- Stahldrahtbürste (Pol- und Klemmenreinigungsbürste).
- Geeignetes Spannungs-Meßgerät.

Batterie sichtprüfen

- Gehäuse der Batterie auf Beschädigungen sichtprüfen. Bei beschädigtem Gehäuse kann Batteriesäure auslaufen und die umliegenden Bauteile beschädigen. Bei beschädigtem Gehäuse Batterie schnellstmöglich ersetzen. Umliegende Bauteile mit Seifenlauge und viel Wasser abwaschen.

Batterie-Pole reinigen

Bei der regelmäßigen Durchsicht des Wagens sind auch die Batterie-Pole und Anschlußklemmen zu reinigen und von Korrosion zu befreien.

Batterie/Batterieklemmen auf festen Sitz prüfen

Eine lockere Batterie hat eine verkürzte Lebensdauer durch Rüttelschäden. Lockere Batterieanschlüsse können einen Kabelbrand oder Funktionsstörungen in der elektrischen Anlage nach sich ziehen.

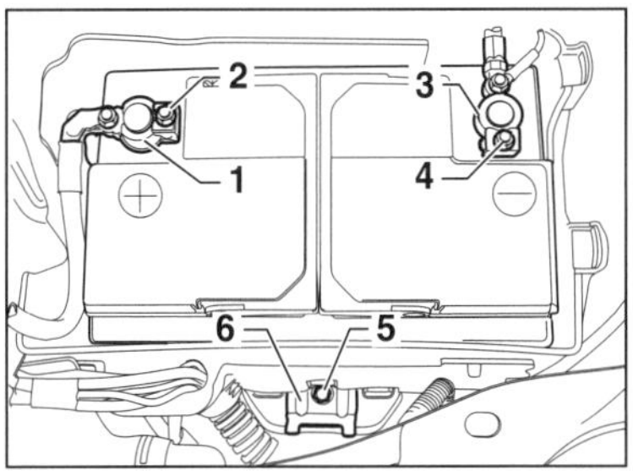

- Batterie kräftig hin- und herbewegen.
- Sitzt die Batterie lose, Batterie-Halteplatte –6– festziehen –5–.
- Falls vorhanden, Abdeckungen über Batterie-Minus- und Plus-Pol öffnen.
- Batterie-Minusklemme (–) –3– hin- und herbewegen und festen Sitz prüfen, gegebenenfalls Befestigungsmutter –4– nachziehen.
- Batterie-Plusklemme (+) –1– hin- und herbewegen und festen Sitz prüfen.

Achtung: Falls die Batterie-Plusklemme (+) locker ist, muss vor dem Festziehen der Plusklemme wegen Kurzschlussgefahr die Minusklemme (–) an der Batterie abgeklemmt werden. Nachdem die Plusklemme festgezogen ist, Massekabel (Minusklemme) wieder anklemmen.

- Falls erforderlich, Batterie-Massekabel abklemmen und Befestigungsmutter –2– der Plusklemme nachziehen.
- Batterie-Massekabel wieder anklemmen.
- Falls vorhanden, Abdeckungen über den Batteriepolen zurückklappen.

Ruhespannung prüfen

Darauf achten, dass im Zeitraum von ca. 2 Stunden vor der Prüfung der Motor nicht gelaufen ist beziehungsweise die Batterie nicht geladen wurde.

- Spannung prüfen, siehe Seite 247.

Anstellwinkel der Scheibenwischerblätter prüfen

Benötigtes Sonderwerkzeug:

Die Werkstatt verwendet das Spezialwerkzeug VW-3358 oder Hazet-4851-1.

Prüfen

- Wischerarme in Ruhestellung bringen. Dazu Windschutzscheibe mit Wasser benetzen, Scheibenwischer kurze Zeit laufen lassen und anschließend mit Wischerschalter abschalten.
- Wischerblatt ausbauen, siehe Seite 274.

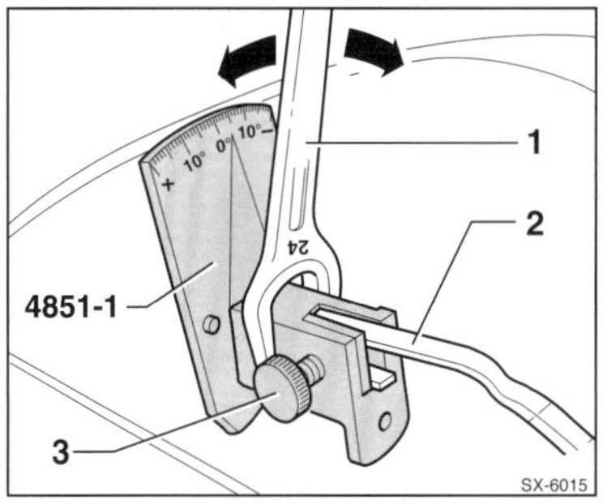

- Falls das Werkzeug HAZET 4851-1 vorhanden ist, Wischerarm –2– in Werkzeug einlegen und mit Schraube –3– arretieren.

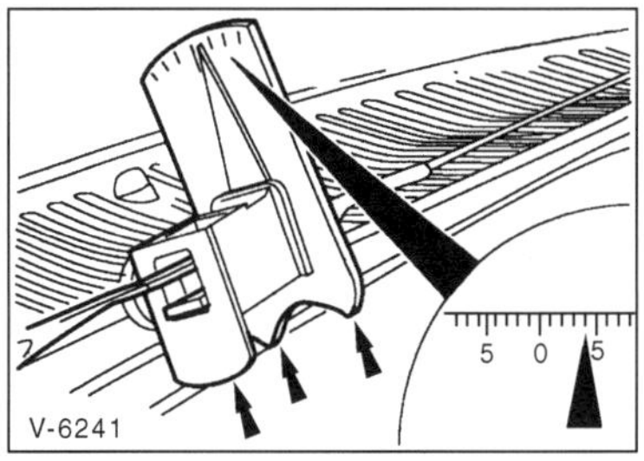

- Wischerarm mit Werkzeug auf die Scheibe zurückklappen. Darauf achten, daß die 3 Auflagepunkte –Pfeile– auf der Scheibe aufliegen.
- Einstellwinkel des Wischerarms auf der Skala ablesen.

  Sollwerte:

Fahrerseite:	– 2,0° ± 2°
Beifahrerseite:	– 3,5° ± 2°
Heckklappe:	– 0,5° ± 2°
Flügeltür hinten:	+ 2,5° ± 2°

- Falls erforderlich, Werkzeug mit Maulschlüssel –1– vorsichtig drehen bis an der Skala der Sollwert angezeigt wird. **Achtung:** Dazu Wischerarm von der Scheibe abheben, da diese sonst beschädigt werden kann.
- Anschließend Werkzeug abbauen und nochmals neu aufsetzen und arretieren. Einstellwert prüfen, gegebenenfalls korrigieren. Diesen Vorgang so oft durchführen bis der Sollwert erreicht ist.
- Einstellwerkzeug abnehmen und Scheibenwischerblatt einbauen.
- Windschutzscheibe mit Wasser benetzen und Scheibenwischer laufen lassen. Wischerblätter auf rubbelfreies Wischen prüfen.

Serice-Intervallanzeige zurücksetzen

Ab 8/98

Die Service-Intervallanzeige wird in der Werkstatt mit dem VW-Diagnosegerät 1551 am Diagnoseanschluß unterhalb vom Lenkrad zurückgesetzt. Steht das Diagnosegerät nicht zur Verfügung, kann die Anzeige auch mit den Einstelltasten für Tageskilometer und Uhrzeit am Schalttafeleinsatz, wie nachfolgend beschrieben, zurückgesetzt werden.

Achtung: Fahrzeuge mit **Longlife-Service** können **nur** mit dem **VW-Diagnosegerät** zurückgestellt werden. Ein Zurückstellen mit den Tasten im Schalttafeleinsatz schaltet die flexible Service-Intervallanzeige auf »nicht flexibel« um.

- Zündung ausschalten.

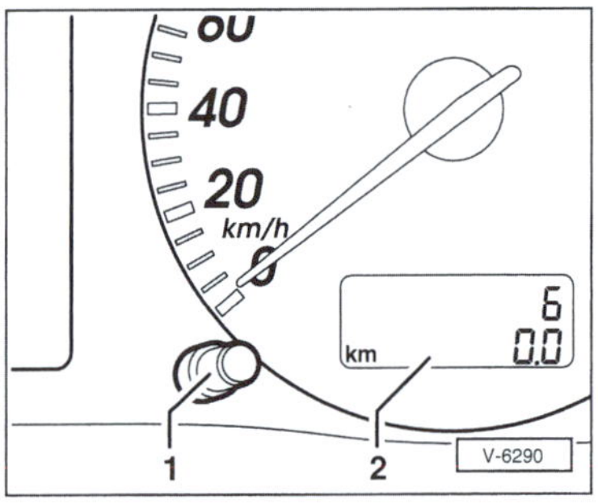

- Taste –1– neben dem Geschwindigkeitsmesser drücken und festhalten.
- Zündung einschalten und Taste –1– loslassen. In der Tageskilometeranzeige –2– erscheint »**service OEL**«. Der jeweils angezeigte Service wird zurückgesetzt. Zum Umschalten auf »**service INSP**« Taste nochmals drücken.

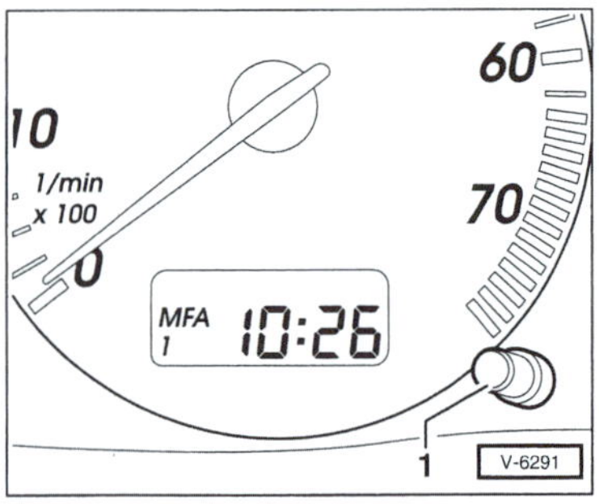

- Einstellknopf –1– neben dem Drehzahlmesser nach rechts drehen. Dadurch wird die Wartungsanzeige zurückgestellt und in der Anzeige erscheinen drei Striche (– – –).
- Zündung ausschalten.

- Unterbodenschutz und Hohlraumkonservierung: Prüfen.
- Sicherheitsgurte: Auf Beschädigungen prüfen.
- Türfeststeller: Schmieren.

Sichtkontrolle Unterboden/ Karosserie

Bei der regelmäßigen Pflege Augenmerk auf Lackbeschädigungen legen und auch Unterboden öfters reinigen, siehe Seite 281.

Türfeststeller schmieren

- Türfeststeller mit dem Schmiermittel G 000 150 und Befestigungsbolzen mit Fettspray G 000 400 01 schmieren (Schmiermittel bei der VW-Werkstatt erhältlich).

Sichtprüfung aller Sicherheitsgurte

Achtung: Geräusche, die beim Aufrollen des Gurtbandes entstehen, sind funktionsbedingt. Bei störenden Geräuschen kann nur der Sicherheitsgurt ausgetauscht werden. Auf keinen Fall darf zur Behebung von Geräuschen Öl oder Fett verwendet werden. Der Aufrollautomat darf nicht zerlegt werden, da hierbei die vorgespannte Feder herausspringen kann. Unfallgefahr!

- Sicherheitsgurt ganz herausziehen und Gurtband auf durchtrennte Fasern prüfen. Beschädigungen können zum Beispiel durch Einklemmen des Gurtes oder durch brennende Zigaretten entstehen. In diesem Fall Gurt austauschen.
- Sind Scheuerstellen vorhanden, ohne daß Fasern durchtrennt sind, braucht der Gurt nicht ausgewechselt zu werden.
- Schwergängigen Gurt auf Verdrehungen prüfen, gegebenenfalls Verkleidung an der Mittelsäule ausbauen.
- Wenn die Aufrollautomatik nicht mehr funktioniert, Gurt auswechseln.
- Gurtbänder nur mit Seife und Wasser reinigen, keinesfalls Lösungsmittel oder chemische Reinigungsmittel verwenden.

Staub- und Pollenfiltereinsatz ersetzen

Benötigte Verschleißteile:

- Pollenfiltereinsatz. **Achtung:** Die Filtereinsätze für Motor- und Innenraum sind gleich.

Motorraum

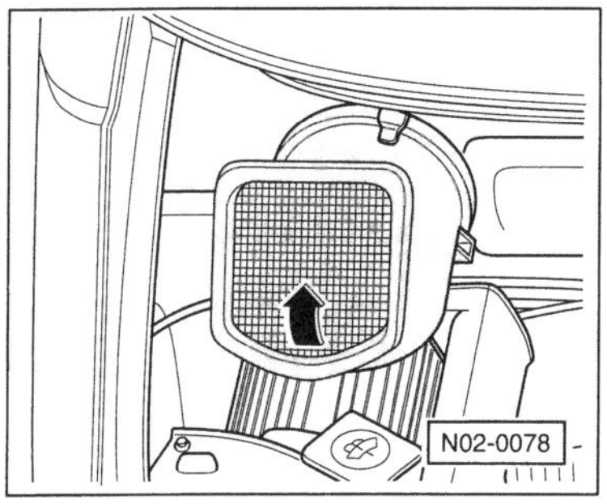

- 3 Federdrahtbügel lösen und Filteroberteil herausziehen.
- Filtereinsatz herausziehen.
- Filter vom Dichtungsring trennen. Dazu die beiden Verschlüsse zusammendrücken.
- Filter einsetzen und einrasten (hörbar). **Achtung:** Die äußere Gummilippe muß auf den Absatz im Filteroberteil gedrückt werden.

Fahrgastraum (Innenraum)

- Abdeckung von der Seitenwand hinten rechts abnehmen.

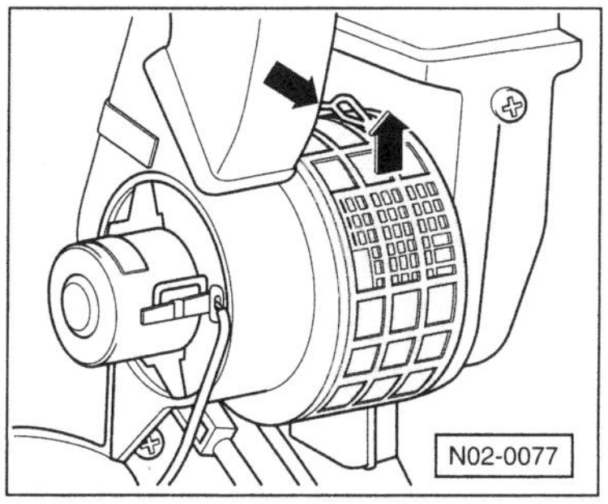

- Oberen Federdrahtbügel lösen und Klappe herunterschwenken.
- Falls eingebaut, senkrecht stehenden Filterflieshalter herausnehmen und Flies wechseln.
- Staub- und Pollenfilter durch Zusammendrücken der beiden Verschlüsse nach rechts drücken und nach innen herausziehen.

Achtung: Das Gebläse darf nur laufen, wenn der Filter eingebaut ist, sonst kann die Anlage beschädigt werden.

Stromlaufpläne

Der Umgang mit dem Stromlaufplan

In einem Personenwagen werden bis über 1000 Meter Leitungen verlegt, um alle elektrischen Verbraucher (Scheinwerfer, Radio usw.) mit Strom zu versorgen.

Soll ein Fehler in der elektrischen Anlage aufgespürt oder nachträglich elektrisches Zubehör montiert werden, kommt man nicht ohne Stromlaufplan aus. Im Stromlaufplan werden der Stromverlauf und die Kabelverbindungen dargestellt. Grundsätzlich muß der betreffende Stromkreis geschlossen sein, sonst kann der elektrische Strom nicht fließen. Es reicht beispielsweise nicht aus, wenn an der Plusklemme eines Scheinwerfers Spannung anliegt, wenn nicht gleichzeitig über den Masseanschluß der Stromkreis geschlossen ist.

Deshalb ist auch das Massekabel (–) der Batterie mit der Karosserie verbunden. Mitunter reicht diese Masseverbindung jedoch nicht aus, und der betreffende Verbraucher bekommt eine direkte Masseleitung, deren Isolierung in der Regel braun eingefärbt ist. In den einzelnen Stromkreisen können Schalter, Relais, Sicherungen, Meßgeräte, elektrische Motoren oder andere elektrische Bauteile integriert sein. Damit diese Bauteile richtig angeschlossen werden können, haben die einzelnen Kontakte entsprechende Klemmenbezeichnungen.

Um das Kabelgewirr zumindest auf dem Stromlaufplan übersichtlich zu ordnen, sind die einzelnen Strompfade senkrecht nebeneinander angeordnet und durchnumeriert.

Die senkrechten Linien münden oben in einem meist grau unterlegtem Feld. Dieses Feld symbolisiert die Relaisplatte mit Sicherungshalter und damit die plusseitigen Anschlüsse des Stromkreises. Allerdings befindet sich in der Relaisplatte auch eine interne Masseleitung (Klemme 31). Die feinen Striche in dem Feld machen deutlich, wie und welche Stromkreise intern in der Relaisplatte miteinander verschaltet sind. Unten mündet der Stromkreis auf einer waagerechten Linie, die den Masseanschluß symbolisiert.

Wenn der Stromkreis durch ein Quadrat unterbrochen wird, in dem eine Zahl steht, weist die Ziffer auf den Strompfad hin, in dem der Stromkreis weitergeführt wird.

Am sinnvollsten geht man bei der Benutzung des Stromlaufplanes folgendermaßen vor:

Zuerst sucht man in der Legende das betreffende Bauteil, zum Beispiel den »Lüfter für Kühlmittel«. Links neben der Bauteil-Benennung steht der Kennbuchstabe (V7), mit dem das Bauteil im Stromlaufplan bezeichnet ist.

Die Kennbuchstaben der wichtigsten Bauteile sind:

Kenn-buchstabe	Bauteil
A	Batterie
B	Anlasser
C	Drehstromgenerator
D	Zündanlaßschalter
E	Schalter für Handbedienung,
F	Mechanische Schalter
G	Geber, Kontrollgeräte
H	Horn, Doppeltonhorn, Fanfare
J	Relais, Steuergerät
K, L, M, W, X	Kontrollampen, Lampen, Leuchten
N	Elektroventile, Widerstände, Schaltgeräte
O	Zündverteiler
P, Q	Zündkerzenstecker, Zündkerzen
R	Radio
S	Sicherungen
T	Steckverbindungen
V	Elektromotoren

Zur genaueren Unterscheidung werden zu den Kennbuchstaben noch Zahlen angefügt.

Relais und elektronische Steuergeräte sind in der Regel grau unterlegt. Die darin eingezeichneten Linien sind interne Verdrahtungen. Sie zeigen, wie Relais und andere elektrische/elektronische Bauteile sowohl zueinander als auch auf der Relaisplatte verschaltet sind.

Eine Ziffer im schwarzen Quadrat kennzeichnet den Relaisplatz auf der Relaisplatte mit Sicherungshalter. Direkt am eingezeichneten Relais befindet sich die Kontaktbezeichnung. Beispiel: Lautet die Kontaktbezeichnung im Stromlaufplan 17/87, dann ist 17 die Bezeichnung der Klemme auf der Relaisplatte, 87 ist die Bezeichnung der Klemme am Relais/Steuergerät.

Die Bezeichnung der Klemmen ist nach DIN genormt. **Die wichtigsten Klemmenbezeichnungen sind:**

Klemme 30. An dieser Klemme liegt immer die Batteriespannung an. Die Kabel sind meist rot oder rot mit Farbstreifen.

Klemme 31 führt zur Masse. Die Masse-Leitungen sind in der Regel braun.

Klemme 15 wird über das Zündschloß gespeist. Die Leitungen führen nur bei eingeschalteter Zündung Strom. Die Kabel sind meist grün oder grün mit farbigem Streifen.

Klemme X führt ebenfalls nur bei eingeschalteter Zündung Strom, dieser wird jedoch unterbrochen, wenn der Anlasser betätigt wird. Dadurch ist sichergestellt, daß während des Startvorganges der Zündanlage die volle Batterieleistung zur Verfügung steht. Alle größeren Stromaufnehmer liegen in diesem Stromkreis. Das Fernlicht wird ebenfalls über diese Klemme mit Strom versorgt. So wird bei eingeschaltetem Fernlicht und ausgeschalteter Zündung automatisch auf Standlicht umgeschaltet.

Im Stromlaufplan sind in den einzelnen Leitungen Ziffern und darunter Buchstabenkombinationen eingefügt.

Beispiel: 1,5
ws/ge

Die Ziffern geben an, welchen Leitungsquerschnitt die Leitung hat. Die Buchstaben weisen auf die Leitungsfarben hin. Besteht die Kennzeichnung aus zwei Buchstabengruppen, dann nennt die erste Buchstabenfolge die Leitungsgrundfarbe und die zweite die Zusatzfarbe. Wenn gleichfarbige Leitungen für verschiedene Stromkreise verwendet werden, muß die Farbkombination an den betreffenden Anschlußklemmen kontrolliert werden. Weiße Leitungen sind zur Unterscheidung zusätzlich mit einer Kennummer versehen, die im Stromlaufplan unter der Farbkennzeichnung steht.

Schlüssel für Leitungsfarben

bl = blau	gr = grau	sw = schwarz
br = braun	li = lila	ws = weiß
ge = gelb	or = orange	
gn = grün	ro = rot	

Leitungen, die mittels Einzel- oder Mehrfachsteckverbindungen miteinander verbunden sind, haben zum Buchstaben »T« für die Steckverbindung eine zusätzliche Ziffern-Kombination.

Beispiel: T2p = Zweifachstecker, T32/27 = 32fach Steckverbindung mit Kontaktpunkt 27.

Im Stromlaufplan sind alle Verbraucher und Schalter in Ruhestellung gezeichnet. Der geänderte Stromverlauf nach Betätigung eines Schalters wird hier am Beispiel eines Zweistufen-Schalters erläutert:

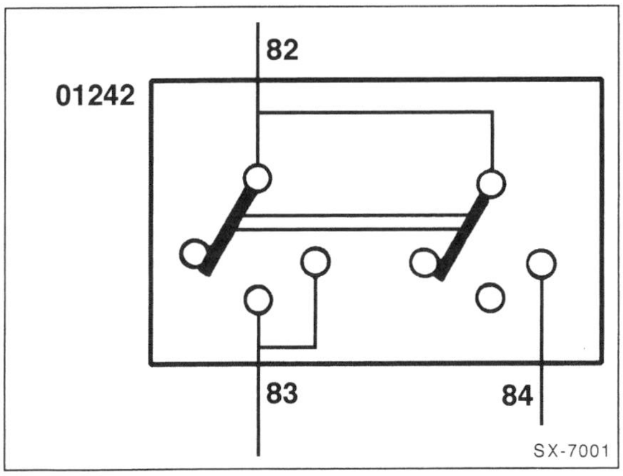

Wird am Schalter »01242« die erste Stufe gedrückt, fließt der Strom von der Klemme 82 kommend über die Klemme 83. Die Brücke der zweiten Schalterstufe rückt in Mittelstellung, jedoch ohne eine Verbindung herzustellen. Erst beim Drücken der zweiten Schalterstufe rückt die Brücke der zweiten Schalterstufe von der internen Leitung 82 auf 84 und gibt den Strom über 84 weiter. Dabei bleibt über die interne Verbindung im Schalter, also über die rechts abgewinkelte Leitung von 83, der Stromfluß der ersten Schalterstufe bestehen.

Zuordnung der Stromlaufpläne

VW-T4 Modelljahr 2003

Grundausstattung T4 gültig ab Mai 1999 für alle Modelle.

Wegen des großen Umfangs können nicht alle Stromlaufpläne aus jedem Modelljahr berücksichtigt werden. Jedoch kann man sich auch an den vorliegenden Stromlaufplänen orientieren, wenn das eigene Fahrzeug einem anderen Modelljahr angehört, da die Änderungen in der Regel nur Teilbereiche betreffen.

Sicherungs- und Relaisbelegung

Die Sicherungs- und Relaisbelegung kann je nach Fahrzeugausstattung und Baujahr des Fahrzeuges abweichen.

Sicherungsbelegung ab 8/98

Die aktuelle Belegung der Sicherungen befindet sich in der Betriebsanleitung sowie an der Rückseite des Sicherungsdeckels. Gezählt werden die Sicherungen von links nach rechts.

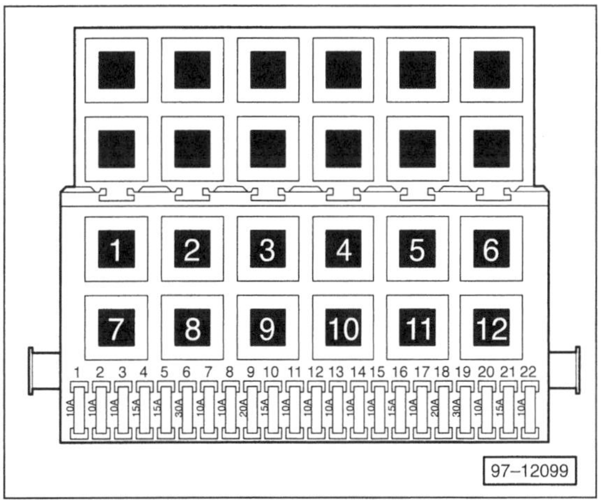

Nr.	Amp.	Verbraucher
1	10	Abblendlicht links, Leuchtweitenregulierung links
2	10	Abblendlicht rechts, Leuchtweitenregulierung rechts
3	10	Instrumenten- und Kennzeichenbeleuchtung
4	15	Heckscheibenwischer
5	15	Frontscheibenwischer, Front- und Heckscheibenwascher, beheizbare Scheibenwaschdüsen
6	30	Gebläse, Klimaanlage

Nr.	Amp.	Verbraucher
7	10	Schluß- und Standlicht rechts
8	10	Schluß- und Standlicht links
9	–	frei
10	15	Nebelscheinwerfer, Nebelschlußleuchte
11	10	Fernlicht links, Fernlichtkontrolle
12	10	Fernlicht rechts
13	10	Signalhorn
14	10	Rückfahrleuchten, el. verstellbare Außenspiegel, beheizte Scheibenwaschdüsen, Geschwindigkeitsregelung (je nach Modell)
15	10	Motorsteuerung, Heizung, Geschwindigkeitsregelung (je nach Modell)
16	15	Blinkanlage, Handschuhfachleuchte, Wegfahrsicherung
17	10	Zusatzwasserheizung (je nach Modell)
18	20	Kraftstoffpumpe, Lambdasonde, Motorsteuerung (je nach Modell)
19	10	Kühlmittelnachlauf, Kühlerlüftersteuerung
20	10	Bremsleuchten
21	15	Innenleuchten, Radio/Navigationssystem
22	10	Zigarettenanzünder

Zusatzsicherungsadapter unterhalb der Relaisplatte

Nr.	Amp.	Verbraucher
1	15	12-V-Steckdosen (je nach Modell)
2	15	Anhängersteckdose
3	20	Schiebedach
4	3/20	Telefon/Zusatzheizung (Turbodiesel)
5	10	ABS-Steuergerät
6	10	Dachleuchte
7	15	Rundum-Kennscheinwerfer
8	10	Dachlüfter
9	25	Tonfolgeanlage
10	15	Zentralverriegelung
11	15	Beheizbare Sitze
12	30	Beheizbare Heckscheibe und Außenspiegel
13	3/30	Telefon (Turbodiesel)/Climatronic-Steuergerät
14	30	Climatronic-Steuergerät/Gebläse hinten (Klimaanlage)
15	20/30	Heizung hinten/Climatronic-Steuergerät

Sicherungen oberhalb der Relaisplatte:

Nr.	Amp.	Verbraucher
–	30	Thermosicherung für Fensterheber
–	15	Motorsteuergerät
–	15	Stellglieder

Sicherungen unter dem Sitz vorn links:

Nr.	Amp.	Verbraucher
–	5	Standheizung (Heizgerät)
–	25	Glühkerze (Standheizung)
–	30	Zusatzwasserheizung (je nach Modell)
–	25	Zusatzwasserheizung (je nach Modell)
–	5	Zusatzwasserheizung (je nach Modell)
–	15	Steckdosen (je nach Modell)

Sicherungskasten vor der Batterie:

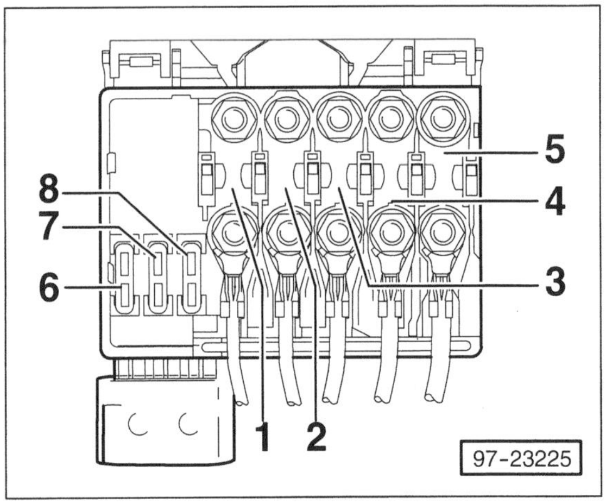

Nr.	Amp.	Verbraucher
1	50/60	Sekundärlufteinblasung (Motor AES)/Glühkerzen (Dieselmotor)
2	50	Kühlerlüfter
3	50	Kühlerlüfter
4	50	ABS (Pumpe, Magnetventile)
5	110-175	Generator (je nach Modell)
6	30	ESP
7	30	ABS mit ESP (Magnetventile)
8	5	ESP (Geber für Lenkwinkel)

Relaisbelegung ab 8/98

Relaisbelegung siehe Abbildung 97-12099.

Nr.	Verbraucher
1 –	Klimaanlage, Climatronic oder Frischluftgebläse
2 –	Heckscheibenwischer
3 –	Digifant/Simos-Steuergerät oder Klemme 30
4 –	Entlastungsrelais für X-Kontakt
5 –	Daten-Bus
6 –	Warnblinkrelais für Anhängerbetrieb oder Dachblinkleuchten
7 –	Scheinwerfer-Reinigungsanlage
8 –	Wisch-Wasch-Intervallautomatik
9 –	Warnsummer für eingeschaltetes Licht
10 –	Nebelscheinwerfer oder Brücke für Nebelschlußleuchte
11 –	Doppeltonhorn oder Brücke für Hupe
12 –	Kraftstoffpumpenrelais oder Glühkerzen

Gebrauchsanleitung für Stromlaufpläne

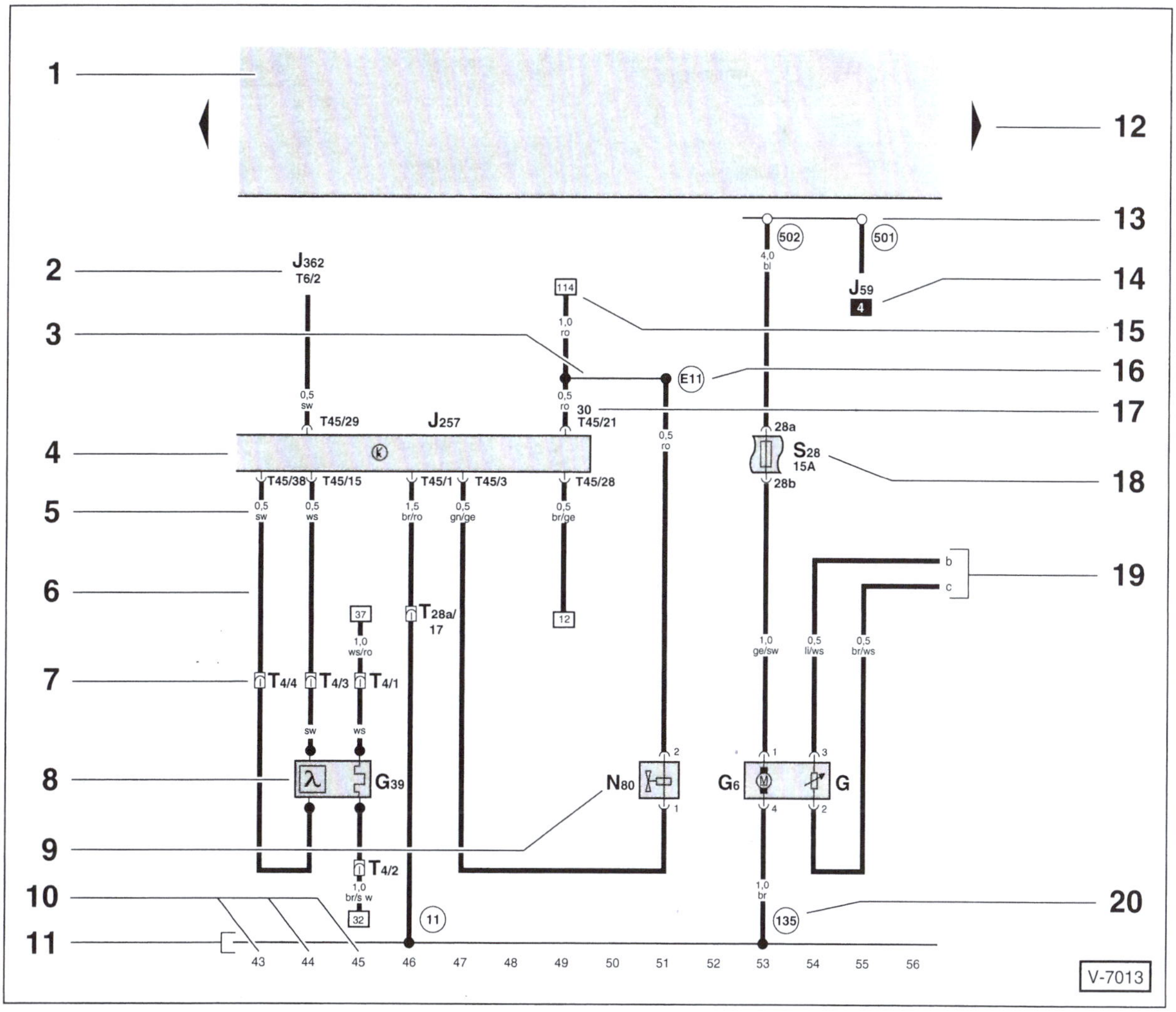

1 – Relaisplatte
Durch ein graues Feld gekennzeichnet. Stellt die plusseitigen Anschlüsse dar.

2 – Verweis auf Weiterführung der Leitung zu einem anderen Bauteil
J362 = Steuergerät für Wegfahrsicherung, T6/2 = 6-fach-Steckerverbindung, Kontakt 2.

3 – Interne Verbindung (dünner Strich)
Diese Verbindung ist nicht als Leitung vorhanden.

4 – Schaltzeichen
Die offen gezeichnete Seite des Schaltzeichens weist auf die Fortsetzung des Bauteils in einem anderen Stromlaufplan hin.

5 – Leitungsquerschnitt in mm² und Leitungsfarbe
0,5 = 0,5 mm², sw = schwarz. Abkürzungen für die Leitungsfarben stehen im Kapitel »Umgang mit dem Stromlaufplan«.

6 – Stromkreis mit Leitungsführung
Alle Schalter und Kontakte sind in mechanischer Ruhestellung dargestellt.

7 – Steckverbindung
T4 = 4-fach-Steckverbindung, /4 = Kontakt 4.

8 – Schaltzeichen für Bauteil
G39 = Lambdasonde mit Heizung.

9 – Teile-Bezeichnung
N80 = Magnetventil 1. In der Legende unterhalb des Stromlaufplans steht, wie das Teil heißt.

10 – Strompfad-Nummer

11 – Fahrzeugmasse

12 – Pfeil
Weist auf die Fortsetzung des Stromlaufplans auf der anschließenden Seite hin.

13 – Gewindebolzen an der Relaisplatte
Der weiße Kreis zeigt an, dass es sich hier um eine lösbare Verbindung handelt.

14 – Relaisplatz-Nummer
Kennzeichnet den Relaisplatz auf oder an der Relaisplatte.

15 – Verweis auf Weiterführung der Leitung zu einem anderen Bauteil
Die Zahl im Rechteck kennzeichnet, in welchem Strompfad die Leitung weitergeführt wird; hier in Strompfad 114.

16 – Verbindung im Leitungsstrang
Nicht lösbare Verbindung.

17 – Anschlussklemme
Hier: Klemme 30, 45-fach-Steckerverbindung, Kontakt 21.

18 – Sicherung
S28 = Sicherung Nr. 28, 15 Ampere.

19 – Verweis auf Weiterführung der Leitung im anschließenden Stromlaufplanteil
Der Buchstabe kennzeichnet, wo im nächsten Stromlaufplanteil die Leitung weitergeführt wird.

20 – Massepunkt oder Masseverbindung im Leitungsstrang
In der Legende stehen Angaben zur Lage des Massepunktes im Fahrzeug.

Schaltzeichen für Stromlaufpläne

D-7002

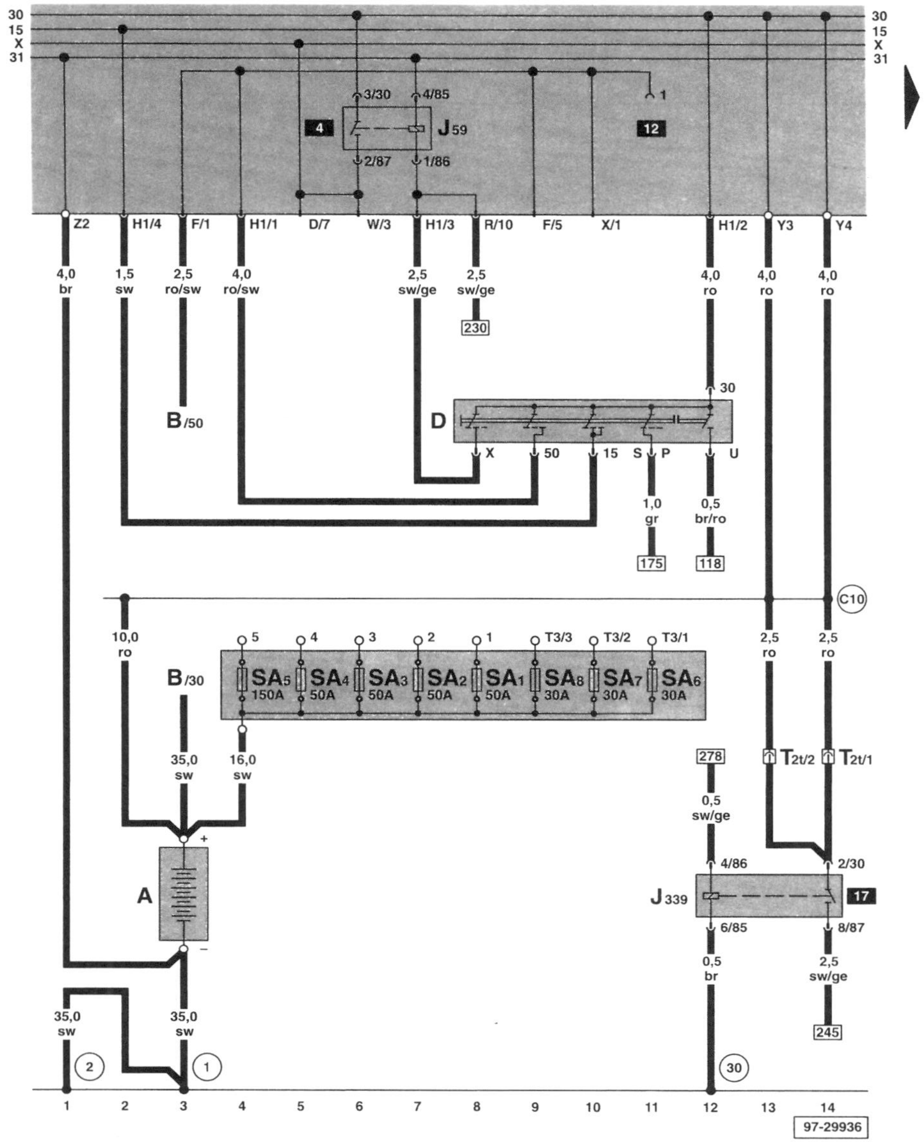

ws = weiß
sw = schwarz
ro = rot
br = braun
gn = grün
bl = blau
gr = grau
li = lila
ge = gelb
or = orange

Batterie, Zündanlaßschalter, Entlastungsrelais II für X-Kontakt, Sicherungen auf Sicherungshalter/ Batterie

A – Batterie
B – Anlasser
D – Zündanlaßschalter
J59 – Entlastungsrelais für X-Kontakt
J339 – Entlastungsrelais II für X-Kontakt, oberhalb der Relaisplatte
SA1 – Sicherung -1- auf Sicherungshalter/Batterie
SA2 – Sicherung -2- auf Sicherungshalter/Batterie
SA3 – Sicherung -3- auf Sicherungshalter/Batterie
SA4 – Sicherung -4- auf Sicherungshalter/Batterie
SA5 – Sicherung -5- auf Sicherungshalter/Batterie
SA6 – Sicherung -6- auf Sicherungshalter/Batterie
SA7 – Sicherung -7- auf Sicherungshalter/Batterie
SA8 – Sicherung -8- auf Sicherungshalter/Batterie
T2t – Steckverbindung, 2-fach, hinter der Relaisplatte
T3 – Steckverbindung, 3-fach

(1) – Masseband, Batterie - Aufbau

(2) – Masseband, Getriebe - Aufbau

(30) – Massepunkt -1-, neben Relaisplatte

(C10) – Plusverbindung -1- (30), im Leitungsstrang Scheinwerfer

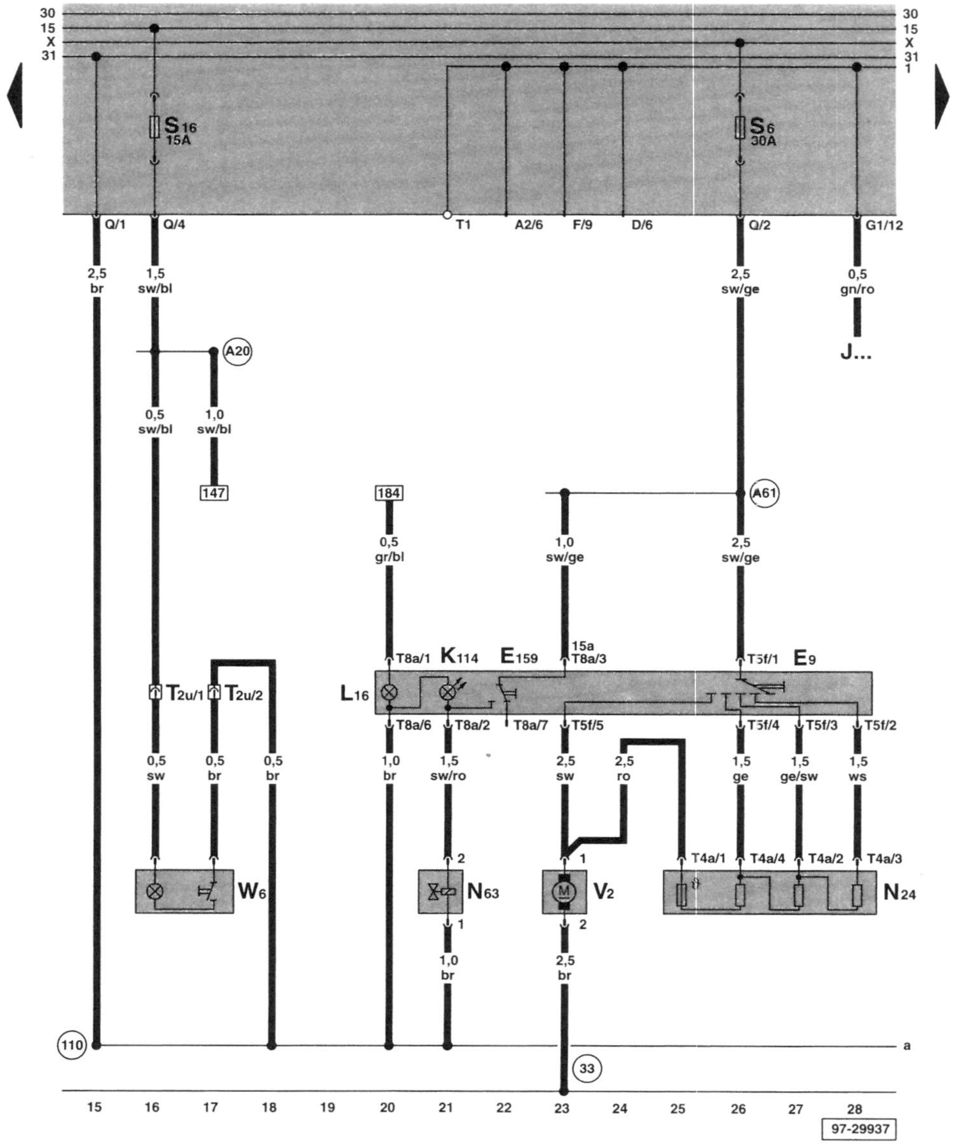

Frischluftgebläse, Schalter für Frischluftgebläse, Zweiwegeventil für Frisch- und Umluftklappe, Schalter für Frisch- und Umluftklappe, Handschuhfachleuchte

- E9 – Schalter für Frischluftgebläse
- E159 – Schalter für Frisch- und Umluftklappe
- J... – Motorsteuergeräte
- K114 – Kontrollampe für Frisch- und Umluftbetrieb
- L16 – Lampe für Beleuchtung Frischluftregulierung
- N24 – Vorwiderstand für Frischluftgebläse mit Überhitzungssicherung
- N63 – Zweiwegeventil für Frisch- und Umluftklappe
- T2u – Steckverbindung, 2-fach, hinter Schalttafel rechts
- T4a – Steckverbindung, 4-fach
- T5f – Steckverbindung, 5-fach
- T8a – Steckverbindung, 8-fach
- V2 – Frischluftgebläse
- W6 – Handschuhfachleuchte

- (33) – Massepunkt, hinter Schalttafel rechts
- (110) – Masseverbindung -2-, im Armaturenleitungsstrang
- (A20) – Verbindung (15a) im Schalttafelleitungsstrang
- (A61) – Plusverbindung (X), im Armaturenleitungsstrang

ws = weiß
sw = schwarz
ro = rot
br = braun
gn = grün
bl = blau
gr = grau
li = lila
ge = gelb
or = orange

Wegfahrsicherung, Leitungsverteiler für Daten-Bus, Eigendiagnoseanschluß

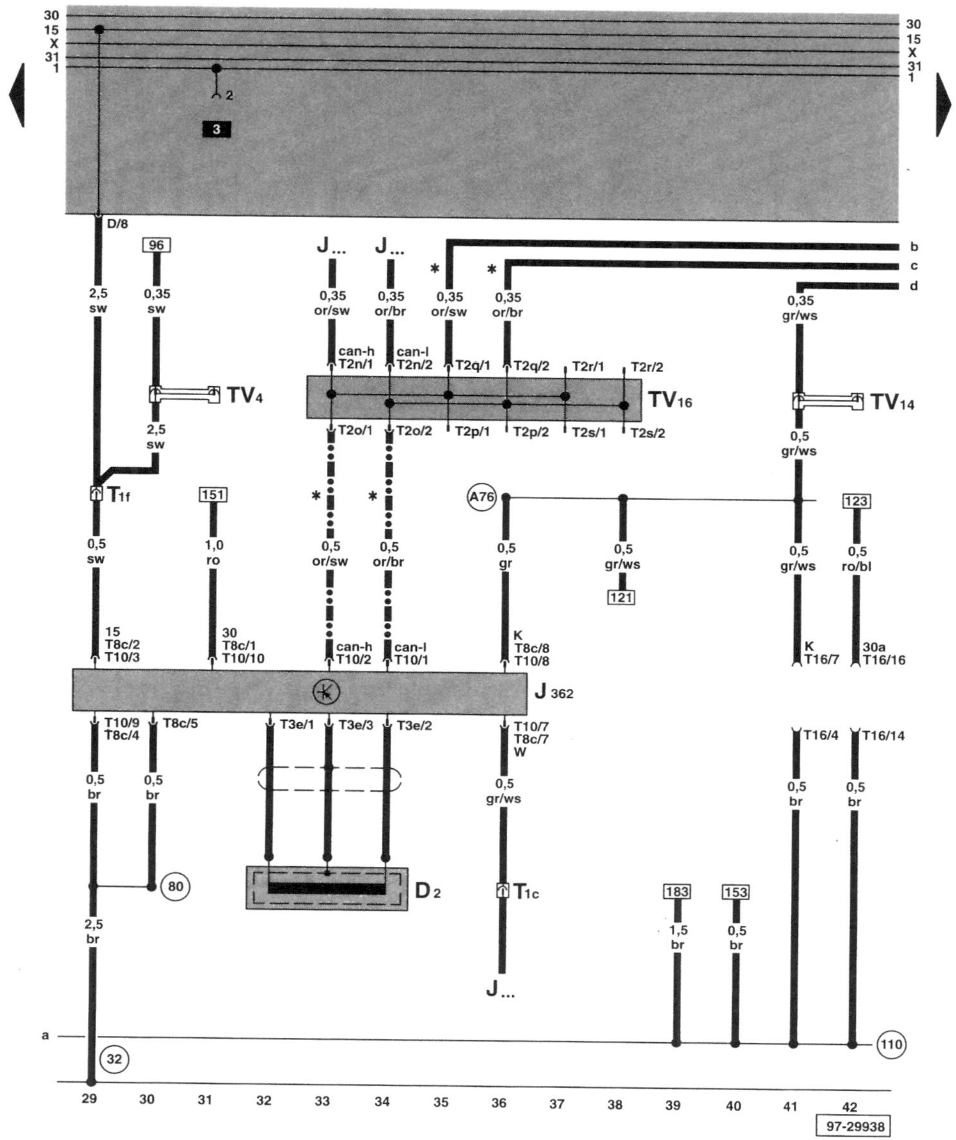

ws = weiß
sw = schwarz
ro = rot
br = braun
gn = grün
bl = blau
gr = grau
li = lila
ge = gelb
or = orange

D2 – Lesespule für Wegfahrsicherung
J362 – Steuergerät für Wegfahrsicherung, hinter dem Schalttafeleinsatz rechts
J... – Motorsteuergeräte
T1c – Steckverbindung, 1-fach, hinter der Relaisplatte
T1f – Steckverbindung, 1-fach, hinter der Relaisplatte
T2n – Steckverbindung, 2-fach
T2o – Steckverbindung, 2-fach
T2p – Steckverbindung, 2-fach
T2q – Steckverbindung, 2-fach
T2r – Steckverbindung, 2-fach
T2s – Steckverbindung, 2-fach
T3e – Steckverbindung, 3-fach
T8c – Steckverbindung, 8-fach, bis August 1999
T10 – Steckverbindung, 10-fach, ab September 1999
T16 – Steckverbindung, 16-fach, hinter Verkleidung für Lenksäule, -Eigendiagnose-Anschluß-
TV4 – Leitungsverteiler für Klemme 15, schwarz
TV14 – Leitungsverteiler für Eigendiagnose, weiß
TV16 – Leitungsverteiler für Daten-Bus, auf Relaisplatz Nr. 5 oder hinter der Relaisplatte*

(32) – Massepunkt, hinter der Schalttafel links

(80) – Masseverbindung -1-, im Armaturenleitungs-strang
(110) – Masseverbindung -2-, im Armaturenleitungs-strang
(A76) – Verbindung (K-Diagnoseleitung), im Schalttafelleitungsstrang

▬ • • ▬ Nur bei Fahrzeugen ab September 1999
* – Nicht bei Motorkennbuchstaben AAC, AET, AEU, AES, ABL, AJA

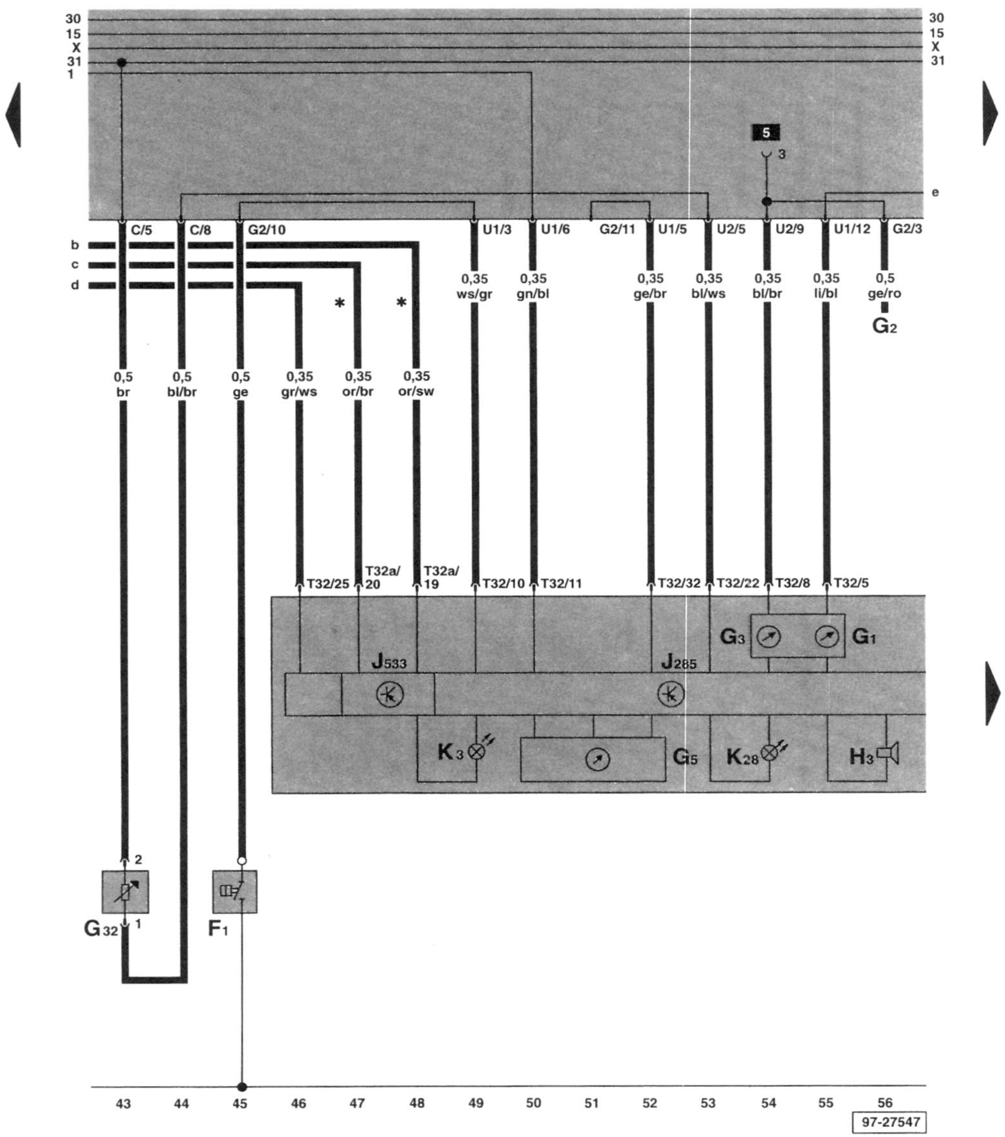

Schalttafeleinsatz, Öldruck- und Kühlmittelkontrolle, Kraftstoffvorratsanzeige, Drehzahlmesser

- F1 – Öldruckschalter
- G1 – Kraftstoffvorratsanzeige
- G2 – Geber für Kühlmitteltemperatur
- G3 – Kühlmitteltemperaturanzeige
- G5 – Drehzahlmesser
- G32 – Geber für Kühlmittelmangelanzeige
- H3 – Summer/Gong
- J285 – Steuergerät mit Anzeigeeinheit im Schalttafeleinsatz
- J533 – Diagnose-Interface für Datenbus, im Schalttafeleinsatz*
- K3 – Kontrollampe für Öldruck
- K28 – Kontrollampe für Kühlmitteltemperatur/Kühlmittelmangelanzeige
- T32 – Steckverbindung, 32-fach, blau
- T32a – Steckverbindung, 32-fach, grün
- * – Nicht bei Motorkennbuchstaben AAC, AET AEU, AES, ABL, AJA

ws = weiß
sw = schwarz
ro = rot
br = braun
gn = grün
bl = blau
gr = grau
li = lila
ge = gelb
or = orange

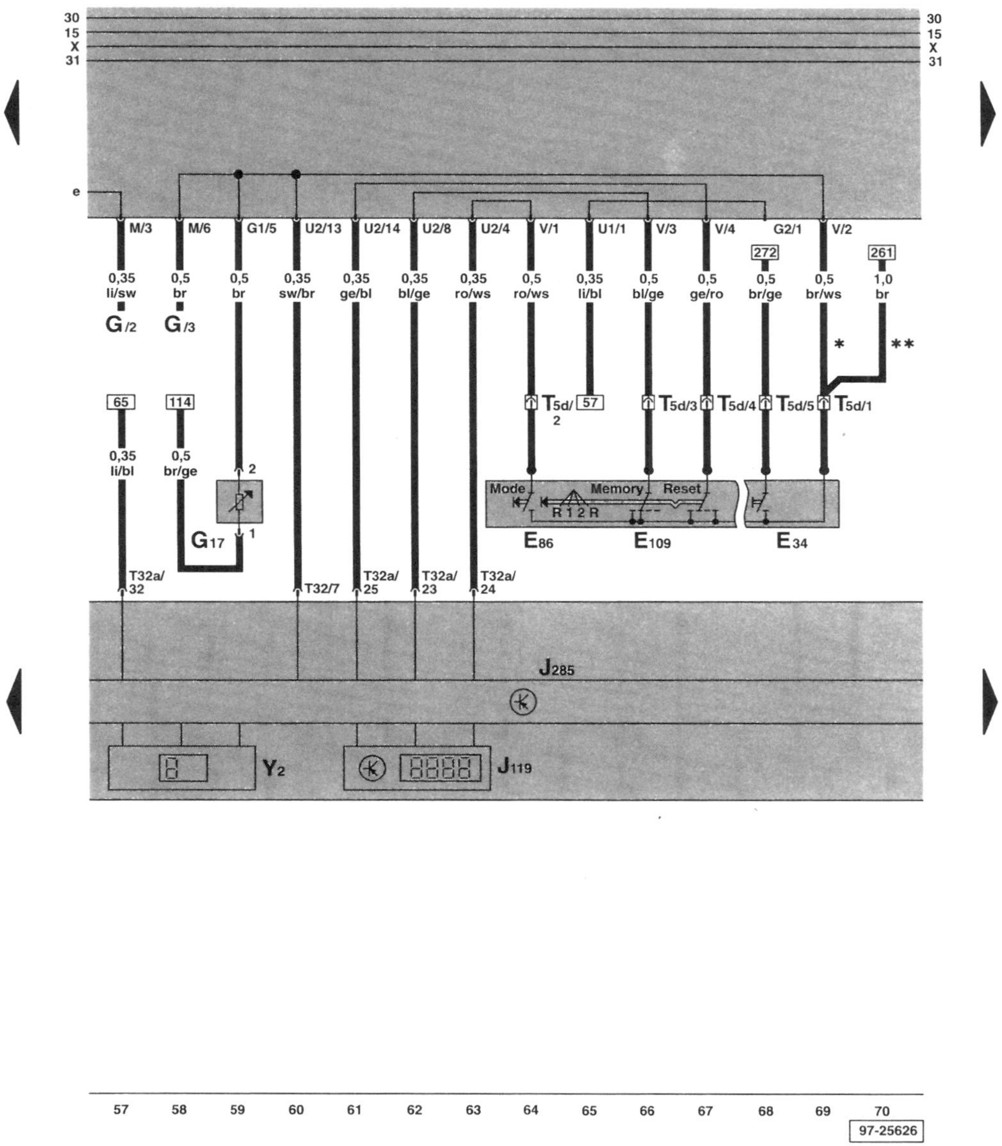

Schalttafeleinsatz, Multifunktionsanzeige, Schalter für Heckscheibenwischer, Temperaturfühler für Außentemperatur

E34 – Schalter für Heckscheibenwischer
E86 – Abruftaste für Multifunktionsanzeige
E109 – Speicherschalter für Multifunktionsanzeige
G – Geber für Kraftstoffvorrat
G17 – Temperaturfühler für Außentemperatur
J119 – Multifunktionsanzeige
J285 – Steuergerät mit Anzeigeeinheit im Schalttafeleinsatz
T5d – Steckverbindung, 5-fach, hinter Verkleidung für Lenkstockschalter
T32 – Steckverbindung, 32-fach, blau
T32a – Steckverbindung, 32-fach, grün
Y2 – Digitaluhr

* – Nur bei Fahrzeugen mit Multifunktionsanzeige
** – Nur bei Fahrzeugen ohne Multifunktionsanzeige

ws = weiß
sw = schwarz
ro = rot
br = braun
gn = grün
bl = blau
gr = grau
li = lila
ge = gelb
or = orange

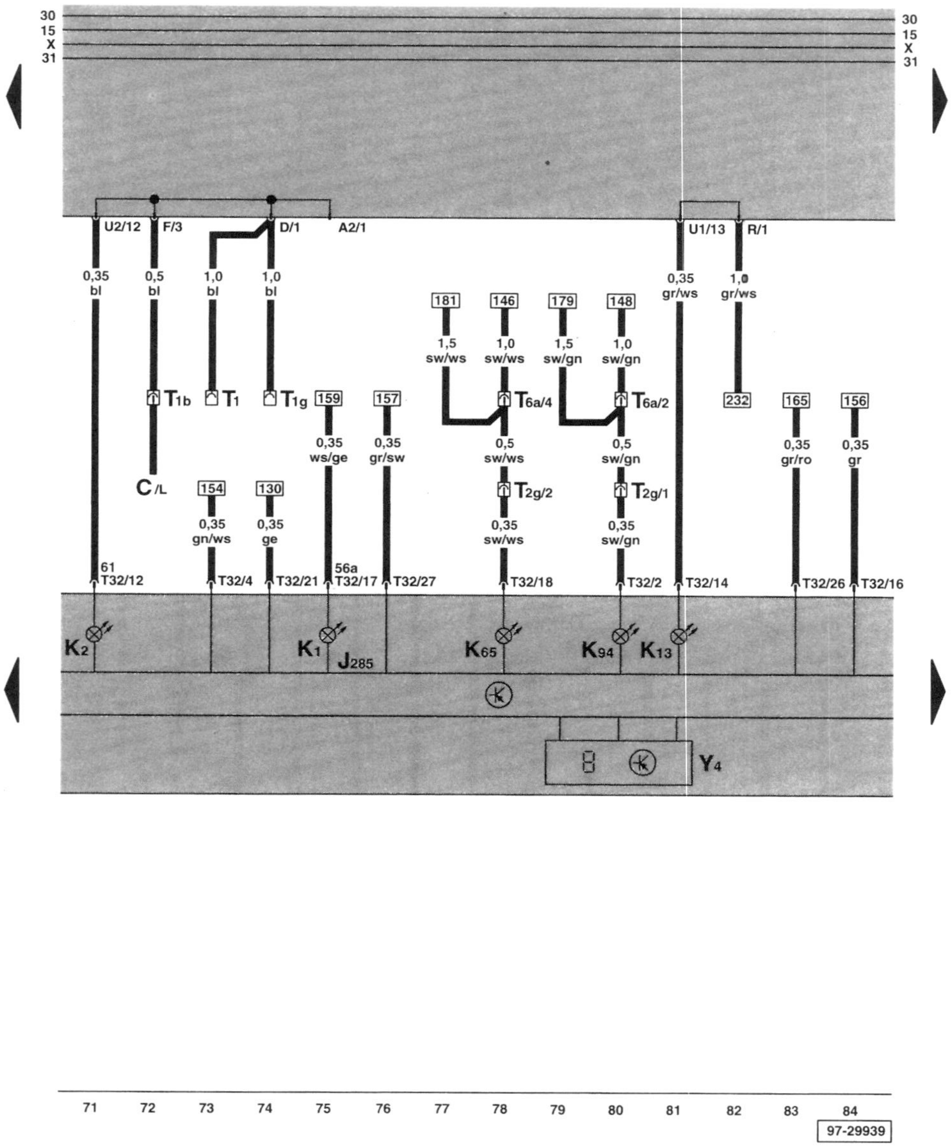

Schalttafeleinsatz, Wegstreckenanzeige, Kontrolllampen für Blinker, Kontrollampe für Generator, Kontrollampe für Fernlicht, Kontrollampe für Nebelschlußleuchte

C – Drehstromgenerator
J285 – Steuergerät mit Anzeigeeinheit im Schalttafeleinsatz
K1 – Kontrollampe für Fernlicht
K2 – Kontrollampe für Generator
K13 – Kontrollampe für Nebelschlußleuchte
K65 – Kontrollampe für Blinker links
K94 – Kontrollampe für Blinker rechts
T1 – Steckverbindung, 1-fach, hinter der Relaisplatte
T1b – Steckverbindung, 1-fach, Nähe Anlasser
T1g – Steckverbindung, 1-fach, hinter der Relaisplatte
T2g – Steckverbindung, 2-fach, hinter der Relaisplatte
T6a – Steckverbindung, 6-fach, hinter der Relaisplatte
T32 – Steckverbindung, 32-fach, blau
Y4 – Wegstreckenanzeige

ws = weiß
sw = schwarz
ro = rot
br = braun
gn = grün
bl = blau
gr = grau
li = lila
ge = gelb
or = orange

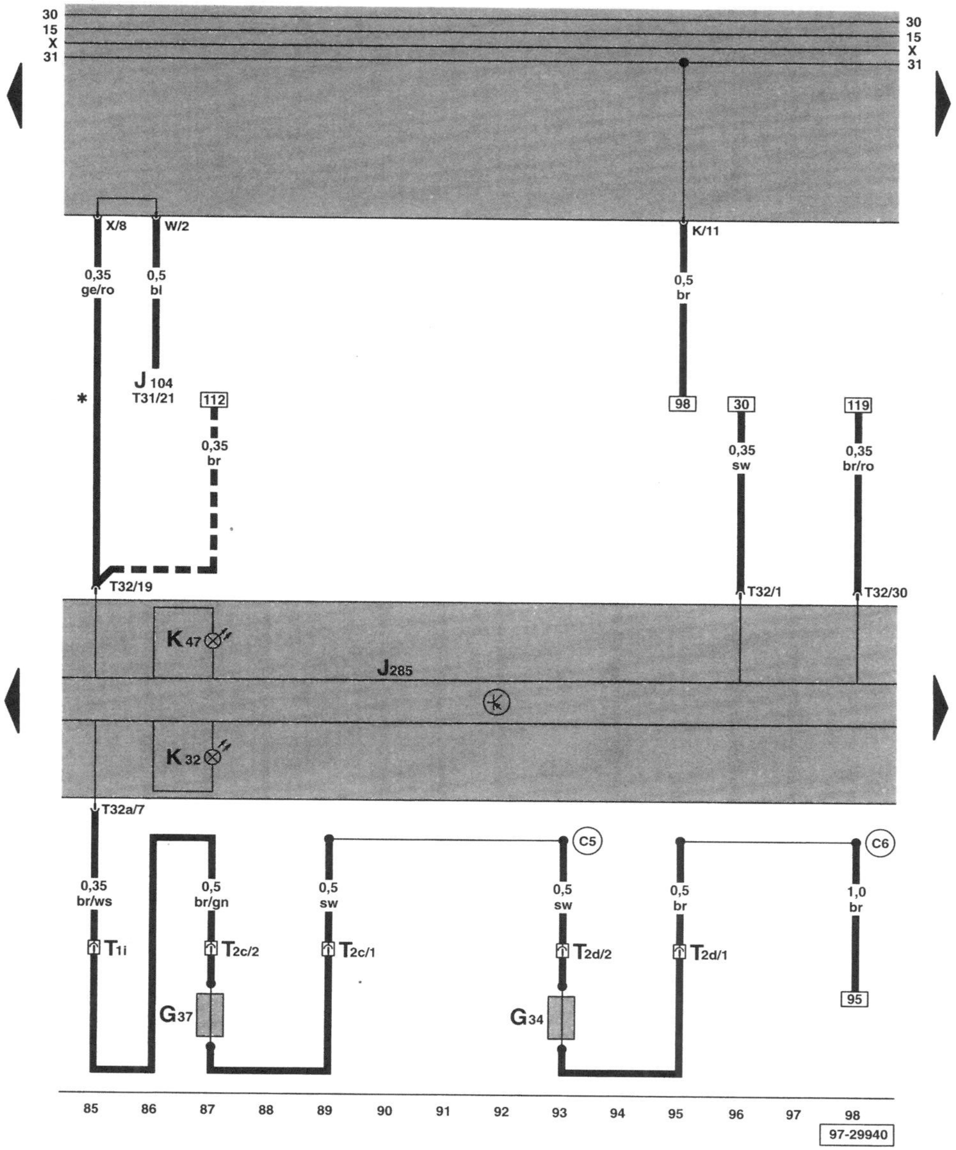

ws = weiß
sw = schwarz
ro = rot
br = braun
gn = grün
bl = blau
gr = grau
li = lila
ge = gelb
or = orange

Schalttafeleinsatz, Bremsbelagverschleißanzeige

G34 – Geber für Bremsbelagverschleißanzeige vorne links **
G37 – Geber für Bremsbelagverschleißanzeige hinten rechts **
J104 – Steuergerät für ABS mit EDS
J285 – Steuergerät mit Anzeigeeinheit im Schalttafeleinsatz
K32 – Kontrollampe für Bremsbelag
K47 – Kontrollampe für ABS
T1i – Steckverbindung, 1-fach, hinter der Relaisplatte
T2c – Steckverbindung, 2-fach
T2d – Steckverbindung, 2-fach
T2f – Steckverbindung, 2-fach
T31 – Steckverbindung, 31-fach, am Steuergerät für ABS
T32 – Steckverbindung, 32-fach, blau
T32a – Steckverbindung, 32-fach, grün

(C5) – Verbindung -1- (Bremsbelagverschleißanzeige) im Leitungsstrang vorn links
(C6) – Verbindung -2- (Bremsbelagverschleißanzeige) im Leitungsstrang vorn links

* – Nur bei Fahrzeugen mit ABS
▬ ▬ ▬ Nur bei Fahrzeugen ohne ABS
** – Fahrzeuge mit 16-Zoll Fahrwerk Stromlaufplan Bremsbelagverschleißanzeige Nr. 89/1

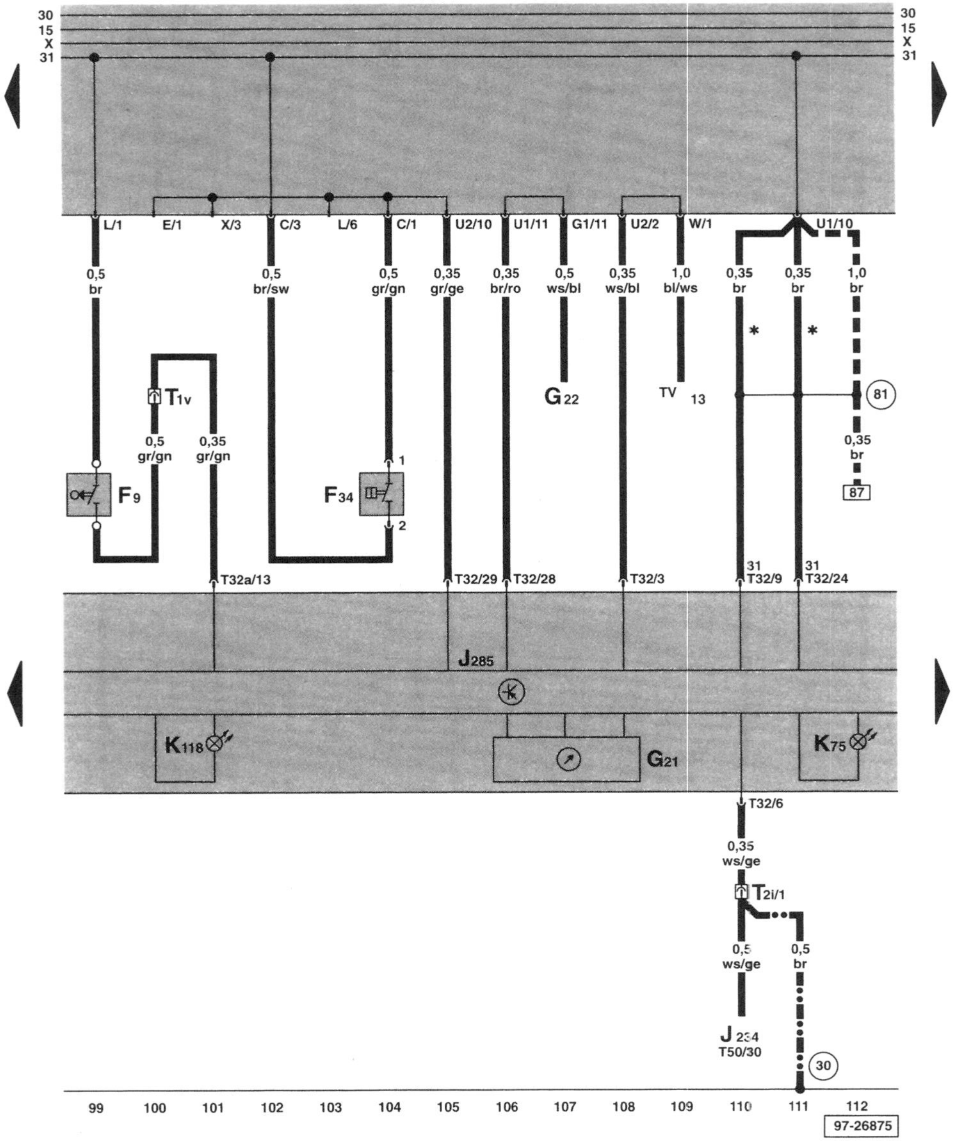

ws = weiß
sw = schwarz
ro = rot
br = braun
gn = grün
bl = blau
gr = grau
li = lila
ge = gelb
or = orange

Schalttafeleinsatz, Schalter für Handbremskontrolle, Warnkontakt für Bremsflüssigkeitsstand, Kontrollampe für Bremsanlage, Geschwindigkeitsmesser

F9 – Schalter für Handbremskontrolle
F34 – Warnkontakt für Bremsflüssigkeitsstand
G21 – Geschwindigkeitsmesser
G22 – Geber für Geschwindigkeitsmesser (Hallgeber, am Getriebe)
J234 – Steuergerät für Airbag
J285 – Steuergerät mit Anzeigeeinheit im Schalttafeleinsatz
K75 – Kontrollampe für Airbag
K118 – Kontrollampe für Bremsanlage
T1v – Steckverbindung, 1-fach, hinter der Relaisplatte
T2i – Steckverbindung, 2-fach, hinter der Relaisplatte
T32 – Steckverbindung, 32-fach, blau
T32a – Steckverbindung, 32-fach, grün
T50 – Steckverbindung, 50-fach, am Steuergerät für Airbag
TV13 – Leitungsverteiler für Geschwindigkeitssignal, blau

(30) – Massepunkt -1-, neben Relaisplatte

(81) – Masseverbindung -1-, im Schalttafelleitungsstrang (nur bei Fahrzeugen ohne ABS)

* – Nur bei Fahrzeugen mit ABS
▪▪▪ Nur bei Fahrzeugen ohne ABS
▪•▪ Nur bei Fahrzeugen ohne Airbag

Schalttafeleinsatz, Anschluß für Radio

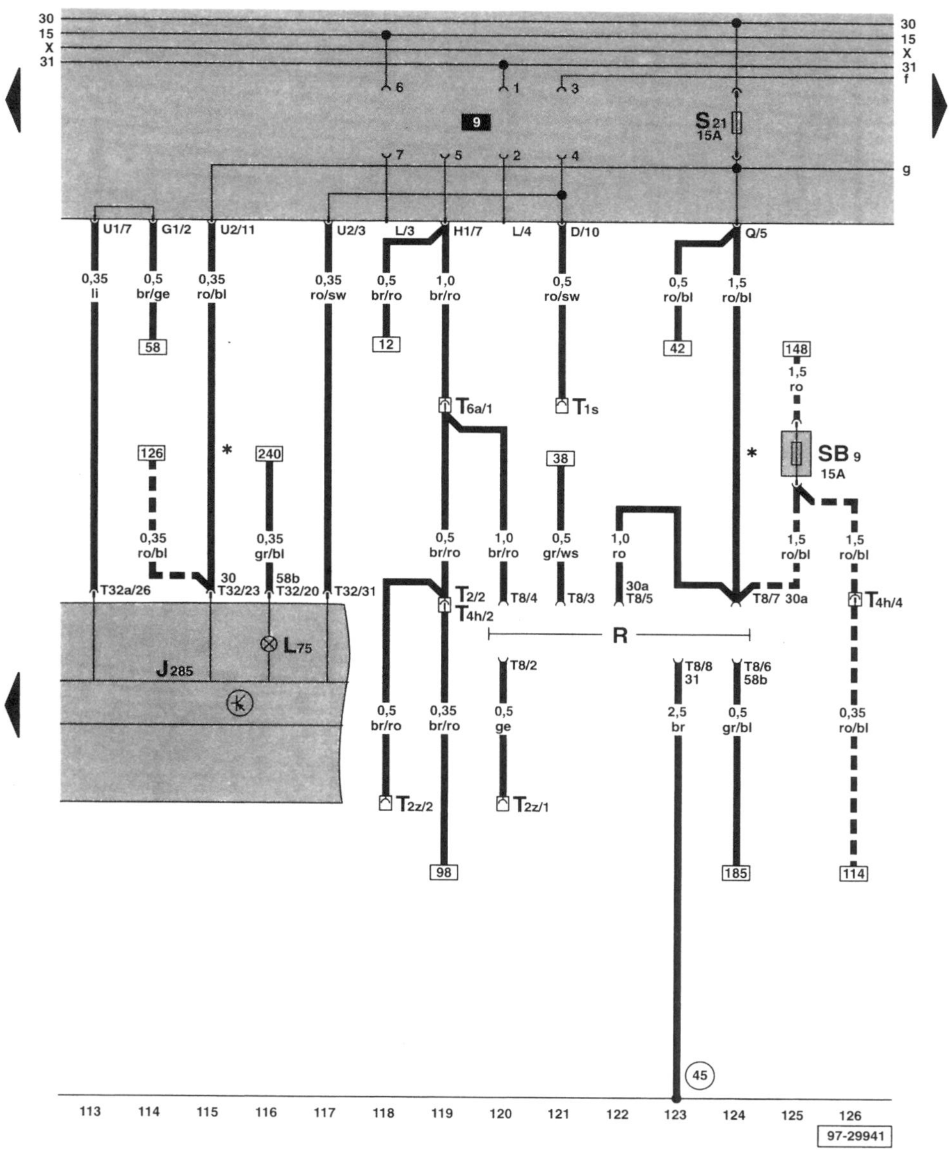

J285 – Steuergerät mit Anzeigeeinheit im Schalttafeleinsatz
L75 – Beleuchtung für Digitalanzeige
R – Radio
SB9 – Sicherung -9- auf Sicherungshalter unterhalb der Relaisplatte
T1s – Steckverbindung, 1-fach, hinter der Relaisplatte
T2 – Steckverbindung, 2-fach, hinter der Relaisplatte, bis August 2000
T2z – Steckverbindung, 2-fach, hinter der Relaisplatte
T4h – Steckverbindung, 4-fach, hinter der Relaisplatte, ab September 2000
T6a – Steckverbindung, 6-fach, hinter der Relaisplatte
T8 – Steckverbindung, 8-fach, am Radio
T32 – Steckverbindung, 32-fach, blau
T32a – Steckverbindung, 32-fach, grün

(45) – Massepunkt, hinter Schalttafel - Mitte

* – Bis August 2000

▪▪▪ Ab September 2000

ws = weiß
sw = schwarz
ro = rot
br = braun
gn = grün
bl = blau
gr = grau
li = lila
ge = gelb
or = orange

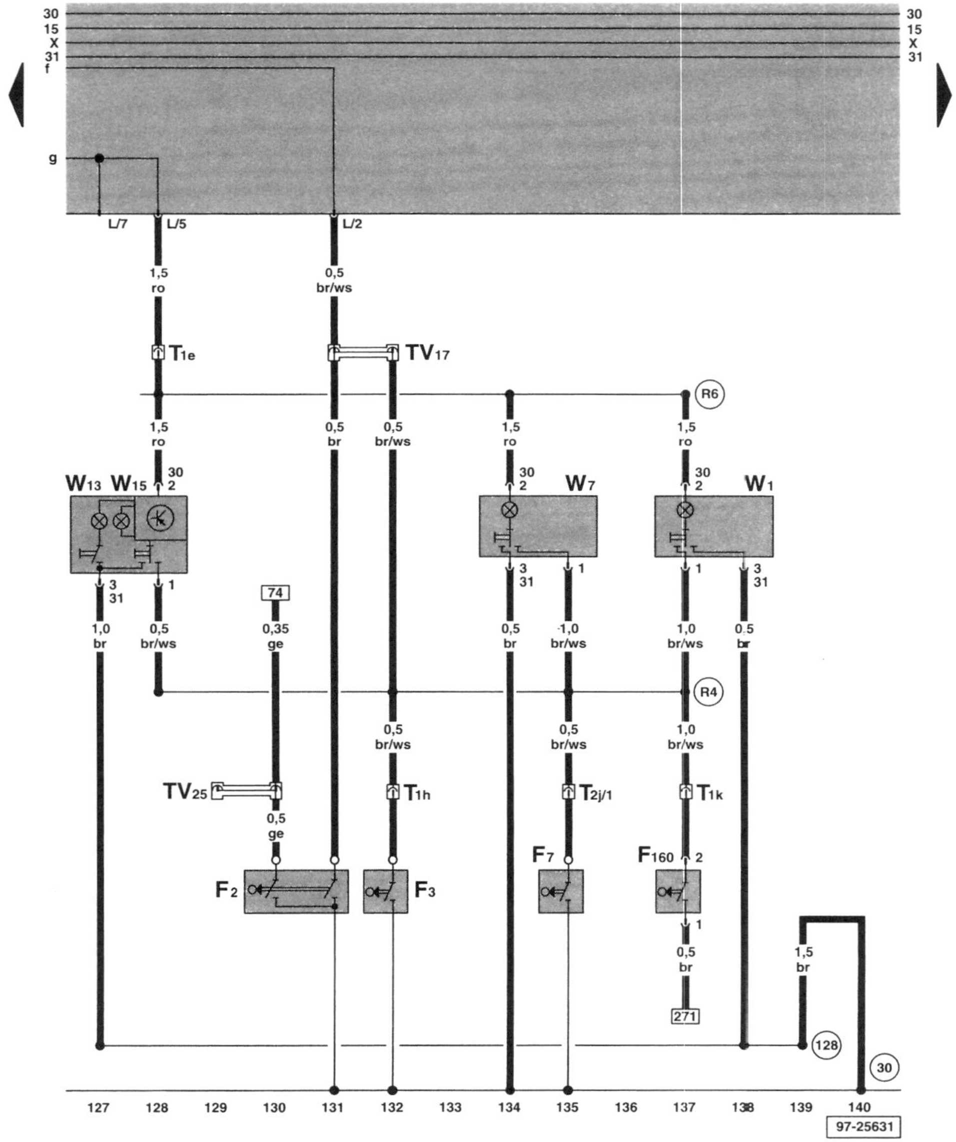

Innenleuchten, Türkontaktschalter

F2 – Türkontaktschalter - Fahrerseite
F3 – Türkontaktschalter - Beifahrerseite
F7 – Türkontaktschalter hinten rechts (Schiebetür)
F160 – Türkontaktschalter hinten (Heck)
T1e – Steckverbindung, 1-fach, hinter der Relaisplatte
T1h – Steckverbindung, 1-fach, hinter der Schalttafel rechts
T1k – Steckverbindung, 1-fach, Nähe Schlußleuchte rechts
T2j – Steckverbindung, 2-fach, Nähe Innenleuchte Mitte
TV17 – Leitungsverteiler für Türkontaktschalter (mit Last), braun
TV25 – Leitungsverteiler für Türkontaktschalter (ohne Last), rosa
W1 – Innenleuchte vorn
W7 – Innenleuchte Mitte
W13 – Leseleuchte Beifahrer
W15 – Innenleuchte mit Ausschaltverzögerung

(30) – Massepunkt -1-, neben Relaisplatte
(128) – Masseverbindung -1-, im Leitungsstrang Innenleuchte
(R4) – Verbindung -1-, im Leitungsstrang Innenleuchte/Türkontaktschalter
(R6) – Plusverbindung -1-, im Leitungsstrang Innenleuchte

ws = weiß
sw = schwarz
ro = rot
br = braun
gn = grün
bl = blau
gr = grau
li = lila
ge = gelb
or = orange

Leuchtweitenregelung, Warnlichtschalter

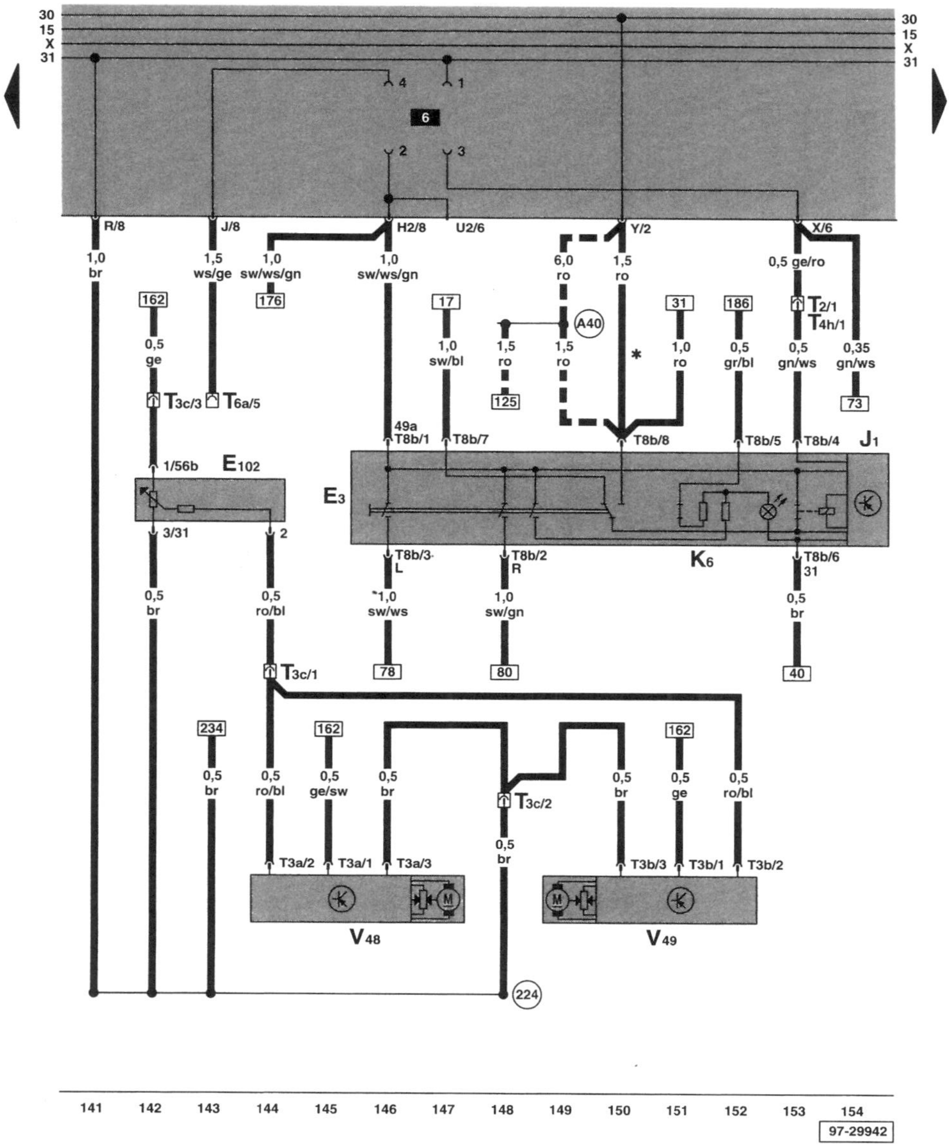

E3 – Warnlichtschalter
E102 – Einsteller für Leuchtweitenregelung
J1 – Blinkrelais
K6 – Kontrollampe für Warnblinkanlage
T2 – Steckverbindung, 2-fach, hinter der Relaisplatte, bis August 2000
T3a – Steckverbindung, 3-fach
T3b – Steckverbindung, 3-fach
T3c – Steckverbindung, 3-fach, hinter der Relaisplatte
T4h – Steckverbindung, 4-fach, hinter der Relaisplatte, ab September 2000
T6a – Steckverbindung, 6-fach, hinter der Relaisplatte
T8b – Steckverbindung, 8-fach
V48 – Stellmotor links für Leuchtweitenregelung
V49 – Stellmotor rechts für Leuchtweitenregelung

(224) – Masseverbindung, im Leitungsstrang Lichtschalter
(A40) – Plusverbindung –1– (30), im Armaturenleitungsstrang
* – Bis August 2000
▪▪▪ Ab September 2000

ws = weiß
sw = schwarz
ro = rot
br = braun
gn = grün
bl = blau
gr = grau
li = lila
ge = gelb
or = orange

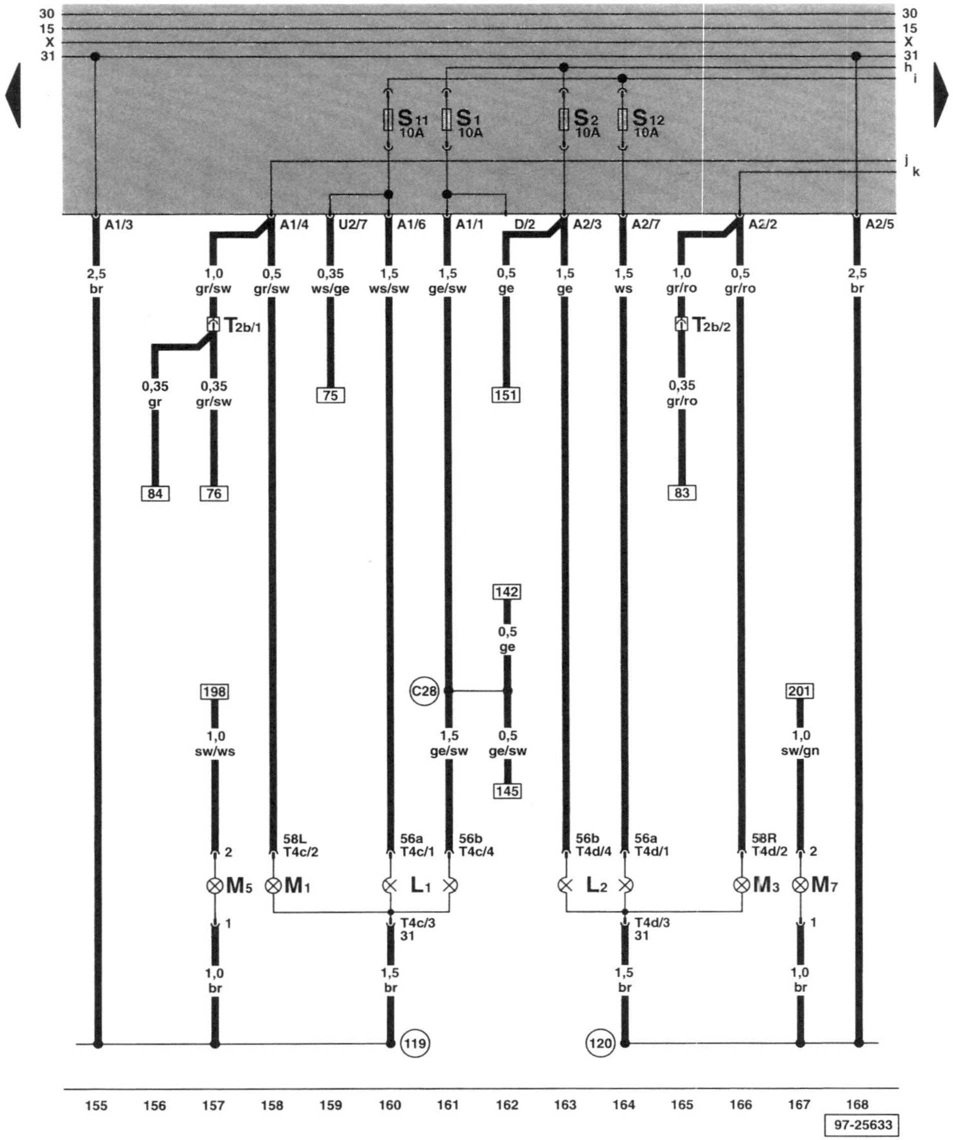

Scheinwerfer (langer Vorderwagen), Blinklicht vorn, Standlicht

- L1 – Zweifadenlampe für Scheinwerfer links
- L2 – Zweifadenlampe für Scheinwerfer rechts
- M1 – Lampe für Standlicht links
- M3 – Lampe für Standlicht rechts
- M5 – Lampe für Blinklicht vorn links
- M7 – Lampe für Blinklicht vorn rechts
- T2b – Steckverbindung, 2-fach, hinter der Relaisplatte
- T4c – Steckverbindung, 4-fach
- T4d – Steckverbindung, 4-fach
- (119) – Masseverbindung -1-, im Leitungsstrang Scheinwerfer
- (120) – Masseverbindung -2-, im Leitungsstrang Scheinwerfer
- (C28) – Verbindung -1- (56b) im Leitungsstrang Scheinwerfer

ws = weiß
sw = schwarz
ro = rot
br = braun
gn = grün
bl = blau
gr = grau
li = lila
ge = gelb
or = orange

Blinkerschalter, Schalter für Handabblendung und Lichthupe, Parklichtschalter

E2 – Blinkerschalter
E4 – Schalter für Handabblendung und Lichthupe
E19 – Schalter für Parklicht
T1a – Steckverbindung, 1-fach, hinter der Relaisplatte
T5b – Steckverbindung, 5-fach, hinter Verkleidung für Lenkstockschalter
T7a – Steckverbindung, 7-fach, hinter Verkleidung für Lenkstockschalter

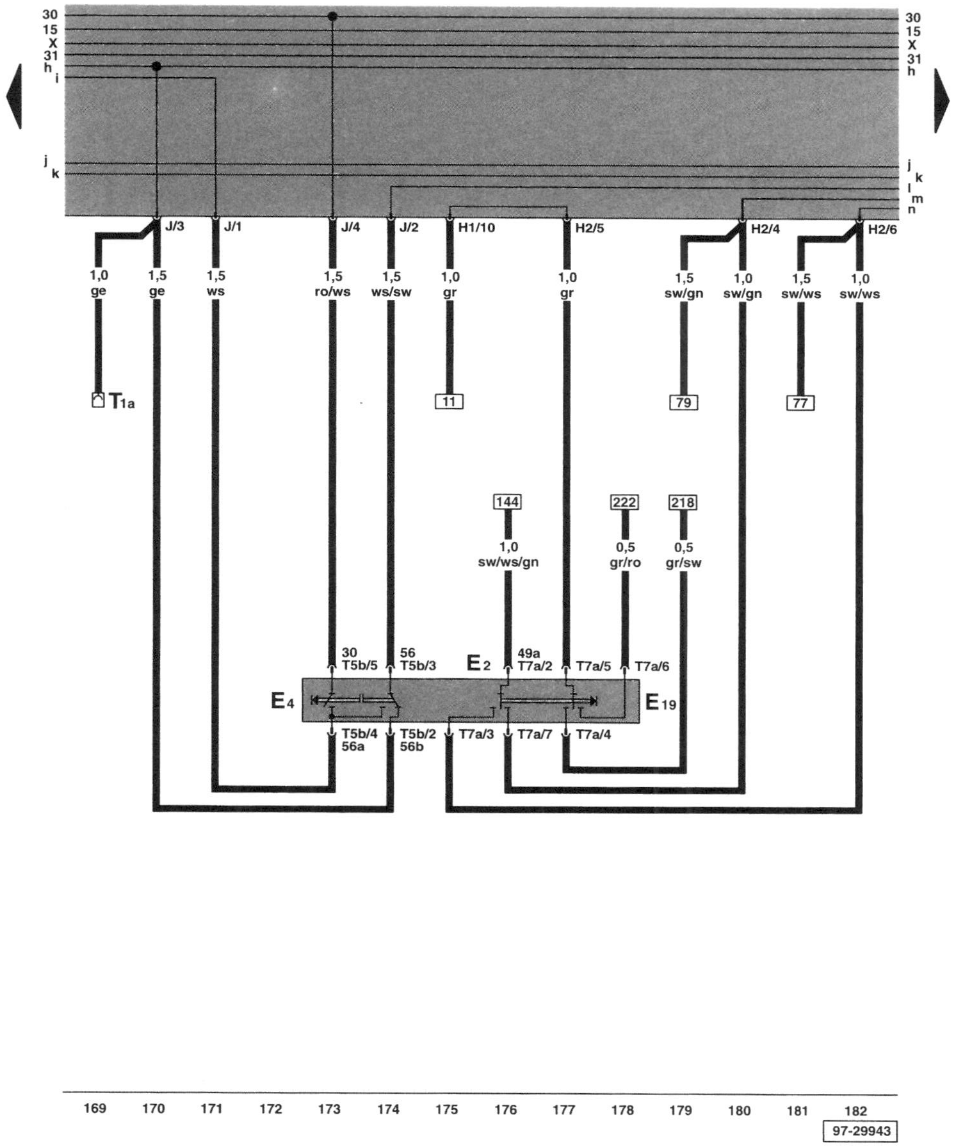

ws = weiß
sw = schwarz
ro = rot
br = braun
gn = grün
bl = blau
gr = grau
li = lila
ge = gelb
or = orange

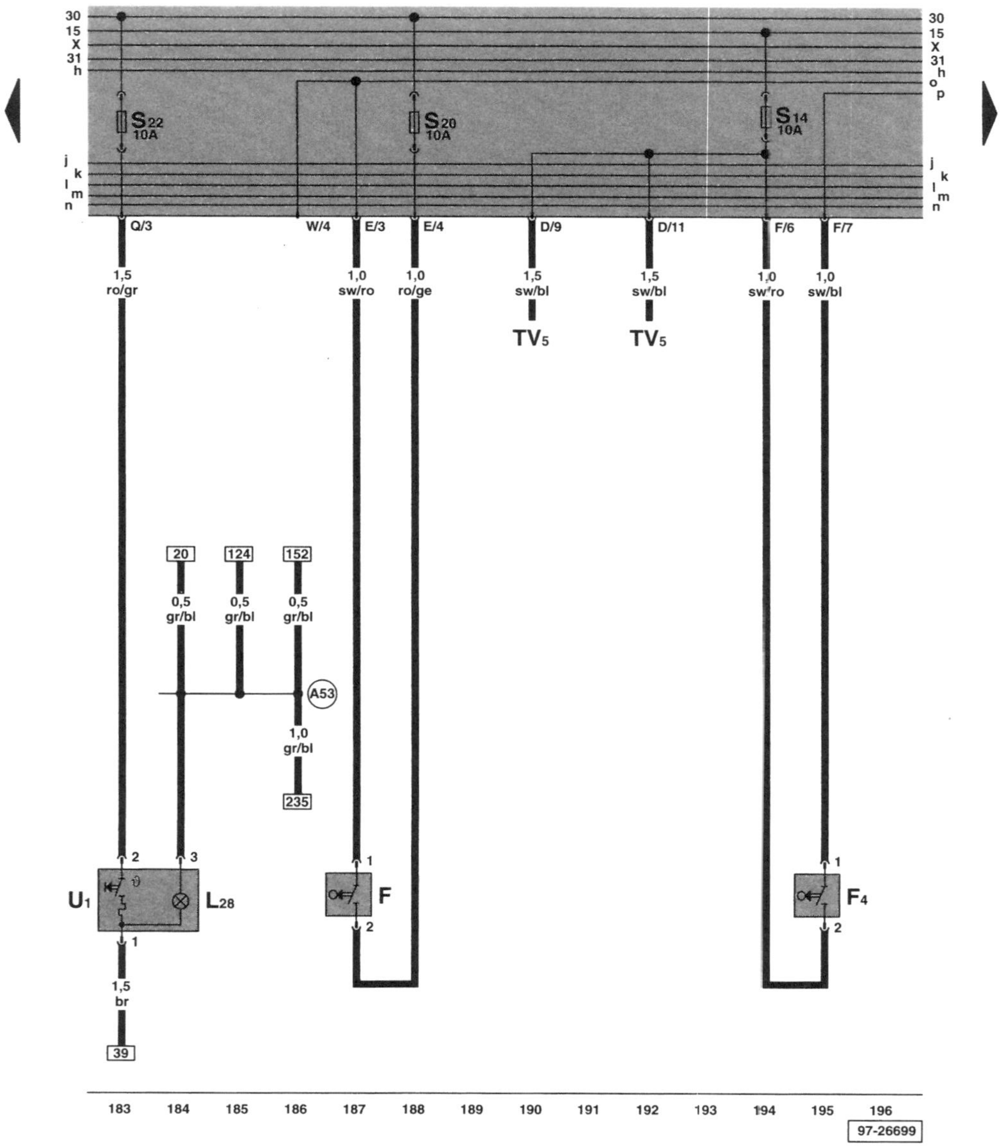

Zigarrenanzünder, Bremslichtschalter, Schalter für Rückfahrleuchten

F – Bremslichtschalter
F4 – Schalter für Rückfahrleuchten
L28 – Lampe für Beleuchtung Zigarrenanzünder
TV5 – Leitungsverteiler für Klemme 15a, grün, 4-fach und 8-fach
U1 – Zigarrenanzünder

(A53) – Verbindung (58b) im Schalttafelleitungsstrang

ws = weiß
sw = schwarz
ro = rot
br = braun
gn = grün
bl = blau
gr = grau
li = lila
ge = gelb
or = orange

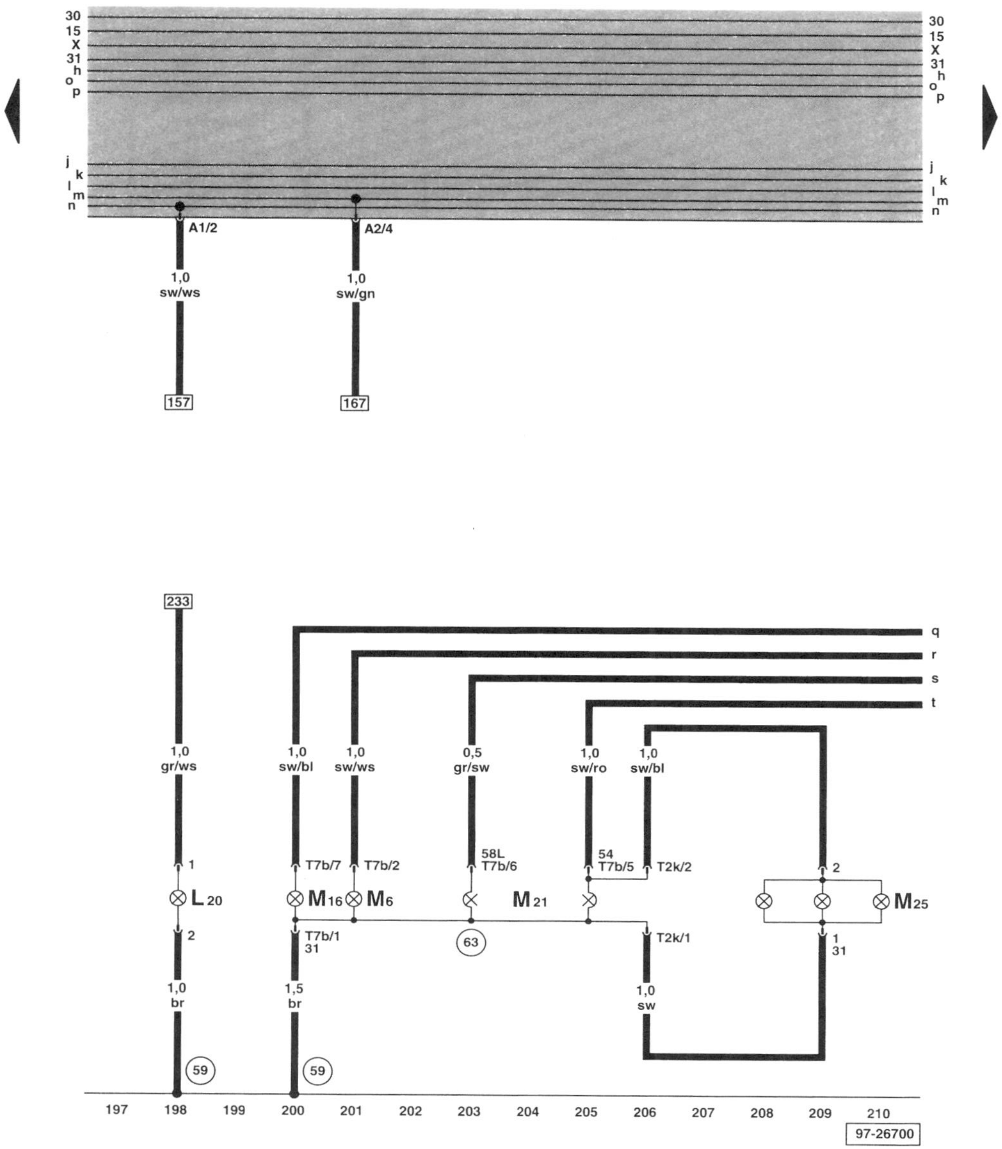

Blinklicht hinten links, Schlußlicht links, Rückfahrlicht links, Bremslicht links, Nebelschlußleuchte, hochgesetztes Bremslicht

L20 – Lampe für Nebelschlußleuchte
M6 – Lampe für Blinklicht hinten links
M16 – Lampe für Rückfahrlicht links
M21 – Lampe für Brems- und Schlußlicht links
M25 – Lampe für hochgesetztes Bremslicht
T2k – Steckverbindung, 2-fach
T7b – Steckverbindung, 7-fach

(59) – Massepunkt, Nähe Schlußleuchte links

(63) – Massepunkt, Lampenträger - Schlußleuchte links

ws = weiß
sw = schwarz
ro = rot
br = braun
gn = grün
bl = blau
gr = grau
li = lila
ge = gelb
or = orange

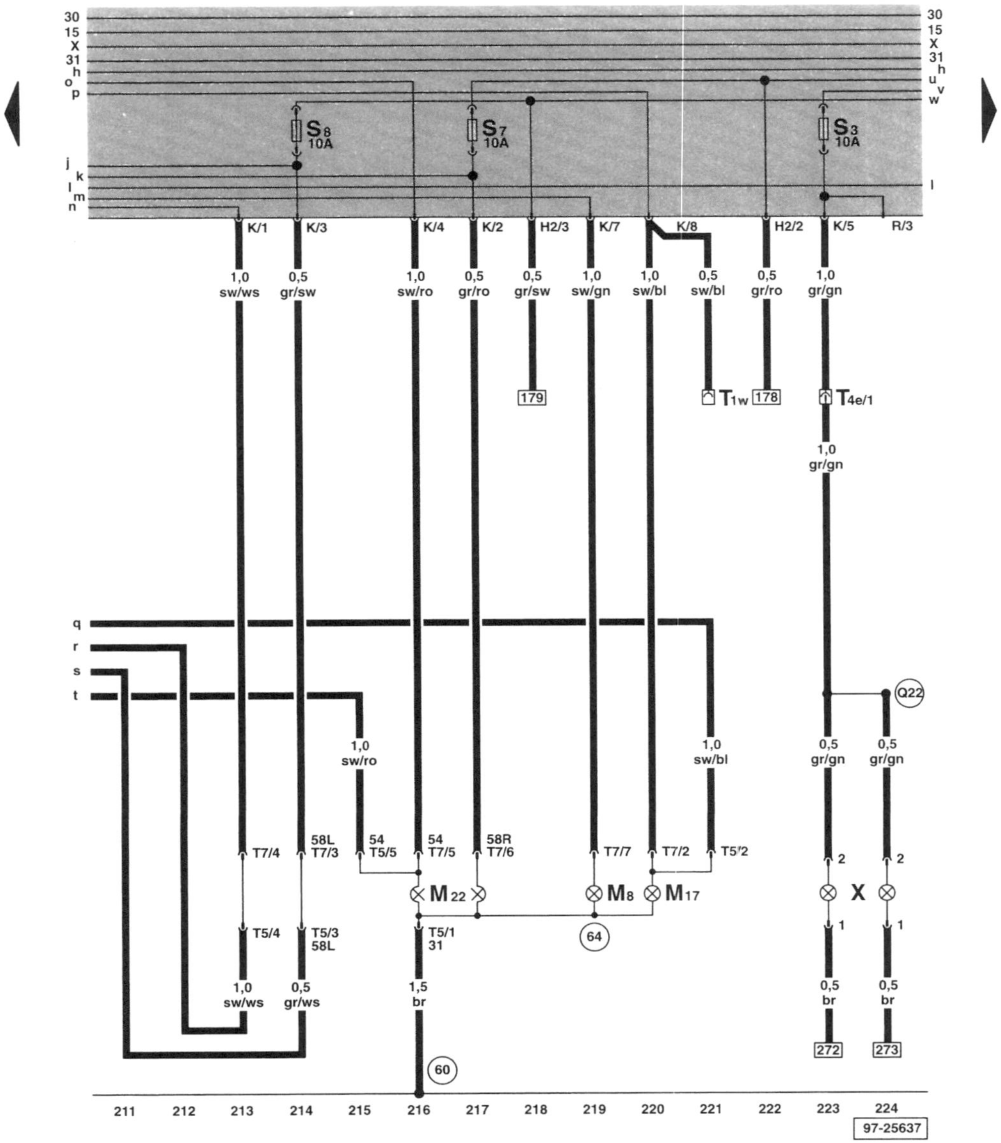

ws = weiß
sw = schwarz
ro = rot
br = braun
gn = grün
bl = blau
gr = grau
li = lila
ge = gelb
or = orange

Blinklicht hinten rechts, Schlußlicht rechts, Rückfahrlicht rechts, Bremslicht rechts, Kennzeichenleuchte

M8 – Lampe für Blinklicht hinten rechts
M17 – Lampe für Rückfahrlicht rechts
M22 – Lampe für Brems- und Schlußlicht rechts
T1w – Steckverbindung, 1-fach, hinter der Relaisplatte
T4e – Steckverbindung, 4-fach, Nähe Schlußleuchte rechts
T5 – Steckverbindung, 5-fach
T7 – Steckverbindung, 7-fach
X – Kennzeichenleuchte

(60) – Massepunkt, -2-, Nähe Schlußleuchte rechts

(64) – Massepunkt, Lampenträger - Schlußleuchte rechts

(Q22) – Verbindung -1-, im Leitungsstrang Heckklappe

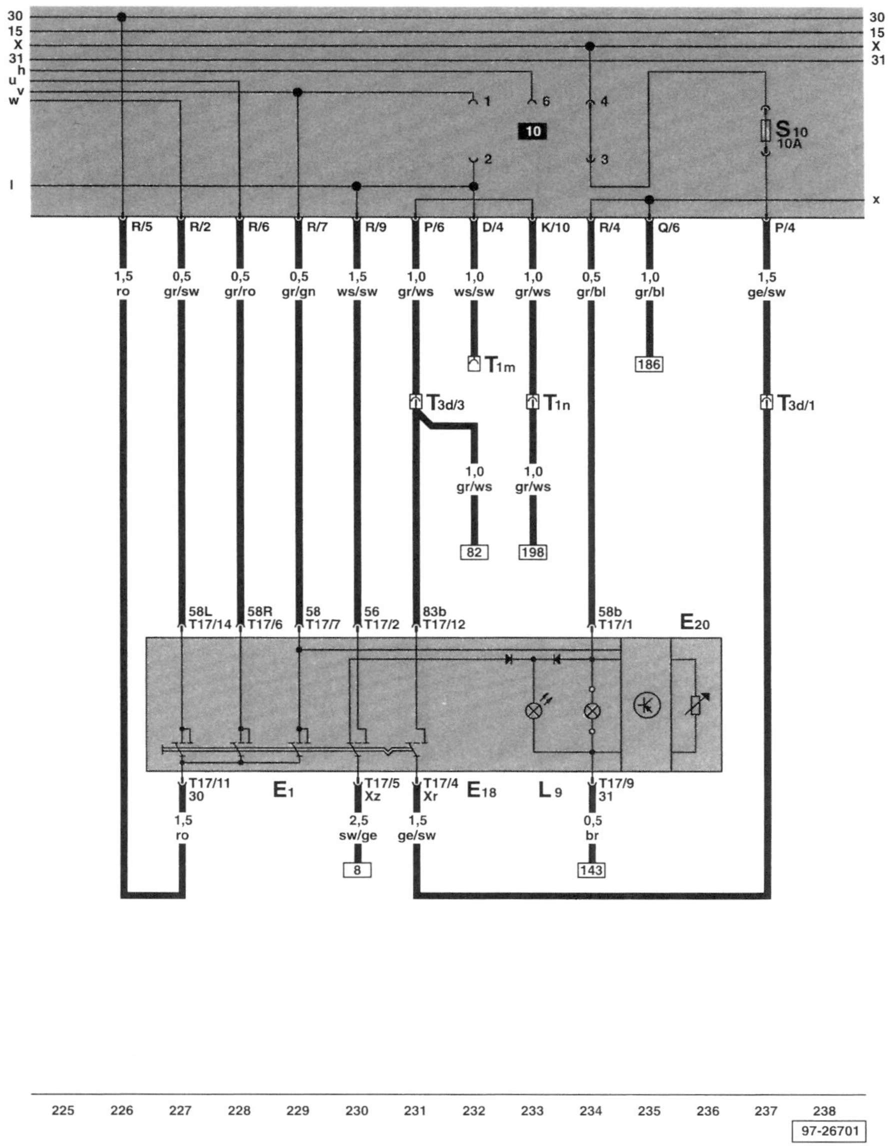

Lichtschalter, Schalter für Nebelschlußleuchte, Regler für Beleuchtung - Schalter und Intrumente

E1 – Lichtschalter
E18 – Schalter für Nebelschlußleuchte
E20 – Regler für Beleuchtung - Schalter und Intrumente
L9 – Lampe für Beleuchtung Lichtschalter
T1m – Steckverbindung, 1-fach, hinter der Relaisplatte
T1n – Steckverbindung, 1-fach, Nähe Schlußleuchte rechts
T3d – Steckverbindung, 3-fach, hinter der Relaisplatte
T17 – Steckverbindung, 17-fach

ws = weiß
sw = schwarz
ro = rot
br = braun
gn = grün
bl = blau
gr = grau
li = lila
ge = gelb
or = orange

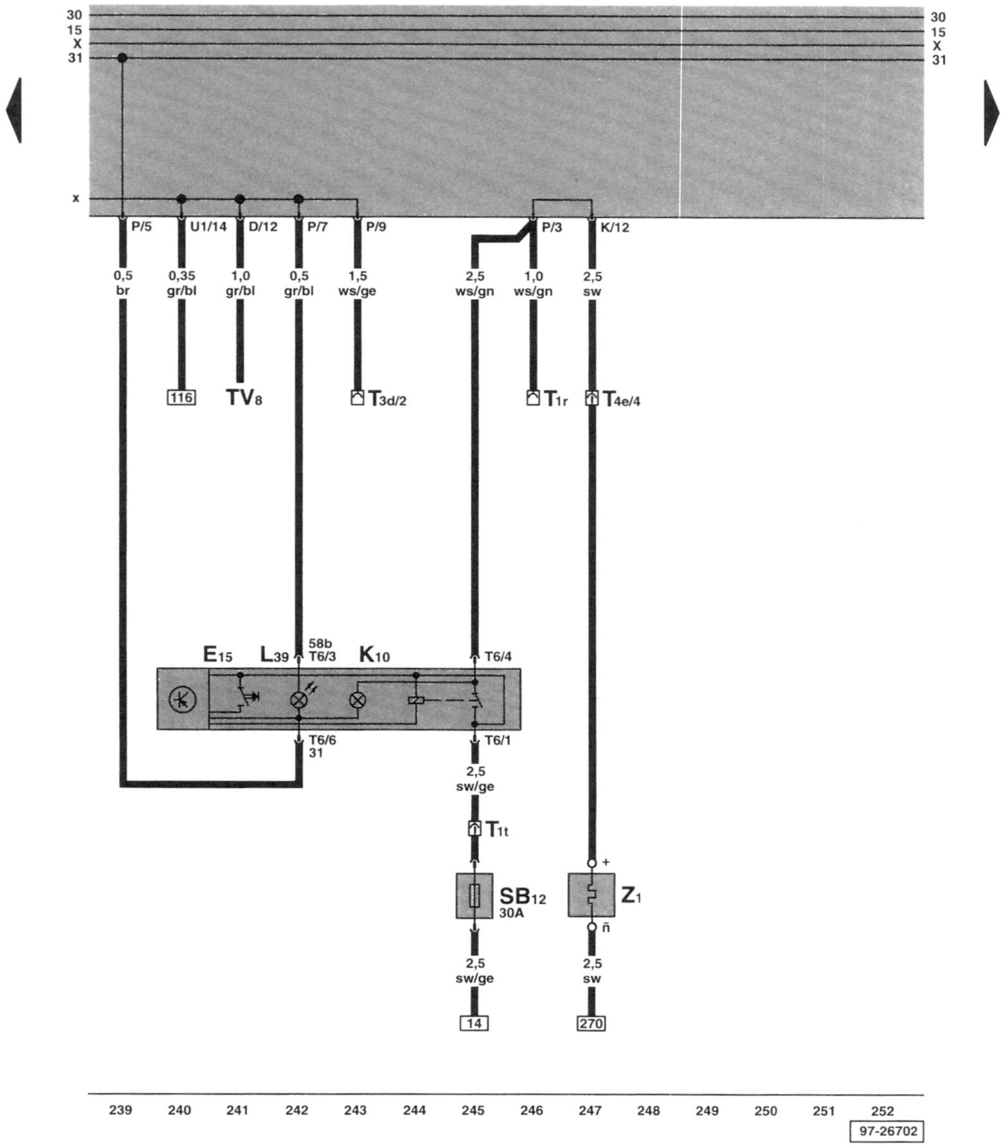

Heckscheibenheizung

E15	–	Schalter für beheizbare Heckscheibe
K10	–	Kontrollampe für beheizbare Heckscheibe
L39	–	Lampe für Beleuchtung für Schalter für beheizbare Heckscheibe
SB12	–	Sicherung -12- auf Sicherungshalter unterhalb der Relaisplatte
T1r	–	Steckverbindung, 1-fach, hinter der Relaisplatte
T1t	–	Steckverbindung, 1-fach, hinter der Relaisplatte
T3d	–	Steckverbindung, 3-fach, hinter der Relaisplatte
T4e	–	Steckverbindung, 4-fach, Nähe Schlußleuchte rechts
T6	–	Steckverbindung, 6-fach
TV8	–	Leitungsverteiler für Klemme 58b, grau
Z1	–	beheizbare Heckscheibe

ws = weiß
sw = schwarz
ro = rot
br = braun
gn = grün
bl = blau
gr = grau
li = lila
ge = gelb
or = orange

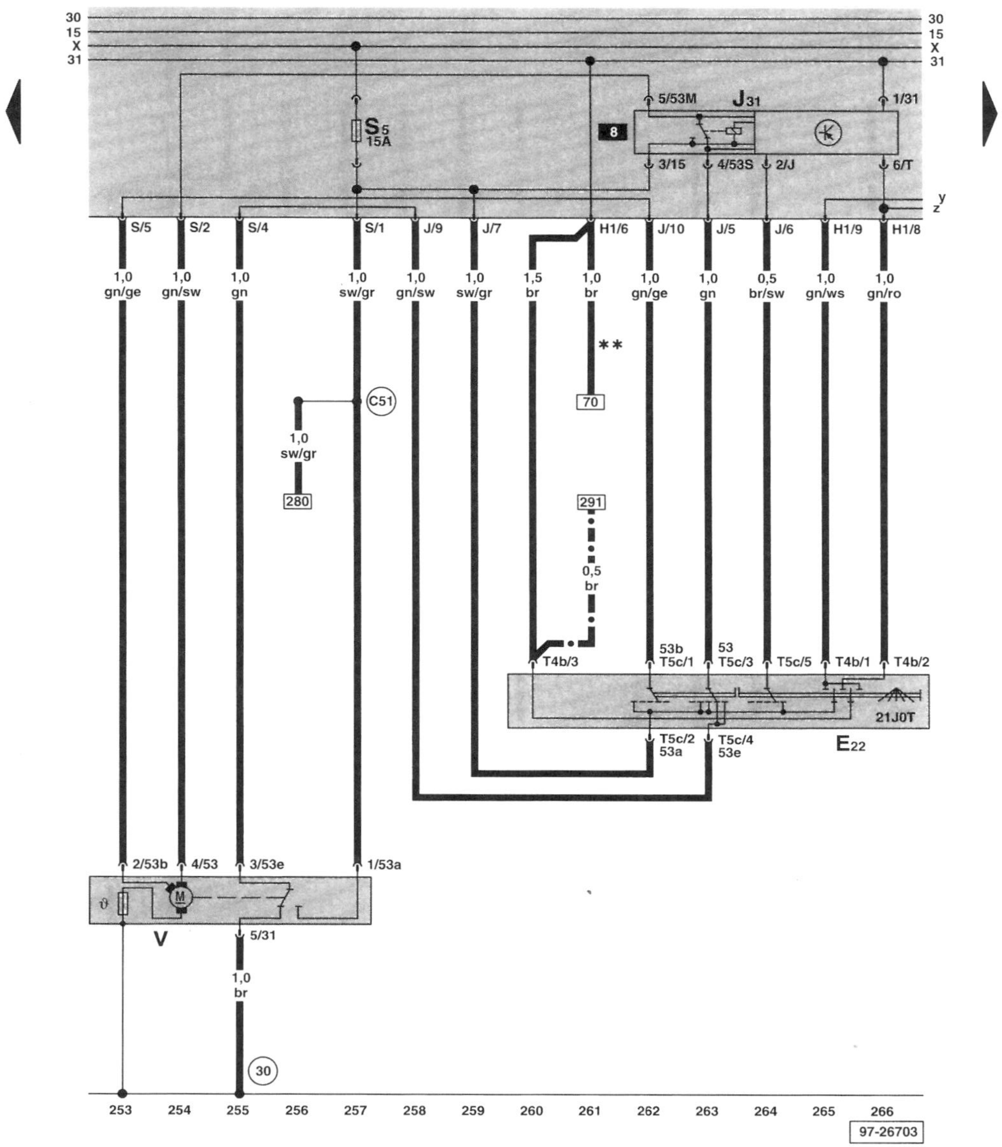

Scheibenwisch- und waschanlage

E22 – Scheibenwischerschalter für Intervallbetrieb
J31 – Relais für Wasch-Wisch-Intervallautomatik
T4b – Steckverbindung, 4-fach, hinter Verkleidung für Lenkstockschalter
T5c – Steckverbindung, 5-fach, hinter Verkleidung für Lenkstockschalter
V – Scheibenwischermotor

(30) – Massepunkt -1-, neben Relaisplatte

(C51) – Plusverbindung (X), im Leitungsstrang Scheibenwischermotor

** – Nur bei Fahrzeugen ohne Multifunktionsanzeige
▬•▪•▬ Nur bei Fahrzeugen mit ESP

ws = weiß
sw = schwarz
ro = rot
br = braun
gn = grün
bl = blau
gr = grau
li = lila
ge = gelb
or = orange

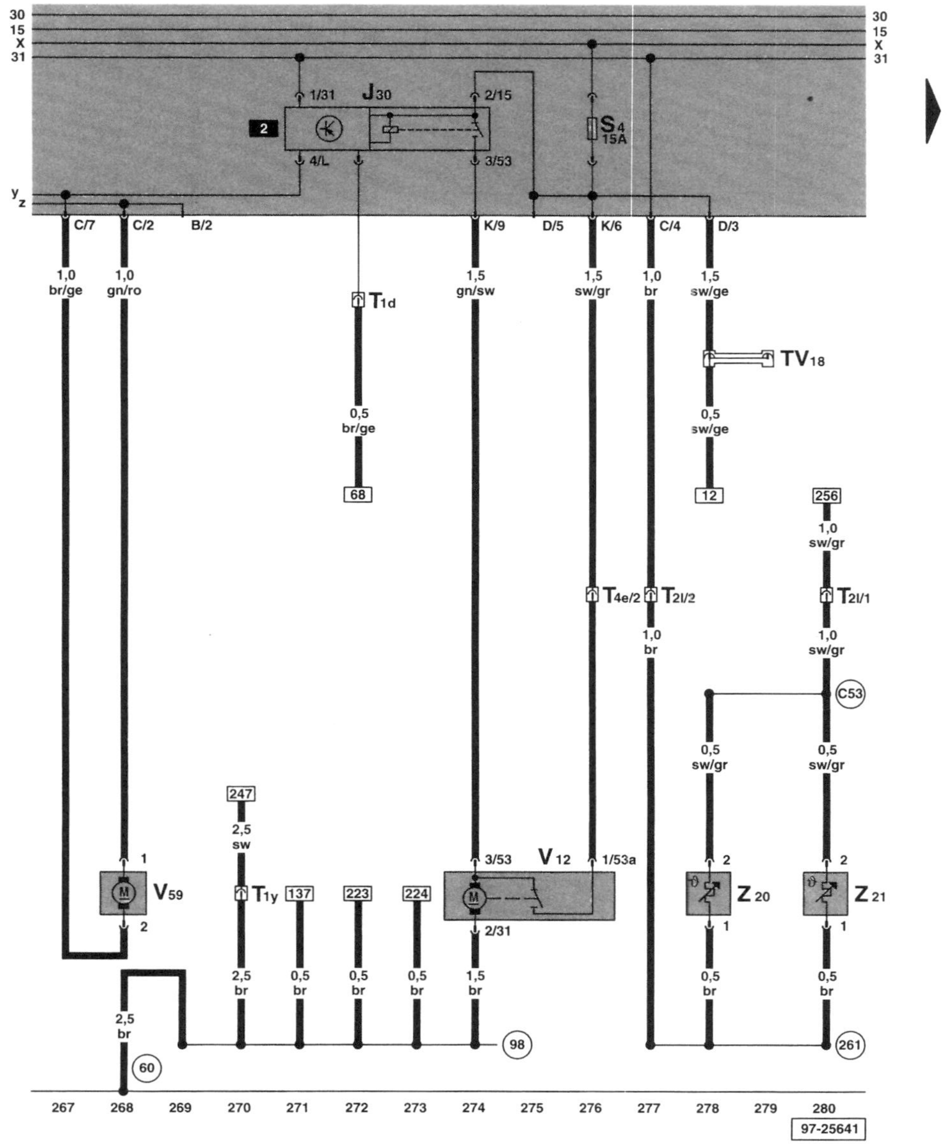

ws = weiß
sw = schwarz
ro = rot
br = braun
gn = grün
bl = blau
gr = grau
li = lila
ge = gelb
or = orange

Heckscheibenwisch- und waschanlage (Heckklappe), beheizbare Scheibenwaschdüsen

J30 – Relais für Heckscheibenwischer und -wascher
T1d – Steckverbindung, 1-fach, am Relais für Heckscheibenwischer und -wascher
T1y – Steckverbindung, 1-fach, in der Heckklappe
T2l – Steckverbindung, 2-fach, an der Spritzwand rechts
T4e – Steckverbindung, 4-fach, Nähe Schlußleuchte rechts
TV18 – Leitungsverteiler für Klemme Xa, lila
V12 – Motor für Heckscheibenwischer
V59 – Front- und Heckscheibenwaschpumpe
Z20 – Heizwiderstand für Spritzdüse links
Z21 – Heizwiderstand für Spritzdüse rechts

(60) – Massepunkt -2-, Nähe Schlußleuchte rechts

(98) – Masseverbindung, im Leitungsstrang Heckklappe
(261) – Masseverbindung, im Leitungsstrang beheizbare Spritzdüsen
(C53) – Plusverbindung, im Leitungsstrang beheizbare Spritzdüsen

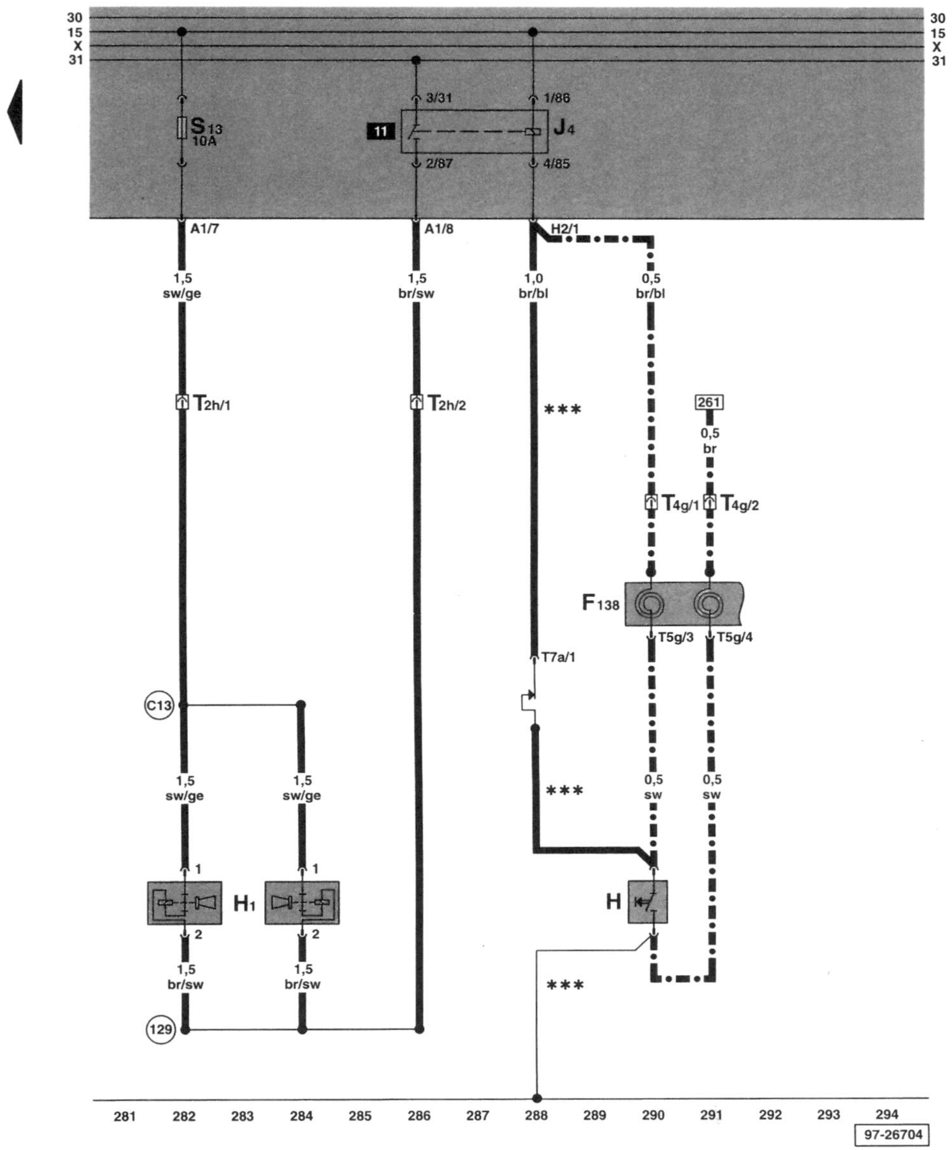

Doppeltonhorn, Signalhornbetätigung

F138 – Wickelfeder für Airbag/Signalhornbetätigung
H – Signalhornbetätigung
H1 – Signalhorn/Doppeltonhorn
J4 – Relais für Doppeltonhorn
T2h – Steckverbindung, 2-fach, im Motorraum vorn links
T4g – Steckverbindung, 4-fach, hinter Verkleidung für Lenkstockschalter
T5g – Steckverbindung, 5-fach
T7a – Steckverbindung, 7-fach, hinter Verkleidung für Lenkstockschalter

(129) – Masseverbindung im Leitungsstrang Doppeltonhorn
(C13) – Plusverbindung im Leitungsstrang Doppeltonhorn

*** – Nur bei Fahrzeugen ohne ESP
▬•▬•▬ Nur bei Fahrzeugen mit ESP

ws = weiß
sw = schwarz
ro = rot
br = braun
gn = grün
bl = blau
gr = grau
li = lila
ge = gelb
or = orange